Auto CAD für Dummies - Schummelseite

Wegweiser für die AutoCAD-Zeichnungseinrichtung

Die einzelnen Schritte werden in den Kapiteln 4 und 5 beschrieben.

Multifunktionsleiste/ Menü-Browser	Menü	Befehl	Beschreibung
Modellbereich			
1. SCHNELLZUGRIFF-Werkzeugkasten, NEU	DATEI|NEU	NEU ([Strg]+[N])	Lädt eine Zeichnungsvorlage (DWT-Datei)
2. Registerkarte EXTRAS, Gruppe ZEICHNUNGSPROGRAMME|EINHEITEN	FORMAT|EINHEITEN	EINHEIT	Festlegen von Längen- und Winkeleinheiten
3. Menü-Browser FORMAT|LIMITEN	FORMAT|LIMITEN	LIMITEN	Arbeitsbereich festlegen
4. Registerkarte START, Gruppe DIENSTPROGRAMME|ZOOM|ALLE	ANSICHT|ZOOM|ALLES	ZOOM, Alles	Zoomen auf Limiten
5. Menü-Browser EXTRAS|ENTWURFSEINSTELLUNGEN	EXTRAS|ENTWURFSEINSTELLUNGEN	ZEICHEINST	Fang- und Rasterabstände festlegen
6. –	–	LTFAKTOR	Linientypskalierfaktor setzen
7. Registerkarte START, Gruppe BESCHRIFTUNG|BEMASSUNGSSTIL	FORMAT|BEMASSUNGSSTIL	BEMSTIL	Bemaßungsskalierung setzen (auf der Registerkarte EINPASSEN)
8. Registerkarte EXTRAS, Gruppe Zeichnungsprogramme, ZEICHNUNGSEIGENSCHAFTEN	DATEI|ZEICHNUNGSEIGENSCHAFTEN	DWGEIGEN	Informelle Zeichnungseigenschaften eingeben
Papierbereich			
9. –	EXTRAS|ASSISTENTEN|LAYOUT ERSTELLEN	LAYOUTASS	Papierbereichslayout erstellen
10. SCHNELLZUGRIFF-Werkzeugkasten, SPEICHERN	DATEI|SPEICHERN	KSICH ([Strg]+[S])	Zeichnung speichern

Auto CAD für Dummies - Schummelseite

Zehn wichtige AutoCAD-Tastaturkürzel

Tastaturkürzel	Befehl	Zweck
Strg + S	KSICH	Zeichnung speichern
Strg + O	ÖFFNEN	Dialogfeld DATEI WÄHLEN anzeigen
Strg + P	PLOT	Dialogfeld PLOTTEN anzeigen
Strg + Tab	–	Umschalten zur nächsten offenen Zeichnung
Strg + Bild ↑ / Strg + Bild ↓	–	Umschalten zur vorherigen/nächsten Registerkarte in der aktuellen Zeichnung
F2	TEXTBLD	Blendet das AutoCAD-Textfenster ein/aus
F3	OFANG	Aktiviert/deaktiviert den laufenden Objektfangmodus
F8	ORTHO	Aktiviert/deaktiviert den Ortho-Modus
F9	FANG	Aktiviert/deaktiviert den Fangmodus
F10	POLAR	Aktiviert/deaktiviert den Polar-Modus

Zeichnungsmaßstab und Limiten

Zeichnungs-maßstab	210 × 297 mm	297 × 420 mm	420 × 594 mm	594 × 841 mm	841x 1.189 mm
1:200	42.000 × 59.400 mm	59.400 × 84.000 mm	84.000 × 118.800 mm	118.800 × 168.200 mm	168.200 × 237.800 mm
1:100	21.000 × 29.700 mm	29.700 × 42.000 mm	42.000 × 59.400 mm	59.400 × 84.100 mm	84.100 × 118.900 mm
1:50	10.500 × 14.850 mm	14.850 × 21.000 mm	21.000 × 29.700 mm	29.700 × 42.050 mm	42.050 × 59.450 mm
1:20	4.200 × 5.940 mm	5.940 × 8.400 mm	8.400 × 11.880 mm	11.880 × 16.820 mm	16.820 × 23.780 mm
1:10	2.100 × 2.970 mm	2.970 × 4.200 mm	4.200 × 5.940 mm	5.940 × 8.410 mm	8.410 × 11.890 mm
1:5	1.050 × 1.485 mm	1.485 × 2.100 mm	2.100 × 2.970 mm	2.970 × 4.205 mm	4.205 × 5.945 mm

Auto CAD
für Dummies

David Byrnes

Auto CAD für Dummies

Übersetzung aus dem Amerikanischen
von Gerhard Franken

WILEY-VCH

WILEY-VCH Verlag GmbH & Co. KGaA

Bibliografische Information der Deutschen Nationalbibliothek
Die Deutsche Nationalbibliothek verzeichnet diese Publikation in der Deutschen Nationalbibliografie; detaillierte bibliografische Daten sind im Internet über http://dnb.d-nb.de abrufbar.

1. Auflage 2009

Printed in Germany

Gedruckt auf säurefreiem Papier

Korrektur Frauke Wilkens, München
Satz Conrad und Lieselotte Neumann, München
Druck und Bindung M.P. Media-Print Informationstechnologie, Paderborn

ISBN 978-3-527-70483-5

Über den Autor

David Byrnes ist einer jener erfahrenen alten Hasen, die in *AutoCAD für Dummies* des Öfteren erwähnt werden. Er begann seine Karriere 1979 am Zeichenbrett und entdeckte das »computergestützte Gekritzel« bereits kurze Zeit später. AutoCAD lernte er erstmals in der Version 1.4 kennen – damals, als die Personal Computer von Dampf- auf Dieselantrieb umgestellt wurden. David Byrnes ist in Vancouver (British Columbia) daheim und arbeitet seit 1988 als AutoCAD-Berater und -Trainer. Seither hat er als Autor zu zehn Büchern über AutoCAD beigetragen. Er unterrichtet AutoCAD und andere Grafikanwendungen für Computer am Emily Carr Institute of Art & Design und am British Columbia Institute of Technology in Vancouver. David arbeitet bereits so lange an den AutoCAD für Dummies-Büchern mit, dass er gar nicht mehr weiß, seit wann genau. Er war Fachkorrektor von vier AutoCAD für Dummies und zwei AutoCAD LT für Dummies und dann Koautor von zwei weiteren AutoCAD für Dummies-Ausgaben. Bei *AutoCAD für Dummies* handelt es sich um sein zweites Soloprojekt.

Über den Übersetzer

Gerhard Franken ist noch nicht ganz so lange im Geschäft wie David Byrnes. Den ersten Kontakt mit AutoCAD hatte er mit der Version 2.5 im Rahmen seiner Tätigkeit als Fachlektor. Er arbeitet seit Jahren als Übersetzer, Autor und Bearbeiter vieler Bücher, vorwiegend aus dem EDV-Bereich. Es befinden sich darunter auch etliche … *für Dummies*-Bücher.

Cartoons im Überblick

von Rich Tennant

»Die Tiere in Ihrer AutoCAD-Zeichnung ›Zoo‹ werden lebendig? Fragen Sie mal den Kollegen nebenan, der hat das gleiche Problem bei seiner Arche.«

Seite 29

Seite 139

Seite 265

Seite 369

»Das Seltsame daran ist, dass er immer auf der jeweils aktuellen AutoCAD-Version besteht.«

Seite 425

Inhaltsverzeichnis

Teil IV
AutoCAD erweitern 369

Kapitel 17
Das Abc der Blöcke 371

Kapitel 18
Dynamisch mit Blöcken und Pixeln spielen 387

Kapitel 19
Zeichnungen im Internet 409

Einführung

AutoCAD erblickte das Licht der Welt vor einem Vierteljahrhundert. Damals hielten die meisten Leute PCs noch für ungeeignet für Industrieanwendungen wie CAD. (Je nachdem mit wem Sie sprechen, steht CAD entweder für *Computer-Aided Drafting* und/oder für *Computer-Aided Design*, also für computergestütztes Zeichnen und/oder computergestütztes Design.) Nach diesen 25 Jahren ist AutoCAD im Bereich der CAD-Programme für Mikrocomputer heute führend und damit eines der langlebigsten Computerprogramme überhaupt. Mag sein, dass die langfristige Zukunft im CAD-Bereich spezialisierten 3D-Programmen gehört, wie zum Beispiel *Inventor* und *Revit* von Autodesk, momentan jedoch setzt AutoCAD immer noch Maßstäbe.

Im Laufe der Jahre ist AutoCAD immer komplexer geworden. Zum Teil liegt dies daran, dass AutoCAD mit der zunehmenden Komplexität der Design- und Zeichenaufgaben Schritt halten musste, die man damit bearbeiten wollte. Das Zeichnen gut aussehender Linien reicht heute nicht mehr aus. Wenn man alle Vorteile von CAD nutzen will, müssen die gezeichneten Objekte, deren Eigenschaften und die Dateien, in denen diese gespeichert sind, sinnvoll organisiert werden. Sie müssen Ihre CAD-Arbeiten mit Kollegen im Büro koordinieren können, die an denselben Zeichnungen arbeiten oder diese nutzen. Und Sie müssen wissen, wie Sie Zeichnungen über das Internet versenden können.

AutoCAD 2009 stellt zwar alle erforderlichen Mittel für diese Aufgaben zur Verfügung, aber es ist nicht immer einfach, die passenden Werkzeuge in der richtigen Reihenfolge auszuwählen. Mit diesem Buch haben Sie die Chance, bereits mit dem ersten oder zweiten Versuch vorzeigbare, vernünftige, gemeinsam nutzbare und druckbare Zeichnungen zu erstellen, ohne vor Frust Ihren Bildschirm mit Ihren Zeichenwerkzeugen zu durchlöchern.

Was in diesem Buch steht – und was nicht

Anders als in vielen anderen Büchern der ... *für Dummies*-Reihe werden Sie hier tatsächlich dazu aufgefordert, die Originaldokumentation zurate zu ziehen. AutoCAD ist einfach zu komplex und zu umfangreich, um es in einem einzigen Buch erschöpfend behandeln zu können.

AutoCAD ist auch zu komplex und zu umfangreich, um hier jede einzelne Funktion beschreiben zu können. Daher werde ich keine fortgeschrittenen Themen, wie zum Beispiel Datenbankverbindungen und Programmierung, das Anpassen der Benutzeroberfläche und das Erstellen von 3D-Objekten behandeln, um Ihnen ein Buch mit einem vernünftigen Umfang bieten zu können – ein Buch, das Sie auch lesen werden, und das nicht sein Dasein neben vielen ungelesenen Tausend-Seiten-Wälzern im Bücherregal fristen muss!

Autodesk lässt die Benutzer (und uns Autoren!) gerne im Ungewissen darüber, welche Funktionen in kommenden Programmversionen wohl enthalten sind. Das neue Aussehen von AutoCAD 2009 war eine enorme Überraschung. Abgesehen vom neuen Aussehen gibt es aber nicht allzu viele wesentliche Unterschiede zur Vorgängerversion AutoCAD 2008. Allerdings gibt es hier und da ein paar nette Optimierungen, auf die das im ganzen Buch reichlich verstreute

Symbol »2009« hinweist. Letztlich handelt es sich diesmal bei der neuen Benutzeroberfläche um die wirklich große Neuerung.

Ich wollte den Aufbau von *AutoCAD für Dummies* bereits seit einer ganzen Weile ein wenig verändern, um zum Beispiel die Länge der Kapitel einheitlicher zu halten und verwandte Themen zusammenzuziehen. Durch den Umstand, dass sich AutoCAD 2009 – abgesehen von seinem äußerlichen Erscheinungsbild – gar nicht so sehr von seiner Vorgängerversion unterscheidet, wurde dies einfacher als gedacht. Im Vergleich zur letzten deutschen Auflage ist jedoch insbesondere das 3D-Kapitel dem Rotstift zum Opfer gefallen. Darüber hinaus verteilen sich die Änderungen über das ganze Buch.

AutoCAD 2009 und sein etwas weniger leistungsfähiger, dafür aber deutlich preiswerterer Verwandter AutoCAD LT 2009 bilden den Schwerpunkt dieses Buches. Gelegentlich werde ich, um Zusammenhänge und Unterschiede für Umsteiger auf die neue Version leichter verständlich zu machen, auf Abweichungen zu Vorversionen bis hin zum weitverbreiteten AutoCAD 14 hinweisen. Ich werde auch auf die wichtigen Unterschiede zwischen AutoCAD und AutoCAD LT hinweisen, sodass Sie oder Ihre Kollegen wissen, welche Funktionen Ihnen jeweils zur Verfügung stehen. Abgesehen von den allgemeinen Erläuterungen in Kapitel 1 behandelt dieses Buch keine branchenspezifischen Merkmale von Produkten, die auf AutoCAD basieren, wie zum Beispiel *AutoCAD Architectural Desktop 2009*. Die meisten Angaben hinsichtlich der allgemeinen AutoCAD-Funktionen beziehen sich aber auch auf die auf AutoCAD 2009 basierenden Versionen dieser Programme.

Törichte Annahmen über den Leser

AutoCAD hat seit Jahren eine große, treue, spezielle Anwendergefolgschaft. Dieses Buch ist nicht für Anwender gedacht, die seit mehr als einem Jahrzehnt mit AutoCAD arbeiten, ihre Freizeitgestaltung danach ausrichten und Tausend-Seiten-Wälzer über AutoCAD für eine vergnügliche Lektüre halten. Dieses Buch richtet sich an Leser, die sich schnell mit AutoCAD vertraut machen wollen, die aber auch wissen, wie wichtig es ist, sich gleich von Anfang an die richtigen CAD-Techniken anzueignen.

Sie müssen halbwegs mit einem Computer umgehen können, bevor Sie sich an AutoCAD und dieses Buch heranwagen. Sie benötigen einen Rechner mit AutoCAD oder AutoCAD LT (vorzugsweise in der Version 2009). Ein Drucker oder Plotter und eine Internetverbindung sind ebenfalls nützlich.

Sie müssen auch wissen, wie Sie mit Ihrer Windows-Version Dateien kopieren und löschen, Ordner anlegen und Dateien finden können. Sie müssen wissen, wie Sie mit der Maus Befehle auswählen (also markieren) beziehungsweise aktivieren und wie Sie Fenster schließen, minimieren und maximieren können. Sorgen Sie daher dafür, dass Sie die Grundlagen des Betriebssystems beherrschen, bevor Sie mit AutoCAD zu arbeiten beginnen.

Wie dieses Buch aufgebaut ist

Wenn Sie gesehen hätten, welche Unmengen an Materialien scheinbar durcheinander auf meinem Schreibtisch herumgelegen haben, während ich dieses Buch geschrieben habe, würden Sie sich fragen, wie es mir überhaupt gelungen ist, dieses Kapitel zu schreiben; an das ganze Buch gar nicht erst zu denken. Dennoch hoffe ich, dass das Buch einige geordnete Gedanken darüber enthält, wie AutoCAD so dargestellt werden kann, dass nicht nur der erste Einstieg leichtfällt, sondern dass auch der Lesefluss vom Anfang bis zum Ende gewährleistet ist.

Die Gliederung dieses Buches in Teile (eine Zusammenstellung von verwandten Kapiteln) ist von wesentlicher Bedeutung. Sie können sich tatsächlich mit Teilbereichen von AutoCAD einzeln vertraut machen, und jeder Teil des Buches entspricht einer Reihe von eng miteinander verwandten Themen. Die Reihenfolge der Teile orientiert sich dabei auch an der Wichtigkeit. Und natürlich können Sie den Stoff in den späteren Teilen getrost ignorieren, bis Sie sich mit den in den früheren Teilen vorgestellten Funktionen weitgehend vertraut gemacht haben. Dieser modulare Ansatz kann insbesondere bei komplexen Programmen wie AutoCAD hilfreich sein.

Die folgenden Abschnitte beschreiben die einzelnen Teile, in die das Buch gegliedert ist.

Teil I: AutoCAD-Grundlagen

Müssen Sie sich erst noch mit dem AutoCAD-Bildschirm vertraut machen? Warum gibt es AutoCAD überhaupt? Welche auf AutoCAD basierenden Produkte vertreibt Autodesk, und sollten Sie nicht besser eines dieser Programme, wie zum Beispiel AutoCAD LT, einsetzen? Geht das alles nur deshalb so langsam, weil es langsam gehen soll, oder liegt es daran, dass der Rechner einfach zu alt und lahm ist, um vernünftig mit diesem modernen Wunderprogramm arbeiten zu können? Und warum beschäftige ich mich überhaupt mit dem ganzen Kram?

Teil I beantwortet all diese und einige weitere Fragen. Und hier finden Sie auch eine ganze Menge nerviger Einzelheiten zum Einrichten einer neuen Zeichnung mit AutoCAD. Aber wenn die Einrichtung nicht richtig erfolgt, ist das noch viel nervtötender, weil Sie dann das Gefühl haben, Sie müssten das widerspenstige AutoCAD erst zähmen. Und das lässt sich mit ein wenig Vorarbeit vermeiden.

Teil II: Linien, Linien, Linien

In diesem Teil werden einige wesentliche Konzepte behandelt, wie zum Beispiel Objekteigenschaften und CAD-Präzisionstechniken. Ich weiß, dass Sie endlich ein paar Zeichnungen erstellen wollen, aber wenn Sie sich nicht bereits frühzeitig mit den hier vorgestellten Themen befassen, werden Sie schließlich beim Zeichnen und Bearbeiten von Objekten reichlich verwirrt dastehen. Wenn Ihre Zeichnungen nicht nur auf dem Bildschirm und im Ausdruck gut aussehen sollen, sondern auch wirklich gut sein sollen, sollten Sie diesen Teil lesen!

Nach der Vorstellung der Konzepte befasst sich der Rest dieses Teils überwiegend mit jenen drei Aktivitäten, mit denen Sie wahrscheinlich die meiste Zeit bei der Arbeit mit AutoCAD verbringen werden, nämlich dem Zeichnen, dem Bearbeiten und dem Betrachten von Objekten. Diese Aufgaben dienen dem Erzeugen der *Geometrie*. Sie stellt sicher, dass die Darstellungen im CAD-Design auch wirklich den Objekten im Original entsprechen. Am Ende von Teil II sind Sie dann sicherlich recht gut in Geometrie, auch wenn Ihnen Ihr Mathematiklehrer in der neunten Klasse etwas anderes gesagt hat.

Teil III: Wenn Zeichnungen sprechen könnten

CAD-Zeichnungen bestehen nicht nur aus Linien. Meist werden Texte, Bemaßungen und Schraffuren benötigt, um dem armen Tropf, der Ihre Kreation zusammenbauen soll, die Bedeutung des Entwurfs klarzumachen. (Wer auch immer gesagt hat, dass ein Bild mehr als tausend Worte sagt, der hat die Zahl der Wörter in Bauzeichnungen nicht gezählt!) Dieser Teil zeigt Ihnen, wie Sie Zeichnungen mit diesen wesentlichen Zusatzangaben versehen können.

Wenn Sie dann Ihre Zeichnungen mit Text, Bemaßungen und Schraffuren verschönert haben, werden Sie sie sicherlich auch Kunden, Vertragspartnern oder Ihrer Oma zeigen wollen. Normale Menschen sprechen von »ausdrucken«, aber CADler sagen dazu »plotten«. Sie können es nennen, wie Sie wollen, ich zeige Ihnen jedenfalls, wie es geht.

Teil IV: AutoCAD erweitern

Gute CAD-Anwender arbeiten mit anderen zusammen. AutoCAD unterstützt dieses Verhalten durch eine Fülle von Funktionen zum Erstellen der Zeichnungen selbst und zum Datenaustausch. Blöcke, externe Referenzdateien und Rasterbilder ermutigen zur Mehrfachverwendung von Zeichnungen, Teilen derselben und Bitmapbildern. CAD-Standards sorgen für die richtigen Tischmanieren im CAD-Produktionsprozess, definieren und bestimmen, wie Zeichnungen so erstellt werden, dass sie produktiver und mit vorhersehbarem Ergebnis gemeinsam genutzt werden können. Die Internetfunktionen von AutoCAD ermöglichen eine gemeinsame Nutzung von Dateien, die weit über die eigene Festplatte oder das lokale Netzwerk hinausgeht.

Die AutoCAD-Funktionen zum Zeichnen und zur gemeinsamen Datennutzung reichen weit über die Möglichkeiten der altmodischen Entwurfs- und Zeichenarbeiten mit Papier und Bleistift hinaus. Wenn Sie in diesem Teil gelernt haben, wie Sie sie nutzen können, befinden Sie sich auf dem besten Wege zur völligen CAD-Besessenheit. (Vielleicht sollten Sie die Familie besser vorwarnen ...)

Teil V: Der Top-Ten-Teil

Dieser Teil erläutert die Unterschiede zwischen AutoCAD und AutoCAD LT, weist auf Informationsquellen hin, mit deren Hilfe Sie nur noch gute AutoCAD-Erfahrungen machen, und berichtet über Systemvariablen, mit denen Sie sich Ihr AutoCAD so gestalten können, wie es Ihnen gefällt. Diese drei Kapitel enthalten eine Menge Informationen und greifen auf Erfahrungen zurück, die ich in Jahren des Zeichnens und Probierens gesammelt und mir notiert habe, wobei ich oft genug den Kopf schütteln musste, wenn die Dinge mal wieder nicht so liefen, wie sie eigentlich sollten. Ich hoffe, dass Sie mithilfe dieser Kapitel schnell den jeweils richtigen Weg finden und ihn nicht wieder verlassen.

Symbole, die in diesem Buch verwendet werden

In diesem Buch weise ich auf bestimmte besonders interessante oder nützliche Informationen über Symbole am Seitenrand hin. Die verschiedenen Symbole weisen dabei auf unterschiedliche Arten von Informationen hin:

Dieses Symbol kennzeichnet wichtige Einsichten, die Ihnen Zeit und Ärger beim Einsatz von AutoCAD ersparen können. Häufig dienen diese Absätze als Wegweiser durch den Dschungel der beeindruckenden, manchmal aber auch überwältigend flexiblen Welt von AutoCAD: Nachdem ich Ihnen mitgeteilt habe, auf welchem Weg Sie etwas erreichen *können*, sage ich Ihnen hier, welche Variante Sie in den meisten Fällen benutzen *sollten*.

Dieses Symbol weist auf Stellen hin, an denen ich ein wenig ausführlicher auf AutoCAD-Eigenarten oder Dinge eingehe, die die meisten Leser nicht wissen müssen. Wenn Sie nicht wirklich alles über AutoCAD erfahren wollen, können Sie diese Absätze beim ersten Lesen des entsprechenden Buchabschnitts zunächst einmal überspringen.

Dieses Symbol weist darauf hin, wie Sie Ärger vermeiden können, wenn es einmal hart auf hart zugeht. Wenn Sie diese Hinweise nicht beachten, könnte das fatale Folgen für Sie und/oder Ihre Zeichnung haben.

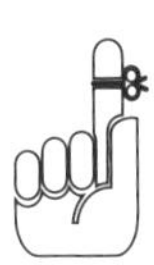

Es gibt eine Menge Dinge, die man sich bei der Arbeit mit AutoCAD besser merken sollte. Das nebenstehende Symbol weist daher auf einige Dinge hin, die Sie nicht vergessen sollten. Diese Absätze verweisen üblicherweise auf wichtige Punkte, die in diesem oder einem der vorherigen Kapitel bereits angesprochen wurden. Wenn Sie das Buch chronologisch lesen, bedeutet dieses Symbol also eine Art freundliche Erinnerung. Wenn Sie das Buch nicht chronologisch lesen, können diese Absätze möglicherweise darauf hinweisen, dass Sie sich erst mit einem wesentlichen Konzept oder einer wichtigen Technik vertraut machen sollten, bevor Sie weiterlesen.

Dieses Symbol weist auf neue Eigenarten von AutoCAD 2009 (und manchmal AutoCAD 2009 LT) hin. Es richtet sich vorwiegend an jene Leser, die ältere AutoCAD-Versionen bereits ein wenig kennen und nur wissen wollen, was neu bei der aktuellen Version ist. Aber auch für neue AutoCAD-Anwender, die zum ersten Mal mit AutoCAD arbeiten, können diese Hinweise interessant sein. Dies gilt umso mehr, wenn sie die durch dieses Buch gelernten Dinge den alten AutoCAD-Hasen im Büro zeigen können, die noch nichts von all den tollen, neuen Funktionen wissen.

Dieses Symbol weist auf Unterschiede zwischen AutoCAD LT und AutoCAD hin. Wenn Sie AutoCAD LT benutzen, erfahren Sie hier, was die »Vollversion« mehr zu bieten hat. Und wenn einer Ihrer Bekannten mit LT arbeitet, erfahren Sie hier, was AutoCAD zusätzlich bietet und womit Sie prahlen können.

Konventionen in diesem Buch

Die Informationen in diesem Abschnitt finden Sie wahrscheinlich auch von selbst heraus. Für alle Fälle soll aber auf einige Dinge dennoch hingewiesen werden.

Tastatureingaben

Texte, die Sie im Programm in die Befehlszeile, in einem Dialogfeld oder einem Eingabefeld eingeben, werden `in dieser Schrift` gedruckt. AutoCAD-Eingabeaufforderungen werden, ebenso wie andere Texte, Meldungen, Wörter oder Zeilen, die tatsächlich auf dem Bildschirm angezeigt werden, in diesem Buch ebenfalls `in dieser speziellen Schrift` dargestellt. Folgen von Eingabeaufforderungen, die im AutoCAD-Befehlsfenster angezeigt werden, werden so dargestellt:

```
Anderen Eckpunkt angeben oder [Abmessungen]:
```

Viele Abbildungen, speziell in den Kapiteln 8 bis 11, enthalten ebenfalls AutoCAD-Befehlsfolgen, die Eingabeaufforderungen und Antworten beispielhaft illustrieren.

Die englischen Befehle funktionieren üblicherweise auch in der Befehlszeile der deutschen AutoCAD-Version. Allerdings müssen Sie dann einen Unterstrich voranstellen, sodass Sie beispielsweise zum Speichern einer Datei auch `_SAVEAS` in die Befehlszeile eingeben und [↵] drücken können. Die deutschen Befehlsnamen der Menüoptionen werden in der Statusleiste angezeigt, wenn sie markiert sind.

Zu vielen AutoCAD-Befehlen existieren kürzere Varianten (sogenannte Alias), bei denen weniger Zeichen eingegeben werden müssen, von denen insbesondere jene Anwender profitieren, die bevorzugt Befehle in der AutoCAD-Befehlszeile eingeben. Dann werden gegebenenfalls die Kurzeingaben groß- und der Rest des Befehlswortes kleingeschrieben. Beim Befehl `DimLInear` würde dies zum Beispiel bedeuten, dass Sie sowohl `DIMLINEAR` als auch das Kürzel `DLI` in die Befehlszeile eingeben und dann [↵] drücken können.

Sie können sich eine Liste der Befehlsalias anzeigen lassen, indem Sie in die Befehlszeile `ALIASEDIT` eingeben. (Das funktioniert nicht in AutoCAD LT.) *Sehen Sie sich diese Liste aber (zumindest vorläufig) nur an – verändern Sie bloß nichts!*

Multifunktionsleiste (Ribbon)

Möglicherweise ist Ihnen beim Blättern im Buch und dem Betrachten einiger Abbildungen aufgefallen, dass AutoCAD 2009 anders als die Vorgängerversionen aussieht. Im weiteren Verlauf des Buches werde ich Ihnen erklären, wo Sie Befehle in der neuen *Multifunktionsleiste* (dieses Bedienelement im Stil von Office 2007 wird im Englischen »Ribbon« genannt) und in den im alten Stil gehaltenen klassischen Menü- und Werkzeugleisten von AutoCAD finden können. Die Multifunktionsleiste untergliedert sich in eine Reihe aufgabenorientierter Registerkarten, wobei die einzelnen Registerkarten Gruppen mit speziellen Schaltflächen für verschiedene Werkzeuge beziehungsweise Aufgabenstellungen enthalten.

Klassisch ist immer modern

An vielen Stellen des Buches finden Sie Sätze wie »Wählen Sie in der Menüleiste DATEI|SPEICHERN UNTER«. Der senkrechte Strich trennt den Namen des Hauptmenüeintrags von dem jeweiligen Befehl im Untermenü. In diesem Beispiel würden Sie das Menü DATEI öffnen und darin den Befehl SPEICHERN UNTER wählen. (Die Menüoption werden auch hier in einem SPEZIELLEN SCHRIFTSTIL dargestellt.) Wenn Sie ein anderes Verfahren zur Ausführung desselben Befehls kennen, können Sie natürlich auch dieses anwenden.

Wie es weitergeht

Wenn Sie diese Einleitung gelesen haben, lesen Sie gern – so wie ich. (Wer lieber gleich zum Kern der Sache kommt, schlägt wohl eher gleich das Stichwortverzeichnis auf und sucht sich das heraus, was er gerade wissen muss.) Wenn AutoCAD für Sie noch völlig neu ist, können Sie das Buch chronologisch von vorn bis hinten durchlesen. Dann wird es Sie geradewegs von der Einrichtung der Arbeitsumgebung über die Ausgabe Ihrer Meisterwerke auf Papier bis hin zur gemeinsamen Nutzung Ihrer Arbeiten mit anderen führen. Wenn Sie zu den erfahrenen Anwendern gehören, werden Sie wahrscheinlich zu denen zählen, die gleich das Stichwortverzeichnis aufschlagen, um dort nach den Informationen zu suchen, die sie brauchen, um eine bestimmte Aufgabe bewältigen zu können. Das Stichwortverzeichnis finden Sie sicherlich allein, aber ich möchte Sie doch dazu ermutigen, das Buch trotzdem zu überfliegen und dabei einen Textmarker oder Haftzettel zu benutzen, um jene besonders wichtigen Stellen schnell wiederfinden zu können, wenn Sie sie wieder brauchen. Wenn Sie mit den meisten Belangen von AutoCAD recht gut vertraut sind und die Vorversion kennen, können Sie nach dem Symbol »2009« am Seitenrand Ausschau halten, um sich über jene neuen Funktionen zu informieren, von denen Sie ansonsten gar nicht wüssten, dass Sie ohne sie gar nicht leben können. Welchen Ansatz Sie auch wählen, ich hoffe, dass Sie die Zeit mit *AutoCAD für Dummies* genießen. Und nun los!

Teil I

AutoCAD-Grundlagen

»Die Tiere in Ihrer AutoCAD-Zeichnung ›Zoo‹ werden lebendig? Fragen Sie mal den Kollegen nebenan, der hat das gleiche Problem bei seiner Arche.«

In diesem Teil ...

AutoCAD ist mehr als nur ein weiteres Zeichenprogramm, es ist eine vollständige Umgebung für Zeichen- und Designarbeiten. Wenn Sie also mit AutoCAD noch nicht vertraut sind, müssen Sie erst einmal ein paar Dinge wissen, um problemlos in das Programm einsteigen zu können. Insbesondere müssen Sie wissen, wie der Befehlszeilenbereich genutzt wird und wie Zeichnungen sinnvoll eingerichtet werden können. Die Schlüsseltechniken werden in diesem Teil des Buches behandelt.

Wenn Sie bereits frühere AutoCAD-Versionen benutzt haben, dürften Sie sich besonders für die Glanzlichter der neuen Version interessieren. Dazu zählt insbesondere die neu gestaltete Benutzeroberfläche, die neben den Neuerungen in diesem Teil im Überblick vorgestellt wird.

AutoCAD und AutoCAD LT kurz vorgestellt

1

In diesem Kapitel

- Den AutoCAD-Vorteil entdecken
- AutoCAD- und DWG-Dateien nutzen
- Ein Treffen mit der AutoCAD-Produktreihe arrangieren
- Mit AutoCAD LT anstatt mit AutoCAD arbeiten
- Was ist neu in AutoCAD 2009?

Vielleicht gehören Sie zu den wenigen Standhaften, die nach wie vor das archaische Verfahren praktizieren und mit Bleistift auf Papier zeichnen. Dann muss ich Ihnen leider mitteilen, dass Sie einer aussterbenden Spezies angehören. Vielleicht steigen Sie ja auch ganz neu in den Bereich des Zeichnens ein und sehnen sich nach Ruhm und Wohlstand als Zeichner. (Träumen Sie ruhig weiter!) Vielleicht sind Sie ja auch ein Ingenieur oder Architekt, der mit den jungen CAD-Assen im Büro mithalten können muss. Oder vielleicht haben Sie vor längerer Zeit einmal versucht, AutoCAD zu nutzen, und haben frustriert aufgegeben oder Ihre Kenntnisse sind einfach nur ein wenig eingerostet. Möglicherweise setzen Sie aber auch momentan noch eine ältere Version ein, zum Beispiel AutoCAD 2004 oder sogar (als Antiquitätenliebhaber) AutoCAD 2000 und möchten nun umsteigen.

Unabhängig von der aktuellen Ausgangssituation und Ihrer Motivation hoffe ich, dass es Ihnen Spaß machen wird, sich mit AutoCAD vertraut zu machen. Das Zeichnen mit AutoCAD mag zunächst eine Herausforderung sein, aber es lohnt sich, sich ihr zu stellen. AutoCAD belohnt kreative Arbeiter, die ihre Arbeiten immer weiter verbessern wollen. Sie werden nie auslernen, immer einen neuen Trick entdecken und die Effizienz und Qualität der erstellten Zeichnungen verbessern können.

AutoCAD erschien erstmals Anfang der 80er-Jahre und damit etwa zur gleichen Zeit wie die ersten PCs von IBM. Es wurde für eine Vielzahl verschiedener Betriebssysteme angeboten. Darunter befanden sich CP/M (fragen Sie Ihren Opa danach), verschiedene UNIX-Varianten und selbst Apples Macintosh. Die MS-DOS-Version (darüber sollte Ihr Vater mehr wissen) war damals aber mit Abstand die beliebteste. Später entschloss sich Autodesk, AutoCAD nur noch für das Betriebssystem Microsoft Windows anzubieten. AutoCAD 2009 wird offiziell (mit Ausnahme von Home Basic) von allen Versionen von Windows Vista (32- und 64-Bit), von den 32- und 64-Bit-Versionen von Windows XP Professional sowie von Windows XP Home (nur 32-Bit) unterstützt. Auch wenn es offiziell nicht unterstützt wird, läuft AutoCAD 2009 auch unter der Tablet Edition 2005 von Windows XP und kann die in Windows Vista enthaltenen Tablet-Funktionen nutzen (wieder die Home Basic-Version ausgenommen). Professionelle Zeichnungen mit dem kleinen Tablet zu erstellen ist zwar aufgrund der Beschränkungen des

Grafiksystems nicht gerade eine geniale Idee, aber ich weiß, dass es funktioniert, weil ich es selbst auf diese Weise nutze!

Falls Sie noch mit Windows 2000 arbeiten, dann wird es Zeit für ein Update. AutoCAD 2008 wurde zwar noch von Windows 2000 unterstützt, für AutoCAD 2009 gilt dies aber nicht mehr.

Aufgrund der Ursprünge von AutoCAD in den Zeiten von MS-DOS und der Betonung des effizienten Einsatzes durch professionelle Zeichner, ist das Programm nicht gerade leicht zu beherrschen. Im Laufe der letzten Jahre ist es aber immer einfacher bedienbar und konsistenter geworden. Mittlerweile ist AutoCAD zwar recht gut in die Windows-Umgebung integriert, man stößt aber weiterhin auf Überbleibsel aus den MS-DOS-Zeiten, zu denen insbesondere die Befehlszeile zählt (Dies ist der zusätzliche Bereich unten im AutoCAD-Fenster, über den Sie in Kapitel 2 Näheres erfahren). Aber selbst die Befehlszeile beziehungsweise das Befehls*fenster* ist in AutoCAD 2009 netter und freundlicher geworden. Mit diesem Buch werde ich Sie um die Stolpersteine herumführen und dafür sorgen, dass Sie möglichst wenig anecken.

Warum AutoCAD?

AutoCAD gibt es bereits seit 1982 und damit vermutlich länger als einige der Leser dieses Buches alt sind! Mit AutoCAD begann der Übergang von wirklich teuren Großrechner- und Minicomputer-CAD-Systemen, die etliche Zehntausend Mark oder Dollar gekostet haben, hin zu nur noch teuren Mikrocomputer-CAD-Programmen, die bereits für einige Tausender zu haben waren.

AutoCAD ist zunächst einmal ein Programm zum Erstellen technischer Zeichnungen. In diesen Zeichnungen sind Maßstäbe und Präzision wichtig, weil auf ihrer Grundlage häufig etwas gebaut wird. Die mit AutoCAD erstellten Zeichnungen müssen gewissen Standards folgen, die bereits vor langer Zeit für von Hand angefertigte Zeichnungen entwickelt wurden. Zunächst ist die Anfangsinvestition in AutoCAD sicherlich höher als in Papier und Bleistift und die Lernkurve ist zudem viel steiler. Aber warum sollte man sich darüber Gedanken machen? Die wesentlichen Gründe für den Einsatz von AutoCAD anstelle von Papier und Bleistift sind:

- ✔ **Präzision:** Linien, Kreise und andere Formen lassen sich mit AutoCAD leichter als auf Papier exakt mit den benötigten Abmessungen erstellen.
- ✔ **Modifizierbarkeit:** Zeichnungen lassen sich am Computerbildschirm viel leichter ändern als auf Papier. Und Änderungen im CAD-Programm sind auch deutlich sauberer.
- ✔ **Effizienz:** Viele Arten von Zeichnungen lassen sich mit CAD-Programmen schneller erstellen. Das gilt insbesondere für Zeichnungen, in denen sich Elemente wiederholen, wie zum Beispiel die Etagengrundrisse mehrstöckiger Gebäude. Um wirklich effizient arbeiten zu können, bedarf es aber gewisser Fähigkeiten und der Übung. Wenn Sie bisher mit Bleistift auf Papier gezeichnet haben, können Sie nicht erwarten, dass Sie mit CAD-Programmen gleich auf Anhieb schneller zum Ziel kommen!

Abbildung 1.1 zeigt einige Zeichnungen in AutoCAD 2009.

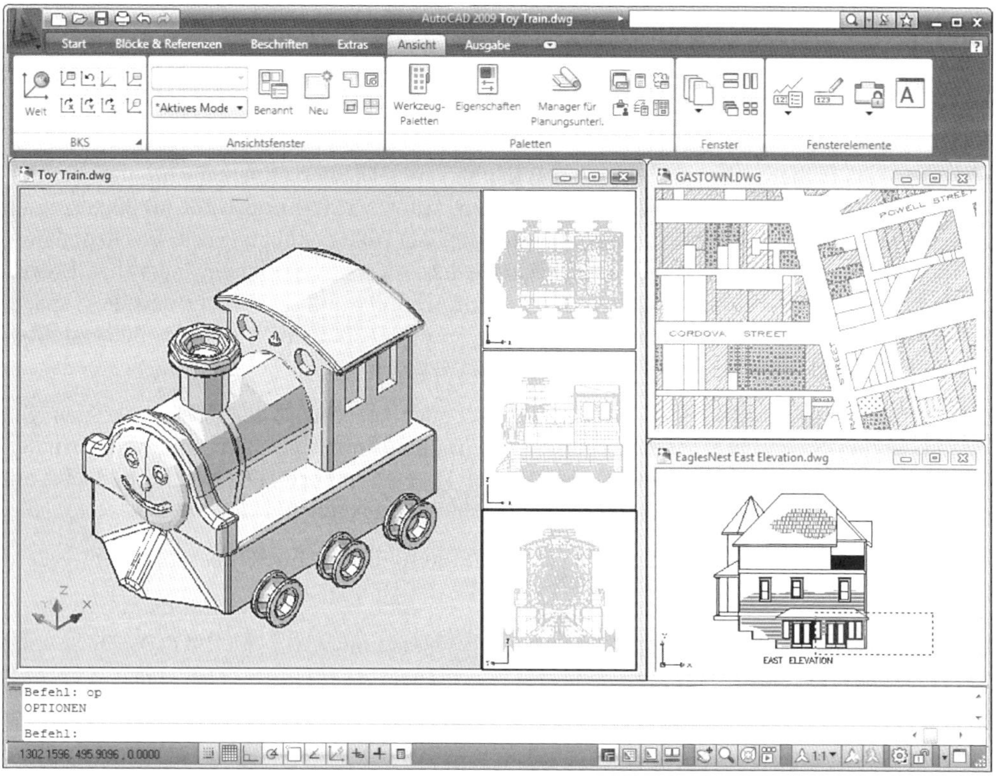

Abbildung 1.1: Städte, Gebäude, kleine Spielzeugeisenbahnen – was wollen Sie heute zeichnen?

Warum sollte man sich für AutoCAD entscheiden? AutoCAD stellt nur den Einstieg in eine umfassende Palette von Programmen dar, die mit AutoCAD zusammenarbeiten. Autodesk hat diese Entwicklung intensiv unterstützt, indem es eine Reihe von Programmierschnittstellen für AutoCAD (aber nicht für AutoCAD LT – darüber erfahren Sie mehr im Abschnitt »Und dann ist da noch LT« weiter hinten in diesem Kapitel) entwickelt hat, mit denen andere Firmen und Autodesk selbst die Anwendung erweitern konnten. Einige der Zusatzprodukte waren derart erfolgreich, dass Autodesk sie übernommen und in eigene Produkte integriert hat. Wenn Sie all diese Ressourcen vergleichen und dabei die Zusatzprodukte, Erweiterungen, Schulungsangebote, Bücher und so weiter berücksichtigen, dann steht AutoCAD im PC-CAD-Bereich ziemlich konkurrenzlos da.

Die Wichtigkeit des DWG-Formats

Um alle Vorteile von AutoCAD im Arbeitsumfeld nutzen zu können, müssen Sie sich über die Wichtigkeit des DWG-Dateiformats (dem Format, in dem AutoCAD Zeichnungen speichert) im Klaren sein. Im Zusammenhang mit dem DWG-Format sollten Sie einige Dinge nicht vergessen:

- In einigen Fällen können ältere AutoCAD-Versionen DWG-Dateien nicht lesen, die mit neueren AutoCAD-Versionen erstellt wurden.
- Neuere AutoCAD-Versionen können die mit älteren Versionen erstellten Dateien *immer* lesen.
- *Einige* der früheren AutoCAD-Versionen können auch Dateien öffnen, die mit den nachfolgenden ein oder zwei Versionen erstellt wurden. AutoCAD 2007 und AutoCAD 2008 können zum Beispiel DWG-Dateien öffnen, die mit AutoCAD 2009 erstellt wurden. Das liegt daran, dass Autodesk das DWG-Dateiformat zwischen diesen Versionen nicht geändert hat. Ebenso hat sich das Dateiformat auch zwischen AutoCAD 2004 und 2006 nicht geändert, sodass das ältere Programm (AutoCAD 2004) die mit AutoCAD 2005 und AutoCAD 2006 erstellten Zeichnungen öffnen kann.
- Wenn Sie mit AutoCAD 2007, AutoCAD 2008 oder AutoCAD 2009 arbeiten, können Sie die Option SPEICHERN UNTER dazu verwenden, Dateien in einigen älteren DWG-Formaten zu speichern. Tatsächlich kann AutoCAD 2009 Dateien in Formaten speichern, die bis auf AutoCAD Release 14 und damit bis ins Jahr 1997 zurückgehen!

Tabelle 1.1 zeigt, welche Versionen (die weiter hinten in diesem Kapitel beschrieben werden) welche DWG-Dateiformate verwenden.

AutoCAD-Version	AutoCAD LT-Version	Erscheinungsjahr	DWG-Dateiformat
AutoCAD 2009	AutoCAD LT 2009	2008	Acad 2007
AutoCAD 2008	AutoCAD LT 2008	2007	Acad 2007
AutoCAD 2007	AutoCAD LT 2007	2006	Acad 2007
AutoCAD 2006	AutoCAD LT 2006	2005	Acad 2004
AutoCAD 2005	AutoCAD LT 2005	2004	Acad 2004
AutoCAD 2004	AutoCAD LT 2004	2003	Acad 2004
AutoCAD 2002	AutoCAD LT 2002	2001	Acad 2000
AutoCAD 2000i	AutoCAD LT 2000i	2000	Acad 2000
AutoCAD 2000	AutoCAD LT 2000	1999	Acad 2000
AutoCAD Release 14	AutoCAD LT 98 & 97	1997	Acad R14
AutoCAD Release 13	AutoCAD LT 95	1994	Acad R13
AutoCAD Release 12	AutoCAD LT Release 2	1992	Acad R12

Tabelle 1.1: AutoCAD-Versionen und DWG-Dateiformate

Das Arbeiten mit AutoCAD wird einfacher, wenn Kollegen und Leute in anderen Unternehmen, mit denen Sie zusammenarbeiten, durchweg die gleichen Versionen von AutoCAD und der AutoCAD-Zusatzprogramme verwenden. Dann lassen sich DWG-Dateien, Zusatzprogramme und selbst Einzelheiten der CAD-Kenntnisse zwischen Arbeitsgruppen und Partnern austauschen. Bei der praktischen Arbeit werden Sie aber wahrscheinlich mit Leuten (zumindest in anderen Unternehmen) zusammenarbeiten müssen, die ältere AutoCAD-Versionen bis hin zum Release 14 einsetzen.

Viele Programme sollen angeblich *DWG-kompatibel* sein und Daten vom und ins DWG-Format von AutoCAD umwandeln können. Wirklich umfassende Kompatibilität lässt sich aber nur schwer erreichen. Bereits kleine Fehler bei der Dateiumwandlung können irritierende bis entsetzliche Folgen haben. Wenn Sie DWG-Dateien mit anderen austauschen, die andere CAD-Programme benutzen, sollten Sie sich darauf gefasst machen, dass das Aufspüren und Beheben von Übersetzungsproblemen Zeit kosten wird.

Und dann ist da noch LT

AutoCAD LT ist ein ausgesprochenes Schnäppchen und ein glänzendes Beispiel für die alte 80/20-Regel: Sie erhalten etwa 80 Prozent der Leistung von AutoCAD für etwa 20 Prozent des Preises. (Angesichts der jüngsten Preisgestaltung handelt es sich mittlerweile eher um eine 75/25-Regel...) Wie AutoCAD läuft auch AutoCAD LT auf gängigen Windows-Rechnern und erfordert keine zusätzlichen Hardwarekomponenten. Mit AutoCAD LT können Sie bei bereits relativ niedrigen Anfangskosten in der Welt von AutoCAD, dem führenden CAD-Programm, mitmischen.

AutoCAD LT ist mit AutoCAD sehr eng verwandt. Autodesk entwickelt AutoCAD LT ausgehend vom AutoCAD-Programm und entfernt daraus, um den niedrigeren Preis zu rechtfertigen, ein paar Features. Dann werden einige Eigenschaften ergänzt, die die Bedienung im Vergleich mit der AutoCAD-Vollversion ein wenig einfacher gestalten. AutoCAD LT sieht daher nicht nur weitgehend so aus wie AutoCAD, sondern arbeitet auch entsprechend. Der Eröffnungsbildschirm und die Menüs der beiden Programme sind nahezu identisch. (Bei LT fehlen ein paar Befehle in den AutoCAD-Menüs.)

Tatsächlich haben die wesentlichen Unterschiede der beiden Programme nichts mit den Programmen selbst zu tun. Der Hauptunterschied besteht darin, dass AutoCAD LT einige Anpassungs- und Programmierschnittstellen fehlen, die zur Entwicklung von AutoCAD-Zusatzprodukten genutzt werden. Daher sind so gut wie keine der von Autodesk und Dritten angebotenen Zusatz- oder Hilfsprogramme für LT-Anwender nutzbar.

AutoCAD LT bietet außerdem nur eingeschränkte 3D-Unterstützung. Sie können mit AutoCAD LT zwar 3D-Objekte betrachten und bearbeiten, sodass mit den in AutoCAD erstellten Zeichnungen, die 3D-Objekte enthalten, gearbeitet werden kann. Echte 3D-Objekte lassen sich mit LT jedoch nicht erstellen.

Die in LT fehlenden Möglichkeiten zum Erstellen von 3D-Objekten sind für viele Anwender kein so großer Nachteil, wie Sie vielleicht vermuten. Ungeachtet der Loblieder in der Computerpresse und der CAD-Anbieter (einschließlich Autodesk) bleibt 3D-CAD ein relativ spezialisiertes Anwendungsgebiet. Die überwiegende Mehrheit der Anwender benutzt CAD-Programme zum Erstellen von 2D-Zeichnungen.

Auch wenn möglicherweise behauptet wird, AutoCAD LT sei leichter als AutoCAD zu erlernen, sieht die Realität doch so aus, dass beide Programme gleich schwer (oder je nach Computerbesessenheit einfach) zu bedienen sind. Die Lernkurve unterscheidet sich bei LT nicht wesentlich von der bei AutoCAD. AutoCAD wurde ursprünglich auf seine Leistungsfähigkeit hin optimiert und dann geändert, um es einfacher bedienbar zu machen. Bei AutoCAD LT ist das auch nicht anders.

Glücklicherweise bedeuten die geringfügigen Unterschiede zwischen LT und AutoCAD aber auch, dass Sie nach dem Erklimmen der Lernkurve dieselbe großartige Aussicht haben. Ihnen steht fast der komplette Umfang der 2D-Zeichenwerkzeuge von AutoCAD zur Verfügung, und Sie können DWG-Dateien ohne Datenverluste mit AutoCAD-Anwendern austauschen.

Dieses Buch behandelt zwar AutoCAD 2009, aber die hier enthaltenen Angaben betreffen nahezu ausnahmslos auch AutoCAD LT 2009. Das Symbol links neben diesem Absatz weist auf wichtige Unterschiede hin.

Es wird Zeit für AutoCAD 2009

Wenn Sie von AutoCAD 2008 oder einer anderen noch recht aktuellen Version auf AutoCAD 2009 umsteigen wollen und vorwiegend oder ausschließlich 2D-Zeichnungen erstellen, dann dürften dessen Systemanforderungen wahrscheinlich bereits erfüllt sein. Wenn Sie vorwiegend oder ausschließlich mit 2D-Zeichnungen arbeiten (das betrifft speziell die Anwender von AutoCAD LT), keine Sorge: AutoCAD 2009 läuft tatsächlich auf fast allen Rechnern, die Windows XP oder Windows Vista als Betriebssystem benutzen. Bevor Sie eine ältere AutoCAD-Version aktualisieren, sollten Sie Folgendes wissen:

- **Abschied vom alten Windows:** AutoCAD 2009 unterstützt viele ältere Windows-Versionen nicht mehr, zum Beispiel Windows 2000, NT, 98 und Me. Um mit AutoCAD 2009 arbeiten zu können, müssen Sie entweder Windows XP oder Windows Vista benutzen. (Wenn Sie es ganz fortschrittlich lieben, es ist auch eine 64-Bit-Version von AutoCAD 2009 erhältlich, die unter den 64-Bit-Versionen von XP und Vista läuft.)
- **DWG-Dateikompatibilität:** Das DWG-Dateiformat wurde zuletzt mit AutoCAD 2007 geändert. Benutzer von AutoCAD 2007 oder 2008 können daher die mit AutoCAD 2009 erstellten DWG-Dateien öffnen. Sollen Benutzer älterer AutoCAD-Versionen bis einschließlich AutoCAD 2006 die erstellten DWG-Dateien öffnen können, dann müssen Sie diese über den Menü-Browser oder die Menüleiste und die Option DATEI|SPEICHERN UNTER erstellen. Auf diese Weise können Sie DWG-Dateien bis hin zu AutoCAD 14 erstellen. Und sollten Sie Dateien für noch ältere Versionen benötigen, dann können Sie sogar noch im DXF-Format von AutoCAD 12 speichern. Entsprechende Anleitungen finden Sie, wenn Sie im Index der Online-Hilfe nach dem Begriff `DXF-Dateien` suchen.
- **Anwendungskompatibilität:** Wenn Sie unter einer älteren AutoCAD-Version mit Programmen von Drittanbietern gearbeitet haben, eignen sich diese möglicherweise nicht mehr für AutoCAD 2009. Mit ARX (AutoCAD Runtime eXtension) mit AutoCAD 2007 erstellte Anwendungen funktionieren *möglicherweise*, ältere ARX-Anwendungen müssen aber neu kompiliert werden. VBA-Anwendungen (Visual Basic for Applications) funktionieren möglicherweise auch noch unter AutoCAD 2009 (eventuell aber auch nicht), und viele

für die letzten AutoCAD-Versionen erstellten LSP-Programme (AutoLISP) sollten ohne Änderungen funktionieren.

- ✔ **Systemanforderungen:** Für AutoCAD 2009 empfiehlt Autodesk mindestens einen Pentium- oder Athlon-Prozessor mit 2,2 GHz Taktfrequenz (Multiprozessorsysteme und Mehrkernprozessoren werden unterstützt), mindestens 1 Gigabyte Arbeitsspeicher (mindestens 2 Gigabyte für 64-Bit-Systeme), mindestens 1024x768 Pixel Bildschirmauflösung und True Color-Farbtiefe, 1 Gigabyte verfügbare Festplattenkapazität, eine Internetverbindung und Microsoft Internet Explorer 6 mit Service Pack 1 (Internet Explorer 7 für 64-Bit-Systeme) oder eine neuere Version.
- ✔ **Zusätzliche Anforderungen für die 3D-Arbeit:** AutoCAD empfiehlt hier mindestens einen 3-GHz-Prozessor, mindestens 2 Gigabyte RAM, eine leistungsfähige Grafikkarte mit OpenGL- oder DirectX 9-Unterstützung und mindestens 128 Megabyte RAM und (zusätzlich zu den für die Installation erforderlichen 1 Gigabyte) weitere 2 Gigabyte freie Festplattenkapazität.

Ich halte die empfohlenen Systemanforderungen für recht niedrig gewählt. Mein Desktoprechner arbeitet zum Beispiel mit einer Bildschirmauflösung von 1280x1024 und mein CAD-Arbeitsrechner mit einer Auflösung von 1400x1050. Die Angaben in diesem Buch beziehen sich aber im Grunde auf eine Auflösung von 1024x768, bei der es auf dem Bildschirm recht eng zugeht (wie Sie den Abbildungen unschwer entnehmen können).

Seit der Veröffentlichung von AutoCAD 2004 im Jahr 2003 hat es jedes Frühjahr eine neue AutoCAD-Version gegeben. Das ist selbst für eine ganze Armee von Programmierern nicht gerade viel Zeit, um eine Menge beeindruckender, neuer Funktionen zu entwickeln und damit die Benutzer davon zu überzeugen, dass sie das Programm aktualisieren müssen. Bei den letzten Versionen haben sich die Programmierer jeweils auf bestimmte Bereiche konzentriert. AutoCAD 2007 war zum Beispiel die 3D-Version, in der zwar die 3D-Modellierung einfacher benutzbar wurde, aber wenig getan wurde, was die 2D-Anhänger erfreut hätte. Im Unterschied dazu handelt es sich bei AutoCAD 2008 angesichts der Vielzahl von Verbesserungen hinsichtlich der 2D-Zeichnungsfunktionen um eine Art »Version für den Zeichner«, bei der insbesondere neue Beschriftungsobjekte zur besseren Dokumentation eingeführt wurden.

Diesmal galten die vorrangigen Anstrengungen der Programmierer einer neuen Benutzeroberfläche für AutoCAD. Dabei hat sich Autodesk an Microsoft Office 2007 orientiert, den AutoCAD-Befehlssatz neu organisiert und die alten funktionsbasierten Menüs und Werkzeugkästen durch aufgabenorientierte Bereiche in einer Multifunktionsleiste ersetzt (siehe Abbildung 1.1 weiter vorn in diesem Kapitel). Microsoft bezeichnet die auf der Multifunktionsleiste basierende Benutzeroberfläche als *Fluent User Interface* (FUI) oder *Microsoft Office Fluent-Benutzeroberfläche*. Wenn Sie eine der Vorversionen von AutoCAD benutzt haben, werden Sie vielleicht feststellen, dass die neue Oberfläche ein wenig gewöhnungsbedürftig ist. Wie ich aber in Kapitel 2 erläutere, müssen Sie die neue Oberfläche nicht unbedingt benutzen, sondern können auch weiterhin auf den alten und vertrauten Arbeitsbereich AUTOCAD KLASSISCH zurückgreifen, der Ihnen nach wenigen Befehlen oder Mausklicks wieder zur Verfügung steht.

Ich möchte hier feststellen, dass mir die neue Fluent-Benutzeroberfläche gefällt, was für den Vorläufer der Multifunktionsleiste – den Befehlsnavigator beziehungsweise das Dashboard in AutoCAD 2007 (und AutoCAD LT 2008) – nicht gilt. Die Multifunktionsleiste lässt sich scheinbar leichter anpassen, als dies beim Befehlsnavigator jemals der Fall war. Auch wenn die Multifunktionsleiste und der Menü-Browser die offensichtlichsten Unterschiede zu den bisherigen Versionen sind, gibt es einige erwähnenswerte Kleinigkeiten, auf die unbedingt hingewiesen werden sollte. Daher folgt hier eine kurze Zusammenstellung der wichtigsten neuen Funktionen von AutoCAD 2009 und AutoCAD LT 2009:

- ✔ **Multifunktionsleiste:** In den neuen Arbeitsbereichen 2D-ZEICHNUNG & BESCHRIFTUNG und 3D-MODELLIERUNG wird die klassische Oberfläche mit mehreren Werkzeugkästen durch die Multifunktionsleiste (Ribbon) ersetzt. Die in diesen beiden Arbeitsbereichen leicht unterschiedliche Multifunktionsleiste enthält ein halbes Dutzend Registerkarten, die jeweils über eine Reihe separater Gruppen verfügen. Diese Gruppen enthalten wiederum Werkzeugschaltflächen. Anders als die klassischen Werkzeugkästen und das Menüsystem, die auf ähnlichen Befehlen basieren, arbeitet die Multifunktionsleiste aufgabenorientiert. Anstatt verschiedene Werkzeugkästen oder Menüs benutzen zu müssen, um Text und Bemaßungen zur Zeichnung hinzuzufügen, finden Sie nun die besonders häufig benutzten Werkzeuge für Texte und Bemaßungen auf der Registerkarte START in der Gruppe BESCHRIFTUNG.
- ✔ **Menü-Browser:** Das zweite wichtige Element der neuen 2D- und 3D-Arbeitsumgebung ist der Menü Browser. Auf den Menü-Browser greifen Sie zu, wenn Sie das große rote A in der oberen linken Ecke des AutoCAD-Fensters anklicken. Das zusätzliche Klicken zum Öffnen des Menü-Browsers bietet zwar offensichtlich keine größeren Vorteile gegenüber der Nutzung der immer angezeigten klassischen Menüleiste, aber der Menü-Browser enthält doch einige ansprechende zusätzliche Funktionen: eine grafische Anzeige der zuletzt und der aktuell geöffneten Zeichnungen, eine Liste der zuletzt benutzten Befehle und ein Suchfeld, in dem Sie Befehle eingeben können, über deren genaue Bezeichnung Sie sich nicht ganz sicher sind. Dann wird Ihnen eine Liste der möglicherweise zutreffenden Befehle angezeigt. In Kapitel 2 erfahren Sie mehr über den Menü-Browser.
- ✔ **Erweiterte QuickInfos:** Die meisten QuickInfos für Werkzeugschaltflächen und Dialogfelder arbeiten zweistufig. Wenn Sie den Mauszeiger über ein Element führen, wird zunächst eine QuickInfo angezeigt, die Ihnen lediglich den Namen des Befehls verrät. Wenn der Cursor mehrere Sekunden lang über einem Element schwebt, wird eine erweiterte QuickInfo angezeigt, die weitere Informationen und häufig auch eine Grafik enthält. Die zusätzlichen Angaben stammen aus dem Online-Hilfesystem, und Sie gelangen zu der entsprechenden Konzeptseite in der Online-Hilfe, wenn Sie [F1] drücken, während eine QuickInfo angezeigt wird.
- ✔ **Schnellansicht:** SCHNELLANSICHT-LAYOUTS und SCHNELLANSICHT-ZEICHNUNGEN sind neue Befehle, die durch Anklicken von Schaltflächen in der Statusleiste ausgeführt werden können. SCHNELLANSICHT-LAYOUTS zeigt Abbildungen aller Layouts in der aktuellen Zeichnung an. Anschließend können Sie eine der Abbildungen auswählen, um zum entsprechenden Layout zu wechseln. Bei den verschiedenen Abbildungen gibt es jeweils die Schaltflächen PLOTTEN und PUBLIZIEREN, die Sie anklicken können, um ein Layout auszudrucken, ohne es erst aktuell auf die Arbeitsfläche holen zu müssen. SCHNELLANSICHT-ZEICHNUNGEN zeigt

Abbildungen der geöffneten Zeichnungen und über der Abbildung eine Reihe kleinerer Bilder der Layouts in der jeweiligen Zeichnung. Schnellansicht-Layouts und Schnellansicht-Zeichnungen beschreibe ich in den Kapiteln 2 und 5.

- ✔ **Schnelleigenschaften:** Eine weitere neue Schaltfläche in der Statusleiste schaltet die Anzeige der Schnelleigenschaften-Leiste ein beziehungsweise aus. Diese anpassbare, über der Zeichnung schwebende Leiste wird immer dann angezeigt, wenn Sie ein Objekt auswählen. (Und falls sie Ihnen ein wenig zu häufig angezeigt wird, können Sie die Anzeige der Schnelleigenschaften über die Statusleiste abschalten.)
- ✔ **Neue Navigationswerkzeuge:** Zwei weitere neue Schaltflächen in der Statusleiste starten die Werkzeuge ShowMotion und SteeringWheel. (Autodesk-Berater haben erkannt, dass sich Millionen einsparen lassen, wenn man die Leerzeichen zwischen Wörtern eliminiert. Hoffentlichüberträgtsichdasnichtauf...fürDummies-Bücher.) Da die 3D-Modellierung in *AutoCAD für Dummies* nicht behandelt wird, ist hier nur das Werkzeug *Navigationsrad* (wie das SteeringWheel, also das Lenkrad auch genannt wird) ansatzweise von Interesse, das sich in 2D- und 3D-Arbeitsbereichen nutzen lässt. Allerdings empfehle ich, dieses Werkzeug zu meiden. In AutoCAD LT handelt es sich naturgemäß nur um ein 2D-Werkzeug, das kaum Vorteile gegenüber der altmodischen Variante von Zoom und Pan bietet. Zudem wird das Navigationsrad in der normalen AutoCAD-Version standardmäßig im 3D-Modus angezeigt, und das kann einen beim 2D-Zeichnen ganz schön durcheinanderbringen!

Kein Expressdienst?

Wenn im Menü-Browser (oder in der klassischen AutoCAD-Menüleiste) die Option Express fehlt, sollten Sie die Express Tools von der AutoCAD-CD nachinstallieren. (Im Lieferumfang von AutoCAD LT fehlen die Express Tools; sie werden auch nicht unterstützt.)

Wenn Sie AutoCAD 2009 erstmals installieren, können Sie im Installationsassistenten nach der Eingabe der Produkt- und Benutzerdaten AutoCAD konfigurieren. Dazu klicken Sie im Dialogfeld, in dem die zu installierende Konfiguration abschließend vor der eigentlichen Installation der Dateien angezeigt wird, auf die Schaltfläche Konfigurieren. Wählen Sie dann den Lizenztyp aus und klicken Sie auf Weiter. Nun stehen als Installationstyp die beiden Optionen Standard und Benutzerspezifisch zur Auswahl. Damit können Sie optionale Werkzeuge installieren, wenn Sie die entsprechenden Kontrollkästchen aktivieren. Aktivieren Sie hier das Kontrollkästchen Express Tools und klicken Sie dann (wenn Sie keine weiteren Optionen ändern wollen) auf die Schaltfläche Konfiguration abgeschlossen. Falls Sie die Express Tools nicht bereits bei der Erstinstallation installieren, müssen Sie das Installationsprogramm von AutoCAD 2009 später erneut aufrufen, um die Express Tools nachzuinstallieren. Wenn Sie AutoCAD bisher noch nicht installiert haben, empfehle ich Ihnen die Standardinstallation. Jedenfalls sollten Sie dafür sorgen, dass das Kontrollkästchen Express Tools bei der Installation aktiviert ist

- **Erweiterte DGN-Unterstützung:** AutoCAD 2008 unterstützte erstmals MicroStation-Zeichnungsdateien im aktuellen Format v8. AutoCAD 2009 unterstützt nun zusätzlich das ältere, aber immer noch weit verbreitete Format v7. Weitere Informationen erhalten Sie, wenn Sie im Online-Hilfeindex nach `DGN-Dateien, Informationen` suchen. (Wenn Sie nicht wissen, was DGN-Dateien sind, werden Sie sie nicht brauchen!)
- **Aktionsrekorder:** Die Aufzeichnung eigener Makros war noch nie so einfach. Wenn Sie sich dabei ertappen, dass Sie dieselben Befehle immer und immer wieder verwenden, dann können Sie sie mit dem neuen Aktionsrekorder (nicht in AutoCAD LT verfügbar) aufzeichnen und ausführen lassen. Weitere Informationen zum Aktionsrekorder finden Sie im *Workshop für neue Features* bei Autodesk oder über den Online-Hilfeindex.
- **Palette Layer-Manager:** Das Dialogfeld Layereigenschaften-Manager ist nun ein (im netten Jargon der Programmierer) »fixierbares Fenster«, das geöffnet bleiben kann, während Sie andere Dinge erledigen. Alle Änderungen, die Sie an Layereigenschaften vornehmen, werden sofort in die Zeichnung übernommen.

Ein Rundgang durch AutoCAD 2009

2

In diesem Kapitel

- Eine Rundreise durch das AutoCAD 2009-Fenster unternehmen
- Vergleich der neuen und der klassischen Oberfläche
- Ein Ausflug in die AutoCAD-Menüs
- Titelleiste, Menüleiste, Werkzeugleisten und Statusleiste entdecken
- Die Multifunktionsleiste enträtseln
- Versuche mit Paletten starten
- Den Umgang mit Paletten erlernen
- Den Zeichnungsbereich erkunden
- Die Online-Hilfe benutzen

AutoCAD 2009 ist zwar ein vollwertiges Mitglied der Windows-Welt, aber wenn Sie Windows XP verwenden oder sich erst noch mit den Neuerungen von Microsoft Office 2007 vertraut machen müssen, wird Ihnen vieles in der neuesten AutoCAD-Version noch nicht bekannt sein. Immerhin steht in der Titelleiste AutoCAD 2009, und damit ist klar, dass Sie sich im richtigen Programm befinden!

Dieses Kapitel wurde, wie auch das übrige Buch, für Leser geschrieben, die bereits mit anderen Windows-Programmen gearbeitet haben, aber bisher erst wenig oder gar keine Erfahrungen mit AutoCAD gesammelt haben. Wenn Sie bereits mit älteren Versionen von AutoCAD vertraut sind, dann dürfte der größte Teil dieses Kapitels für Sie ein alter Hut sein (auch wenn das Programm jetzt tatsächlich anders aussieht). Hier und im weiteren Verlauf des Buches werde ich Ihnen in erster Linie zeigen, wie Sie im überarbeiteten Arbeitsbereich 2D-Zeichnung & Beschriftung arbeiten. Ich werde aber auch alternative Methoden vorstellen, mit denen Sie dieselben Funktionen im Arbeitsbereich AutoCAD Klassisch erreichen können. Und weiter hinten in diesem Kapitel werde ich Ihnen sogar zeigen, wie Sie dafür sorgen können, dass die neue Version wie die alte aussieht.

2009

Standardmäßig wird beim Start von AutoCAD 2009 der Arbeitsbereich 2D-Zeichnung & Beschriftung angezeigt. Und das bleibt auch so, sofern Sie keinen anderen Arbeitsbereich verwenden. In dieser Standardumgebung gibt es nur einen Werkzeugkasten (den *Schnellzugriff-Werkzeugkasten*, der in AutoCAD 2009 hinzugekommen ist) und keine Menüleiste. Stattdessen enthält der Arbeitsbereich 2D-Zeichnung & Beschriftung zwei wichtige neue Elemente:

✔ **Menü-Browser:** Der Menü-Browser ersetzt die Menüleiste der früheren Versionen. Wenn Sie die Menüschaltfläche in der oberen linken Ecke des AutoCAD-Fensters anklicken, wird eine Liste mit Menükategorien angezeigt, die Ihnen von älteren Versionen her bekannt vorkommen dürfte und zum Beispiel die Optionen DATEI, BEARBEITEN, ANSICHT und so weiter enthält. Über den Menü-Browser können Sie auch auf die zuletzt geöffneten Dateien und benutzten Befehle zugreifen.

✔ **Multifunktionsleiste (Ribbon):** Die Multifunktionsleiste ersetzt die Werkzeugkästen, Paletten und das Dashboard der früheren AutoCAD-Versionen oder erweitert diese zumindest. Die Autodesk-Programmierer haben hier versucht, die verschiedenen Aufgaben beim Zeichnen möglichst sinnvoll zusammenzufassen und die alten Benutzeroberflächenelemente in Bereichen mit verwandten Werkzeugen zu organisieren.

Diese beiden Elemente werde ich in den folgenden Abschnitten noch ausführlicher vorstellen. Zum Glück können die eingefleischten Benutzer die AutoCAD 2009-Umgebung so zurücksetzen, dass sie ziemlich ähnlich wie die von AutoCAD 2008 aussieht. Wie das geht, werden Sie weiter hinten in diesem Kapitel erfahren.

AutoCAD fensterlt

Unabhängig davon, ob Sie ein erfahrener Benutzer einer etwas älteren Version oder ein AutoCAD 2008-Ass sind, kann ich Ihnen garantieren, dass das Zurechtfinden im neuen AutoCAD 2009 zu einer Herausforderung werden kann.

Wenn Sie bereits mit den Programmen von Microsoft Office 2007 vertraut sind (was für mich nicht zutrifft), werden Sie einige Programmfunktionen wiedererkennen, wie zum Beispiel die Multifunktionsleiste und den Menü-Browser, den Sie für die Auswahl von Befehlen oder das Ändern von Systemeinstellungen verwenden. Aber selbst wenn Ihnen das neue Aussehen von AutoCAD an einigen Stellen ein wenig vertraut vorkommt, unterscheiden sich doch viele Aspekte des Programms und einige der Möglichkeiten, mit ihm zu arbeiten, recht deutlich von anderen Windows-Programmen.

In Abhängigkeit vom gewählten Arbeitsbereich können Sie dem Programm vielfach auf mindestens fünf verschiedenen Wegen mitteilen, was es machen soll. Sie können:

✔ eine Schaltfläche in einem Werkzeugkasten anklicken,

✔ eine Option aus einem Pulldown-Menü auswählen,

✔ die Schaltfläche eines Werkzeugs in einem Bereich der Multifunktionsleiste anklicken,

✔ einen Befehl über die Tastatur eingeben oder

✔ nach einem Klick mit der rechten Maustaste eine Option im Kontextmenü auswählen.

Und dabei ist nicht notwendigerweise eine dieser Methoden die beste für alle Aufgaben.

So schick sie auch aussehen, die verschiedenen Gruppen der Multifunktionsleiste und die Nutzung des Menü-Browsers stellen doch nicht immer die effizienteste Möglichkeit zur Erledigung der Aufgaben dar. Wenn Sie wirklich produktiv arbeiten wollen, müssen Sie die Nutzung der Multifunktionsleiste mit anderen Methoden kombinieren und insbesondere Optionen über die Tastatur eingeben oder in den (mit einem Klick mit der rechten Maustaste erreichbaren) Kontextmenüs auswählen. Wie das geht, werde ich Ihnen im weiteren Verlauf des Buches zeigen.

Sie können das standardmäßig von AutoCAD 2009 verwendete Farbschema über Extras|Optionen ändern, wenn Sie im daraufhin angezeigten Dialogfeld die Registerkarte Anzeige aktivieren und dort die Schaltfläche Farben und dann im Dialogfeld Zeichnungsfensterfarben die Schaltfläche Klassische Farben wiederherstellen anklicken. AutoCAD 2009 enthält eine Reihe vordefinierter Farbschemata, die auch über die Registerkarte Anzeige im Dialogfeld Optionen erreichbar sind. Sie wurden entwickelt, um das Aussehen der neuen Benutzeroberfläche zu verbessern und tragen die genialen Bezeichnungen Hell und Dunkel. Die Unterschiede zwischen diesen beiden Farbschemata sind aber eher gering und beziehen sich auf Windows-Elemente wie die Titel- und die Taskleiste, aber nicht auf AutoCAD-Elemente wie das Fadenkreuz oder Hintergrundfarben.

Ein Bildschirm mit dem richtigen Profil

Die Bildschirmfotos und Beschreibungen in diesem und den anderen Kapiteln in diesem Buch beziehen sich auf die Standardkonfiguration von AutoCAD, also das Aussehen des Bildschirms bei Verwendung der Standardversion von AutoCAD 2009 (und nicht einer speziellen Version wie zum Beispiel AutoCAD Architectural Desktop 2009) ohne Änderung der Anzeigeeinstellungen. Sie können zwischen den verschiedenen Arbeitsbereichen über den Menü-Browser umschalten. (Klicken Sie dazu die Menüschaltfläche an und wählen Sie dann Extras|Arbeitsbereiche und AutoCAD Klassisch oder 3D-Modellierung.) Alternativ können Sie zwischen den verschiedenen Arbeitsbereichen umschalten, indem Sie die Schaltfläche Arbeitsbereichwechsel in der Statusleiste anklicken und dann einen Arbeitsbereich im Menü auswählen. Das Aussehen des Arbeitsbereichs selbst können Sie über die Einstellungen auf der Registerkarte Anzeige des Dialogfelds Optionen (Extras|Optionen|Anzeige) und durch Verschieben von Werkzeugleisten und anderen Bildschirmelementen ändern.

Die einzige Änderung, die ich für dieses Buch vorgenommen habe, besteht darin, dass ich Weiß als Hintergrundfarbe für das Zeichnungsfenster eingestellt habe, da die Abbildungen dann besser aussehen. Die standardmäßig verwendete Farbe des Hintergrunds ist in AutoCAD 2009 und AutoCAD LT 2009 kein reines Weiß. Zudem verwenden langjährige Benutzer lieber einen schwarzen Hintergrund, da der Bildschirm dann weniger stark leuchtet. (Das sollte bei Flachbildschirmen weniger problematisch sein.) Sie können bei Ihrem eigenen System einen schwarzen oder weißen Hintergrund einstellen oder es bei der Standardvorgabe belassen. Das liegt letztlich ganz bei Ihnen und ist weder richtig noch falsch. Einige der AutoCAD-Farben werden besser auf einem hellen, andere besser auf einem schwarzen Hintergrund dargestellt.

Und los geht's: Die AutoCAD-Startbildschirme

Wenn Sie AutoCAD 2009 zum ersten Mal starten, zeigt das Programm standardmäßig einen Arbeitsbereich an, der 2D-Zeichnung & Beschriftung genannt wird. Später merkt sich AutoCAD den zuletzt verwendeten Arbeitsbereich und startet mit diesem. Mit AutoCAD 2009 werden drei (im Fall von AutoCAD LT 2009 zwei) Standardarbeitsbereiche installiert:

- 2D-Zeichnung & Beschriftung: Bei diesem in Abbildung 2.1 dargestellten Arbeitsbereich handelt es sich um eine vorkonfigurierte 2D-Zeichnungsumgebung, bei der die Multifunktionsleiste mit ihren Registerkarten und Gruppen für das technische Zeichnen im zweidimensionalen Raum optimiert wurde.

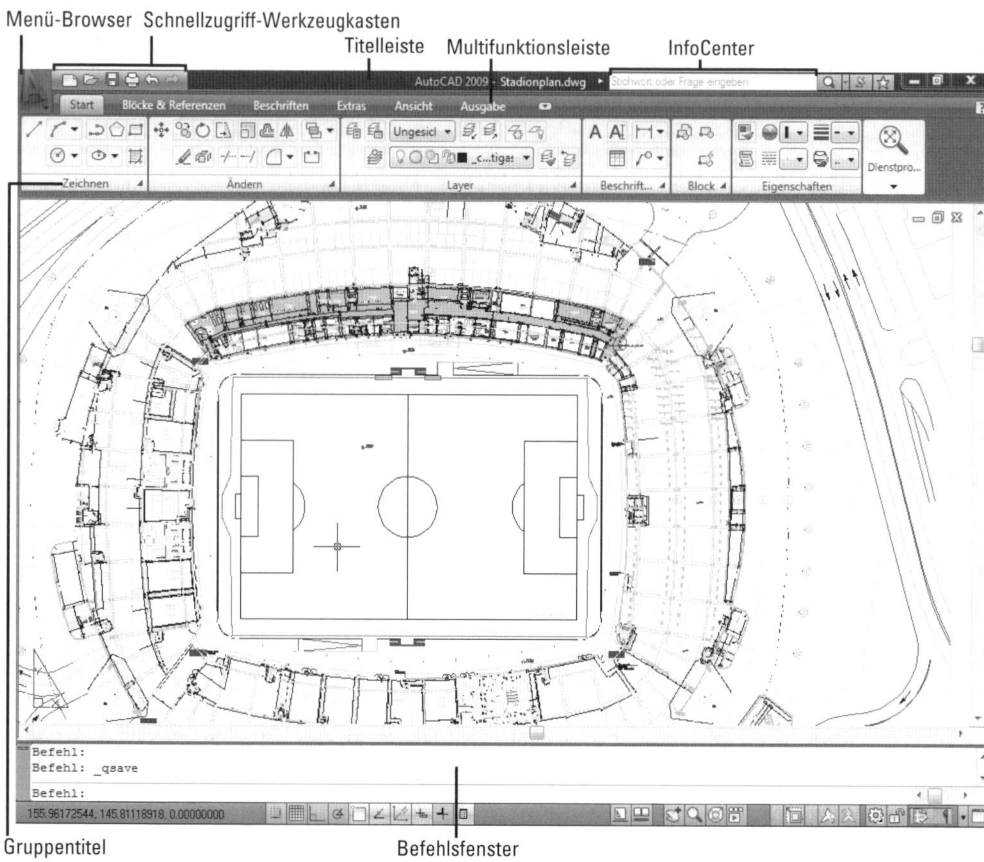

Abbildung 2.1: Wo ist mein AutoCAD? Der Arbeitsbereich 2D-Zeichnung & Beschriftung von AutoCAD 2009

- 3D-Modellierung: Dieser Arbeitsbereich, der ebenfalls eine Multifunktionsleiste verwendet, wurde für die 3D-Modellierung konfiguriert und enthält Werkzeuge für das Navigieren,

Betrachten und Zeichnen im dreidimensionalen Raum. Da die 3D-Funktionen in AutoCAD LT fehlen, gibt es diesen Arbeitsbereich dort nicht.

✔ AutoCAD Klassisch: Dieser in Abbildung 2.2 dargestellte Arbeitsbereich wurde für 2D-Zeichnungen konfiguriert, wobei Werkzeugkästen und Werkzeugpaletten verwendet werden, die denen in AutoCAD 2008 und früheren Versionen ähneln. Und sofern Sie vergessen haben sollten, mit welchem Programm Sie arbeiten, wird dieser Arbeitsbereich in AutoCAD LT AutoCAD LT Klassisch genannt.

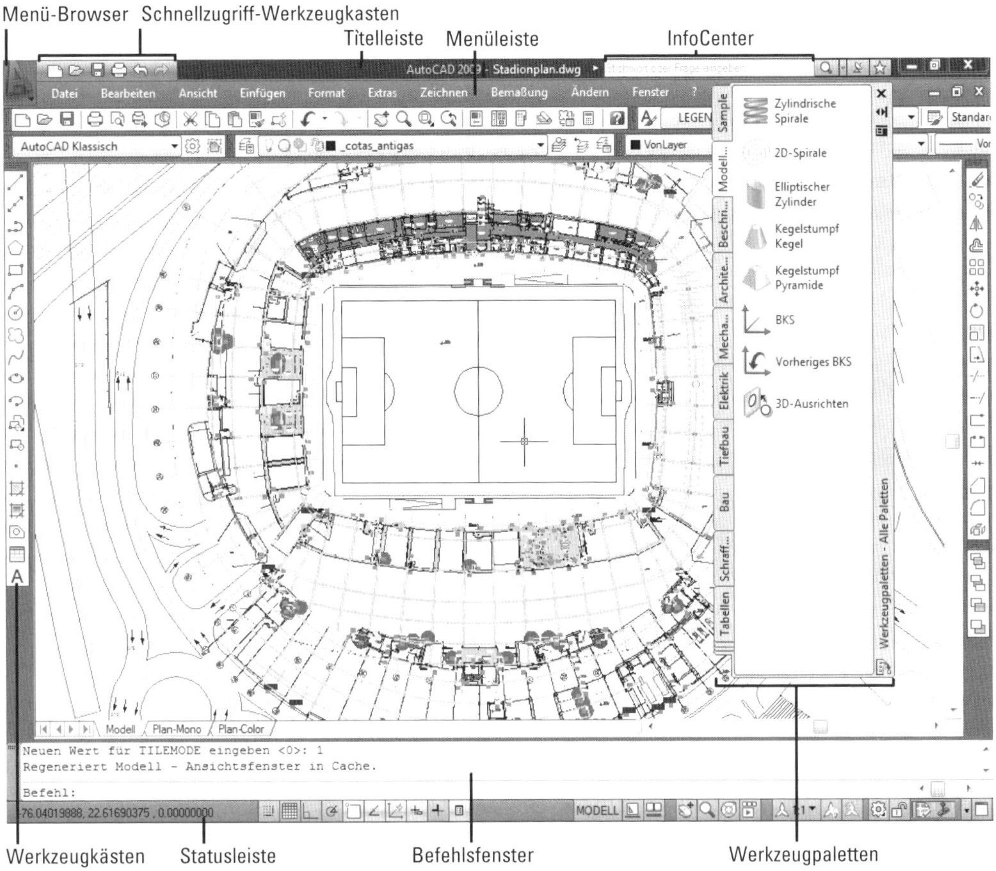

Abbildung 2.2: Vertrautes Gelände: der Arbeitsbereich AutoCAD Klassisch in AutoCAD 2009

Bei einem *Arbeitsbereich* handelt es sich um eine Zusammenstellung von Menüs, Paletten und/oder Multifunktionsleistengruppen, die speziell auf bestimmte Aufgaben (zum Beispiel 3D-Modellierung oder 2D-Zeichnen) zugeschnitten wurden. Es lassen sich leicht weitere Arbeitsbereiche erstellen, die den eigenen Anforderungen entsprechen. Mehr dazu erfahren Sie, wenn Sie in der Online-Hilfe nach dem Begriff `Arbeitsbereich` suchen.

AutoCAD mit Multifunktionsleisten ausführen

Egal, ob Sie AutoCAD 2009 unter Windows Vista oder unter Windows XP ausführen, der Standardbildschirm (siehe Abbildung 2.1) unterscheidet sich recht deutlich vom Windows-Standard. Es gibt zwar Titelleisten und eine Statusleiste, aber der Rest der Benutzeroberfläche wirkt ein wenig fremd. Zunächst werde ich die vertrauten Dinge behandeln.

Hierarchie der Titelleisten

Wie die meisten Windows-Programme besitzt auch AutoCAD eine *Titelleiste* am oberen Rand des Programmfensters, die daran erinnert, mit welchem Programm gerade gearbeitet wird. (Damit Sie das AutoCAD 2009-Fenster auf keinen Fall zum Beispiel mit dem von FreeCell oder gar AutoCAD 2008 verwechseln!)

- ✔ Rechts in der Titelleiste befinden sich die üblichen drei Windows-Schaltflächen zum Steuern von Fenstern: Minimieren, Maximieren/Wiederherstellen und Schliessen.
- ✔ Jedes nicht maximierte Zeichnungsfenster innerhalb des AutoCAD-Programmfensters besitzt eine eigene Titelleiste (siehe Abbildung 2.3). Die Steuerschaltflächen der Zeichnungsfenster können Sie dazu benutzen, um die jeweiligen Fenster und nicht das gesamte AutoCAD-Programm zu minimieren, zu maximieren/wiederherzustellen oder zu schließen.

Wie auch bei anderen Windows-Programmen werden Zeichnungsfenster beim Maximieren so vergrößert, dass sie den kompletten Zeichnungsbereich ausfüllen. Als Teil des überarbeiteten Arbeitsbereichs 2D-Zeichnung & Beschriftung von AutoCAD 2009 sind die Steuerschaltflächen im maximierten Zeichnungsfenster nach unten gewandert und befinden sich nicht mehr in der Menüleiste (die dann nicht mehr vorhanden ist), sondern in der oberen rechten Ecke des Zeichnungsbereichs selbst. Wenn Sie den Arbeitsbereich AutoCAD Klassisch benutzen, finden Sie die Steuerelemente des maximierten Fensters in der dort weiterhin vorhandenen Menüleiste. Um eine Zeichnung zu verkleinern (wiederherzustellen), um andere geöffnete Zeichnungen sehen zu können, klicken Sie auf die untere Wiederherstellen-Schaltfläche.

Die Titelleiste des Programms (ganz oben im AutoCAD-Fenster) unterscheidet sich, wie viele andere Dinge beim neu gestalteten AutoCAD 2009, von allen bisherigen Versionen. Den Programmtitel und den Namen der Zeichnung finden Sie nun mitten in der Titelleiste und nicht mehr links neben einem Programmsymbol. Die AutoCAD-Titelleiste wurde zudem um einige Elemente erweitert:

- ✔ **InfoCenter:** Hierbei handelt es sich zwar nicht um eine neue Funktion, aber die Informationszentrale für AutoCAD wurde aus ihrer alten Heimat in der Menüleiste an eine neue Position rechts in der Titelleiste verdrängt. Geben Sie einen Schlüsselbegriff ein und klicken Sie auf das Vergrößerungsglas, um weitere Informationen dazu zu erhalten, oder klicken Sie auf die Satellitenschüssel, um eine Verbindung zum *Kommunikations-Center* herzustellen und nach Updates zu suchen.

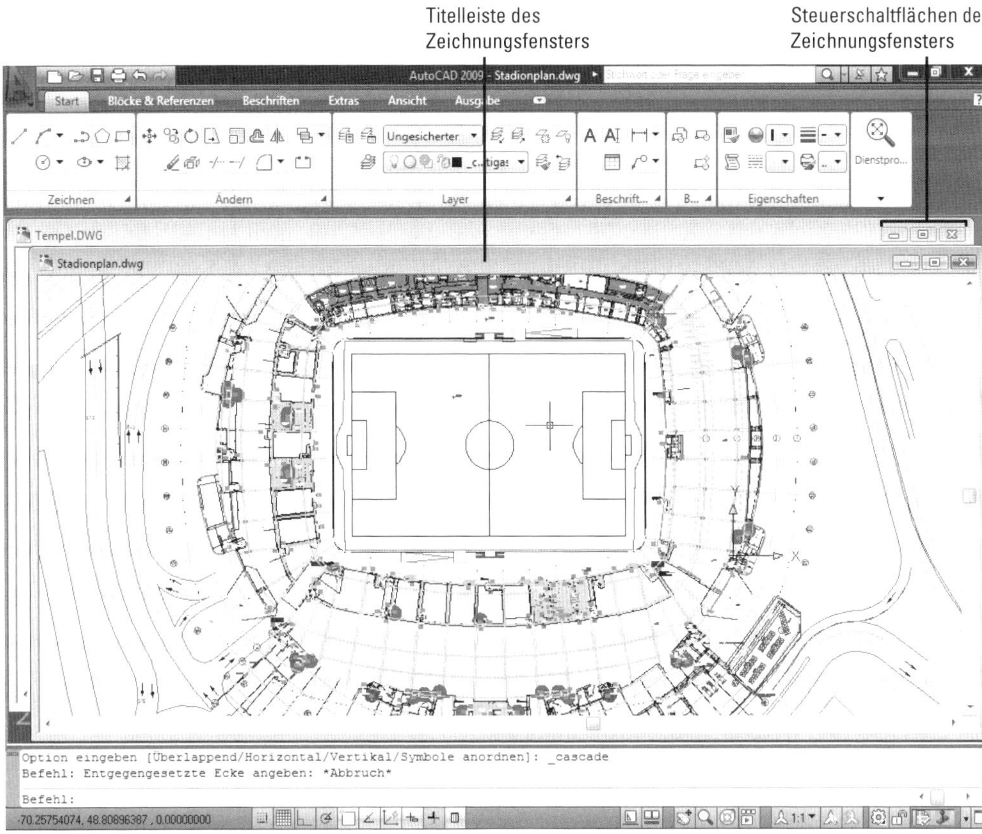

Abbildung 2.3: Das AutoCAD-Programmfenster mit wiederhergestelltem Zeichnungsfenster

- ✔ **Schnellzugriff-Werkzeugkasten:** Dieser permanent angezeigte Werkzeugkasten (der einzige, den es in allen drei Arbeitsbereichen gibt) enthält häufig verwendete Befehle an leicht zugänglicher Stelle. Sie können Schaltflächen hinzufügen oder entfernen, wenn Sie den Schnellzugriff-Werkzeugkasten mit der rechten Maustaste anklicken und im Kontextmenü SCHNELLZUGRIFF-WERKZEUGKASTEN ANPASSEN wählen. (Weitere Informationen dazu finden Sie in der Online-Hilfe.)

Wenn Sie Schnellzugriff-Werkzeugkasten mit der rechten Maustaste anklicken, finden Sie im Kontextmenü einen Rettungsanker, für den Fall, dass Sie im Programm nach Befehlen herumsuchen, die Sie früher leicht gefunden haben. Dort gibt es nämlich eine Option zur Anzeige der klassischen Menüleiste, und wenn Sie sich durch die Menüs klicken, können Sie einzelne klassische Werkzeugleisten anzeigen lassen.

Auswahl von Optionen über den Menü-Browser

Der *Menü-Browser* ähnelt in seiner Funktion der Menüleiste im Arbeitsbereich AutoCAD Klassisch und enthält die Namen aller Menüs der obersten Ebene Ihrer AutoCAD-Version. Wie bei allen unbekannten Programmen lohnt es sich auch hier, die Menüs zu durchstöbern, um sich mit den Befehlen und deren Anordnung vertraut zu machen. (Wenn der Menü-Browser keine Express-Option enthält und Sie nicht mit AutoCAD LT arbeiten, das dieses Menü nicht enthält, finden Sie am Ende von Kapitel 1 eine Anleitung zum Installieren dieser Zusatzfunktionen.)

Das große rote A

Auch wenn der Menü-Browser funktional der klassischen AutoCAD-Menüleiste ähnelt, können Sie dort noch eine Menge mehr finden. Neben den Überschriften der eigentlichen Menüabschnitte, deren Details im rechten Bereich des Menü-Browsers angezeigt werden, zählen zu den weiteren Funktionen:

- ✔ **Letzte Dokumente:** Wenn Sie diese Option auswählen, wird im rechten Bereich eine Liste der Zeichnungen angezeigt, die Sie zuletzt bearbeitet haben, die aber aktuell nicht geöffnet sind. Sie können sich diese als einfache Liste oder mit Miniaturbildern anzeigen lassen (siehe Abbildung 2.4). Sie können Zeichnungen auch »fixieren«, um dafür zu sorgen, dass sie nicht aus der Liste verdrängt werden, wenn weitere Zeichnungen in die Liste aufgenommen werden. Und natürlich werden die entsprechenden Zeichnungen geöffnet, wenn Sie eines der Symbole in der Liste anklicken.

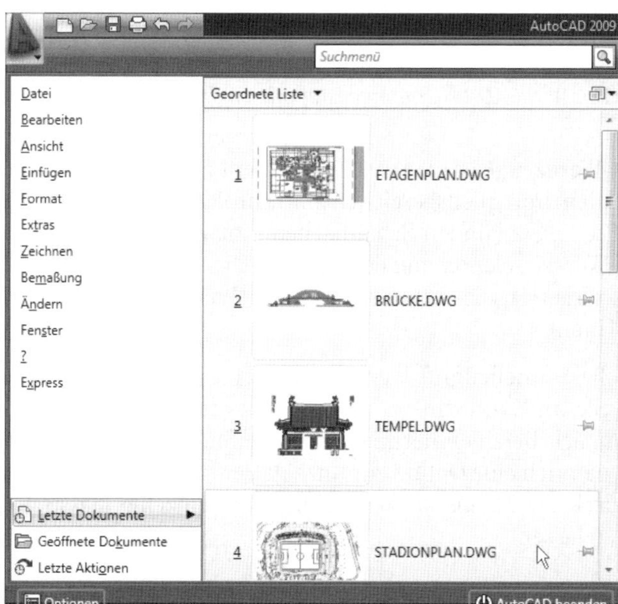

Abbildung 2.4: Die Suche nach der Zeichnung, an der Sie gestern gearbeitet haben

- ✔ **Geöffnete Dokumente:** Wählen Sie diese Option, um sich bereits geöffnete Zeichnungen anzeigen zu lassen und/oder zu ihnen zu wechseln. Dies entspricht der Funktion der Tastenkombination [Strg]+[⭾], mit der Sie in Windows-Programmen zwischen geöffneten Dokumenten umschalten können. Diese Funktion arbeitet prinzipiell wie die neue Funktion Schnellansicht-Zeichnungen, die weiter hinten in diesem Kapitel im Abschnitt »Ein neugieriger Blick auf die Statusleiste« beschrieben wird.
- ✔ **Letzte Aktionen:** Wenn Sie diese Option anklicken, wird eine Liste der zuletzt ausgeführten Befehle angezeigt. Alte AutoCAD-Hasen wissen vielleicht, dass sie sich mit einem Klick mit der rechten Maustaste im Befehlsfenster über das Kontextmenü eine Liste der zuletzt verwendeten Befehle anzeigen lassen können. Die über die Option Letzte Aktionen im Menü-Browser angezeigte Liste ist aber in mehrfacher Hinsicht besser: Erstens sind hier nicht nur die Befehlsnamen vermerkt, sondern auch Befehlsoptionen, und zweitens lassen sich Aktionen »fixieren«, die immer wieder benötigt werden, sodass sie nicht mehr aus der Liste herausgeschoben werden können, wenn neue Aktionen in die Liste aufgenommen werden.
- ✔ **Suchmenü:** Wenn Sie sich bei einem Befehlsnamen nicht sicher sind oder Hilfe zu einem bestimmten Thema benötigen, dann können Sie im Suchmenü des Menü-Browsers einfach mit dem Eintippen eines Suchbegriffs beginnen. AutoCAD 2009 zeigt sehr schnell eine Liste mit verschiedenen Kategorien an, die auch Links enthält, über die die entsprechenden Befehle ausgeführt oder auf die Online-Hilfe zugegriffen werden kann (siehe Abbildung 2.5).

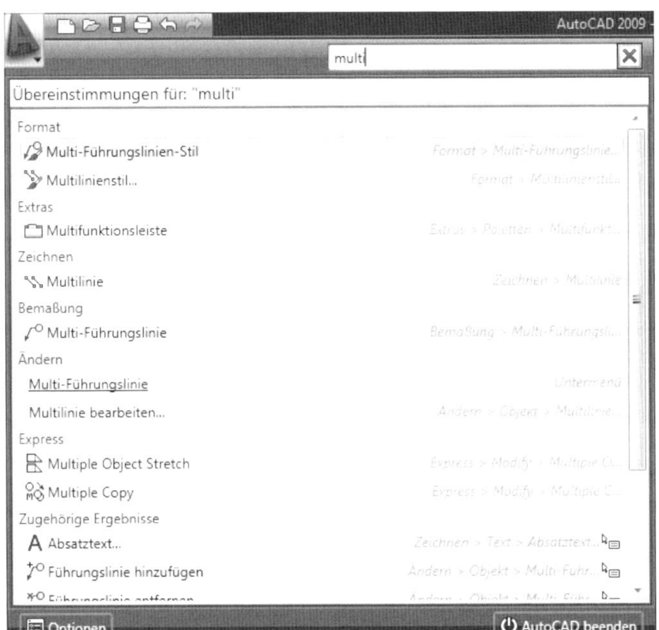

Abbildung 2.5: Wenn Sie in der Multifunktionsleiste oder bei den Schaltflächen nicht fündig werden, dann beginnen Sie einfach zu tippen!

Die Multifunktionsleiste entwirren

AutoCAD 2009 bietet ein völlig neues Fahrgefühl. In AutoCAD 2008 und älteren Versionen hatten Sie es mit einer Menge Paletten, Werkzeugkästen und dem Befehlsnavigator (Dashboard) zu tun, wenn Sie nach bestimmten Befehlen gesucht haben. Nun befindet sich alles (na ja, fast alles) an einer Stelle, nämlich in der Multifunktionsleiste. Das setzt natürlich voraus, dass Sie den Arbeitsbereich 2D-Zeichnung & Beschriftung verwenden. Wenn Sie lieber beim Arbeitsbereich AutoCAD Klassisch bleiben wollen, dann können Sie diesen Abschnitt überspringen und beim Abschnitt »Quer durch die klassischen Werkzeugleisten« weiter hinten in diesem Kapitel mit dem Lesen fortfahren. Wenn Sie es hier aber ein wenig länger aushalten, dann können Sie ein wenig darüber erfahren, was Ihnen ansonsten vielleicht entgeht.

Das wichtigste Element der Benutzeroberfläche in den beiden Arbeitsbereichen 2D-Zeichnung & Beschriftung und 3D-Modellierung bildet die *Multifunktionsleiste*, ein anpassbarer Bereich, der verschiedene Zusammenstellungen von Registerkarten und aufgabenorientierten Gruppen enthält. Einige der Gruppen (die unten rechts mit einem kleinen schwarzen Dreieck versehen sind) enthalten weitere verborgene Werkzeuge (siehe Abbildung 2.6). Klicken Sie den Gruppentitel beziehungsweise das kleine Dreieck an, um die weiteren Optionen im Einblendfenster anzeigen zu lassen. Sie können die Pinnnadel-Schaltfläche anklicken, um die erweiterten Optionen dauerhaft anzeigen zu lassen. Ansonsten wird dieser Bereich nach dem Anklicken einer Schaltfläche wieder geschlossen.

Die Autodesk-Programmierer sehen in der Multifunktionsleiste eine alternative Möglichkeit zur Bedienung des Programms. Theoretisch eliminiert die Multifunktionsleiste den Bedarf an Menüs und eigenständigen Werkzeugkästen, auch wenn man das vielleicht anders sehen kann, wenn man Neuerungen gegenüber skeptisch eingestellt ist. Auch wenn ich in diesem Buch nicht weiter darauf eingehen werde, ist die Multifunktionsleiste vollständig anpassbar. Wenn Sie mehr darüber wissen wollen, sollten Sie das Handbuch für Benutzeranpassungen in der Online-Hilfe von AutoCAD 2009 lesen.

Standardmäßig befindet sich die Multifunktionsleiste am oberen Rand des Bildschirms, aber sie kann auch an den anderen Rändern angedockt werden, links oder rechts im AutoCAD-Fenster verankert oder frei schwebend. Um ein wenig Platz auf dem Bildschirm zu gewinnen, können Sie die kleine weiße Schaltfläche rechts neben dem Namen der letzten Registerkarte oben in der Multifunktionsleiste anklicken, um die Multifunktionsleiste zu »schrumpfen«, erst auf die Registerkarten und die Gruppentitel und dann nur auf die Registerkarten.

Die Registerkarten sind nicht wie Menüs mit Befehlsgruppen wie Zeichnen, Bearbeiten, Einfügen und so weiter, sondern wie folgt organisiert:

- **Start:** Die Registerkarte Start enthält die Gruppen Zeichnen, Ändern, Layer, Beschriftung, Block, Eigenschaften und Dienstprogramme. (In Abhängigkeit von der Bildschirmauflösung werden einige Gruppen möglicherweise nicht vollständig angezeigt.) Die meisten der Befehle in diesen Gruppen werde ich in den verschiedenen Teilen dieses Buches behandeln.

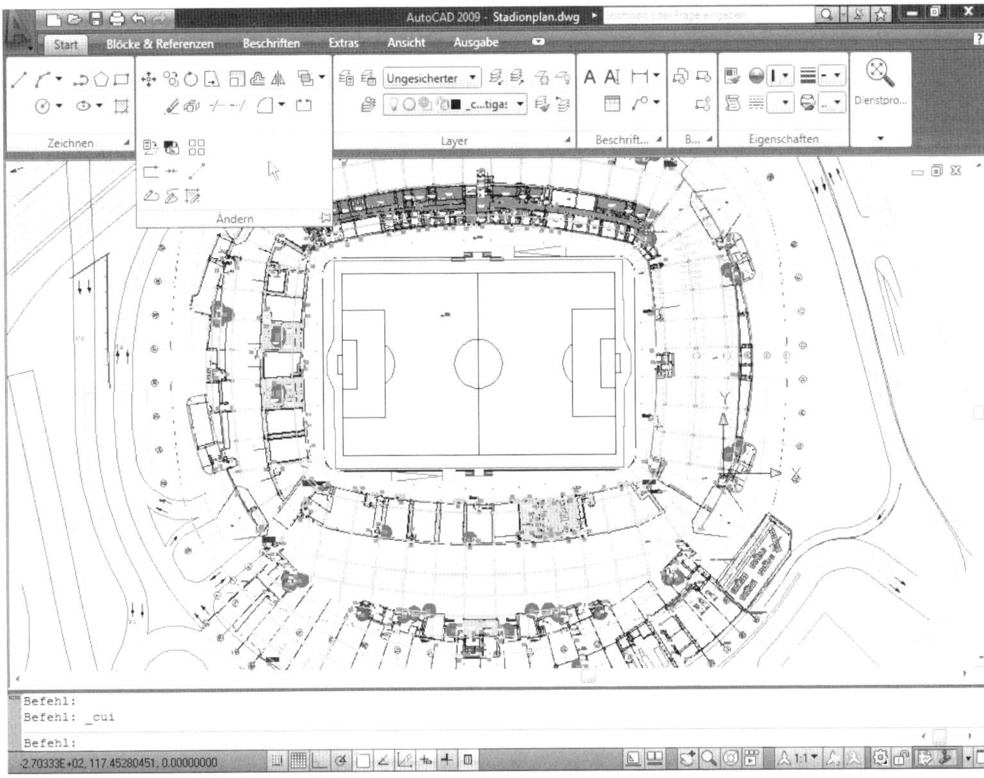

Abbildung 2.6: Weitere Werkzeuge, die über die Multifunktionsleiste genutzt werden können, im Einblendfenster

- ✔ **Blöcke & Referenzen:** Auf dieser Registerkarte befinden sich neben den Gruppen Block und Referenz (Überraschung!) auch Import-Befehle und eine Reihe von Befehlen für die Arbeit mit nicht-grafischen Informationen, wie zum Beispiel Feldern und Datenverknüpfungen. Blöcke und Referenzen werden in diesem Buch zwar behandelt, Werkzeuge für den Import und die Bearbeitung von Daten würden aber den verfügbaren Rahmen sprengen.

- ✔ **Beschriften:** Die Registerkarte Beschriften erweitert die minimalistische Gruppe Beschriftung auf der Registerkarte Start um vielfältige Optionen zum Erstellen von Text, Bemaßungen, Führungslinien und Tabellen und enthält Markierungsfunktionen sowie ein paar Werkzeuge zum Skalieren von Beschriftungen.

- ✔ **Extras:** Hier befinden sich besondere Werkzeuge, wie in diesen großen roten oder blauen Werkzeugkästen. Diese Registerkarte enthält Gruppen für den Zugriff auf den Aktionsrekorder (nicht in AutoCAD LT verfügbar) und eine Reihe von Werkzeugen zum Verwalten und Anpassen von Zeichnungen, die in diesem Buch größtenteils nicht behandelt werden.

- ✔ **Ansicht:** Die Registerkarte Ansicht enthält Gruppen für das Arbeiten mit Benutzerkoordinatensystemen (BKS) und Ansichten sowie mehrere Gruppen für das Arbeiten mit

Fensterfunktionen (zum Beispiel die überlappende Darstellung geöffneter Dateien oder die Anzeige verschiedener Teile des Anwendungsfensters). Mit Ansichtsfenstern werden wir uns in Kapitel 5 befassen, während die anderen Funktionen auf dieser Registerkarte nicht behandelt werden. Beim 2D-Zeichnen werden Sie nur selten das Benutzerkoordinatensystem ändern müssen, und die meisten Funktionen in den anderen Gruppen lassen sich über andere Bereiche des Programms bequemer erreichen.

✔ **Ausgabe:** Über die Gruppen auf dieser Registerkarte können Sie Zeichnungen weitergeben, indem Sie sie drucken, publizieren oder einfach auf elektronischem Wege an andere versenden. Einige dieser Funktionen werden in Kapitel 16 behandelt.

Zurück zum klassischen Aussehen

Ich habe mich um den Arbeitsbereich 2D-Zeichnung & Beschriftung nicht weiter gekümmert, als er in AutoCAD 2007 erstmals auf der Bildfläche erschien. Dank der Multifunktionsleiste bin ich ihm aber mittlerweile verfallen. Ich arbeite vorwiegend im Arbeitsbereich 2D-Zeichnung & Beschriftung, und dieser wird auch in den meisten Abbildungen in diesem Buch dargestellt. Falls Sie lieber den Arbeitsbereich AutoCAD Klassisch benutzen, werde ich aber auch immer alternative Anleitungen mitliefern.

Wechsel der Arbeitsbereiche

Wenn Sie eine Zeichnung im traditionellen, klassischen AutoCAD-Arbeitsbereich öffnen oder erstellen wollen, dann führen Sie die folgenden Schritte durch:

1. **Klicken Sie auf den Menü-Browser, um ihn zu öffnen, und wählen Sie Extras|Arbeitsbereiche|AutoCAD Klassisch.**

   Sofern einer der beiden Arbeitsbereiche 3D-Modellierung oder 2D-Zeichnung & Beschriftung eingestellt war, öffnen und schließen sich nun eine Reihe von Bereichen der Multifunktionsleiste und Paletten. Schließlich werden eine Menüleiste, einige vertraut aussehende Werkzeugleisten oben, links und rechts vom Zeichnungsbereich und eine schwebende Werkzeugpalette etwa in der Mitte des Fensters angezeigt. (Kümmern Sie sich vorläufig nicht weiter um die Werkzeugpalette. Darauf werde ich später noch eingehen.) Sehen Sie sich einmal Abbildung 2.2 an, um sich einen Eindruck von der Standardkonfiguration des Arbeitsbereichs AutoCAD Klassisch zu verschaffen.

2. **Klicken Sie im Schnellzugriff-Werkzeugkasten auf SNeu, um ein neue Datei zu erstellen, oder Öffnen, um eine vorhandene 2D-AutoCAD-Zeichnung in den Zeichnungsbereich zu laden.**

   Wenn Sie SNeu anklicken, wird das Dialogfeld Vorlage wählen angezeigt. Wenn Sie Öffnen anklicken, wird das Dialogfeld Datei wählen angezeigt.

Wenn das Dialogfeld Vorlage wählen nicht nach dem Anklicken von SNeu angezeigt wird, wurde Ihr AutoCAD so konfiguriert, dass beim Erstellen einer neuen Zeichnung automatisch eine bestimmte Vorlage geladen wird. Wählen Sie dann in der klassischen Menüleiste Datei|Neu.

3. **Wenn Sie eine neue Datei erstellt haben, wählen Sie `acadiso.dwt` für die Arbeit mit metrischen Einheiten und klicken dann Öffnen an. (In LT lautet der auszuwählende Dateiname `acadltiso.dwt`.)**

   AutoCAD öffnet eine neue, leere Zeichnung auf der Grundlage der ausgewählten Vorlage. Wenn Sie sich in Schritt 2 für das Öffnen einer vorhandenen Datei entschieden haben, wählen Sie die entsprechende Datei im Dialogfeld Datei wählen aus und klicken dann Öffnen an.

Wenn Sie nur den Arbeitsbereich wechseln wollen, ohne eine andere Datei zu öffnen, können Sie statt über den Menü-Browser zu gehen die Schaltfläche Arbeitsbereichwechsel rechts in der Statusleiste anklicken und den gewünschten Arbeitsbereich im Menü auswählen.

Um von einem der 2D-Arbeitsbereiche in den Arbeitsbereich 3D-Modellierung zu wechseln, gehen Sie wie folgt vor:

1. **Wählen Sie im Menü-Browser Extras|Arbeitsbereiche|3D-Modellierung. (Oder wählen Sie in der klassischen Menüleiste Extras|Arbeitsbereiche|3D-Modellierung.)**

   Nach ein wenig Zischen und Surren fügt AutoCAD die Registerkarte Modellieren zu den Werkzeugpaletten hinzu und etliche 3D-Gruppen in die Multifunktionsleiste ein. (Wie ich in der Einführung zu diesem Buch erwähnt habe, wird die 3D-Modellierung in *AutoCAD für Dummies* nicht behandelt. Wenn Sie sich für dieses Thema interessieren, sollten Sie einen Blick in die Online-Hilfe werfen.)

In AutoCAD LT gibt es weder einen 3D-Arbeitsbereich noch 3D-Vorlagen. Wählen Sie also 2D-Zeichnung & Beschriftung (den einzigen anderen Arbeitsbereich) und dann `acadltiso.dwt` zum Arbeiten mit metrischen Einheiten.

2. **Klicken Sie im Schnellzugriff-Werkzeugkasten auf die Option SNeu, um eine neue Datei zu erstellen, oder klicken Sie auf Öffnen, um eine vorhandene AutoCAD-Datei mit einem 3D-Modell zu öffnen.**

   Wenn Sie sich für das Erstellen einer neuen Datei entschieden haben, wird das Dialogfeld Vorlage wählen angezeigt. Wenn Sie Öffnen angeklickt haben, wird das Dialogfeld Datei wählen angezeigt.

3. **Wenn Sie eine neue Datei erstellen wollen, wählen Sie `acadiso3d.dwt`, um mit metrischen Einheiten zu arbeiten, und klicken dann Öffnen an.**

Quer durch die klassischen Werkzeugleisten

Wie auch in anderen eher traditionellen Windows-Programmen können Sie über die Werkzeugleisten (die in AutoCAD auch Werkzeugkästen genannt werden) im klassischen Arbeitsbereich von AutoCAD schnell auf die am häufigsten benötigten AutoCAD-Befehle zugreifen. AutoCAD 2009 wird mit Werkzeugleisten in dieser Standardanordnung ausgeliefert:

- ✔ **Werkzeugleiste STANDARD:** Sie befindet sich oben, direkt unter der Menüleiste. Hier finden Sie Dateiverwaltungsfunktionen, andere allgemeine Windows-Funktionen sowie ein paar spezielle AutoCAD-Funktionen, wie zum Beispiel Zoomen und Pannen.
- ✔ **Werkzeugleiste STILE:** Diese befindet sich rechts neben der STANDARD-Werkzeugleiste und dient der Formatierung von Texten, Bemaßungen, Führungslinien und Tabellen von AutoCAD. Diese Funktionen werden in den Kapiteln 13 und 14 vorgestellt.
- ✔ **Werkzeugleiste ARBEITSBEREICHE:** Diese befindet sich links unter der Werkzeugleiste STANDARD und kann zum Umschalten zwischen oder zum Verwalten von Arbeitsbereichen benutzt werden.
- ✔ **Werkzeugleiste LAYER:** Der Layereigenschaften-Manager befindet sich rechts unter der Werkzeugleiste STANDARD und enthält Dropdown-Listen zum Ändern von *Layern* und damit die grundlegenden Hilfsmittel zum Verwalten und Formatieren von Objekten in AutoCAD. Kapitel 6 enthält Näheres über Layer.
- ✔ **Werkzeugleiste EIGENSCHAFTEN:** Diese befindet sich rechts neben der Werkzeugleiste LAYER. Sie dient der Formatierung von AutoCAD-Objekteigenschaften, wie zum Beispiel Farben, Linientypen und Linienstärken. Werfen Sie einmal einen Blick in Kapitel 6, wenn Sie sich eingehender mit den AutoCAD-Objekteigenschaften befassen wollen.
- ✔ **Werkzeugleiste ZEICHNEN:** Diese schmiegt sich senkrecht an den äußeren linken Rand des Fensters an und enthält die gebräuchlichsten Befehle des Menüs ZEICHNEN. In den Kapiteln 8 und 9 werden die meisten Elemente dieser Werkzeugleiste behandelt.
- ✔ **Werkzeugleiste ÄNDERN:** Diese befindet sich senkrecht am rechten äußeren Rand des Fensters und enthält die meisten gebräuchlichen Befehle des Menüs ÄNDERN. In Kapitel 11 finden Sie nahezu alle Einzelheiten zu dieser Werkzeugleiste.
- ✔ **Werkzeugleiste ZEICHNUNGSREIHENFOLGE:** Diese finden Sie am rechten äußeren Fensterrand unterhalb der Werkzeugleiste ÄNDERN. Sie enthält Befehle, mit denen Sie steuern können, welche Objekte vor anderen Objekten angezeigt werden. Wenn Sie auf diese Funktionen zurückgreifen wollen, erfahren Sie darüber mehr in der Befehlsreferenz beim Befehl `ZEICHENREIHENF` in der Online-Hilfe von AutoCAD.

Wie auch in anderen Windows-Programmen können Sie die Werkzeugleisten neu anordnen, öffnen und schließen:

- ✔ Zum Verschieben einer Werkzeugleiste klicken Sie auf den grauen Balken am linken oder oberen Rand der Werkzeugleiste, halten die Maustaste gedrückt und ziehen die Leiste an eine andere Position.

- ✔ Um Werkzeugleisten zu öffnen oder zu schließen, klicken Sie auf eine beliebige Schaltfläche der Werkzeugleiste mit der rechten Maustaste und wählen eine Option in der Liste der verfügbaren Werkzeugleisten aus. Alternativ können Sie in der klassischen Menüleiste von AutoCAD EXTRAS|WERKZEUGKÄSTEN|AUTOCAD wählen.

Mit dem Programm vertraut werden

Im weiteren Verlauf des Buches werde ich mich auf das 2D-Zeichnen konzentrieren, das einen weit einfacheren ersten Einstieg in AutoCAD erlaubt. Und wenn Sie das nicht bereits erledigt haben, dann sollten Sie jetzt über den Menü-Browser oder die Schaltfläche ARBEITSBEREICHWECHSEL wieder zum Arbeitsbereich 2D-ZEICHNUNG & BESCHRIFTUNG wechseln. Anschließend zeigt AutoCAD wieder die Benutzeroberfläche an, die in Abbildung 2.1 dargestellt wird.

Die Schaltflächen für die Werkzeuge in AutoCAD bieten *QuickInfos*, jene Kurzbeschreibungen, die in kleinen Textfeldern angezeigt werden, wenn man den Mauszeiger über eine Schaltfläche führt. In AutoCAD 2009 zeigen die QuickInfos die Informationen zweistufig an. Wenn Sie den Zeiger über die Schaltfläche eines Werkzeugs führen, sehen Sie zunächst eine kurze Beschreibung des Befehls. Wenn der Mauszeiger über der Schaltfläche verweilt, wird eine ausführlichere Beschreibung der Funktion des Symbols, häufig mit einer Illustration, in einer erweiterten QuickInfo angezeigt. So hilfreich diese Informationen bei den ersten Schritten mit AutoCAD auch sind, werden Sie sie wahrscheinlich früher oder später deaktivieren wollen. Dies erreichen Sie über EXTRAS|OPTIONEN. (Weitere Informationen dazu finden Sie in der Online-Hilfe.)

Ein neugieriger Blick auf die Statusleiste

Die *Statusleiste* wird am unteren Rand des AutoCAD-Fensters angezeigt (siehe Abbildung 2.7). Hier werden verschiedene wichtige Zeichenmodi, Hilfen und Einstellungen für die aktuelle Zeichnung angezeigt und lassen sich hierüber auch ändern.

Sie können die Schaltflächen der Statusleiste so einrichten, dass Symbole oder die für Benutzer älterer Versionen vertrauten Texte auf den Schaltflächen angezeigt werden. Um zwischen den Darstellungen umzuschalten, klicken Sie eine der Schaltflächen für die Zeichnungsmodi links in der Statusleiste mit der rechten Maustaste an und wählen im Kontextmenü SYMBOLE VERWENDEN.

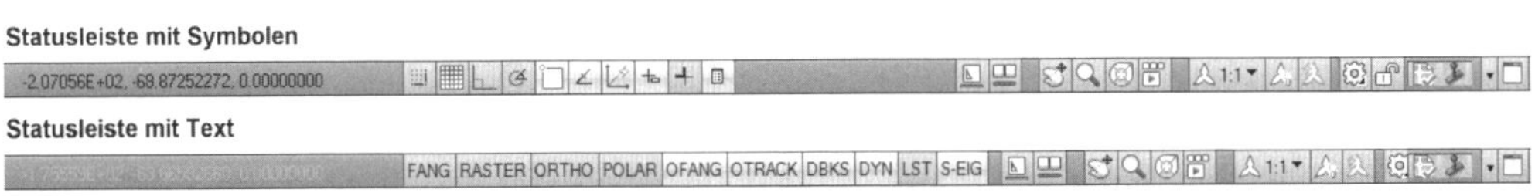

Abbildung 2.7: Statusleisten im Vergleich

Einige dieser Einstellungen lassen sich erst dann sinnvoll einsetzen, wenn die AutoCAD-Befehle verwendet werden, auf die sie sich beziehen. Dennoch sollen auch diese Einstellungen nachfolgend kurz beschrieben werden, wobei ich jeweils auf ausführlichere Darstellungen an anderer Stelle des Buches verweise:

- **Koordinaten des Cursors:** Bei den *Cursorkoordinaten* lässt sich die aktuelle X,Y,Z-Position des Cursors im Zeichnungsbereich relativ zum Ursprung (mit den Koordinaten 0,0,0) ablesen. In Kapitel 7 werden die Konventionen im Zusammenhang mit Koordinaten in AutoCAD und die Nutzung dieses Bereichs der Statusleiste beschrieben.

Wenn die Koordinaten in der unteren linken Ecke des Bildschirms heller angezeigt und nicht aktualisiert werden, ist die Koordinatenanzeige abgeschaltet. Klicken Sie auf diesen Bereich in der Statusleiste, damit die Koordinaten wieder schwarz angezeigt und bei jeder Bewegung des Mauszeigers aktualisiert werden.

- **FANGMODUS, RASTERANZEIGE und ORTHO-MODUS:** Diese drei Schaltflächen steuern drei AutoCAD-Funktionen, die für Genauigkeit beim Zeichnen und Bearbeiten sorgen sollen:

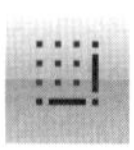

  - FANGMODUS schränkt die Zeigerbewegung auf in regelmäßigen Abständen gesetzte Rasterpunkte ein, sodass Objekte mit festem Abstand voneinander leichter gezeichnet werden können.

  - RASTERANZEIGE blendet in regelmäßigen Abständen Punkte auf dem Bildschirm ein, die als Anhaltspunkte für Entfernungen dienen.

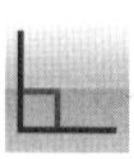

  - ORTHO-MODUS schränkt die Bewegung des Zeigers horizontal und vertikal ein, um das Zeichnen orthogonaler (gerade horizontale und vertikale) Linien zu vereinfachen. In Kapitel 4 erfahren Sie, wann und wie Sie den Ortho-Modus beim Zeichnen benutzen können.

- **SPURVERFOLGUNG:** Bei der polaren Spurverfolgung »bevorzugt« der Zeiger beim Zeichnen und Bearbeiten von Objekten bestimmte Winkel. Standardmäßig handelt es sich bei den bevorzugten Winkeln um Vielfache von 90 Grad, es lassen sich aber auch andere Schrittweiten einstellen. Die Spurverfolgung kann durch Anklicken der Schaltfläche SPURVERFOLGUNG aktiviert beziehungsweise deaktiviert werden. Die Spurverfolgung und der Ortho-Modus schließen sich gegenseitig aus. Wenn einer dieser Modi aktiviert wird, wird der jeweils andere abgeschaltet.

- **OBJEKTFANG (`OFang`) und OBJEKTFANGSPUR:** Der *Objektfang* ist ein weiteres Hilfsmittel, das für Präzision beim Zeichnen und Bearbeiten sorgt. Sie benutzen den Objektfang, um Punkte vorhandener Objekte »einzufangen«, wie zum Beispiel den Endpunkt einer Linie oder den Mittelpunkt eines Kreises.

  - Wenn Sie den *Objektfang* aktivieren, sucht AutoCAD laufend nach Objektfangpunkten. In Kapitel 7 finden Sie detaillierte Anleitungen zur Verwendung dieser Funktion.

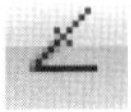

- Wenn Sie die *Objektfangspur* aktivieren, sucht AutoCAD auf etwas anspruchsvollere Weise nach Punkten, die von Objektfangpunkten abgeleitet werden. Diese anspruchsvollere Funktion wird in Kapitel 7 kurz beschrieben.

✔ **Dynamisches BKS:** Diese Option unterstützt die Erstellung von 3D-Objekten (und ist daher in AutoCAD LT nicht vorhanden). Wie in der Einleitung erwähnt, wird die 3D-Modellierung in diesem Buch nicht behandelt.

✔ **Dynamische Eingabe:** Bei aktivierter *dynamischer Eingabe* werden Befehle, Optionen, Eingabeaufforderungen und Benutzereingaben in einem QuickInfo-Fenster neben dem Fadenkreuz angezeigt. Dadurch können Sie sich besser auf das Zeichnen konzentrieren. Des Weiteren zeigt das dynamische QuickInfo-Fenster Ihre Antworten auf Eingabeaufforderungen an. Die dynamische Eingabe werde ich weiter hinten in diesem Kapitel beschreiben.

✔ **Linienstärke anzeigen/ausblenden (LST):** Eine der Eigenschaften, die Objekten in AutoCAD zugewiesen werden kann, ist die *Linienstärke*, die Breite, mit der Linien in der Zeichnung beim Plotten dargestellt werden. Diese Schaltfläche steuert, ob die Linienstärke auf dem Bildschirm angezeigt wird. (Diese Schaltfläche steuert nicht, ob die Linienstärke im Plot verwendet wird. Dabei handelt es sich um eine eigene Einstellung im Dialogfeld Plotten.) Kapitel 6 enthält die Fakten zum Thema Linienstärke.

✔ **Schnelleigenschaften:** Wenn Schnelleigenschaften (neu in AutoCAD 2009) aktiviert ist, wird bei der Auswahl eines Objekts in der Zeichnung ein Popup-Fenster angezeigt, in dem die wichtigsten Eigenschaften des Objekts aufgeführt werden. Sie können festlegen, welche Eigenschaften angezeigt werden sollen, wenn Sie die Schnelleigenschaften-Schaltfläche mit der rechten Maustaste anklicken und die Option Einstellungen wählen. Mehr über Objekteigenschaften erfahren Sie in Kapitel 6.

Auf der rechten Seite der Statusleiste finden Sie einige neue Schaltflächen. Schnellansicht-Layouts und Schnellansicht-Zeichnungen sind neue Funktionen in AutoCAD 2009, und darüber hinaus gibt es hier nun auch für einige Anzeigebefehle Schaltflächen, wie zum Beispiel für PAN, ZOOM und die neuen Funktionen SteeringWheel und ShowMotion.

Auf der rechten Seite der Statusleiste finden Sie die folgenden Schaltflächen:

✔ **Modell/Layout:** Wie ich im Abschnitt »Die Hauptstrecke: Der Zeichnungsbereich« weiter hinten in diesem Kapitel eingehender erläutere, setzt sich der Zeichnungsbereich standardmäßig aus sich überlagernden Bereichen mit den Bezeichnungen Modell, Layout1 und Layout2 zusammen. Wenn Sie die Schaltfläche Modell anklicken, wird der Teil der Zeichnung angezeigt, der *Modellbereich* genannt wird, in dem Sie Ihre Zeichnungen vorwiegend erstellen. Wenn Sie die Layout-Schaltfläche anklicken, wird das Layout eines *Papierbereichs* angezeigt, in dem Sie eine für das Plotten bestimmte Ansicht mit einem Titelblock erstellen können. Ein fertiges Layout enthält eine oder mehrere *Ansichten*, die einige oder alle Objekte des *Modellbereichs* in einem bestimmten Maßstab erfassen. Mehr über Ansichten und Layouts erfahren Sie in Kapitel 5.

- ✔ **Schnellansicht-Layouts:** Wenn Sie diese Schaltfläche anklicken, wird eine horizontale Reihe mit kleinen Bildern aller Layouts in der aktuellen Zeichnung angezeigt. Klicken Sie das Bild eines Layouts an, um das entsprechende Layout zu aktivieren. Die Schnellansicht-Werkzeugleiste unter den Bildern enthält Schaltflächen, über die Sie die Schnellansicht-Werkzeugleiste fixieren können, damit sie geöffnet bleibt, sowie ein neues Layout erstellen, das ausgewählte Layout publizieren und die Ansicht Schnellansicht-Layouts schließen können. Das Erstellen von Layouts behandle ich in Kapitel 5 und das Publizieren in Kapitel 16.

- ✔ **Schnellansicht-Zeichnungen:** Wenn Sie diese Schaltfläche anklicken, wird eine horizontale Reihe mit Bildern aller aktuell geöffneten Zeichnungen angezeigt. Klicken Sie eines der Bilder an, um die betreffende Zeichnung zu aktivieren. (Ja, das ist praktisch so, als ob Sie Strg+Tab drücken würden!) Schnellansicht-Zeichnungen umfasst dieselbe Schnellansicht-Werkzeugleiste wie Schnellansicht-Layouts.

- ✔ **Pan und Zoom:** Diese beiden Schaltflächen bieten Zugriff auf die zwei häufig verwendeten Anzeigebefehle `PAN` und `ZOOM`. Diese und weitere Befehle zur Steuerung der Anzeige werden in Kapitel 12 beschrieben.

- ✔ **SteeringWheel (Navigationsrad):** Vielleicht haben Sie sich bereits gefragt, wann sich dieses »Lenkrad« nutzbringend einsetzen lässt. Und da es schon ein Lenkrad in AutoCAD gibt, kann es wohl nicht mehr lange dauern, bis auch ein Gaspedal im Programm zu finden ist. SteeringWheels werden in der Online-Hilfe als in Segmente unterteilte Menüs beschrieben, um mehrere Navigationswerkzeuge in einem einzelnen Bedienelement zu kombinieren. In Kapitel 12 gehe ich kurz auf dieses »Lenkrad« ein. Hier soll aber schon einmal darauf hingewiesen werden, dass es im Zusammenhang mit 2D-Zeichnungen kaum nützlich ist.

- ✔ **ShowMotion:** Der Befehl ShowMotion (neu in AutoCAD 2009, aber in AutoCAD LT 2009 nicht enthalten) startet ein einfaches Animationsprogramm. Laut Beschreibung in der Online-Hilfe lassen sich mit ihm filmähnliche Kameraanimationen erstellen, die in Präsentationen verwendet werden können. ShowMotion ist in AutoCAD LT nicht vorhanden und die Behandlung dieser Option würde den Rahmen dieses Buches deutlich sprengen.

- ✔ **Ansichtsfenster maximieren/minimieren** (wird nur im Papierbereich angezeigt): Wenn Sie einen Papierbereich und nicht den Modellbereich betrachten, dann wird in der Statusleiste zusätzlich die Schaltfläche Ansichtsfenster maximieren angezeigt. Klicken Sie auf diese Schaltfläche, um das aktuelle

Papierbereichs-Ansichtsfenster so zu vergrößern, dass es den gesamten Zeichnungsbereich einnimmt. Klicken Sie erneut auf die Schaltfläche, die nun die Bezeichnung Ansichtsfenster minimieren trägt, um das Ansichtsfenster wieder in seiner normalen Größe darzustellen. (Ansichtsfenster werden in Kapitel 5 beschrieben.)

✔ **Steuerelemente für den Beschriftungsmaßstab:** Diese drei Schaltflächen steuern die Größe und das Aussehen beschrifteter Objekte in AutoCAD. Da es sich bei diesen vorwiegend um Text handelt, werden die entsprechenden Funktionen in Kapitel 4 besprochen:

- Die Dropdown-Liste Beschriftungs-Massstab enthält eine Liste vordefinierter Beschriftungsmaßstäbe. Wenn man hier den Maßstab ändert, werden alle Beschriftungsobjekte (annotative Objekte) entsprechend dem neuen Maßstab skaliert, wenn die Schaltfläche ANNOAUTOSCALE aktiviert ist.

- Die Schaltfläche Beschriftungs-Sichtbarkeit schaltet die Sichtbarkeit der Beschriftungsobjekte um. Wenn die kleine Glühbirne in der Schaltfläche ausgeschaltet ist (grau), sind nur Beschriftungsobjekte im aktuellen Beschriftungsmaßstab sichtbar. Wenn die Glühbirne eingeschaltet (gelb) ist, werden (ohne Rücksicht auf deren Maßstab) alle Beschriftungsobjekte angezeigt.

- Die Schaltfläche Automatisch Massstäbe zu Beschriftungs-Objekten hinzufügen schaltet die Systemvariable ANNOAUTOSCALE um, die die automatische Aktualisierung des Maßstabs von Beschriftungsobjekten bei Maßstabsänderungen steuert.

✔ **Arbeitsbereichwechsel:** Wenn Sie diese Schaltfläche (neu in AutoCAD 2009) anklicken, wird ein Menü mit den gespeicherten Arbeitsbereichen angezeigt, das die drei vordefinierten Arbeitsbereiche AutoCAD Klassisch, 2D-Zeichnung & Beschriftung und 3D-Modellierung (nicht in AutoCAD LT verfügbar) sowie alle benutzerdefinierten und gespeicherten Arbeitsbereiche enthält. Wenn man diese Schaltfläche anklickt, geht der Wechsel der Arbeitsbereiche viel schneller, als wenn man den Menü-Browser benutzt und sich mit der Maus durch mehrere Menüebenen klickt.

✔ **Werkzeugkasten-/Fensterpositionen sperren/freigeben:** »Wo ist bloß diese Eigenschaften-Palette geblieben?« Diese Frage werden Sie sich nie wieder stellen müssen, da Sie in AutoCAD 2009 die Positionen der Multifunktionsleiste, der Werkzeugleisten oder der Paletten (die jetzt aus irgendwelchen Gründen *Fenster* genannt werden) sperren können, damit Sie immer wissen, wo sie sich jeweils befinden.

✔ **Zuverlässige Autodesk-DWG-Datei:** Diese Schaltfläche wird angezeigt, wenn eine mit AutoCAD oder AutoCAD LT erstellte Zeichnung in AutoCAD geöffnet wurde. Seit einigen Jahren können zwar immer mehr Programme

Dateien im DWG Format speichern, aber aus der Sicht von Autodesk sind diese Dateien nicht »zuverlässig« beziehungsweise vertrauenswürdig.

- **VERKNÜPFTE STANDARDDATEIEN:** Diese Schaltfläche wird nur angezeigt, wenn Sie die Überprüfung von CAD-Standards aktiviert haben und eine DWS-Datei (DWS = DraWing Standards) konfiguriert haben. Wenn Sie diese Schaltfläche anklicken, wird das Dialogfeld STANDARDS ÜBERPRÜFEN angezeigt. Die Funktionen im Zusammenhang mit CAD-Standards sind in AutoCAD LT nicht enthalten und werden in diesem Buch nicht behandelt.

- **XREFS VERWALTEN:** Diese Kombischaltfläche und das entsprechende Benachrichtigungssymbol werden Sie erst dann zu sehen bekommen, wenn Sie eine Zeichnung öffnen, die XRefs enthält (externe DWG-Dateien, die in die aktuelle Zeichnung eingebunden sind). In Kapitel 18 erfahren Sie, wie externe Verweise eingesetzt werden und was die Schaltfläche XREFS VERWALTEN bewirkt.
- **Anwendungsstatusleisten-Menü:** Wenn Sie das leicht zu übersehende, abwärts weisende Dreieck rechts außen in der Statusleiste anklicken, öffnen Sie ein Menü mit Optionen, über die Sie die einzelnen Schaltflächen der Statusleiste ein- beziehungsweise ausblenden können. Damit können Sie nun die Statusleiste ganz nach Ihrem Geschmack gestalten.

- **VOLLBILD:** Wenn Sie diese Schaltfläche anklicken, wird dadurch ein wenig mehr Platz auf dem Bildschirm zur Verfügung gestellt, dass das AutoCAD-Fenster maximiert und die Titelleiste, die Werkzeugkästen, die Paletten sowie die Taskleiste von Windows ausgeblendet werden. Klicken Sie erneut auf die Schaltfläche, um diese Elemente wiederherzustellen.

Einige der Schaltflächen in der Statusleiste (FANGMODUS, SPURVERFOLGUNG, OBJEKTFANG und OBJEKTFANGSPUR) besitzen Kontextmenüs, die Sie mit einem Klick mit der rechten Maustaste aufrufen und die eine schnellere Möglichkeit zum Einstellen von Optionen bieten. Einige der anderen Schaltflächen (zum Beispiel RASTERANZEIGE und DYNAMISCHE EINGABE) können Sie mit der rechten Maustaste anklicken, um dann über die Option EINSTELLUNGEN das Dialogfeld ENTWURFSEINSTELLUNGEN aufzurufen und dort Einstellungen vorzunehmen. In den Kapiteln 4 und 6 finden Sie spezifische Anleitungen dazu, wann und wie Sie diese Einstellungen ändern sollten.

Die Finger fliegen lassen: Das Befehlsfenster

Das in Abbildung 2.8 dargestellt berühmt-berüchtigte Befehlsfenster (auch Befehlszeile, Eingabeaufforderung, Befehlsbereich und so weiter genannt) wirft einen in die düsteren Zeiten von AutoCAD zurück. Es irritiert Neulinge und begeistert die AutoCAD-Anhänger. Ungeachtet der vielversprechenden dynamischen Eingabe von AutoCAD lautet die bittere Wahrheit – zumindest heute noch –, dass Sie sich mit dem Befehlsfenster anfreunden oder dieses doch zumindest tolerieren müssen, wenn Sie irgendwann wirklich komfortabel mit AutoCAD arbeiten wollen.

Abbildung 2.8: Schenken Sie dem Befehlsfenster Ihre Aufmerksamkeit.

Mit dem Befehlsfenster sollten Sie sich anfreunden und vertraut machen, weil es sich bei ihm immer noch um die wichtigste Kommunikationsverbindung zu AutoCAD handelt. AutoCAD zeigt im Befehlsfenster manchmal Eingabeaufforderungen, Warnungen und Fehlermeldungen an, die bei der dynamischen Eingabe untergehen, weil im QuickInfo-Bereich neben dem Cursor einfach nicht so viel Platz wie im Befehlsfenster zur Verfügung steht. Sicherlich können Sie bei der Nutzung der dynamischen Eingabe die Taste [↓] drücken, um weitere Optionen anzeigen zu lassen. Aber das ist weniger effizient, denn schließlich geht der kurze Blick unten in das Befehlsfenster schneller als die Suche nach und das Drücken der Pfeiltaste auf der Tastatur.

Der Schlüssel zum AutoCAD-Erfolg

Trotz (oder vielleicht gerade wegen?) der langen Tradition von AutoCAD als das erfolgreichste CAD-Programm für Personal Computer sind Neulinge immer noch darüber erstaunt, wie viel Tipparbeit sie leisten müssen. Einige der moderneren Programme sind weniger abhängig von Tastatureingaben als AutoCAD, aber wenn man sich erst einmal daran gewöhnt hat, wird man feststellen, dass man mit keiner anderen Eingabemethode derart flexibel arbeiten kann!

Einige Befehle lassen sich effizienter und andere überhaupt *nur* über Tastatureingaben ausführen. Anstatt eine Schaltfläche oder eine Menüoption anzuklicken, können Sie Befehle dadurch ausführen, dass Sie deren Namen eintippen und dann [↵] drücken. Noch besser: Bei den gängigsten Befehlen können Sie einfach nur das Tastenkürzel oder die Kurzform des Befehls eingeben und dann [↵] drücken. Die meisten Befehlskürzel (*Alias* genannt) bestehen nur aus einem oder zwei Buchstaben. So können Sie zum Beispiel `L` für den Befehl `LINIE` oder `CP` für den Befehl `KOPIEREN` (CoPy) eingeben. Die meisten Anwender stellen fest, dass die Arbeit mit AutoCAD deutlich produktiver wird, wenn sie die Kürzel für die gängigsten Befehle benutzen. Selbst wenn Sie sich keine Gedanken über die Steigerung Ihrer Produktivität mit dieser Technik machen, so gibt es doch einige Befehle, die nicht über die Multifunktionsleiste oder die Menüs erreichbar sind. Wenn Sie diese Befehle benutzen wollen, müssen Sie sie eintippen!

Nicht alle Befehlsalias sind so offensichtlich, wie `L` für `LINIE` (zum Beispiel `CP` für `COPY` beziehungsweise `KOPIEREN` oder `T` für `MTEXT`). Um sich eine vollständige Liste der Befehlsalias anzeigen zu lassen, können Sie einen Blick in die Datei mit den Programmparametern von AutoCAD (oder AutoCAD LT) werfen. Wählen Sie zur Anzeige dieser PGP-Datei im Menü-Browser EXTRAS|ANPASSEN|PROGRAMMPARAMETER (ACAD.PGP) BEARBEITEN (bei AutoCAD LT lautet der Dateiname `acadlt.pgp`) und blättern Sie dann in der im Editor angezeigten Datei ein wenig nach unten.

Wenn Sie einen Befehl ausführen, egal ob über eine Schaltfläche, ein Menü oder über die Befehlszeile, werden Sie von AutoCAD im QuickInfo-Fenster der dynamischen Eingabe und im Befehlsfenster über die Optionen dieses Befehls informiert. Sie können eine dieser Optionen dadurch aktivieren, dass Sie die Großbuchstaben der jeweiligen Option eingeben und ↵ drücken.

Anstatt die Buchstaben der Optionen einzutippen und ↵ zu drücken, können Sie in vielen Fällen die Optionen eines Befehls auch aktivieren, wenn Sie mit der rechten Maustaste den Zeichnungsbereich anklicken und die gewünschte Option im Kontextmenü auswählen.

Mir gefällt die dynamische Eingabe. Wirklich! Aber manchmal konkurriert sie mit der normalen Befehlseingabe und das kann wirklich verwirrend sein. In den folgenden Kapiteln zeige ich Ihnen, wann Sie aufpassen sollten.

Die nachfolgenden Schritte zeigen beispielhaft, wie Sie Befehle über die Tastatur eingeben können und wie Optionen angezeigt und ausgewählt werden. Wenn die dynamische Eingabe aktiviert ist, weichen die Ergebnisse ein wenig von der Darstellung ab. Daher empfehle ich Ihnen, hier die DYN-Schaltfläche anzuklicken, um die Funktion zumindest vorübergehend abzuschalten. Beobachten Sie bei den nachfolgenden Schritten das Befehlsfenster und achten Sie auf die Meldungen von AutoCAD:

1. **Geben Sie `L` ein und drücken Sie ↵.**

   AutoCAD beginnt mit der Ausführung des Befehls `LINIE` und zeigt die folgende Aufforderung im Befehlsfenster an:

   `LINIE Ersten Punkt angeben:`

2. **Klicken Sie einen Punkt irgendwo im Zeichnungsbereich an.**

   Die Aufforderung in der Befehlszeile wird zu:

   `Nächsten Punkt angeben oder [Zurück]:`

3. **Klicken Sie einen anderen Punkt irgendwo im Zeichnungsbereich an.**

   AutoCAD zeichnet das erste Liniensegment.

4. **Klicken Sie einen dritten Punkt irgendwo im Zeichnungsbereich an.**

   AutoCAD zeichnet das zweite Liniensegment. Die Aufforderung in der Befehlszeile lautet nun:

   `Nächsten Punkt angeben oder [Schließen/Zurück]:`

   AutoCAD zeigt nun die beiden, durch einen Schrägstrich voneinander getrennten Optionen `Schließen` und `Zurück` an.

Hier werden die Optionen `Schließen` und `Zurück` in eckigen Klammern angezeigt. AutoCAD zeigt Befehlszeilenoptionen in der Befehlszeile immer so an. Um eine Option zu aktivieren, geben Sie den oder die Großbuchstaben der jeweiligen Option ein und drücken ↵. (Bei der Eingabe der Buchstaben für die Optionen spielt es keine Rolle, ob Sie diese groß- oder kleinschreiben.)

5. Tippen Sie Z **ein und drücken Sie** [↵].

AutoCAD macht das Zeichnen des zweiten Liniensegments rückgängig.

6. Tippen Sie 3,2 **(ohne Leerzeichen) ein und drücken Sie** [↵].

AutoCAD zeichnet ein neues Liniensegment zu dem Punkt, dessen X-Koordinate 3 und dessen Y-Koordinate 2 ist.

7. Klicken Sie einige weitere Punkte irgendwo im Zeichnungsbereich an.

AutoCAD zeichnet weitere Liniensegmente.

8. Tippen Sie X **ein und drücken Sie** [↵].

X ist keine zulässige Option des Befehls LINIE. AutoCAD zeigt deshalb eine Fehlermeldung an und fordert wieder zur Angabe eines weiteren Punktes auf:

```
Punkt oder Optionstitel wird benötigt.

Nächsten Punkt angeben oder [Schließen/Zurück]:
```

Bei *Optionstitel* handelt es sich um die Großbuchstaben innerhalb der Optionen, durch deren Eingabe Befehlsoptionen aktiviert werden können. Mit dieser Fehlermeldung teilt Ihnen AutoCAD mit, dass es mit der Eingabe des Buchstabens »X« nichts anzufangen weiß und dass entweder ein Punkt angegeben oder ein Buchstabe eingetippt werden muss, den AutoCAD versteht.

9. Geben Sie S **ein und drücken Sie** [↵].

AutoCAD zeichnet das letzte Liniensegment, mit dem ein geschlossenes Objekt entsteht und beendet den Befehl LINIE. In der Befehlszeile wird nur noch die Basisaufforderung angezeigt, die besagt, dass AutoCAD die Eingabe des nächsten Befehls erwartet:

```
Befehl:
```

10. Drücken Sie [F2].

AutoCAD zeigt das AUTOCAD-TEXTFENSTER an, bei dem es sich einfach um eine vergrößerte Variante des Befehlszeilenbereichs handelt, der mit Bildlaufleisten versehen ist (siehe Abbildung 2.9).

Im normalen dreizeiligen Befehlsfenster wird üblicherweise alles angezeigt, was Sie sehen müssen. Gelegentlich ist aber ein größerer Ausschnitt sinnvoll, in dem auch weiter zurück liegende Meldungen und Eingaben in der Befehlszeile angezeigt werden. (»Was wollte mir AutoCAD eigentlich vor einer Minute mitteilen?!«)

11. Drücken Sie wieder [F2].

Das AutoCAD-Textfenster wird ausgeblendet.

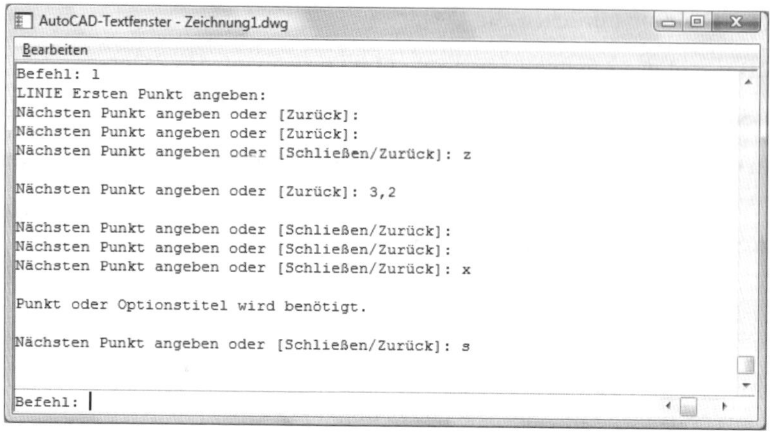

Abbildung 2.9: Wie groß du doch geworden bist: [F2] *erweitert den Befehlszeilenbereich zu einem Textfenster.*

Es folgen einige weitere Tipps und Tricks für den effizienten Einsatz der Tastatur:

- **Mit [ESC] können Sie die aktuelle Operation abbrechen.** Manchmal weiß man einfach nicht mehr genau, was man eigentlich machen wollte, und/oder weiß mit den Angaben im Befehlsfenster oder dem QuickInfo-Fenster der dynamischen Eingabe gerade nichts anzufangen. Wenn Sie die aktuelle Operation abbrechen wollen, drücken Sie einfach ein oder mehrmals [ESC], bis unten im Befehlsfenster wieder die leere Befehlszeile ohne weitere Angaben angezeigt wird (`Befehl:`). [ESC] dient wie in den meisten anderen Windows-Programmen zum Abbrechen von Befehlen und/oder Aktionen. Anders als viele andere Windows-Programme informiert AutoCAD Sie aber weiterhin darüber, ob noch Aktionen laufen. Die leere Befehlszeile weist darauf hin, dass sich AutoCAD im Ruhezustand befindet und auf den nächsten Befehl wartet.

- **Um die Standardaktion auszuführen, drücken Sie einfach [↵].** Einige Aufforderungen umfassen eine Standardaktion in spitzen Klammern. Die erste Aufforderung des Befehls `POLYGON` lautet beispielsweise:

  ```
  Anzahl Seiten eingeben <4>:
  ```

  Die Vorgabe, die Sie einfach durch Drücken von [↵] übernehmen können, lautet hier vier Seiten. (Sie müssen also nicht erst 4 eintippen.)

  AutoCAD verwendet in den Eingabeaufforderungen der Befehlszeile zwei verschiedene Arten von Klammern.

  - Befehlsoptionen werden in eckigen Klammern angezeigt: `[Schließen/Zurück]`.

    Um eine Befehlsoption zu aktivieren, tippen Sie den oder die in Großbuchstaben angezeigten Zeichen ein und drücken [↵]. Bei der dynamischen Eingabe werden im QuickInfo-Fenster keine Optionen in eckigen Klammern angezeigt. Stattdessen drücken Sie die Taste [↓], um weitere Befehlsoptionen in zusätzlichen Zeilen neben dem Fadenkreuz anzeigen zu lassen.

- Vorgabewerte oder Vorgabeoptionen werden in spitzen Klammern angezeigt: ⟨⟩.

  Zur Auswahl des Vorgabewertes beziehungsweise der Vorgabeoption drücken Sie einfach [↵]. Vorgabewerte in spitzen Klammern werden sowohl in den QuickInfos als auch in der Eingabeaufforderung der Befehlszeile angezeigt.

Sie müssen nicht immer [↵] drücken, um AutoCAD Ihre Eingaben zu übermitteln. Je nachdem, was man gerade macht, kann man häufig auch mit einem Rechtsklick das Kontextmenü aufrufen und dort die erste Option EINGABE auswählen. Und auch für Tastaturfetischisten ist es besonders effizient, dass man auch die Leertaste als [↵]-Taste verwenden kann, zumindest sofern man nicht gerade Text eingibt.

✔ **Behalten Sie die Befehlszeile im Auge.** Sie werden durch bloße Beobachtung der Befehlszeile nach den jeweiligen Aktionen eine Menge lernen. Wenn Sie den Mauszeiger über die Schaltflächen in den Werkzeugkästen bewegen, zeigt AutoCAD die Namen der entsprechenden Befehle in den QuickInfos an. Und wenn Sie Schaltflächen anklicken oder Menüoptionen auswählen, zeigt AutoCAD den Namen des Befehls automatisch in der Befehlszeile an. Wenn Sie diese beobachten, werden Sie die Namen der Befehle mehr oder weniger zwangsläufig kennenlernen.

Wenn AutoCAD Befehle beim Anklicken von Menüoptionen oder Schaltflächen automatisch anzeigt, fügt es üblicherweise ein oder zwei zusätzliche Zeichen vor dem Befehlsnamen ein.

- AutoCAD setzt dann üblicherweise einen Unterstrich vor den (englischen) Befehlsnamen (zum Beispiel `_LINE` anstelle von `LINE`). Bei dem Unterstrich handelt es sich um einen Trick der Autodesk-Programmierer, durch den auch die nicht englischsprachigen AutoCAD-Versionen die in den Menüs eingebetteten englischen Befehlsnamen verstehen können.

- Manchmal setzt AutoCAD einen Apostroph vor den Befehlsnamen und den oder die Unterstriche (zum Beispiel `'_ZOOM` anstelle von `ZOOM`). Der Apostroph weist auf einen *transparenten* Befehl hin, der auch mitten in anderen Befehlen ausgeführt werden kann, ohne dass diese erst abgebrochen werden müssten. Sie können zum Beispiel mit dem Befehl `LINIE` beginnen, den Befehl `ZOOM` zwischendurch »transparent« ausführen und dann die Eingaben für den Befehl `LINIE` fortsetzen.

✔ **Behalten Sie anfangs die Standardkonfiguration der Befehlszeile bei.** Das Befehlsfenster lässt sich wie die meisten anderen Elemente des AutoCAD-Fensters in seiner Größe verändern und verschieben. Die Standardposition (unten im AutoCAD-Fenster angedockt) und Standardgröße (dreizeilig) ist für die meisten Anwender passend. Behalten Sie die Standardkonfiguration des Befehlsfensters zumindest so lange bei, bis Sie sich mit der Befehlszeile halbwegs vertraut gemacht haben.

- **Lassen Sie sich die Optionen im Befehlsfenster mittels der rechten Maustaste anzeigen.** Wenn Sie das Befehlsfenster mit der rechten Maustaste anklicken, wird ein Menü mit einigen nützlichen Optionen angezeigt, zu denen die sechs zuletzt ausgeführten Befehle zählen.
- **Mithilfe der Pfeiltasten [↑] und [↓] können Sie die zuletzt eingegebenen Befehle zurückholen.** Dieses Verfahren ist recht praktisch, wenn Befehle wiederholt ausgeführt werden sollen. Mithilfe der Tasten [←] und [→] können eingegebene oder zurückgeholte Befehle bearbeitet werden.

Die Paletten im Auge behalten

Paletten sind verfeinerte (wohlerzogene) Varianten von Dialogfeldern. Anders als die üblichen Dialogfelder, die (meist) der ungeteilten Aufmerksamkeit bedürfen, wenn sie erst einmal geöffnet wurden, halten sich Paletten höflich im Hintergrund, während man sich mit anderen Aufgaben befasst. In AutoCAD gibt es auch weiterhin eine Menge Dialogfelder, aber in den letzten Versionen wurden doch eine Reihe ehemaliger Dialogfelder durch Paletten ersetzt.

AutoCAD 2009 enthält mehr als ein Dutzend Paletten (AutoCAD LT mehr als ein halbes Dutzend). Zu den häufiger benutzten zählen:

- **Eigenschaften und DesignCenter:** Diese beiden Paletten dienen der Steuerung der Eigenschaften von Objekten beziehungsweise benannten Objekten (Layer, Blöcke und so weiter). Kapitel 6 zeigt, wie es geht.
- **Werkzeugpaletten:** Die einzelnen Werkzeugpaletten bieten *Inhalte* (Zeichensymbole und Schraffurmuster) und/oder Befehle (keine normalen AutoCAD-Befehle, was wohl auch recht sinnlos wäre, sondern Makros, mit deren Hilfe Befehle bestimmte Dinge erledigen können) anstelle von Malfarben bei der Palette eines Malers. Mithilfe der Kapitel 15 und 17 können Sie die Werkzeugpaletten auch für Ihre Kunstwerke nutzen.
- **Manager für Planungsunterlagen:** Stellt Werkzeuge zum Verwalten aller Zeichnungen eines Projekts in Form von *Plansätzen* zur Verfügung. In Kapitel 5 finden Sie eine kurze theoretische Einführung zur Vorgehensweise und zu den Gründen für die Nutzung von Plansätzen. (Plansätze werden von AutoCAD LT nicht unterstützt.)
- **Externe Referenzen:** Diese Palette wird dazu verwendet, externe Dateien in die aktuelle Zeichnung zu integrieren. Dabei kann es sich um Pixelbilder, Dateien im DWF- oder DWFx-Format (Drawing Web Format), MicroStation-DGN-Dateien und andere Zeichnungsdateien handeln. Das Einbinden von Dateien über externe Referenzen wird in Kapitel 18 behandelt.
- **Markierungssatz-Manager:** Zeigt Anmerkungen von Benutzern von *Autodesk Design Review* im Rahmen der Entwurfsüberarbeitung an. Weitere Informationen über *Markierungssätze* finden Sie in der Online-Hilfe.
- **Taschenrechner:** Ein praktischer wissenschaftlicher Taschenrechner mit Tastenfeld. Sie werden es schon wissen, wenn Sie ihn brauchen.

- ✔ **Layereigenschaften-Manager:** Die wichtigste Steuerzentrale zum Verwalten von Layern in Zeichnungen hat sich in den letzten 15 Jahren im Grunde genommen nicht verändert. Der neue Layereigenschaften-Manager bleibt als Palette aber nicht nur während anderweitiger Aktionen geöffnet, sondern weist die vorgenommenen Änderungen auch *sofort* der Zeichnung zu. Und wie bei den anderen Paletten können Sie auch hier dafür sorgen, dass er durchsichtig über den Zeichnungen liegt (siehe Abbildung 2.10).

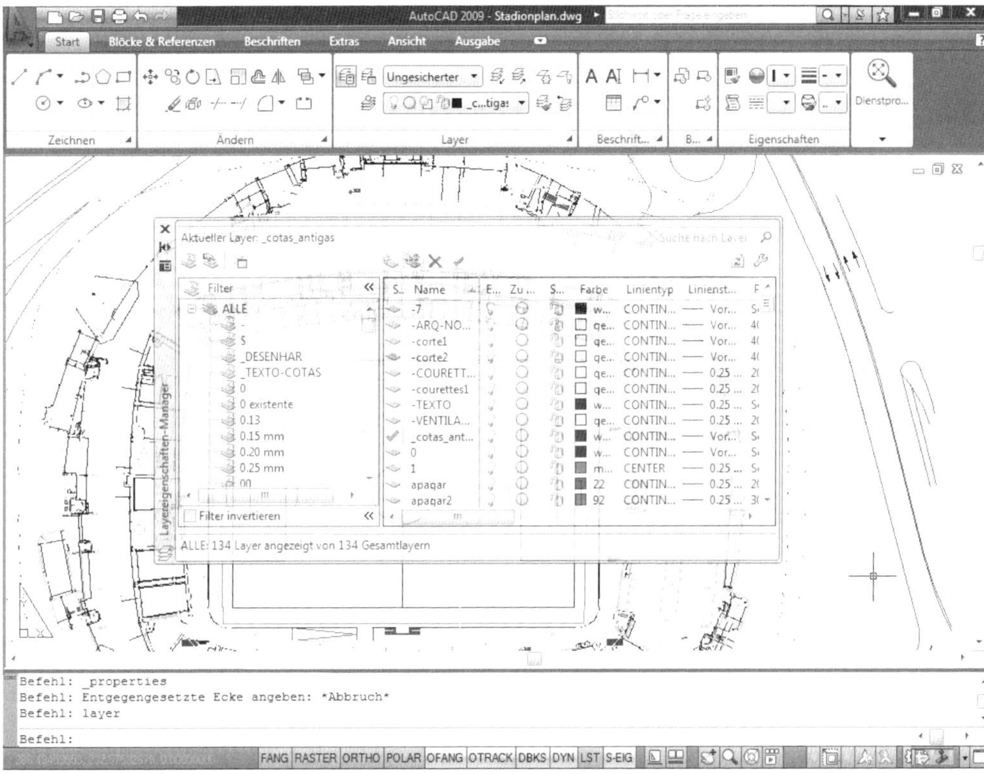

Abbildung 2.10: Die Palette Layereigenschaften-Manager schwebt transparent über einer Zeichnung.

Beim herkömmlichen Verfahren öffnen Sie Paletten über den Menü-Browser. Wählen Sie Extras und dann die anzuzeigende Palette. (In der klassischen Menüleiste wählen Sie Extras|Paletten.) Alternativ können Sie einige der Paletten über Tastenkombinationen anzeigen lassen. So können Sie über Strg+1 (Eigenschaften), Strg+2 (DesignCenter), Strg+3 (Werkzeugpaletten), Strg+4 (Manager für Planungsunterlagen), Strg+7 (Markierungssatz-Manager) oder Strg+8 (Taschenrechner) Paletten ein- beziehungsweise ausblenden lassen.

Die Hauptstrecke: Der Zeichnungsbereich

Nach all diesen Aufwärmrunden dürften Sie langsam für die Hauptveranstaltung und damit für den AutoCAD-Zeichnungsbereich bereit sein. Hier zeichnen Sie natürlich. Beim Erstellen von Zeichnungen klicken Sie Punkte auf dem Bildschirm an, um deren Position und Entfernung voneinander festzulegen. Hier klicken Sie Objekte an, die Sie bearbeiten, zoomen oder auf dem Bildschirm verschieben (pannen) wollen, um Ihre Arbeit besser betrachten zu können.

Das Buch wird Ihnen vorrangig zeigen, wie Sie im Zeichnungsbereich arbeiten können. Bevor Sie loslegen, sollten Sie aber ein paar Dinge wissen.

Modellbereich und Layouts im Papierbereich

Anfangs ist es ein wenig irritierend, dass fertige Zeichnungen aus Objekten zusammengesetzt sein können, die in verschiedenen *Bereichen* gezeichnet wurden. Diese Bereiche sind in AutoCAD über zwei Schaltflächen in der Statusleiste erreichbar.

- ✔ Im *Modellbereich* erstellen und bearbeiten Sie die Objekte, die realen Gegenständen entsprechen: Mauern, Verbindungselemente, Wasserstraßen oder was auch immer.
- ✔ Im *Papierbereich* erstellen Sie spezielle Ansichten dieser Objekte für deren Ausdruck, die üblicherweise mit einem Titelblock versehen sind. Der Papierbereich kann ein oder mehrere *Layouts* umfassen, die jeweils einer anderen Anordnung beziehungsweise Ansicht des Modellbereichs entsprechen und andere Angaben im Titelblock enthalten können.

Wenn Sie die Schaltfläche MODELL in der Statusleiste anklicken, sehen Sie den reinen, unverfälschten Modellbereich vor sich, wie er in Abbildung 2.11 dargestellt ist. Wenn Sie die Schaltfläche LAYOUT anklicken, sehen Sie das Layout eines Papierbereichs vor sich (siehe Abbildung 2.12). Ein fertiges Layout enthält üblicherweise ein oder mehrere *Ansichtsfenster*, bei denen es sich um Fenster handelt, die den gesamten Modellbereich oder einen Teil desselben in einem bestimmten Maßstab wiedergeben. Ein Layout umfasst außerdem standardmäßig einen Titelblock oder andere Objekte, die nur im Layout vorhanden sind und nicht angezeigt werden, wenn Sie im Modellbereich arbeiten. (Stellen Sie sich ein Ansichtsfenster als ein Fenster vor, durch das Sie in den Modellbereich blicken, und stellen Sie sich den Titelblock als Rahmen um das Fenster vor.) Auf diese Weise zeigt ein Layout Objekte aus dem Modell- und dem Papierbereich zusammen an. Mit AutoCAD können Sie Objekte in beiden Bereichen zeichnen und bearbeiten. In Kapitel 5 finden Sie Informationen zum Erstellen von Layouts im Papierbereich und in Kapitel 16 eine Einführung ins Plotten solcher Layouts.

Wenn ein Layout aktiviert ist, können Sie mit dem Fadenkreuz zwischen Modell- und Papierbereich wechseln und dabei im Layout bleiben. Sie können sich jedoch nicht gleichzeitig in beiden Bereichen befinden. Wenn der Papierbereich aktiviert ist, können Sie zwar Objekte im Modellbereich anklicken, aber diese werden dann nicht ausgewählt. Wenn der Modellbereich aktiviert ist, gilt Ähnliches. Um zwischen den zwei Bereichen zu wechseln, doppelklicken Sie in einem Ansichtsfenster, um in den Modellbereich zu wechseln, oder außerhalb eines Ansichtsfensters, um in den Papierbereich zu wechseln.

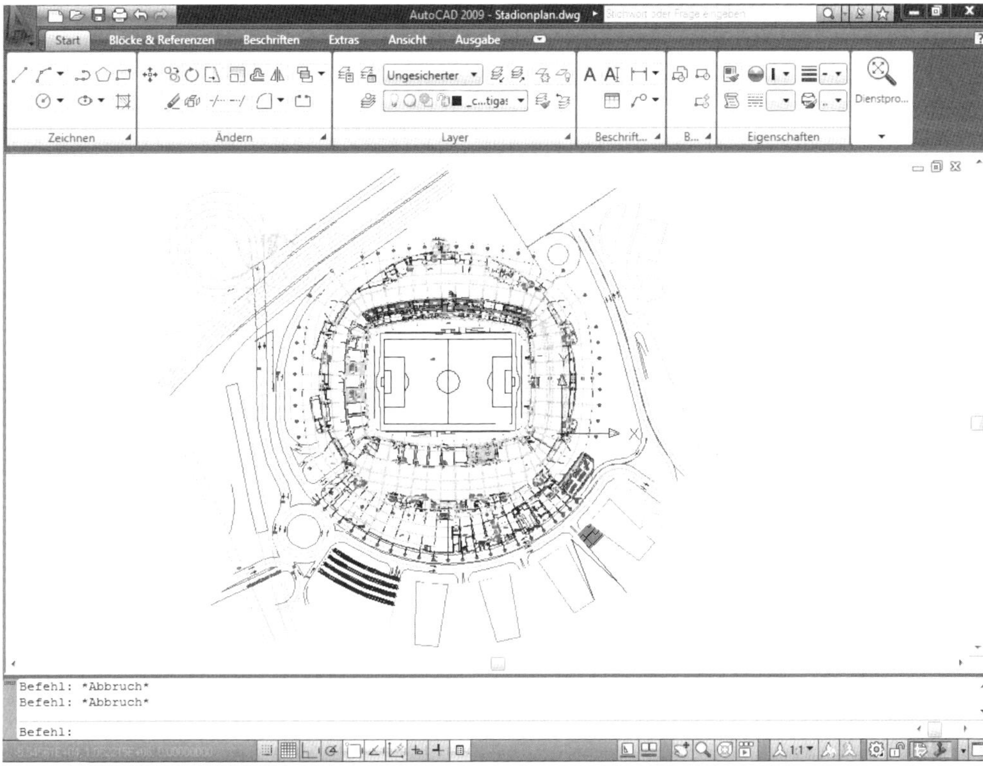

Abbildung 2.11: Unser Modell im Modellbereich

Das Hin und Her mit Doppelklicks ist nur dann erforderlich, wenn Sie Objekte zeichnen, während Sie eines der Layouts für den Papierbereich betrachten oder die Ansicht der gezeichneten Objekte innerhalb des Ansichtsfensters ändern. In der Praxis tritt diese Situation wahrscheinlich nur selten ein. Stattdessen werden Sie vorwiegend im Modellbereich zeichnen und nach der Einrichtung des Layouts für einen Papierbereich dieses Layout nur dann aktivieren, wenn Sie es plotten wollen.

Zeichnen im Zeichnungsbereich

Die folgenden Dinge sollten Sie zudem über den AutoCAD-Zeichnungsbereich wissen:

✔ Wenn Sie AutoCAD effizient und sicher nutzen wollen, müssen Sie laufend abwechselnd den Zeichnungsbereich und das Befehlsfenster (um keine der überaus wichtigen Meldungen zu verpassen!) betrachten. Für die meisten handelt es sich dabei nicht um einen normalen Vorgang; deshalb wurde auch die dynamische Eingabe über die QuickInfo-Fenster entwickelt. Es gibt aber weiterhin Informationen, die Sie nur über die Befehlszeile erhalten können. Gewöhnen Sie sich daran, nach jeder Aktion, ob Sie nun ein Symbol in der Werkzeugleiste oder eine Menüoption auswählen oder etwas im Zeichnungsbereich machen, einen Blick in die Befehlszeile zu werfen.

- Beliebiges Klicken im Zeichnungsbereich ist in AutoCAD nicht ganz so ungefährlich wie in vielen anderen Windows-Programmen. Wenn Sie in den AutoCAD-Zeichnungsbereich klicken, führen Sie fast immer irgendeine Aktion aus, wobei Sie üblicherweise einen Punkt festlegen oder Objekte zur Bearbeitung auswählen. Sie können ruhig ein wenig herumprobieren, sollten dabei aber nach jedem Klick einen Blick in die Befehlszeile werfen. Wenn Sie durcheinandergeraten, drücken Sie mehrfach [ESC], um die aktuelle Aktion abzubrechen und zur leeren Befehlszeile zurückzukehren.
- In den meisten Fällen können Sie mit einem Klick mit der rechten Maustaste im Zeichnungsbereich ein Kontextmenü mit einigen zur jeweils aktuellen Situation passenden Optionen aufrufen.

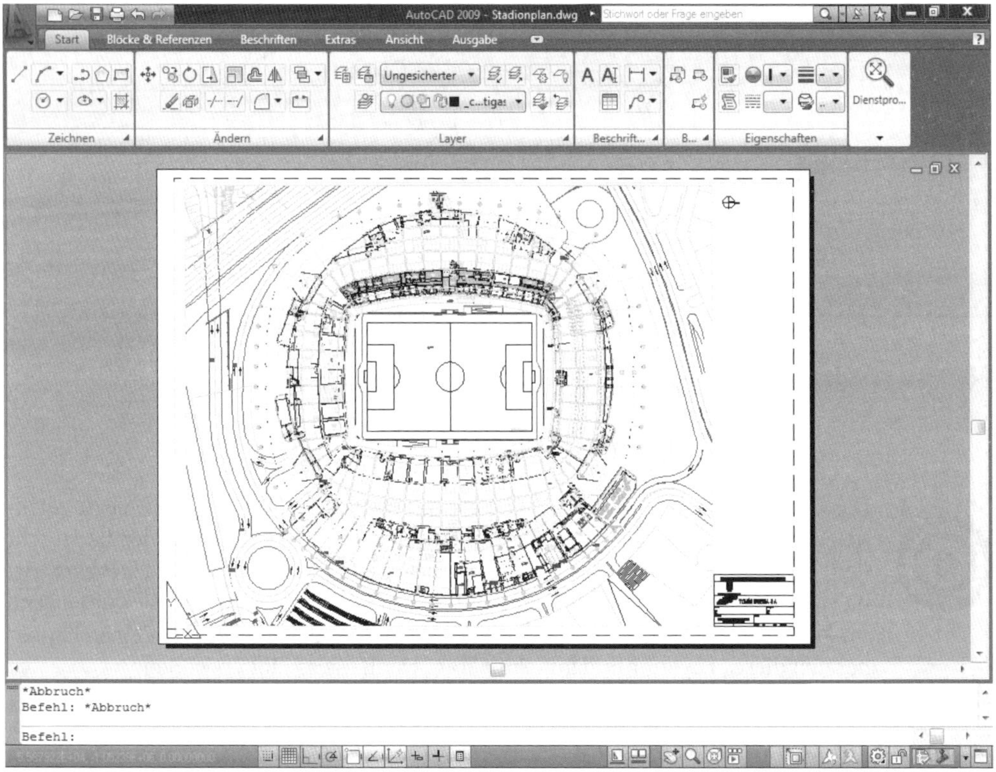

Abbildung 2.12: Unser Modell mit neuem Layout im Papierbereich

Spaß mit F1

Das in Abbildung 2.13 dargestellte Hilfemenü von AutoCAD 2009 erschlägt einen fast mit Optionen (auf die einfach durch Drücken von [F1] zugegriffen werden kann). Die nützlichsten werde ich nachfolgend beschreiben:

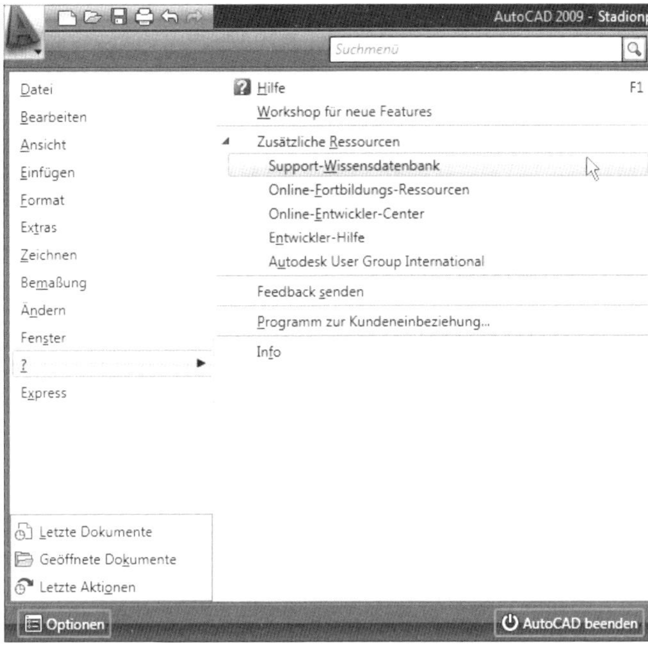

Abbildung 2.13: Jede Menge AutoCAD-Hilfe

- ✔ **Hilfe:** Das Hauptsystem der Online-Hilfe von AutoCAD 2009 (siehe Abbildung 2.14) greift auf dieselbe Suchmaschine wie die Office-Programme von Microsoft, der Internet Explorer und andere moderne Windows-Anwendungen zurück. Wie bei diesen Programmen ist auch die AutoCAD-Hilfe kontextsensitiv und sollte Sie jeweils zur gerade benötigen Stelle führen, beispielsweise wenn Sie aktuell beim Befehl `LINIE` nicht mehr wissen, wie es weitergeht. Um in den verschiedenen Online-Handbüchern zu schmökern, klicken Sie das Register Inhalt an. Mithilfe des Registers Index können Sie nach Befehlen und Konzepten suchen und mithilfe des Registers Suchen lassen sich einzelne Begriffe oder Wörter auffinden. In diesem Buch werde ich hinsichtlich weiterführender Themen hier und da auf das Online-Hilfesystem von AutoCAD verweisen.
- ✔ **Workshop für neue Features:** Hier werden die neuen und erweiterten Funktionen von AutoCAD 2009 beschrieben. Diese Option ist besonders nützlich für Anwender, die bereits mit anderen AutoCAD-Versionen gearbeitet haben.
- ✔ **Zusätzliche Ressourcen:** Die meisten Optionen im Untermenü Zusätzliche Ressourcen stellen Verbindungen zu Bereichen der Autodesk-Website her. Die nützlichste dürfte wahrscheinlich die Support-Wissensdatenbank sein. Von diesem Link aus können Sie die Wissensdatenbank von Autodesk durchsuchen und in Diskussionsgruppen im Web und in Newsgroups nach Unterstützung suchen.

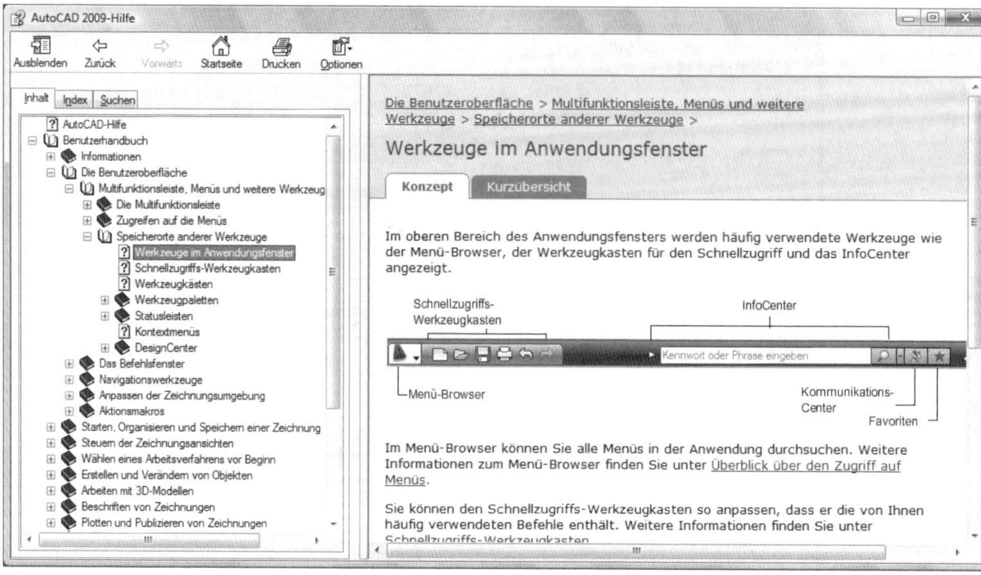

Abbildung 2.14: Hilfe steht bei Drücken von F1 *bereit.*

AutoCAD ist eines jener Programme, bei dem Sie wirklich Nutzen aus den Ressourcen der Online-Hilfe ziehen können. AutoCAD enthält viele Befehle und Optionen, und hat so seine Macken. (Über die Macken werden Sie übrigens nichts in der Online-Hilfe finden.) Jeder, vom blutigen Anfänger bis hin zum erfahrenen Experten, kann von der Online-Hilfe profitieren. Nehmen Sie sich einen Augenblick Zeit, um sich die Hauptpunkte auf der Registerkarte Inhalt des Hilfesystems durchzulesen, damit Sie wissen, was dort zu finden ist. Im weiteren Verlauf des Buches werde ich immer wieder auf Seiten im Hilfesystem hinweisen, die ich für besonders hilfreich halte. Wenn Sie festhängen oder einfach neugierig sind, sollten Sie auch nicht zögern, auf eigene Faust auf Erkundungsreise zu gehen.

Eine Runde auf der CAD-Rennstrecke

3

In diesem Kapitel

- Eine einfache Zeichnung einrichten
- Einige Objekte zeichnen
- In der Zeichnung zoomen und pannen
- Objekte bearbeiten
- Eine Zeichnung plotten

In den vorherigen beiden Kapiteln habe ich Ihnen die Welt von AutoCAD und die Benutzeroberfläche des Programms vorgestellt. In den folgenden Kapiteln werden Ihnen die Techniken vorgestellt, die guten Zeichnungspraktiken zugrunde liegen. Mittlerweile können Sie es wahrscheinlich kaum mehr erwarten, das Fadenkreuz über den Bildschirm zu bewegen, um etwas zu zeichnen!

In diesem Kapitel machen Sie eine Rundreise, bei der ich Ihnen die gängigsten CAD-Zeichenfunktionen vorstelle: eine neue Zeichnung einrichten, Objekte zeichnen, diese Objekte bearbeiten, Zoomen und Pannen, um die Objekte besser betrachten zu können und die Zeichnung plotten (drucken).

Einiges von dem Stoff in diesem Kapitel könnte Ihnen ein wenig rätselhaft erscheinen. Darüber sollten Sie sich aber nicht den Kopf zerbrechen, denn ich werde Ihnen sagen, wo Sie weitere Informationen zu bestimmten Themen finden. In diesem Kapitel machen Sie mit AutoCAD zunächst einmal eine Probefahrt, um ein Gefühl dafür zu bekommen, was es leisten kann. Okay, geben Sie Gas – und haben Sie bloß keine Angst, sich die Kotflügel zu verbeulen!

In diesem Kapitel erstellen Sie eine Zeichnung eines architektonischen Elements, nämlich eine Bodenplatte und eine Säule, wie sie in Abbildung 3.1 dargestellt sind. Selbst wenn Sie nicht im Bereich Architektur oder Hochbau arbeiten, werden Sie durch dieses Beispiel ein paar einfache Objekte erstellen, mit denen Sie arbeiten können, und ein paar Befehle kennenlernen, die in den meisten Bereichen, in denen es um Zeichnen geht, verwendet werden können. Und wer weiß, selbst wenn das mit dem CAD nicht klappen sollte, wissen Sie schließlich doch, wie Sie auf diesem Gebiet Ihr Bestes geben können.

Die Abbildungen in diesem und den anderen Kapiteln dieses Buches zeigen, wie AutoCAD mit dem neuen Arbeitsbereich 2D-Zeichnung & Beschriftung ausgeführt wird, der sowohl in der Vollversion von AutoCAD als auch in AutoCAD LT vorhanden ist. In den Anleitungen in diesem Kapitel konzentriere ich mich zwar vorwiegend auf das Arbeiten mit der Multifunktionsleiste, ich werde aber auch auf alternative Möglichkeiten zum Ausführen von Befehlen über den traditionellen Arbeitsbereich AutoCAD Klassisch eingehen. Ich empfehle Ihnen, die in diesem Kapitel beschriebenen unterschiedlichen Verfahren auszuprobieren. Wie ich in

Kapitel 2 erläutere, können Sie sich dann anschließend für die Ihnen praktischer erscheinende Benutzeroberfläche entscheiden.

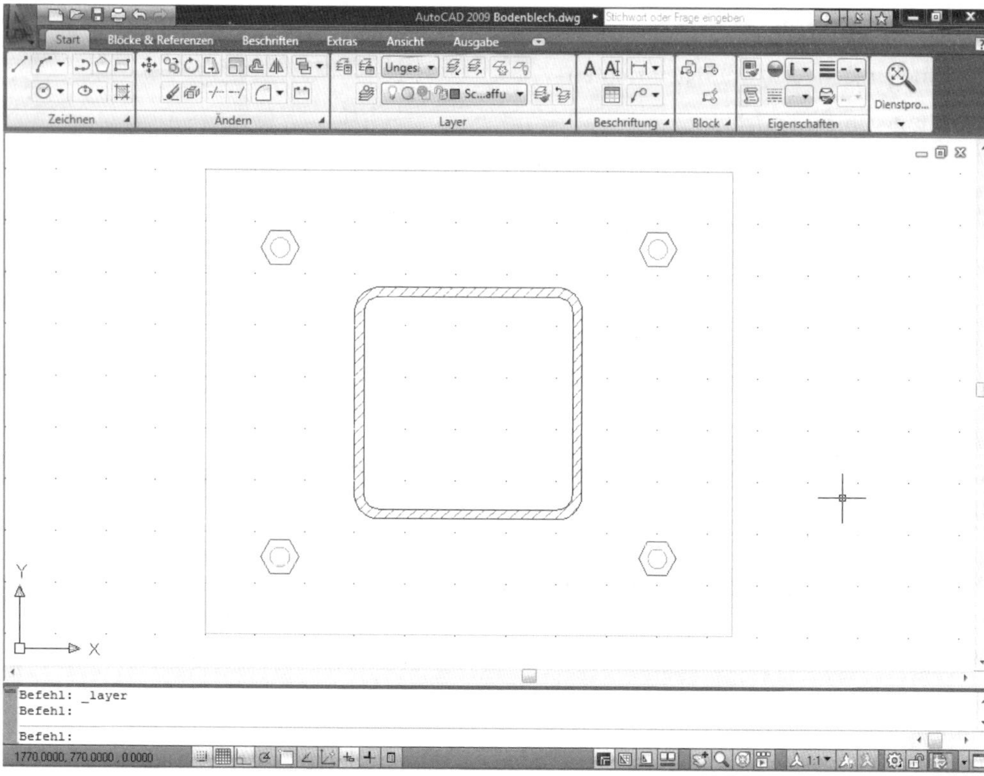

Abbildung 3.1: Eine Bodenplatte

Auch wenn das Beispiel in diesem Kapitel einfach ist, stammen die vorgestellten Verfahren doch dem echten CAD und zeigen die richtigen Zeichenpraktiken auf. Ich werde von Anfang an einen Schwerpunkt auf die richtige Zeichnungseinrichtung legen, Objekte auf passenden Layern ablegen und beim Zeichnen und Bearbeiten auf Präzision achten. Einige der Schritte in diesem Kapitel erscheinen Ihnen vielleicht zunächst ein wenig kompliziert, aber sie zeigen, wie erfahrene AutoCAD-Benutzer arbeiten. Mein Ziel dabei ist, Ihnen beim Entwickeln guter CAD-Angewohnheiten behilflich zu sein, damit Sie die Dinge von Anfang an auf die richtige Weise erledigen.

Die Schritt-für-Schritt-Anleitungen in diesem Kapitel folgen, im Unterschied zu denen in den meisten anderen Kapiteln in diesem Buch, einer festen Reihenfolge. Sie müssen die Schritte in der angegebenen Reihenfolge ausführen. Das ist vergleichbar mit dem Fahren lernen, nur dass Sie hier einfach mitten auf der Straße anhalten und sich eine Pause gönnen können.

Wenn Sie feststellen, dass die Objektauswahl oder die Bearbeitungsfunktionen von den Beschreibungen in diesem Kapitel abweichen, dann haben Sie oder jemand anders wahrscheinlich die Konfigurationseinstellungen im Dialogfeld OPTIONEN auf der Registerkarte AUSWAHL geändert. Diese und die Wiederherstellung der AutoCAD-Standardeinstellungen werden in Kapitel 10 beschrieben.

Eine einfache Einrichtung

In diesem Kapitel werde ich einen Rundgang durch das Programm machen und dabei eine neue Zeichnung erstellen, bearbeiten, betrachten und plotten. Sehen Sie sich Abbildung 3.1 an, um sich eine Vorstellung davon zu verschaffen, wie das fertige Ergebnis aussieht. In den Anleitungsschritten des Beispiels werde ich (wie im gesamten Buch) mit metrischen Einheiten arbeiten.

Achten Sie auf die Rückmeldungen von AutoCAD. Sehen Sie sich die Meldungen an, die AutoCAD nach den einzelnen Schritten in den QuickInfo-Fenstern der dynamischen Eingabe und insbesondere im Befehlsfenster anzeigt, damit Sie sich besser mit den Namen und Optionen der Befehle vertraut machen können. Wenn neben dem Fadenkreuz keine Meldungen angezeigt werden, klicken Sie die Schaltfläche DYNAMISCHE EINGABE beziehungsweise DYN in der Statusleiste an.

Wenn Sie Befehle über Menüs oder Schaltflächen auswählen, wird im Befehlsfenster der englische Befehl mit vorangestelltem Unterstrich angezeigt. Die deutsche Befehlsvariante finden Sie im QuickInfo-Fenster, wenn Sie den Mauszeiger kurz über einer Schaltfläche verweilen lassen.

In der ersten Abfolge von Schritten erstellen Sie eine neue Zeichnung von einer Vorlage, ändern einige Einstellungen, um im Maßstab 1:10 (ein Millimeter in der Zeichnung entspricht zehn Millimetern beim realen Objekt) zu arbeiten, und speichern die Zeichnung. Wie ich in Kapitel 4 beschreibe, handelt es sich bei der Zeichnungseinrichtung in AutoCAD um keine leichte Aufgabe. Die Zeichnungseinrichtung stellt aber einen wichtigen Teil der Arbeit dar, und wenn Sie sich nicht daran gewöhnen, sie richtig vorzunehmen, werden Sie später – und speziell beim Versuch zu plotten – endlose Probleme bekommen. (In Kapitel 16 werden die wichtigsten Dinge beim Plotten von Zeichnungen vorgestellt.)

1. **Starten Sie AutoCAD, indem Sie auf das Symbol des Programms auf dem Windows-Desktop doppelklicken.**

   Wenn sich kein AutoCAD-Symbol auf dem Desktop befindet, dann wählen Sie START|ALLE PROGRAMME|AUTODESK|AUTOCAD 2009 – DEUTSCH|AUTOCAD 2009. Wenn Sie mit AutoCAD LT 2009 arbeiten, lauten die letzten beiden Optionen entsprechend anders.

   Die drei Arbeitsbereiche in AutoCAD 2009 ähneln einander stark. Um sich davon zu überzeugen, dass Sie sich im richtigen Arbeitsbereich für das Beispiel befinden, klicken Sie das große rote *A* links oben im Fenster an, um den Menü-Browser zu öffnen, und wählen dann EXTRAS|ARBEITSBEREICHE|2D-ZEICHNUNG & BESCHRIFTUNG, um den Arbeitsbereich zurückzusetzen.

(Wenn das Programm im Arbeitsbereich AutoCAD Klassisch gestartet ist, können Sie auch in der klassischen Menüleiste Extras|Arbeitsbereiche|2D-Zeichnung & Beschriftung wählen.)

2. **Öffnen Sie den Menü-Browser und wählen Sie Datei|Neu.**

   Klicken Sie *nicht* die Schaltfläche SNEU an, sondern benutzen Sie das Menü. Warum dies so ist, erläutere ich in Kapitel 4. Vertrauen Sie mir vorläufig einfach. Im Dialogfeld Vorlage wählen wird nun eine Liste der Zeichnungsvorlagen (DWT-Dateien) angezeigt, die Sie als Ausgangspunkt für neue Zeichnungen verwenden können. In Kapitel 4 wird beschrieben, wie Zeichnungsvorlagen erstellt und benutzt werden können.

3. **Wählen Sie die Vorlage `acadiso.dwt` aus (siehe Abbildung 3.2) und klicken Sie Öffnen an. (In AutoCAD LT wählen Sie die Vorlage `acadltiso.dwt` aus.)**

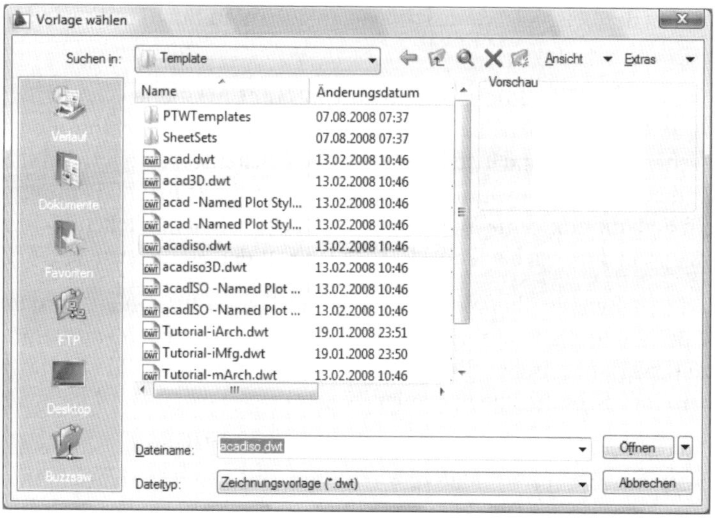

Abbildung 3.2: Eine neue Zeichnung aus einer Vorlage erstellen

AutoCAD erstellt eine neue, leere Zeichnung mit den Einstellungen aus `acadiso.dwt` (beziehungsweise `acadltiso.dwt` in AutoCAD LT). Dabei handelt es sich um die einfache AutoCAD-Standardvorlage für Zeichnungen in metrischen Einheiten. Kapitel 4 enthält weitere Informationen über Vorlagen.

4. **Klicken Sie mit Ausnahme von DYN beziehungsweise Dynamische Eingabe alle Schaltflächen auf der linken Seite der Statusleiste an, bis sie alle deaktiviert sind und ein wenig dunkler dargestellt werden.**

   Einige dieser Einstellungen können die Auswahl von Punkten erschweren. Am besten beginnen Sie mit deaktivierten Optionen und schalten sie bei Bedarf ein oder aus. Welche Schaltflächen verwendet werden, werde ich Ihnen in den nachfolgenden Schritten sagen. Ich beginne zwar mit aktivierter dynamischer Eingabe, aber Sie werden sie ausschalten, bevor Sie mit dem eigentlichen Zeichnen beginnen.

5. **Wählen Sie im Menü-Browser FORMAT|LIMITEN oder geben Sie** `LIMITEN` **ein und drücken Sie** [↵]**. (Die Option LIMITEN befindet sich ziemlich weit unten im Menü. Möglicherweise müssen Sie im Menü nach unten scrollen.)**

   Zeichnungslimiten definieren den Arbeitsbereich. AutoCAD fordert Sie auf, die Modellbereichslimiten zurückzusetzen. Ignorieren Sie hier das QuickInfo-Fenster der dynamischen Eingabe neben dem Fadenkreuz und blicken Sie in das Befehlsfenster. Die Befehlszeile lautet:

   ```
   Linke untere Ecke angeben oder [Ein/Aus] <0.0000,0.0000>:
   ```

6. **Drücken Sie** [↵]**, um 0,0 als Wert für die untere linke Ecke festzulegen.**

   AutoCAD fordert Sie zur Eingabe der oberen rechten Ecke auf. Die Befehlszeile lautet:

   ```
   Obere rechte Ecke angeben <420.0000,297.0000>:
   ```

7. **Geben Sie** `2750,1850` **(ohne Leerzeichen) ein und drücken Sie** [↵]**.**

   AutoCAD zeigt die eingegebenen Werte erst im QuickInfo-Fenster und dann in der Befehlszeile an. 2750 × 1850 entspricht 275 mal 185 Millimeter (etwas weniger als ein quer gelegtes ISO-A4-Blatt) bei einem Zeichnungsmaßstabsfaktor von 10. (Wir wollen ja schließlich im Maßstab 1:10 plotten.). In Kapitel 4 finden Sie weitere Informationen zu Zeichnungsmaßstäben.

8. **Klicken Sie mit der rechten Maustaste die Schaltfläche FANG beziehungsweise FANGMODUS (laut QuickInfo) in der Statusleiste an und wählen Sie EINSTELLUNGEN.**

   Die Registerkarte FANG UND RASTER im Dialogfeld ENTWURFSEINSTELLUNGEN wird angezeigt (siehe Abbildung 3.3). (Im Dialogfeld von AutoCAD LT fehlt die Option DYNAMISCHEM BKS FOLGEN.)

9. **Ändern Sie die Werte im Dialogfeld wie in Abbildung 3.3:**

   - FANGMODUS EIN: Ausgewählt

     Der *Fang* beschränkt die Bewegung des Fadenkreuzes auf unsichtbare Rasterpunkte mit gleichem Abstand (hier zehn Einheiten).

   - RASTER EIN: Ausgewählt

     Mit dem *Raster* werden kleine Punkte (hier mit einem Abstand von 100 Einheiten) auf dem Bildschirm angezeigt, die der besseren Orientierung dienen sollen. Das Raster erscheint nicht in gedruckten Zeichnungen.

   - FANG X-ABSTAND: 10
   - FANG Y-ABSTAND: 10
   - RASTER X-ABSTAND: 100
   - RASTER Y-ABSTAND: 100

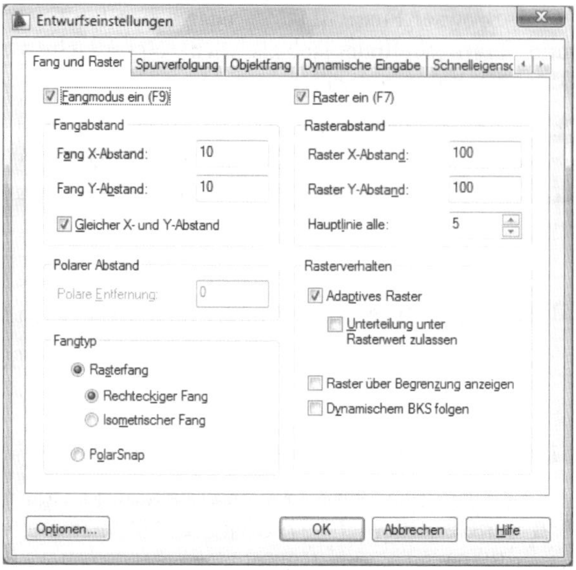

Abbildung 3.3: Einstellungen für Fang und Raster

10. Klicken Sie die Schaltfläche OK an.

Nun werden im Zeichnungsbereich im Abstand von 100 Einheiten Rasterpunkte angezeigt. Wenn Sie die Maus bewegen und dabei die Koordinatenanzeige in der Statusleiste beobachten, wird Ihnen auffallen, dass sie in Sprüngen von zehn Einheiten aktualisiert wird.

11. Wählen Sie im Menü-Browser ANSICHT|ZOOM|ALLES.

AutoCAD verkleinert die Ansicht so, dass der gesamte von den Limiten definierte und von den Rasterpunkten gekennzeichnete Bereich angezeigt wird.

12. Klicken Sie im Schnellzugriff-Werkzeugkasten die Schaltfläche SPEICHERN an oder drücken Sie `Strg`**+**`S`**.**

Da die Zeichnung bisher noch nicht gespeichert wurde, zeigt AutoCAD das Dialogfeld ZEICHNUNG SPEICHERN UNTER an.

13. Wählen Sie einen passenden Ordner in der Dropdown-Liste SPEICHERN UNTER aus, indem Sie in der darunter angezeigten Ordnerliste darauf doppelklicken.

Merken Sie sich, wo Sie die Datei speichern, um sie später wiederzufinden.

14. Tragen Sie einen Namen im Eingabefeld DATEINAME ein und klicken Sie SPEICHERN an.

Geben Sie zum Beispiel `Detail` oder `Bodenblech` ein. Je nach Einstellung im Windows-Explorer wird die Erweiterung `.dwg` im Eingabefeld DATEINAME angezeigt oder nicht. In beiden Fällen müssen Sie sie nicht mit angeben. AutoCAD fügt sie automatisch hinzu. AutoCAD speichert die neue DWG-Datei im gewählten Ordner.

Wahnsinn! Das war mehr Arbeit als beim Ausheben eines Urnengrabs, und das nur, um eine einfache Zeichnung einzurichten! In Kapitel 4 wird die Zeichnungseinrichtung nebst weiteren notwendigen Verrenkungen detaillierter erläutert.

Eine Bodenplatte zeichnen

Mit einer richtig eingerichteten Zeichnung können Sie nun ein paar Objekte zeichnen. In diesem Beispiel werden Sie den Befehl RECHTECK dazu verwenden, um eine Stahlbodenplatte und eine Säule zu zeichnen. Mit dem Befehl KREIS werden Sie die Ankerschraube und mit POLYGON eine sechseckige Mutter zeichnen. (Die beiden Befehle RECHTECK und POLYGON erzeugen *Polylinien*, bei denen es sich um Objekte handelt, die eine Reihe gerader Linien- und/oder Bogensegmente enthalten können.)

AutoCAD verwendet wie die meisten CAD-Programme *Layer* zur Verwaltung aller gezeichneten Objekte. In Kapitel 6 werden Layer und andere Objekteigenschaften detailliert erläutert. In diesem Beispiel erstellen Sie getrennte Layer für die Bodenplatte, die Säule, die Ankerschrauben und die Muttern. Das mag ein wenig übertrieben erscheinen, aber in komplexen Zeichnungen müssen Sie eine Menge Layer benutzen, um die Dinge vernünftig organisieren zu können.

Rechtecke auf den richtigen Layern zeichnen

Die folgenden Schritte werden Ihnen zeigen, wie Layer richtig erstellt und benutzt und Rechtecke gezeichnet werden. Sie werden auch sehen, wie Ecken abgerundet und Objekte versetzt werden können. (In Kapitel 6 werden Layer und in Kapitel 8 der Befehl RECHTECK ausführlich beschrieben. Die Befehle ABRUNDEN und VERSETZ werden in Kapitel 11 behandelt.) Beginnen Sie mit dem Erstellen der Layer SÄULE und BODEN und zeichnen Sie dann eine rechteckige Säule auf dem Layer SÄULE und ein quadratische Bodenplatte auf dem Layer BODEN:

1. **Sorgen Sie dafür, dass Sie die Zeichnungseinrichtung aus dem letzten Abschnitt dieses Kapitels abgeschlossen haben und dass die Zeichnung in AutoCAD geöffnet ist.**

2. **Klicken Sie die Registerkarte START in der Multifunktionsleiste an.**

   Auf der Registerkarte START finden Sie die am häufigsten benutzten Befehle für 2D-Zeichnungen. (Wenn Sie noch einmal wiederholen wollen, was sich auf den anderen Registerkarten befindet, lesen Sie den Abschnitt »Die Multifunktionsleiste entwirren« in Kapitel 2.) Sofern nicht anders angegeben, suchen Sie auf der Registerkarte START nach den Gruppen und Schaltflächen, die in den folgenden Schritten angegeben werden.

3. **In der Gruppe LAYER klicken Sie die Schaltfläche LAYEREIGENSCHAFTEN an.**

   Die Schaltfläche LAYEREIGENSCHAFTEN befindet sich links oben in der Gruppe LAYER und wird abhängig von der Bildschirmauflösung größer als die anderen Schaltflächen angezeigt. Der Befehl LAYER wird ausgeführt, und AutoCAD zeigt die Palette LAYEREIGENSCHAFTEN-MANAGER an.

4. **Klicken Sie die Schaltfläche NEUER LAYER an.**

   AutoCAD fügt einen neuen Layer zur Liste hinzu und gibt ihm den Vorgabenamen LAYER1 (siehe Abbildung 3.4).

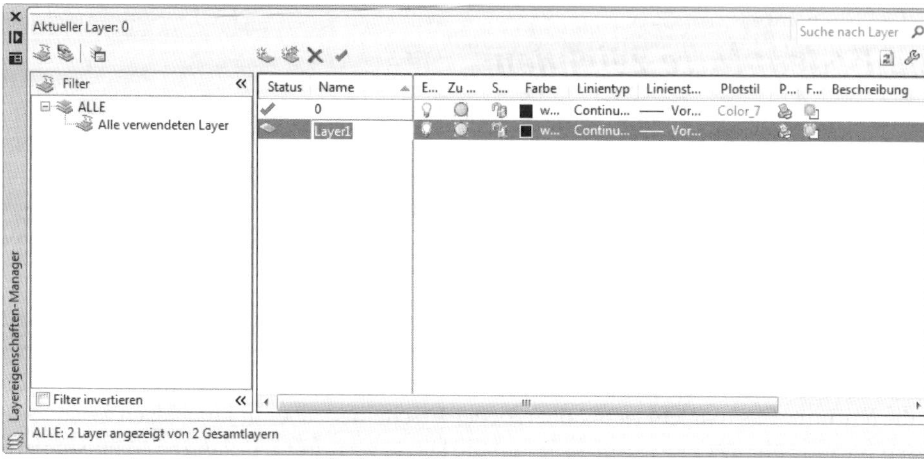

Abbildung 3.4: Erstellen eines neuen Layers

5. **Geben Sie einen passenderen Namen für den Layer ein, auf dem die Säule gezeichnet werden soll, und drücken Sie ↵.**

   Geben Sie in diesem Beispiel `Säule` ein.

6. **Klicken Sie das Kästchen oder den Namen der Farbe (Weiß) in der Zeile des Layers SÄULE an.**

   Das Dialogfeld FARBE WÄHLEN wird angezeigt (siehe Abbildung 3.5).

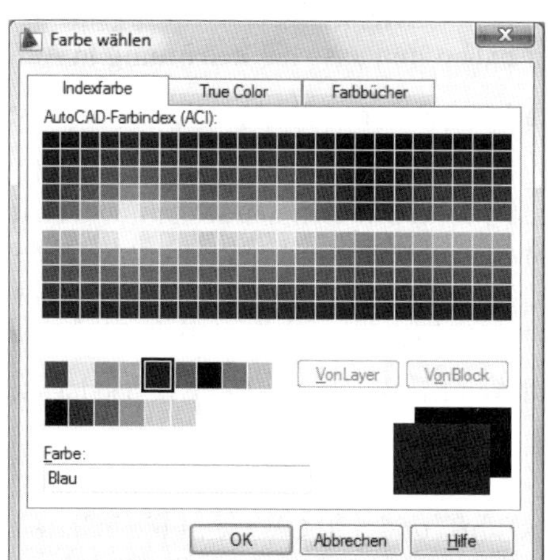

Abbildung 3.5: Blau soll es sein. Wählen Sie dafür die Standardfarbe.

7. **Klicken Sie die fünfte Farbe (Blau) in der separaten Zeile links neben den Schaltflächen VonLayer und VonBlock an und dann auf OK.**

   Das Dialogfeld Farbe wählen wird geschlossen, und AutoCAD ändert die Farbe des Layers Säule in blau.

8. **Wiederholen Sie die Schritte 3 bis 6, um einen neuen Layer namens Boden zu erstellen, und stellen Sie für ihn die vierte Standardfarbe (Cyan) ein.**

9. **Bei markiertem Layer Boden klicken Sie die Schaltfläche Aktuell (das grüne Häkchen) an.**

   Boden wird zum aktuellen Layer, und alle gezeichneten Objekte werden auf diesem Layer abgelegt, bis ein anderer Layer aktiviert wird.

10. **Klicken Sie die Schliessen-Schaltfläche (das »X« oben links in der Palette) an, um die Palette Layereigenschaften-Manager auszublenden.**

    In der Dropdown-Liste Layer in der Gruppe Layer auf der Registerkarte Start wird Boden als aktiver Layer angezeigt. Nun können Sie eine rechteckige Bodenplatte auf dem Layer Boden zeichnen. Wahrscheinlich wissen Sie bereits, dass Sie eine rechteckige Platte mit dem Befehl `RECHTECK` zeichnen können. Nehmen Sie für den nächsten Schritt aber einfach einmal an, Sie wüssten es noch nicht.

11. **Öffnen Sie den Menü-Browser, klicken Sie dann in das Eingabefeld des Suchmenüs oben im Menü-Browser und beginnen Sie zu tippen: `REC`...**

    Während Sie noch im Suchfeld tippen, versucht AutoCAD zu erraten, wonach Sie suchen. Wenn Sie genug Zeichen eingegeben haben, wird der gesuchte Befehl wahrscheinlich in der Hauptansicht des Menü-Browsers angezeigt.

12. **Wenn »Rechteck« oben in der Liste im Menü-Browser angezeigt wird, klicken Sie einfach den Befehlseintrag ein.**

    Der Befehl `RECHTECK` wird ausgeführt, und AutoCAD fordert Sie zur Eingabe des ersten Eckpunkts auf:

    ```
    Ersten Eckpunkt angeben oder
       [Fasen/Erhebung/Abrunden/Objekthöhe/Breite]:
    ```

13. **Klicken Sie im Zeichnungsbereich den Punkt 500,500 an.**

    Wenn Sie die Koordinatenanzeige im QuickInfo-Fenster beobachten, sehen Sie dort die aktuellen Koordinaten der Position des Fadenkreuzes. Da der Fangmodus eingeschaltet ist und auf zehn Einheiten eingestellt wurde, können Sie den Punkt 500,500 exakt auswählen. Wenn Sie den ersten Eckpunkt an dieser Stelle setzen, behalten Sie genügend Platz für die weiteren Arbeitsschritte. AutoCAD fordert Sie auf:

    ```
    Anderen Eckpunkt angeben oder [Fläche/Abmessungen/Drehung]:
    ```

14. Geben Sie `900,900` **(ohne Leerzeichen) ein und drücken Sie** ↵**.**

Achten Sie darauf, dass bei diesem Schritt die dynamische Eingabe (DYN) eingeschaltet ist. Wenn das nicht der Fall ist, behandelt AutoCAD die Eingabe 900,900 als absolute Koordinaten. Der zweite Eckpunkt würde dann Koordinaten 900 Einheiten oberhalb und 900 Einheiten rechts *vom Ursprung* (des Koordinatensystems) erhalten. Wenn DYN eingeschaltet ist, wird die Eingabe von `900,900` als 900 Einheiten oberhalb und 900 Einheiten rechts *vom letzten Punkt* behandelt. In Kapitel 7 finden Sie weitere Informationen zur Eingabe von absoluten und relativen Koordinaten.

AutoCAD zeichnet ein 900 × 900-Rechteck (siehe Abbildung 3.6). Es befindet sich auf dem Layer BODEN und übernimmt die Farbe Cyan des Layers.

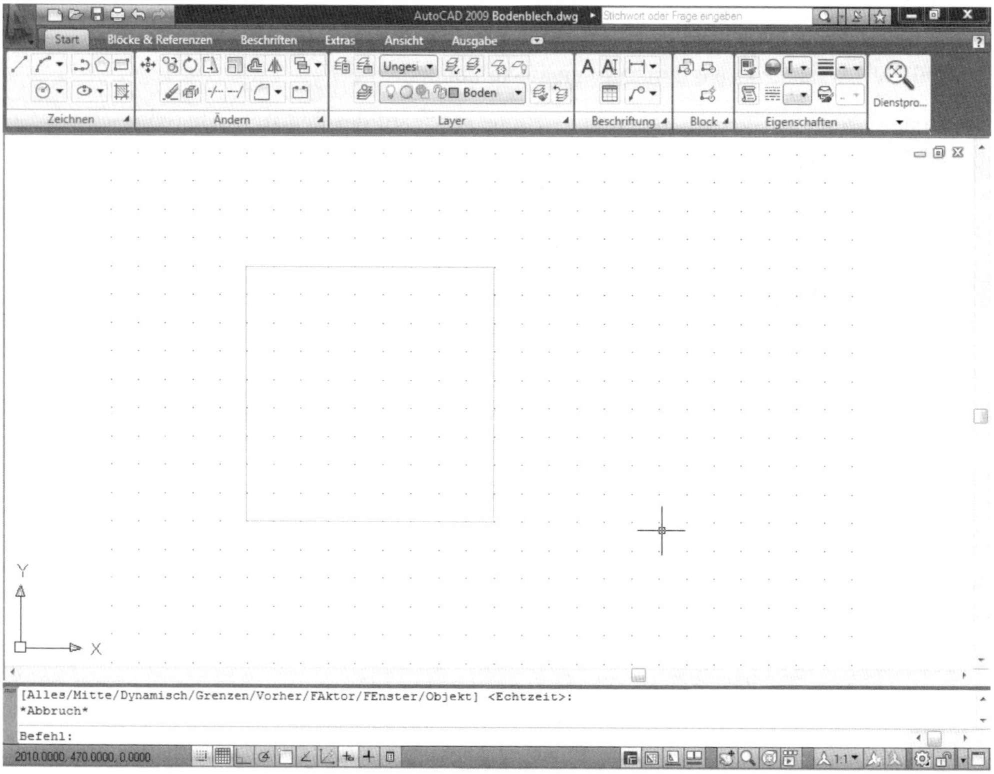

Abbildung 3.6: Die Bodenplatte ist noch leer.

Jetzt soll die Säule gezeichnet werden. Dazu muss aber erst einmal der Layer gewechselt werden.

15. Klicken Sie in der Gruppe LAYER die Dropdown-Liste LAYER an, um die Liste der Layer anzeigen zu lassen. Klicken Sie SÄULE an, um diesen Layer zu aktivieren.

Wenn Sie die Dropdown-Liste LAYER benutzen, müssen Sie nicht erst den LAYEREIGENSCHAFTEN-MANAGER öffnen, dort den Layer markieren, die Schaltfläche AKTUELL und dann

SCHLIESSEN anklicken. Wenn Sie AutoCAD-Experte werden wollen, dann geht es *immer* um Effizienz!

16. Drücken Sie ↵**, um den Befehl** `RECHTECK` **zu wiederholen.**

Sie können den letzten Befehl jederzeit durch Drücken von ↵ erneut ausführen.

In den nächsten Schritten werden Sie eine hohle Stahlsäule erstellen.

17. Bei der Aufforderung `Ersten Eckpunkt angeben` **tippen Sie** `800,725` **ein und drücken** ↵.

18. Bei der Aufforderung `Anderen Eckpunkt angeben` **tippen Sie** `300,450` **ein und drücken** ↵.

Ein zweites Rechteck wird mitten im Bodenblech eingezeichnet. Nun runden Sie die Ecken der Säule mit dem Befehl `ABRUNDEN` ab und verwenden dann den Befehl `VERSETZ`, um für die Außenwand eine bestimmte Stärke festzulegen.

19. Klicken Sie in der Gruppe ÄNDERN die Schaltfläche ABRUNDEN an.

Der Befehl `ABRUNDEN` startet, und AutoCAD fordert Sie zur Auswahl des ersten Objekts auf. Der Befehlszeile können Sie die Optionen für diesen Befehl entnehmen. Verwenden Sie zum Abrunden aller vier Ecken einen Radius von 50 Millimeter wie folgt:

20. Tippen Sie `R` **ein und drücken Sie** ↵**, um einen neuen Radius für den Befehl** `ABRUNDEN` **festzulegen. Tippen Sie** `50` **ein und drücken Sie** ↵.

AutoCAD fordert Sie wieder zur Auswahl des ersten Objekts auf. Sie könnten eine beliebige der abzurundenden Linien auswählen, aber da es sich bei der Säule um eine zusammenhängende Polylinie handelt, ist es hier effizienter, wenn Sie die Option `Polylinie` des Befehls `ABRUNDEN` verwenden, um alle vier Ecken in einem Arbeitsgang abzurunden.

21. Tippen Sie `P` **ein, um die Option** `Polylinie` **auszuwählen, und drücken Sie dann** ↵.

AutoCAD fordert Sie zur Auswahl einer 2D-Polylinie auf.

22. Wählen Sie das Rechteck aus, das Sie in den Schritten 14 bis 16 erstellt haben.

Alle vier Ecken der Säule werden mit einem 50-Millimeter-Radius abgerundet. Nun versetzen Sie die Polylinie, um eine 19 Millimeter dicke Stahlsäule zu erzeugen.

23. Klicken Sie in der Gruppe ÄNDERN die Schaltfläche VERSETZEN an.

24. Bei der Aufforderung `Abstand angeben` **tippen Sie** `19` **ein und drücken** ↵.

25. Bei der Aufforderung `Zu versetzendes Objekt wählen` **klicken Sie das abgerundete Rechteck an. Bei der Aufforderung** `Punkt auf Seite angeben, auf die versetzt werden soll` **klicken Sie irgendwo *innerhalb* des abgerundeten Rechtecks. Drücken Sie** ↵**, um den Befehl abzuschließen.**

AutoCAD versetzt das ausgewählte Objekt in Richtung des Inneren des abgerundeten Rechtecks (siehe Abbildung 3.7).

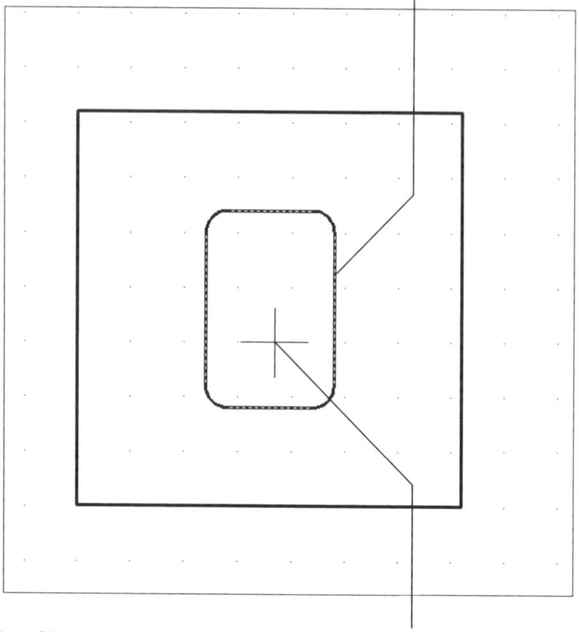

Abbildung 3.7: Die Wandstärke mit VERSETZ *festlegen*

26. Drücken Sie [Strg]+[S], um die Zeichnung zu speichern.

AutoCAD speichert die Zeichnung und benennt die zuvor gespeicherte Version nach dem Muster `zeichnungsname.bak` um. In unserem Beispiel könnte die Sicherung also zum Beispiel `Bodenblech.bak` heißen. Bei `.bak` handelt es sich um die AutoCAD-Erweiterung von Sicherungsdateien (Backup-Datei). In Kapitel 20 werden BAK-Dateien und deren Verwendung beschrieben.

Die Verschraubung der Platte anlegen

Um die Ankerschraube auf einem Layer ANKERSCHRAUBEN zu zeichnen, führen Sie die folgenden Schritte aus:

1. **Wiederholen Sie die Schritte 2 bis 6 aus dem letzten Abschnitt, um einen neuen Layer für die Ankerschrauben zu erstellen. Geben Sie dem Layer den Namen ANKERSCHRAUBEN, weisen Sie ihm die dritte der Standardfarben (Grün) zu und aktivieren Sie diesen Layer.**

   In der Dropdown-Liste LAYER in der Gruppe LAYER wird ANKERSCHRAUBEN als aktueller Layer angezeigt.

2. **In der Gruppe Zeichnen klicken Sie die Schaltfläche Kreis an.**

   Der Befehl `KREIS` wird gestartet, und AutoCAD fordert Sie zur Angabe des Kreismittelpunkts auf:

   ```
   Zentrum für Kreis angeben oder
       [3P/2P/Ttr (Tangente Tangente Radius)]:
   ```

3. **Klicken Sie im Zeichnungsbereich den Punkt 650,650 an.**

   AutoCAD fordert Sie zur Angabe der Größe des Kreises auf:

   ```
   Radius für Kreis angeben oder [Durchmesser]:
   ```

   Die Ankerschrauben sollen einen Durchmesser von 38 Millimeter haben. AutoCAD fragt nach einem Radius. Auch wenn Sie wahrscheinlich den Radius für einen Kreis mit einem Durchmesser von 38 Millimetern berechnen können, wählen Sie die Option `Durchmesser` und überlassen AutoCAD die Rechenarbeit.

4. **Tippen Sie `D` ein und drücken Sie [↵], um die Option `Durchmesser` auszuwählen.**

   Die Eingabeaufforderung von AutoCAD lautet nun:

   ```
   Durchmesser für Kreis angeben:
   ```

5. **Tippen Sie `38` ein und drücken Sie [↵].**

   AutoCAD zeichnet einen Kreis mit einem Durchmesser von 38 Millimetern. Er befindet sich auf dem Layer Ankerschrauben und übernimmt dessen grüne Farbe (siehe Abbildung 3.8).

6. **Drücken Sie [Strg]+[S], um die Zeichnung zu speichern.**

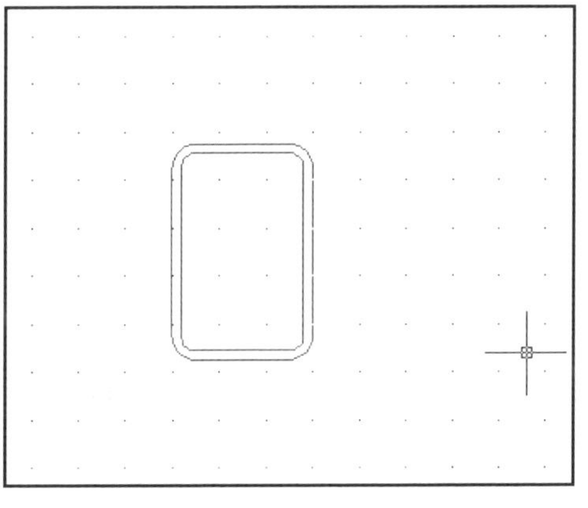

Abbildung 3.8: Mit `KREIS` verankern

Das Polygon platzieren

Jede gute Schraube hat eine Mutter verdient. Setzen Sie den Befehl `POLYGON` ein, um ein sechseckiges Objekt auf einem Layer namens MUTTERN abzulegen. Die folgenden Schritte sollen Ihnen nicht nur zeigen, wie Polygone gezeichnet werden, sondern stellt Ihnen auch ein paar der nützlicheren Präzisionstechniken von AutoCAD vor: Objektfang und Ortho-Modus.

1. **Wiederholen Sie die Schritte 2 bis 6 aus dem Abschnitt »Rechtecke auf den richtigen Layern zeichnen«, um einen neuen Layer für die Muttern zu erstellen. Geben Sie dem Layer den Namen MUTTERN, weisen Sie ihm die erste der Standardfarben (Rot) zu und aktivieren Sie diesen Layer.**

   In der Dropdown-Liste LAYER wird MUTTERN als aktueller Layer angezeigt.

   Sie müssen nicht für jede Art gezeichneter Objekte einen eigenständigen Layer erstellen. Sie könnten zum Beispiel für Ankerschrauben und Muttern einen gemeinsamen Layer verwenden. Die Namen der Layer und deren Verwendung hängt neben den Gepflogenheiten der jeweiligen Branche und des jeweiligen Büros zu einem gewissen Teil von der eigenen Entscheidung ab. Es ist aber besser, zu viele als zu wenige Layer zu haben, weil es viel einfacher ist, zwei Layer später zusammenzulegen, als die Objekte eines Layers auf zwei oder mehr Layer aufzuteilen.

2. **In der Gruppe ZEICHNEN klicken Sie die Schaltfläche POLYGON an, auf der ein Pentagon (Fünfeck) dargestellt ist.**

   Der Befehl `POLYGON` wird gestartet, und AutoCAD fordert Sie auf:

   `Anzahl der Seiten eingeben <4>:`

   Werfen Sie schon einmal einen Blick auf Abbildung 3.9, um sich einen Eindruck davon zu verschaffen, wie die fertig gezeichnete Mutter aussehen soll. Viereckige Muttern werden praktisch nur recht selten verwendet, und daher bleibe auch ich bei der üblichen sechseckigen Variante.

3. **Tippen Sie `6` ein und drücken Sie ↵.**

   AutoCAD fordert Sie nun zur Angabe des Polygonmittelpunkts auf:

   `Polygonmittelpunkt angeben oder [Seite]:`

   Wenn Sie das Fadenkreuz in die Nähe der Ankerschraube bewegen, lässt sich beobachten, dass AutoCAD insbesondere auf vorhandenen Objekten bestimmte Punkte schnell auswählt. Dieses Verhalten ist das Ergebnis des fortlaufenden Objektfangs und der Spurverfolgung, die in Kapitel 5 besprochen werden. (Wenn AutoCAD nicht richtig zuzuschnappen scheint, dann klicken Sie die Schaltfläche OFANG beziehungsweise OBJEKTFANG in der Statusleiste an, bis in der Befehlszeile `<Objektfang ein>` angezeigt wird.)

   Klicken Sie dann das Symbol OBJEKTFANG beziehungsweise OFANG mit der rechten Maustaste an und wählen Sie die Option ZENTRUM, um sie zu aktivieren. (Bei den für den Objektfang aktivierten Optionen ist das Symbol links daneben mit einem Rahmen versehen.)

4. **Bewegen Sie das Fadenkreuz über die eben gezeichnete Ankerschraube.**

   Das Fadenkreuz sollte nun zur Mitte des Kreises der Ankerschraube gezogen und in einem QuickInfo-Fenster ZENTRUM angezeigt werden. Möglicherweise werden auch Spurvektoren auf dem Bildschirm angezeigt, die von diesem Punkt ausgehen, die Sie aber ignorieren können.

5. **Klicken Sie, wenn im QuickInfo-Fenster ZENTRUM (nicht SCHNITTPUNKT oder etwas Ähnliches) angezeigt wird.**

   Der Befehl `POLYGON` zeichnet regelmäßige, geschlossene Polygone auf der Grundlage eines imaginären Kreises. Den Mittelpunkt dieses Kreises bildet der eben ausgewählte Punkt. AutoCAD zeigt folgende Aufforderung an:

   `Option eingeben [Umkreis/Inkreis] <U>:`

6. **Drücken Sie [↵], um die vorgegebene Option `Umkreis` zu übernehmen.**

   Die Option `Inkreis` zeichnet ein Polygon, dessen Ecken den Rand des imaginären Kreises innen berühren. Die Option `Umkreis` zeichnet ein Polygon, dessen Seiten den Rand des Kreises außen berühren.

   AutoCAD zeigt nun folgende Aufforderung an:

   `Kreisradius angeben:`

7. **Aktivieren Sie den Ortho-Modus, indem Sie die entsprechende Schaltfläche (ORTHO bei Textschaltflächen) in der Statusleiste anklicken, bis `<Ortho ein>` in der Befehlszeile angezeigt wird.**

8. **Klicken Sie und ziehen Sie mit der Maus nach rechts, bis die Ober- und Unterseite des Polygons waagerecht sind, *aber klicken Sie noch nicht*.**

9. **Tippen Sie `38` ein und drücken Sie [↵].**

   AutoCAD zeichnet die Mutter (siehe Abbildung 3.9). Sie befindet sich auf dem Layer MUTTERN und übernimmt dessen rote Farbe.

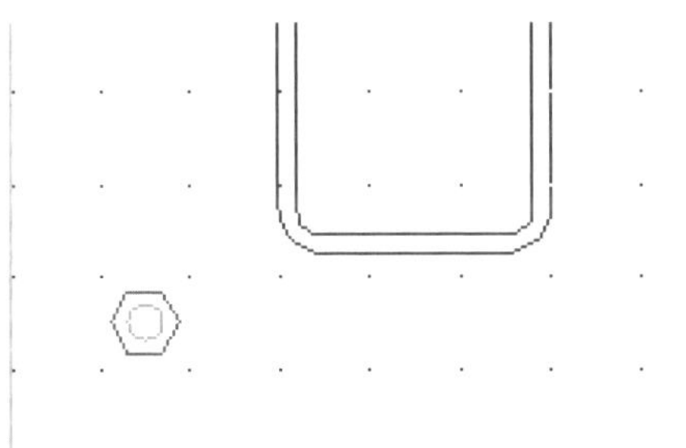

Abbildung 3.9: Schrauben und Muttern zum Verankern

10. **Deaktivieren Sie den Ortho-Modus und den Objektfang, indem Sie die entsprechenden Schaltflächen (ORTHO und OFANG bei Textdarstellung) in der Statusleiste anklicken, bis sie etwas dunkler dargestellt werden und in der Befehlszeile `<Ortho aus>` beziehungsweise `<Objektfang aus>` angezeigt wird.**

    Gelegentlich stören der Ortho-Modus und der fortlaufende Objektfang das Zeichnen in AutoCAD. Sie können die beiden Funktionen dann über die entsprechenden Schaltflächen in der Statusleiste deaktivieren und damit das Problem beheben.

11. **Drücken Sie [Strg]+[S], um die Zeichnung zu speichern.**

Noch ist die Bodenplatte nicht fertig. Aber keine Sorge, wir werden weiter hinten in diesem Kapitel noch weitere Schrauben und Muttern mit Bearbeitungsbefehlen erstellen. Wenn Ihr Kopf zu zerspringen droht, ist jetzt der richtige Zeitpunkt gekommen, um eine Pause einzulegen und einen Blick aus dem Fenster zu werfen. Wenn Sie AutoCAD beenden, brauchen Sie später das Programm nur neu zu starten und die Zeichnung wieder zu öffnen, wenn Sie weitermachen wollen.

Eine nähere Betrachtung mit Zoom und Pan

Die Beispielzeichnung in diesem Kapitel ist recht aufgeräumt und einfach, aber das ist bei den meisten CAD-Zeichnungen beides nicht der Fall. Technische Zeichnungen sind üblicherweise vollgepackt mit Linien, Text und Bemaßungen. CAD-Zeichnungen werden häufig auf Blättern gedruckt, deren Seiten mehr als einen Meter lang sind. Jeder, der einen derart großen Monitor besitzt, kann es sich wahrscheinlich leisten, einen ganzen Raum voller Zeichner zu beschäftigen und wird daher kaum dieses Buch lesen. Sie müssen in Ihren Zeichnungen eine Menge zoomen und pannen. Zoomen und pannen wird in Kapitel 12 ausführlich behandelt. Ein paar kurze Definitionen sollten für den Moment ausreichen:

- ✔ **Zoomen** bedeutet, dass die Vergrößerung der Darstellung auf dem Bildschirm geändert wird. Wenn man hineinzoomt, geht man näher an die gezeichneten Objekte heran und kann mehr Details erkennen. Wenn man herauszoomt, entfernt man sich von den gezeichneten Objekten und kann mehr vom Zeichnungsbereich sehen.
- ✔ **Pannen** bedeutet, dass man einen anderen Ausschnitt der Zeichnung betrachtet, ohne die Vergrößerung zu verändern. Wenn Sie die Bildlaufleisten in Anwendungen benutzen, dann pannen Sie die Anzeige.

Durch Zoomen und Pannen lassen sich Einzelheiten häufig besser erkennen, kann man sicherer zeichnen (weil man dann sieht, was man macht) und Zeichnungen schneller bearbeiten (weil die Objektauswahl einfacher wird, wenn nicht Zillionen Objekte auf dem Bildschirm angezeigt werden).

Glücklicherweise ist das Zoomen und Pannen in AutoCAD nicht nur notwendig, sondern auch einfach. Die folgenden Schritte beschreiben, wie die Echtzeitfunktionen für das Zoomen und Pannen in AutoCAD benutzt werden, die recht einfach angewendet werden können und recht flexibel sind. In Kapitel 12 werden weitere Optionen dieser Funktionen beschrieben.

Um in Ihrer Zeichnung zu zoomen und zu pannen, führen Sie die folgenden Schritte aus:

1. **Klicken Sie mit der rechten Maustaste in einen leeren Bereich der Zeichnung und wählen Sie im Kontextmenü Zoom.**

   Die Echtzeitoption des `ZOOM`-Befehls wird gestartet. Das Fadenkreuz verwandelt sich in eine Lupe, und AutoCAD zeigt folgende Meldung an:

   ```
   Mit ESC oder EINGABETASTE beenden oder rechte Maustaste drücken,
   um das Kontextmenü zu aktivieren.
   ```

2. **Bewegen Sie das Fadenkreuz etwa in die Mitte des Bildschirms, drücken Sie die linke Maustaste und halten Sie diese gedrückt. Ziehen Sie dann den Zeiger auf dem Bildschirm nach oben und unten, bis die Bodenplatte den Bildschirm fast füllt.**

   Wie Sie erkennen können, wird die Zeichnung vergrößert, wenn Sie den Mauszeiger nach oben bewegen, und verkleinert, wenn Sie den Zeiger nach unten ziehen.

3. **Klicken Sie mit der rechten Maustaste in den Zeichnungsbereich, um das Kontextmenü für das Echtzeit-Zoomen/Pannen anzuzeigen, das in Abbildung 3.10 dargestellt wird, und wählen Sie dort die Option Pan aus.**

Abbildung 3.10: Das Kontextmenü für das Echtzeit-Zoomen/Pannen

   Der Cursor wird von einer Lupe zu einer Hand.

4. **Klicken und ziehen Sie, bis die Bodenplatte mehr oder weniger mitten im Zeichnungsbereich angezeigt wird.**

   Sie können das Kontextmenü dazu verwenden, um zwischen Zoom und Pan so oft wie nötig umzuschalten. Wenn Sie nicht mehr wissen, wo Sie sich in der Zeichnung befinden, wählen Sie eine der beiden Optionen Zoom Vorher oder Zoom Grenzen, um zu einer Ansicht zurückzukehren, in der Sie etwas erkennen können.

5. **Klicken Sie mit der rechten Maustaste in den Zeichnungsbereich und wählen Sie im Kontextmenü für das Echtzeit-Zoomen/Pannen die Option Beenden aus.**

   Der Cursor verwandelt sich wieder von der Hand in das normale AutoCAD-Fadenkreuz.

Änderungen lassen die Zeichnung besser aussehen

Wenn Sie eine bessere Ansicht der Bodenplatte haben, lassen sich die Objekte leichter bearbeiten. In den folgenden Abschnitten werden Sie mit dem Befehl `REIHE` weitere Ankerschrauben hinzufügen, mit dem Befehl `STRECKEN` die Form der Bodenplatte ändern und mit dem Befehl `SCHRAFF` die Säule mit einer Kreuzschraffur versehen.

Ein Hoch auf die Reihe

Mit dem Befehl `REIHE` lassen sich ganz einfach mehrere neue Objekte aus vorhandenen Objekten in regelmäßigen Abständen erstellen. Das Muster der Reihe kann entweder *rechteckig* (Spalten und Zeilen von Objekten) oder *polar* (kreisförmig um einen Mittelpunkt herum, wie die Speichen eines Rades um dessen Nabe herum) sein. In diesem Beispiel werden wir eine rechteckige Reihe dazu verwenden, um drei weitere Ankerschrauben zu erstellen:

1. **Klicken Sie in der Gruppe Ändern die Schaltfläche Reihe an, auf der vier Quadrate dargestellt sind.**

   Wahrscheinlich müssen Sie die Gruppe Ändern erweitern, damit diese Schaltfläche angezeigt wird. Klicken Sie den Gruppentitel an, um das Einblendfenster zu öffnen. Klicken Sie dann die Schaltfläche Reihe an. Der Befehl `REIHE` wird gestartet, und AutoCAD zeigt das Dialogfeld Anordnung an.

2. **Markieren Sie das Optionsfeld Rechteckige Anordnung.**

3. **Klicken Sie die Schaltfläche Objekte wählen an.**

   Das Dialogfeld Anordnung wird vorübergehend ausgeblendet, und AutoCAD fordert Sie zur Auswahl der Objekte auf.

4. **Schalten Sie den Fangmodus aus, indem Sie die betreffende Schaltfläche (FANG bei Textschaltflächen) in der Statusleiste anklicken, bis sie ein wenig dunkler dargestellt wird und in der Befehlszeile `<Fang aus>` angezeigt wird.**

   Das Ausschalten des Fangmodus vereinfacht die Auswahl der Objekte.

5. **Klicken Sie die Ankerschraube und dann die Mutter an.**

   Sollten Probleme beim Versuch der Auswahl der Objekte auftreten, drücken Sie mehrmals [ESC], um den Befehl abzubrechen. Starten Sie dann wieder den Befehl `REIHE` und versuchen Sie es erneut.

   AutoCAD fordert Sie in der Befehlszeile weiter zur Auswahl von Objekten auf:

   ```
   Objekte wählen: 1 gefunden, 2 gesamt
   ```

6. **Drücken Sie [↵], um die Objektauswahl zu beenden.**

   Das Dialogfeld Anordnung wird wieder angezeigt.

7. **Klicken Sie in das Textfeld ZEILEN und setzen Sie den Wert auf 2. Drücken Sie [Tab], um in das Textfeld SPALTEN zu kommen, und setzen Sie auch dort den Wert auf 2.**

   Das Quellobjekt wird bei AutoCAD-Reihen mitgezählt. Die Vorschau zeigt, dass Sie eine rechteckige Anordnung für Objekte mit gleichmäßigem Abstand eingerichtet haben (siehe Abbildung 3.11).

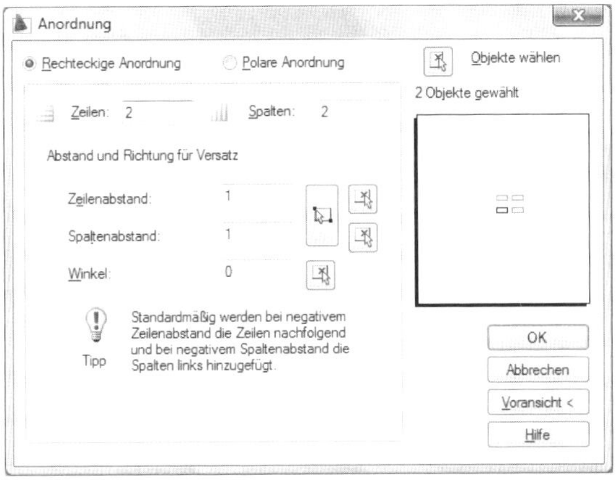

Abbildung 3.11: Das Dialogfeld ANORDNUNG ist für die Schrauben in der Bodenplatte vorbereitet.

8. **Im Textfeld ZEILENABSTAND geben Sie 600 ein. Klicken Sie in das Textfeld SPALTENABSTAND und tippen Sie dort ebenfalls 600 ein.**

   Eine rechteckige Anordnung erstellt Zeilen und Spalten mit regelmäßigem Abstand. Beim Zeilenabstand handelt es sich um den vertikalen Abstand zwischen den Zeilen und beim Spaltenabstand um den horizontalen Abstand zwischen den Spalten.

9. **Klicken Sie unten rechts im Dialogfeld die Schaltfläche VORANSICHT an.**

   AutoCAD zeigt, wie die Reihe aussehen wird, wenn die aktuellen Einstellungen übernommen werden. In AutoCAD 2009 können Sie in der Voransicht pannen oder zoomen, wenn eine größere oder detailliertere Ansicht benötigt wird.

10. **Wenn etwas falsch aussieht, drücken Sie [ESC], nehmen Änderungen vor und lassen wieder die Voransicht anzeigen. Wenn alles in Ordnung ist, klicken Sie (worauf die Meldung im Befehlsfenster hinweist) mit der rechten Maustaste in den Zeichnungsbereich.**

    AutoCAD fügt die zusätzlichen Objekte zur Zeichnung hinzu (siehe Abbildung 3.12).

11. **Drücken Sie [Strg]+[S], um die Zeichnung zu speichern.**

Perfekt! Nur hat der spinnerte Konstrukteur mittlerweile entschieden, dass die Säule 450 × 450 mm und nicht mehr 300 × 450 mm messen soll. Und das bedeutet, dass die Bodenplatte zu klein ist und dass sich auch die Ankerschrauben an der falschen Stelle befinden. Wenn Sie an einem Zeichenbrett arbeiten würden, würden Sie jetzt einen Radierer zur Hand nehmen und all Ihre Bemühungen ausradieren. Davor werden Sie durch AutoCAD bewahrt!

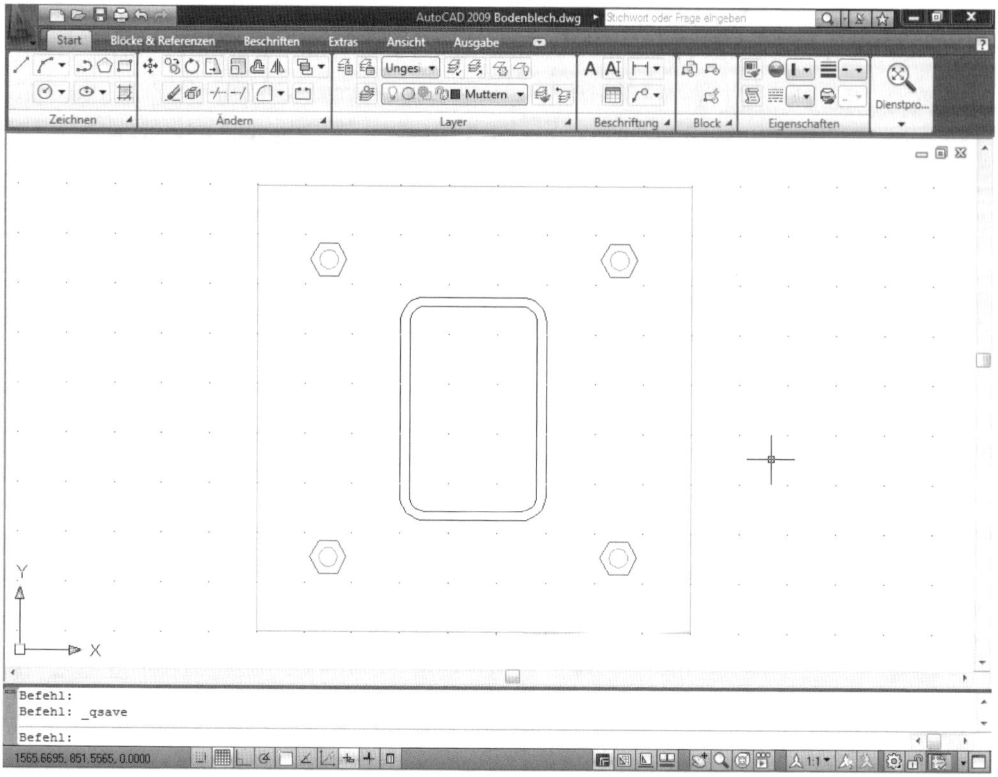

Abbildung 3.12: Die fest verschraubte Bodenplatte

Recken und Strecken

Der Befehl STRECKEN ist zwar leistungsstark, aber auch ein wenig kompliziert. Je nachdem, wie Sie die betreffenden Objekte auswählen, lassen sie sich mit dem Befehl strecken oder verschieben. Der Schlüssel beim Einsatz von STRECKEN ist die richtige Angabe eines *Kreuzen-Fensters*. (In Kapitel 10 erfahren Sie weitere Einzelheiten zu Kreuzen-Fenstern und deren Einsatz beim Befehl STRECKEN.)

Führen Sie folgende Schritte aus, um die Säule und die Bodenplatte zu strecken:

1. **Klicken Sie in der Gruppe Ändern die Schaltfläche Strecken an, auf der die Ecke eines Rechtecks gestreckt wird.**

   Der Befehl STRECKEN startet, und AutoCAD fordert Sie zur Auswahl von Objekten auf. Diesmal (und bei diesem Befehl) müssen Sie wirklich auf die Befehlszeile achten:

   ```
   Objekte, die gestreckt werden sollen, mit Kreuzen-Fenster
       oder Kreuzen-Polygon wählen...
   Objekte wählen:
   ```

2. **Klicken Sie einen Punkt rechts oberhalb der oberen rechten Ecke der Bodenplatte an (Punkt 1 in Abbildung 3.13).**

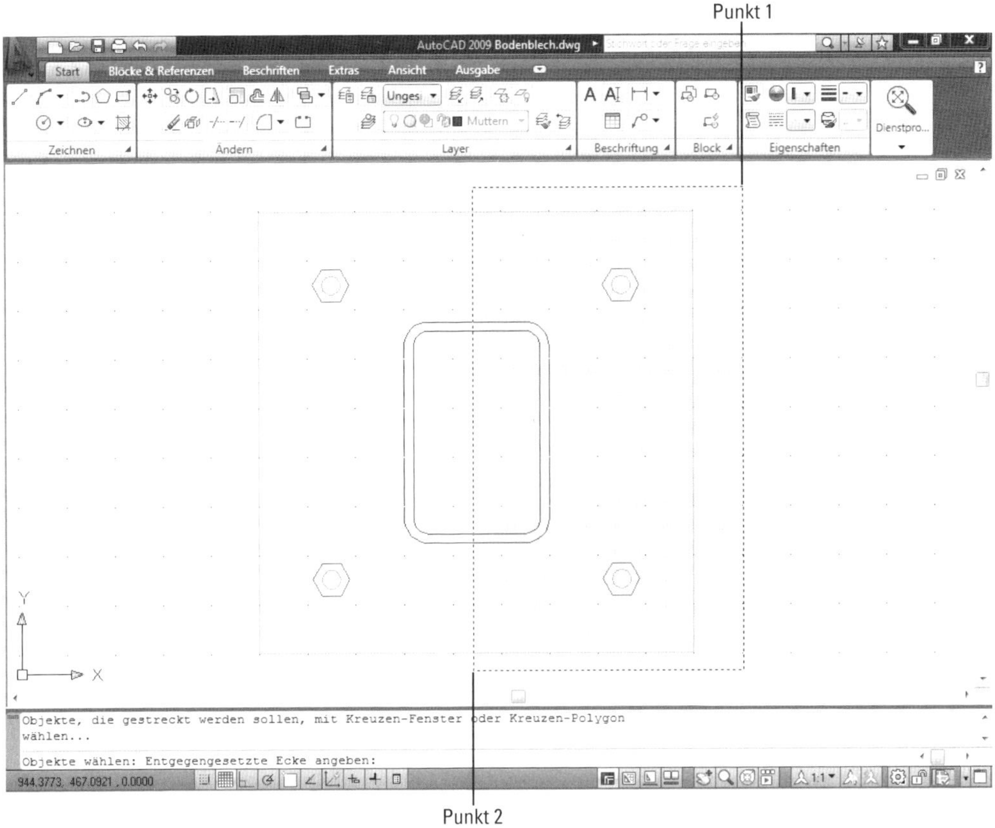

Abbildung 3.13: Festlegen eines Kreuzen-Fensters für den Befehl `STRECKEN`

3. **Bewegen Sie das Fadenkreuz nach links und unten.**

   Der Zeiger wird zu einer gestrichelten Linie, die eine rechteckige grüne Fläche umschließt und darauf hinweist, dass Sie ein Kreuzen-Fenster festlegen. AutoCAD fordert Sie in der Befehlszeile auf:

   ```
   Objekte wählen: Entgegengesetzte Ecke angeben:
   ```

4. **Klicken Sie in etwa einen Punkt in der Mitte unterhalb der Platte an (Punkt 2 in Abbildung 3.13).**

   Das Kreuzen-Fenster muss durch die Bodenplatte und die Säule gehen, damit der Befehl `STRECKEN` richtig funktionieren kann (siehe Abbildung 3.13).

   ```
   Objekte wählen: Entgegengesetzte Ecke angeben: 7 gefunden
   Objekte wählen:
   ```

5. **Drücken Sie ↵, um die Objektauswahl zu beenden.**

   AutoCAD fordert Sie zur Angabe des Basispunkts auf.

6. **Schalten Sie den Fangmodus, den Ortho-Modus und den fortlaufenden Objektfang ein, indem Sie die entsprechenden Schaltflächen (FANG, ORTHO und OFANG bei Textschaltflächen) in der Statusleiste anklicken, bis sie etwas heller dargestellt werden.**

7. **Klicken Sie die untere rechte Ecke der Bodenplatte an.**

   Dieser Punkt dient als Basispunkt für die Strecken-Operation. Basispunkte und Verschiebungen werden in Kapitel 11 ausführlicher beschrieben. AutoCAD fordert Sie in der Befehlszeile auf:

```
Zweiten Punkt angeben oder
    <ersten Punkt der Verschiebung verwenden>:
```

8. **Bewegen Sie das Fadenkreuz nach rechts, bis im QuickInfo-Fenster eine Verschiebung um 150 Einheiten angezeigt wird. Klicken Sie dann in den Zeichnungsbereich (siehe Abbildung 3.14).**

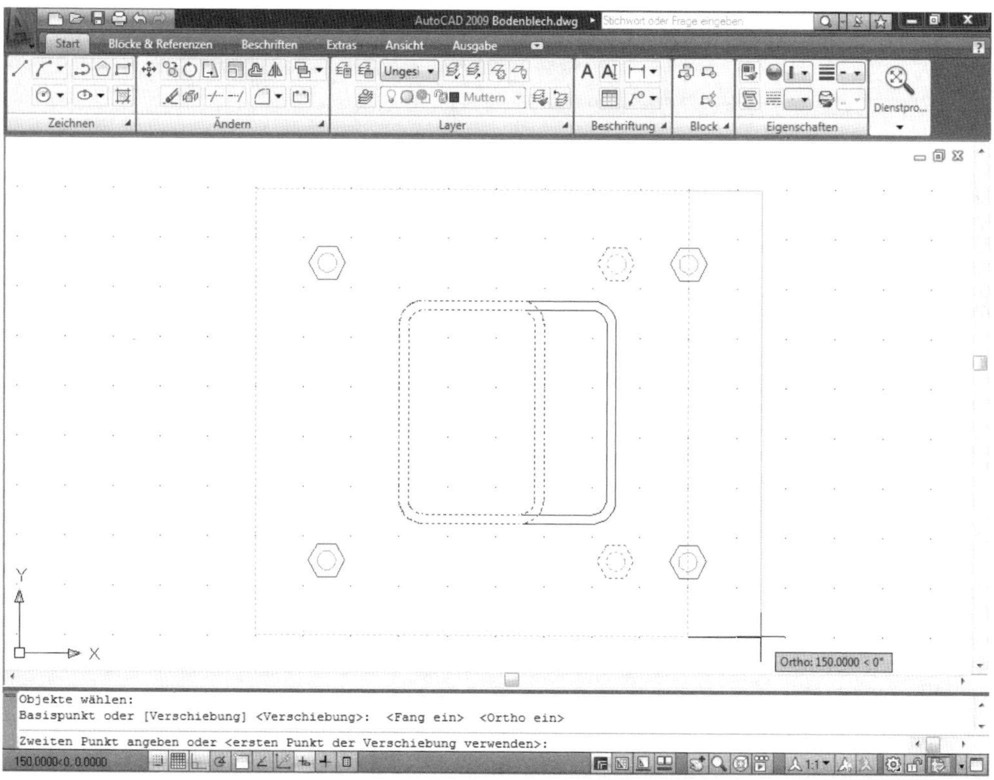

Abbildung 3.14: Die Bodenplatte wird gestreckt.

Wie Abbildung 3.14 zeigt, *streckt* AutoCAD die Säule und das Bodenblech um den angegebenen Wert und *verschiebt* die Ankerschrauben, die sich vollständig im Kreuzen-Fenster befunden haben.

Wenn das Strecken nicht im ersten Anlauf klappt, drücken Sie [Strg]+[Z] und nehmen einen neuen Anlauf. Der Befehl `STRECKEN` ist äußerst nützlich und kann schon dafür sorgen, dass man sich fragt, wie Zeichner das früher alles mit Radiergummi und Bleistift geschafft haben. Aber es erfordert ein wenig Übung, um diesen Kreuzen-Fenstern auf die Schliche zu kommen.

9. **Drücken Sie [Strg]+[S], um die Zeichnung zu speichern.**

Schraffuren zeichnen

Im letzten Schritt der Bearbeitung soll der Zwischenraum zwischen der Innen- und der Außenseite der Säule mit Schraffuren versehen werden, um darauf hinzuweisen, dass die Zeichnung einen Querschnitt der Säule zeigt. Führen Sie dazu folgende Schritte aus:

1. **Schalten Sie den Fangmodus, den Ortho-Modus und den fortlaufenden Objektfang aus, indem Sie die entsprechenden Schaltflächen (FANG, ORTHO und OFANG bei Textschaltflächen) in der Statusleiste anklicken, bis sie etwas dunkler dargestellt werden.**

2. **Wiederholen Sie die Schritte 2 bis 6 aus dem Abschnitt »Rechtecke auf den richtigen Layern zeichnen«, um einen Layer namens Schraffur zu erstellen. Verwenden Sie für den Layer die zweite Indexfarbe (Gelb) und aktivieren Sie ihn.**

3. **Klicken Sie in der Gruppe Zeichnen die Schaltfläche Schraffur an, auf der ein schraffiertes Quadrat dargestellt wird.**

   Das Dialogfeld Schraffur und Abstufung wird angezeigt. (In AutoCAD LT heißt das Dialogfeld einfach Schraffur.) Weitere Informationen über dieses Dialogfeld und allgemein über Schraffuren finden Sie in Kapitel 15.

4. **Auf der Registerkarte Schraffur klicken Sie im Bereich Typ und Muster die Dropdown-Liste Muster an und wählen dort ANSI31.**

   Das Muster ANSI31 füllt den ausgewählten Bereich mit parallelen Linien in einem bestimmten Winkel.

5. **Klicken Sie auf der rechten Seite des Dialogfelds die Schaltfläche Hinzufügen: Punkte auswählen an.**

   Das Dialogfeld wird vorübergehend geschlossen.

6. **Bei der Aufforderung** `Internen Punkt wählen` **wählen Sie einen Punkt zwischen der Innen- und der Außenseite der Säule aus. Vergrößern Sie die Zeichnung bei Bedarf mit dem Befehl** `ZOOM`**.**

   AutoCAD markiert die beiden abgerundeten Polylinien.

7. **Drücken Sie [↵], um die Objektauswahl zu beenden.**

   Das Dialogfeld Schraffur und Abstufung wird wieder angezeigt. Um zu prüfen, ob die Schraffurparameter richtig gesetzt wurden, klicken Sie unten links im Dialogfeld die Schaltfläche Voransicht an. Es sieht so aus, als wäre das Schraffurmuster zu fein.

8. **Drücken Sie [ESC], um wieder zum Dialogfeld Schraffur und Abstufung zurückzukehren.**

9. **Setzen Sie im Eingabefeld Massstab den Wert auf 5 und klicken Sie wieder Voransicht an. Wenn das Ergebnis nun in Ordnung ist, klicken Sie (entsprechend der Meldung in der Befehlszeile) mit der rechten Maustaste, um das Schraffurmuster zu übernehmen.**

   Die fertige Zeichnung sollte nun wie in Abbildung 3.15 aussehen.

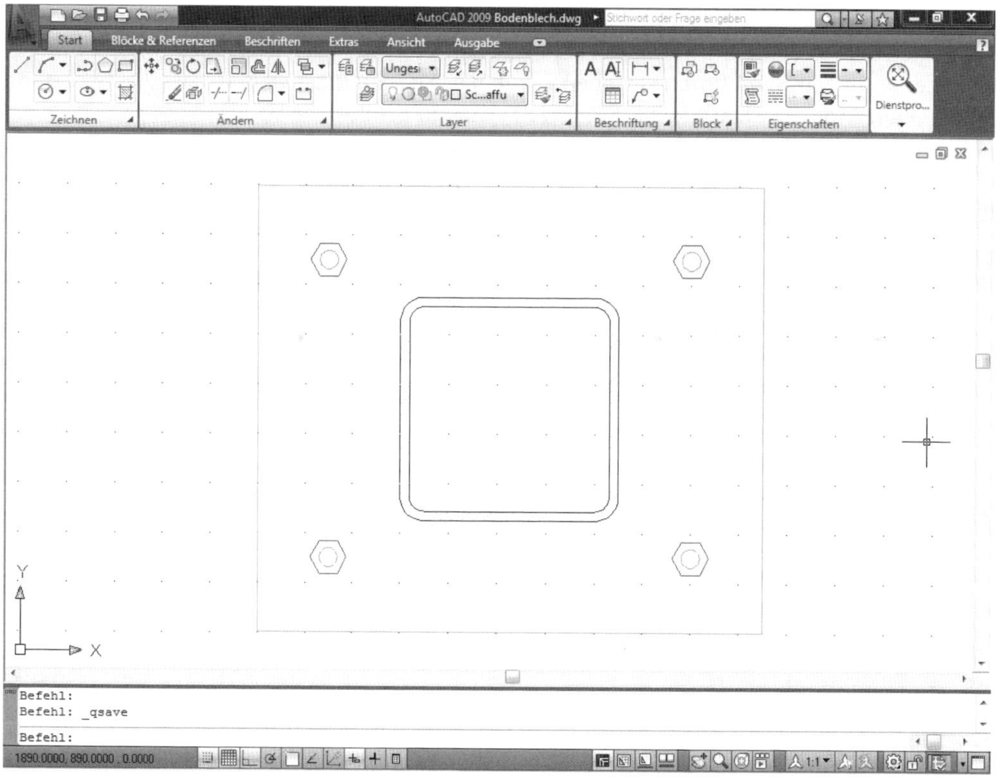

Abbildung 3.15: Die Säule wurde schraffiert

10. **Klicken Sie die Schaltfläche des Menü-Browsers an und wählen Sie Ansicht|Zoom|Alles.**

    AutoCAD verkleinert die Zeichnung so, dass der gesamte von den Limiten definierte Bereich sichtbar ist.

11. **Drücken Sie [Strg]+[S], um die Zeichnung zu speichern.**

Nach ein wenig Zeichnen und Bearbeiten werden Sie sich vielleicht fragen, wie Sie denn wissen sollen, wann die verschiedenen Modi in der Statusleiste (Fang, Raster, Ortho-Modus, Objektfang und so weiter) ein- oder ausgeschaltet werden sollen. Sie werden schon bald ein Gespür dafür entwickeln, wann welcher Modus sinnvoll und wann er störend ist. In den weiteren Kapiteln werde ich Ihnen einige spezifischere Richtlinien liefern.

Dem Plot folgen

Es mag ja gut und schön sein, wenn man seine Zeichnungen nur auf dem Bildschirm betrachtet und sie mit anderen via E-Mail oder über Websites austauscht. Früher oder später werden aber wohl auch Sie eine gedruckte Version sehen wollen. Das Drucken von Zeichnungen beziehungsweise das Plotten, wie es von den CAD-Freaks genannt wird, ist ein wenig komplizierter als der Ausdruck eines mit einer Textverarbeitung oder einem Tabellenkalkulationsprogramm erstellten Dokuments. Das liegt daran, dass man auf solche Dinge wie den Zeichnungsmaßstab, Linienstärken, Textfelder und seltsame Papierformate achten muss. In Kapitel 16 wird das Plotten ausführlicher behandelt. Hier stelle ich nur ein Kurzverfahren vor, mit dem Sie immerhin Zeichnungen drucken können, auf denen etwas zu erkennen ist.

Die folgenden Schritte zeigen, wie der Modellbereich einer Zeichnung geplottet werden kann. Wie in Kapitel 5 beschrieben, gibt es in AutoCAD anspruchsvollere Funktionen, mit denen sich spezielle *Papierbereichslayouts* und besondere Zusätze für das Plotten erstellen lassen. Zu den Zusätzen gehören üblicherweise Textfelder beziehungsweise Titelblöcke. Da es hier aber erst einmal um den versprochenen sanften Einstieg in die Zeichenfunktionen von AutoCAD geht, stelle ich die Aspekte Papierbereichslayout und Textfelder erst einmal ein wenig zurück. Wenn Sie für die ganze Plotten-Geschichte bereit sind, wenden Sie sich zunächst Kapitel 5 zu, in dem Sie Information zum Einrichten von Papierbereichslayouts finden, und sehen Sie sich dann Kapitel 16 mit den umfassenden Anleitungen zum Plotten an.

Führen Sie diese Schritte zum Plotten einer Zeichnung aus:

1. **Klicken Sie im Schnellzugriff-Werkzeugkasten die Schaltfläche Plotten an.**

   Der Schnellzugriff-Werkzeugkasten befindet sich links in der Titelleiste des Programms, direkt rechts neben der Schaltfläche des Menü-Browsers.

   AutoCAD zeigt das Dialogfeld Plotten an.

2. **Klicken Sie die Schaltfläche Weitere Optionen (unten rechts in der Ecke des Dialogfelds neben der Hilfe-Schaltfläche) an.**

   Das Dialogfeld Plotten offenbart weitere Einstellungen und präsentiert sich wie in Abbildung 3.16

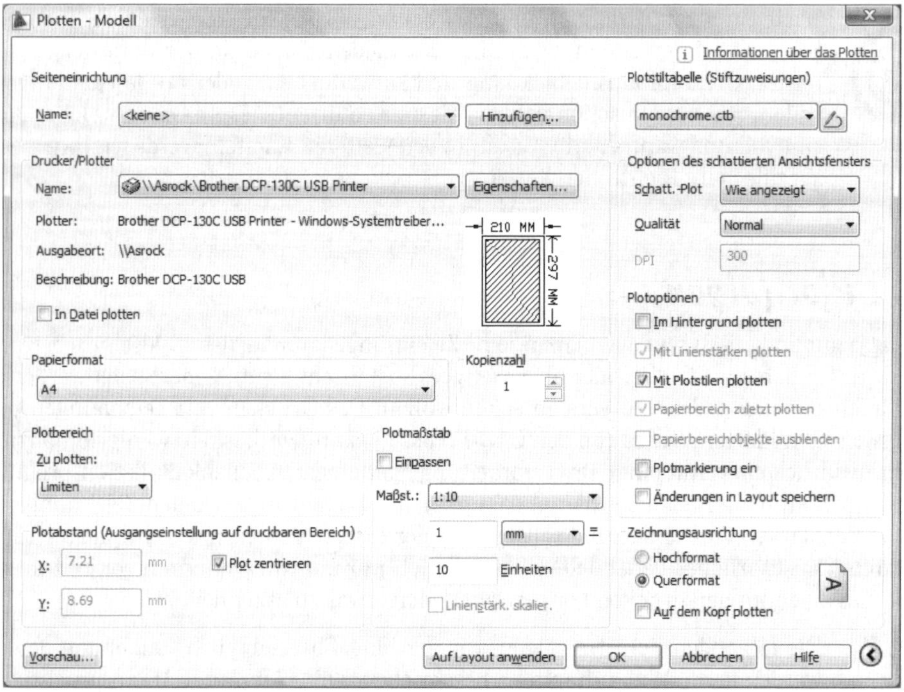

Abbildung 3.16: Das Dialogfeld PLOTTEN mit den erweiterten Optionen

3. **Im Bereich DRUCKER/PLOTTER wählen Sie einen Drucker aus der Liste NAME aus.**
4. **Im Bereich PAPIERFORMAT benutzen Sie die Dropdown-Liste zur Auswahl des Papierformats, das von Ihrem Drucker oder Plotter verwendet wird.**

   Für dieses Beispiel eignen sich alle Formate, die mindestens A4-Größe (210 × 297 mm) haben.

5. **Unter PLOTBEREICH wählen Sie in der Dropdown-Liste ZU PLOTTEN die Option LIMITEN aus.**

   Dabei handelt es sich um den gesamten Zeichnungsbereich, den Sie bei der Einrichtung der Zeichnung am Anfang des Kapitels definiert haben.

6. **Im Bereich PLOTABSTAND aktivieren Sie die Option PLOT ZENTRIEREN.**

   Alternativ können Sie Abstände von 0 oder andere Werte eintragen, um den Plot an eine bestimmte Position auf dem Papier zu verschieben.

7. **Im Bereich PLOTMASSSTAB deaktivieren Sie das Kontrollkästchen EINPASSEN und wählen in der Dropdown-Liste MASSST. die Option 1:10.**

   Den Maßstab 1:10 haben wir bei der Zeichnungseinrichtung (im Abschnitt »Eine einfache Einrichtung« am Anfang des Kapitels) eingestellt.

8. **Unter Plotstiltabelle (Stiftzuweisungen) klicken Sie die Dropdown-Liste an und wählen `monochrome.ctb` aus.**

   Die Plotstiltabelle `monochrome.ctb` stellt sicher, dass alle Linien schwarz geplottet werden, und dass keine verrückten Grauschattierungen oder kaum sichtbare dünne farbige Linien gezeichnet werden. In Kapitel 16 finden Sie Informationen über Plotstiltabellen sowie monochromes und farbiges Plotten.

9. **Wenn in einem Dialogfeld die Frage »Diese Plotstiltabelle allen Layouts zuweisen?« angezeigt wird, klicken Sie Ja an.**

   Bei den übrigen Einstellungen können Sie die Vorgaben beibehalten (siehe Abbildung 3.16).

Bei einigen Druckern können Sie näher am Rand oder sogar randlos drucken als bei anderen. Um den tatsächlichen druckbaren Bereich des eigenen Druckers zu ermitteln, führen Sie den Mauszeiger über die kleine partielle Vorschau in der Mitte des Plotten-Dialogfelds und lassen ihn dort ein wenig verweilen. In einem QuickInfo-Fenster werden dann das Papierformat und der druckbare Bereich für den ausgewählten Drucker und das ausgewählte Papierformat angegeben.

10. **Klicken Sie unten links im Dialogfeld die Schaltfläche Vorschau an.**

    Wenn der im Dialogfeld Plotten eingestellte Plotmaßstab nicht dem Beschriftungsmaßstab der Zeichnung entspricht, wird das Dialogfeld Plotten – Plotmassstab bestätigen angezeigt, in dem Sie über diesen Umstand informiert werden. Da die Zeichnung weder Text noch Bemaßungen enthält und auch die Schraffur keinen Beschriftungen zugeordnet ist, können Sie hier einfach Weiter anklicken, um den Plot zu erzeugen.

Über den Beschriftungsmaßstab wird die Größe von Bemaßungen, Schraffuren und anderen Beschriftungsobjekten im Plot gesteuert, zumindest solange der Beschriftungsmaßstab der Zeichnung dem Plotmaßstab entspricht. Beschriftungsobjekte (auch annotative Objekte genannt) werden in Kapitel 13 erläutert.

Das Dialogfeld Plotten wird vorübergehend ausgeblendet, und AutoCAD zeigt, wie der Plot auf Papier aussehen wird. Darüber hinaus zeigt AutoCAD in der Statusleiste folgende Meldung an:

```
Klicken Sie auf die Auswahlschaltfläche, und ziehen Sie
    vertikal, um zu vergrößern/verkleinern, drücken Sie ESC oder
    EINGABE zum Beenden, oder rechtsklicken Sie, um das
    Kontextmenü anzuzeigen.
```

11. **Klicken Sie mit der rechten Maustaste in das Vorschaufenster und wählen Sie im Kontextmenü Beenden.**

12. **Wenn die Vorschau nicht das gewünschte Aussehen hat, passen Sie die Einstellungen im Dialogfeld Plotten so lange an, bis die Vorschau korrekt aussieht.**

13. Klicken Sie OK an.

Das Dialogfeld Plotten – Plotmassstab bestätigen wird nun möglicherweise erneut angezeigt. Sie könnten versucht sein, die Option Immer fortfahren unter diesen Bedingungen anzuklicken. Davon sollten Sie aber zumindest so lange absehen, bis Sie sich ein wenig mit Beschriftungsobjekten vertraut gemacht haben. Klicken Sie hier also Weiter an.

Das Dialogfeld Plotten wird geschlossen. AutoCAD erzeugt den Plot und sendet ihn zum Drucker. Danach zeigt AutoCAD zur Information rechts in der Statusleiste eine Sprechblase mit der Meldung »Plotten und Publizieren-Auftrag abgeschlossen« an. (Wenn Sie mehr über den Plotauftrag wissen wollen, können Sie den Link Klicken Sie, um Plotten und Publizieren-Details anzuzeigen anklicken.)

14. Klicken Sie die Schaltfläche X (Schliessen) in der Sprechblase Plotten und Publizieren-Auftrag abgeschlossen an.

Die Sprechblase wird ausgeblendet.

Wenn Ihnen hier die Stärke der Linien im Plot nicht gefallen, dann machen Sie sich darüber keine Gedanken. Sie können die Funktion Linienstärke (siehe Kapitel 6) oder Plotstile (siehe Kapitel 16) dazu verwenden, um die geplotteten Linienstärken zu steuern.

15. Drücken Sie [Strg]+[S], um die Zeichnung zu speichern.

Herzlichen Glückwunsch! Sie haben Ihren ersten Plot erfolgreich mit AutoCAD erstellt! In Kapitel 16 finden Sie noch sehr viel mehr zu diesem Thema und über die höchst flexiblen, aber gelegentlich verwirrenden Plotfunktionen von AutoCAD.

Erfolg versprechende Einrichtung

4

In diesem Kapitel

- Eine Einrichtungsstrategie entwickeln
- Eine neue Zeichnung beginnen
- Den Modellbereich einrichten
- Zeichnungsvorlagen erstellen und verwenden

Ein wenig überrascht es schon, dass die Einrichtung der Zeichnungen zu den schwierigeren Aufgaben in AutoCAD zählt. Leicht vergisst man etwas oder macht etwas falsch, und AutoCAD 2009 stellt kein Dialogfeld oder andere einfache Hilfsmittel zur Verfügung, mit denen alles in einem Arbeitsgang richtig erledigt werden kann. Und dabei ist die Einrichtung von Zeichnungen doch von entscheidender Bedeutung. Übersprungene oder fehlerhafte Einrichtungsschritte können Ihnen später erhebliche Probleme bereiten.

Eine nachlässige Einrichtung wird spätestens beim Versuch zu *plotten* (also zu drucken) offensichtlich. Beim Zoomen auf dem Bildschirm schien noch alles mehr oder weniger in Ordnung zu sein, beim Ausdruck stimmen dann aber plötzlich die Abmessungen oder die Skalierung nicht mehr. Und nichts weist einen schneller als naiven AutoCAD-Möchtegern aus als Plots von Zeichnungen, deren Abmessungen und/oder Skalierung nicht stimmen. Das Vorgehen beim Plotten wird in Kapitel 5 behandelt, die Informationen in diesem Kapitel stellen aber notwendige Vorkehrungen für das erfolgreiche Plotten und die Seiteneinrichtung dar. Wenn Sie diese Dinge nicht korrekt erledigen, dürfte der Plot wahrscheinlich darunter leiden.

In diesem Kapitel werden die vor der Einrichtung einer neuen Zeichnung zu treffenden Entscheidungen und die Schritte zur vollständigen und korrekten Einrichtung beschrieben. Des Weiteren werden Sie erfahren, wie die vorgenommenen Einstellungen zwecks Wiederverwendung gespeichert werden können.

Gehen Sie *nicht* davon aus, dass Sie einfach eine neue, leere DWG-Datei erstellen und mit einer Zeichnung beginnen können. Sie sollten daher dieses Kapitel lesen, *bevor* Sie sich allzu eingehend mit den späteren Buchkapiteln befassen. Viele der Zeichenbefehle und Konzepte von AutoCAD sind von der korrekten Zeichnungseinrichtung abhängig. Daher wird das Zeichnen und Bearbeiten viel einfacher, wenn Sie Ihre Hausaufgaben in Sachen Einrichtung gemacht haben. Ein paar in die Einrichtung einer Zeichnung investierte Minuten können Ihnen später gut und gern etliche Stunden Arbeitszeit ersparen, in denen Sie nur Müll produzieren.

Wenn Sie die in diesem und dem folgenden Kapitel enthaltene ausführliche Beschreibung der Zeichnungseinrichtung erst einmal verdaut haben, dann können Sie den *Wegweiser für die AutoCAD-Zeichnungseinrichtung* auf der Schummelseite vorn im Buch als Schnellanleitung für diese Aufgabe verwenden.

Wegweiser für die Zeichnungseinrichtung

AutoCAD muss teils wegen seiner außerordentlichen Flexibilität und teilweise deshalb, weil Sie es eben mit *CAD* (*Computer-Aided Drafting/Design* – computergestütztes Zeichnen/Design) zu tun haben, korrekt eingerichtet werden. Der Rechner kann Sie beim Zeichnen (beim Designen) nicht unterstützen, wenn Sie ihm nicht ein paar Hinweise zum Zeichnungsmaßstab, den Papierabmessungen und den zu verwendenden Einheiten geben. In diesem Zusammenhang machen die folgenden Aspekte besser klar, warum die Zeichnungseinrichtung in AutoCAD so wichtig ist:

- ✔ **Elektronisches Papier:** Damit das Arbeiten mit AutoCAD Spaß macht, sollten Sie in erster Linie an der korrekten Einrichtung der Zeichnungen arbeiten, sodass sich der Bildschirm wie ein »intelligentes« Blatt Papier verhält. Beim Zeichnen auf echtem Papier müssen Sie laufend zwischen dem Maßstab auf dem Papier und den Abmessungen des zu zeichnenden realen Objekts übersetzen. Wenn Sie aber mit AutoCAD zeichnen, können Sie direkt mit den realen Abmessungen arbeiten, seien das nun Millimeter, Zoll, Fuß oder was auch immer Sie verwenden wollen. AutoCAD kann dann die Berechnung der Entfernungen und Abmessungen übernehmen und zur Zeichnung hinzufügen. Sie können den Mauszeiger direkt in vorher festgelegten Abständen auf dem Bildschirm einrasten lassen, und darüber hinaus haben Sie mit einem sichtbaren und veränderbaren Raster ein besseres Gefühl für den Maßstab der Zeichnung. Dieses »intelligente« Papier funktioniert aber nur dann vernünftig, wenn Sie AutoCAD einige wesentliche Parameter für die jeweilige Zeichnung mitteilen. AutoCAD kann seine Aufgabe wirklich nicht erfüllen, wenn Sie dem Programm nicht sagen, wie es arbeiten soll.
- ✔ **Papier und Baumsterben:** Es ist ganz einfach, tolle Zeichnungen auf dem Bildschirm zu erstellen, die nicht vernünftig auf das verwendete Blatt Papier passen. Wenn Sie mit der Erstellung einer Zeichnung auf dem intelligenten AutoCAD-Bildschirmpapier fertig sind, müssen Sie diese dann üblicherweise auf einem dummen Blatt Papier ausdrucken, wie es von uns Menschen seit Tausenden von Jahren verwendet wird. An dieser Stelle müssen Sie mit der Tatsache leben, dass Menschen bevorzugt bestimmte Standardpapiergrößen und Zeichnungsmaßstäbe benutzen. (Häufig soll auch alles sauber auf ein einzelnes Blatt Papier passen.) Wenn Sie AutoCAD korrekt einrichten, erhalten Sie beinahe automatisch gute Plotergebnisse. Andernfalls kann die für das Plotten benötigte Zeit zu einem einzigen Ärgernis werden.
- ✔ **Es ist nicht einfach:** AutoCAD stellt zwar Vorlagen und Einrichtungsassistenten für Sie bereit, aber die Vorlagen funktionieren erst dann so richtig, wenn Sie diese auch verstehen, und die Assistenten funktionieren selbst dann noch nicht so richtig. Bei diesem Defizit handelt es sich um eine der Hauptschwächen von AutoCAD. Sie müssen selbst (mithilfe dieses Buches natürlich) herausfinden, wie Sie das Programm dazu bringen können, dass es wie gewünscht funktioniert. Wenn Sie sich ohne sorgfältige grundlegende Einrichtung einfach in die Arbeit stürzen, werden Ihre Bemühungen beim Zeichnen und Plotten wahrscheinlich nur zu wirklich unbefriedigenden Ergebnissen führen.

Glücklicherweise ähnelt die korrekte Einrichtung von AutoCAD ein wenig einem Routenplan, der Sie an ein neues Ziel führt. Obwohl die einzelnen Schritte der Einrichtung komplex sind, lassen sie sich mit entsprechender Aufmerksamkeit und Übung durchaus meistern. Noch besser: Dieses Kapitel enthält einen detaillierten und bewährten Routenplan. Schon bald werden Sie die Route so gut wie die eigene Hosentasche kennen.

Denken Sie bei der Arbeit mit AutoCAD immer daran, wie die Ausgabe letztlich auf dem Papier aussehen soll. Bereits die ersten ausgedruckten Zeichnungen sollten wie handgezeichnet aussehen und keine Radierspuren aufweisen.

Bevor Sie mit der Zeichnungseinrichtung beginnen, müssen Sie ein paar Entscheidungen hinsichtlich der neuen Zeichnung treffen. Die folgenden drei Fragen sind von ausschlaggebender Bedeutung. Wenn Sie sie nicht oder falsch beantworten, dürfte später wahrscheinlich eine Menge Nachbearbeitung erforderlich werden:

- ✔ Welche Zeicheneinheiten sollen verwendet werden?
- ✔ In welchem Maßstab (oder welchen Maßstäben) soll die Zeichnung geplottet werden?
- ✔ Auf welche Papiergröße muss der Plot passen?

In einigen Fällen können Sie die Beantwortung einer weiteren Frage zwar verschieben, üblicherweise ist es aber besser, wenn Sie auch diese gleich beantworten: Welche Rand- oder Titelblöcke sind für die Zeichnung erforderlich?

Wenn man es eilig hat, greift man leicht zu einer vorhandenen Zeichnung, die für den gewünschten Zeichnungsmaßstab und die gewünschte Papiergröße eingerichtet wurde, fertigt eine Kopie dieser DWG-Datei an, löscht die Objekte und beginnt mit dem Zeichnen. Dieses Verfahren sollten Sie jedoch vorsichtig verwenden. Wenn Sie auf der Grundlage einer anderen Zeichnung beginnen, übernehmen Sie alle Einrichtungsfehler dieser Zeichnung. Und wenn Sie mit einer Zeichnung beginnen, die mit einer wesentlich älteren AutoCAD-Version erstellt wurde, dann lassen sich möglicherweise die Vorteile neuer Programmfunktionen und neuer Techniken nicht nutzen. Wenn Sie eine passende, mit einer relativ aktuellen AutoCAD-Version erstellte Zeichnung finden, die von einem erfahrenen Anwender eingerichtet wurde, der sich mit diesem Thema auskennt, dann können Sie diese nutzen. Andernfalls dürfte es besser sein, wenn Sie die Zeichnung komplett neu erstellen.

Wahl der Einheiten

Hinsichtlich der Zeichnungseinheiten ist AutoCAD außerordentlich flexibel, und Sie können sie Ihren Wünschen entsprechend festlegen. Üblicherweise werden Sie die Einheiten entsprechend dem gängigen Sprachgebrauch wählen: Millimeter für Schrauben mit metrischem Gewinde, Fuß und Zoll für ein Gebäude in den USA und so weiter.

Bei der Zeichnungseinrichtung wählen Sie im Dialogfeld Zeichnungseinheiten (siehe Abbildung 4.1) zwei Merkmale aus: einen Typ (Wissenschaftlich, Dezimal, Maschinenbau, Architektur oder Bruch) und die Genauigkeit. Wie das geht, zeige ich im nächsten Abschnitt.

Im Bereich Länge stehen die folgenden Typen zur Auswahl:

- ✔ Die Formate der Maßeinheiten Architektur und Maschinenbau verwenden eine Anzeige in Fuß und Zoll, wobei jede Zeichnungseinheit einem Zoll entspricht.
- ✔ Die Formate (Dezimal, Bruch und Wissenschaftlich) sind *einheitenlos*, da AutoCAD die Grundeinheit nicht kennt oder sie nicht berücksichtigt.

Wenn Sie eine Zeichnung so konfigurieren, dass sie Dezimaleinheiten verwendet, könnte jede Zeichnungseinheit einem Mikron, einem Millimeter, einem Zoll, einem Fuß, einem Meter, einem Kilometer, einer Meile, der Länge des Unterarms des Königs oder einer beliebigen anderen Maßeinheit entsprechen, die Ihnen angemessen erscheint. Letztlich müssen Sie darüber selbst entscheiden. Weiter hinten in diesem Kapitel erfahren Sie zu diesem Thema noch ein wenig mehr.

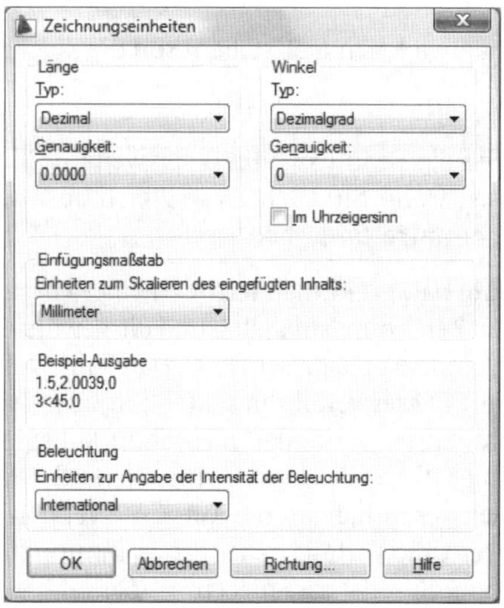

Abbildung 4.1: Das Dialogfeld Zeichnungseinheiten

Als Einheiten stehen im Bereich Winkel folgende Typen zur Auswahl:

- ✔ Dezimalgrad zeigt Winkel als Dezimalzahlen und lässt sich am einfachsten verwenden – sofern es das Projekt erlaubt!
- ✔ Bei Grad/Min/Sek und Feldmass basieren die Einheiten auf dem alten Verfahren der Unterteilung eines Grads in Minuten und Sekunden. Da die Sekunden aber immer noch zu ungenau für die präzisen Anforderungen von AutoCAD sind, können Sekunden noch weiter dezimal unterteilt werden. Zwischen Grad/Min/Sek und Feldmass unterscheidet sich letztlich lediglich die Darstellung der Werte.
- ✔ Grad und Bogenmass sollen zwar mathematisch elegant sein (wurde mir zumindest gesagt), sie werden in Zeichnungen aber kaum verwendet.

Für die meisten Anwendungen werden Sie als Längentyp sehr wahrscheinlich die Voreinstellung Dezimal auswählen. Wenn wirklich große oder kleine Objekte gezeichnet werden sollen, dann dürfte das einheitenlose Format Wissenschaftlich mit seiner Exponentialdarstellung der Werte die erste Wahl sein. Und für Winkel dürfte die Wahl fast immer auf Dezimalgrad treffen. Wenn Sie mit einer der anderen Optionen arbeiten müssen, werden Sie es wissen oder gesagt bekommen.

Nach der Angabe eines Einheitentyps zeichnen Sie die Objekte auf dem Bildschirm in diesen Einheiten so, als ob Sie diese direkt auf der Baustelle oder in der Werkstatt anlegen würden. Sie zeichnen zum Beispiel eine 2-Meter-Linie, um die Höhe einer Mauer anzugeben, und eine 30-Zentimeter-Linie, um die Aussparung für eine Hundehütte festzulegen (natürlich für einen Dackel). Die Linie auf dem Bildschirm ist dann bei einer bestimmten Vergrößerung eigentlich nur 5 Zentimeter lang, aber AutoCAD speichert deren Länge mit 2 Meter. Diese Art zu arbeiten ist zwar für die meisten Leute, die ihre ersten Zeichenerfahrungen im CAD-Bereich machen, einfach und natürlich, erscheint aber denen seltsam, die viel mit der Hand gezeichnet haben. Wenn Sie zu letzterer Gruppe zählen, brauchen Sie sich aber auch keine Sorgen zu machen und werden damit schon bald wie selbstverständlich umgehen.

Bedeutung des Maßstabs

Die nächste Entscheidung, die Sie vor der Einrichtung einer neuen Zeichnung treffen sollten, betrifft den Maßstab, in dem die Zeichnung schließlich geplottet werden soll. Diese Entscheidung liefert den *Zeichnungsmaßstab* und den *Skalierfaktor der Zeichnung*, bei denen es sich um zwei Möglichkeiten handelt, über die Beziehungen zwischen realen Objekten und den auf Papier geplotteten Objekten ausgedrückt werden können.

Annotativ denken

Mit AutoCAD 2008 hat Autodesk eine neue Möglichkeit geschaffen, um für einige Beschriftungsobjekte die geeignete Größe im Plot einzustellen. Beschriftungsobjekte (*annotative Objekte*) besitzen eine spezielle Eigenschaft, damit bei der Änderung des Beschriftungsmaßstabs eines Layout-Ansichtsfensters oder der Registerkarte Modell alle Beschriftungsobjekte (Text, Bemaßungen, gestrichelte Linientypen, Schraffurmuster und Symbolblöcke) automatisch die richtige Größe für den gewählten Maßstab erhalten. Auf Beschriftungsobjekte gehe ich in Kapitel 13 noch ausführlicher ein. Bis es aber so weit ist, sollten Sie sich besser schon einmal mit dem Einsatz des Skalierfaktors für Zeichnungen vertraut machen, da er auch in anderer Hinsicht nützlich ist.

Sie sollten nicht einfach willkürlich einen Maßstab erfinden, der auf den verschiedenen Papiergrößen in Ordnung zu sein scheint. In den meisten Bereichen wird mit einer recht kleinen Anzahl anerkannter Zeichnungsmaßstäbe gearbeitet, die durch Multiplikation (beziehungsweise Division) mit 2 oder 10 ineinander überführt werden können. Wenn Sie andere Maßstäbe verwenden, entlarven Sie sich bestenfalls selbst als dummer Anfänger und müssen schlimmstenfalls alle Zeichnungen in einem anerkannten Maßstab neu anfertigen.

Zeichnungsmaßstab und Skalierfaktor

CAD-Anwender verwenden zweierlei Begriffe, um über den beabsichtigten Plotmaßstab einer Zeichnung zu sprechen: Zeichnungsmaßstab und Skalierfaktor der Zeichnung.

Beim *Zeichnungsmaßstab* handelt es sich um das traditionelle Verfahren (das bereits lange vor den CAD-Zeiten existierte) zur Beschreibung eines Maßstabs. Zeichnungsmaßstäbe werden mit einem Gleichheitszeichen oder einem Doppelpunkt angegeben, wie zum Beispiel 1 = 20 oder 2:1. Übersetzen Sie das Gleichheitszeichen oder den Doppelpunkt mit »entspricht«. In jedem Fall stellt die Angabe links vom Gleichheitszeichen oder Doppelpunkt ein Maß auf dem Papier dar, während die Zahl rechts einer reellen Größenangabe entspricht. Der Maßstab 1:10 besagt also zum Beispiel, sofern der Ausdruck richtig skaliert wurde, dass ein Zentimeter im Ausdruck 10 Zentimetern in natura entspricht.

Beim *Skalierfaktor* der Zeichnung handelt es sich um eine einzelne Zahl, die einem Multiplikator entspricht (zum Beispiel 20 oder 0,5). Der Skalierfaktor für eine Zeichnung ist der Umwandlungsfaktor zwischen einer Maßangabe im Plot einer CAD-Zeichnung und der realen Welt.

Tabelle 4.1 führt einige im Architekturbereich gebräuchliche Zeichnungsmaßstäbe auf. Die Tabelle enthält auch den den jeweiligen Maßstäben entsprechenden Skalierfaktor und Angaben zum verbreiteten Einsatzbereich. Wenn Sie in anderen als den angegebenen Branchen arbeiten, fragen Sie Zeichner oder Kollegen nach den üblichen Zeichnungsmaßstäben und für welche Art von Zeichnungen diese verwendet werden.

Zeichnungsmaßstab	Skalierfaktor	Verbreitete Verwendung
1:200	200	Große Gebäudeskizzen
1:100	100	Gebäudeskizzen
1:50	50	Hauspläne
1:20	20	Kleine Hauspläne
1:10	10	Details

Tabelle 4.1: Gängige Zeichnungsmaßstäbe im Architekturbereich

Nach der Auswahl eines Zeichnungsmaßstabs sollten Sie den entsprechenden Skalierfaktor der Zeichnung in den Schreibtisch eingravieren, auf der eigenen Hand notieren oder auf einen Haftzettel schreiben und diesen am Monitor befestigen. Sie müssen den Skalierfaktor der Zeichnung für viele Zeichenaufgaben und das Plotten kennen. Sie sollten daher die Skalierfaktoren für alle Zeichnungen, an denen Sie in AutoCAD arbeiten, herunterbeten können, ohne auch nur darüber nachdenken zu müssen.

Selbst wenn Sie die Option GRÖSSE ANGEPASST und keinen spezifischen Skalierfaktor im Dialogfeld PLOTTEN beim Plotten einer Zeichnung verwenden, müssen Sie eine Skalierung wählen, damit Texte, Schraffuren und so weiter in sinnvoller Größe ausgedruckt werden. Wählen Sie eine Skalierung, die in der Nähe des Plotmaßstabs der Option GRÖSSE ANGEPASST liegt und die im Bereich PLOTMASSSTAB im Dialogfeld PLOTTEN angezeigt wird.

Überlegungen zum Papier

Mit Kenntnis der in der Branche üblichen Zeichnungsmaßstäbe können Sie eine provisorische Skalierung auf der Basis der geplanten Zeichnung wählen. Aber Sie können nicht mit Sicherheit wissen, ob sich diese Skalierung auch wirklich eignet, bevor Sie sie mit dem Papierformat verglichen haben, das für das Plotten der Zeichnung verwendet werden soll. Auch hier werden in den meisten Bereichen zumeist standardisierte Papiergrößen verwendet. Die von der ISO (International Organization for Standardization) standardisierten Papierformate werden in Abbildung 4.2 dargestellt und in Tabelle 4.2 erläutert.

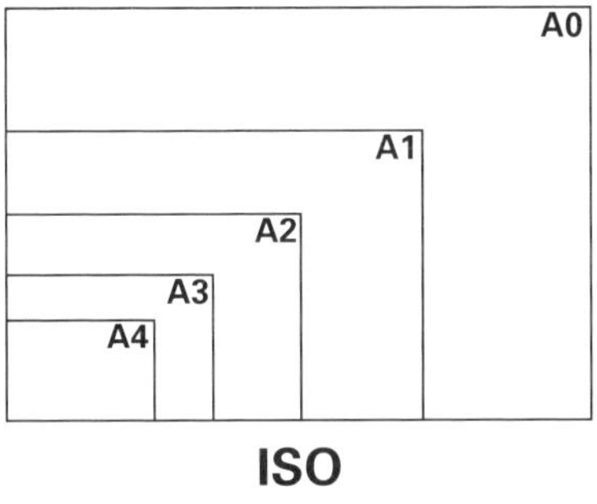

Abbildung 4.2: Beziehungen zwischen den ISO-Standardpapierformaten

Papierformat	Abmessungen	Bemerkung
DIN/ISO *A0*	841 × 1189 mm	
DIN/ISO *A1*	594 × 841 mm	Ein auf die Hälfte gefaltetes *A0*-Blatt
DIN/ISO *A2*	420 × 594 mm	Ein auf die Hälfte gefaltetes *A1*-Blatt
DIN/ISO *A3*	297 × 420 mm	Ein auf die Hälfte gefaltetes *A2*-Blatt
DIN/ISO *A4*	210 × 297 mm	Ein auf die Hälfte gefaltetes *A3*-Blatt

Tabelle 4.2: Gängige Plotpapierformate

In Abhängigkeit von der gängigen Praktik der jeweiligen Branche wählen Sie bestimmte Papierformate aus. Dann schränken Sie die Auswahl auf der Grundlage des von der auszugebenden Zeichnung benötigten Platzes ein.

Wenn Sie das gewünschte Papierformat und den Skalierfaktor der Zeichnung kennen, können Sie den verfügbaren Zeichnungsbereich ganz einfach berechnen. Multiplizieren Sie die beiden Seiten (X und Y) des Blattes mit dem Skalierfaktor der Zeichnung.

Wenn Sie umgekehrt das zu verwendende Papierformat und die tatsächlichen Abmessungen des zu zeichnenden Objekts kennen und den größten verwendbaren Plotmaßstab ermitteln wollen, dann müssen Sie einfach dividieren anstatt zu multiplizieren. Dividieren Sie die tatsächlich benötigten Abmessungen des Zeichnungsbereichs (X und Y) durch die Abmessungen des Blattes (X und Y). Nehmen Sie die größere Zahl (entweder X oder Y) und runden Sie diese zum nächsten für die Zeichnung sinnvollen Skalierfaktor (einem, der in der Branche üblich ist) auf.

Die Schummelseite zu diesem Buch enthält eine Tabelle, in der die Zeichnungsbereiche für eine Reihe von Papierformaten und Zeichnungsmaßstäben aufgeführt sind. Verwenden Sie diese Tabelle bei der Auswahl geeigneter Papierformate und Zeichnungsmaßstäbe und greifen Sie in Situationen, die von der Tabelle nicht erfasst werden, auf Berechnungen zurück. Wenn sich auf Ihrem Schreibtisch keiner dieser kleinen Taschenrechner befindet, brauchen Sie nicht gleich zu verzweifeln: In AutoCAD 2009 gibt es einen solchen in der Multifunktionsleiste. Klicken Sie die Registerkarte EXTRAS an und halten Sie dort im Bereich ABFRAGE nach der Schaltfläche TASCHENRECHNER Ausschau. (Hinweis: Das Symbol darauf sieht wie ein Taschenrechner aus. Und wenn Sie es ganz eilig haben, können Sie ihn auch mit der Tastenkombination [Strg]+[8] aufrufen!)

Bei der Auswahl des Papierformats und des Zeichnungsmaßstabs sollten Sie aus den folgenden beiden Gründen immer ein wenig mehr Platz einplanen:

- ✔ **Platz für Ränder:** Die meisten Plotter und Drucker können Blätter nicht bis ganz an die Kante bedrucken und benötigen einen kleinen Rand. Mein mittlerweile ururalter Hewlett-Packard LaserJet 4ML kann zum Beispiel einen Bereich von etwa 170 × 282 mm auf einem A4-Blatt bedrucken. (Diese Informationen finden Sie im Dialogfeld PLOTTEN, das in Kapitel 16 beschrieben wird.) Sollten Sie zu denen gehören, die's ganz genau nehmen, können Sie bei den oben vorgestellten Berechnungen den bedruckbaren Bereich anstelle der physischen Blattabmessungen verwenden.
- ✔ **Beschriftungen:** Die meisten Zeichnungen erfordern außerhalb der gezeichneten Objekte ein paar Beschriftungen (Text, Sprechblasen und so weiter) sowie einen Titelblock, der die Objekte und Beschriftungen umgibt. Wenn Sie keinen Platz für Beschriftungen und Titelblöcke lassen, müssen Sie am Ende einzelne Objekte zu dicht aneinanderpacken oder zu einem anderen Papierformat wechseln. Wie dem auch sei, werden Sie später im Projekt genau dann ausgebremst, wenn Sie es sich am wenigsten leisten können.

Als Neuling in AutoCAD könnten Sie ein wenig dadurch irritiert sein, dass das Programm die englische Schreibweise von Zahlen verwendet. Es werden also Tausenderkommas und Dezimalpunkte angezeigt. Statt 1.000,00 (Tausend) wird also 1,000.00 geschrieben. Achten Sie daher darauf, dass Sie 1,000 nicht mit 1.000 verwechseln! (Und beschweren Sie sich bitte – wenn Sie es nicht lassen können – bei Autodesk über die wechselnde Schreibweise in diesem Buch.)

In einigen Bereichen wird das Problem der zu kleinen Blätter beziehungsweise des zu großen Zeichnungsmaßstabs dadurch gelöst, dass die Zeichnungen auf mehrere Blätter geplottet werden. Niemand hindert Sie daran, ebenfalls auf diese Lösung zurückzugreifen.

Verwenden Sie zu Beginn ruhig *echtes* Papier. Erfahrene Zeichner fertigen häufig kurz eine Skizze mit Bleistift auf Papier (auch Sketch oder Cartoon genannt). Eine solche Skizze enthält üblicherweise ein Rechteck, das die Größe des zu verwendenden Blattes angibt, einen Entwurf des Titelblocks und eine äußerst grobe, schematische Skizze der zu zeichnenden Objekte. Hilfreich kann auch sein, wenn Sie die Abmessungen des Papierformats, der Bereiche für die Haupttitelblöcke und der wesentlichen zu zeichnenden Objekte gleich mit auf das Blatt kritzeln. Durch eine solche Entwurfsskizze lassen sich oft Probleme hinsichtlich der Skalierung oder des Papierformats bereits vor der Zeichnungseinrichtung abfangen. Dann dauern Korrekturen nur wenige Minuten und nicht Stunden, wie dies oft der Fall ist, wenn die Zeichnung bereits fertig ist.

Die Verteidigung der Zeichnungsgrenzen

Die nächste Entscheidung betrifft den passenden Rahmen der Zeichnung. Zu den Optionen zählen ein vollständiger Titelblock, ein einfaches Rechteck oder auch gar kein Rahmen. Wird ein Titelblock benötigt, stellt sich die Frage, ob ein solcher bereits vorliegt, ob Sie sich einen solchen beschaffen können oder ob Sie mit dem Zeichnen ganz von vorn beginnen müssen. Sie können zwar Titelblöcke für einzelne Zeichnungen erstellen, sparen aber Zeit, wenn Sie denselben Titelblock für mehrere Zeichnungen verwenden. Möglicherweise wird in Ihrem Unternehmen bereits ein standardisierter und einsatzbereiter Titelblock verwendet oder ein Kollege, der an Ihrem Projekt beteiligt ist, hat bereits einen solchen erstellt.

Am besten werden Titelblöcke in separaten DWG-Dateien in ihrer normalen Ausgabegröße gezeichnet. Dann können Sie die Zeichnung des Titelblocks entweder in die jeweiligen Zeichnungen einfügen oder extern referenzieren. In den Kapiteln 17 und 18 wird beschrieben, wie Sie dabei vorgehen.

Mit Vorlagen kreativ werden

Wenn Sie eine Zeichnung im Arbeitsbereich 2D-Zeichnung & Beschriftung oder im herkömmlichen Arbeitsbereich AutoCAD Klassisch beginnen, erstellt AutoCAD eine für das 2D-Zeichnen konfigurierte, neue, leere Zeichnung. Diese neue Zeichnung basiert bei der deutschen AutoCAD-Version normalerweise auf der Standardvorlage `acadiso.dwt`. (Wenn das hier wenig gebräuchliche angloamerikanische, imperiale Maßsystem verwendet werden soll, dann ist `acad.dwt` die Standardvorlage. In AutoCAD LT, heißen die entsprechenden Vorlagen übrigens `acadltiso.dwt` und `acadlt.dwt`.) Wenn Sie eine neue Zeichnung mit AutoCAD erstellen, wird standardmäßig das in Abbildung 4.3 dargestellte Dialogfeld Vorlage wählen angezeigt, in dem Sie eine Vorlage auswählen können, auf der die neue Zeichnung aufbauen soll.

Vielleicht sind Ihnen ja die Vorlagen in Microsoft Word oder Excel bekannt. Die AutoCAD-Vorlagen funktionieren ähnlich, denn Autodesk hat diese Idee einfach gestohlen! (Natürlich von Microsoft bestärkt.)

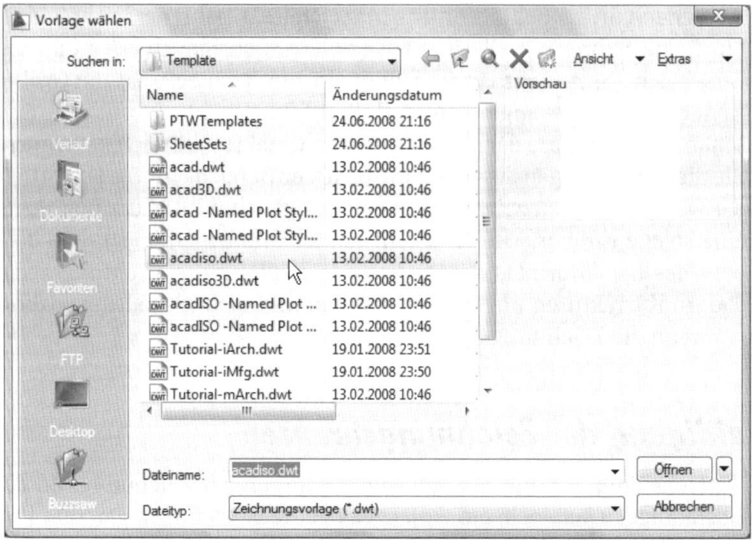

Abbildung 4.3: Eine Menge Vorlagen zum Genießen

Eine *Vorlage* ist einfach eine Zeichnung, deren Name mit den Zeichen DWT endet und die Sie als Grundlage bei der Erstellung anderer Zeichnungen verwenden können. Wenn Sie eine neue Zeichnung mithilfe einer Vorlage anlegen, erstellt AutoCAD eine Kopie der Vorlagendatei und öffnet die Kopie in einem neuen Fenster des Zeichnungseditors. Wenn Sie die Datei dann zum ersten Mal abspeichern, werden Sie zur Eingabe eines neuen Dateinamens für die zu speichernde Datei aufgefordert. Die ursprüngliche Vorlagendatei wird nicht verändert.

Durch Auswahl einer passenden Vorlage können Sie sich Zeit und Ärger ersparen, da die meisten Optionen bereits richtig eingestellt sind. Sie wissen, dass die Zeichnung korrekt ausgedruckt wird. Sie müssen sich nur noch darum kümmern, dass die Geometrie und der Text stimmen. Natürlich liegt diesem Optimismus die Annahme zugrunde, dass die Vorlage von einer Person erstellt wurde, die wusste, was sie tat.

Die Auswahl der mit AutoCAD gelieferten Vorlagen reicht für den Anfang zwar aus, muss aber für die eigenen Belange geändert werden, sofern Sie nicht gleich eigene Vorlagen erstellen. Insbesondere sind die AutoCAD-Vorlagen nicht für die zu verwendenden Maßstäbe eingerichtet. Die Erläuterungen im weiteren Verlauf dieses Kapitels werden Ihnen zeigen, wie Sie die vom Maßstab abhängigen Einrichtungseinstellungen vornehmen.

Das einzige Problem mit den Vorlagen besteht also darin, gute Vorlagen zu erstellen und diese dann später bei Bedarf wiederzufinden. Weiter hinten in diesem Kapitel zeige ich Ihnen im Abschnitt »Eigene Vorlagen erstellen«, wie Sie aus selbst eingerichteten Zeichnungen Vorlagen erstellen können. Hier werde ich Ihnen erst einmal die Verwendung einer bereits fertigen Vorlage vorführen, die mit AutoCAD 2009 geliefert wird oder von einem Ihrer CAD-erfahrenen Kollegen stammen kann. Wenn Sie Glück haben, hat bereits jemand in Ihrem Büro geeignete Vorlagen erstellt, die Sie verwenden können, sodass Sie schnell loslegen können.

Führen Sie folgende Schritte aus, um eine neue Zeichnung aus einer Vorlage zu erstellen:

1. **Führen Sie den Befehl NEU aus. Drücken Sie dazu [Strg]+[N] oder wählen Sie im Menü-Browser Datei|Neu.**

   Das Dialogfeld Vorlage wählen wird angezeigt.

   Die erste Schaltfläche im Schnellzugriff-Werkzeugkasten führt den Befehl SNEU und nicht den normalen Befehl NEU aus. Sofern niemand im Dialogfeld Optionen (Registerkarte Dateien) unter Vorlageneinstellungen die Option Vorgegebener Vorlagendateiname für SNEU geändert hat, macht SNEU dasselbe wie NEU. Wurde hier aber ein Dateiname eingetragen, öffnet SNEU nicht das Dialogfeld Vorlage wählen, sondern es wird Ihnen einfach eine neue, leere Zeichnung präsentiert. Und das dürfte wahrscheinlich nicht das gewünschte Ergebnis sein. Sie können die Vorteile von SNEU aber dennoch nutzen. Wie das geht, erfahren Sie im Abschnitt »Eigene Vorlagen erstellen« am Ende dieses Kapitels.

2. **Klicken Sie den Namen der für die neue Zeichnung zu verwendenden Vorlage und anschließend die Schaltfläche Öffnen an.**

   Es wird ein neues Zeichnungsfenster mit einem vorläufigen Namen (zum Beispiel Zeichnung2.dwg) angezeigt. (Die geöffnete Vorlage verbleibt unverändert auf der Festplatte.)

   In Abhängigkeit von der ausgewählten Vorlage wird das neue Bild in einem Layout-Arbeitsbereich und nicht im Modell-Arbeitsbereich geöffnet. In diesem Fall klicken Sie die Schaltfläche Modell an, bevor Sie die im nächsten Abschnitt »Den Modell-Arbeitsbereich optimal nutzen« beschriebenen Einstellungen vornehmen. (Wenn Sie im Arbeitsbereich AutoCAD Klassisch arbeiten, klicken Sie die Registerkarte Modell in der linken unteren Ecke des Zeichnungsbereichs an.) Wie Sie Papierbereichslayouts einrichten und nutzen können, wird in Kapitel 5 beschrieben.

3. **Drücken Sie [Strg]+[S] und speichern Sie die Datei unter einem anderen Namen.**

   Nehmen Sie sich jetzt die Zeit, um die Zeichnung unter einem sinnvollen Namen und an einem geeigneten Ort abzulegen.

4. **Nehmen Sie die erforderlichen Änderungen vor.**

   Bei den meisten mit AutoCAD gelieferten Vorlagen müssen Sie überlegen, ob Änderungen der Einheiten-, Limiten-, Raster- und Fangeinstellungen, der Skalierung der Linientypen und der Bemaßung erforderlich sind. Anleitungen dazu finden Sie im nächsten Abschnitt »Den Modell-Arbeitsbereich optimal nutzen«.

5. **Speichern Sie die Zeichnung noch einmal.**

   Wenn Sie zukünftig andere Zeichnungen erstellen müssen, die der aktuellen ähneln, sollten Sie überlegen, ob Sie die geänderte Vorlage nicht selbst wieder als Vorlage speichern wollen. Im Abschnitt »Eigene Vorlagen erstellen« weiter hinten in diesem Kapitel finden Sie entsprechende Anleitungen.

Die einfachste und anspruchsloseste Vorlage heißt `acadiso.dwt`. Die meisten der übrigen mit AutoCAD gelieferten Vorlagen enthalten Titelblöcke für verschiedene Papierformate. Des Weiteren sind die meisten Vorlagen in zwei Versionen vorhanden, von denen eine mit farbabhängigen Plotstilen und eine mit benannten Plotstilen arbeitet. Wahrscheinlich werden Sie die farbabhängigen Versionen benutzen. (In Kapitel 16 werden die zwei Arten der Plotstile beschrieben. Dort finden Sie auch Hinweise dazu, warum Sie wahrscheinlich die farbabhängige Variante bevorzugen werden.) Ich habe ja bereits darauf hingewiesen, dass das Thema der Zeichnungseinrichtung recht kompliziert ist!

Den Modell-Arbeitsbereich optimal nutzen

Nachdem Sie sich für einen Zeichnungsmaßstab und eine Papiergröße entschieden haben, können Sie Ihre Zeichnung einrichten. Die meisten Zeichnungen erfordern eine Einrichtung in zwei Schritten:

1. **Zunächst richten Sie den Modell-Arbeitsbereich ein, in dem Sie den größten Teil der Zeichnung erstellen werden.**
2. **Dann erstellen Sie für das Plotten ein oder mehrere Layouts für Papierbereiche.**

Wie in Kapitel 2 erläutert, handelt es sich beim Modell-Arbeitsbereich (oder einfach Modellbereich) um die unendlich große, dreidimensionale Umgebung, in der Sie die »echten« Objekte erstellen, die Sie zeichnen. Sie können den Modellbereich wie in diesem Abschnitt beschrieben einrichten. In Kapitel 5 wird die Einrichtung von Papierbereichen beziehungsweise Layout-Arbeitsbereichen vorgestellt.

Einstellen der Einheiten

Als Erstes sollten Sie die in der neuen Zeichnung zu verwendenden Längen- und Winkeleinheiten einstellen. Das geht so:

1. **Wählen Sie über den Menü-Browser oder die Menüleiste Format|Einheiten.**

   Das Dialogfeld Zeichnungseinheiten wird angezeigt (siehe Abbildung 4.4).

2. **Wählen Sie im Bereich Länge einen Typ in der entsprechenden Dropdown-Liste aus.**

   Wählen Sie die Einheit aus, die für Ihre Arbeit jeweils am besten geeignet ist. Normalerweise sollte die Voreinstellung Dezimal aber die beste Wahl sein.

3. **In der Dropdown-Liste Genauigkeit wählen Sie, wie exakt AutoCAD Koordinaten und Längenangaben anzeigen soll.**

   Über die Option Genauigkeit lässt sich steuern, wie genau AutoCAD in bestimmten Dialogfeldern Koordinaten, Entfernungen und Eingabeaufforderungen anzeigt. Insbesondere werden in der Statusleiste im Koordinaten-Feld die aktuellen Koordinaten des Mauszeigers mit der aktuell eingestellten Genauigkeit angezeigt.

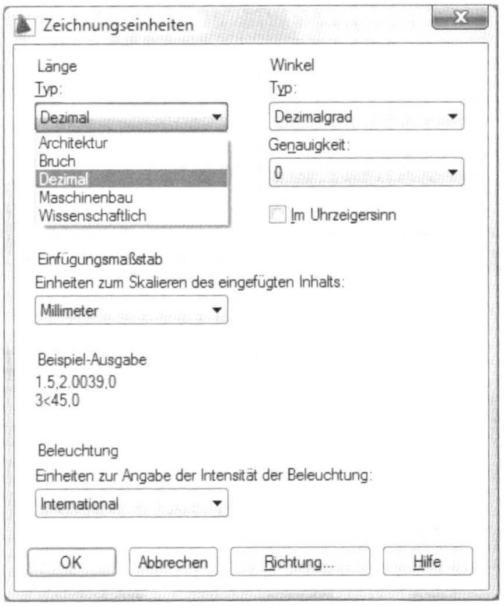

Abbildung 4.4: Hier stellen Sie die Zeichnungseinheiten ein.

Die Einstellungen für die Längen- und Winkelgenauigkeit beeinflussen lediglich, wie AutoCAD die Koordinaten, Entfernungen und Winkel in der Statusleiste, im Befehlsfenster und bei der dynamischen Eingabe *anzeigt*. Beim Ablegen der Zeichnungen in DWG-Dateien arbeitet AutoCAD beim Speichern der gezeichneten Objekte immer mit maximaler Genauigkeit. Darüber hinaus bietet AutoCAD getrennte Einstellungen zur Steuerung der Genauigkeit von Bemaßungstexten. Einzelheiten dazu finden Sie in Kapitel 14.

4. **Wählen Sie im Bereich Winkel in der entsprechenden Dropdown-Liste einen Typ aus.**

   Dezimalgrad und Grad/Min/Sek sind am gebräuchlichsten. Das Kontrollkästchen Im Uhrzeigersinn und die Schaltfläche Richtung stellen weitere Optionen zur Richtungssteuerung zur Verfügung, die aber nur selten benötigt werden, da Winkel üblicherweise gegen den Uhrzeigersinn angegeben werden und 0 Grad für die Ost-Richtung verwendet wird.

5. **Im Bereich Winkel stellen Sie über die Dropdown-Liste Genauigkeit die gewünschte Präzision für die Anzeige von Winkelmaßen durch AutoCAD ein.**

6. **Im Bereich Einfügungsmassstab wählen Sie die Maßeinheiten für die aktuelle Zeichnung aus.**

   Wählen Sie Ihre Basiseinheit für die aktuelle Zeichnung aus. Dabei handelt es sich um die tatsächliche Entfernung, die durch eine AutoCAD-Einheit dargestellt wird.

Das Dialogfeld Zeichnungseinheiten von AutoCAD 2009 enthält den Bereich Beleuchtung, in dem Sie die zur Angabe der Beleuchtungsintensität fotometrischer Lichtquellen verwendeten Einheiten angeben können. Dabei handelt es sich um eine recht anspruchsvolle 3D-Funktion, die in diesem Buch nicht behandelt wird. Wenn Sie mehr darüber erfahren wollen, rufen Sie das betreffende Thema in der Online-Hilfe auf.

7. **Klicken Sie OK an, um das Dialogfeld zu schließen und Ihre Einstellungen zu speichern.**

Zeichnungen die Schranken weisen

Die nächste Aufgabe beim Einrichten des Modellbereichs betrifft die *Limiten* der Zeichnung. Die Limiten entsprechen dem rechteckigen Arbeitsbereich, in dem gezeichnet wird und der üblicherweise dem Papierformat entspricht. Bei der richtigen Einstellung der Limiten haben Sie folgende Vorteile:

- ✔ **Anzeige des Rasters:** Wenn Sie die Vorgabeeinstellungen verwenden und das Raster aktivieren (wird im folgenden Abschnitt beschrieben), wird das Raster nur innerhalb der eingestellten Limiten angezeigt. Wenn das Raster aktiviert ist und die Limiten richtig gesetzt worden sind, können Sie so immer den Arbeitsbereich erkennen, der dem Plot entspricht, damit Sie nicht versehentlich über die Ränder hinausmalen.
- ✔ **ALLES ZOOMEN verwenden:** Der Befehl `Zoom Alles` vergrößert die Darstellung auf dem Bildschirm so, dass die Limiten oder alle Zeichnungsobjekte komplett angezeigt werden (je nachdem, was größer ist). Wenn Sie die Limiten richtig eingestellt haben und innerhalb dieser Grenzen zeichnen, können Sie sich mit ANSICHT|ZOOM|ALLES schnell einen Überblick über den kompletten Arbeitsbereich verschaffen.
- ✔ **Plotten:** Wenn Sie vom Modellbereich aus plotten, können Sie festlegen, dass der von den Zeichnungslimiten definierte Bereich geplottet wird. Mit dieser Option können Sie Zeichnungen schnell und zuverlässig plotten, allerdings nur, wenn die Limiten korrekt eingestellt wurden!

Viele CAD-Zeichner stellen die Limiten ihrer Zeichnungen nicht korrekt ein. Wenn Sie diesen Abschnitt zu Ende gelesen haben, wissen Sie, warum diese Einstellungen sinnvoll sind und wie sie vorgenommen werden, und können den »Experten« (natürlich auf nette Weise) ein wenig auf die Füße treten.

Der Befehl `LIMITEN` kann zwar über das Menü (FORMAT|LIMITEN) aufgerufen werden, aber alle nachfolgenden Aktionen finden in der Befehlszeile oder über die QuickInfo-Fenster der dynamischen Eingabe statt. Ungeachtet der Wichtigkeit dieses Themas stellt AutoCAD kein Dialogfeld zum Einstellen der Limiten zur Verfügung.

Mit den nachfolgenden Schritten können Sie die Zeichnungslimiten einstellen:

1. **Wählen Sie FORMAT|LIMITEN, um den Befehl `LIMITEN` auszuführen, oder geben Sie diesen in die Befehlszeile ein und drücken Sie [↵].**

   Wenn die dynamische Eingabe aktiviert ist, fordert AutoCAD Sie über eine dynamische QuickInfo zum Zurücksetzen der Modellbereichslimiten auf. Im Befehlsfenster werden folgende Meldungen angezeigt:

   ```
   Befehl: '_limits
   Modellbereichlimiten zurücksetzen:
   Linke untere Ecke angeben oder [Ein/Aus] <0.0000,0.0000>:
   ```

Wenn Sie einen Befehl über die Menüs auswählen, wird im Befehlsfenster dessen englische Bezeichnung angezeigt. Diese Variante der englischen Befehle mit einem vorangestelltem Unterstrich funktioniert auch in der Befehlszeile. Sie können daher die Befehle `LIMITEN` und `_LIMITS` gleichbedeutend in die Befehlszeile eingeben. (Das Hockkomma wird angezeigt, wenn der Befehl tatsächlich über die Menüs gewählt und nicht über die Tastatur eingegeben wurde.)

Der Wert am Ende der letzten Zeile der Eingabeaufforderung ist der Vorgabewert für die untere linke Ecke der Limiten. Er wird entsprechend den im Dialogfeld ZEICHNUNGSEINHEITEN festgelegten Einheiten und Genauigkeiten angezeigt.

2. **Geben Sie die Koordinaten der linken unteren Ecke der zu verwendenden Limiten ein und drücken Sie [↵].**

Üblicherweise wird hier der Wert `0,0` eingegeben. (Tippen Sie ohne Leerzeichen eine Null, ein Komma und dann eine weitere Null ein.) Sie können aber auch einfach [↵] drücken, um die Vorgabewerte zu übernehmen.

Unabhängig davon, was im QuickInfo-Fenster angezeigt wird, wird beim Drücken von [↵] immer der im Befehlsfenster angezeigte Vorgabewert übernommen. Achten Sie also besser darauf, wo Sie die Werte eingeben. Ansonsten kann es zu recht seltsamen Fehlern kommen.

AutoCAD fordert Sie nun zur Eingabe der oberen rechten Ecke der Limiten auf:

```
Obere rechte Ecke angeben <420.0000,297.0000>:
```

Die anfangs von AutoCAD angebotenen Werte entsprechen einem Blatt im Papierformat DIN/ISO A3 im Querformat.

3. **Geben Sie die Koordinaten für die obere rechte Ecke der zu verwendenden Limiten ein und drücken Sie [↵].**

Die übliche Einstellung für die rechte obere Ecke der Limiten berechnen Sie durch Multiplikation der Papierabmessungen mit dem Skalierfaktor der Zeichnung. Wenn zum Beispiel eine Zeichnung im Maßstab 1 = 100 (Skalierfaktor = 100) auf einem ISO-A1-Blatt (594 × 841 mm) im Querformat geplottet werden soll, dann sollte sich die obere rechte Ecke der Limiten über 84 Zentimeter mal 100 und 59 Zentimeter mal 100 ergeben (8400,5900 oder in Metern: 84,59).

Alternativ können Sie bei der Angabe der Limiten schummeln und die Werte der Tabelle auf der Schummelseite zu diesem Buch entnehmen.

Wenn Sie das Raster aktiviert haben, wird es von AutoCAD innerhalb der Limiten neu angezeigt, sobald Sie [↵] drücken.

4. **Wählen Sie im Menü-Browser (oder der klassischen Menüleiste) ANSICHT|ZOOM|ALLES.**

AutoCAD zoomt die Anzeige im Zeichnungsbereich entsprechend der neuen Limiten.

Zeichnungsbereich mit Fang und Raster

Beim *Raster* handelt es sich um sichtbare Punkte mit gleichmäßigem Abstand, mit deren Hilfe sich Entfernungen besser einschätzen lassen. (Wie ich im Abschnitt »Zeichnungen die Schranken weisen« weiter vorn in diesem Kapitel erläutere, weist das Raster auch auf die Grenzen der Zeichnung hin.) Bei aktiviertem *Fang* werden unsichtbare »heiße« Punkte erzeugt, durch die sich der Mauszeiger in regelmäßigen Sprüngen bewegt. Sowohl Raster als auch Fang sind wie die Schnittpunkte der Linien auf einem Blatt Millimeterpapier. Beim Raster handelt es sich aber einfach nur um ein sichtbares Hilfsmittel, während der Fang die Positionen beschränkt, die mit der Maus ausgewählt werden können. Sie können und werden für Raster und Fang üblicherweise unterschiedliche Abstände festlegen.

Die Fang- und Rastereinstellungen nehmen Sie im Dialogfeld ENTWURFSEINSTELLUNGEN wie folgt vor:

1. **Klicken Sie die Schaltfläche FANG oder RASTER in der Statusleiste mit der rechten Maustaste an und wählen Sie im Kontextmenü EINSTELLUNGEN.**

   Das Dialogfeld ENTWURFSEINSTELLUNGEN wird mit aktivierter Registerkarte FANG UND RASTER angezeigt (siehe Abbildung 4.5).

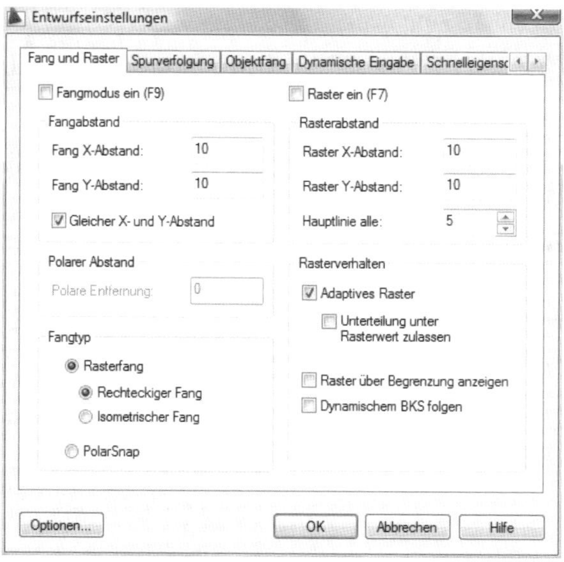

Abbildung 4.5: Nehmen Sie hier die Entwurfsteinstellungen vor.

   Die Registerkarte FANG UND RASTER besteht aus fünf Bereichen, von denen für das 2D-Zeichnen zumeist aber nur die Bereiche FANG und RASTER von Interesse sind.

2. **Aktivieren Sie das Kontrollkästchen FANGMODUS EIN (F9).**

   Dadurch wird der Vorgabefangabstand aktiviert.

Sie können die Schaltflächen Fangmodus beziehungsweise Rasteranzeige in der Statusleiste anklicken, um Fang oder Raster zu aktivieren beziehungsweise zu deaktivieren.

3. **Tragen Sie den X-Abstand für den Fang im entsprechenden Eingabefeld ein.**

   Stellen Sie hier entsprechend den bisherigen Erläuterungen einen sinnvollen Fangabstand ein. Der Y-Abstand für den Fang wird automatisch entsprechend dem X-Abstand geändert, da dies fast immer sinnvoll ist.

Wenn das Kontrollkästchen Gleicher X- und Y-Abstand aktiviert ist, wird der Y-Abstand automatisch auf denselben Wert wie der X-Abstand gesetzt, was fast immer wünschenswert ist.

4. **Aktivieren Sie das Kontrollkästchen Raster ein (F7).**
5. **Tragen Sie den X-Abstand für das Raster im entsprechenden Eingabefeld ein.**

   Stellen Sie hier entsprechend den bisherigen Erläuterungen einen sinnvollen Rasterabstand ein.

   Wenn das Kontrollkästchen Gleicher X- und Y-Abstand aktiviert ist, wird auch der Y-Abstand des Rasters automatisch entsprechend dem X-Abstand geändert, und das dürfte auch hier wieder zumeist sinnvoll sein.

X gibt die horizontale, Y die vertikale Entfernung an. Im AutoCAD-Zeichnungsbereich wird normalerweise unten links ein Symbol angezeigt, das darauf hinweist. (Nur für den Fall, dass Sie dies doch einmal vergessen sollten.)

6. **Stellen Sie bei Bedarf weitere Optionen im Bereich Rasterverhalten ein.**

   Wenn Sie die Option Adaptives Raster aktivieren, ändert AutoCAD die Dichte beziehungsweise den Abstand der Rasterpunkte beim Zoomen. Wenn Sie auch Unterteilung unter Rasterwert zulassen aktivieren, kann der Abstand dann auch kleiner oder größer als die festgelegten Einstellungen werden. (Andernfalls könnten Sie die Zeichnung möglicherweise vor lauter Rasterpunkten nicht mehr sehen!)

   Wenn Sie Raster über Begrenzung anzeigen aktivieren, dann wird das Raster auch bei starker Verkleinerung der Ansicht über den gesamten Zeichnungsbereich hinweg angezeigt. Lassen Sie dieses Kontrollkästchen deaktiviert, verhält sich AutoCAD so wie es früher immer der Fall war, und das Raster wird nur in dem von den Zeichnungslimiten definierten Bereich angezeigt.

Sie sollten dieses Kontrollkästchen deaktiviert lassen, da Sie so leicht erkennen können, wenn Ihre Zeichnung die Zeichnungslimiten überschreitet. Welchen Sinn sollte es haben, Limiten festzulegen, wenn man dann später nicht mehr weiß, wo sie sich befinden?

Bei der (in AutoCAD LT nicht verfügbaren) Option Dynamischem BKS folgen handelt es sich um eine 3D-spezifische Funktion, bei der die Zeichnungsebene bei Mausbewegungen über 3D-Objekten geändert wird. Da die 3D-Modellierung in diesem Buch nicht behandelt wird, lasse ich diese Option links liegen.

7. Klicken Sie OK an, um das Dialogfeld Entwurfseinstellungen zu schließen.

Eingabe von Zeichnungseigenschaften

Bevor Sie die Einrichtung des Modellbereichs abschließen können, müssen Sie noch ein paar Buchhaltungsaufgaben erledigen. Tragen Sie im Zeichnungseigenschaftendialogfeld ein paar zusammenfassende Informationen ein (siehe Abbildung 4.6). Wählen Sie dazu Datei|Zeichnungseigenschaften, um das entsprechende Dialogfeld zu öffnen, und aktivieren Sie dann die Registerkarte Datei-Info. Geben Sie den Zeichnungsmaßstab, den verwendeten Skalierfaktor und weitere Informationen ein, die Sie für nützlich halten.

Abbildung 4.6: Übersicht über die Eigenschaften einer Zeichnung

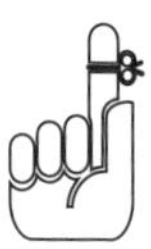

Verwechseln Sie *Zeichnungs*eigenschaften (bei denen es sich um Dateieigenschaften handelt) nicht mit den Eigenschaften gezeichneter *Objekte*, denn dabei handelt es sich um verschiedene Dinge. Die eingegebenen Eigenschaften helfen Ihnen oder anderen später beim Öffnen der Zeichnung, die vorgenommene Einrichtung zu erkennen. Das Thema *Objekt*eigenschaften ist umfangreich genug, um ihm mit Kapitel 6 ein eigenständiges Kapitel zu widmen.

Eigene Vorlagen erstellen

Vorlagen können aus beliebigen DWG-Dateien erstellt werden. Dazu wählen Sie den Weg über das Dialogfeld ZEICHNUNG SPEICHERN UNTER und führen die folgenden Schritte durch:

1. **Wählen Sie im Menü-Browser (oder in der klassischen Menüleiste) DATEI|SPEICHERN UNTER.**

   Das in Abbildung 4.7 dargestellte Dialogfeld ZEICHNUNG SPEICHERN UNTER wird angezeigt.

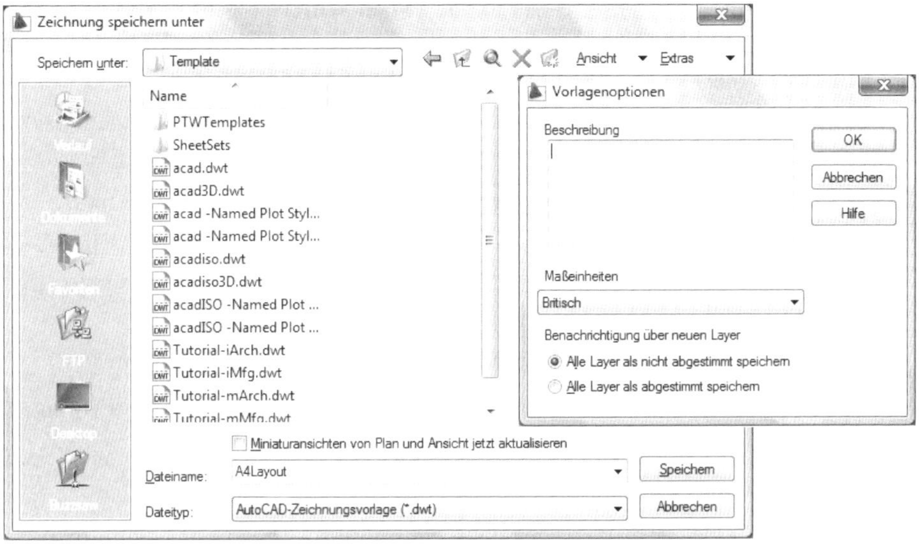

Abbildung 4.7: Speichern einer Zeichnung als Vorlage und Auswahl von Optionen

2. **Im Listenfeld DATEITYP wählen Sie die Option AUTOCAD-ZEICHNUNGSVORLAGE (*.DWT) beziehungsweise AUTOCAD LT-ZEICHNUNGSVORLAGE (*.DWT).**

3. **Wechseln Sie zu dem Ordner, in dem Sie die Zeichnung als Vorlage speichern wollen.**

   Der Standardordner für Vorlagen trägt den Namen TEMPLATE und ist tief im Baum des Windows-Benutzerprofils vergraben. Speichern Sie Ihre Vorlagen dort, wenn sie im Dialogfeld VORLAGE WÄHLEN in der Auswahlliste angezeigt werden sollen. Sie können Vorlagen aber auch in anderen Ordnern speichern. Wenn Sie diese Vorlagen verwenden wollen, müssen Sie dann aber jeweils zu dem betreffenden Ordner wechseln. Hinweise dazu finden Sie im nachfolgenden Abschnitt, der durch das Symbol »Vorsicht Technik« gekennzeichnet ist.

4. **Geben Sie im Eingabefeld DATEINAME einen Namen für die Vorlage ein und klicken Sie SPEICHERN an.**

   Es wird ein Dialogfeld angezeigt, in dem Sie die Vorlage beschreiben und die Maßeinheiten auswählen können.

5. **Wählen Sie die Maßeinheiten für die Vorlage aus (Metrisch oder Britisch).**

   Tragen Sie unter Beschreibung die wichtigsten Eckdaten ein. Nachträglich ist dies nicht mehr möglich, es sei denn, Sie speichern die Vorlage unter einem anderen Namen. Was Sie als Beschreibung eintragen, ist allerdings relativ egal, denn AutoCAD zeigt sie im Dialogfeld Vorlage wählen nicht an.

6. **Klicken Sie OK an, um die Zeichnung als Vorlage zu speichern.**

7. **Um die Zeichnung normal zu speichern, wählen Sie im Menü-Browser (oder der klassischen Menüleiste) Datei|Speichern unter. (Noch schneller geht das mit der Tastenkombination [Strg]+[S] oder über die Schaltfläche mit dem Diskettensymbol im Schnellzugriff-Werkzeugkasten in der Titelleiste des AutoCAD-Fensters.)**

   Wenn eine Datei zum ersten Mal gespeichert wird, wird wieder das Dialogfeld Zeichnung speichern unter angezeigt.

8. **In der Dropdown-Liste Dateityp wählen Sie AutoCAD 2007-Zeichnung (*.dwg).**

   AutoCAD 2009 verwendet das DWG-Dateiformat von AutoCAD 2007. Wählen Sie eine ältere Version, wenn die Zeichnung mit AutoCAD 2006 oder einer noch älteren Version geöffnet werden können soll.

9. **Wechseln Sie zu dem Ordner, in dem Sie die Zeichnung speichern wollen.**

   Verwenden Sie möglichst einen anderen Ordner als den zum Speichern von Vorlagen.

10. **Geben Sie im Eingabefeld Dateiname einen Namen für die Zeichnung ein und klicken Sie Speichern an, um sie im gewählten Ordner abzulegen.**

    Die Datei wird gespeichert. Wenn Sie diese zukünftig speichern, wird die normale Datei (nicht die Vorlage) aktualisiert.

AutoCAD enthält einen Befehl namens SNEU (»Schnell Neu«), mit dem bei geeigneter Konfiguration das Dialogfeld Vorlage wählen umgangen und eine Zeichnung auf der Grundlage einer bevorzugten Vorlage erstellt werden kann. Die erste Schaltfläche im Schnellzugriff-Werkzeugkasten (die mit dem leeren Blatt Papier) startet den Befehl SNEU anstelle des älteren Befehls NEU.

Um den Befehl SNEU zu aktivieren, müssen Sie AutoCAD jedoch mitteilen, welche Vorlage standardmäßig verwendet werden soll. Wählen Sie dazu im Menü-Browser oder über die klassische Menüleiste Extras|Optionen. Auf der Registerkarte Dateien finden Sie unter der Rubrik Vorlageneinstellungen die Option Vorgegebener Vorlagendateiname für SNEU. Die Vorgabeeinstellung lautet Keiner, und damit arbeitet SNEU wie NEU (und es wird das Dialogfeld Vorlage wählen geöffnet). Wenn Sie hier den Namen Ihrer bevorzugten Vorlage angeben, werden neue Zeichnungsdateien beim Befehl SNEU fortan auf deren Grundlage erstellt.

AutoCAD 2009 speichert Vorlagen und viele andere unterstützende Dateien in Ihrem Windows-Benutzerordner. Wenn Sie wissen wollen, wo sich der Ordner für die Vorlagen befindet, wählen Sie im Menü-Browser oder der klassischen Menüleiste EXTRAS|OPTIONEN. Im Dialogfeld OPTIONEN finden Sie auf der Registerkarte DATEIEN unter der Rubrik VORLAGENEINSTELLUNGEN den Eintrag POSITION DER ZEICHNUNGSVORLAGENDATEI (siehe Abbildung 4.8).

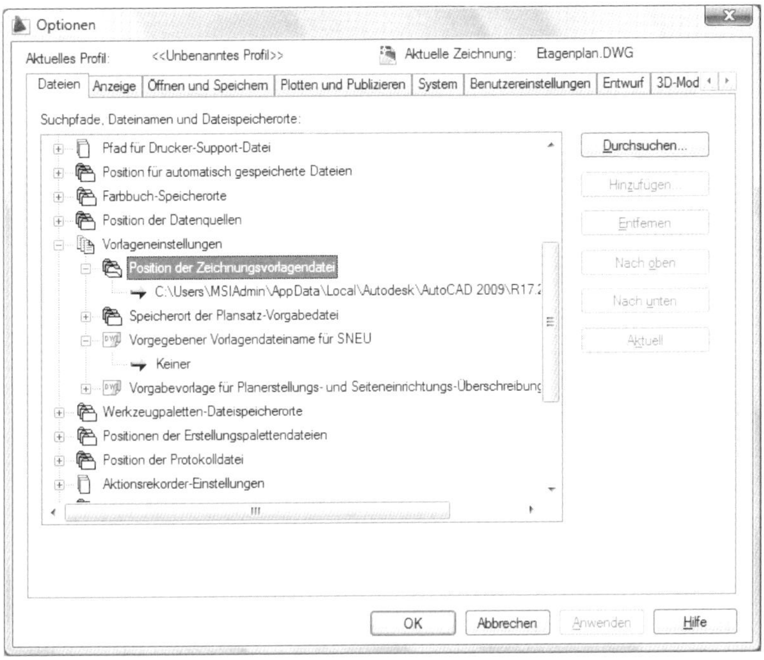

Abbildung 4.8: Suchet und Ihr werdet Euren Zeichnungsvorlagenordner finden!

Wenn Sie diese Vorgabe nicht verwenden wollen, legen Sie einen Ordner an einer Stelle an, an der Sie ihn einfach wiederfinden können (zum Beispiel `C:\Acad-Vorlagen` oder `F:\Acad-speziell\Vorlagen` auf einem Netzlaufwerk). Legen Sie dort die von benötigten Vorlagen ab und ändern Sie die Einstellung POSITION DER ZEICHNUNGSVORLAGENDATEI so, dass sie auf den betreffenden Ordner verweist.

Vorbereitungen für die Ausgabe auf Papier

5

In diesem Kapitel

- Layouts für Papierbereiche einrichten
- Schaltflächen oder Registerkarten für Layout-Designer
- Ein Blick durch Ansichtsfenster werfen
- Im Papierbereich arbeiten

Die Betrachtungen in den vorangegangenen Kapiteln drehten sich vorrangig um die Einrichtung der Umgebung im Modellbereich, diesen unendlichen dreidimensionalen Weiten, in denen Sie leuchtende Türme, wundervolle elektronische Geräte, Gartenhäuschen und/oder Eckschränke zeichnen. Vielleicht sind Ihnen aber auch die Hinweise auf diese völlig andere Umgebung in AutoCAD aufgefallen, die Papierbereich genannt wird.

Das ist aber natürlich immer noch nur die halbe Wahrheit. Das Ergebnis der ganzen Einrichterei sind zu Papier gebrachte, gedruckte Zeichnungen. Wenn Sie nicht den eigenen Computer dorthin schicken wollen, wo die eigentliche Produktion oder der eigentliche Bau stattfindet, müssen Sie dafür sorgen, dass Ihr Entwurf nicht nur auf dem Bildschirm existiert, sondern ihn auch zu Papier bringen. Zunächst müssen Sie dazu das Seitenlayout im Papierbereich konfigurieren. Dieser Schritt wird in diesem Kapitel beschrieben. Auf die eigentliche Ausgabe des Modellbereichs oder der Papierbereichslayouts auf Druckern oder Plottern gehe ich in Kapitel 16 näher ein.

In Kapitel 2 werden die beiden Bereiche (Modell- und Papierbereich) vorgestellt, und in Kapitel 4 erläutere ich, wie der Modellbereich für effizientes Zeichnen eingerichtet wird. Bevor wir uns eingehender mit dem Papierbereich befassen, sollte aber der Modellbereich noch einmal kurz wiederholt werden.

Beim *Modellbereich* handelt es sich um die Zeichnungsumgebung, die dann aktiv ist, wenn die Schaltfläche MODELL in der Statusleiste aktiviert ist. Im Modellbereich erstellen Sie die »echten« gezeichneten Objekte und erschaffen zwei- oder dreidimensionale *geometrische Modelle*. Wenn die Schaltfläche MODELL aktiviert ist, sehen Sie nur Objekte aus dem Modellbereich und alle speziellen Elemente aus dem Papierbereich bleiben unsichtbar.

In AutoCAD 2009 können Sie Layouts für den Papierbereich weiterhin völlig ignorieren und die Zeichnungen *und* das Plotten komplett über den Modellbereich abwickeln. Sie schulden sich aber selbst einen Versuch mit den Layouts. Wahrscheinlich werden Sie feststellen, dass die Ausgabe damit einheitlicher und besser vorhersehbar wird. Und mit den Layouts werden Sie beim Plotten bei Bedarf sicherlich flexibler. Und Sie werden auch auf Zeichnungen anderer Anwender stoßen, die den Papierbereich umfassend nutzen. Dann müssen Sie die entsprechenden Funktionen kennen, um Zeichnungen mit anderen Anwendern austauschen zu können.

Ein Layout im Papierbereich einrichten

Bei einem *Papierbereichslayout* handelt es sich um eine Darstellung eines Zeichenblatts. Auch wenn die echten geometrischen Objekte im Modellbereich gezeichnet werden, gehören die »unechten« Zeichnungsobjekte (zum Beispiel Rahmen, Titelblöcke beziehungsweise Textfelder, allgemeine Anmerkungen, möglicherweise Überschriften und Symbole wie Kompasspfeile) in Layouts im Papierbereich. Auch wenn der Papierbereich theoretisch ebenfalls unendlich groß und dreidimensional ist, sollten Sie ihn sich besser als recht klein (so groß wie ein Zeichenblatt) und zweidimensional (ebenfalls wie ein Zeichenblatt) vorstellen.

Abgesehen davon, dass es sich um eine Darstellung des Zeichenblatts handelt, speichern Layouts auch Plot-Informationen. AutoCAD speichert separate Plot-Einstellungen für alle Layouts und den Modellbereich, damit sie unterschiedlich geplottet werden können. Praktisch werden Sie wahrscheinlich – zumindest anfangs – nur eine Registerkarte für Papierbereichslayouts benötigen.

Anstatt nur darüber zu lesen, werden Sie vielleicht lieber ein paar der Beispielzeichnungen von AutoCAD 2009 öffnen und die Schaltflächen oder Registerkarten MODELL und LAYOUT anklicken wollen, um sich selbst über die vielfältigen Möglichkeiten der Nutzung des Papierbereichs zu informieren. Einen guten Einstieg bietet zum Beispiel die Datei `C:\Programme\AutoCAD 2009\Sample\Architectural - Annotation Scaling and Multileaders.dwg`. Benutzer von AutoCAD LT finden dieselbe Datei im Ordner `C:\Programme\AutoCAD LT 2009\Sample\`.

Sind das Registerkarten oder Schaltflächen?

In der Autodesk-Dokumentation wird manchmal auf die Registerkarte MODELL oder auf Layout-Registerkarten verwiesen. Und gerade habe auch ich das gemacht. Wenn Sie im Arbeitsbereich AUTOCAD KLASSISCH arbeiten, werden tatsächlich unten links im Zeichnungsbereich Registerkarten mit den Bezeichnungen MODELL, LAYOUT1 und LAYOUT 2 angezeigt. Im Arbeitsbereich 2D-ZEICHNUNG & BESCHRIFTUNG, den ich in diesem Buch bevorzuge, wurden diese Registerkarten durch die Schaltflächen MODELL und LAYOUT etwa in der Mitte der Statusleiste ersetzt.

Wenn Sie die Registerkarten anzeigen lassen wollen und sich im Arbeitsbereich 2D-ZEICHNUNG & BESCHRIFTUNG befinden, oder wenn Sie sich im Arbeitsbereich AUTOCAD KLASSISCH befinden und die Schaltflächen bevorzugen, erläutern die folgenden Schritte, wie Sie zwischen den beiden Varianten umschalten und die Zeichnungslayouts in beiden Arbeitsbereichen betrachten können. Wenn die Registerkarten MODELL und LAYOUT unten links im Zeichnungsbereich angezeigt werden, dann springen Sie zu Schritt 4.

1. **Wenn in der Statusleiste die Schaltflächen Modell und Layout angezeigt werden, klicken Sie eine dieser Schaltflächen mit der rechten Maustaste an und wählen Registerkarten Layout und Modell anzeigen.**

   Zumindest eine beschriftete Registerkarte sollte nun unten links im Zeichnungsbereich angezeigt werden. Je nach betrachteter Zeichnung müssen Sie möglicherweise das kleine nach links weisende Dreieck anklicken, bis die erste Registerkarte mit der Bezeichnung Model angezeigt wird.

2. **Führen Sie, ohne etwas anzuklicken, den Mauszeiger über die Registerkarten Modell und Layout.**

   Es werden Voransichten des Layouts oder des Modellbereichs neben der Registerkarte angezeigt. Wenn Sie den Zeiger über die verschiedenen Registerkarten wandern lassen, ändert sich die Voransicht und Sie können anhand dieser Darstellungen das gewünschte Layout auswählen.

3. **Klicken Sie eine der Layout-Registerkarten an, um das entsprechende Layout zu aktivieren.**

   Das ausgewählte Layout füllt den Zeichnungsbereich.

   Sie können zwar die auf den Registerkarten angegebenen Namen für die Layouts, aber nicht den der Registerkarte Modell ändern. Doppelklicken Sie dazu auf den Layoutnamen, um das entsprechende Eingabefeld zu öffnen.

   Um statt Registerkarten Schaltflächen anzeigen zu lassen, gehen Sie so vor:

4. **Klicken Sie eine der Registerkarten für das Modell oder die Layouts mit der rechten Maustaste an und wählen Sie Registerkarten Layout und Modell ausblenden.**

   Die Registerkarten verschwinden vom Bildschirm, und in der Statusleiste werden die Schaltflächen Modell und Layout angezeigt.

5. **Klicken Sie auf die Schaltfläche Modell.**

   Bei der Auswahl von Modell wird der Modellbereich im kompletten Zeichnungsbereich angezeigt, und es werden alle Objekte aus dem Papierbereichslayout versteckt.

6. **Klicken Sie auf die Schaltfläche Layout.**

   Beachten Sie, dass im QuickInfo-Fenster der Layout-Schaltfläche nicht »Layout«, sondern der tatsächliche Name des Layouts angezeigt wird. (Die Vorgabelayoutnamen lauten Layout1 und Layout2.) Das jeweils zuletzt im Zeichnungsbereich angezeigte Layout wird dort wieder angezeigt.

7. **Klicken Sie in der Statusleiste auf die Schaltfläche Schnellansicht-Layouts.**

   Während Sie bei der Anzeige von Registerkarten den Mauszeiger über diese wandern lassen konnten, um sich Voransichten anzeigen zu lassen, müssen Sie dazu nun einen neuen Befehl ausführen. Die neue Funktion Schnellansicht-Layouts stelle ich im folgenden Abschnitt ausführlicher vor.

8. **Klicken Sie das Vorschaubild eines Layouts an, um es zu aktivieren.**

   Das gewählte Layout wird aktiviert und im Zeichnungsbereich angezeigt.

Natürlich können Sie in einer beliebigen, Ihnen zusagenden Konfiguration arbeiten. Vielleicht gefällt Ihnen zwar der Arbeitsbereich AutoCAD Klassisch besser, aber Sie ziehen die Schaltflächen Modell/Layout Registerkarten vor. Wenn Sie dann aber die Arbeitsbereiche wechseln und anschließend wieder zu AutoCAD Klassisch wechseln, bleibt die Änderung von Registerkarten zu Schaltflächen nicht erhalten. Wenn Sie wissen wollen, wie angepasste Arbeitsbereiche gespeichert werden können, suchen Sie in der Online-Hilfe nach *Arbeitsbereich*.

Layouts in der Schnellansicht

Bei Schnellansicht-Layouts handelt es sich um die zweite neue Funktion von AutoCAD 2009, die die Schnellansicht-Leiste zur Anzeige von Vorschaubildern von Zeichnungen oder Layouts benutzt. Die in Kapitel 2 vorgestellte Funktion Schnellansicht-Zeichnungen zeigt alle geöffneten Zeichnungen in der Schnellansicht-Leiste an.

Wenn Sie in früheren AutoCAD-Versionen Schaltflächen statt Registerkarten aktiviert hatten, konnten Sie die Layout-Schaltfläche mit der rechten Maustaste anklicken, um ein Kontextmenü anzeigen zu lassen, in dem die Zeichnungslayouts aufgeführt wurden. Aber Worte allein in Kontextmenüs sind ja *so* altmodisch! Die folgenden Schritte zeigen, wie Sie zwischen dem Modellbereich und einem Layout oder zwischen Layouts umschalten können:

1. **Klicken Sie in der Statusleiste auf die Schaltfläche Schnellansicht-Layouts.**

   Die Schaltfläche Schnellansicht-Layouts ist in der Statusleiste der beiden Arbeitsbereiche AutoCAD Klassisch und 2D-Zeichnung & Beschriftung vorhanden. Die Leiste mit den Schnellansichten wird über der Statusleiste angezeigt und enthält kleine Vorschaubilder für den Modellbereich und alle Layouts. Direkt unterhalb der Vorschaubilder befindet sich der Schnellansicht-Werkzeugkasten. Abbildung 5.1 zeigt das typische Aussehen bei einer Zeichnung mit mehreren Layouts.

   Verwechseln Sie den Schnellansicht-Werkzeugkasten nicht mit dem Schnellzugriff-Werkzeugkasten, der sich oben in der Titelleiste neben dem großen roten *A* befindet. In AutoCAD geht es derart schnell zu, dass man kaum noch mitkommt!

   Der Schnellansicht-Werkzeugkasten enthält vier Schaltflächen, die für die folgenden Aufgaben zuständig sind (die Schaltflächen werden in der Reihenfolge von links nach rechts vorgestellt):

   - **Schnellansicht-Layouts fixieren:** Normalerweise werden die Vorschaubilder ausgeblendet, sobald Sie ein Layout auswählen oder irgendwo neben der Leiste klicken. Wenn Sie diese Schaltfläche anklicken, ändert die Reißzwecke ihr Aussehen, und es sieht so aus, als ob sie ein Loch in den Bildschirm bohren würde (im Unterschied zu echten Reißzwecken in Flachbildschirmen hinterlässt sie allerdings keinerlei Spuren – versprochen!), und sorgt dafür, dass die Vorschaubilder geöffnet bleiben.

- **Neues Layout:** Klicken Sie diese Schaltfläche an, um ein neues Layout mit einem einzigen Ansichtsfenster zu erstellen. Das neue Layout wird als neues Bild am Ende der Leiste mit den Vorschaubildern angezeigt.

- **Publizieren:** Klicken Sie diese Schaltfläche an, um das Dialogfeld Publizieren aufzurufen. Der Befehl `PUBLIZIEREN` wird verwendet, um eine Reihe von Zeichnungen in einem Arbeitsgang auszugeben und zu einem Paket zusammenzufassen. Die AutoCAD-Variante des Publizierens wird in Kapitel 19 behandelt.

- **Schliessen:** Benutzen Sie diese Schaltfläche, um die Leiste Schnellansicht-Layouts zu schließen, wenn Sie sie fixiert haben. Wenn die Leiste nicht fixiert ist, brauchen Sie nur irgendwo außerhalb der Leiste zu klicken, um sie auszublenden.

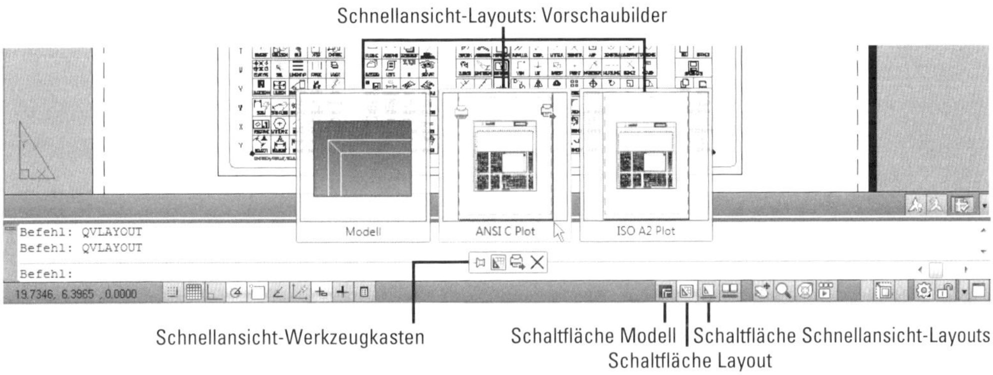

Abbildung 5.1: Betrachten Sie die Layouts und zwar schnell!

2. **Führen Sie den Mauszeiger über die einzelnen Bilder in der Leiste Schnellansicht-Layouts.**

   Der Hintergrund des jeweiligen Bildchens wird (je nach Bildschirmeinstellung möglicherweise kaum sichtbar) markiert und kennzeichnet damit, dass das entsprechende Layout nun aktiv ist.

   Wenn eine Vorschau markiert ist, werden oben links und rechts im Vorschaufeld zwei Symbole angezeigt. Die Schaltfläche Publizieren bewirkt dasselbe wie die gleichnamige Schaltfläche im Schnellansicht-Werkzeugkasten. Wenn Sie das jeweilige Layout plotten wollen, ohne den komplizierten Prozess des Publizierens durchlaufen zu müssen, klicken Sie das Symbol Plotten links oben im Vorschaufeld an.

Wenn Sie eine »Wheel Mouse«, also eine Maus mit Rad haben, können Sie die Größe der Vorschaubildchen ändern, indem Sie den Mauszeiger über eines der Bildchen führen, [Strg] gedrückt halten und das Rad vor oder zurück bewegen. (Dabei wird die Größe aller Voransichten geändert.)

3. **Klicken Sie das Vorschaubild des zu aktivierenden Modellbereichs oder Layouts an.**

   Das ausgewählte Layout wird aktiviert und füllt den Zeichnungsbereich. Die Vorschauleiste wird geschlossen (sofern sie nicht fixiert ist).

Erstellen eines Layouts

Das Erstellen eines einfachen Layouts für den Papierbereich ist dank des in Abbildung 5.2 dargestellten AutoCAD 2009-Assistenten LAYOUT ERSTELLEN einfach. (Doch, wirklich! Endlich gibt es einen nützlichen AutoCAD-Assistenten.) Der Befehl lautet LAYOUTASS. Aber das Tippen können Sie sich auch sparen, wenn Sie im Menü-Browser oder in der klassischen Menüleiste EXTRAS|ASSISTENTEN|LAYOUT ERSTELLEN wählen.

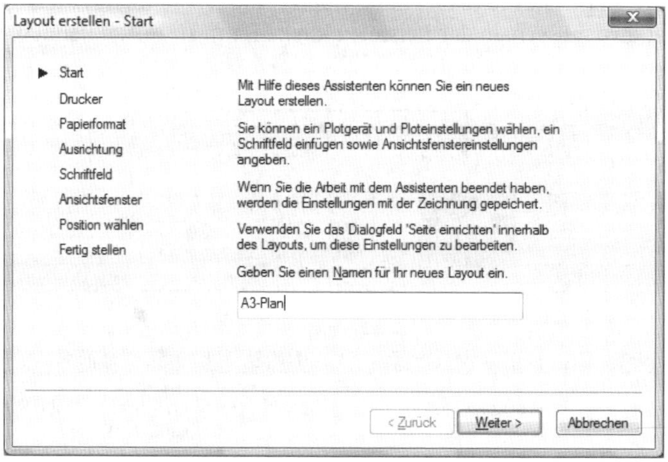

Abbildung 5.2: Der Assistent LAYOUT ERSTELLEN

Auch wenn Sie der Assistent LAYOUT ERSTELLEN Schritt für Schritt durch den Prozess der Einrichtung eines Layouts für den Papierbereich führt, kann er doch nicht eigenständig sinnvolle Layoutparameter auswählen. Das gewählte Papierformat und der gewählte Plotmaßstab bieten für die Darstellung Ihres Modells nur einen gewissen Platz (Information dazu finden Sie weiter vorn in diesem Kapitel), und auch Assistenten können die Gesetze der Arithmetik nicht beugen, um dieser Tatsache zu entgehen. Egal was man auch anstellt, eine Karte von Bayern im Maßstab von 1 mm = 1 m passt einfach nicht auf ein A4-Blatt. Wenn man einen solchen Unsinn eingibt, muss man sich nicht wundern, wenn nichts dabei herauskommt. Glücklicherweise lädt der Assistent LAYOUT ERSTELLEN geradezu zum Experimentieren ein und zudem lassen sich nicht funktionierende Layouts einfach löschen.

Mit diesen Schritten erstellen Sie ein Layout:

1. **Wählen Sie im Menü-Browser oder in der klassischen Menüleiste EXTRAS|ASSISTENTEN|LAYOUT ERSTELLEN oder geben Sie `LAYOUTASS` in die Befehlszeile ein und drücken Sie ↵.**

   Die erste Seite des Assistenten LAYOUT ERSTELLEN wird angezeigt, auf der Sie zur Eingabe eines Namens für das neue Layout aufgefordert werden.

2. **Geben Sie dem neuen Layout einen Namen und klicken Sie dann WEITER an.**

   Anstelle des vorgegebenen Namens LAYOUT 3 sollten Sie einen Namen wählen, der mehr aussagt, zum Beispiel PAPIERFORMAT A4.

3. **Wählen Sie den für dieses Layout zu verwendenden Drucker oder Plotter aus und klicken Sie dann auf WEITER.**

   Stellen Sie sich den ausgewählten Plotter als *Vorgabe* für dieses Layout vor. Später können Sie einen anderen Plotter einstellen oder Seiteneinrichtungen vornehmen, mit denen dasselbe Layout auf anderen Plottern ausgegeben wird. (Die Seiteneinrichtung erläutere ich in Kapitel 16.)

Viele der Namen in der Liste der konfigurierten Plotter dürften Ihnen bekannt vorkommen, weil es sich dabei um Windows-Drucker handelt (*Systemdrucker* im AutoCAD-Sprachgebrauch). Bei Namen mit der Erweiterung `.pc3` handelt es sich um Druckertreiber, die nicht zum System gehören. Einzelheiten zu diesem Thema finden Sie in Kapitel 16.

4. **Wählen Sie ein PAPIERFORMAT aus, geben Sie an, dass die Papiereinheiten in MILLIMETER dargestellt werden sollen, und klicken Sie dann WEITER an.**

   Die verfügbaren Papierformate sind dabei von dem in Schritt 3 ausgewählten Drucker oder Plotter abhängig.

5. **Geben Sie die Ausrichtung der Zeichnung auf dem Papier an und klicken Sie dann WEITER an.**

   Das Symbol mit dem Buchstaben A auf einem Blatt Papier verdeutlicht die jeweilige Ausrichtung.

6. **Auf der Seite LAYOUT ERSTELLEN – SCHRIFTFELD wählen Sie KEINE und klicken dann WEITER an.**

   Ich kann Ihnen nicht empfehlen, einen der beiden zur Auswahl angebotenen Titelblöcke zu verwenden, da es recht unwahrscheinlich ist, dass sie zu dem zuvor ausgewählten Papierformat wirklich passen.

AutoCAD 2007 und ältere Versionen enthielten eine Reihe praktischer, vorgefertigter Titelblöcke für etliche verschiedene Papierformate. Bis auf zwei sind diese Titelblöcke durchweg bei AutoCAD 2008 verschwunden, und mehr als diese beiden werden auch von AutoCAD 2009 nicht angeboten. Leider dürfte sich kaum einer davon für das von Ihnen gewählte Papierformat eignen.

Wenn Sie sich mit dem Programm ein wenig auskennen, dann können Sie jederzeit nachträglich noch Schriftfelder zeichnen, einfügen oder extern referenzieren. In den Kapiteln 17 und 18 finden Sie Informationen zum Einfügen oder Referenzieren von Titelblöcken beziehungsweise Schriftfeldern. Sie können damit auch eigene Zeichnungen mit Titelblöcken im Vorlagenordner ablegen. Wenn Sie wissen wollen, wo Sie diese ablegen müssen, lesen Sie den Abschnitt über das Erstellen eigener Vorlagen in Kapitel 4.

7. **Legen Sie die Anordnung der Ansichtsfenster fest, die AutoCAD erstellen soll, sowie den Maßstab zwischen Papierbereich und Modellbereich für alle Ansichtsfenster. Klicken Sie dann WEITER an.**

   Ansichtsfenster für den Papierbereich sind Fenster in den Modellbereich. Sie müssen mindestens ein Ansichtsfenster erstellen, um das Modell im neuen Layout anzeigen zu können. Mehr über Ansichtsfenster erfahren Sie weiter hinten in diesem Kapitel.

   Der vorgegebene Maßstab für das Ansichtsfenster (GRÖSSE ANGEPASST) sorgt zwar dafür, dass die Modellzeichnung komplett im Ansichtsfenster angezeigt wird, führt aber zu einem recht willkürlichen Skalierfaktor. Die meisten technischen Zeichnungen erfordern einen bestimmten Maßstab, zum Beispiel 1:10.

8. **Geben Sie die Position der Ansichtsfenster durch Auswahl der Ecken auf dem Papier an. Klicken Sie dann auf WEITER.**

   Nach dem Anklicken der Schaltfläche POSITION WÄHLEN zeigt der Assistent LAYOUT ERSTELLEN das vorläufige Layout mit den gegebenenfalls verwendeten Schriftfeldern an. Wählen Sie zwei Punkte aus, um ein Rechteck zu definieren, das innerhalb des plotbaren Bereichs des Blattes liegt.

   AutoCAD stellt den plotbaren Bereich des Blattes durch ein gestricheltes Rechteck in der Nähe des Blattrandes dar. Wenn Sie keine Position für die Ansichtsfenster festlegen, erstellt der Assistent LAYOUT ERSTELLEN ein Ansichtsfenster, das den plotbaren Bereich des Blattes füllt.

9. **Klicken Sie FERTIG STELLEN an.**

   AutoCAD erstellt das neue Layout.

Layouts kopieren und ändern

Nach dem Erstellen eines Layouts können Sie dieses löschen, kopieren, umbenennen oder anderweitig ändern, indem Sie die Schaltfläche SCHNELLANSICHT-LAYOUTS in der Statusleiste und anschließend eine der angezeigten Voransichten mit der rechten Maustaste anklicken. Im Arbeitsbereich AUTOCAD KLASSISCH können Sie dazu auch die Registerkarte eines Layouts mit der rechten Maustaste anklicken. Abbildung 5.3 zeigt die Optionen dieses Kontextmenüs, wenn es über SCHNELLANSICHT-LAYOUTS aufgerufen wird.

Abbildung 5.3: Das Kontextmenü von Schnellansicht-Layouts

Die Option Von Vorlage bezieht sich auf Layoutvorlagen. Wenn Sie ein Layout als Vorlage (DWT) oder Zeichnung (DWG) gespeichert haben, können Sie die Option Von Vorlage dazu verwenden, um diese Layouts in die aktuelle Zeichnung zu importieren. Einzelheiten finden Sie in der Befehlsreferenz der Online-Hilfe beim Befehl `LAYOUT` und dessen Option `Vorlage`.

Bei vielen Zeichnungen wird lediglich ein Layout für den Papierbereich benötigt. Wenn Sie immer dieselbe Ansicht des Modells und immer auf demselben Gerät plotten und dasselbe Papierformat verwenden, sollte ein einziges Layout für den Papierbereich ausreichen. Wenn Sie das Modell unterschiedlich plotten wollen (zum Beispiel in verschiedenen Maßstäben, mit verschiedenen sichtbaren Layern, mit verschiedenen sichtbaren Bereichen oder verschiedenen Merkmalen geplotteter Linien), dann kann die Erstellung weiterer Layouts für den Papierbereich sinnvoll sein.

Verloren im Papierbereich

Nach dem Erstellen eines Layouts für den Papierbereich haben Sie plötzlich zwei verschiedene Ansichten derselben gezeichneten geometrischen Objekte: die Ansicht des ursprünglichen Modellbereichs und die neue Ansicht des Layouts (vielleicht mit einem hübschen Titelblock und anderen Elementen der hohen Plotkunst ausstaffiert). Wichtig daran ist, dass Sie sich bewusst sind, dass es sich bei beiden Ansichten um *dieselben* geometrischen Objekte handelt. Wenn Sie Änderungen in einer Ansicht vornehmen, spiegeln sich diese auch in allen anderen Ansichten wider, denn alle Ansichten zeigen dieselben Objekte des Modellbereichs an.

Wenn Sie ein Layout aktivieren, können Sie mit dem Zeiger auf verschiedene Arten zwischen dem Papierbereich (das heißt auf einem Blatt Papier zeichnen und zoomen) und dem Modellbereich (Zeichnen und Zoomen im Modell innerhalb des Ansichtsfensters) wechseln:

- ✔ Im Zeichnungsbereich können Sie innerhalb der Grenzen eines Ansichtsfensters doppelklicken, um das Fadenkreuz in diesem Ansichtsfenster in den Modellbereich zu verschieben. Alternativ können Sie außerhalb aller Ansichtsfenster (zum Beispiel im grauen

Bereich außerhalb des Blattes) doppelklicken, um das Fadenkreuz in den Papierbereich zu verschieben.

- ✔ Sie können in der Statusleiste die Schaltfläche ANSICHTSFENSTER MINIMIEREN/MAXIMIEREN anklicken. (Mehr dazu erfahren Sie in Kapitel 2.)
- ✔ Sie können die Befehle `MBEREICH` oder `PBEREICH` beziehungsweise deren Alias `MB` oder `PB` in der Befehlszeile eingeben.
- ✔ Wenn Sie den Arbeitsbereich AUTOCAD KLASSISCH verwenden, können Sie die Schaltfläche PAPIER/MODELL in der Statusleiste anklicken.

Wenn sich das Fadenkreuz im Modellbereich befindet, werden beim Zeichnen oder bei Änderungen die Objekte im Modellbereich und in allen Papierbereichen geändert. Wenn sich das Fadenkreuz im Papierbereich befindet, erscheinen die gezeichneten Elemente in diesem einen Layout. Das ist etwa so, als ob Sie eine Klarsichtfolie über das Plotterpapier legen und darauf zeichnen würden: Das darunter liegende Modell wird dabei nicht geändert.

Dieses Verhalten kann anfangs, bis man sich daran gewöhnt haben, ein wenig Kopfschmerzen bereiten. Um Durcheinander zu vermeiden, sollten Sie sich an die folgende Vorgehensweise halten (zumindest bis Sie sich mit dem Papierbereich ein wenig mehr vertraut gemacht haben):

- ✔ Wenn Sie das Modell bearbeiten wollen, wechseln Sie zunächst zur entsprechenden Registerkarte (beim klassischen Arbeitsbereich) oder klicken zunächst die Schaltfläche SCHNELLANSICHT-LAYOUTS in der Statusleiste und dann MODELL an. (Versuchen Sie nicht, das Modell in einem Ansichtsfenster des Papierbereichs zu bearbeiten.)
- ✔ Wenn Sie ein bestimmtes Layout ändern wollen, ohne dass diese Änderungen das Modell selbst betreffen, verwenden Sie eines der beschriebenen Verfahren, um das Layout zu aktivieren, und sorgen dafür, dass sich das Fadenkreuz im Papierbereich befindet.

In welchem Bereich befinde ich mich?

Wenn man mit dem Arbeiten in Layouts beginnt, ist es möglicherweise nicht immer ganz klar, ob man sich im Modell- oder im Papierbereich befindet. Wenn die Registerkarten MODELL und LAYOUT angezeigt werden, hilft die Schaltfläche in der Statusleiste weiter. Darauf wird PAPIER angezeigt, wenn Sie sich im Papierbereich befinden, und ansonsten MODELL. Wenn Sie diese Registerkarten lieber ausblenden, gibt es ein paar andere Möglichkeiten, um die Bereiche auseinanderzuhalten:

- ✔ **Prüfung mit dem Fadenkreuz:** Wenn Sie sich im Papierbereich befinden, können Sie das Fadenkreuz über den gesamten Bildschirmbereich bewegen. Wenn Sie sich im Modellbereich befinden, können Sie das Fadenkreuz nur innerhalb des aktiven Ansichtsfensters bewegen. Wenn Sie mit dem Fadenkreuz das Ansichtsfenster verlassen, wird aus dem Fadenkreuz der bekannte Pfeil, der standardmäßig als Windows-Mauszeiger fungiert.
- ✔ **Wählen Sie einige geometrische Objekte aus:** Versuchen Sie einige Objekte anzuklicken, von denen Sie wissen, dass sie sich im Modellbereich befinden. Können Sie sie auswählen

und werden sie markiert, befinden Sie sich im Modellbereich. Wenn nach dem Anklicken nichts passiert, sind sie nicht erreichbar, weil Sie sich im Papierbereich befinden.

✔ **Achten Sie auf das BKS-Symbol:** Beim BKS-Symbol handelt es sich um dieses »Bildchen« in der unteren linken Ecke des Zeichnungsbereichs. Das Symbol im Modellbereich hat die Form zweier Pfeile, die im rechten Winkel zueinander stehen, wobei die Pfeile vom Schnittpunkt der Linien wegweisen. Das Symbol im Papierbereich ist dreieckig, und das geschlossene dreieckige Symbol stellt eine flache Ebene dar. Wenn kein derartiges Symbol angezeigt wird, klicken Sie in der Multifunktionsleiste die Registerkarte ANSICHT an, öffnen das BKS-Einblendfenster und klicken dort die Option BKS-SYMBOL ANZEIGEN an (siehe Abbildung 5.4). In der klassischen Menüleiste oder im Menü-Browser wählen Sie hierfür ANSICHT|ANZEIGE|BKS-SYMBOL|EIN.

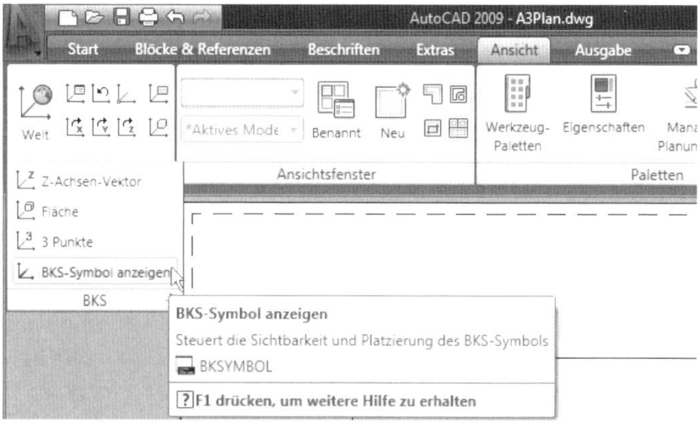

Abbildung 5.4: Anzeige des BKS-Symbols

Ein Ansichtsfenster zum Zeichnen

Bei einem *Ansichtsfenster* handelt es sich um ein rechteckiges Objekt im Papierbereich, ein Fenster, das einen Blick auf das Zeichenblatt bietet, durch das Sie Objekte aus dem Modellbereich vom Papierbereich aus betrachten können. Standardmäßig wird beim Erstellen eines neuen Layouts ein einziges, großes Ansichtsfenster erzeugt.

Ansichtsfenstern werden Zeichnungsmaßstäbe zugeordnet. Sie können mehrere Ansichtsfenster mit unterschiedlichen Maßstäben im selben Layout haben. Ein Ansichtsfenster kann beispielsweise den Grundriss eines Ausstellungsraums im Maßstab 1:10 und ein anderes eine vergrößerte Ansicht einer Vitrine im Maßstab 1:4 zeigen. Da die einzelnen Ansichtsfenster skaliert sind, kann das gesamte Layout im Maßstab 1:1 geplottet werden.

Der Assistent LAYOUT ERSTELLEN ist anfangs recht nett, aber bei den meisten echten Zeichnungen lassen sich für die Ansichtsfenster keine standardisierten Anordnungen verwenden. Beim Erstellen von Layouts ist es daher häufig einfacher, wenn man selbst neue Ansichtsfenster erstellt. Die folgenden Schritte zeigen, wie das geht:

1. **Verwenden Sie eines der im Abschnitt »Erstellen eines Layouts« am Anfang dieses Kapitels beschriebenen Verfahren, um ein neues Layout in Ihrer Zeichnung zu erstellen.**

   Klicken Sie zum Beispiel die Schaltfläche SCHNELLANSICHT-LAYOUTS in der Statusleiste an, um sich die Vorschaubilder anzeigen zu lassen. Klicken Sie dann eines der Bilder mit der rechten Maustaste an und wählen Sie im Kontextmenü NEUES LAYOUT. Ein neues Layout wird am Ende der Bildleiste hinzugefügt.

2. **Klicken Sie das Bild des neuen Layouts an, um es zu öffnen.**

   Ein neues Layout im Zeichnungsfenster zeigt den Standardbereich auf dem Papier und darauf mittig ein einzelnes rechteckiges Ansichtsfenster. Dieses Ansichtsfenster werden Sie nicht verwenden.

3. **Führen Sie das Fadenkreuz über die Begrenzungen des Ansichtsfensters und klicken Sie sie an, um sie auszuwählen. Drücken Sie `Entf`.**

   Auch wenn sie sich nicht wie andere Zeichnungsobjekte verhalten, handelt es sich bei Ansichtsfenstern doch um Objekte wie Linien oder Kreise. Und wie alle anderen Zeichnungsobjekte lassen sie sich auch auswählen, verschieben, kopieren, in Reihe anordnen oder eben löschen.

   Wie Ansichtsfenster erstellt werden, hängt vom verwendeten Arbeitsbereich (2D-ZEICHNUNG & BESCHRIFTUNG oder AUTOCAD KLASSISCH) ab. Der nächste Schritt erläutert, wie Sie in den beiden Arbeitsbereichen weiter vorgehen müssen.

4. **Klicken Sie in der Multifunktionsleiste die Registerkarte ANSICHT an. In der Gruppe ANSICHTSFENSTER wählen Sie dann NEU. Im Dialogfeld ANSICHTSFENSTER klicken Sie links in der Liste STANDARD-ANSICHTSFENSTER den Eintrag EINZELN und dann OK an. In der klassischen Menüleiste (oder im Menü-Browser) wählen Sie dazu ANSICHT|ANSICHTSFENSTER|1 ANSICHTSFENSTER.**

   AutoCAD fordert Sie zur Angabe der ersten Ecke des neuen Ansichtsfensters auf.

5. **Klicken Sie einen Punkt irgendwo auf der leeren Seite an, um die erste Ecke des neuen Ansichtsfensters festzulegen.**

   AutoCAD fordert Sie zur Angabe der entgegengesetzten Ecke auf.

6. **Klicken Sie einen anderen Punkt an, um die zweite Ecke des neuen Ansichtsfensters zu bestimmen.**

   AutoCAD zeichnet das Ansichtsfenster und zeigt darin die geometrischen Objekte aus dem Modellbereich an. Nun legen Sie einen Zeichnungsmaßstab für Ihr(e) Ansichtsfenster fest.

   Die Angabe des richtigen Maßstabs für Ansichtsfenster hat früher oder später einige wichtige Vorteile:

   - Durch die korrekte Skalierung von Ansichtsfenstern können Sie Beschriftungsobjekte zu Dokumentationszwecken verwenden, zum Beispiel Text, Bemaßungen, Schraffuren,

Blöcke und unterbrochene (nicht durchgezogene) Linientypen. Beschriftungsobjekte werden in Kapitel 6 vorgestellt.

- Durch die korrekte Skalierung aller Ansichtsfenster können Sie das fertige Layout problemlos im Maßstab 1:1 plotten und dabei einzelne, wirklich maßstabsgetreue Ansichtsfenster erhalten.

7. **Doppelklicken Sie innerhalb des Ansichtsfensters, dem Sie einen Maßstab zuordnen wollen.**

Der Modellbereich wird aktiviert. Das muss so sein, weil dieser Bereich skaliert werden muss. Wenn der Modellbereich in einem Layout aktiviert wird, wird rechts in der Statusleiste die Schaltfläche Ansichtsfenstermassstab angezeigt.

8. **Klicken Sie in der Statusleiste die Schaltfläche Ansichtsfenstermassstab an.**

Nun wird eine Liste mit allen registrierten Maßstäben angezeigt.

Meist werden nach dem Anklicken der Schaltfläche Ansichtsfenstermassstab und im Dialogfeld Plotten deutlich zu viele Maßstäbe angezeigt. Über das Dialogfeld Massstabliste bearbeiten können Sie nicht benötigte Maßstäbe löschen. Über den Menü-Browser beziehungsweise die Menüleiste erreichen Sie dieses Dialogfeld über Format|Massstabliste. Sollten Ihnen Fehler unterlaufen, können Sie über die Schaltfläche Zurücksetzen alle Standardmaßstäbe wiederherstellen.

9. **Wählen Sie in der Liste den Maßstab aus, den Sie dem aktiven Ansichtsfenster zuordnen wollen.**

Die Anzeige im Ansichtsfenster wird vergrößert oder verkleinert und an den ausgewählten Maßstab angepasst.

Lesen Sie den letzten Satz noch einmal. Denken Sie dann darüber nach, wie oft Sie in Zeichnungen pannen und zoomen müssen. Wenn Sie innerhalb eines Ansichtsfensters zoomen, dessen Maßstab festgelegt wurde, dann … haben Sie den Maßstab gelöscht. Glücklicherweise können Sie dafür sorgen, dass niemand versehentlich das so mühevoll arrangierte und skalierte Ansichtsfenster zerstört, wenn Sie den letzten Schritt zum Einrichten des Ansichtsfensters abschließen.

10. **Sorgen Sie dafür, dass Sie sich im Papierbereich befinden. (Prüfen Sie dazu das BKS-Symbol oder bewegen Sie das Fadenkreuz herum.)**

11. **Klicken Sie die Umgrenzungen des Ansichtsfensters an, dessen Anordnung Sie schützen wollen. Klicken Sie dann mit der rechten Maustaste.**

Das Ansichtsfenster wird markiert. Im Kontextmenü wird eine Reihe ansichtsfensterspezifischer Optionen angezeigt, unter denen sich auch Anzeige gesperrt befindet.

12. **Wählen Sie Anzeige gesperrt|Ja.**

Wenn die Anzeige eines Ansichtsfensters gesperrt wurde, verändert sich das Zoom-Verhalten auf wundersame Weise. Wenn Sie sich im Papierbereich befinden, wird eine normale Zoom-Aktion durchgeführt. Wenn Sie sich innerhalb eines Ansichtsfensters im Modellbereich befinden, würde eine normale Zoom-Aktion den Maßstab zerstören. Wenn Sie also zu zoomen versuchen, dann wechselt AutoCAD beinahe sofort zum Papierbereich, zoomt und wechselt dann wieder in den Modellbereich zurück. Ein unglaubliches Kunststück!

Wenn Sie im Papierbereich ein Ansichtsfenster markiert haben, wird in der Statusleiste die Schaltfläche ANSICHTSFENSTER SPERREN/ENTSPERREN angezeigt, über die Sie den Schritt 12 ebenfalls durchführen können. Ist das auf der Schaltfläche dargestellte kleine Vorhängeschloss geschlossen, ist das betreffende Ansichtsfenster gesperrt. Ansonsten ist es entsperrt. Das Symbol gibt also auch schnell darüber Auskunft, ob ein Ansichtsfenster gesperrt oder entsperrt ist.

Manchmal ist es für die perfekte Anordnung von Ansichtsfenstern sinnvoll, dass ein kleineres Ansichtsfenster vollständig von einem größeren umgeben ist. Diese Anordnung lässt sich zwar recht einfach erstellen und auch leicht auswählen, sofern man sich im Papierbereich befindet. Wenn man aber im Modellbereich ist und durch Anklicken von einem Ansichtsfenster zum anderen wechseln will, um es zu aktivieren, dann lässt sich der Modellbereich in einem vollständig umgebenen Ansichtsfenster durch Klicken in dessen Innenbereich nicht aktivieren. Die Tastenkombination [Strg]+[R] schafft Abhilfe – mit ihr wird der Modellbereich in allen Ansichtsfenstern einer Zeichnung zyklisch durchlaufen, selbst wenn sie vollständig von anderen Ansichtsfenstern umgeben sind.

Und damit haben Sie Ihr 12-Schritte-Programm zur Layout-Seligkeit! Die ganze Einrichtung hatte natürlich ihren Sinn. Sie soll es Ihnen ermöglichen, perfekte Plots zu Papier zu bringen. Das Plotten wird in Kapitel 16 ausführlich dargestellt. Eine kurze Einführung an dieser Stelle könnte aber nützlich sein.

Über Papierbereichslayouts und das Plotten

Wie in diesem Kapitel beschrieben wird, können Sie den Papierbereich dazu verwenden, um ein oder mehrere Layouts zu erstellen und Zeichnungen auf bestimmte Weise zu plotten. Jedes Layout befindet sich auf einer eigenen Registerkarte, die Sie unten im Zeichnungsbereich anklicken können, wenn es sich nicht zusammen mit den Registerkarten MODELL und LAYOUT irgendwo in den Tiefen des Programms versteckt. AutoCAD speichert Ploteinstellungen (Gerät, Papierformat, Plotmaßstab und so weiter) getrennt für die verschiedenen Layouts und den Modellbereich.

Ob Sie in einer Zeichnung den Modellbereich oder ein Layout plotten, hängt vollständig davon ab, wie die Zeichnung eingerichtet wurde. Wurde ein Layout mit einem wie in diesem Kapitel beschriebenen Verfahren eingerichtet, sollte man wahrscheinlich das Layout plotten. Anderenfalls plottet man den Modellbereich.

Wenn man nicht darauf achtet, wo man sie erstellt, dann werden die Umgrenzungen von Ansichtsfenstern gedruckt. Dann gibt es um jede Ansicht der Zeichnung herum einen netten Rahmen. Nett, aber in Zeichenbüros sicherlich unerwünscht. Im nächsten Kapitel stelle ich Ihnen Objekteigenschaften vor. Dazu zählt die wahrscheinlich wichtigste Eigenschaft des *Layers*. Sie können Layer so definieren, dass die sich darauf befindenden Objekte nicht geplottet werden, und dort sollten Sie Ihre Ansichtsfenster erstellen.

Ein Grund, der dafür sprechen könnte, die Layout-Registerkarten abzuschalten und lieber mit den Schaltflächen in der Statusleiste zu arbeiten, ist der geringfügige Platzgewinn im Zeichnungsbereich nach dem Abschalten der Layout-Registerkarten. Sie können entweder eine der Modell- oder Layout-Registerkarten mit der rechten Maustaste anklicken und im Kontextmenü Registerkarten Layout und Modell ausblenden wählen oder im Menü-Browser oder der klassischen Menüleiste Extras|Optionen anklicken und dann auf der Registerkarte Anzeige das Kontrollkästchen Registerkarten Layout und Modell anzeigen deaktivieren. Daraufhin verschwinden die Registerkarten, und die Schaltfläche Modell/Papier wird in der Statusleiste durch zwei Schaltflächen ersetzt. Um die Dinge wieder in den ursprünglichen Zustand zurückzuversetzen, aktivieren Sie das Kontrollkästchen Registerkarten Layout und Modell anzeigen im Dialogfeld Optionen wieder oder Sie klicken eine der neuen Schaltflächen in der Statusleiste mit der rechten Maustaste an und wählen Registerkarten Layout und Modell anzeigen.

Wenn Ihnen gerade keine Zeichnungen mit Papierbereich vorliegen, können Sie eine der AutoCAD-Beispielzeichnungen verwenden, wie zum Beispiel `C:\Programme\AutoCAD 2009\Sample\Blocks and Tables - Metric.dwg`. Als Benutzer von AutoCAD LT können Sie es mit `C:\Programme\AutoCAD LT 2009\Sample\Elevations.dwg` versuchen.

Einige verschiedene Varianten zum Plotten desselben Modells lassen sich mit einem einzelnen Papierbereichslayout mit unterschiedlicher Seiteneinrichtung realisieren. In Kapitel 16 erfahren Sie mehr darüber. Wenn Projekte aus einer Menge Zeichnungen bestehen, können Sie Layouts in *Plansätzen* organisieren. Diese Funktion ermöglicht das anspruchsvolle Erstellen, das Verwalten und das Plotten sowie das elektronische Übertragen von aus mehreren Zeichnungen bestehenden Sätzen. (Leider werden Plansätze von AutoCAD LT nicht unterstützt.) Auch hierzu finden Sie weitere Informationen in Kapitel 16.

Teil II

Linien, Linien, Linien

In diesem Teil ...

Linien, Kreise und andere geometrische Elemente bilden den zentralen Kern Ihrer Zeichnungen. AutoCAD stellt viele verschiedene Zeichenbefehle zur Verfügung, bietet Möglichkeiten zu deren Einsatz beim genauen Zeichnen von Objekten und viele Eigenschaften zum Steuern des Aussehens der Objekte auf dem Bildschirm und im Ausdruck. Nach dem Zeichnen der geometrischen Elemente werden Sie im Laufe der weiteren Entwicklung der Zeichnung wahrscheinlich mindestens genauso viel Zeit für Bearbeitungen benötigen. Dabei müssen Sie die Zeichnungen zoomen und verschieben, um zu sehen, wie sich die Zeichnung als Ganzes macht.

Das Zeichnen geometrischer Elemente, deren Bearbeitung und das Ändern der auf dem Bildschirm angezeigten Ansicht bilden die Grundlage des Zeichenprozesses. Dieser Teil zeigt Ihnen, wie Sie diese Grundlage möglichst solide gestalten können.

Objekte und Objekteigenschaften

6

In diesem Kapitel

- Den Umgang mit Layern üben
- Andere Objekteigenschaften wie Farbe, Linientyp und Linienstärke verwalten
- Layer und andere benannte Objekte mit dem DesignCenter kopieren

CAD-Programme unterscheiden sich von anderen Zeichenprogrammen. Sie müssen beim Zeichnen und Bearbeiten von Objekten auf feine Details wie deren Eigenschaften achten und die Position von Punkten exakt festlegen. Wenn Sie einfach mit dem Zeichnen von Objekten loslegen und diese Details außer Acht lassen, haben Sie schließlich nur mit einem wilden Durcheinander mit Ungenauigkeiten zu kämpfen, das sich kaum zum Bearbeiten, Betrachten und Plotten eignet.

In diesem Kapitel werden die AutoCAD-Werkzeuge und -Techniken vorgestellt, mit denen Sie derartigem CAD-Durcheinander vorbeugen können. In Kapitel 7 werden die wichtigsten Präzisionstechniken beim Zeichnen beschrieben, die Sie nutzen sollten, wenn Sie brauchbare AutoCAD-Zeichnungen erstellen wollen. Die Informationen in diesen beiden Kapitels sollten Sie sich zu Gemüte führen, bevor Sie mit dem Zeichnen und Bearbeiten von Objekten beginnen, das in den Kapiteln 8 bis 11 beschrieben wird.

Wenn Sie AutoCAD zum ersten Mal starten, ist die Anzahl der Eigenschaftseinstellungen und Präzisionsinstrumente, die bereits beim Zeichnen einer einfachen Linie beachtet werden müssen, wohl eine der entmutigendsten Erfahrungen. Anders als in vielen anderen Programmen genügt es nicht, eine Linie an einer mehr oder weniger passenden Stelle zu zeichnen und ihr eine Farbe zu geben. Angesichts der ganzen Einstellungen und Steuerelemente könnte man den Eindruck gewinnen, man müsse erst einmal lernen, einen Formel-1-Rennwagen zu fahren, bevor man einen Spaziergang auf der Straße machen darf. (Der Vorteil besteht darin, dass sich AutoCAD auch für längere Ausflüge eignet und Sie schneller ans Ziel bringen wird, wenn Sie es sich erst einmal auf dem Fahrersitz bequem gemacht haben.)

Die drei wesentlichen Elemente guter CAD-Zeichenarbeit sind:

- ✔ Achten Sie auf die *Eigenschaften* aller gezeichneten Objekte und verwalten Sie diese. Dies gilt insbesondere für die Layer, auf denen sich die jeweiligen Objekte befinden. Layer und die weiteren Objekteigenschaften werden im nächsten Abschnitt erläutert.
- ✔ Achten Sie in allen Zeichnungen auf die *benannten Objekte* (Layer, Textstile, Blockdefinitionen und andere nicht-grafische Objekte, die der Definition des Aussehens der grafischen Objekte in der Zeichnung dienen), und verwenden Sie sie auch. Erhellendes zu diesem Thema werden Sie im Abschnitt »Benannte Objekte verwenden« weiter hinten in diesem Kapitel finden.

- ✔ Achten Sie beim Erstellen und Bearbeiten der Objekte bei jedem Punkt und jedem Abstand auf deren *Präzision*. Die Präzisionswerkzeuge von AutoCAD werden Ihnen in Kapitel 7 eingetrichtert.

Anfangs fühlen Sie sich angesichts dieser Aufgaben vielleicht ein wenig entmutigt, aber die folgenden Abschnitte werden Ihnen bei der Bewältigung der Aufgaben helfen und das Problem auf das rechte Maß reduzieren.

Eigenschaften verwalten

Alle in AutoCAD gezeichneten AutoCAD-Objekte ähneln guten Monopoly-Spielern. Zwar besitzen Sie keine Straßen, dafür aber *Eigenschaften*. In AutoCAD handelt es sich dabei nicht um physische Eigenschaften, sondern vielmehr um *Objektmerkmale* wie Layer, Farbe, Linientyp, Linienstärke und Plotstil. Eigenschaften werden dazu verwendet, dem Programm die Merkmale gezeichneter Objekte mitzuteilen. Bei den dargestellten realen Objekten würde es sich hierbei zum Beispiel um deren Material, ihre relative Position im Raum oder ihre relative Bedeutung handeln. In AutoCAD nutzen Sie die Eigenschaften auch, um Objekte für die Bearbeitung und den Druck zu organisieren.

Die Eigenschaften-Palette wird in AutoCAD 2009 von ihrer eleganteren kleinen Verwandten, den Schnelleigenschaften, begleitet. Wenn Schnelleigenschaften über die Statusleiste aktiviert wurde, wird bei der Auswahl eines Objekts eine schwebende Leiste angezeigt, die eine variable Auswahl der Eigenschaften des Objekts enthält. (Wenn auf den Schaltflächen in der Statusleiste Texte statt Symbole angezeigt werden, halten Sie nach der Schaltfläche mit der Aufschrift S-EIG Ausschau.) Weitere Informationen zum Benutzen und Anpassen der Schnelleigenschaften-Leiste lesen Sie im *Workshop für neue Features* die Abschnitte zur Benutzeroberfläche. (Wählen Sie dazu ?|Workshop für neue Features).

Alle Eigenschaften eines Objekts können Sie in der Eigenschaften-Palette einsehen und ändern. Viele sind auch über die Schnelleigenschaften-Leiste erreichbar. In Abbildung 6.1 wird die Eigenschaften-Palette links und die Schnelleigenschaften-Leiste rechts dargestellt, die die Eigenschaften für ein markiertes Objekt (eine Linie) anzeigen.

Um die Eigenschaften-Palette anzuzeigen beziehungsweise auszublenden, klicken Sie die Schaltfläche Eigenschaften in der Gruppe Paletten auf der Registerkarte Ansicht der Multifunktionsleiste an. (Im Arbeitsbereich AutoCAD Klassisch finden Sie sie im Standard-Werkzeugkasten.) Schneller geht es mit der Tastenkombination [Strg]+[1]. Bevor Sie ein Objekt auswählen, zeigt die Eigenschaften-Palette die *aktuellen Eigenschaften* an, bei denen es sich um Eigenschaften handelt, die AutoCAD neuen Objekten zuweist, sobald diese gezeichnet werden. Wenn Sie ein Objekt ausgewählt haben, zeigt AutoCAD die Eigenschaften dieses Objekts an. Wenn Sie mehr als ein Objekt auswählen, zeigt AutoCAD deren *gemeinsame* (übereinstimmende) Eigenschaften an.

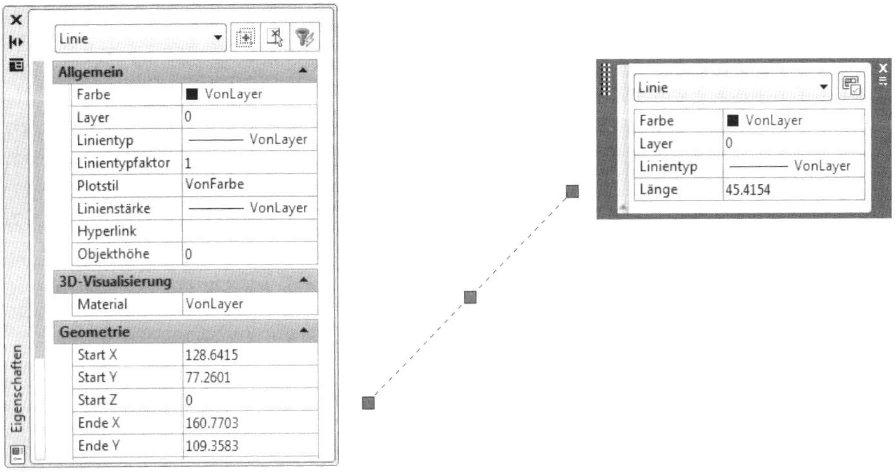

Abbildung 6.1: Ausführlich oder schnell? Manchmal benötigt man mehr, manchmal weniger Informationen.

Wenn die Schaltfläche SCHNELLEIGENSCHAFTEN in der Statusleiste *deaktiviert* ist, wird die EIGENSCHAFTEN-Palette bei den meisten Objekttypen angezeigt, wenn Sie auf diese doppelklicken, und zeigt dann Informationen über dieses Objekt an. Wenn SCHNELLEIGENSCHAFTEN *aktiviert* ist, wird beim Klicken oder Doppelklicken auf ein Objekt die SCHNELLEIGENSCHAFTEN-Leiste angezeigt.

Ablage auf einem Layer

Alle Objekte sind einem *Layer* zugeordnet und verfügen über die entsprechende Eigenschaft. Vielleicht sind Ihnen Layer ja bereits vertraut. Dabei handelt es sich um voneinander unabhängige Zeichnungsebenen, die übereinander liegen und bei Einsatz eines Zeichenprogramms zusammen das Gesamtbild ergeben. AutoCAD verwendet, wie die meisten CAD-Programme, Layer für die gezeichneten Objekte als vorrangiges Organisationsverfahren. Layer verwalten Objekte in logischen Gruppen zusammengehöriger Elemente. Aus verschiedenen Gründen gehören Wände, Möbel und Textanmerkungen zum Beispiel üblicherweise in drei verschiedene Layer:

- ✔ Über Layer können Sie Gruppen von Objekten (sowohl auf dem Bildschirm als auch im Plot) ein- und ausblenden.
- ✔ Layer bieten Ihnen die beste Möglichkeit zum Steuern von Eigenschaften wie zum Beispiel Farbe, Linientyp, Linienstärke und Plotstil.

Um in AutoCAD effizient zu arbeiten, legen Sie Layer an, geben diesen Namen und Eigenschaften (zum Beispiel Farbe und Linientyp) und ordnen ihnen Objekte zu. Dann zeichnen Sie Objekte auf diesen Layern. AutoCAD legt diese automatisch auf der aktuellen Zeichnungsebene ab, die in der in Abbildung 6.2 dargestellten Dropdown-Liste LAYER-STEUERUNG angezeigt wird.

Im Arbeitsbereich AutoCAD Klassisch befindet sich diese Dropdown-Liste im Werkzeugkasten Layer.

Man muss zwar nicht unbedingt *alle* Layer erstellen, bevor man zu zeichnen beginnt, aber es lässt sich ein wenig Zeit sparen, wenn man mit einigen grundlegenden Layern beginnt und dann bei Bedarf weitere hinzufügt. Viele erfahrene AutoCAD-Benutzer zeichnen erst die Objekte, erstellen dann geeignete Layer und verschieben anschließend die Objekte in die neuen Layer. Sie können die Zuordnung von Objekten zu Layern problemlos ändern, indem Sie sie auswählen und dann den Namen des gewünschten neuen Layers in der Dropdown-Liste Layer-Steuerung auswählen.

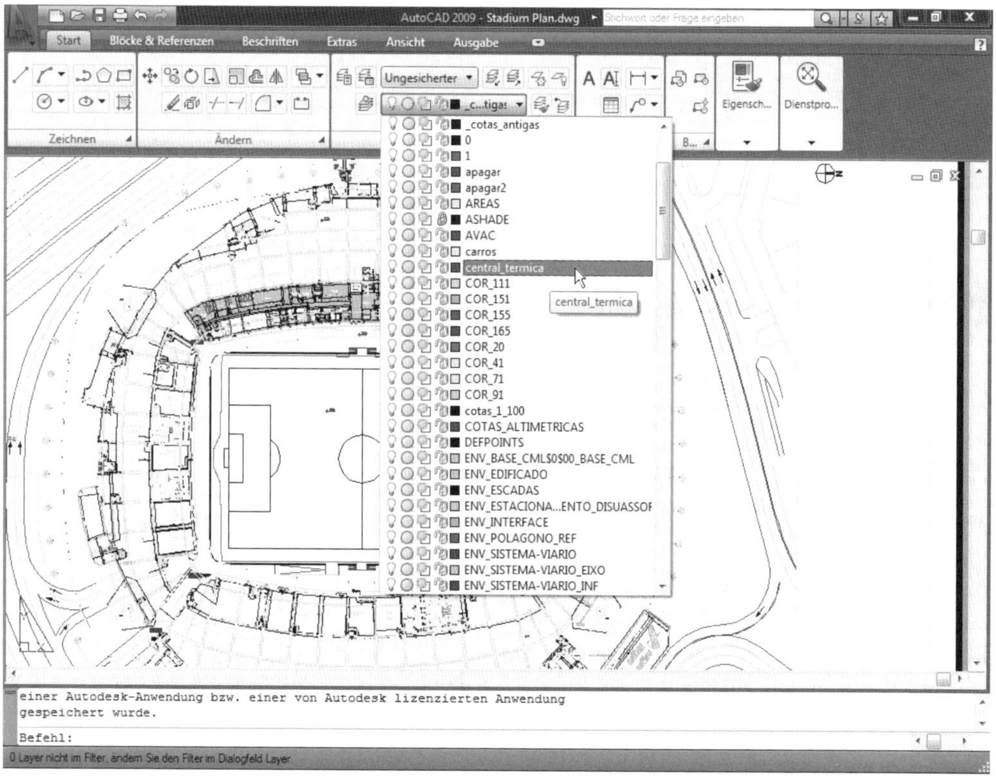

Abbildung 6.2: Auswahl eines bereits definierten Layers

Überzeugen Sie sich vor dem Verwenden der Dropdown-Liste Layer-Steuerung und dem Wechsel des aktuellen Layers davon, dass keine Objekte ausgewählt sind. (Drücken Sie zwei Mal [ESC], um dafür zu sorgen.) Wenn Objekte ausgewählt sind, wird die Liste mit den Layern angezeigt und ermöglicht das Ändern des Layers, dem das entsprechende Objekt zugeordnet ist. Wenn keine Objekte ausgewählt sind, können Sie über die Dropdown-Liste Layer-Steuerung den aktuellen Layer wechseln.

Stapeln der Layer

Wie sollen die Layer benannt werden und welche Objekte sollen ihnen zugeordnet beziehungsweise darauf abgelegt werden? Einige Branchen haben Richtlinien für Layer entwickelt und viele Büros arbeiten mit dokumentierten Layerstandards. Und einige Projekte zwingen geradezu zu einer bestimmten Layerorganisation. (Wenn aber jemand sagt: »Sie brauchen einen Backstein-Layer für dieses Projekt«, dann sollten Sie dennoch vorsichtig sein, denn diese Aussage kann verschiedene Bedeutungen haben.) Fragen Sie erfahrene CAD-Zeichner im Büro oder aus der Branche danach, wie sie Layer einsetzen. Wenn Sie keine verbindliche Antwort bekommen, erstellen Sie selbst ein Diagramm für die Layer. In den Zeilen des Schaubilds sollten die Layernamen, die Standardfarbe, der Standardlinientyp, die Standardlinienstärke und die Art der dem Layer zugeordneten Objekte aufgeführt werden. Wenn Sie mit benannten Plotstilen arbeiten, um das Aussehen des Plots zu steuern, sollten Sie Standardplotstile mit in die Liste aufnehmen. Bei traditionellen, auf Farben basierenden Plots ist dies nicht notwendig.

Sammeln von Eigenschaften

Neben Layern sind die meist verwendeten Objekteigenschaften Farbe, Linientyp, Linienstärke und wahrscheinlich Plotstil. Diese vier Eigenschaften werden in Tabelle 6.1 zusammengefasst.

Die Eigenschaft ...	steuert ...
Farbe	die zur Anzeige verwendete Farbe und die Farbe oder die Linienstärke im Plot
Linientyp	angezeigtes und geplottetes Strichpunkt-Linienmuster
Linienstärke	angezeigte und geplottete Linienstärke
Plotstil	Plotmerkmale (siehe Kapitel 16)

Tabelle 6.1: Nützliche Objekteigenschaften

Lange bevor AutoCAD Linienstärken auf dem Bildschirm anzeigen und diese auch bei der Ausgabe auf Papier verwenden konnte, wurden sie im Ausdruck über die Farbe der Objekte gesteuert. Mit AutoCAD 2000 wurde ein logischeres System eingeführt, bei dem man Objekten eine Linienstärke für den Plot zuweisen konnte. So logisch dieses Verfahren auch sein mag, auch heute wird weiterhin vorrangig das Verfahren der Steuerung der Linienstärke über die Farbe der Objekte verwendet. Vielleicht arbeiten Sie ja selbst mit AutoCAD 2009 schon bald auf diese Weise, um für Kompatibilität mit anderen Zeichnungen (und den Arbeiten von Kollegen) zu sorgen, die noch das alte Verfahren benutzen.

AutoCAD bietet Ihnen zwei Möglichkeiten zum Steuern von Objekteigenschaften:

- ✔ **Über den Layer:** Jeder Layer verfügt über Vorgaben hinsichtlich der Eigenschaften Farbe, Linientyp, Linienstärke und Plotstil. Sofern Sie AutoCAD keine anderen Anweisungen geben, erben Objekte die Eigenschaften der Layer, denen sie zugeordnet sind. Bei den Objekteigenschaften finden Sie dann den Zusatz VonLayer.

- **Über das Objekt:** Mit AutoCAD können Sie die Einstellungen der Eigenschaften im Objektlayer überschreiben und einzelnen Objekten eine bestimmte Farbe, einen Linientyp, eine Linienstärke oder einen Plotstil zuordnen, die beziehungsweise der von den Layereinstellungen abweicht.

Wenn Sie mit anderen Grafikprogrammen gearbeitet haben, sind Sie möglicherweise daran gewöhnt, Eigenschaften wie die Farbe spezifischen Objekten zuzuweisen. Wenn dem so ist, dürften Sie versucht sein, diese Vorgehensweise auch in AutoCAD zu verwenden. *Widerstehen Sie dieser Versuchung.*

Es ist fast immer besser, Layer zu erstellen, diesen Eigenschaften zuzuordnen und die Objekte die Eigenschaft des Layers übernehmen zu lassen. Vorteile des Layer-Ansatzes sind unter anderem:

- Die Eigenschaften einer Gruppe verwandter Objekte, die sich auf einem gemeinsamen Layer befinden, lassen sich problemlos ändern. Sie ändern einfach die Eigenschaft für den Layer, und nicht für einen Haufen von Einzelobjekten.
- Erfahrene Zeichner verwenden den Layer-Ansatz, da ihre Arbeiten mit Zeichnungen anderer Anwender deutlich kompatibler sind, wenn sie auf denselben Konzepten basieren. Sie vermeiden auch Ärger mit wütenden CAD-Managern, zu deren Aufgaben es gehört, unglückselige Anfänger abzukanzeln, die Eigenschaften einzelnen Objekten zuordnen.

Wenn Sie meinem Rat folgen und Eigenschaften layerweise zuordnen, müssen Sie nur die Layereigenschaften in der in Abbildung 6.3 dargestellten Palette Layereigenschaften-Manager einstellen. (Wie das geht, zeige ich Ihnen in diesem Abschnitt.) Bevor Sie überhaupt Objekte zeichnen, sorgen Sie dafür, dass die Dropdown-Listen Farbe, Linientyp, Linienstärke und Plotstil in der Gruppe Eigenschaften in der Multifunktionsleiste (oder der Werkzeugleiste Eigenschaften im Arbeitsbereich AutoCAD Klassisch) wie in Abbildung 6.4 auf VonLayer eingestellt sind. Wenn die Zeichnung farbbasierte Plotstile anstelle von benannten Plotstilen verwendet (siehe Kapitel 16), ist die Liste Plotstil inaktiv und zeigt VonFarbe an.

In AutoCAD 2009 wurde das altbekannte Dialogfeld Layereigenschaften-Manager durch die prächtige neue Palette Layereigenschaften-Manager ersetzt. Wie alle Paletten in AutoCAD können Sie auch diese geöffnet lassen, während Sie andere Dinge in der Zeichnung erledigen. Das ist anders als bei einem Dialogfeld, bei dem Sie die Arbeit einstellen, das Dialogfeld öffnen, Anpassungen vornehmen, das Dialogfeld schließen und dann erst weiterarbeiten können. Wie bei den anderen Paletten können Sie auch dafür sorgen, dass der Layereigenschaften-Manager bis auf seine Titelleiste automatisch ausgeblendet wird, dass er über dem Programmfenster schwebt oder an einer der Seiten des Fensters verankert wird.

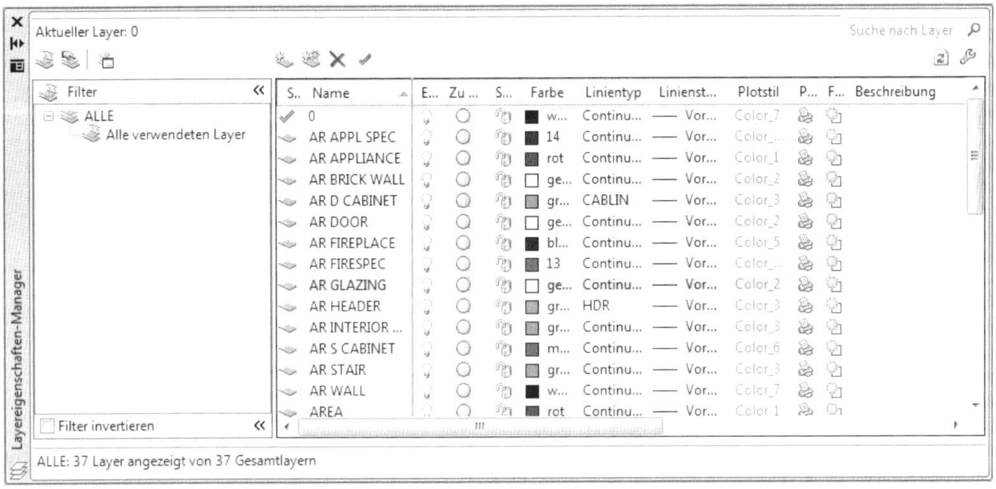

Abbildung 6.3: Verwenden Sie Layereigenschaften zur Steuerung von Objekteigenschaften.

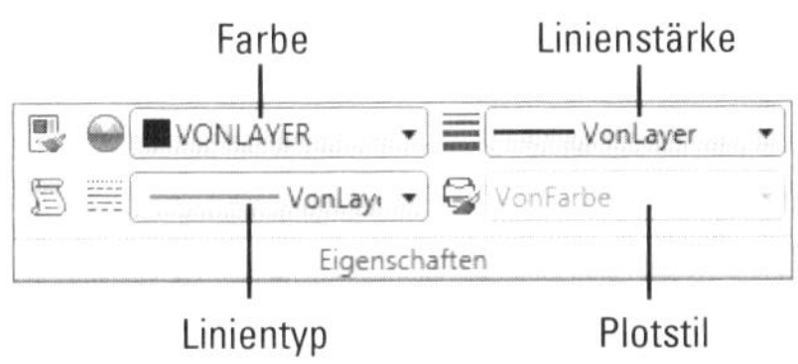

Abbildung 6.4: Beinahe überall VONLAYER (in der Gruppe EIGENSCHAFTEN in der Multifunktionsleiste)

Wenn die Zeichnung benannte und keine farbbasierten Plotstile verwendet (siehe Kapitel 16), sollte in der Dropdown-Liste PLOTSTIL auch VONLAYER angezeigt werden.

Wenn Sie die Dinge lieber richtig machen und nicht von CAD-Managern beschimpft werden wollen, dann weisen Sie Objekten auf keinen Fall mit einem der folgenden Verfahren Eigenschaften zu:

- ✔ Vermeiden Sie den *sehr* verbreiteten Anfängerfehler, und wählen Sie vor dem Zeichnen der Objekte keine spezifische Farbe, keinen Linientyp, keine Linienstärke und auch keinen Plotstil aus den entsprechenden Dropdown-Listen in der Multifunktionsleistengruppe, dem Werkzeugkasten EIGENSCHAFTEN oder der EIGENSCHAFTEN-Palette aus.
- ✔ Vermeiden Sie auch den ebenfalls *sehr* verbreiteten Anfängerfehler, und zeichnen Sie keine Objekte, um sie dann auszuwählen und ihnen eine Eigenschaft aus denselben Dropdown-Listen zuzuordnen.

Wenn Sie Ihre Arbeit lieber richtig machen, dann weisen Sie diese Eigenschaften, so wie in diesem Abschnitt beschrieben, layerweise zu.

Mit dem AutoCAD-Befehl `VONLAYEREINST` lassen sich diese nicht von Layern übernommenen Eigenschaften ändern. Wählen Sie im Menü-Browser oder in der Menüleiste ÄNDERN|IN VONLAYER ÄNDERN und beantworten Sie die Eingabeaufforderungen in der Befehlszeile. Weitere Informationen dazu finden Sie in der Online-Hilfe beim Befehl `VONLAYEREINST`.

Erstellen neuer Layer

Wenn kein passender Layer vorhanden ist, müssen Sie über die Palette LAYEREIGENSCHAFTEN-MANAGER einen solchen erstellen. Führen Sie dazu die folgenden Schritte aus:

1. **Klicken Sie auf der Multifunktionsleisten-Registerkarte START in der Gruppe LAYER die Schaltfläche LAYEREIGENSCHAFTEN (oben links) an (im Arbeitsbereich AUTOCAD KLASSISCH befindet sie sich im Werkzeugkasten LAYER) oder geben Sie `LAyer` in die Befehlszeile ein und drücken Sie [↵].**

   Die Palette LAYEREIGENSCHAFTEN-MANAGER wird angezeigt. In einer neuen Zeichnung gibt es nur einen Layer, den Layer 0. Daher müssen Sie die für Ihre Zeichnung benötigten Layer erst noch erstellen.

2. **Klicken Sie zum Erstellen eines neuen Layers die Schaltfläche NEUER LAYER an (die mit der kleinen Explosion links über der Spalte STATUS).**

   Es wird ein neuer Layer angezeigt. AutoCAD nennt ihn zwar LAYER1, aber der Name ist im Eingabefeld markiert, damit Sie ihn gleich ändern können (siehe Abbildung 6.5).

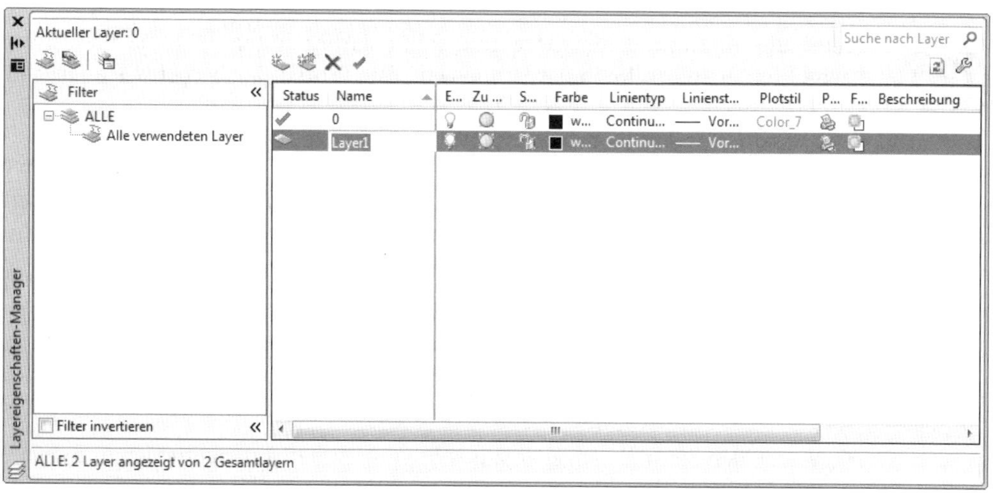

Abbildung 6.5: Hinzufügen eines neuen Layers in der Palette LAYEREIGENSCHAFTEN-MANAGER

3. Geben Sie dem neuen Layer einen Namen.

Sie sollten den Layernamen möglichst mit einem Großbuchstaben beginnen (nur der erste Buchstabe). Layernamen, die komplett aus Großbuchstaben bestehen, sind breiter, sodass sie in der LAYER-Dropdown-Liste oft abgeschnitten werden.

4. In der Zeile des neuen Layers klicken Sie das farbige Blöckchen oder den Namen der Farbe (Vorgabe: Weiß) an.

Nun wird das in Abbildung 6.6 dargestellte Dialogfeld FARBE WÄHLEN angezeigt.

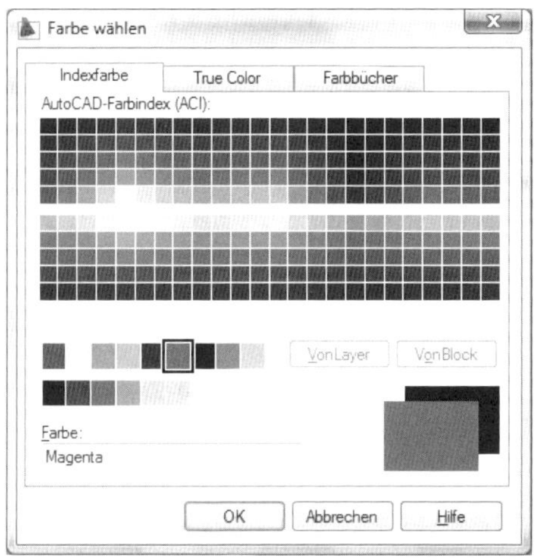

Abbildung 6.6: Das Dialogfeld FARBE WÄHLEN. In der Liste der Standardfarben ist Magenta markiert.

Das normale AutoCAD-Farbschema (ACI – AutoCAD Color Index) bietet 255 Farben an. Derart viele Farben sind für gewöhnliche Zeichenaufgaben normalerweise zu viel.

Bleiben Sie – zumindest vorläufig – bei den ersten neun Farben, die auf der Registerkarte INDEXFARBE des Dialogfelds FARBE WÄHLEN in einer einzelnen Reihe links neben den Schaltflächen VONLAYER und VONBLOCK angezeigt werden. Dafür sprechen die folgenden Gründe:

- Diese Farben lassen sich leicht voneinander unterscheiden.
- Die Verwendung weniger Farben erleichtert das Konfigurieren der Plotparameter. (Das Verfahren wird in Kapitel 16 beschrieben.)

Im Dialogfeld FARBE WÄHLEN stehen auf der Registerkarte TRUE COLOR mehr als 16 Millionen Farben zur Auswahl, die Sie durch Angaben für Farbton, Sättigung und Helligkeit (HSL – Hue Saturation Luminance) oder Rot-, Grün- und Blauanteile (RGB) auswählen können. Auf der Registerkarte FARBBÜCHER können Sie auf die Farbschemata von PANTONE und RAL zurückgreifen, die im Verlagsbereich verbreitet genutzt werden. Wenn Sie Unmengen Farben benötigen oder möglichst keine Farbabweichungen zwischen dem Computermonitor und dem Ausdruck haben wollen, sind Sie wahrscheinlich bereits mit der entsprechenden Farbpalette vertraut und wissen, wie Sie diese anwenden müssen. Wenn Sie AutoCAD für gewöhnliche Zeichen- oder Designaufgaben einsetzen, sollten Sie besser bei den AutoCAD-Indexfarben bleiben.

5. **Klicken Sie eine Farbe an, um sie für diesen Layer auszuwählen, und klicken Sie dann auf OK.**

   Nun befindet sich wieder die Palette LAYEREIGENSCHAFTEN-MANAGER im Vordergrund. In der Liste wird nun entweder der Name oder die Nummer der ausgewählten Farbe angezeigt.

Den ersten sieben Farben in AutoCAD sind sowohl Nummern als auch Standardnamen zugeordnet: 1 = Rot, 2 = Gelb, 3 = Grün, 4 = Cyan, 5 = Blau, 6 = Magenta und 7 = Weiß (wird auf einem weißen Hintergrund aber schwarz angezeigt). Den übrigen 248 Farben sind lediglich Nummern zugeordnet.

6. **Klicken Sie in der Zeile des neuen Layers die Bezeichnung des Linientyps an.**

   Das Dialogfeld LINIENTYP WÄHLEN wird angezeigt (siehe Abbildung 6.7).

   Die Vorgabe für den Linientyp lautet in AutoCAD CONTINUOUS. Damit werden Linien fortlaufend und ohne Lücken angezeigt.

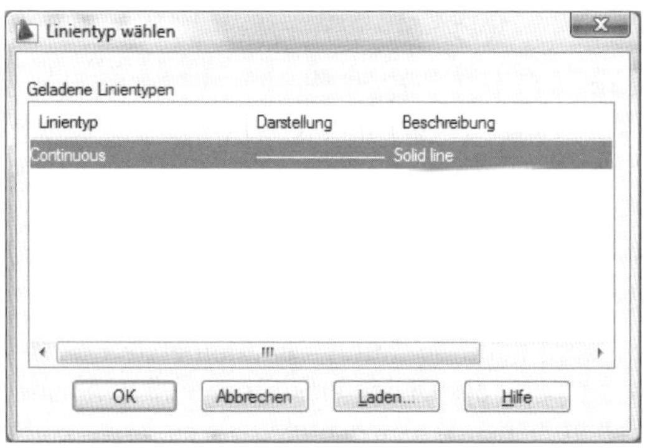

Abbildung 6.7: Das Dialogfeld LINIENTYP WÄHLEN

Wenn Sie die für Ihre Zeichnung benötigten Linientypen bereits geladen haben, werden diese im Dialogfeld LINIENTYP WÄHLEN in der Liste GELADENE LINIENTYPEN aufgeführt. Falls das nicht der Fall ist, klicken Sie die Schaltfläche LADEN an, um das Dialogfeld LINIENTYPEN LADEN ODER NEU LADEN zu öffnen. Standardmäßig werden hier die Linientypen aus der Linientyp-Definitionsdatei von AutoCAD oder AutoCAD LT angezeigt (`acadiso.lin` beziehungsweise `acadltiso.lin` bei Verwendung metrischer Einheiten). Laden Sie die gewünschten Linientypen, indem Sie deren Namen auswählen und dann die Schaltfläche OK anklicken.

Die mit `acadiso` beginnenden Linientypen sind für metrische Zeichnungen gedacht. In jedem Fall sollten Sie aber für Linientypen möglichst aussagekräftige Namen wählen.

7. **Klicken Sie den gewünschten Linientyp in der Liste der geladenen Linientypen an, um ihn als Linientyp für den Layer festzulegen, und klicken Sie dann OK an.**

   Das Dialogfeld LINIENTYP WÄHLEN verschwindet, und Sie befinden sich wieder im LAYEREIGENSCHAFTEN-MANAGER. In der Liste wird der Linientyp beim markierten Layer entsprechend der gerade getroffenen Auswahl geändert.

8. **In der Zeile des neuen Layers klicken Sie nun die Angabe für die Linienstärke an.**

   Das in Abbildung 6.8 dargestellte Dialogfeld LINIENSTÄRKE wird angezeigt.

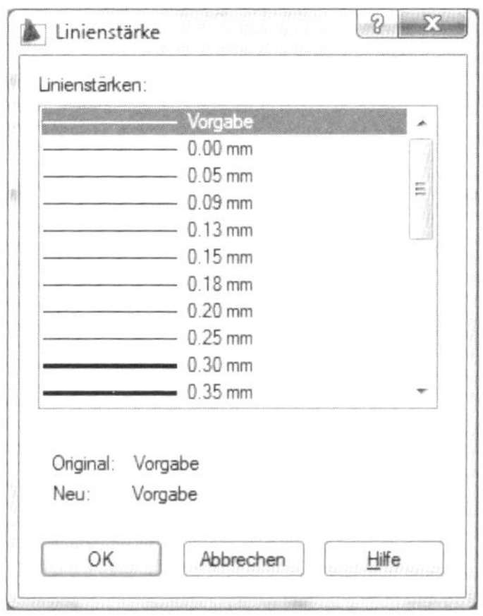

Abbildung 6.8: Das Dialogfeld LINIENSTÄRKE

9. **Wählen Sie die gewünschte Linienstärke in der Liste aus und klicken Sie dann OK an.**

Bei der Linienstärke 0.00 MM verwendet AutoCAD die kleinste auf dem Bildschirm und im Plot mögliche Linienstärke. Vorläufig empfehle ich Ihnen, die Linienstärke auf der Vorgabeeinstellung zu belassen und stattdessen Bildschirmfarben geplotteten Linienstärken zuzuordnen, wie es in Kapitel 16 ausführlicher beschrieben wird.

Der Inhalt der Spalte PLOTSTIL hängt davon ab, ob in der Zeichnung benannte Plotstile verwendet werden oder ob mit dem traditionellen Verfahren des farbbasierten Plottens gearbeitet wird. Bei für das farbbasierte Plotten eingerichteten Zeichnungen wird ein nicht änderbarer Plotstilname auf der Grundlage der Eigenschaft FARBE des Layers angezeigt. Der grau angezeigte Name ändert sich nur, wenn die Farbe im Layer geändert wird. Wenn andererseits benannte Plotstile in der Zeichnung verwendet werden, können Sie dem jeweiligen Layer Plotstilnamen zuordnen. (In Kapitel 16 wird erläutert, warum das vielleicht nicht erwünscht ist.)

Die Einstellung in der Spalte Plot regelt, ob die Objekte des Layers in Plots erscheinen. Klicken Sie das kleine Druckersymbol an, um die Plotausgabe für jene Objekte abzuschalten (der kleine Drucker wird dann rot durchgestrichen), die zwar auf dem Bildschirm angezeigt werden, im Ausdruck aber nicht erscheinen sollen.

10. **Optional: Wenn Sie eine Beschreibung zum Layer hinzufügen wollen, scrollen Sie in der Layerliste nach rechts, um die Spalte Beschreibung anzeigen zu lassen. Klicken Sie dann in das zum entsprechenden Layer gehörende Feld und geben Sie eine Beschreibung ein.**

Wenn Sie mit Layerbeschreibungen arbeiten wollen, erweitern Sie die Palette Layereigenschaften-Manager rechts, damit auch die Beschreibungen angezeigt werden, ohne dass die Layerliste ständig nach rechts gescrollt werden muss.

11. **Wiederholen Sie die Schritte 2 bis 10, um bei Bedarf weitere Layer zu erstellen.**
12. **Markieren Sie den neuen Layer, der aktiviert werden soll, und klicken Sie die Schaltfläche Aktuell (das grüne Häkchen) an.**

In der Palette Layereigenschaften-Manager vorgenommene Änderungen werden sofort angewendet. Dies ist anders als bei einem Dialogfeld, in dem Sie erst einmal OK anklicken müssen, um das Dialogfeld zu schließen und die Änderungen anzuwenden. In der Dropdown-Liste der Layer wird nun der neue Layer als der aktuelle Layer angezeigt. Auf diesem Layer legt AutoCAD neue Zeichnungsobjekte ab.

Nun ja, der Name des Befehls ist jedenfalls neu. Wenn Sie einer dieser alten Hasen sind, die keine neuen Tricks mehr lernen wollen und Ihre Arbeit lieber wie gehabt auf die altmodische Weise erledigen wollen, dann können Sie in der Befehlszeile KLASSLAYER eingeben, um mit dem klassischen Dialogfeld Layereigenschaften-Manager zu arbeiten.

Wenn Sie erst einmal Layer erstellt haben, können Sie jeden dieser Layer als aktuellen auswählen. Sorgen Sie dafür, dass keine Objekte ausgewählt sind, und wählen Sie dann den gewünschten Layernamen in der Dropdown-Liste der Gruppe Layer in der Multifunktionsleiste oder im Werkzeugkasten Layer aus.

Arbeiten mit Layern

Wenn Sie Layer erstellt und Objekte darauf abgelegt haben, können Sie sie ein- oder ausschalten, um die Objekte auf diesem Layer ausblenden oder anzeigen zu lassen. Die ersten drei Symbole in der Palette Layereigenschaften-Manager rechts vom Layernamen steuern die Sichtbarkeit der AutoCAD-Layer:

- ✔ Ein/Aus: Klicken Sie das Glühbirnen-Symbol an, um die Sichtbarkeit aller Objekte auf dem betreffenden Layer umzuschalten. AutoCAD baut die Zeichnung nicht neu auf, wenn Sie Layer wieder einschalten. (Mehr über das Neuaufbauen von Zeichnungen erfahren Sie in Kapitel 12.)

Eine Ladung Linientypen

Beim Laden eines Linientyps kopiert AutoCAD dessen *Linientypdefinition* (ein Rezept für die Erzeugung von Strichen, Punkten und Lücken im jeweiligen Linientyp) aus der Datei `acadiso.lin` (beziehungsweise `acadltiso.lin` im Fall von AutoCAD LT) in die Zeichnung. Die Definition wird nicht automatisch in andere Zeichnungen übernommen. Daher müssen Sie jeden zu verwendenden Linientyp für die Zeichnungen, in denen sie verwendet werden sollen, neu laden. Wenn Sie feststellen, dass Sie dieselben Linientypen immer wieder für verschiedene Zeichnungen laden, sollten Sie diese besser in Ihre Zeichnungsvorlage aufnehmen. (In Kapitel 4 finden Sie Informationen über Vorlagen und deren Erstellung.) Wenn Sie Linientypen in eine Zeichnungsvorlage aufgenommen haben, stehen diese Linientypen automatisch in allen neuen Zeichnungen zur Verfügung, die mit dieser Vorlage erstellt werden.

Sie sollten es mit dem Laden von Linientypen nicht übertreiben. Beispielsweise müssen Sie nicht alle Linientypen aus der Datei `acad.lin` laden, nur weil sie irgendwann einmal benötigt werden könnten. Die daraus resultierende Liste der Linientypen wäre lang und unpraktisch. Für die meisten Zeichnungen werden nur wenige Linientypen benötigt, und in den meisten Branchen beschränkt man sich bei allgemeinen Anwendungen auf etwa ein halbes Dutzend Linientypen. Möglicherweise gibt es für Ihre Branche, das Büro oder das Projekt Richtlinien, die festlegen, welche Linientypen für welchen Zweck verwendet werden.

Wenn Sie kreativ veranlagt sind und nicht vor der Bearbeitung der Textdateien zurückschrecken, die die Linientypdefinitionen enthalten, können Sie auch eigene Linientypen definieren oder nicht benutzte löschen. Informationen dazu finden Sie im Inhalt der Online-Hilfe im *Handbuch für Benutzeranpassungen* unter der Überschrift *Benutzerspezifische Linientypen*.

- ✔ EINFRIEREN/TAUEN: Klicken Sie das Sonnen-Symbol an, um alle Objekte auf dem betreffenden Layer »einzufrieren«. Klicken Sie das Schneeflocken-Symbol an, um die Objekte auf dem entsprechenden Layer wieder »aufzutauen«. AutoCAD baut die Zeichnung neu auf, wenn Layer aufgetaut werden.

- ✔ SPERRUNG/SPERRUNG AUFHEBEN: Klicken Sie das Vorhängeschloss-Symbol an, um Layer zu sperren beziehungsweise deren Sperrung aufzuheben. Wenn ein Layer gesperrt ist, werden die Objekte auf diesem Layer zwar angezeigt, können aber nicht bearbeitet werden.

Sie können die Anordnung der Spalten einfach ändern, indem Sie die Spaltenüberschrift mit gedrückter Maustaste an eine andere Position ziehen. Und Sie können die Spaltenüberschriften mit der rechten Maustaste anklicken, um ein Kontextmenü anzeigen zu lassen, über das Sie die Spalten ein- und ausblenden lassen können.

EIN/AUS und FRIEREN/TAUEN haben fast dieselbe Wirkung. Mit beiden Einstellungen lassen sich Objekte layerweise sichtbar oder unsichtbar machen. Früher ging das Aus- und Einschalten von Layern oft schneller als das Tauen und Frieren, weil die Zeichnung beim Auftauen fast immer neu aufgebaut werden musste. Bei modernen Rechnern, modernen Betriebssystemen und aktuellen AutoCAD-Versionen stellt dies aber – einmal abgesehen von wirklich aufwendigen Zeichnungen – kaum noch ein Problem dar. Wahrscheinlich werden Sie kaum einen spürbaren Unterschied feststellen, wenn Sie Layer frieren und auftauen oder sie aus- und einschalten.

Sie können Layer auch aus- und einschalten, frieren und tauen oder sperren und entsperren, indem Sie die entsprechenden Symbole in der Dropdown-Liste LAYERSTEUERUNG in der Multifunktionsleiste (oder dem Werkzeugkasten LAYER im Arbeitsbereich AUTOCAD KLASSISCH) anklicken.

Der Layerstatus

Nehmen Sie an, dass Sie den Bauplan eines Hauses vorliegen haben, der einen Layer mit dem Rohbau und einen Layer mit der Verkabelung enthält. Beide Elemente werden in derselben Zeichnung wahrscheinlich nie benötigt. Sie sind daher auf irgendwelche Verwaltungswerkzeuge angewiesen, wenn Sie die Zeichnungen den Architekten oder Elektrikern vorlegen wollen. Anstatt nun ein Dutzend Layer abzuschalten und ein anderes Dutzend Layer einzuschalten, wenn Sie eine andere Ansicht der Zeichnung benötigen, können Sie Gruppen von Layereinstellungen als benannten *Layerstatus* speichern. Der Layerstatus lässt sich über das entsprechend betitelte Dialogfeld LAYERSTATUS-MANAGER verwalten. Dazu klicken Sie die Schaltfläche LAYERSTATUS-MANAGER im Layereigenschaften-Manager an. Alternativ können Sie auf den Layerstatus-Manager über FORMAT|LAYERSTATUS-MANAGER oder durch Eingabe von `LAYERSTATUS` in der Befehlszeile zugreifen.

AutoCAD zeigt gesperrte Layer in weniger kräftigen Farben an und gibt Ihnen damit einen optischen Hinweis darauf, welche Layer gesperrt sind. Wie sehr die Darstellung der Farbe abgeschwächt wird, lässt sich über die Systemvariable `LAYLOCKFADECTL` steuern, der ein von null abweichender Wert zugewiesen werden kann. (In Kapitel 22 finden Sie Erläuterungen zu Systemvariablen. Spezifische Informationen zu `LAYLOCKFADECTL` finden Sie in der Online-Hilfe.) Wenn Sie für diese Systemvariable den Wert `0` setzen, wird die Farbe nicht mehr abgeschwächt.

Wenn Sie mit vielen Layern arbeiten, können Sie *Layerfilter* erstellen, um sich die Ansicht und Verwaltung der Layerliste zu vereinfachen. Bei einem *Gruppenfilter* handelt es sich einfach um eine Untermenge mit ausgewählten Layern. (Zur Auswahl ziehen Sie die betreffenden Layernamen über den Namen des Gruppenfilters oder wählen Objekte in der Zeichnung aus.) Bei einem *Eigenschaftenfilter* handelt es sich um Untermengen von Layern, die von AutoCAD automatisch erstellt und aktualisiert werden, und zwar auf der Grundlage der von Ihnen definierten Layereigenschaftenkriterien (zum Beispiel alle Layer, deren Name das Wort *Wand* enthält oder bei denen grün als Farbe verwendet wird). Um mehr darüber zu erfahren, klicken Sie in der geöffneten Palette LAYEREIGENSCHAFTEN-MANAGER auf die HILFE-Schaltfläche und lesen, was dort zu den Schaltflächen NEUER EIGENSCHAFTENFILTER und NEUER GRUPPENFILTER zu finden ist.

AutoCAD und AutoCAD LT enthalten einige Layer-Werkzeuge, die in früheren Versionen zu den in Kapitel 1 erwähnten *Express Tools* gehörten (und daher in LT nicht zur Verfügung standen).

Sie können auf diese Layer-Werkzeuge im Menü-Browser oder in der klassischen Menüleiste über das Menü FORMAT zugreifen (siehe Abbildung 6.9). Insbesondere LAYER ISOLIEREN und LAYER DEAKTIVIEREN sind nützlich. Zur Angabe des zu isolierenden (alle anderen Layer abblenden) oder zu deaktivierenden Layers klicken Sie einfach ein Objekt an. Weitere Informationen dazu finden Sie in der Online-Hilfe unter BENUTZERHANDBUCH|ERSTELLEN UND VERÄNDERN VON OBJEKTEN|STEUERN DER EIGENSCHAFTEN VON OBJEKTEN|ARBEITEN MIT LAYERN|VERWENDEN VON LAYERN ZUR VERWALTUNG KOMPLEXER ZEICHNUNGEN.

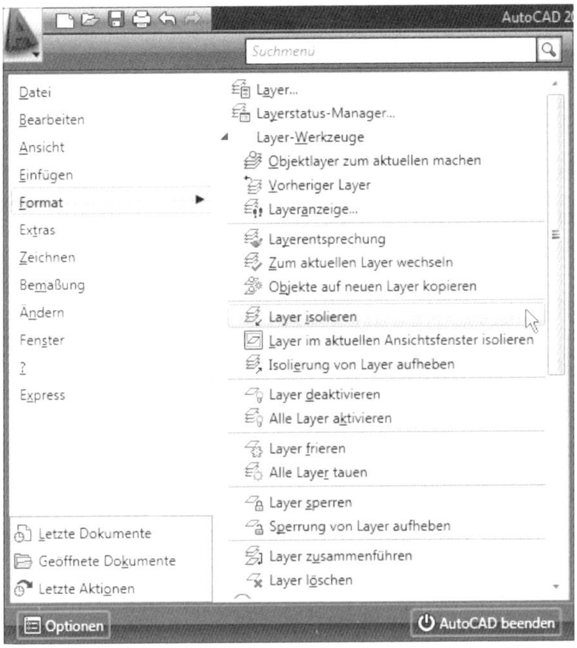

Abbildung 6.9: Die Suche nach Layer-Werkzeugen

Der Befehl `LAYISO` (FORMAT|LAYER-WERKZEUGE|LAYER ISOLIEREN) blendet Layer auf dieselbe Weise wie gesperrte Layer ab (siehe oben) und sperrt sie gleichzeitig. Sie können den Befehl anpassen, wenn Sie `I` (für `eInstellungen`) eintippen und ↵ drücken. Anschließend geben Sie den Buchstaben der Option für die gewünschte zu ändernde Einstellung ein. Weitere Informationen finden Sie beim Befehl `LAYISO` in der Online-Hilfe.

Benannte Objekte verwenden

Jede AutoCAD-Zeichnungsdatei enthält versteckt eine Reihe *benannter Objekte*. Die benannten Objekte werden in Datentabellen verwaltet. Auch die gemeinsamen Eigenschaften aller AutoCAD-Objekte werden in diesen Tabellen definiert. Alle Linienobjekte in einer Zeichnung werden zum Beispiel auf einem oder mehreren Layern gespeichert. Alle Linien besitzen also die Eigenschaft *Layer*, die in der Layertabelle definiert wird. Die Koordinaten für den Start-

und Endpunkt der einzelnen Linien sind aber eindeutig (oder sollten es zumindest sein!). Die Eigenschaft KOORDINATEN ist daher nicht bei allen Linien gleich.

Layer sind ein Beispiel für benannte Objekte. Die *Layertabelle* einer Zeichnung enthält eine Liste der Layer in der aktuellen Zeichnung sowie deren jeweilige Einstellungen (Farbe, Linientyp und so weiter).

Benannte Objekte treten in Zeichnungen nicht als grafische Objekte in Erscheinung. Vielmehr ähneln sie dem hart arbeitenden Werkstattteam, das dafür sorgt, dass die Autos problemlos laufen. Zu den benannten Objekten zählen:

- ✔ Layer (siehe dieses Kapitel)
- ✔ Linientypen (siehe dieses Kapitel)
- ✔ Textstile (siehe Kapitel 13)
- ✔ Tabellenstile (siehe Kapitel 13)
- ✔ Multi-Führungslinien-Stile (siehe Kapitel 13)
- ✔ Multilinie-Stile (Lesen Sie dazu die Online-Hilfe.)
- ✔ Bemaßungsstile (siehe Kapitel 14)
- ✔ Blockdefinitionen und XRefs (siehe Kapitel 17 und 18)
- ✔ Layouts (siehe Kapitel 5)

Wenn Sie Befehle wie `LAyer`, `LinienTyp` und `Dimstyle` einsetzen, erstellen und bearbeiten Sie benannte Objekte. Wenn Sie benannte Objekte in einer Zeichnung erstellt haben, bietet das DESIGNCENTER die Mittel, um sie in andere Zeichnungen zu übertragen.

Das AutoCAD-DesignCenter

DesignCenter ist eine stark vereinfachte Bezeichnung für eine nützliche und recht häufig benötigte Palette. (Wenigstens wurde sie nicht DesignCenter-Manager genannt!) Die Palette DESIGNCENTER ist praktisch, wenn es um die Suche nach allen möglichen Zeichnungen geht. Während sich die weiter vorn in diesem Kapitel beschriebene EIGENSCHAFTEN-Palette mit den Eigenschaften grafischer Objekte befasst, geht es in der DESIGNCENTER-Palette vorwiegend um benannte Objekte: Layer, Linientypen, Blockdefinitionen, Textstile und andere verwaltbare Objekte in Zeichnungen.

Die DESIGNCENTER-Palette (siehe Abbildung 6.10) besteht aus einem Werkzeugkasten am oberen Rand, darunter einer Reihe von vier Registerkarten, einer Strukturansicht links und einer Inhaltsansicht rechts. In der Strukturansicht wird ein Baum mit Zeichnungsdateien und den in der jeweiligen Zeichnung enthaltenen Symboltabellen angezeigt, die der im Windows-Explorer ähnelt. In der Inhaltsansicht wird üblicherweise der Inhalt der ausgewählten Zeichnung oder der Symboltabelle angezeigt.

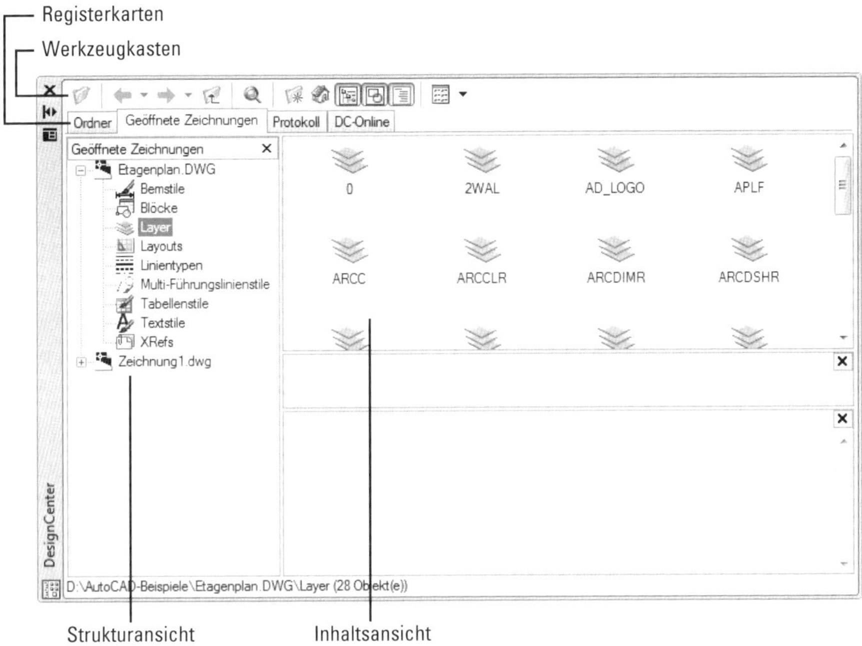

Abbildung 6.10: Die Palette DesignCenter

Die vier Registerkarten direkt unterhalb des Werkzeugkastens des DesignCenters steuern, was in der Baumansicht und bei den Inhalten angezeigt wird:

- ✔ Ordner zeigt wie der Windows-Explorer die Ordner auf lokalen und Netzlaufwerken an. Verwenden Sie diese Registerkarte zum Kopieren benannter Objekte aus Zeichnungen, die momentan nicht in AutoCAD geöffnet sind.
- ✔ Geöffnete Zeichnungen (in Abbildung 6.10 aktiviert) führt die aktuell in AutoCAD geöffneten Zeichnungen auf. Verwenden Sie diese Registerkarte, um benannte Objekte zwischen geöffneten Zeichnungen zu kopieren.
- ✔ Protokoll führt Zeichnungen auf, die kürzlich im DesignCenter untersucht wurden. Verwenden Sie diese Registerkarte, um schnell zu Zeichnungen zu gelangen, die Sie kürzlich über die Registerkarte Ordner benutzt haben.
- ✔ DC-Online zeigt Teilebibliotheken an, die auf den Websites von Autodesk und anderen Unternehmen verfügbar sind. Diese Registerkarte dient vorwiegend Softwareunternehmen als Werbemedium, über das sie Ihnen Symbolbibliotheken verkaufen können, und Herstellern zur Nennung ihrer Produkte. Stöbern Sie ein wenig in den Angeboten dieser Registerkarte, um festzustellen, welche Bibliotheken Ihnen bei der eigenen Arbeit nützlich sein könnten.

Über die Schaltflächen des Werkzeugkastens können Sie genauer festlegen, was in der Struktur- und der Inhaltsansicht angezeigt wird. Über einige dieser Schaltflächen lassen sich Bestandteile der Ansichten aktivieren beziehungsweise deaktivieren.

Die folgenden Schritte zeigen kurz, wie Sie mit dem DesignCenter benannte Objekte von einer Zeichnung in eine andere kopieren können. Im nächsten Abschnitt »Layer zwischen Zeichnungen kopieren« finden Sie ein konkretes Beispiel.

1. **Wenn die DesignCenter-Palette noch nicht angezeigt wird, holen Sie sie über den Menü-Browser oder die klassische Menüleiste mit Extras|Paletten|DesignCenter auf den Bildschirm.**

   Sie können auch [Strg]+[2] drücken. Wenn Sie sich im Arbeitsbereich AutoCAD Klassisch befinden, können Sie zudem die Schaltfläche DesignCenter im Standard-Werkzeugkasten anklicken.

2. **Markieren beziehungsweise laden Sie die Zeichnung(en), deren Inhalt Sie betrachten oder verwenden wollen, in die Ordnerliste auf der linken Seite der Palette.**

   Wenn die Quellzeichnung bereits geöffnet ist, können Sie auf deren Inhalt über die Registerkarte Geöffnete Zeichnungen zugreifen. Wenn die Quellzeichnung zwar nicht geöffnet ist, aber auf der lokalen Festplatte oder im Netzwerk gespeichert ist, klicken Sie im DesignCenter-Werkzeugkasten die Schaltfläche Laden an oder suchen in der Ordnerliste nach der zu öffnenden Datei.

3. **Auf der Registerkarte Geöffnete Zeichnungen (wenn die Quellzeichnung aktuell geöffnet ist) oder Ordner (wenn die Quellzeichnung nicht geöffnet ist) klicken Sie in der Strukturansicht auf das Pluszeichen neben der Quelldatei, um die Liste der Kategorien der benannten Symbole zu erweitern.**

   Die Kategorien der benannten Symbole werden auf der linken Seite in der Strukturansicht und auf der rechten Seite in der Inhaltsansicht in Symbolform angezeigt.

4. **Markieren Sie in der Strukturansicht die zu kopierende Kategorie der benannten Symbole.**

   In der Inhaltsansicht werden nun die einzelnen benannten Symbole innerhalb der Kategorie der benannten Symbole angezeigt. In Abbildung 6.10 wurde zum Beispiel in der Strukturansicht die Kategorie Layer ausgewählt, und die Symbole für die einzelnen benannten Layer werden rechts in der Inhaltsansicht angezeigt.

5. **Markieren Sie in der Inhaltsansicht die zu kopierenden Elemente. Klicken Sie sie mit der rechten Maustaste an und wählen Sie im Kontextmenü die jeweilige Option zum Einfügen beziehungsweise Hinzufügen des Elements zur aktuellen Zeichnung. Alternativ können Sie das beziehungsweise die Elemente auch einfach anklicken und in den Zeichnungsbereich ziehen.**

   Benutzen Sie die Taste [⇧] oder die Taste [Strg], um mehrere benannte Objekte gleichzeitig auszuwählen.

Layer zwischen Zeichnungen kopieren

Die zuletzt aufgeführten Schritte haben das allgemeine Vorgehen beim Kopieren benannter Objekte mit dem DesignCenter von einer Zeichnung in eine andere skizziert. Die folgenden Schritte beziehen sich auf ein konkretes Beispiel, nämlich das Kopieren von Layern von einer Zeichnung in eine andere. Dasselbe Verfahren eignet sich auch zum Kopieren von Bemaßungsstilen, Layouts, Linientypen, Tabellen- und Textstilen.

1. **Öffnen Sie die Zeichnung, die die zu kopierenden Layer enthält (die Quellzeichnung).**
2. **Öffnen Sie die Zeichnung, in die die Layer kopiert werden sollen (die Zielzeichnung).**

   Wenn bereits beide Zeichnungen geöffnet waren, sorgen Sie dafür, dass die Zielzeichnung angezeigt wird. Falls das nicht der Fall ist, können Sie über die Option GEÖFFNETE DOKUMENTE im Menü-Browser die Zielzeichnung in den Vordergrund holen. Die Zeichnung im Vordergrund wird dort mit einem kleinen Kreis markiert. Alternativ können Sie die Fenster mit den geöffneten Zeichnungen auch nebeneinander darstellen lassen (siehe Abbildung 6.11).

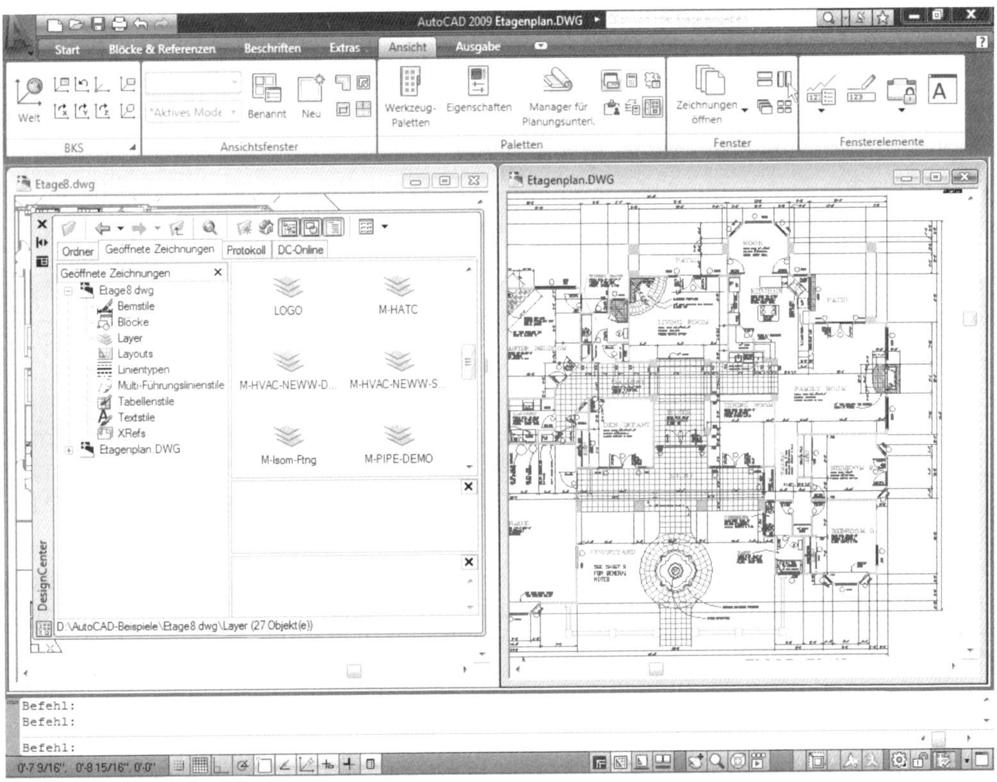

Abbildung 6.11: Kopieren eines Layers von einer Zeichnung in eine andere

3. **Klicken Sie die Schaltfläche DesignCenter in der Gruppe Paletten auf der Multifunktionsleisten-Registerkarte Ansicht an oder drücken Sie [Strg]+[2].**

   Im Arbeitsbereich AutoCAD Klassisch befindet sich die Schaltfläche DesignCenter im Standard-Werkzeugkasten. Die DesignCenter-Palette wird angezeigt.

4. **In der DesignCenter-Palette klicken Sie die Registerkarte Geöffnete Zeichnungen an.**

   In der Strukturansicht des DesignCenters wird links in der Palette eine Liste der aktuell in AutoCAD geöffneten Dateien angezeigt.

Zum Laden einer Zeichnung in das DesignCenter können Sie dort auch die Registerkarte Ordner, die Schaltfläche Laden oder die Schaltfläche Suchen verwenden. Dann müssen Sie die Zeichnung nicht mit AutoCAD öffnen.

5. **In der Strukturansicht der DesignCenter-Palette klicken Sie das Pluszeichen neben dem Namen der in Schritt 1 geöffneten Quelldatei an.**

   Nun wird in der Strukturansicht eine Liste der Symbolkategorien angezeigt, die kopiert werden können, unter denen sich auch Layer befindet.

6. **Klicken Sie in der Liste in der Strukturansicht die Kategorie Layer an.**

   Die Anzeige in der Inhaltsansicht ändert sich und zeigt nun die einzelnen Layer an, die in der Quellzeichnung gespeichert sind.

7. **Klicken Sie den gewünschten Layer an und ziehen Sie ihn von der Inhaltsansicht der DesignCenter-Palette in das Fenster mit der in Schritt 2 geöffneten Zielzeichnung.**

Wenn die aktuelle Zeichnung bereits einen Layer enthält, der den gleichen Namen wie ein kopierter Layer trägt, dann ändert AutoCAD die Definition dieses Layers nicht. Wenn Sie zum Beispiel einen Layer namens Türen, der rote Türen enthält, in eine Zeichnung kopieren, die bereits einen Layer namens Türen enthält, bei dem die Türen aber grün sind, dann bleiben die Türen im Layer Türen der Zielzeichnung grün. Benannte Objekte aus dem DesignCenter überschreiben niemals gleichnamige Objekte in der Zielzeichnung. AutoCAD zeigt dann eine Meldung an, dass die doppelten Definitionen ignoriert werden, auch wenn es eigentlich gar keine doppelten Definitionen gibt.

Wenn Sie wiederholt benannte Objekte aus denselben Zeichnungen oder Ordnern kopieren, dann sollten Sie diese in die Favoritenliste des DesignCenters aufnehmen. Klicken Sie dazu auf der Registerkarte Ordner die Zeichnung oder den Ordner mit der rechten Maustaste an und wählen Sie im Kontextmenü Zu Favoriten hinzufügen. Dadurch wird ein weiterer Eintrag in der Liste der Favoriten erzeugt.

- ✔ Um die Favoriten anzeigen zu lassen, klicken Sie die Schaltfläche Favoriten im Werkzeugkasten des DesignCenters an.
- ✔ Um zu einem Favoriten zurückzukehren, doppelklicken Sie auf dessen Symbol in der Inhaltsansicht.

Erst die Präzision, dann CAD

7

In diesem Kapitel

- Koordinaten über die Tastatur eingeben
- »Eingefangene« Objektmerkmale
- Andere Präzisionstechniken beim Zeichnen und Bearbeiten einsetzen

Bei guten CAD-Zeichnungen sind Genauigkeit und Präzision unabdingbar und sogar noch wichtiger als bei manuellen Zeichnungen. (Genauigkeit ist natürlich bei beiden Arten des Zeichnens unabdingbar. Wenn Sie den Unterschied zwischen Genauigkeit und Präzision nicht ganz verstehen, dann lesen Sie doch erst einmal den Kasten »CAD-Präzision und Genauigkeit« in diesem Kapitel.) Wenn Sie glauben, dass CAD-Manager ungehalten reagieren, wenn Sie Objekten ihre Eigenschaften direkt und nicht über deren Layer zuweisen, dann sollten Sie erst einmal sehen, mit welchen Schimpftiraden Anwender bedacht werden, die beim Erstellen von Zeichnungen mit AutoCAD den Einsatz von Präzisionstechniken vernachlässigen.

Die eigene Präzision kontrollieren

Im CAD-Bereich sorgt fehlende Genauigkeit dafür, dass das Bearbeiten, das Schraffieren und Bemaßen unnötig erschwert und zeitaufwendig wird:

- ✔ Kleine Fehler bei der Präzision in frühen Stadien der Erstellung oder Bearbeitung von Zeichnungen haben häufig später große Auswirkungen auf Produktivität und Präzision.
- ✔ Zeichnungen können Fertigungs- und Konstruktionsprojekten als Grundlage dienen. Zeichnungsdaten können automatisierte Produktionsanlagen steuern. Riesiges Kapital und selbst Leben können von der Präzision von Zeichnungen abhängen.

Wenn Sie sich dieser Tatsachen bewusst sind, kann es nicht weiter verwundern, dass ein geradezu leidenschaftliches Streben nach Präzision die entsprechenden Berufsfelder durchdringt. Ständig. Präzision ist eines der Merkmale, die CAD von herkömmlichen Illustrationszeichnungen unterscheiden. Je früher Sie peinlich genau auf Präzision achten, desto glücklicher werden alle Beteiligten sein.

Wenn ich vom präzisen Zeichnen spreche, meine ich damit den Einsatz von Präzisionstechniken und der entsprechenden Werkzeuge zur möglichst genauen Angabe von Koordinaten und Abständen im Rahmen der Möglichkeiten des Programms. AutoCAD stellt für diesen Zweck eine ganze Reihe von Werkzeugen zur Verfügung. In Tabelle 7.1 werden die wichtigeren AutoCAD-Präzisionstechniken sowie die optischen Hilfen und Schaltflächen der Statusleiste aufgeführt, über die einige der Funktionen ein- beziehungsweise ausgeschaltet werden können.

Wie in Kapitel 2 beschrieben, können Sie bei der Anzeige der Statusleiste zwischen Text- und Symboldarstellung wählen, indem Sie eine dieser Schaltflächen anklicken und im Kontextmenü die Option SYMBOLE VERWENDEN wählen. Tabelle 7.1 erfasst beide Varianten.

CAD-Präzision und Genauigkeit

Wir verwenden die Wörter *Präzision* und *Genauigkeit* zwar oft gleichbedeutend, aber ich halte es für sinnvoll, wenn hier eine Unterscheidung vorgenommen wird. Wenn ich von *Präzision* spreche, dann meine ich die Platzierung von Objekten, damit sich diese genau an der gewünschten Position in der Zeichnung befinden. Linien, deren Endpunkte genau übereinstimmen und ein Kreis, dessen Mittelpunkt sich genau bei der Koordinate 0,0 befindet, müssen auch *präzise* so gezeichnet werden. Wenn ich von *Genauigkeit* spreche, dann beziehe ich mich auf die Genauigkeit der Übereinstimmung der Zeichnung mit seinen realen Entsprechungen. Bei einem genauen Etagengrundriss stimmen die Abmessungen der CAD-Objekte mit denen des realen Gebäudes überein. In gewisser Weise muss letztlich nicht die Zeichnung, sondern das Gebäude selbst genau sein.

CAD-Präzision unterstützt zwar üblicherweise das Erstellen genauer Zeichnungen, aber das muss nicht immer so sein. Sie können präzise CAD-Zeichnungen erstellen, die ungenau sind, weil ihnen ungenaue Startinformationen zugrunde liegen (wenn Ihnen beispielsweise ein Vertragspartner falsche Flächenangaben geliefert hat). Vielleicht betonen Sie ja auch absichtlich bestimmte Abstände übermäßig, um in der geplotteten Zeichnung Beziehungen zwischen bestimmten Objekten deutlicher hervorzuheben. Aber selbst wenn Sie die Genauigkeit vernachlässigen, müssen Sie nach Präzision streben.

Präzision ist insbesondere beim Zeichnen und Bearbeiten geometrischer Objekte von Bedeutung (der Linien, Bögen und so weiter, die von der CAD-Zeichnung dargestellt werden sollen). Bei Schriftfeldern, Führungslinien und anderen *Beschriftungen* ist deren präzise Platzierung weniger wichtig.

Technik	Schaltfläche in der Statusleiste	Schaltflächen-Symbol	Beschreibung
Fangmodus	FANG		Das Fadenkreuz bewegt sich entlang eines imaginären Rasters »heißer Punkte«, die in gleichem Abstand angeordnet sind.
PolarSnap	–	–	Sorgt dafür, dass sich das Fadenkreuz in bestimmten Abständen entlang polarer Spurwinkel bewegt.
Rasteranzeige	RASTER		Zeigt Rasterpunkte zur Orientierung an, die nicht gedruckt werden.
Ortho-Modus	ORTHO		Lässt nur horizontale oder vertikale Bewegungen des Fadenkreuzes relativ zum vorherigen Punkt zu.

Technik	Schaltfläche in der Statusleiste	Schaltflächen-Symbol	Beschreibung
Spurverfolgung	POLAR		Sorgt dafür, dass das Fadenkreuz in bestimmten Winkeln springt.
Objektfang	OFANG		Mehrfache Auswahl von Punkten vorhandener Objekte.
Objektfangspur	OTRACK		Das Fadenkreuz findet neue Punkte auf der Grundlage mehrerer Objektfangpunkte.
Überschreiben der Objektfangeinstellungen	–	–	Einmalige Auswahl bestimmter Punkte vorhandener Zeichnungsobjekte.
Koordinateneingabe	–	–	Eingabe präziser X- und Y- oder Polarkoordinaten.
Direkte Abstandseingabe	–	–	Angabe eines Punktes durch Richtungsangabe mit dem Fadenkreuz und Eintippen des Abstands.

Tabelle 7.1: Präzisionswerkzeuge und -techniken

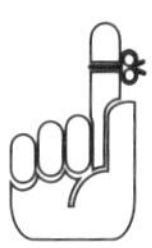

Vor dem Zeichnen von Objekten sollten Sie immer erst einmal die Einstellung der Schaltflächen FANG, ORTHO, POLAR, OFANG und OTRACK prüfen und diese entsprechend der Präzisionsanforderungen einstellen.

- ✔ Eine etwas hellere Schaltfläche weist darauf hin, dass die Funktion aktiviert ist.
- ✔ Eine etwas dunklere Schaltfläche weist darauf hin, dass die Funktion deaktiviert ist.

Tastaturkapriolen: Die Koordinateneingabe

Das direkteste Verfahren zur präzisen Angabe von Punkten besteht im Eintippen von Zahlen über die Tastatur. AutoCAD verwendet die folgenden Formate bei der Eingabe von Koordinatenwerten über die Tastatur:

- ✔ Absolute Winkelkoordinaten in der Form *X,Y* (zum Beispiel: `7,4`)
- ✔ Relative Winkelkoordinaten in der Form @*X,Y* (zum Beispiel: `@3,2`)
- ✔ Relative Polarkoordinaten in der Form @*Abstand<Winkel* (zum Beispiel: `@6<45`)

Kartesische Koordinaten wurden nach dem französischen Philosophen René Descartes (der folgerte: »Ich denke, also bin ich«) benannt. In seinem Buch *Discours de la méthode – Von der Methode des richtigen Vernunftgebrauchs und der wissenschaftlichen Forschung* präsentierte Descartes den Ansatz der Positionierung beliebiger Punkte auf einer ebenen Fläche durch Messung seiner Entfernung von zwei Achsen (hier geht es nicht um die Achsen beim Auto). In diesem Buch werde ich kartesische Koordinaten als X,Y-Koordinaten bezeichnen.

AutoCAD verwendet *absolute Winkelkoordinaten* in Bezug auf den Ursprungspunkt (0,0) der Zeichnung, der sich üblicherweise in der unteren linken Ecke befindet. AutoCAD verwendet *relative Winkelkoordinaten* und *relative Polarkoordinaten* in Bezug auf den zuvor ausgewählten oder eingegebenen Punkt. Abbildung 7.1 verdeutlicht den Einsatz der drei Koordinatenformate beim Zeichnen von Liniensegmenten, die bei den absoluten Koordinaten 2,1 beginnen, sich dann drei Einheiten nach rechts und zwei Einheiten nach oben und schließlich vier Einheiten in einem Winkel von 60 Grad erstrecken.

AutoCAD versteht auch *absolute Polarkoordinaten* in der Form *Abstand<Winkel*, aber dieses Format ist nur selten verwendbar.

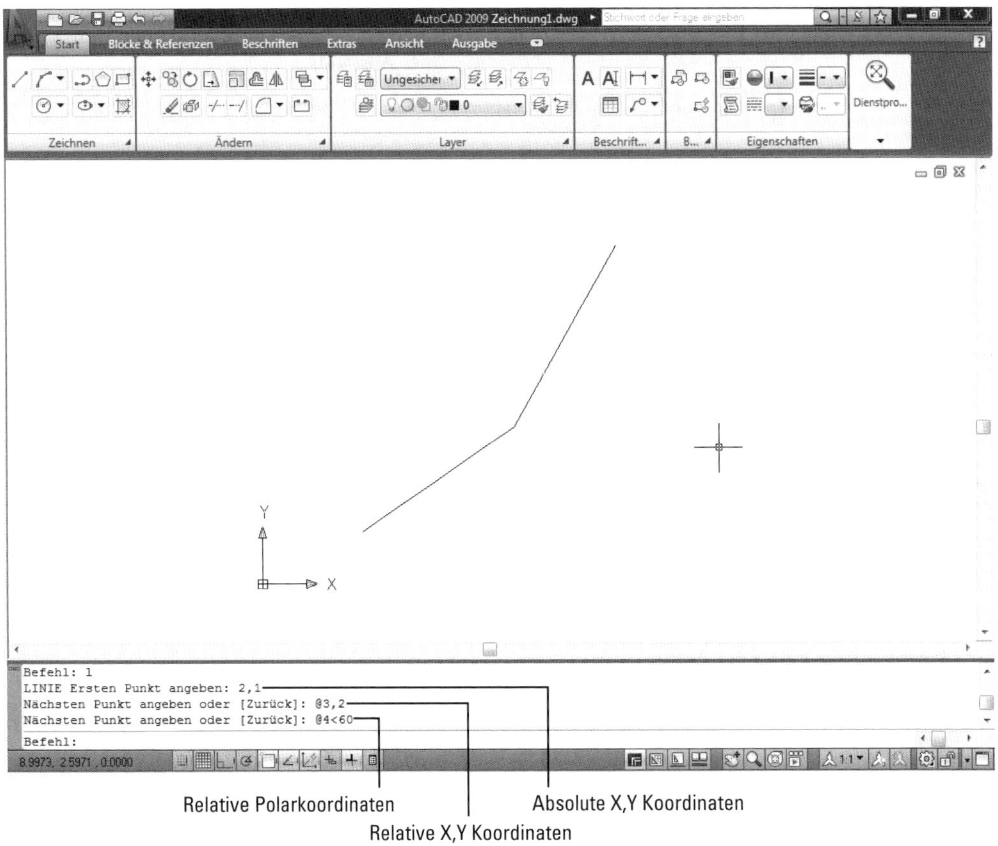

Abbildung 7.1: Koordinateneingabe über die Tastatur

Sie können die X,Y-Koordinaten des Fadenkreuzes feststellen, wenn Sie es bewegen und unten links in der Statusleiste die betreffenden Angaben ablesen. Die X- und Y-Koordinaten sollten sich beim Bewegen des Fadenkreuzes ändern. Wenn sich in der Koordinatenanzeige nichts tut, klicken Sie den Koordinatenbereich an, bis im Befehlsfenster `<Koordinaten ein>` angezeigt wird.

Aufmerksame Benutzer der AutoCAD-Vollversion werden bemerkt haben, dass unten links in der Statusleiste drei Werte angezeigt werden (AutoCAD LT ist zahlenmäßig benachteiligt). AutoCAD zeigt eigentlich die X,Y,Z-Koordinaten des Fadenkreuzes an. Beim 2D-Zeichnen ist der Z-Wert immer 0 (oder sollte es zumindest sein). Daher können wir weiterhin ruhig von X,Y-Koordinaten sprechen.

Auch wenn dies zunächst nicht ersichtlich ist, so gibt es doch drei verschiedene Anzeigemodi für die Koordinaten. Wenn man die Koordinatenanzeige anklickt, wechselt sie reihum wie folgt:

- ✔ **Aus** (`<Koordinaten aus>`): Die Koordinatenanzeige in der Statusleiste wird deaktiviert, und die Koordinatenwerte werden nicht mehr aktualisiert, bis ein Punkt ausgewählt wird.
- ✔ **Anzeige der X,Y-Koordinaten** (`<Koordinaten ein>`): Die Koordinaten werden schwarz angezeigt, und die absoluten X,Y-Koordinaten werden beim Bewegen des Fadenkreuzes laufend aktualisiert. Wenn kein Befehl aktiv ist, wechselt die Koordinatenanzeige zwischen diesem Modus und `<Koordinaten aus>`.
- ✔ **Anzeige der Polarkoordinaten** (`<Koordinaten ein>`): Dieser Modus, in dem Abstände und Winkel relativ zum letzten ausgewählten Punkt und nicht als absolute X,Y-Werte angezeigt werden, wird dann verwendet, wenn ein Befehl aktiv ist und AutoCAD auf die Auswahl eines Punktes wartet.

Wenn Sie mit der Ausführung eines Befehls, wie zum Beispiel `LINIE`, beginnen, einen Punkt auswählen und dann mehrfach im Koordinatenbereich klicken, wechselt die Anzeige der Koordinaten von *aus* auf absolute Koordinaten (X,Y-Position) zu Polarkoordinaten (Abstand und Winkel in Relation zum vorherigen Punkt). Der Modus, in dem die Polarkoordinaten laufend angezeigt werden, ist meist der informativste.

Beim Eintippen der Koordinaten in die Befehlszeile dürfen Sie *keine* Leerzeichen verwenden, da diese von AutoCAD als Drücken von [↵] interpretiert werden. Diese verrückte Gleichsetzung von Leertaste und [↵] soll die Produktivität steigern und ist seit ewigen Zeiten Bestandteil von AutoCAD. Wenn man es bei der Eingabe vieler Befehle und Koordinaten eilig hat, dann ist die Leertaste eben viel leichter zu finden als die [↵]-Taste.

Wenn Sie mit dem Einheitentyp Architektur oder dem Typ Maschinenbau arbeiten, werden Werte standardmäßig als Zoll und nicht als Fuß interpretiert.

Objekte schnappen und einfangen

Wenn Sie einige Objekte in der neuen Zeichnung präzise gezeichnet haben, dann lassen sich weitere Objekte mit derselben Präzision am besten zeichnen, wenn man bestimmte, geometrisch präzise *Punkte* (zum Beispiel Endpunkte, Mittelpunkte oder Quadranten) vorhandener Objekte auswählt. Jeder Objekttyp in AutoCAD besitzt zumindest einen dieser Punkte, und Sie können sie beim Zeichnen präzise »einfangen«, wenn Sie mit dem *Objektfang* arbeiten (von den Eingeweihten kurz *OFänge* genannt).

AutoCAD stellt zwei Objektfangmodi zur Verfügung:

- ✔ **Überschreiben der Objektfangeinstellungen:** Diese Einstellung gilt nur für die Auswahl eines einzelnen Punktes.
- ✔ **Fortlaufender Objektfang:** Diese Einstellung bleibt so lange aktiv, bis sie wieder abgeschaltet wird.

Punkte mit Überschreiben der Objektfangeinstellungen auswählen

Und so können Sie präzise Linien mit Überschreiben der Objektfangeinstellungen zeichnen:

1. **Öffnen Sie eine Zeichnung mit ein paar geometrischen Objekten.**
2. **Schalten Sie den fortlaufenden Objektfang durch Anklicken der Schaltfläche OFANG in der Statusleiste ab. Die Schaltfläche wird dann etwas dunkler dargestellt, und im Befehlsfenster wird `<Objektfang aus>` angezeigt.**

Sie können zwar auch bei aktiviertem fortlaufendem Objektfang die Objektfangeinstellungen überschreiben, sollten diesen aber zumindest so lange abschalten, bis Sie sich mit dem Überschreiben der Einstellungen vertraut gemacht haben. Wenn Sie dann vom getrennten Einsatz der Funktionen die Nase voll haben, können Sie diese immer noch zusammen verwenden.

3. **Starten Sie den Befehl `LINIE` durch Anklicken der Schaltfläche Linie in der Gruppe Zeichnen auf der Multifunktionsleisten-Registerkarte Start (oder im Werkzeugkasten Zeichnen im Arbeitsbereich AutoCAD Klassisch). Sie können auch einfach `Linie` eintippen und [↵] drücken.**

   Sie werden in der Befehlszeile zur Angabe des ersten Punktes der Linie aufgefordert:

   ```
   Ersten Punkt angeben:
   ```

4. **Halten Sie [⇧] gedrückt, klicken Sie mit der rechten Maustaste irgendwo im Zeichnungsbereich und lassen Sie dann [⇧] wieder los.**

   Nun wird das in Abbildung 7.2 dargestellte Objektfang-Kontextmenü angezeigt.

Wenn Ihnen das Verfahren mit [⇧] und dem Klicken mit der rechten Maustaste nicht schmeckt, können Sie es dadurch vermeiden, dass Sie stattdessen den Objektfang-Werkzeugkasten im Arbeitsbereich AutoCAD Klassisch verwenden. Um diesen Werkzeugkasten einzuschalten, zeigen Sie auf irgendeine Schaltfläche eines Werkzeugkastens, klicken diese mit der rechten Maustaste an und wählen dann Objektfang. Im Arbeitsbereich 2D-Zeichnung und Beschriftung klicken Sie irgendwo mit der rechten Maustaste in den Schnellzugriff-Werkzeugkasten und wählen Werkzeugkästen|AutoCAD|Objektfang. Nun können Sie das Überschreiben der Einstellungen dadurch aktivieren, dass Sie die entsprechende Schaltfläche im Werkzeugkasten anklicken.

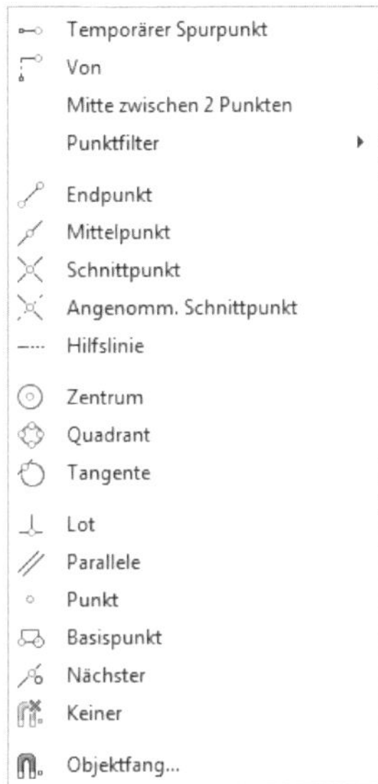

Abbildung 7.2: Das Objektfang-Kontextmenü

5. **Wählen Sie als Beispiel den Objektfangmodus Endpunkt im Kontextmenü aus.**

   Das Kontextmenü wird ausgeblendet. Im Befehlsfenster wird eine zusätzliche Aufforderung angezeigt, die darauf hinweist, dass AutoCAD nach Endpunkten vorhandener Objekte suchen soll:

   `_endp`

6. **Bewegen Sie den Cursor langsam ein wenig in der Zeichnung herum und legen Sie dabei über den verschiedenen Linien und anderen Objekten eine Pause ein – jedoch ohne zu klicken.**

   Wenn sich das Fadenkreuz in der Nähe eines Objekts mit einem Endpunkt befindet, wird ein kleines, farbiges Quadrat angezeigt, das den Endpunkt markiert und darauf hinweist, dass AutoCAD diesen Punkt »fangen« kann. Wenn Sie den Cursor einen Augenblick nicht bewegen, wird der aktuelle Objektfangmodus (zum Beispiel `Endpunkt`) in einem QuickInfo-Fenster angezeigt und verdeutlicht so den Vorgang weiter.

7. **Wenn das Endpunkt-Quadrat den zu fangenden Punkt markiert, klicken Sie.**

   AutoCAD fängt den Endpunkt ein, der damit zum ersten Punkt des neu zu zeichnenden Liniensegments wird. In der Befehlszeile werden Sie zur Auswahl des nächsten Punktes aufgefordert:

   ```
   Nächsten Punkt angeben oder [Zurück]:
   ```

   Wenn Sie das Fadenkreuz in der Zeichnung bewegen, sucht AutoCAD nun nicht mehr nach Endpunkten, da beim Überschreiben der Objektfangeinstellung immer nur einzelne Punkte ausgewählt werden können. Nutzen Sie wieder das Objektfang-Kontextmenü, um das andere Ende des neuen Liniensegments an einem anderen vorhandenen Objekt zu fangen.

8. **Benutzen Sie das Verfahren ⇧+Rechtsklick aus Schritt 4 zur erneuten Anzeige des Objektfang-Kontextmenüs. Wählen Sie darin dann einen anderen Objektfangmodus aus, wie zum Beispiel Mittelpunkt.**

   In der Befehlszeile wird eine zusätzliche Aufforderung angezeigt, die darauf hinweist, dass AutoCAD nun beispielsweise nach den Mittelpunkten vorhandener Objekte sucht:

   ```
   _mid von:
   ```

   Wenn sich das Fadenkreuz in der Nähe des Mittelpunkts eines Objekts befindet, wird ein farbiges Dreieck angezeigt, das den Fangpunkt kennzeichnet. Bei jedem Objektfangtyp (Endpunkt, Mittelpunkt, Schnittpunkt und so weiter) wird ein anderes Symbol angezeigt. Wenn Sie das Fadenkreuz nicht mehr weiterbewegen, erinnert Sie der Text im dann angezeigten QuickInfo-Fenster jeweils an die Bedeutung des Symbols. Abbildung 7.3 zeigt, wie es bei diesem Schritt auf Ihrem Bildschirm aussehen könnte.

9. **Zeichnen Sie weitere Liniensegmente durch Auswahl zusätzlicher Punkte. Benutzen Sie dabei vor der Auswahl weiterer Punkte jeweils das Objektfang-Kontextmenü zum Auswählen eines Objektfangtyps.**

   Probieren Sie die Objektfangmodi Schnittpunkt, Lot und Nächster aus. Wenn es in Ihrer Zeichnung Bögen oder Kreise gibt, sollten Sie Zentrum und Quadrant ausprobieren.

10. **Wenn Sie das Überschreiben der Objektfangeinstellung lange genug ausprobiert haben, klicken Sie mit der rechten Maustaste irgendwo im Zeichnungsbereich und wählen zum Beenden des Befehls `Linie` im Kontextmenü Eingabe.**

Denken Sie daran, dass es einen Unterschied zwischen dem Rechtsklick mit und ohne gedrückter ⇧-Taste im Zeichnungsbereich gibt:

- Beim Klicken mit der rechten Maustaste werden Menüoptionen für den aktuellen Befehl angezeigt (oder wenn kein Befehl aktiv ist, häufig verwendete Befehle und Einstellungen).
- Beim Klicken mit der rechten Maustaste mit gedrückter ⇧-Taste wird immer dasselbe Objektfang-Kontextmenü angezeigt.

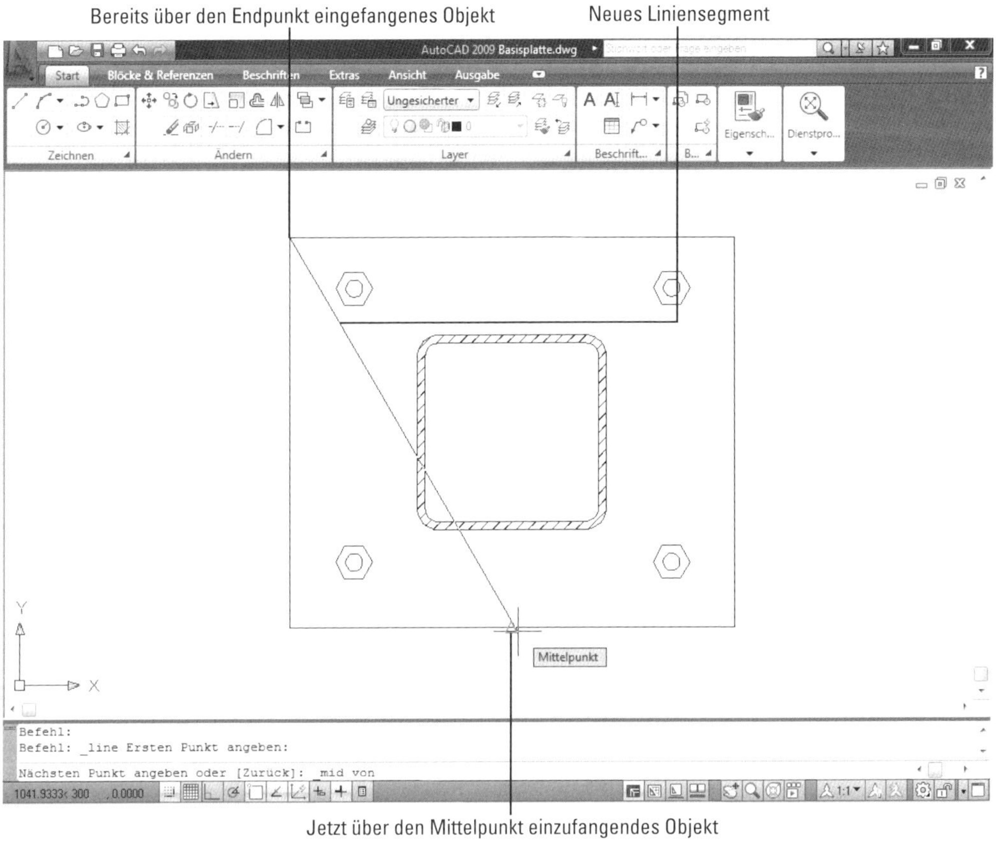

Abbildung 7.3: Eine Linie mit Objektfang zeichnen

Fortlaufender Objektfang

Häufig verwenden Sie einen Objektfangmodus (zum Beispiel Endpunkt) wiederholt. Dann wird der fortlaufende Objektfang nützlich. Mit den folgenden Schritten können Sie den fortlaufenden Objektfang konfigurieren:

1. **Klicken Sie in der Statusleiste die Schaltfläche OFANG mit der rechten Maustaste an.**

Das in Abbildung 7.4 dargestellte Objektfang-Menü wird angezeigt.

In AutoCAD 2009 wird beim Anklicken der Schaltflächen OBJEKTFANG, FANGMODUS, SPURVERFOLGUNG und OBJEKTFANGSPUR mit der rechten Maustaste ein Kontextmenü angezeigt (siehe Abbildung 7.4). (OBJEKTFANG und OBJEKTFANGSPUR zeigen beide das Menü des fortlaufenden Objektfangs an.) Viele Einstellungen, wie zum Beispiel alle fortlaufenden Objektfangmodi, lassen sich durch Anklicken eines Menüelements vornehmen. Sie müssen dazu nicht mehr das Dialogfeld ENTWURFSEINSTELLUNGEN öffnen, um darin Einstellungen vorzunehmen und dann OK anzuklicken, um es wieder zu schließen.

2. **Klicken Sie in der Liste, um einen oder mehrere Objektfangmodi zu aktivieren.**

   Bei aktiven fortlaufenden Objektfangmodi werden zur Markierung Quadrate (mit abgerundeten Ecken) um das Symbol herum angezeigt (siehe Abbildung 7.4).

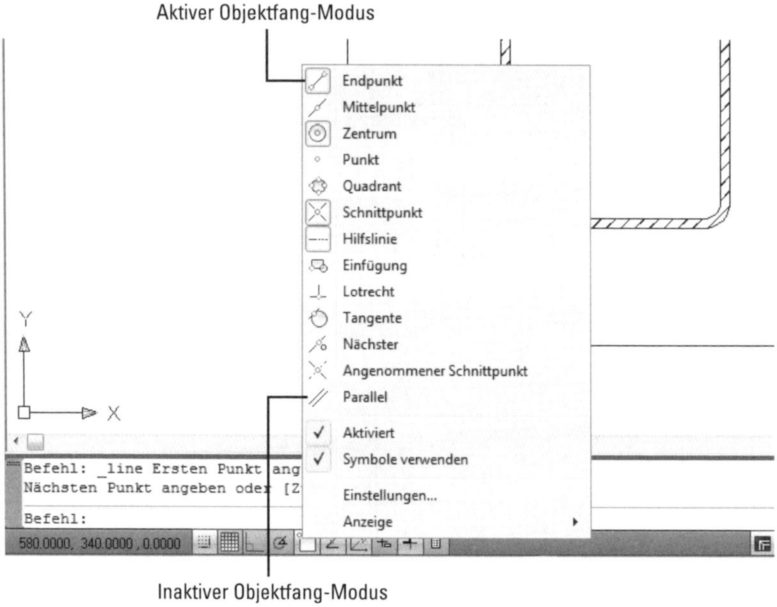

Abbildung 7.4: Mehrere Objekte einfangen mit OFANG

Um den fortlaufenden Objektfangmodus umzuschalten, klicken Sie die OBJEKTFANG-Schaltfläche in der Statusleiste an. Nach dem Einschalten des fortlaufenden Objektfangs sucht AutoCAD nach Punkten, die den Objektfangmodi entsprechen, die im Objektfang-Kontextmenü markiert wurden. Wie beim Überschreiben der Objektfangeinstellungen zeigt AutoCAD ein spezielles Symbol (zum Beispiel ein kleines Quadrat für einen Endpunkt) an, um darauf hinzuweisen, dass ein Objektfangpunkt gefunden wurde. Wenn Sie das Fadenkreuz nicht weiterbewegen, zeigt AutoCAD auch ein QuickInfo-Fenster an, in dem die Art des Objektfangpunkts angegeben wird.

Durch Überschreiben der Objektfangeinstellungen zum Einfangen einzelner Punkte oder den Einsatz des fortlaufenden Objektfangs können Sie Präzision erzwingen und dafür sorgen, dass neu ausgewählte Punkte *exakt* mit Punkten vorhandener Objekte übereinstimmen. In AutoCAD reicht es nicht aus, wenn Punkte *beinahe* übereinstimmen oder wenn sie scheinbar übereinstimmen. Sie werden sowohl bildlich als auch buchstäblich Punkte verlieren, wenn Sie den Objektfang oder die eine oder andere der in diesem Kapitel behandelten Präzisionstechniken nicht einsetzen.

Zu den meisten (aber nicht allen) überschriebenen Objektfangeinstellungen gibt es fortlaufende Objektfang-Entsprechungen. ENDPUNKT, MITTELPUNKT und ZENTRUM gibt es zwar beim überschreibenden und beim fortlaufenden Objektfang, aber MITTE ZWISCHEN 2 PUNKTEN gibt es nur beim Überschreiben der Objektfangeinstellungen.

Andere praktische Präzisionstechniken

Nachfolgend werden einige andere AutoCAD-Präzisionstechniken aufgeführt (siehe Tabelle 7.1 weiter vorn in diesem Kapitel):

Fang: Wenn Sie den Fangmodus einschalten, beschränkt AutoCAD die Bewegung des Cursors auf ein imaginäres rechtwinkliges Punktraster mit den festgelegten Abständen. Mit folgenden Schritten können Sie den Fangmodus einschalten:

1. Klicken Sie die Schaltfläche FANG in der Statusleiste mit der rechten Maustaste an.
2. Wählen Sie die Option EINSTELLUNGEN.

   Es wird die Registerkarte FANG UND RASTER des Dialogfelds ENTWURFSEINSTELLUNGEN angezeigt.
3. Geben Sie einen Wert im Feld FANG-X-ABSTAND ein und klicken Sie dann OK an.

Klicken Sie die Schaltfläche FANGMODUS in der Statusleiste an, um diesen ein- oder auszuschalten, oder drücken Sie dazu F9. Wenn Sie den Fang effizient nutzen wollen, sollten Sie den Fangabstand häufig ändern und kleinere Abstände bei großer Darstellung sowie größere Abstände bei kleinerer Darstellung auf dem Bildschirm verwenden. Zudem werden Sie den Fang häufiger ein- und ausschalten müssen, da die Auswahl von Objekten und einige Bearbeitungsaufgaben bei abgeschaltetem Fang einfacher werden.

In AutoCAD 2009 können Sie zwischen Rasterfang (Fangpunkte in Zeilen und Spalten) und PolarSnap (Fangpunkte auf der Grundlage von Abständen und Winkeln) über das Kontextmenü der Schaltfläche FANGMODUS in der Statusleiste umschalten. Zu PolarSnap finden Sie weiter hinten in der Aufzählung weitere Informationen.

Ortho-Modus: Im Ortho-Modus wird die Bewegung des Fadenkreuzes auf rechte Winkel (orthogonal) zum vorherigen Punkt beschränkt. Durch Anklicken der Schaltfläche ORTHO-MODUS (ORTHO bei Textschaltflächen) in der Statusleiste oder durch Drücken von F8 können Sie diesen Modus aktivieren beziehungsweise deaktivieren. Da technische Zeichnungen oft Unmengen orthogonaler Linien enthalten, dürften Sie den Ortho-Modus recht häufig verwenden. Allerdings sollten Sie sich dann auch die Spurverfolgung einmal genauer ansehen.

Direkte Abstandseingabe: Dieses »Zeigen und Eintippen«-Verfahren lässt sich einfach und effizient anwenden. Sie weisen mit dem Fadenkreuz in eine bestimmte Richtung, geben einen Abstand in die Befehlszeile ein und drücken ↵. Sie können immer dann mit der direkten Abstandseingabe arbeiten, wenn das Fadenkreuz mit einem Punkt verankert ist und Sie in der Befehlszeile oder dem Fenster der dynamischen Eingabe zur Angabe eines weiteren Punktes oder eines Abstands aufgefordert werden.

Die Direkteingabe wird üblicherweise zusammen mit der Spurverfolgung zur Angabe von Abständen in bestimmten Richtungen (zum Beispiel Winkel in Sprüngen von 45 Grad) verwendet. Sie können die direkte Abstandseingabe aber auch mit dem Ortho-Modus kombinieren, um Abstände in orthogonalen Richtungen anzugeben (0, 90, 180 oder 270 Grad).

Objektfangspur: Diese Funktion erweitert den fortlaufenden Objektfang, um Punkte auf der Grundlage von mehr als einem Objektfangpunkt auffinden zu können. So können Sie einen Punkt in der Mitte eines Quadrats zum Beispiel dadurch auswählen, dass Sie das Fadenkreuz in Richtung des Mittelpunkts zweier senkrechter Seiten bewegen. Klicken Sie die Schaltfläche OBJEKTFANGSPUR in der Statusleiste (OTRACK bei Textschaltflächen) an oder drücken Sie F11, um diese Funktion zu aktivieren.

Polare Spurverfolgung: Wenn Sie die polare Spurverfolgung einschalten, springt das Fadenkreuz entsprechend einem im Dialogfeld ENTWURFSEINSTELLUNGEN oder dem Kontextmenü eingestellten Winkel. Wenn das Fadenkreuz springt, wird im QuickInfo-Fenster ein Tipp angezeigt, der mit POLAR: beginnt. Klicken Sie die Schaltfläche SPURVERFOLGUNG (POLAR bei Textschaltflächen) in der Statusleiste mit der rechten Maustaste an und wählen Sie EINSTELLUNGEN, um die Registerkarte SPURVERFOLGUNG im Dialogfeld ENTWURFSEINSTELLUNGEN anzeigen zu lassen. Wählen Sie einen Winkel in der Dropdown-Liste INKREMENTWINKEL aus und klicken Sie dann OK an. Durch Anklicken der Schaltfläche SPURVERFOLGUNG in der Statusleiste oder durch Drücken von F10 können Sie diesen Modus aktivieren beziehungsweise deaktivieren.

2009

Denken Sie daran, dass Sie einen vordefinierten Winkel für die Spurverfolgung einstellen können, wenn Sie die Schaltfläche SPURVERFOLGUNG (POLAR bei Textschaltflächen) mit der rechten Maustaste anklicken und die gewünschte Einstellung im Kontextmenü auswählen. Wenn Sie einen Winkel hinzufügen wollen, der sich nicht in der Liste befindet, müssen Sie EINSTELLUNGEN anklicken, um das Dialogfeld ENTWURFSEINSTELLUNGEN anzeigen zu lassen.

- ✔ **PolarSnap:** Sie können die polare Spurverfolgung dazu zwingen, in bestimmten Abständen entlang der Spurwinkel zu springen, wenn Sie den Fangtyp von RASTERFANG auf POLARSNAP umstellen. Wenn Sie zum Beispiel die polare Spurverfolgung einschalten und sie auf 45 Grad einstellen und POLARSNAP einschalten und POLARER ABSTAND auf 2 Einheiten einstellen, dann springt die polare Spurverfolgung in Winkelabstufungen von 45 Grad und Abstandsabstufungen von zwei Einheiten relativ zum vorherigen Punkt neue Punkte an. Die Auswirkungen von POLARSNAP auf die Objektfangspur sind ähnlich.

Um POLARSNAP zu aktivieren, klicken Sie die Schaltfläche FANGMODUS mit der rechten Maustaste an und wählen im Kontextmenü POLARSNAP EIN. Mit den folgenden Schritten können Sie einen polaren Abstand festlegen:

1. Klicken Sie die Schaltfläche Fangmodus in der Statusleiste mit der rechten Maustaste an.

2. Wählen Sie die Option Einstellungen.

   Die Registerkarte Fang und Raster des Dialogfelds Entwurfseinstellungen wird angezeigt.

3. Aktivieren Sie die Option PolarSnap, geben Sie einen Abstand im Feld Polarer Entfernung ein und klicken Sie OK an.

   Wenn Sie wieder zum üblichen rechteckigen Fang zurückkehren wollen, der sich am Anfang der Liste befindet, klicken Sie im Dialogfeld Entwurfseinstellungen auf der Registerkarte Fang und Raster einfach die Option Rasterfang an.

- ✔ **Temporäres Überschreiben:** Einstellungen wie FANG (Fangmodus), ORTHO (Ortho-Modus) und POLAR (Spurverfolgung) bleiben erhalten, bis sie wieder deaktiviert werden. Sie können auch temporäre Überschreibungen verwenden, die nur so lange gelten, wie Sie eine bestimmte Taste oder Tastenkombination drücken. Wenn Sie zum Beispiel bei deaktiviertem Ortho-Modus [⇧] gedrückt halten, wird AutoCAD vorübergehend in den Ortho-Modus geschaltet, bis Sie [⇧] wieder loslassen. Weitere Informationen dazu finden Sie, wenn Sie in der Online-Hilfe nach dem Begriff *Überschreibtasten* suchen.

Wenn Sie AutoCAD-Anfänger sind, dürfte Sie die Vielzahl der bis jetzt vorgestellten Präzisionswerkzeuge wahrscheinlich überwältigen. Sie können mir aber glauben, dass es mehr als einen Weg nach Rom gibt. Und Sie müssen auch nicht unbedingt alle Verfahren verstehen. Bereits mit einer Auswahl der AutoCAD-Präzisionswerkzeuge lassen sich durch und durch präzise Zeichnungen erstellen. Ich empfehle folgende Vorgehensweise:

1. Machen Sie sich mit der Eingabe von Koordinaten, dem Ortho-Modus, der direkten Abstandseingabe und dem Überschreiben von Objektfangeinstellungen vertraut.

2. Lernen Sie dann den fortlaufenden Objektfang kennen und probieren Sie den Fangmodus aus.

3. Wenn Sie diese Präzisionsfunktionen verinnerlicht haben, können Sie die polare Spurverfolgung, PolarSnap und die Objektfangspur ausprobieren.

Die Bezeichnungen Fang und Objektfang können leicht verwechselt werden. Denken Sie daran, dass der *Fangmodus* (FANG) die Bewegung des Fadenkreuzes auf Positionen beschränkt, deren Koordinaten Vielfache des aktuellen Fangabstands sind. Der Fangmodus funktioniert unabhängig davon, ob sich Objekte in der Zeichnung befinden. Mithilfe des *Objektfangs* (OFANG) können Sie Punkte vorhandener Objekte einfangen, und zwar unabhängig davon, ob diese dem Fangabstand entsprechen oder nicht.

Die Gerade hinunter

8

In diesem Kapitel

- Linienobjekte mit den Zeichenbefehlen von AutoCAD zeichnen
- An Linien und Polylinien aufstellen
- Mit Rechtecken und Polygonen aufschließen

Wahrscheinlich können Sie sich noch daran erinnern, dass Zeichnen Ihnen einmal einfach Spaß gemacht hat – damals, als Sie im Malbuch mit Buntstiften Bildchen mit Farben gefüllt haben... CAD-Zeichnungen erfordern zwar ein wenig mehr Arbeitsdisziplin, aber dennoch macht es mit AutoCAD einfach Spaß. Beim Zeichnen mit CAD-Programmen beginnen Sie üblicherweise mit *geometrischen* Objekten, wie zum Beispiel Linien, Kreisen, Rechtecken und so weiter, die den abzubildenden realen Objekten entsprechen. Dieses Kapitel zeigt Ihnen, wie lineare geometrische Objekte gezeichnet werden, die sich von einem Punkt bis zu einem anderen erstrecken. In Kapitel 9 werden wir uns dann mit den Kurven befassen.

Nach dem Zeichnen einiger gerader oder gekrümmter geometrischer Formen müssen Sie wahrscheinlich Bemaßungen, Texte und Schraffuren hinzufügen. Diesen Elementen wenden wir uns aber erst im dritten Teil dieses Buches zu. Zunächst einmal sollten Sie sich mit dem Zeichnen geometrischer Formen vertraut machen. Später können Sie sich dann immer noch um deren Beschriftung kümmern.

Beim Zeichnen von geometrischen Formen in AutoCAD müssen Sie auf Objekteigenschaften und die Präzision der angegebenen Punkte achten. Diese Themen werden in den Kapiteln 6 und 7 behandelt. Wenn Sie also gleich eifrig das vorliegende Kapitel aufgeschlagen haben, sollten Sie sich erst einmal einen Augenblick Zeit nehmen, um einen Blick in diese Kapitel zu werfen.

Die AutoCAD-Zeichenbefehle

Um das Kapitel übersichtlicher zu gestalten, habe ich die Zeichenbefehle in drei Kategorien eingeteilt:

- ✔ Gerade Linien und aus geraden Linien zusammengesetzte Objekte (in diesem Kapitel)
- ✔ Kurven (siehe Kapitel 9)
- ✔ Punkte (wenn Sie auf den Punkt kommen wollen, dann wenden Sie sich Kapitel 9 zu)

Tabelle 8.1 bietet einen Überblick über die wichtigsten AutoCAD-Befehle zum Zeichnen zweidimensionaler, linearer Objekte. Dabei werden die Namen der Befehle mit ihren Kürzeln beziehungsweise *Alias* (sofern vorhanden) in Klammern angegeben. In der Tabelle finden Sie auch die Symbole, die auf Schaltflächen und in Menüs aufgeführt werden. Die Multifunktionsleistenschaltflächen befinden sich im Arbeitsbereich 2D-ZEICHNUNG UND BESCHRIFTUNG auf der Registerkarte START in der Gruppe ZEICHNEN. Im Arbeitsbereich AUTOCAD KLASSISCH finden Sie die Befehle im Werkzeugkasten ZEICHNEN und im Menü ZEICHNEN.

Schaltfläche	Befehl	Schaltfläche in der Gruppe ZEICHNEN	Schaltfläche im Werkzeugkasten ZEICHNEN	Menü ZEICHNEN
	LINIE (L)	LINIE	LINIE	LINIE
	STRAHL	STRAHL (im Einblendfenster)	–	STRAHL
	KLINIE (KL)	KONSTRUKTIONSLINIE (im Einblendfenster)	KONSTRUKTIONSLINIE	KONSTRUKTIONSLINIE
	PLINIE (PL)	POLYLINIE	POLYLINIE	POLYLINIE
	POLYGON (PG)	POLYGON	POLYGON	POLYGON
	RECHTECK (RE)	RECHTECK	RECHTECK	RECHTECK

Tabelle 8.1: AutoCAD-Zeichenbefehle für lineare Objekte

Wenn Sie ältere Versionen kennen, unterscheidet sich die Multifunktionsleiste von AutoCAD 2009 offensichtlich deutlich vom bisher Gewohnten. Wie in vielen Multifunktionsleistengruppen gibt es auch in der Gruppe ZEICHNEN weitere Schaltflächen in einem Einblendfenster, das Sie jeweils öffnen oder auch fixieren können. Wenn Sie Ihre Kenntnisse noch einmal auffrischen müssen, dann finden Sie in Kapitel 2 eine Einführung in Multifunktionsleistengruppen und Einblendfenster. Ähnlich werden bei vielen der Optionen im AutoCAD-Menü ZEICHNEN Untermenüs angezeigt, die etliche Variationen der jeweiligen Zeichenbefehle enthalten.

AutoCADs Zeichenbefehle sind hochgradig interaktiv. Sie müssen die Aufforderungen im Fenster der dynamischen Eingabe neben dem Fadenkreuz oder im Befehlsfenster lesen und sie beantworten. Auf viele der im Befehlsfenster angezeigten Befehlsoptionen können Sie auch zugreifen, wenn Sie die Taste [↑] beziehungsweise die Taste [↓] drücken, um sich die Optionen bei der dynamischen Eingabe anzeigen zu lassen. Und Sie können auch durch Klicken mit der rechten Maustaste ein Kontextmenü aufrufen und darin Befehlsoptionen auswählen.

Die dynamische Eingabe von AutoCAD zeigt eine Menge der Informationen an, die früher nur im Befehlsfenster zu finden waren. Um die dynamische Eingabe zu benutzen, sorgen Sie dafür, dass die entsprechende Schaltfläche (DYN bei Textanzeige) in der Statusleiste aktiviert ist (heller angezeigt wird). Insbesondere als AutoCAD-Neuling sollten Sie vorläufig das Befehlsfenster nicht schließen. Ich empfehle, das Befehlsfenster die ganze Zeit über geöffnet und im Fenster fixiert zu lassen.

Und welcher Weg empfiehlt sich? Sollen die Zeichenbefehle besser über die Befehlszeile eingegeben werden, die in allen Arbeitsbereichen zur Verfügung steht? Oder sollten die Befehle besser in der Multifunktionsleiste im Arbeitsbereich 2D-ZEICHNUNG & BESCHRIFTUNG oder über die Menüs oder Werkzeugkästen im Arbeitsbereich AUTOCAD KLASSISCH ausgewählt werden? Ich würde empfehlen, die Zeichenbefehle anfangs (bis Sie sich die Befehlsnamen merken können) durch Anklicken der betreffenden Schaltfläche in der Gruppe oder dem Werkzeugkasten ZEICHNEN aufzurufen. Nach dem Anklicken der Schaltfläche richten Sie Ihre Augen auf das Befehlsfenster, in dem der Name des Befehls und dessen Optionen angezeigt werden. (Autodesk will uns hier wohl ein wenig ärgern, denn dort wird nur der englische Befehlsname mit vorangestelltem Unterstrich angezeigt.) Je nachdem, ob sich Ihre Finger gerade auf der Tastatur oder auf der Maus befinden, verwenden Sie die Tastatur oder das Kontextmenü zur Auswahl der Optionen. Wenn Sie mit einem Zeichenbefehl vertraut sind und ihn häufiger einzusetzen gedenken, lässt sich mit den Tastaturkürzeln meist schneller arbeiten (das ist der Großbuchstabe in Klammern in der Spalte *Befehl* in Tabelle 8.1).

Auf geradem Kurs: Linien, Polylinien und Polygone

An anderen Stellen dieses Buches reite ich häufiger darauf herum, dass CAD-Programme für präzise Zeichnungen gedacht sind, sodass Sie viel Zeit mit dem Zeichnen von Objekten verbringen werden, die aus geraden Liniensegmenten bestehen. Der Rest dieses Kapitels befasst sich mit den entsprechenden Befehlen:

- ✔ LINIE (L): Zeichnet eine Reihe gerader Liniensegmente. Jedes Segment ist dabei ein eigenständiges Objekt.
- ✔ PLINIE (PL): Zeichnet eine *Polylinie* und damit eine Reihe gerader und/oder gekrümmter Liniensegmente. (Ja, hier habe ich etwas geschummelt. Die Kurven kommen zwar erst im nächsten Kapitel dran, aber schließlich wollte ich ein und denselben Befehl nicht an zwei Stellen behandeln!) Alle Segmente bleiben miteinander verbunden und bilden ein einziges Objekt.
- ✔ RECHTECK (RE): Zeichnet eine Polylinie in der Form eines Rechtecks.
- ✔ POLYGON (PG): Zeichnet eine Polylinie in der Form eines *regelmäßigen* Polygons. (Ein Vieleck mit geschlossenem Umriss, bei dem alle Winkel und alle Seitenlängen gleich sind.)

Des Weiteren stehen in AutoCAD die folgenden beiden Befehle zum Zeichnen gerader Linien zur Verfügung:

- ✔ STRAHL: Zeichnet eine (*semi-infinite*) Linie, die an einem Punkt beginnt und sich in einer Richtung unendlich weit erstreckt.
- ✔ KLINIE (KL): Zeichnet eine (*infinite*) Linie, die durch einen Punkt geht und sich in beiden Richtungen unendlich weit erstreckt.

Die Befehle STRAHL und KLinie werden zum Zeichnen von *Konstruktionslinien* verwendet, die als Anhaltspunkte für zusätzliche geometrische Objekte dienen. Das Zeichnen von Konstruktionslinien ist in AutoCAD weniger verbreitet als in einigen anderen CAD-Programmen. Die vielen Präzisionstechniken von AutoCAD bieten oft bessere Möglichkeiten beim Erstellen neuer geometrischer Objekte als Konstruktionslinien.

Am Anfang war die Linie

Der Befehl LINIE zeichnet eine oder mehrere miteinander verbundene Liniensegmente. Nun ja, es sieht erst einmal so aus, als ob mehrere miteinander verbundene Segmente gezeichnet würden. Tatsächlich handelt es sich bei den einzelnen *Segmenten* beziehungsweise Teilstücken mit Endpunkten aber um eigenständige Objekte. Dieser Umstand ist kaum der Rede wert, bis Sie eine Reihe von Segmenten, die mit dem Befehl LINIE gezeichnet worden sind, verschieben oder anderweitig bearbeiten müssen. Denn dann müssen Sie die Segmente einzeln auswählen. Wenn Sie sich derartigen Ärger ersparen wollen, verwenden Sie besser Polylinien (weiter hinten in diesem Kapitel beschrieben) anstelle von Linien und/oder Bögen, wenn die einzelnen Segmente verbunden bleiben und ein einziges Objekt bilden sollen.

Wenn Sie mit anderen Programmen Linien gezeichnet haben, ist es zunächst ein wenig irritierend, dass der Befehl LINIE in AutoCAD nicht nach dem Zeichnen eines einzelnen Liniensegments beendet wird. AutoCAD fordert weiter zur Angabe zusätzlicher Punkte auf, damit Sie eine Reihe (scheinbar) miteinander verbundener Segmente zeichnen können. Wenn Sie mit dem Zeichnen der Segmente fertig sind, drücken Sie einfach [↵], um den Befehl abzuschließen.

Im Unterschied zu vielen anderen AutoCAD-Zeichenbefehlen verfügt LINIE nicht über Unmengen potenziell verwirrender Optionen. Es gibt zwar eine Option namens Schließen zum Erstellen eines geschlossenen Polygons und eine Option Zurück, mit der das jeweils zuletzt gezeichnete Liniensegment entfernt werden kann, aber das war's auch schon.

Wie alle Zeichenbefehle legt auch LINIE die gezeichneten Liniensegmente auf dem aktuellen Layer ab und greift auf dessen aktuelle Eigenschaften (Farbe, Linientyp, Linienstärke, Plotstil und so weiter) zurück. Bei echten (nicht nur experimentellen) Zeichenprojekten sollten Sie Folgendes bedenken:

- ✔ Denken Sie darüber nach, ob es nicht besser wäre, diese Eigenschaften vor dem Zeichnen passend zu setzen. (Ich empfehle die Einstellung VONLAYER für Farbe, Linientyp, Linienstärke und gegebenenfalls benannte Plotstile.) In Kapitel 6 finden Sie Informationen zum Einstellen der aktuellen Eigenschaften über die EIGENSCHAFTEN-Werkzeugleiste.
- ✔ Sorgen Sie dafür, dass Sie eine der AutoCAD-Präzisionstechniken verwenden, wie zum Beispiel Objektfang, eingetippte Koordinaten oder Spurverfolgung, damit die Angabe der einzelnen Objektpunkte wirklich präzise erfolgt. Diese Hilfsmittel werden in Kapitel 7 beschrieben.

Mit diesen Schritten zeichnen Sie mit dem Befehl `LINIE` eine Reihe von Liniensegmenten:

1. **Aktivieren Sie einen passenden Layer und setzen Sie die anderen Objekteigenschaften, die auf das zu zeichnende Liniensegment angewendet werden sollen.**

2. **Klicken Sie die Schaltfläche Linie auf der Multifunktionsleisten-Registerkarte Start in der Gruppe Zeichnen an oder tippen Sie `L` ein und drücken Sie [↵]. Im Arbeitsbereich AutoCAD Klassisch klicken Sie Linie im Werkzeugkasten oder im Menü Zeichnen an oder Sie geben `L` ein und drücken Sie [↵].**

AutoCAD führt den Befehl `LINIE` aus und fordert Sie zur Angabe des ersten Punktes auf.

3. **Legen Sie den Startpunkt durch Klicken oder Eintippen der Koordinaten fest.**

   Denken Sie dabei an den Einsatz einer der in den Kapiteln 6 und 7 beschriebenen Präzisionstechniken. Für den ersten Punkt eignen sich Objektfang, Fang, Spurverfolgung und die direkte Koordinateneingabe gleichermaßen.

   AutoCAD fordert Sie zur Angabe des anderen Endpunkts des ersten Liniensegments auf. Im Befehlsfenster wird Folgendes angezeigt:

   `Nächsten Punkt angeben oder [Zurück]:`

   Sie bekommen die Eingabeaufforderung des Befehls auch im dynamischen QuickInfo-Fenster neben dem Fadenkreuz zu sehen, wenn Sie [↓] drücken. Das Symbol mit dem Pfeil im QuickInfo-Fenster weist dabei darauf hin, dass Optionen verfügbar sind.

4. **Geben Sie weitere Punkte durch Klicken oder Eintippen an.**

   Setzen Sie wieder eine der AutoCAD-Präzisionstechniken ein. Beim zweiten und allen nachfolgenden Schritten eignen sich neben den im letzten Schritt erwähnten Techniken auch der Ortho-Modus und die direkte Abstandsangabe.

   Wenn Sie den dritten Punkt angegeben haben, wird die Eingabeaufforderung durch die Option `Schließen` ergänzt:

   `Nächsten Punkt angeben oder [Schließen/Zurück]:`

5. **Wenn Sie mit dem Zeichnen der Segmente fertig sind, schließen Sie den Vorgang mit einem der folgenden Schritte ab:**

   - Drücken Sie [↵] oder klicken Sie irgendwo im Zeichnungsbereich mit der rechten Maustaste und wählen Sie im Kontextmenü Eingabe, um die Figur offen zu lassen.
   - Drücken Sie [S] und dann [↵] oder drücken Sie [↓] und wählen Sie im Menü Schliessen (siehe Abbildung 8.1), um die Figur zu schließen.

   In beiden Fällen zeigt die leere Eingabeaufforderung an, dass der Befehl `Linie` abgeschlossen wurde:

   `Befehl:`

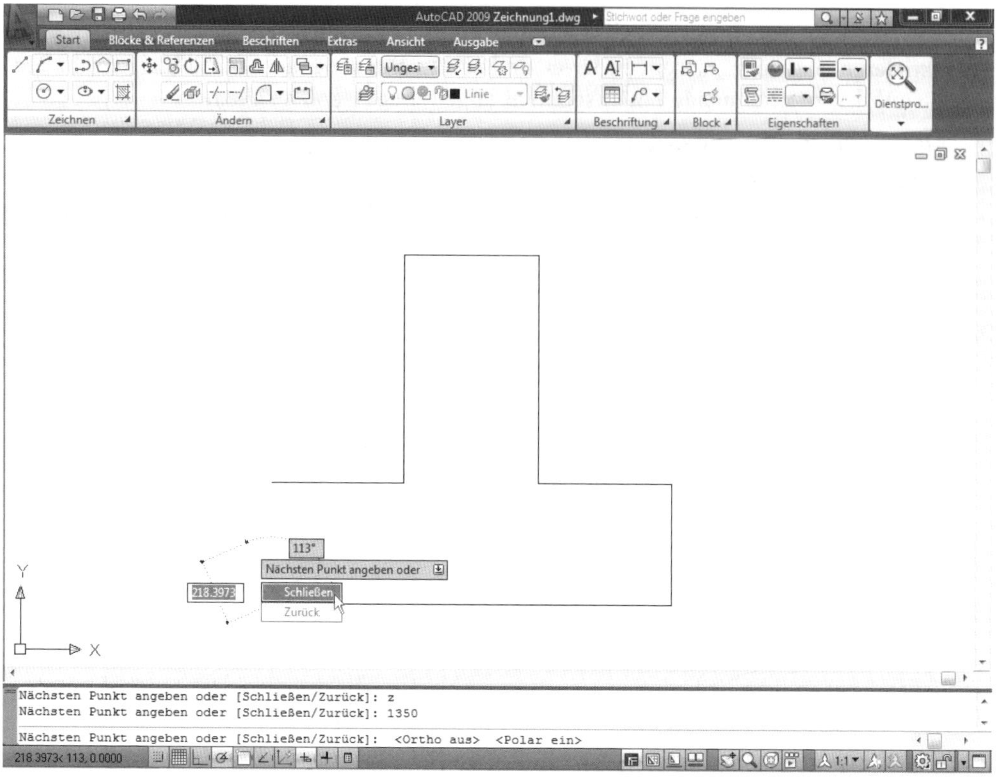

Abbildung 8.1: Zeichnen von Liniensegmenten mit dem Befehl `Linie`

Die Linien mit Polylinie verbinden

Der Befehl `LINIE` ist zwar für einige Zeichenaufgaben gut geeignet, aber meist ist der Einsatz des Befehls `PLINIE` sinnvoller und in vielen Situationen flexibler. Der Befehl `PLINIE` zeichnet ein spezielles Objekt, das *Polylinie* genannt wird. Vielleicht hören Sie ja CAD-Zeichner auch von P-Linien reden.

Die wichtigsten Unterschiede zwischen den Befehlen `LINIE` und `PLINIE` sind:

- ✔ Der Befehl `Linie` zeichnet eine Reihe eigenständiger Liniensegment-Objekte. Selbst wenn es auf dem Bildschirm so aussieht, als ob diese miteinander verbunden wären, sind die einzelnen Segmente doch eigenständige Objekte. Wenn Sie ein Liniensegment verschieben, ändern die anderen, gleichzeitig gezeichneten Segmente ihre Position nicht.

- ✔ Der Befehl `PLinie` zeichnet andererseits ein einzelnes, verbundenes Objekt, das aus mehreren Segmenten besteht. Wenn Sie ein Segment zur Bearbeitung auswählen, betreffen die Änderungen die gesamte Polylinie. Abbildung 8.2 verdeutlicht die unterschiedliche Reaktion der gleichen Skizze bei der Auswahl eines der Objekte, wenn diese mit `LINIE` beziehungsweise `PLINIE` gezeichnet werden.

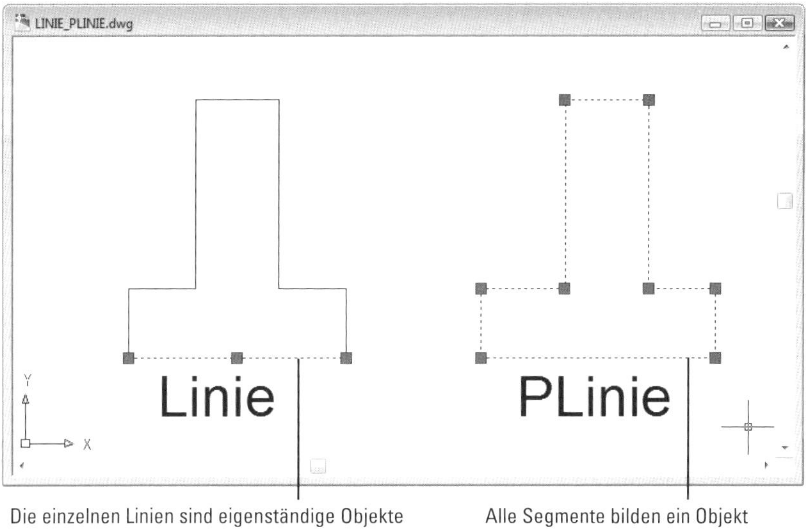

Abbildung 8.2: Ergebnisse des Einsatzes der Befehle `LINIE` *und* `PLINIE`

Sie sollten `PLINIE` dem Befehl `LINIE` üblicherweise vorziehen, wenn eine Reihe verbundener Liniensegmente zu zeichnen ist. Wenn Sie eine Reihe von Segmenten zeichnen, deren End- und Anfangspunkte übereinstimmen, ist es sehr wahrscheinlich, dass diese Segmente auch logisch miteinander verbunden sind. Beispielsweise können Sie den Umriss eines einzelnen Objekts oder eines fortlaufenden Gehwegs darstellen. Wenn die Segmente logisch verbunden sind, ist es sinnvoll, wenn diese auch in AutoCAD miteinander verbunden bleiben. Der offensichtliche praktische Vorteil des Gruppierens von Segmenten in einer Polylinie besteht darin, dass sich dann viele Bearbeitungsoperationen effizienter ausführen lassen. Wenn Sie ein beliebiges Segment in einer Polylinie zur Bearbeitung auswählen, ist davon die gesamte Polylinie betroffen.

- ✔ Mit dem Befehl `PLINIE` können nicht nur Linien, sondern auch Kurvensegmente gezeichnet werden. Wenn Sie eine Kombination linearer und gekrümmter Segmente erstellen wollen, müssen Sie ständig zwischen den Befehlen `LINIE` und `BOGEN` (wird in Kapitel 9 behandelt) umschalten. Wenn Sie `PLINIE` verwenden, können Sie durch Auswahl der nach dieser Aufzählung beschriebenen Befehlsoptionen zwischen linearen und bogenförmigen Abschnitten wechseln.

- ✔ Sie können die Breite der Segmente einer Polylinie einzeln festlegen. Die Breite der Polyliniensegmente ähnelt der Objekteigenschaft Linienstärke, kann aber konstant sein oder sich verjüngen. Die Möglichkeit des Erstellens von Polyliniensegmenten mit unterschiedlichen Linienstärken war früher, als es die Linienstärke in AutoCAD noch nicht als Objekteigenschaft gab, wichtiger. Polylinien wurden ein wenig breiter gezeichnet, um die Segmente etwas stärker als normal zu plotten. Heute lässt sich dieser Effekt einfacher und effizienter über die Linienstärke von Objekten (siehe Kapitel 6) oder Plotstile erreichen (siehe Kapitel 16).

Nach dem Erstellen einer Polylinie lassen sich deren Segmente ändern, wenn man die entsprechenden Knotenpunkte auswählt und diese verschiebt. (Die kleinen Quadrate an den Knotenpunkten in Abbildung 8.2 werden *Griffe* genannt. In Kapitel 10 finden Sie Einzelheiten zum Bearbeiten mit Griffen.) Bei komplizierteren Bearbeitungen von Polylinien können Sie den Befehl `PEDIT` einsetzen oder die Polylinie mit dem Befehl `URSPRUNG` in mehrere Linien- und Bogensegmente zerlegen. (Dabei gehen dann allerdings die für die einzelnen Segmente der Polylinie festgelegten Linienbreiten verloren.) Wenn Sie mehr über diese beiden Befehle erfahren wollen, schlagen Sie sie über den Index der Online-Hilfe nach.

Wie das folgende Beispiel zeigt, ähnelt das Zeichnen von Polylinien, die aus geraden Segmenten bestehen, stark dem Zeichnen mit dem Befehl `LINIE`. Sie sollten sorgfältig auf die Aufforderungen in der Befehlszeile achten, da der Befehl `PLINIE` über recht viele Optionen verfügt! Wenn die dynamische Eingabe aktiviert ist, können Sie sich mit [↓] am Fadenkreuz die Optionen anzeigen lassen. Sie können die Option aber auch aus dem Kontextmenü auswählen, wenn Sie mit der rechten Maustaste irgendwo in den Zeichnungsbereich klicken, oder Sie achten auf die Befehlszeile.

Mit den folgenden Schritten zeichnen Sie eine aus geraden Segmenten bestehende Polylinie:

1. **Aktivieren Sie einen passenden Layer und setzen Sie die anderen Objekteigenschaften, die auf das zu zeichnende Liniensegment angewendet werden sollen.**

2. **Aktivieren Sie die Registerkarte START in der Multifunktionsleiste.**

   Die Gruppen auf der Registerkarte START enthalten die gebräuchlichsten AutoCAD-Befehle.

3. **Klicken Sie in der Multifunktionsleistengruppe ZEICHNEN die Schaltfläche POLYLINIE an. Im Arbeitsbereich AUTOCAD KLASSISCH klicken Sie diese Option im Werkzeugkasten oder im Menü ZEICHNEN an. Sie können auch einfach `PL` eintippen und [↵] drücken.**

   AutoCAD startet den Befehl `PLINIE` und fordert Sie zur Angabe des Startpunkts auf.

4. **Legen Sie den Startpunkt durch Anklicken oder Eintippen der Koordinaten fest.**

   AutoCAD zeigt die Linienbreite des aktuellen Polyliniensegments an und fordert Sie zur Angabe des anderen Endpunkts des ersten Polyliniensegments auf:

```
Aktuelle Linienbreite beträgt 0.0000
Nächsten Punkt angeben oder
         [Kreisbogen/Halbbreite/sehnenLänge/Zurück/Breite]:
```

5. **Wenn die aktuelle Linienbreite nicht null ist, können Sie sie (wie in der folgenden Befehlszeilenausgabe) durch Eintippen von `B`, [↵], `0`, [↵], `0` auf diesen Wert zurücksetzen:**

```
Nächsten Punkt angeben oder
         [Kreisbogen/Halbbreite/sehnenLänge/Zurück/Breite]: B
         Startbreite angeben <0.0000>: 0
         Endbreite angeben <0.0000>: 0
Nächsten Punkt angeben oder
         [Kreisbogen/Halbbreite/sehnenLänge/Zurück/Breite]:
```

Wenn Sie jetzt glauben sollten, dass AutoCAD bei einer Linienbreite von null für Polyliniensegmente mit »unsichtbarer Tinte« schreibt, dann haben Sie sich getäuscht. Bei einer Linienbreite von null wird das Segment in der normalen, dünnen Linienbreite auf dem Bildschirm dargestellt.

6. **Legen Sie weitere Punkte durch Anklicken oder Eintippen der Koordinaten fest.**

   Nach der Angabe des zweiten Punktes fügt AutoCAD die Option `Schließen` zur Eingabeaufforderung hinzu. Die Aufforderung im Befehlsfenster lautet:

   ```
   Nächsten Punkt angeben oder
       [Kreisbogen/SchließenHalbbreite/sehnenLänge/Zurück/Breite]:
   ```

   Zudem können Sie sich Optionen in den Fenstern der dynamischen Eingabe anzeigen lassen und dort auswählen (siehe Abbildung 8.3).

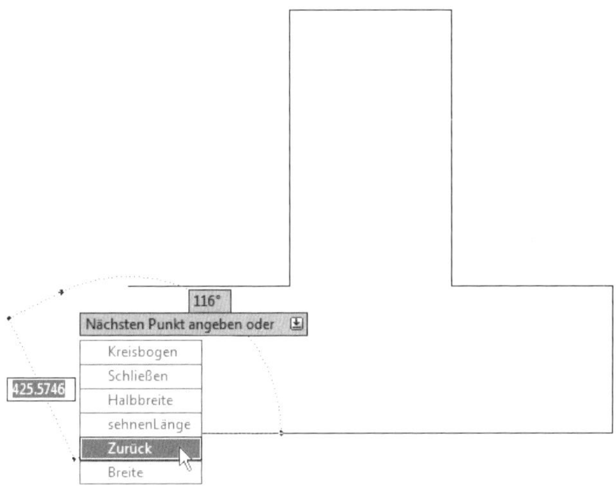

Abbildung 8.3: Eine Polylinie erstellen

7. **Wenn Sie mit dem Zeichnen der Segmente fertig sind, drücken Sie entweder [↵] (die Figur bleibt offen) oder Sie tippen [S] ein und drücken [↵] (um die Figur zu schließen).**

   AutoCAD zeichnet das letzte Segment. Die leere Befehlszeile weist darauf hin, dass der Befehl `PLINIE` abgeschlossen wurde

In der folgenden Anleitung greife ich den Dingen ein wenig voraus. Sie erhalten eine Vorschau auf kommende (kurvige) Attraktionen und werden ein Bogensegment zu einer Polylinie hinzufügen.

Aus technischer Sicht handelt es sich bei den gebogenen Segmenten in Polylinien um *Kreisbögen* – Kreisausschnitte mit einem Mittelpunkt, die Sie mit dem AutoCAD-Befehl `BOGEN` zeichnen können. Mit AutoCAD lassen sich andere Arten von Kurven zeichnen, wie zum Beispiel Ellipsen und Splines, aber nicht innerhalb des Befehls `PLINIE`.

Mit den folgenden Schritten zeichnen Sie eine Polylinie mit Bogensegmenten:

1. **Wiederholen Sie die Schritte 1 bis 6 der vorherigen Anleitung.**

2. **Wenn Sie so weit sind, dass Sie ein oder mehrere Kreisbögen hinzufügen können, tippen Sie zur Auswahl der Option `Kreisbogen` den Buchstaben `K` ein und drücken ↵.**

   Im Befehlsfenster werden nun die Optionen für Bogensegmente angezeigt. Die meisten dieser Optionen entsprechen den vielen Möglichkeiten zum Zeichnen von Kreisbögen mit AutoCAD. Diese werden in den Abschnitten über Bögen in Kapitel 9 erläutert. Im Befehlsfenster wird Folgendes angezeigt:

   ```
   Endpunkt des Bogens angeben oder
            [Winkel/ZEntrum/Schließen/RIchtung/Halbbreite/LInie/
            RAdius/zweiter Pkt/ZUrück/Breite]:
   ```

3. **Legen Sie den Endpunkt des Bogens durch Anklicken eines Punktes im Zeichnungsbereich oder Eintippen der Koordinaten fest.**

   AutoCAD zeichnet das Bogensegment der Polylinie. In der Befehlszeile werden weiterhin die Bogensegmentoptionen angezeigt.

   Zu den Optionen zählen an dieser Stelle:

   - Angabe zusätzlicher Punkte zum Zeichnen weiterer Bogensegmente
   - Auswahl eines anderen Verfahrens zum Zeichnen von Bögen (zum Beispiel `ZEntrum` oder `zweiter Pkt`)
   - Rückkehr zum Zeichnen gerader Liniensegmente mit der Option `LInie`

   In diesem Beispiel gehe ich wieder zum Zeichnen gerader Liniensegmente über.

Das vielleicht nützlichste alternative Verfahren beim Zeichnen von Bögen ist `zweiter Pkt`. Sie können es einsetzen, um flexibler hinsichtlich der Richtung des Bogens zu werden, verlieren dabei aber die Tangente bei aufeinanderfolgenden Segmenten. Manchmal ist es aber ohnehin besser, sich nicht an der Tangente zu orientieren.

4. **Tippen Sie zur Auswahl der Option `LInie` `LI` ein und drücken Sie ↵.**

   ```
   Endpunkt des Bogens angeben oder
            [Winkel/ZEntrum/Schließen/RIchtung/Halbbreite/LInie/
            RAdius/zweiter Pkt/ZUrück/Breite]: LI
   ```

Die Eingabeaufforderung zeigt wieder die Optionen zum Zeichnen gerader Liniensegmente an.

```
Nächsten Punkt angeben oder
    [Kreisbogen/Schließen/Halbbreite/sehnenLänge/Zurück/Breite]:
```

5. **Legen Sie weitere Punkte durch Anklicken oder Eintippen der Koordinaten fest.**
6. **Wenn Sie mit dem Zeichnen der Segmente fertig sind, drücken Sie entweder [↵] oder tippen Sie [S] ein und drücken Sie [↵].**

Abbildung 8.4 zeigt einige der Objekte, die sich mit dem Befehl `PLINIE` mit geraden und/oder bogenförmigen Segmenten zeichnen lassen.

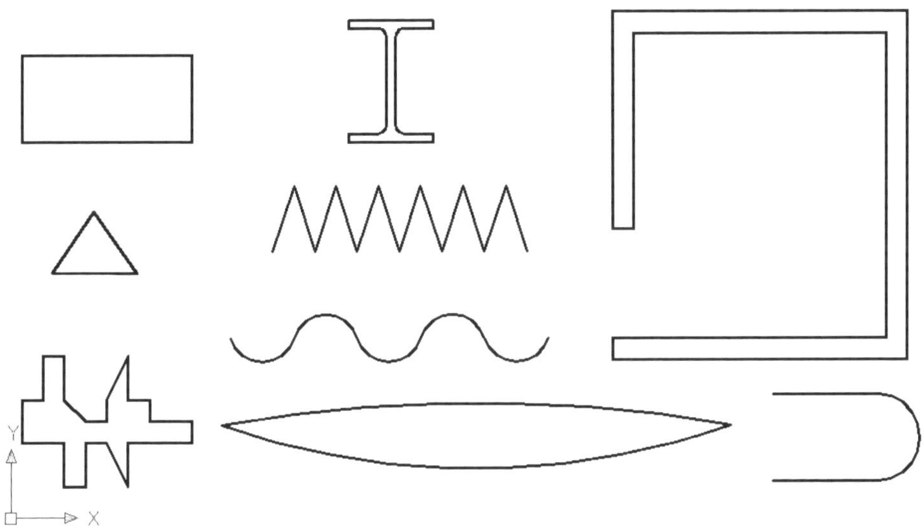

Abbildung 8.4: Unmengen an Polylinien

Die Befehle `LINE` und `PLINE` eignen sich gut zum Zeichnen einer Reihe miteinander verbundener einfacher Linien. Was aber, wenn man eine Reihe doppelter Linien zeichnen will, die zum Beispiel die Seiten von Wänden oder Straßen darstellen sollen? Einige der verfügbaren Optionen sind:

✔ Verwenden Sie den AutoCAD-Befehl `MLINIE` zum Zeichnen von Multilinien, einer Reihe von zwei oder mehr parallelen, geraden Linien. Die Multilinienfunktion von AutoCAD war bei ihrem Debüt in Release 13 voller Beschränkungen. Seither ist sie abgesehen von ein paar kleineren Änderungen in AutoCAD 2006 kaum besser geworden. Wenn Sie sich ernsthaft mit dieser Funktion anlegen wollen, finden Sie in der Online-Hilfe bei den Befehlen `MLINIE` und `MLSTIL` ausführlichere Informationen. Sie sollten sich aber auf einige Experimente und Stolperfallen gefasst machen.

- ✔ Verwenden Sie den Befehl `PLINIE` zum Zeichnen eines einfachen Satzes zusammenhängender Linien und/oder Bogensegmente und anschließend den Befehl `VERSETZ`, um einen oder mehrere Sätze paralleler Segmente zu erstellen. Der Befehl `VERSETZ` wird in Kapitel 11 behandelt.

Nur in AutoCAD LT können Sie den Befehl `DLINIE` (`DL`) zum Zeichnen von paarweise parallelen Linien- und/oder Bogensegmenten (Doppellinien) verwenden. In AutoCAD LT gibt es den Befehl `MLINIE` nicht. Angesichts der Probleme mit `MLINIE` handelt es sich aber wohl eher um einen Segen als um eine Einschränkung. In AutoCAD gibt es wiederum den Befehl `DLINIE` nicht. (Ein Punkt für den kleinen Bruder!)

Rechtecke (können so quadratisch sein)

Mit den Befehlen `PLinie` oder `Linie` können Sie Rechtecke segmentweise zeichnen. In den meisten Fällen ist es jedoch einfacher, wenn Sie dazu den speziellen Befehl `RechtEck` verwenden. Das folgende Beispiel zeigt, wie das geht:

1. **Aktivieren Sie einen passenden Layer und setzen Sie die anderen Objekteigenschaften, die auf das zu zeichnende Liniensegment angewendet werden sollen.**
2. **Aktivieren Sie die Registerkarte START in der Multifunktionsleiste.**
3. **Klicken Sie in der Multifunktionsleistengruppe ZEICHNEN die Schaltfläche RECHTECK an. Im Arbeitsbereich AUTOCAD KLASSISCH klicken Sie diese Option im Werkzeugkasten oder im Menü ZEICHNEN an. Sie können auch `RE` eintippen und [↵] drücken.**

AutoCAD startet den Befehl `RECHTECK` und fordert Sie in der Befehlszeile zur Angabe eines Punktes für eine der Ecken des Rechtecks auf:

```
Ersten Eckpunkt angeben oder
        [Fasen/Erhebung/Abrunden/Objekthöhe/Breite]:
```

Mit den zusätzlichen Befehlsoptionen lassen sich fantastische Effekte erzielen. Die Vorgabeoptionen sind aber für die meisten Zwecke am besten geeignet. Sehen Sie im AutoCAD-Hilfesystem beim Befehl `RECHTECK` nach, wenn Sie mehr über die Optionen erfahren wollen.

4. **Legen Sie den ersten Eckpunkt durch Anklicken oder Eintippen der Koordinaten fest.**

   Sie werden in der Befehlszeile zur Angabe des anderen Eckpunkts (diagonal entgegengesetzt zur ersten Ecke) des Rechtecks aufgefordert:

   ```
   Anderen Eckpunkt angeben oder [Fläche/Abmessungen/Drehung]:
   ```

5. **Legen Sie den anderen Eckpunkt durch Anklicken oder Eintippen der Koordinaten fest.**

Wenn Sie die Abmessungen des zu zeichnenden Rechtecks kennen (zum Beispiel 100 Einheiten lang und 75 Einheiten hoch), können Sie relative Koordinaten zur Angabe der Abmessungen verwenden (zum Beispiel `@100,75`). (Kapitel 7 beschreibt die Eingabe von Koordinaten.)

AutoCAD zeichnet das Rechteck.

Anders als der vernachlässigte Befehl `MLINIE` wurde `RECHTECK` seit seinem Debüt beträchtlich verbessert. Sie können nun einen Winkel für die Drehung und (praktisch für Raumplaner) einen Maßstab und eine Fläche angeben. `RECHTECK` berechnet dann die Länge der anderen Seite und zeichnet das Rechteck.

Die Zahl der Seiten mit »Polygon« wählen

Rechtecke und andere geschlossene Polylinien sind *Polygone* beziehungsweise geschlossene Figuren mit drei oder mehr Seiten. Mit dem Befehl `POLYGON` lassen sich schnell *regelmäßige Polygone* zeichnen, bei denen alle Seiten und Winkel gleich sind.

Die folgenden Schritte verdeutlichen den Befehl `POLYGON`:

1. **Aktivieren Sie einen passenden Layer und setzen Sie die anderen Objekteigenschaften, die auf das zu zeichnende Liniensegment angewendet werden sollen.**

2. **Aktivieren Sie die Registerkarte START in der Multifunktionsleiste.**

3. **Klicken Sie in der Multifunktionsleistengruppe ZEICHNEN die Schaltfläche POLYGON an. Im Arbeitsbereich AUTOCAD KLASSISCH klicken Sie diese Option im Werkzeugkasten oder im Menü ZEICHNEN an. Sie können auch `PG` eintippen und [↵] drücken.**

AutoCAD startet den Befehl `POLYGON` und fordert Sie in der Befehlszeile zur Eingabe der Anzahl der Seiten des Polygons auf:

```
Anzahl Seiten eingeben <4>:
```

4. **Tippen Sie die Anzahl der Seiten des zu zeichnenden Polygons ein und drücken Sie [↵].**

Sie werden in der Befehlszeile zur Angabe des Mittelpunkts des Polygons aufgefordert:

```
Polygonmittelpunkt angeben oder [Seite]:
```

Die Option `Seite` können Sie dazu verwenden, ein Polygon durch Angabe einer Seite statt durch Angabe von Mittelpunkt und Radius eines gedachten Umkreises oder Inkreises zu zeichnen. Das Verfahren mit dem imaginären Kreis ist allerdings deutlich verbreiteter.

5. **Legen Sie den Mittelpunkt durch Anklicken eines Punktes oder Eintippen der Koordinaten fest.**

Sie werden in der Befehlszeile gefragt, ob sich das Polygon innerhalb (Umkreis, die Ecken des Polygons berühren den Kreis) oder außerhalb (Inkreis, die Seitenlinien des Polygons berühren den Kreis) eines gedachten Kreises befinden soll, dessen Radius im folgenden Schritt angegeben wird:

```
Option eingeben [Umkreis/Inkreis] <U>:
```

6. **Geben Sie** U **oder** I **ein und drücken Sie** ↵**.**

   Sie werden in der Befehlszeile zur Angabe des Radius eines gedachten Kreises aufgefordert:

   ```
   Kreisradius angeben:
   ```

7. **Legen Sie den Radius durch Eintippen des Abstands oder Anklicken eines Punktes fest.**

   AutoCAD zeichnet das Polygon.

Wenn Sie einen Abstand angeben oder einen Punkt mit aktiviertem Ortho-Modus anklicken, wird das Polygon wie in Abbildung 8.5 orthogonal ausgerichtet.

Abbildung 8.5 zeigt, was bei der sogenannten »Polygonie«, der Sucht nach dem Zeichnen vieler Polygone, herauskommen kann. Übrigens ist »Polygonie« (zumindest meines Wissens) in den meisten Ländern nicht strafbar.

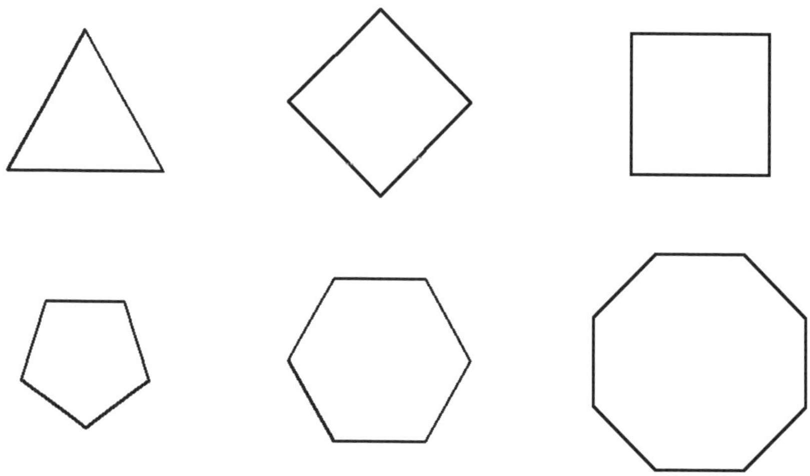

Abbildung 8.5: Eine Polygonparty

Gefährliche Schikanen

9

In diesem Kapitel

- Mit Kreisen, Bögen, Splines und Wolken loslegen
- Versuche mit Ellipsen starten
- Experimente mit Ringen durchführen
- Punkte sammeln

Auch wenn gerade Liniensegmente in vielen CAD-Zeichnungen dominieren, dürfte es selbst im eintönigsten, rechteckig-linearen Entwurf doch die eine oder andere »Kurve« geben. Und wenn Sie Autokarosserien oder Gaudí-Gebäude entwerfen, dürfte es in Ihren Zeichnungen eine Menge Kurven geben!

Um angesichts der Pisa-Studie etwas zur Allgemeinbildung beizutragen: Gaudí-Gebäude sind keine Spaß- oder Freudenhäuser. Der katalanische Architekt Antoni Gaudí lebte von 1852 bis 1926 und ist insbesondere für seine ungewöhnlichen (wenig linearen!) Bauten und sein Hauptwerk, die 1882 begonnene und bis heute unvollendete Kathedrale *Sagrada Familia,* in Barcelona bekannt.

Zeichnungen können auch Punkte enthalten. Daher werde ich Sie am Ende dieses Kapitels mit der Erstellung von Punktobjekten in AutoCAD vertraut machen. Erst einmal werde ich Ihnen aber zeigen, wie Sie die folgenden AutoCAD-Befehle zum Zeichnen von Kurven verwenden können:

- ✔ `Kreis`: zeichnet Kreise
- ✔ `Bogen`: zeichnet Kreisbögen (Ausschnitte von Kreisen, nicht von Ellipsen, Parabeln oder anderen komplexen Kurven)
- ✔ `ELlipse`: zeichnet Ellipsen und elliptische Bögen
- ✔ `SPLINE`: zeichnet glatt fließende Kurven in vielerlei Varianten
- ✔ `Ring`: zeichnet gefüllte ringförmige Objekte und Kreise
- ✔ `REVWOLKE`: zeichnet freihändige »Wolkengebilde«, die üblicherweise zur Kennzeichnung geänderter Bereiche in Zeichnungen verwendet werden

(Gewagte) Kurven

In Tabelle 9.1 werden die AutoCAD-Befehle zum Zeichnen gekrümmter Objekte aufgeführt. Dabei werden die Symbole in der Multifunktionsleiste, den Werkzeugkästen, Menüs und die Befehle mit Alias (sofern vorhanden) aufgeführt. Die Tabelle teilt Ihnen auch mit, wo sich die

Befehle in der Multifunktionsleiste im Arbeitsbereich 2D-ZEICHNUNG UND BESCHRIFTUNG und im Arbeitsbereich AUTOCAD KLASSISCH im Werkzeugkasten ZEICHNEN und im Menü ZEICHNEN befinden beziehungsweise wie Sie die Befehle eingeben können.

Schaltfläche	Befehl	Schaltfläche in der Gruppe ZEICHNEN	Schaltfläche im Werkzeugkasten ZEICHNEN	Menü ZEICHNEN
	BOGEN (B)	BOGEN	BOGEN	BOGEN (mit Untermenü)
	KREIS (K)	KREIS	KREIS	KREIS (mit Untermenü)
	REVWOLKE	REVISIONSWOLKE	REVISIONSWOLKE	REVISIONSWOLKE
	RING (RI)	RING (im Einblendfenster)	–	RING
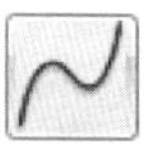	SPLINE (SPL)	SPLINE (im Einblendfenster)	SPLINE	SPLINE
	ELLIPSE (EL)	ELLIPSE	ELLIPSE	ELLIPSE (mit Untermenü)
	ELLIPSE (EL), A	ELLIPSE|ELLIPTISCHER BOGEN (Flyout)	Ellipse Arc	ELLIPSE|BOGEN (mit Untermenü)

Tabelle 9.1: AutoCAD-Zeichenbefehle für gekrümmte Objekte

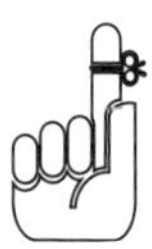

Einblendfenster sind Bestandteil der Multifunktionsleiste in den Arbeitsbereichen 2D-ZEICHNUNG & BESCHRIFTUNG und 3D-MODELLIERUNG von AutoCAD 2009. Einblendfenster finden Sie in Gruppen, in denen rechts neben dem Gruppentitel ein kleines schwarzes Dreieck angezeigt wird. Um ein Einblendfenster zu öffnen, klicken Sie den Gruppentitel (zum Beispiel ZEICHNEN) an. Die Gruppe wird erweitert und die Titelleiste wird an den unteren Rand des Einblendfensters verschoben, wobei das kleine schwarze Dreieck durch eine Pinnnadel ersetzt wird. Wenn Sie die Schaltfläche eines Werkzeugs angeklickt haben, wird das Einblendfenster wieder geschlossen. Wenn Sie die Pinnnadel-Schaltfläche in der Titelleiste anklicken, bleibt das Einblendfenster geöffnet.

Nicht alle Zeichenbefehle stehen bei jedem Eingabeverfahren zur Verfügung. Einige Zeichenbefehle, wie zum Beispiel STRAHL, MLINIE und RING, befinden sich nicht im klassischen Werkzeugkasten ZEICHNEN. Diese Befehle müssen Sie dann entweder eintippen oder im Menü ZEICHNEN auswählen.

Wenn Sie mit einer der früheren AutoCAD-Versionen vertraut sind, werden Sie vielleicht vermuten, dass auch in der Gruppe ZEICHNEN in der neuen Multifunktionsleiste von AutoCAD 2009 einige Befehle fehlen. Nun, das Problem hat sich nur verlagert! Diese Befehle gibt es zwar immer noch, aber sie wurden verschoben, um dem neuen, aufgabenorientierten Ansatz zu entsprechen. Die Befehle zum Erstellen und Einfügen von Blöcken befinden sich zwar zum Beispiel weiterhin im klassischen Menü und dem klassischen Werkzeugkasten ZEICHNEN, aber in der Multifunktionsleiste wurden sie in die Gruppe BLOCK beziehungsweise auf die Registerkarte BLÖCKE & REFERENZEN verschoben. Ebenso finden Sie die Textbefehle in der Multifunktionsleistengruppe BESCHRIFTUNG, während sie sich bei der klassischen Benutzeroberfläche weiterhin im Menü und Werkzeugkasten ZEICHNEN befinden.

Jetzt geht es rund

AutoCAD kennt einfache, intuitive und … *andere* Verfahren zum Zeichnen von Kreisen. Beim einfachen Verfahren legen Sie den Mittelpunkt und dann den Radius (Standardvariante) oder den Durchmesser an. Sie können Kreise aber auch anders definieren und eine der folgenden Befehlsoptionen nutzen:

- ✔ **2 Punkte (2P):** Zeichnet einen Kreis, bei dem die Entfernung zwischen zwei angegebenen Punkten dem Kreisdurchmesser entspricht. Wenn Sie die Tastatur benutzen, geben Sie im Anschluss an den Befehl `KREIS` zur Auswahl dieser Option `2P` in die Befehlszeile ein. In den QuickInfos oder im klassischen Menü ZEICHNEN heißt diese Option 2 PUNKTE.
- ✔ **3 Punkte (3P):** Zeichnet einen Kreis durch drei beliebige angegebene Punkte.
- ✔ **Tangente-Tangente-Radius (Ttr):** Zeichnet einen Kreis mit einem angegebenen Radius, der zwei bereits existierende Zeichnungsobjekte berührt.
- ✔ **Tangente-Tangente-Tangente:** Zeichnet einen Kreis, der drei *zulässige* vorhandene Objekte berührt. (Zulässig heißt hier, dass es mathematisch möglich ist, einen Kreis zu erzeugen, der die drei ausgewählten Objekte berührt.) Beachten Sie, dass Sie diese Art von Kreis nicht durch Eintippen von Optionen in der Befehlszeile erstellen können, da die entsprechende Option fehlt. Bei diesem Verfahren handelt es sich eigentlich um ein Makro, das über die Schaltfläche in der Multifunktionsleistengruppe oder im klassischen Menü ZEICHNEN ausgewählt werden muss.

Abbildung 9.1 verdeutlicht die sechs verschiedenen Möglichkeiten zum Zeichnen von Kreisen. Ob diese zusätzlichen Verfahren zum Zeichnen von Kreisen nützlich oder überflüssig sind, hängt von der Art der zu erstellenden Zeichnungen und der Art der Definition geometrischer Objekte in der jeweiligen Branche ab. Machen Sie sich erst mit dem vorgegebenen Verfahren (Mittelpunkt/Radius) vertraut und probieren Sie dann die anderen Verfahren aus, um festzustellen, ob Ihnen diese nützlich sein können. Wenn sich danach alles im Kreis dreht, können Sie die Kreise wieder auf die übliche Weise zeichnen und sie mit anderen, geeigneten Mitteln in die gewünschte Position bringen.

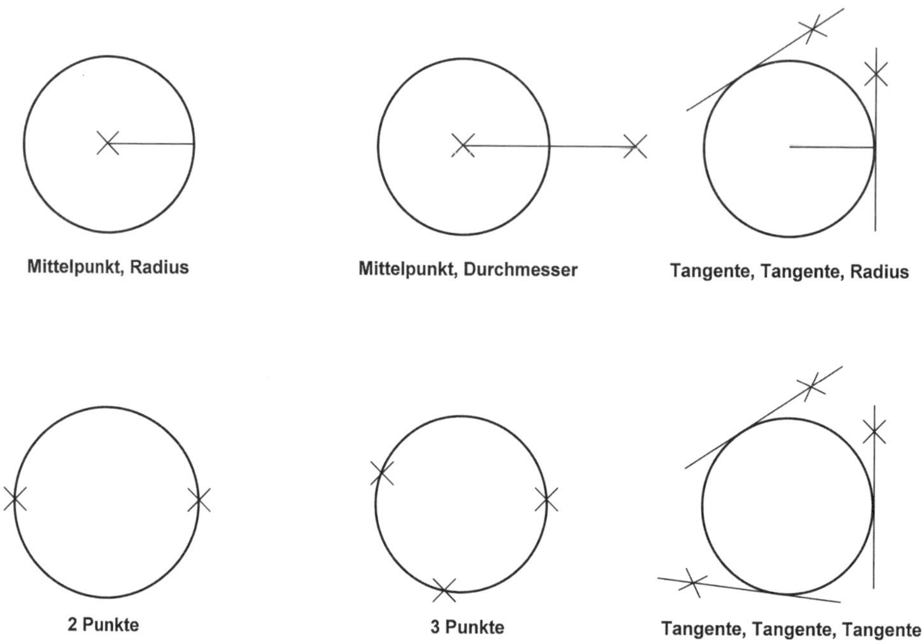

Abbildung 9.1: Pi mal r zum Quadrat; Kreise mit dem Radius r

Führen Sie die folgenden Schritte aus, um den Befehl `KREIS` zu benutzen:

1. **Aktivieren Sie in der Multifunktionsleiste die Registerkarte START.**

   Die am häufigsten verwendeten AutoCAD-Befehle befinden sich auf der Multifunktionsleisten-Registerkarte START.

2. **Aktivieren Sie den entsprechenden Layer und setzen Sie weitere Eigenschaften, die dem zu zeichnenden Kreis zugeordnet werden sollen.**

3. **Klicken Sie die Schaltfläche KREIS in der Multifunktionsleistengruppe oder dem klassischen Werkzeugkasten ZEICHNEN an. Alternativ können Sie `K` eintippen und [↵] drücken.**

   AutoCAD startet den Befehl `KREIS` und fordert Sie in der Befehlszeile zur Angabe des Kreismittelpunkts auf. Wenn die dynamische Eingabe eingeschaltet ist, drücken Sie [↓] auf der Tastatur, um sich die Optionen am Fadenkreuz anzeigen zu lassen. Die Meldung in der Befehlszeile lautet:

   ```
   Zentrum für Kreis angeben oder [3P/2P/Ttr (Tangente Tangente Radius)]:
   ```

   Die Eingabeaufforderung zeigt die anderen Verfahren zum Zeichnen von Kreisen in AutoCAD an. Wenn Sie sich über die weniger gebräuchlichen Verfahren zum Zeichnen von Kreisen eingehender informieren wollen, werfen Sie einen Blick in die Online-Hilfe und sehen dort beim Befehl `KREIS` nach.

4. **Legen Sie den Mittelpunkt durch Anklicken oder Eintippen der Koordinaten fest.**

   Wenn es sich um eine echte Aufgabenstellung handelt, dann benutzen Sie eine der in Kapitel 7 beschriebenen Präzisionstechniken. Objektfang, Fang und die direkte Eingabe der Koordinaten eignen sich bei der Angabe des Mittelpunkts.

   Sie werden in der Befehlszeile zur Eingabe des Kreisradius aufgefordert:

   `Radius für Kreis angeben oder [Durchmesser]:`

   Tippen Sie `D` ein und drücken Sie [↵], wenn Sie lieber den Durchmesser als den Radius eingeben wollen oder Probleme mit der Division durch 2 haben oder (jetzt aber im Ernst!) sich der Durchmesser einfacher genau eingeben lässt.

5. **Geben Sie den Radius durch Eintippen eines Abstands oder durch Anklicken eines Punktes an.**

   Bei dem zuerst angeklickten Punkt handelt es sich um den Kreismittelpunkt. In der Eingabeaufforderung wird Ihnen das zwar nicht mitgeteilt, aber wenn Sie einen zweiten Punkt anklicken, anstatt eine Zahl einzugeben (oder `D` eintippen, um die Option `Durchmesser` auszuwählen), interpretiert AutoCAD den Abstand zwischen dem ersten und dem zweiten Punkt als Wert für den Kreisradius.

Den Bogen rauskriegen

Bögen sind in AutoCAD einfach Teile von Kreisen. Wie bei Kreisen gibt es ein einfaches Verfahren zum Definieren von Bögen. Dabei legen Sie lediglich drei Punkte auf dem Bildschirm fest. Diese Punkte teilen AutoCAD mit, wo der Bogen anfängt, wie stark er gebogen sein soll und wo er endet.

Hört sich echt einfach an, oder? Und wo ist das Problem? Häufig müssen Sie Bögen präziser definieren, als es mit diesem Verfahren möglich ist. Klar unterstützt AutoCAD auch das Erstellen derartiger Bögen, aber dann wird es schon deutlich schwieriger.

Das Zeichnen des Bogens können Sie mit dem Mittelpunkt oder dem Startpunkt beginnen. Wenn Sie die Option `Zentrum` wählen, müssen Sie erst dieses und dann den Startpunkt angeben. AutoCAD definiert Bögen gegen den Uhrzeigersinn, daher müssen Sie einen Startpunkt im Uhrzeigersinn vom Endpunkt aus auswählen. Nach der Angabe von Zentrum und Startpunkt bietet AutoCAD mehrere Optionen an, zu denen die folgenden zählen:

- ✔ **Winkel:** Diese Option legt den Winkel fest, über den sich der Bogen erstrecken soll. Bei einem Winkel von 180 Grad wird beispielsweise ein Halbkreis gezeichnet.
- ✔ **Sehnenlänge:** Mit dieser Option wird die Länge einer gedachten geraden Linie festgelegt, die die Endpunkte des Bogens miteinander verbindet. Die meisten Zeichner verwenden diese Option nur selten oder gar nicht.

- ✔ **Endpunkt:** Diese Option legt das Ende des Bogens fest. Dabei handelt es sich um die Standardoption, die sich meist auch am einfachsten nutzen lässt.

Wenn Sie den Startpunkt als erste Option angeben, werden Ihnen auch die folgenden drei Befehlszeilenoptionen angeboten:

- ✔ **Zentrum:** Diese Option fordert Sie zur Angabe des Mittelpunkts für den Bogen auf und bringt Sie wieder zu den vorherigen Optionen zurück: Winkel, Sehnenlänge und Endpunkt.
- ✔ **Endpunkt:** Diese Option legt den Endpunkt des Bogens fest. Anschließend müssen Sie den Winkel angeben, über den sich der Bogen erstrecken soll, dessen Richtung und dessen Radius oder Zentrum.
- ✔ **Zweiter Punkt:** Dies ist die Vorgabeoption. Bei dem zweiten angegebenen Punkt handelt es sich nicht um den Endpunkt. Stattdessen handelt es sich um einen Punkt auf dem Bogen, der zusammen mit den Start- und Endpunkten die Krümmung des Bogens definiert. Nach der Angabe des zweiten Punktes müssen Sie einen Endpunkt angeben, um den Bogen zu vervollständigen.

Um sich einen Eindruck von den verschiedenen Varianten zum Zeichnen von Bögen zu verschaffen, klicken Sie in der Multifunktionsleistengruppe Zeichnen das kleine abwärts weisende Dreieck neben der Schaltfläche Bogen an. Im klassischen Menü Zeichnen können Sie hier Zeichnen|Bogen auswählen. Werfen Sie dann einen Blick in das angezeigte, beeindruckende Untermenü (siehe Abbildung 9.2). Über die Multifunktionsleiste oder das klassische Menü Zeichnen lassen sich die verschiedenen Optionen auch besonders einfach benutzen, zumindest bis Sie sich mit dem Programm wirklich vertraut gemacht und an die Eingabe von Tastaturkürzeln gewöhnt haben.

Das folgende Beispiel verdeutlicht das Zeichnen eines Bogens mit dem Standardverfahren Startpunkt/zweiter Punkt/Endpunkt:

1. **Aktivieren Sie in der Multifunktionsleiste die Registerkarte Start.**

   Die am häufigsten verwendeten AutoCAD-Befehle befinden sich auf der Multifunktionsleisten-Registerkarte Start.

2. **Aktivieren Sie den entsprechenden Layer und setzen Sie weitere Eigenschaften, die den zu zeichnenden Bögen zugeordnet werden sollen.**

3. **Klicken Sie die Schaltfläche Bogen in der Multifunktionsleistengruppe Zeichnen oder dem klassischen Werkzeugkasten Zeichnen an. Alternativ können Sie `B` eintippen und [↵] drücken.**

   AutoCAD startet den Befehl `BOGEN` und fordert Sie in der Befehlszeile zur Angabe des ersten Endpunkts des Bogens auf:

   ```
   Startpunkt für Bogen angeben oder [Zentrum]:
   ```

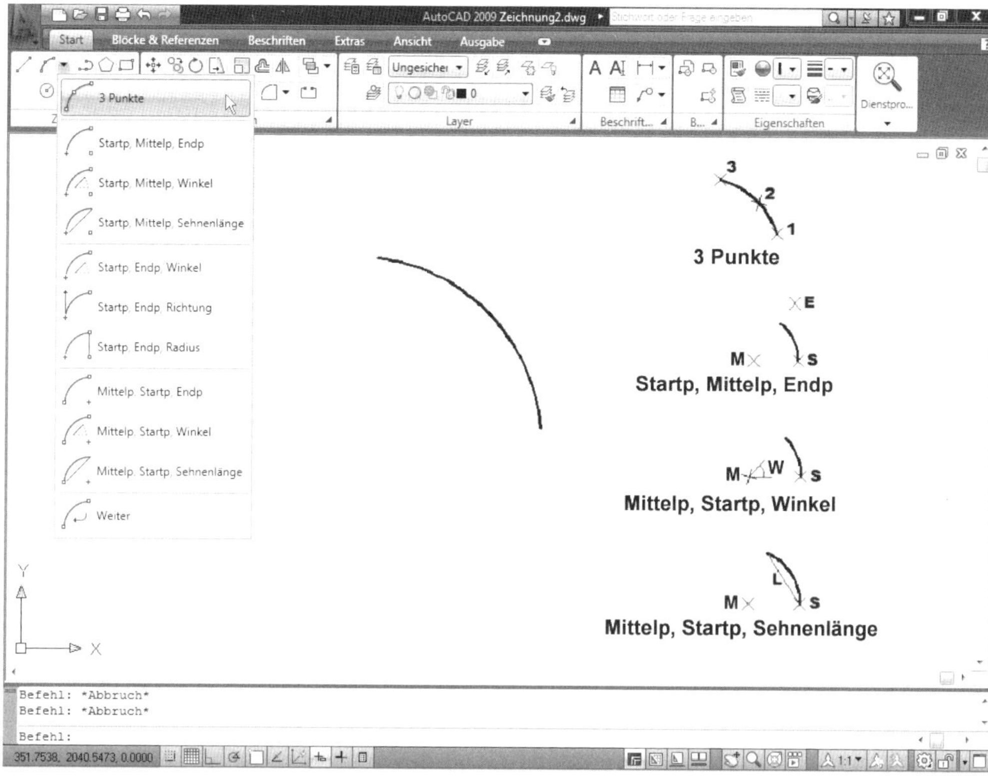

Abbildung 9.2: Ein Haufen Bogenoptionen mit dem Ergebnis einiger dieser Optionen

4. **Geben Sie den Startpunkt durch Anklicken eines Punktes oder Eintippen der Koordinaten an.**

   Sie werden zur Angabe des zweiten Punktes des Bogens aufgefordert.

5. **Legen Sie einen zweiten Punkt durch Anklicken oder Eintippen der Koordinaten fest.**

   Der zweite Punkt liegt irgendwo auf der Kurve des Bogens. AutoCAD berechnet im folgenden Schritt die genaue Krümmung des Bogens nach der Angabe des letzten Endpunkts. Wenn Sie den zweiten Punkt an einem vorhandenen Objekt ausrichten wollen, sollten Sie einen der Objektfangmodi nutzen.

   AutoCAD fordert Sie zur Angabe des anderen Endpunkts des Bogens auf. Wenn Sie das Fadenkreuz bewegen, zeigt Ihnen AutoCAD, wie der Bogen aussehen wird.

6. **Geben Sie den anderen Endpunkt durch Anklicken eines Punktes oder Eintippen der Koordinaten an.**

   AutoCAD zeichnet den Bogen (siehe Abbildung 9.2).

Wie Sie sich vielleicht erinnern können, lässt sich der letzte Befehl durch Drücken von [↵] wiederholen. Neue AutoCAD-Benutzer werden aber häufig dadurch irritiert, dass dabei nicht die *Optionen* des letzten Befehls wiederholt werden. Wenn Sie beispielsweise beim Erstellen eines Bogens mit der Option MITTELP, STARTP, ENDP die Eingabeaufforderungen durchlaufen oder das Menü ZEICHNEN benutzen, wird beim Drücken von [↵] nicht erneut dieses Verfahren ausgewählt. Es wird nur der Befehl `BOGEN` in seiner Standardform wiederholt, und mit den ausgewählten drei Punkten werden Sie wahrscheinlich kaum den beabsichtigten Bogen zeichnen. Fazit: Achten Sie auf die Befehlszeile!

Ellipsen

Eine *Ellipse* ist ein verformter Kreis mit einer *Haupt-* (lang) und einer *Nebenachse* (kurz). Diese Achsen bestimmen die Länge der Ellipse, deren Breite und das Ausmaß der Krümmung. Ein *elliptischer Bogen* ist ein Bogenausschnitt einer Ellipse.

Der Befehl `ELLIPSE` stellt eine einfache Möglichkeit zum Zeichnen von Ellipsen zur Verfügung: Sie legen die beiden Endpunkte einer der Achsen fest und geben dann einen Endpunkt auf der anderen Achse an. Wie der Befehl `BOGEN` bietet aber auch der Befehl `ELLIPSE` eine Fülle weiterer Optionen in der Befehlszeile an:

- ✔ **Bogen:** Diese Option erstellt einen elliptischen Bogen, also keine vollständige Ellipse. Sie definieren einen elliptischen Bogen wie eine vollständige Ellipse. Die folgenden Verfahren zum Erstellen einer Ellipse eignen sich für beide Varianten.
- ✔ **Zentrum:** Bei dieser Option müssen Sie das Zentrum der Ellipse und dann den Endpunkt einer Achse festlegen. Dann können Sie entweder den Abstand der anderen Achse eingeben oder eine Drehung um die Hauptachse angeben, die die Ellipse definieren soll. Wenn Sie letztere Option wählen, können Sie einen Wert für die Drehung der zweiten Achse eingeben (oder die Ellipse entsprechend ziehen), über den die Ellipse vollständig definiert wird.
- ✔ **Drehung:** Bei dieser Option geben Sie einen Winkel an, der die Krümmung der Ellipse bestimmt. Kleine Winkel führen dabei zu »dicken« Ellipsen (0 Grad führt tatsächlich zu einem Kreis) und große Winkel führen zu »mageren« Ellipsen. Der Name der Option (`Drehung`) hat etwas mit der Rotation eines imaginären Kreises um die erste Achse zu tun. Wenn Sie die Geschichte mit dem gedachten Kreis verstehen, haben Sie eine bessere Vorstellungsgabe als ich.

Im folgenden Befehlszeilenbeispiel wird eine Ellipse unter Verwendung der Standardvariante (Endpunkte der Achsen) erstellt. Abbildung 9.3 zeigt eine Ellipse und einen elliptischen Bogen.

```
Befehl: ELlipse
Achsenendpunkt der Ellipse angeben oder [Bogen/Zentrum]:
```

Geben Sie den Endpunkt der einen Achse ein oder wählen Sie ihn aus.

```
Anderen Endpunkt der Achse angeben:
```

Geben Sie den Endpunkt der einen Achse ein oder wählen Sie ihn aus.

`Abstand zur anderen Achse oder [Drehung] angeben:`

Geben Sie den Endpunkt der anderen Achse ein oder wählen Sie ihn aus.

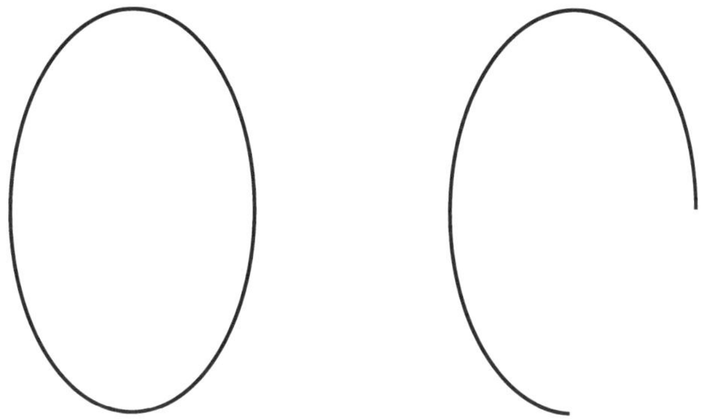

Abbildung 9.3: Ellipse und elliptischer Bogen

Sie können elliptische Bögen (im Gegensatz zu Kreisbögen, die mit dem Befehl `BOGEN` gezeichnet werden können) erstellen, indem Sie die Option `Bogen` des Befehls `ELLIPSE` verwenden. Diese eignet sich perfekt zum Zeichnen der Fluglinien von Kanonenkugeln! Alternativ können Sie aber auch vollständige Ellipsen zeichnen und mit den Befehlen `STUTZEN` und `BRUCH` Teile daraus herausschneiden.

Splines: Skizzen mit Sinuskurven

Meist werden CAD-Programme zum präzisen Zeichnen eingesetzt, um gerade Linien, sorgfältig definierte Kurven, präzise angegebene Punkte und so weiter zu erstellen. AutoCAD ist kein Programm, das künstlerische Inspirationen fördert (es sei denn, der Künstler in Ihrem Innern hieße Piet Mondrian). Wie dem auch sei, selbst in sorgfältigst erstellten CAD-Zeichnungen werden manchmal Freihandkurven benötigt. Und das *Spline-Objekt* ist für derartige Aufgaben genau richtig.

AutoCAD-Splines lassen sich auf zweierlei Weise nutzen:

- ✔ Sie schätzen die Position und die Form der Kurve und machen sich keine besonderen Gedanken über Präzision. Dabei geht es um freihändig gezeichnete Kurven und damit um Skizzen, die keine allzu präzise Vorgehensweise erfordern.
- ✔ Sie geben die Punkte und Krümmung der Splines präzise an.

Auch wenn sich Splines leicht und zwanglos zeichnen lassen, handelt es sich dabei doch eigentlich um höchst präzise mathematische Elemente, die *NURBS-Kurven* (Non-Uniform Rational B-Spline) genannt werden. Mathematiker und einige technische und industrielle Designer achten exakt auf die Merkmale der Kurven, mit denen sie arbeiten. Für diese Anwender verfügen die Befehle `SPLINE` und `SPLINEEDIT`

über eine Reihe fortgeschrittener Optionen. Wenn Sie präzise Splines zeichnen wollen, sollten Sie sich daher in der Online-Hilfe eingehender über das Stichwort *Spline-Kurven* informieren.

Wenn Sie die fortgeschrittenen Optionen ignorieren, ist das Zeichnen von Splines einfach. Im folgenden Beispiel wird eine Freihandkurve mit dem Befehl `SPLINE` erstellt:

1. **Aktivieren Sie in der Multifunktionsleiste die Registerkarte START.**

   Die am häufigsten verwendeten AutoCAD-Befehle befinden sich auf der Multifunktionsleisten-Registerkarte START.

2. **Aktivieren Sie den entsprechenden Layer und setzen Sie weitere Eigenschaften, die den zu zeichnenden Spline-Segmenten zugeordnet werden sollen.**

3. **Klicken Sie die Schaltfläche SPLINE im Einblendfenster der Multifunktionsleistengruppe ZEICHNEN oder im klassischen Werkzeugkasten ZEICHNEN an. Alternativ können Sie `SPL` eintippen und [↵] drücken.**

   AutoCAD startet den Befehl `SPLINE` und fordert Sie in der Befehlszeile zur Angabe des ersten Endpunkts des Spline-Objekts auf:

   ```
   Ersten Punkt angeben oder [Objekt]:
   ```

4. **Geben Sie den Startpunkt durch Anklicken eines Punktes oder Eintippen der Koordinaten an.**

   In der Befehlszeile werden Sie zur Angabe weiterer Punkte aufgefordert:

   ```
   Nächsten Punkt angeben:
   ```

5. **Legen Sie weitere Punkte durch Anklicken oder Eintippen der Koordinaten fest.**

   Nach der Auswahl des zweiten Punktes drücken Sie [↓], um weitere Optionen im QuickInfo-Fenster der dynamischen Eingabe anzeigen zu lassen. (Aktivieren Sie bei Bedarf die dynamische Eingabe über die Statusleiste.) In der Befehlszeile werden diese zusätzlichen Optionen angezeigt:

   ```
   Nächsten Punkt angeben oder [Schließen/Anpassungstoleranz]
       <Starttangente>:
   ```

   Da Sie eine Freihandkurve zeichnen, brauchen Sie bei der Auswahl von Spline-Punkten üblicherweise den Objektfang oder andere Präzisionstechniken nicht einzusetzen.

6. **Drücken Sie nach der Angabe des abschließenden Endpunkts des Spline-Objekts [↵].**

   AutoCAD fordert Sie zur Angabe von Tangenten für die Enden des Spline-Objekts auf:

   ```
   Starttangente angeben:
   Endtangente angeben:
   ```

Über die Aufforderungen `Starttangente angeben` und `Endtangente angeben` lässt sich die Krümmung der Start- und Endpunkte von Splines steuern. In den meisten Fällen reicht es aber völlig aus, wenn Sie beide Aufforderungen durch Drücken von [↵] beantworten.

7. **Drücken Sie zweimal [↵], um die vorgegebenen Tangentenrichtungen zu übernehmen.**

   AutoCAD zeichnet die Spline-Kurve.

Abbildung 9.4 zeigt einige Beispiele für Spline-Kurven.

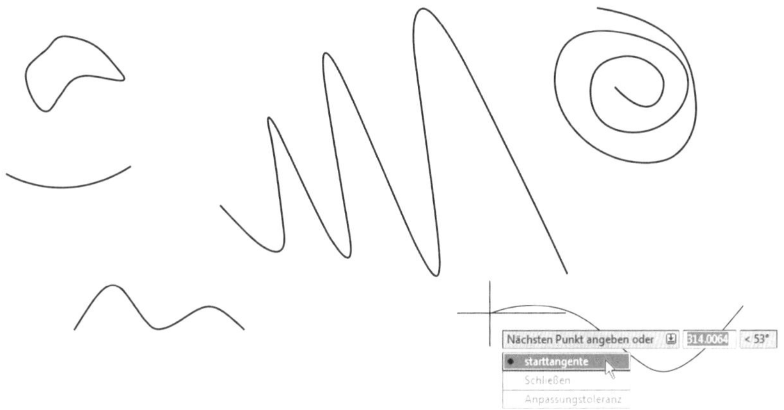

Abbildung 9.4: Einige Splines

Nach dem Zeichnen der Splines können Sie deren Griffe auswählen und deren Form ändern. In Kapitel 10 finden Sie weitere Informationen über das Bearbeiten mit Griffen. Wenn Sie präzise Änderungen an Splines vornehmen wollen, sollten Sie sich in der Online-Hilfe von AutoCAD über den Befehl `SPLINEEDIT` eingehender informieren.

Ringe: Kreise mit einem feinen Unterschied

Bei einem *Ring* handelt es sich in AutoCAD um ein weiteres spezielles Polylinienobjekt. (Die in Kapitel 8 vorgestellten Rechtecke und regelmäßigen Polygone sind ebenfalls Polylinienobjekte.) Das Erstellen eines *Rings* stellt eine einfache Möglichkeit der Definition eines einzelnen Objekts dar, das aus zwei konzentrischen Kreisen besteht, deren Zwischenraum gefüllt ist.

Wenn Sie den Befehl `RING` starten, werden Sie zur Angabe von Innen- und Außendurchmesser aufgefordert (die Größe des Loches und die Größe des Rings an der breitesten Stelle). Nach der Eingabe dieser Werte müssen Sie den Mittelpunkt des Rings angeben. Da aber ein Ring nur selten ausreicht, werden Sie zur Angabe weiterer Mittelpunkte aufgefordert, bis Sie [↵] drücken. (Erst dann versteht AutoCAD, dass Sie nun »die Nase voll haben«!)

Im folgenden Befehlszeilenbeispiel wird ein Ring mit einem 1,5-Zentimeter-Loch und 3,5 Zentimeter Außendurchmesser gezeichnet.

```
Befehl: RIng
Innendurchmesser des Rings angeben <0.5000>: 1.5
Außendurchmesser des Rings angeben <1.0000>: 3.5
Ringmittelpunkt angeben oder <beenden>:
```

Wählen Sie den Mittelpunkt eines oder mehrerer Ringe aus.

Sie können mit dem Befehl RING auch gefüllte Kreise erstellen. Dazu müssen Sie den Innendurchmesser auf null setzen. Abbildung 9.5 zeigt beide Ringvarianten.

Abbildung 9.5: Ringe, einfach und gefüllt

Revisionswolken am Horizont

In vielen Branchen ist es üblich, Zeichnungen bereits in gewissen Stadien der Fertigstellung abzuliefern, um sie später mit *Revisionen* (Korrekturen, Erläuterungen und geforderten Änderungen) erneut vorzulegen. Üblicherweise sollen die Änderungen leicht erkennbar sein. Recht verbreitet ist es dabei in vielen Branchen, die geänderten Details durch frei gezeichnete Wolken hervorzuheben. Mit dem Befehl REVWOLKE sind derartige Wolken schnell gezeichnet.

Das Zeichnen von Revisionswolken ist einfach, wenn Sie erst einmal verstanden haben, dass Sie nur ein einziges Mal mit der Maus in den Zeichnungsbereich klicken müssen. Mit diesem Klick wird der Startpunkt für die Wolkenumrisse festgelegt. Danach gewähren Sie dem Cursor einfach ein wenig Auslauf, und schon nimmt die Wolke Gestalt an. Wenn Sie mit dem Cursor wieder in die Nähe des Startpunkts kommen, wird die Wolke automatisch geschlossen.

Das folgende Befehlszeilenbeispiel verdeutlicht das Zeichnen von Revisionswolken. Abbildung 9.6 zeigt, wie Revisionswolken aussehen.

```
Befehl: REVWOLKE
Minimale Bogenlänge: 15  Maximale Bogenlänge: 15   Stil: Normal
Startpunkt angeben oder [Bogenlänge/Objekt/Stil] <Objekt>:
```

Wählen Sie einen Punkt des Umrisses der zukünftigen Wolke aus.

```
Führungs-Fadenkreuze entlang Wolkenpfad...
```

Bewegen Sie zum Festlegen der Wolkenränder den Cursor im Zeichnungsbereich herum.

Sie müssen nicht noch einmal klicken. Bewegen Sie den Cursor einfach ohne Klicken herum. AutoCAD zeichnet den nächsten Wolkenlappen, wenn der Cursor den Abstand der minimalen Bogenlänge vom Ende des vorherigen Lappens erreicht hat.

Bewegen Sie den Cursor weiter herum, bis Sie wieder bei jenem Punkt ankommen, den Sie am Anfang angeklickt haben.

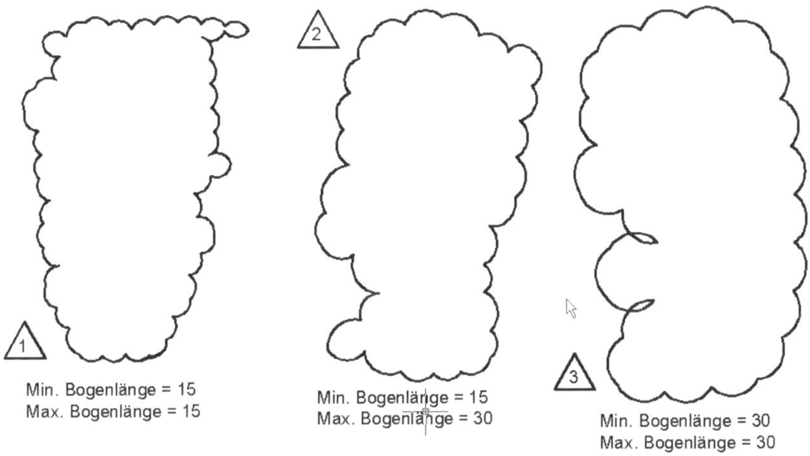

Abbildung 9.6: Wolkendecke

Es folgen einige Tipps für den Einsatz von Revisionswolken:

- ✔ Es empfiehlt sich, für Revisionswolken einen eigenen Layer zu verwenden, damit die Zeichnung wahlweise mit und ohne Wolken geplottet werden kann.
- ✔ Das Zeichnen der Umrisse der Revisionswolken dürfte Ihnen leichter fallen, wenn Sie vor der Ausführung des Befehls den Ortho-Modus abschalten.
- ✔ Vielleicht müssen Sie wie in Abbildung 9.6 Dreiecke mit Nummern hinzufügen, die Auskunft über die Revisionsnummer geben. Mit einem Block mit Attribut lässt sich diese Aufgabe leicht bewältigen. Blöcke und Attribute werden in Kapitel 17 behandelt.

Wenn die Wolkenlappen zu klein oder zu groß sind, löschen Sie die Wolke, führen den Befehl `REVWOLKE` erneut aus und nutzen dabei die Option `Bogenlänge` zur Änderung der minimalen und maximalen Bogenlängen. Vorgabe für die minimalen und maximalen Längen sind 15 multipliziert mit der Einstellung der Systemvariablen `DIMSCALE` (DIMension SCALE). Wenn die minimale und die maximale Bogenlänge gleich sind (Vorgabe), werden die einzelnen Lappen alle ähnlich groß. Wenn Sie diese Werte unterschiedlich wählen, variiert die Größe der Wolkenlappen stärker und die Wolken werden »flaumiger«. Glücklicherweise sind diese Optionen auch für die meisten Meteorologen mehr als ausreichend. Wenn Sie bei der Zeichnungseinrichtung (siehe Kapitel 4) `DIMSCALE` richtig gesetzt haben, sollte `REVWOLKE` beim Erraten sinnvoller Bogenlängen recht gute Arbeit leisten.

Immer wieder punkten

Ich habe daran gedacht, diesen Punkt in diesem Buch nicht zu behandeln, wollte aber nicht, dass Sie sich darüber beschweren, dass in *AutoCAD für Dummies* gewisse Punkte fehlen.

Das Wort *Punkt* beschreibt in AutoCAD zwei unterschiedliche Dinge:

- ✔ Eine *Position* in der Zeichnung, die Sie angeben (durch Eintippen der Koordinaten oder Klicken mit der Maus)
- ✔ Ein *Objekt*, das mit dem Befehl `PUNKT` gezeichnet wird

In diesem Kapitel und im weiteren Verlauf des Buches fordere ich Sie meist zur Angabe von Punkten und damit zur Angabe von Positionen auf. In diesem Abschnitt geht es hingegen um das Zeichnen von Punktobjekten.

Ein *Punktobjekt* kann in AutoCAD zwei verschiedenen Zwecken dienen.

- ✔ **Punkte kennzeichnen häufig bestimmte Positionen innerhalb von Zeichnungen für deren Betrachter.** Ein Punkt kann entweder als winziges Pixel oder in Form eines anderen Symbols (zum Beispiel durch ein Kreuz in einem Kreis) auf dem Bildschirm angezeigt werden.
- ✔ **Sie können mit Punkten für sich selbst präzise Positionen für den Objektfang festlegen.** Stellen Sie sich diese Punkte als Konstruktionspunkte vor. Wenn Sie zum Beispiel ein neues Gebäude entwerfen, können Sie Punktobjekte an einigen Messpunkten der Konstruktion zeichnen und diese als Fang beim Zeichnen von Umrissen mit dem Befehl `PLINIE` verwenden. Damit Punktobjekte beim Objektfang genutzt werden können, müssen Sie den Objektfangmodus Punkt aktivieren.

AutoCAD-Punktobjekte werden durch ihre fast zahllosen Anzeigeoptionen ein wenig kompliziert. Diese dienen aber nur den beiden beschriebenen Einsatzzwecken (und möglicherweise einigen anderen, die ich aber bisher noch nicht in Erfahrung bringen konnte). Um das Aussehen der Punkte in der aktuellen Zeichnung zu steuern, verwenden Sie das Dialogfeld Punktstil (siehe Abbildung 9.7).

Sie können das Dialogfeld Punktstil über den Menü-Browser (Arbeitsbereich 2D-Zeichnung & Beschriftung) oder die klassische Menüleiste (Arbeitsbereich AutoCAD Klassisch) aufrufen, indem Sie Format|Punktstil wählen. Der obere Teil des Dialogfelds zeigt die für die Anzeige verfügbaren Punktstile. Die meisten der Optionen sind sich recht ähnlich. Klicken Sie einfach eines der Quadrate an, das Sie besonders anspricht.

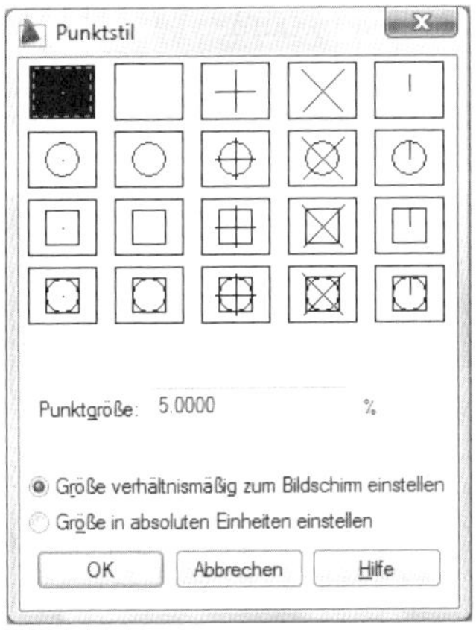

Abbildung 9.7: Das Dialogfeld Punktstil steuert das Aussehen von Punktobjekten auf dem Bildschirm.

Die erste Auswahl, ein einzelnes Pixel auf dem Bildschirm, lässt sich auf dem Bildschirm nur schwer erkennen, und die zweite Auswahl (ein Punkt mit Tarnkappe?) ist gar unsichtbar. Vermeiden Sie diese beiden Optionen, wenn Punktobjekte auf dem Bildschirm und im Plot erscheinen sollen. Die Anzeige als einzelnes Pixel (die Standardvorgabe) eignet sich, wenn Punktobjekte als Objektfangpositionen genutzt werden sollen, ohne dass diese im Plot besonders auffallen.

Die übrigen Einstellungen im Dialogfeld Punktstil steuern, in welcher Größe Punkte bei unterschiedlicher Vergrößerung der Ansicht auf dem Bildschirm dargestellt werden. Die Standardeinstellungen funktionieren häufig bereits gut. Sollten Sie damit aber nicht zufrieden sein, klicken Sie die Schaltfläche Hilfe im Dialogfeld an, um sich darüber zu informieren, wie Sie sie ändern können.

Wenn Sie den Punktstil erst einmal festgelegt haben, lassen sich Punkte auf dem Bildschirm leicht platzieren. Das folgende Beispiel zeigt, wie es geht.

```
Befehl: PUnkt
Aktuelle Punktmodi: PDMODE=0 PDSIZE=0.0000
Einen Punkt angeben:
```

Klicken Sie einen Punkt in der Zeichnung an oder tippen Sie die Koordinaten ein.

`PDMODE` und `PDSIZE`, die im Befehlsfenster aufgeführt werden, sind Systemvariablen, die den Modus und die Größe der Anzeige von Punkten steuern und Einstellungen im Dialogfeld Punktstil entsprechen. Wenn Sie genau wissen wollen, wie die Systemvariablen den Optionen im Dialogfeld entsprechen, besitzen Sie alle Eigenschaften eines erfolgreichen CAD-Freaks. Um mehr (über die Systemvariablen – nicht über sich selbst) zu erfahren, klicken Sie die Schaltfläche Hilfe im Dialogfeld Punktstil an.

Wie viele Punkte Sie machen, hängt davon ab, wie Sie den Befehl starten. Wenn Sie PUNKT (oder sein Alias PU) eintippen und ↵ drücken, erzeugt AutoCAD ein einzelnes Punktobjekt und kehrt wieder zur Eingabeaufforderung zurück. Wenn Sie PUNKT im klassischen Werkzeugkasten ZEICHNEN auswählen, werden so lange Punkte auf dem Bildschirm gezeichnet, bis Sie den Befehl mit ESC beenden. Wenn Sie den Befehl schließlich über die Multifunktionsleistengruppe ZEICHNEN oder das gleichnamige klassische Menü aufrufen, haben Sie die Wahl, ob einzelne oder mehrere Punkte gezeichnet werden sollen. Und es gibt zwei Befehle zum Erstellen von Punktobjekten: TEILEN und MESSEN. Diese beiden nützlichen Befehle können Ihnen bei der Gestaltung von Zeichnungsobjekten helfen. Schlagen Sie sie im Index der Online-Hilfe nach, wenn Sie sich darüber eingehender informieren wollen.

Die Objektauswahl in den Griff bekommen

10

In diesem Kapitel

- Mit dem Verfahren »Befehl vor Objekt« bearbeiten
- Objekte mit maximaler Flexibilität auswählen
- Mit Griffen bearbeiten

Wenn Objekte nicht ganz so erstellt wurden, wie sie letztlich sein sollen, dann müssen sie bearbeitet werden. Entsprechend werden Sie in AutoCAD wahrscheinlich viel mehr Zeit mit dem Bearbeiten als mit dem Neuzeichnen von Objekten verbringen. Teilweise liegt das daran, dass der Entwurfs- und Zeichenprozess von Natur aus monoton ist und teilweise auch daran, dass die saubere Bearbeitung der Objekte mit AutoCAD einfach ist.

Wenn Sie Objekte in AutoCAD bearbeiten, müssen Sie dabei ebenso sorgfältig auf die präzise Angabe von Positionen und Abständen achten wie bei der ursprünglichen Erstellung. Machen Sie sich daher mit den in Kapitel 7 beschriebenen Präzisionstechniken vertraut, bevor Sie sich mit den Bearbeitungsverfahren aus diesem Kapitel an echten Aufgabenstellungen versuchen.

Befehlen und auswählen

AutoCAD stellt drei Bearbeitungsverfahren bereit:

- ✔ Befehl vor Objekt
- ✔ Objekt vor Befehl
- ✔ Direkte Bearbeitung (Bearbeitung mit Griffen)

Befehl vor Objekt

Bei der Bearbeitung im Modus *Befehl vor Objekt* geben Sie zunächst den Namen eines Befehls ein und klicken dann die Objekte an, auf die der Befehl angewendet werden soll. Diese Variante der Bearbeitung dürfte Ihnen zunächst ein wenig verdreht vorkommen, sofern Sie nicht zu den alten AutoCAD-Hasen zählen. Die Variante »Befehl vor Objekt« eignet sich gut für erfahrene Anwender, die es eilig haben und sich die meisten der für die tägliche Arbeit benötigten Befehle merken wollen und können. Zudem handelt es sich um die *einzige* Möglichkeit zur Benutzung bestimmter Bearbeitungsbefehle (wie zum Beispiel ABRUNDEN und BRUCH). Daher ist es auch nicht weiter verwunderlich, dass es sich beim Modus »Befehl vor Objekt« um die klassische Art der Bearbeitung in AutoCAD und das Verfahren handelt, mit dem Sie besonders gut vertraut sein müssen.

Objekt vor Befehl

Im Modus *Objekt vor Befehl* führen Sie dieselben Schritte in derselben Reihenfolge wie in den meisten anderen Windows-Anwendungen aus: Sie wählen erst das zu bearbeitende Objekt aus und dann den Befehl. Die Variante »Objekt vor Befehl« ist tendenziell leichter zu erlernen, und für neue und gelegentliche Anwender einfacher zu verwenden und zu beherrschen.

Direkte Objektbearbeitung

Bei der *direkten Objektbearbeitung* verwenden Sie die Maus, um Objekte zu »greifen« und damit Aktionen durchzuführen (wie zum Beispiel das Verschieben des kompletten Objekts oder von Teilen desselben an eine andere Stelle in der Zeichnung). Bei diesem Verfahren werden keine Namen von Befehlen eingegeben. Die Änderungen werden einfach durch Bewegen der Maus und bestimmte Mausklicks erreicht. AutoCAD unterstützt die direkte Objektbearbeitung über eine zwar leistungsstarke, aber ein wenig komplizierte Technik, die *Bearbeitung mit Griffen* genannt wird. Bei den *Griffen* handelt es sich um die kleinen quadratischen »Anfasser«, die an einem Objekt bei dessen Auswahl angezeigt werden. Sie können die Griffe dazu verwenden, Objekte zu strecken, zu verschieben, zu kopieren, zu drehen oder anderweitig zu bearbeiten.

Durch das Verfahren der Bearbeitung mit Griffen kann der Modus »Objekt vor Befehl« ähnlich leistungsstark wie der Modus »Befehl vor Objekt« werden. Es wird allerdings dadurch etwas kompliziert, dass sich mit den Objekten nach deren Auswahl derart viele verschiedene Dinge anstellen lassen.

Die Wahl der Bearbeitungsvariante

Dieses Buch befasst sich vorwiegend mit dem Modus »Befehl vor Objekt«. Am Ende des Kapitels werde ich aber auch auf die Bearbeitung mit Griffen eingehen. AutoCAD bot anfangs *nur* diesen Modus und wurde später erst um die anderen Verfahren erweitert. Und auch AutoCAD 2009 hat dieses Merkmal seiner Vorfahren geerbt. Aus den folgenden Gründen lege ich auch hier den Schwerpunkt auf den Modus »Befehl vor Objekt«:

- ✔ Es handelt sich um den ältesten Bearbeitungsmodus in AutoCAD, mit dem erfahrene AutoCAD-Anwender besonders vertraut sind.
- ✔ Er ist für alle Bearbeitungsbefehle konsistent, da einige der Befehle nur in diesem Modus genutzt werden können.
- ✔ Er bietet mehr Flexibilität bei der Auswahl von Objekten, die bei der Arbeit mit komplizierten und umfangreichen Zeichnungen von Vorteil ist.

Wenn Sie sich mit dem Modus »Befehl vor Objekt« vertraut gemacht haben, können Sie bei vielen Bearbeitungsfunktionen einfach die Reihenfolge umkehren und den Modus »Objekt vor Befehl« nutzen. Wenn Sie sich aber anfangs nicht mit dem Modus »Befehl vor Objekt« vertraut machen, werden Sie einige äußerst nützliche AutoCAD-Befehle, die nur in diesem Modus genutzt werden können, später völlig verwirren. Derartige Befehle ignorieren zum Beispiel jede bestehende Auswahl und fordern Sie zur Auswahl von Objekten auf.

Die meisten Informationen im übrigen Buch gehen von den standardmäßigen AutoCAD-Auswahleinstellungen aus. Wenn die Objektauswahl oder das Bearbeiten mit Griffen nicht so wie in diesem Kapitel beschrieben funktioniert, sollten Sie im Menü-Browser oder der klassischen Menüleiste EXTRAS|OPTIONEN wählen und auf der Registerkarte AUSWAHL des Dialogfelds OPTIONEN die Einstellungen prüfen. Die in Abbildung 10.1 gezeigten sieben Kontrollkästchen sollten aktiviert sein (alle anderen Kontrollkästchen sollten deaktiviert sein):

- ✔ AUSWAHLVORANSICHT WENN EIN BEFEHL AKTIV IST
- ✔ AUSWAHLVORANSICHT WENN KEIN BEFEHL AKTIV IST
- ✔ OBJEKT VOR BEFEHL
- ✔ AUTOMATISCHES FENSTER
- ✔ OBJEKTGRUPPE
- ✔ GRIFFE AKTIVIEREN
- ✔ GRIFFTIPPS AKTIVIEREN

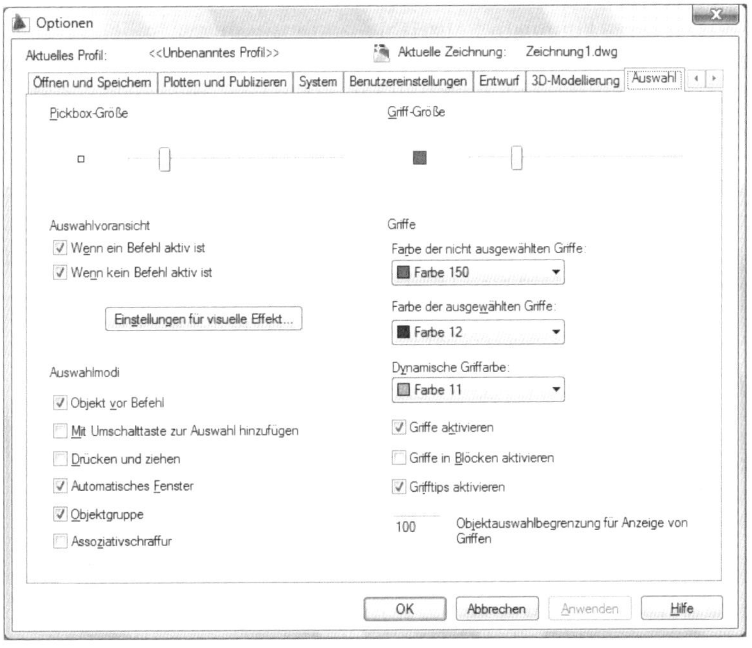

Abbildung 10.1: Einstellen der Auswahloptionen im Dialogfeld OPTIONEN

Wenn Sie wissen wollen, was diese Optionen bewirken, bewegen Sie den Mauszeiger über die einzelnen Optionen und lassen sich das QuickInfo-Fenster mit Informationen aus der Online-Hilfe anzeigen.

Ergreifendes

Die Flexibilität der Bearbeitungsmöglichkeiten in AutoCAD resultiert teilweise aus seinen flexiblen Objektauswahlmöglichkeiten. Im Modus »Befehl vor Objekt« gibt es so zum Beispiel 16 Auswahlmodi! (Die nützlichsten werden in diesem Kapitel beschrieben.) Sie sollten sich darüber aber keinen Kopf machen, da die Beherrschung der drei in diesem Abschnitt beschriebenen Auswahlmodi meist völlig ausreichend ist:

- ✔ Auswahl eines einzelnen Objekts
- ✔ Auswahl mehrerer Objekte mit einem *Fenster*
- ✔ Auswahl mehrerer Objekte mit einem *Kreuzen-Fenster*

Einzelauswahl

Bei der einfachsten Variante der Auswahl von Objekten werden diese einzeln selektiert (durch Anklicken). Ein oder mehrere zur Bearbeitung ausgewählte Objekte werden *Auswahlsatz* genannt. Dabei können Sie einzelne Objekte auch nacheinander auswählen und damit die Auswahl erweitern. Diese kumulative Auswahl mag Ihnen ungewöhnlich vorkommen. In den meisten Windows-Programmen wird das zuvor ausgewählte Objekt beim Anklicken eines anderen aus der Auswahl entfernt und es bleibt nur das zuletzt angeklickte Objekt ausgewählt. In AutoCAD bleiben, unabhängig davon, wie viele Objekte Sie auch auswählen, *alle* einzeln ausgewählten Objekte markiert und werden zum Auswahlsatz hinzugefügt. (Wenn Sie die Option MIT UMSCHALTTASTE ZUR AUSWAHL HINZUFÜGEN im Dialogfeld OPTIONEN auf der Registerkarte AUSWAHL aktivieren, können Sie dieses Verhalten zwar ändern, damit sich AutoCAD wie andere Windows-Programme verhält, aber ich würde das nicht empfehlen.) Die meisten Bearbeitungsbefehle beziehen sich auf die komplette Gruppe der ausgewählten Objekte.

Auswahlbereiche links und rechts

Wenn nur wenige Objekte ausgewählt werden müssen, können diese recht gut einzeln angeklickt werden. Wenn Sie aber viele Objekte zur Bearbeitung auswählen müssen, wie dies bei vielen CAD-Aufgaben erforderlich ist, wird die Einzelauswahl unpraktisch. Oder wollen Sie wirklich 132 Linien, Bögen und Kreise einzeln anklicken?

Wie die meisten Windows-Grafikprogramme bietet auch AutoCAD die Möglichkeit, ein Auswahlfenster aufzuziehen, um mehrere benachbarte Objekte in einem rechteckigen Bereich zu markieren. Wie Sie mittlerweile vielleicht erraten können, ist die AutoCAD-Variante dieser Funktion aber ein wenig leistungsfähiger als in anderen Windows-Grafikprogrammen und daher zunächst eventuell ein wenig verwirrend. AutoCAD bezeichnet seine Variante als *automatisches Fenster*. Und sie funktioniert wie folgt:

Wenn Sie einen freien Bereich in der Zeichnung anklicken, in dem sich keine Objekte befinden, teilen Sie AutoCAD mit, dass Sie ein Auswahlfenster definieren wollen. Wenn Sie das Fadenkreuz vor der Angabe der anderen Ecke des Auswahlfensters nach rechts bewegen, teilen Sie AutoCAD außerdem mit, dass automatisch alle Objekte ausgewählt werden sollen, die sich *vollständig* innerhalb des Auswahlfensters befinden. Wenn Sie das Fadenkreuz stattdessen vor der Angabe der anderen Ecke des Auswahlfensters nach links bewegen, teilen Sie AutoCAD damit mit, dass alle Objekte ausgewählt werden sollen, die sich ganz *oder teilweise* innerhalb des Auswahlbereichs befinden.

Die AutoCAD-Begriffe für diese zwei Arten von Auswahlfenstern sind möglicherweise ein wenig verwirrend:

- ✔ Die Auswahl nach rechts, bei der nur Objekte markiert werden, die sich vollständig im Auswahlbereich befinden, nennt sich *Fenster-Auswahl*.
- ✔ Die Auswahl nach links, bei der Objekte markiert werden, die sich vollständig oder teilweise innerhalb des Auswahlbereichs befinden, wird *Kreuzen-Auswahl* genannt.

Glücklicherweise weist AutoCAD optisch auf die beiden unterschiedlichen Auswahlmodi hin. Wenn Sie das Fadenkreuz nach rechts bewegen, werden die Ränder des Auswahlfensters durchgehend und der Innenbereich blau angezeigt. Wenn Sie den Cursor nach links bewegen, werden die Ränder des rechteckigen Auswahlfensters gestrichelt und der Innenbereich grün angezeigt.

Die Abbildungen 10.2 und 10.3 zeigen die Auswahlbereiche bei der Arbeit mit der Fenster- beziehungsweise der Kreuzen-Auswahl.

Sie können einzelne Objekte entsprechend den Anforderungen durch den abwechselnden Einsatz der Verfahren Fenster- und Kreuzen-Auswahl markieren. Die Gruppe der ausgewählten Objekte wird dabei kumulativ erweitert, sodass Sie überaus komplizierte Objektgruppen auswählen können, um diese dann mit einem oder mehreren Befehlen zu bearbeiten.

Bei allen drei Standardauswahlverfahren (Einzelauswahl, Fenster-Auswahl, Kreuzen-Auswahl) können Sie [⇧] drücken, um bereits ausgewählte Objekte aus der Auswahl zu *entfernen*. Diese Möglichkeit ist insbesondere dann nützlich, wenn in Zeichnungen überaus viele Objekte vorhanden sind. Dann können Sie in einem Schritt mit der Fenster- oder Kreuzen-Auswahl eine Vielzahl von Objekten markieren und anschließend [⇧] drücken, um einzelne Objekte aus der Auswahl zu entfernen, auf die ein Bearbeitungsbefehl nicht angewendet werden soll.

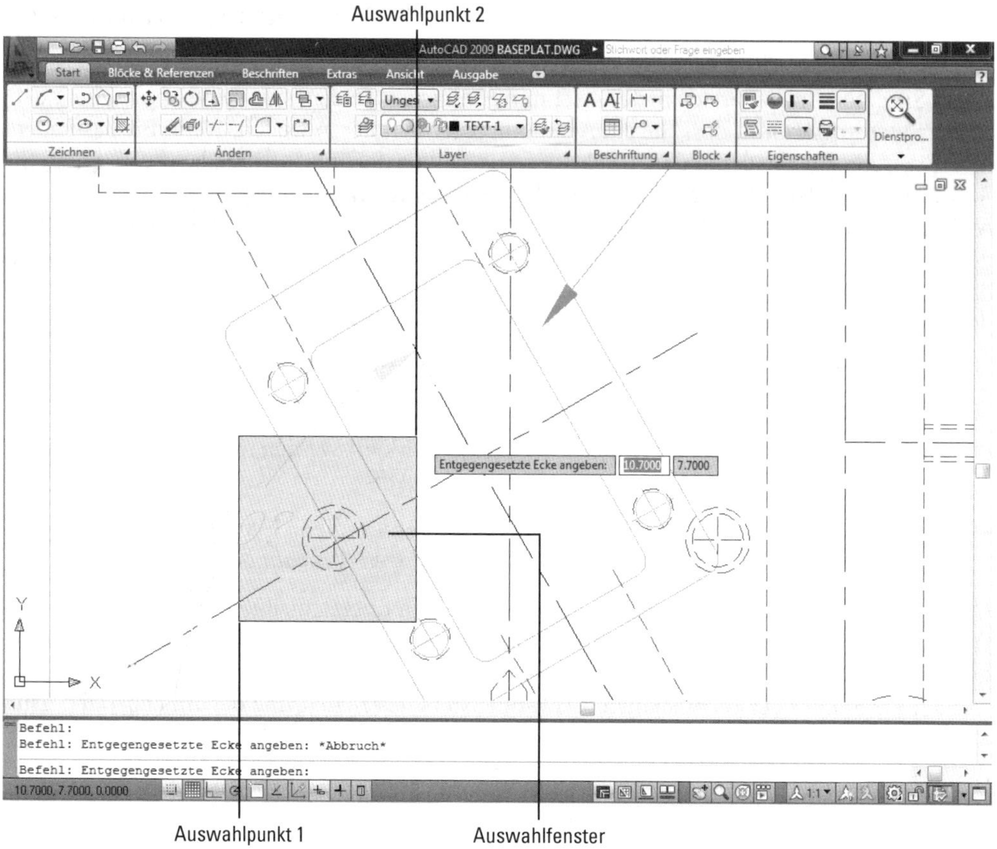

Abbildung 10.2: Bei der Fenster-Auswahl (Ziehen nach rechts) werden nur Objekte ausgewählt, die vollständig innerhalb des Auswahlfensters liegen.

Die Auswahl perfektionieren

Wenn Sie zum Bearbeiten den Modus »Befehl vor Objekt« verwenden, stehen Ihnen neben den im letzten Abschnitt beschriebenen Optionen (Einzelauswahl, Fenster-Auswahl, Kreuzen-Auswahl) eine Reihe weiterer Auswahlmöglichkeiten zur Verfügung. Wenn die Aufforderung `Objekte wählen` angezeigt wird, können Sie ? eintippen und [↵] drücken, um sich eine Liste der verfügbaren Auswahloptionen in der Befehlszeile anzeigen zu lassen:

```
Fenster/Letztes/Kreuzen/QUADER/ALLE/ZAun/FPolygon/KPolygon/Gruppe/
  Hinzufügen/Entfernen/Mehrfach/Vorher/Zurück/AUto/EInzeln
```

Die nützlichsten Optionen bei der Auswahl im Modus »Befehl vor Objekt« werden in Tabelle 10.1 zusammengefasst.

Option	Beschreibung
`Fenster`	Alle Objekte innerhalb eines Rechtecks, das durch Auswahl zweier Punkte definiert wird
`Kreuzen`	Alle Objekte, die sich ganz oder teilweise innerhalb eines Rechtecks befinden, das durch Auswahl zweier Punkte definiert wird
`FPolygon`	Alle Objekte, die sich vollständig innerhalb eines polygonalen Bereichs befinden, dessen Ecken durch Auswahl von Punkten definiert werden
`KPolygon`	Alle Objekte, die sich ganz oder teilweise innerhalb eines polygonalen Bereichs befinden, dessen Ecken durch Auswahl von Punkten definiert werden
`ZAun`	Alle Objekte, die eine gedachte Polylinie berühren, deren Knotenpunkte durch Auswahl von Punkten definiert werden
`Letztes`	Das zuletzt gezeichnete Objekt, das noch im Zeichnungsbereich sichtbar ist
`Vorher`	Die zuletzt ausgewählte Auswahlsatz
`ALLE`	Alle Objekte auf Layern, die nicht eingefroren sind, und die sich im aktuellen Bereich (Modell- oder Papierbereich) befinden

Tabelle 10.1: Einige nützliche Optionen im Modus »Befehl vor Objekt«

Um eine der Optionen bei der Aufforderung `Objekte wählen` im Modus »Befehl vor Objekt« zu benutzen, tippen Sie den oder die Großbuchstaben aus Tabelle 10.1 ein, die der gewünschten Option entsprechen, und drücken [↵]. Wenn Sie mit der Auswahl von Objekten fertig sind, müssen Sie erneut [↵] drücken, um AutoCAD über diesen Umstand zu informieren. Anschließend können Sie den Bearbeitungsbefehl fortsetzen.

Wenn Sie mit der Auswahl von Objekten fertig sind, müssen Sie noch einmal [↵] drücken, um AutoCAD mitzuteilen, dass die Auswahl abgeschlossen ist und dass die Bearbeitungsoperation gestartet werden soll. Gibt es hier etwa ein Echo? Tatsächlich wiederhole ich mich hier. Dass man nach der Auswahl von Objekten [↵] drücken muss, können sich die meisten neuen AutoCAD-Anwender nur schwer merken.

Die Funktion *Auswahlvoransicht* beseitigt jeden Zweifel darüber, welche Objekte Sie auswählen. Bei der *Auswahlvorschau* werden einzelne Objekte über eine dicke, gestrichelte Linienstärke hervorgehoben, wenn Sie das Fadenkreuz darüber bewegen. Bei der *Bereichsauswahl* wird eine transparente, farbige Markierung über mehrere Auswahlen hinweg bei den Optionen `Fenster` und `Kreuzen` angezeigt. Beide Funktionen können Sie über die Registerkarte Auswahl des Dialogfelds Optionen (siehe Abbildung 10.1) aktivieren. Über die Schaltfläche Einstellungen für visuelle Effekte können Sie die Darstellung der Auswahl auf dem Bildschirm anpassen.

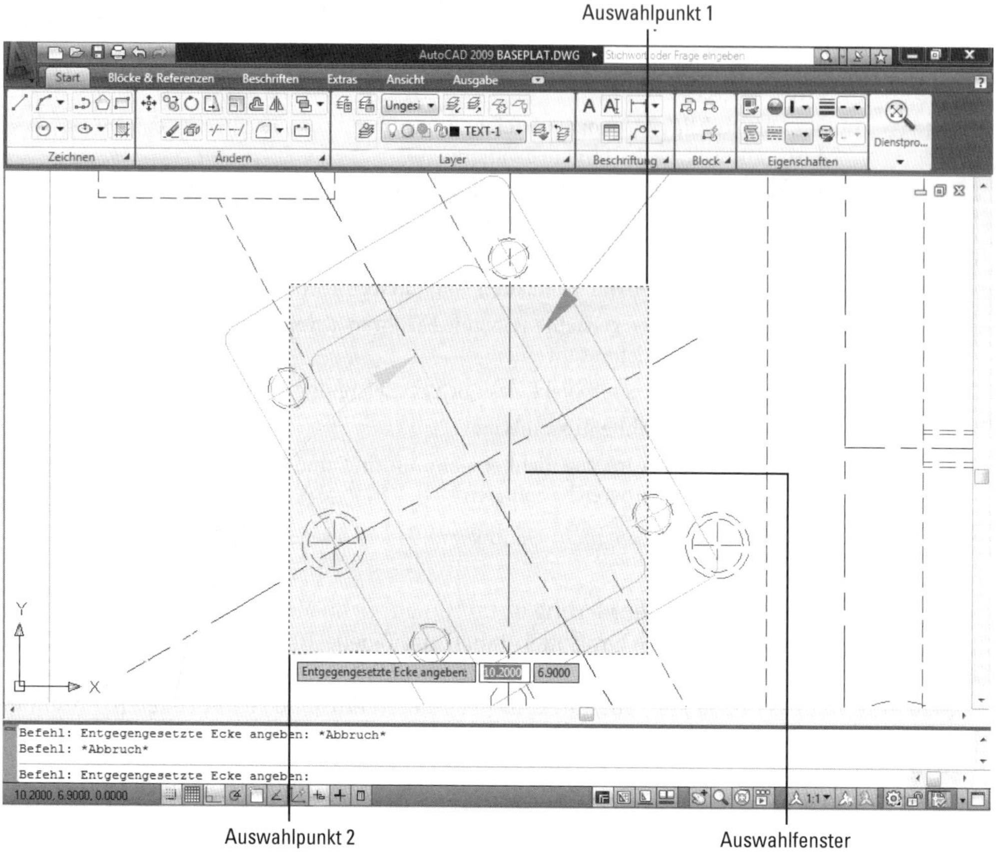

Abbildung 10.3: Bei der Kreuzen-Auswahl (Ziehen nach links) werden Objekte ausgewählt, die sich vollständig oder teilweise innerhalb des Auswahlfensters befinden.

Das folgende Beispiel zeigt, wie der Befehl LÖSCHEN im Modus »Befehl vor Objekt« mit verschiedenen Auswahloptionen eingesetzt wird. Die in diesem Beispiel verwendeten Auswahlverfahren lassen sich bei den meisten Bearbeitungsbefehlen benutzen:

1. **Klicken Sie in der Multifunktionsleiste die Registerkarte START an.**

   Die am häufigsten benutzten AutoCAD-Befehle befinden sich auf der Multifunktionsleisten-Registerkarte START.

2. **Drücken Sie [ESC], um dafür zu sorgen, dass kein Befehl aktiv ist und keine Objekte ausgewählt sind.**

Wenn zu Beginn eines Bearbeitungsbefehls bereits Objekte ausgewählt sind, lässt sich der Befehl in den meisten Fällen auf diese Objekte (Objekt vor Befehl) anwenden, sodass Sie nicht zur Auswahl von Objekten (Befehl vor Objekt) aufgefordert werden. Aus den weiter vorn in diesem Kapitel beschriebenen Gründen sollten Sie den Modus »Befehl vor Objekt« bevorzugen, bis Sie wirklich damit vertraut sind.

Später können Sie den Modus »Objekt vor Befehl« immer noch ausprobieren. (Kehren Sie dazu die in diesem Kapitel beschriebene Abfolge von Befehlen und Auswählen einfach um.)

3. **Klicken Sie in der Multifunktionsleistengruppe Ändern (oder im Arbeitsbereich AutoCAD Klassisch im Werkzeugkasten Ändern) die Schaltfläche Löschen an.**

   In der Befehlszeile und (bei aktivierter dynamischer Eingabe) im QuickInfo-Fenster wird die Aufforderung `Objekte wählen` angezeigt.

4. **Wählen Sie zwei oder drei einzelne Objekte durch Anklicken aus.**

   AutoCAD fügt die jeweiligen Objekte zum Auswahlsatz hinzu. Die ausgewählten Objekte bleiben markiert. In der Befehlszeile wird die Aufforderung `Objekte wählen` angezeigt.

5. **Nutzen Sie die Fenster-Auswahl, um einen Bereich zu definieren, der mehrere Objekte komplett einschließt.**

   Bewegen Sie hierzu das Fadenkreuz zu einem Punkt links unterhalb der auszuwählenden Objekte, klicken Sie, lassen Sie die Maustaste los, bewegen Sie das Fadenkreuz zu einem Punkt rechts oberhalb der Objekte und klicken Sie erneut. Alle Objekte, die sich vollständig innerhalb des Fensters befinden, werden ausgewählt.

6. **Definieren Sie ein Auswahlfenster mit der Kreuzen-Auswahl, das einige Objekte vollständig einschließt und einige andere Objekte schneidet.**

   Bewegen Sie dazu den Cursor zu einem Punkt rechts unterhalb einiger der Objekte, klicken Sie, lassen Sie die Maustaste los, bewegen Sie den Cursor zu einem Punkt links oberhalb der Objekte und klicken Sie erneut. Alle Objekte, die sich vollständig innerhalb des Auswahlfensters befinden oder von diesem geschnitten werden, werden ausgewählt. In der Befehlszeile wird weiterhin die Aufforderung `Objekte wählen` angezeigt.

7. **Tippen Sie `FP` ein und drücken Sie [↵], um die Auswahloption `FPolygon` zu aktivieren.**

   In der Befehlszeile werden Sie zur Angabe von Punkten aufgefordert, die das Auswahlpolygon definieren.

8. **Wählen Sie eine Reihe von Punkten aus und drücken Sie [↵].**

   Abbildung 10.4 zeigt ein Beispiel. Alle Objekte, die sich vollständig innerhalb des Polygons befinden, werden ausgewählt. AutoCAD zeigt in der Befehlszeile weiterhin die Aufforderung `Objekte wählen` an, bis …

9. **Drücken Sie [↵], um die Objektauswahl zu beenden.**

   AutoCAD löscht alle ausgewählten Objekte und zeigt anschließend eine leere Eingabeaufforderung an.

Beachten Sie, dass im Beispiel eine Kombination verschiedener Objektauswahlmethoden eingesetzt wurde, um einen Auswahlsatz zu erstellen. Nach dem Drücken von [↵] wird der Befehl auf die ausgewählten Objekte angewendet. Die meisten der AutoCAD-Bearbeitungsbefehle arbeiten im Modus »Befehl vor Objekt« auf diese Weise.

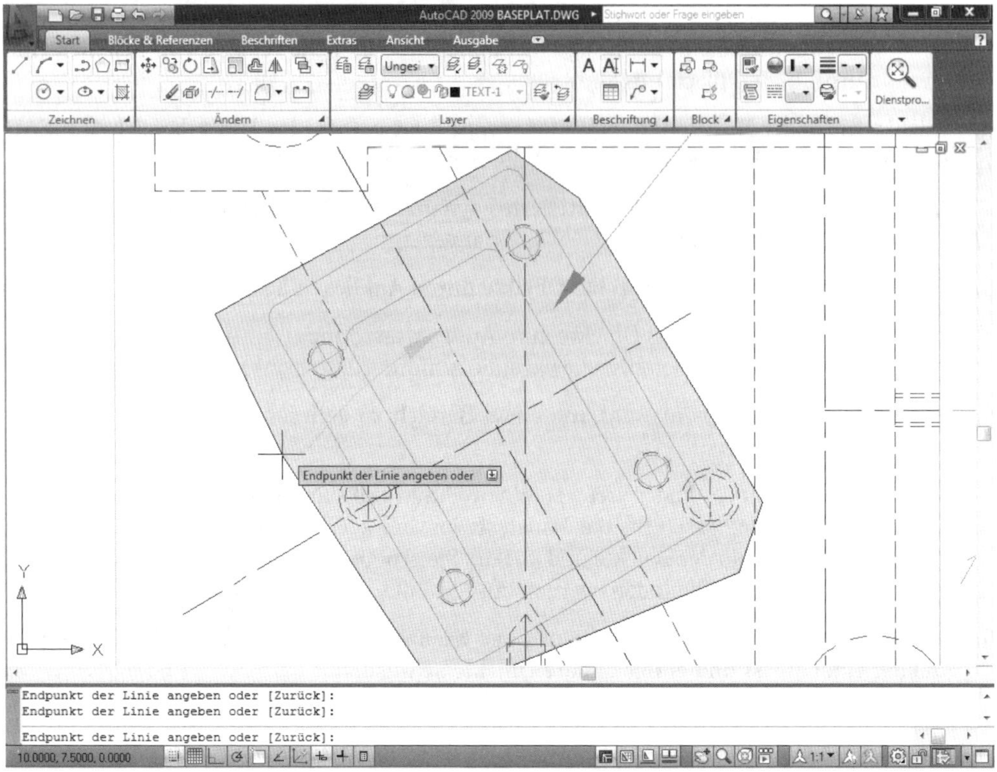

Abbildung 10.4: Das Einfangen von Objekten mit der Option `FPolygon`

Wenn Sie unmittelbar nach dem Löschen eines Auswahlsatzes bemerken, dass Sie doch gar nicht alle Objekte entfernen wollten, können Sie die Schaltfläche RÜCKGÄNGIG im SCHNELLZUGRIFF-Werkzeugkasten (oder im Arbeitsbereich AUTOCAD KLASSISCH in der STANDARD-Werkzeugleiste) dazu verwenden, um die gelöschten Objekte wiederherzustellen. AutoCAD hat aber noch einen weiteren Rückgängig-Trick in der Hinterhand. Dabei handelt es sich um den passend benannten Befehl `HOPPLA`. Wenn Sie `HOPPLA` eingeben und [↵] drücken, stellt AutoCAD die zuletzt gelöschte Auswahl selbst dann wieder her, wenn zwischenzeitlich nach `LÖSCHEN` ein anderer Befehl ausgeführt wurde.

Neben dem Befehl `LÖSCHEN` gibt es weitere Möglichkeiten, um unerwünschte Objekte aus Zeichnungen zu entfernen. Wenn Sie die klassische Menüleiste benutzen, können Sie BEARBEITEN|LÖSCHEN wählen. Und besonders einfach geht es in allen Arbeitsbereichen, wenn man einfach ein Objekt auswählt und [Entf] drückt.

Alles im Griff

Auch wenn die Bearbeitung im Modus »Befehl vor Objekt« am flexibelsten und gebräuchlichsten ist, gibt es andere Möglichkeiten. Das *Bearbeiten mit Griffen* ist insbesondere dann eine nützliche Ergänzung des Modus »Befehl vor Objekt«, wenn nur ein oder zwei Objekte bearbeitet werden sollen. Das Bearbeiten mit Griffen ist Ihnen vielleicht von anderen Grafikprogrammen her bekannt. Aber selbst wenn Sie ein erfahrener Anwender anderer Grafikprogramme sind, dürften Sie Griffe wie in AutoCAD noch nie gesehen haben.

Alles, was Sie im Modus »Bearbeiten mit Griffen« machen können, lässt sich auch im Modus »Befehl vor Objekt« erledigen. In einigen Situationen ist das Bearbeiten mit Griffen lediglich ein wenig effizienter oder praktischer als der Modus »Befehl vor Objekt«. Wenn Sie nur einen Bearbeitungsmodus erlernen wollen, sollten Sie sich für den Modus »Befehl vor Objekt« entscheiden. Mit anderen Worten können Sie diesen Abschnitt auch ohne Weiteres überspringen, zumindest dann, wenn Sie mit dem Modus »Befehl vor Objekt« gut zurechtkommen.

Über Griffe

Griffe sind kleine quadratische Anfasser, die an einem Objekt nach dessen Auswahl angezeigt werden.

In der einfachsten Variante funktionieren die Griffe in AutoCAD ähnlich wie die kleinen Quadrate an grafischen Objekten in anderen Windows-Programmen. Aber anstatt einen Griff anzuklicken und daran zu ziehen, müssen Sie in AutoCAD den Griff anklicken, die Maustaste loslassen, das Fadenkreuz verschieben und dann an der neuen Position erneut klicken. (Dadurch, dass die Auswahl der Anfangs- und Endpunkte in zwei getrennte Aktionen aufgeteilt wird, können Sie in AutoCAD verschiedene Techniken bei der Auswahl eines Punktes nutzen und zum Beispiel zwischendurch einen anderen Objektfangmodus aktivieren.)

AutoCAD-Griffe sind für fortgeschrittene Anwender besser als die Griffe in den meisten anderen Programmen geeignet, weil sie vielfältiger genutzt werden können. Sie können AutoCAD-Griffe zum Beispiel zum Verschieben, Strecken oder Kopieren von Objekten nutzen. Sie können sie aber auch zum Drehen, Skalieren oder Spiegeln von Objekten verwenden. Griffe fungieren auch als *sichtbare Objektfänge* beziehungsweise als kleine Magneten, die das Fadenkreuz anziehen.

Ein ergreifendes Beispiel

In den folgenden Abschnitten werden die fünf Modi des Bearbeitens mit Griffen (STRECKEN, SCHIEBEN, DREHEN, SKALIEREN und SPIEGELN) detailliert vorgestellt. Mit den folgenden Schritten können Sie sich mit dem Bearbeiten mit Griffen vertraut machen:

1. **Drücken Sie [ESC], um dafür zu sorgen, dass kein Befehl mehr aktiv ist und keine Objekte ausgewählt sind. Klicken Sie dann die Schaltfläche SCHNELLEIGENSCHAFTEN in der Statusleiste an, um dafür zu sorgen, dass die QuickInfo-Fenster angezeigt werden.**

   AutoCAD zeigt die leere Eingabeaufforderung an, bei der kein Befehl aktiv ist.

2. **Klicken Sie ein Objekt auf dem Bildschirm an, um es auszuwählen und seine Griffe anzeigen zu lassen.**

   Griffe werden als kleine blaue Quadrate am ausgewählten Objekt angezeigt und befinden sich an verschiedenen Punkten des Objekts. Beachten Sie, dass die Eingabeaufforderung leer bleibt, da Sie bis jetzt noch keinen Befehl aufgerufen und keine Bearbeitungsoperation begonnen haben.

3. **Klicken Sie ein anderes Objekt an.**

   Sowohl am neu ausgewählten als auch am zuvor ausgewählten Objekt werden Griffe angezeigt.

4. **Klicken Sie einen der Griffe an den jeweiligen Objekten an.**

   Das blaue Quadrat wird zu einem dunkelroten Quadrat. Dieser Griff ist nun *aktiv* und kann für das Bearbeiten mit Griffen genutzt werden. Nun werden die Optionen für das Bearbeiten mit Griffen in der Befehlszeile angezeigt. Die erste angezeigte Option ist `STRECKEN`.

5. **Drücken Sie wiederholt die Leertaste, um die fünf Optionen des Bearbeitens mit Griffen in der Befehlszeile zu durchlaufen:**

```
** STRECKEN **
Streckpunkt angeben oder [BAsispunkt/Kopieren/Zurück/Exit]:
** SCHIEBEN **
Punkt für Verschieben angeben oder [BAsispunkt/Kopieren/Zurück/Exit]:
** DREHEN **
Drehwinkel angeben oder [BAsispunkt/Kopieren/Zurück/BEzug/Exit]:
** SKALIEREN **
Skalierfaktor angeben oder [BAsispunkt/Kopieren/Zurück/BEzug/Exit]:
** SPIEGELN **
Zweiten Punkt angeben oder [BAsispunkt/Kopieren/Zurück/Exit]:
```

   Die in der Befehlszeile und im QuickInfo-Fenster der dynamischen Eingabe angezeigte Option ändert sich jeweils nach dem Drücken der Leertaste. Wenn Sie das Fadenkreuz zwischenzeitlich bewegen (ohne zu klicken), wird das Aussehen der ausgewählten Objekte bei den verschiedenen Optionen geändert. Wie Sie sehen können, entsprechen die Operationen im Modus »Bearbeiten mit Griffen« den normalen gleichnamigen Befehlen. Wenn Sie zum Beispiel `STRECKEN` wählen, dann wird eine gestreckte Version des Objekts auf dem Bildschirm angezeigt.

Durch wiederholtes Drücken der Leertaste können Sie sich gut mit den verschiedenen Optionen im Modus »Bearbeiten mit Griffen« vertraut machen. Allerdings lassen sich die einzelnen Optionen auch direkt aufrufen. Wenn Sie einen Griff angeklickt und aktiviert haben, können Sie mit der rechten Maustaste klicken, um das Kontextmenü aufzurufen. Das Menü bietet nicht nur alle Optionen des Bearbeitens mit Griffen, sondern auch noch einige weitere Auswahlmöglichkeiten (siehe Abbildung 10.5).

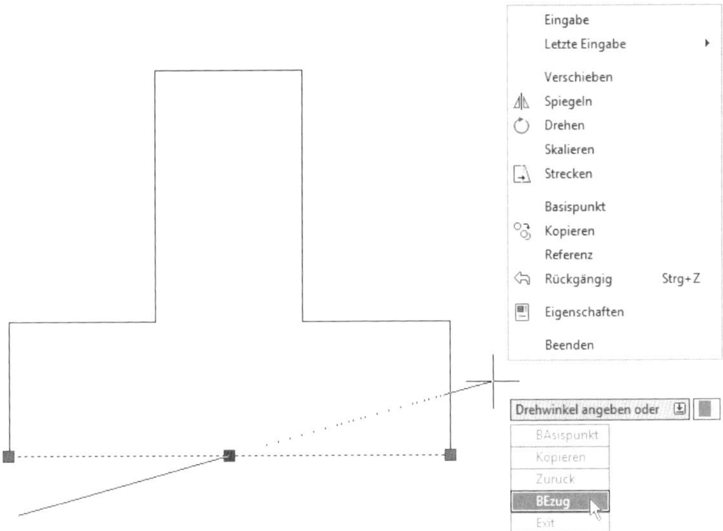

Abbildung 10.5: Das Kontextmenü und die Optionen im QuickInfo-Fenster beim Bearbeiten mit Griffen (Montage)

Wenn die dynamische Eingabe aktiviert ist, wird beim Drücken von [↓] beim Durchlaufen der verschiedenen Optionen des Bearbeitens mit Griffen ein dynamisches Menü beim Fadenkreuz angezeigt, aus dem Sie spezifische Optionen für die aktuell ausgewählte Funktion auswählen können.

6. **Drücken Sie die Leertaste, bis** STRECKEN **(oder die gewünschte Option) wieder angezeigt wird.**

7. **Verschieben Sie den aktiven Griff in die Richtung, in die Sie das Objekt strecken (oder anderweitig bearbeiten) wollen.**

   AutoCAD aktualisiert das Objekt laufend und zeigt damit das geänderte Objekt vor dem Anklicken der endgültigen Position an.

8. **Klicken Sie ein weiteres Mal, um die Operation abzuschließen.**

   Das ausgewählte Objekt mit dem aktiven Griff wird aktualisiert.

9. **Klicken Sie den in Schritt 4 ausgewählten Griff (der sich nun an einer anderen Stelle befindet) wieder an, um ihn zu aktivieren.**

10. **Diesmal bewegen Sie das Fadenkreuz in die Nähe eines der Griffe des anderen Objekts. Wenn die magnetische Anziehung des Griffs am anderen Objekt wirkt, klicken Sie erneut, um den aktiven Griff mit dem anderen Griff zu verbinden.**

    Die Position des von dem aktiven Griff markierten Objektpunkts stimmt nun exakt mit der des Griffs am anderen Objekt überein.

11. Drücken Sie [ESC], um die Auswahl aller Objekte aufzuheben und damit alle Griffe zu entfernen.

Abbildung 10.6 zeigt den aktiven (dunkelroten) Endpunkt-Griff einer Linie, der mit dem nicht aktiven (blauen) Endpunkt-Griff einer anderen Linie verbunden wird. Die abgewinkelte Linie zeigt die ursprüngliche und die dünne senkrechte Linie die neue Position der gerade bearbeiteten Linie. Wenn Sie Griffe auf diese Weise als sichtbaren Objektfang nutzen, bietet das dieselben Vorteile wie das in Kapitel 7 beschriebene Überschreiben des Objektfangs. Damit lässt sich für Präzision und Objekte sorgen, deren Punkte exakt übereinstimmen.

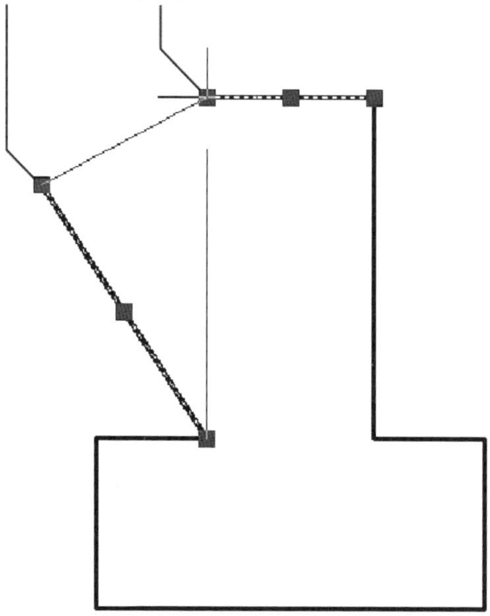

Abbildung 10.6: Zwei Objekte über Griffe verbinden

Nun können Sie die verschiedenen Optionen des Bearbeitens mit Griffen ausprobieren und so herausfinden, wie sich diese auf ausgewählte Objekte auswirken. Da die beiden Optionen `SCHIEBEN` und `STRECKEN` am nützlichsten sind, behandele ich sie hier eingehender.

Schieben!

Damals, als noch manuell gezeichnet wurde, war das Verschieben von Objekten eine harte Aufgabe für den Radierer. Man musste die zu verschiebenden Objekte ausradieren und dann an der neuen Position neu zeichnen. Dabei wurden dann meist Teile anderer Objekte versehentlich mit ausradiert und es blieben überall verschmierte Linien und jede Menge Radiergummiabrieb über. CAD-Programme haben der Aufregung und dem Durcheinander beim Verschieben von Objekten ein Ende gesetzt und das Bearbeiten mit Griffen eignet sich für diese Aufgabenstellung in AutoCAD besonders gut. Die folgenden Schritte beschreiben das Verschieben von Objekten:

1. **Wählen Sie ein oder mehrere Objekte aus.**

   Setzen Sie dazu eine Kombination der drei Auswahlmodi Einzelauswahl, Fenster-Auswahl und Kreuzen-Auswahl ein, die im Abschnitt »Ergreifendes« weiter vorn in diesem Kapitel beschrieben wurden.

2. **Klicken Sie einen der Griffe an, um ihn zu aktivieren.**

   Hier spielt es keine Rolle, welcher Griff angeklickt wird. Wenn Sie mit dem Bearbeiten mit Griffen erst besser vertraut sind, werden Sie erkennen, dass sich bestimmte Griffe bei bestimmten Bearbeitungsoperationen besser als Bezugspunkt eignen als andere.

3. **Klicken Sie mit der rechten Maustaste irgendwo in den Zeichnungsbereich und wählen Sie im Kontextmenü die Option Verschieben.**

4. **Führen Sie das Fadenkreuz zu einer anderen Position, die Sie dann anklicken.**

   Wenn Sie das Fadenkreuz bewegen, werden (wie beim normalen Befehl SCHIEBEN) alle Objekte an ihrer vorläufigen neuen Position angezeigt (siehe Abbildung 10.6). Nach dem Klicken nehmen die Objekte ihre neuen Positionen ein.

5. **Drücken Sie [ESC], um die Auswahl der Objekte aufzuheben und alle Griffe zu entfernen.**

Kopieren statt Verschieben

Wenn Sie den Abschnitt »Ein ergreifendes Beispiel« weiter vorn in diesem Kapitel aufmerksam gelesen haben, ist Ihnen vielleicht aufgefallen, dass Kopieren nicht zu den fünf Modi des Bearbeitens mit Griffen zählt. Und warum nicht? Weil in *allen* Griffmodi die Option Kopieren enthalten ist (wie die Aufforderungen in der Befehlszeile im Abschnitt »Ein ergreifendes Beispiel« zeigen). Mit anderen Worten: Sie können STRECKEN, SCHIEBEN, DREHEN, SKALIEREN und SPIEGELN anwenden und dabei Kopien der ursprünglichen Objekte erstellen.

Bei der Option Kopieren bleiben die ausgewählten Objekte erhalten und die Bearbeitungsoperation bezieht sich auf eine Kopie derselben.

Mit Abstand am häufigsten wird die Option Kopieren mit dem Verschieben kombiniert. Wenn Sie über das Verschieben mit Kopieren kurz nachdenken, kommen Sie darauf, dass es sich dabei letztlich nur um eine umständliche Formulierung für »Kopieren« handelt. Die folgenden Schritte zeigen, wie Objekte bei der Bearbeitung mit Griffen schnell kopiert werden können:

1. **Wählen Sie ein oder mehrere Objekte aus.**
2. **Klicken Sie einen der Griffe an, um ihn zu aktivieren.**
3. **Klicken Sie mit der rechten Maustaste irgendwo in den Zeichnungsbereich und wählen Sie im Kontextmenü die Option Verschieben.**

4. **Klicken Sie wieder mit der rechten Maustaste und wählen Sie im Kontextmenü Kopieren.**

5. **Führen Sie das Fadenkreuz an eine andere Position und klicken Sie diese an.**

   Nach dem Klicken werden neue Objekte an der neuen Position angezeigt.

6. **Bewegen Sie das Fadenkreuz an weitere Positionen und klicken Sie dort, um weitere Kopien zu erstellen.**

7. **Drücken Sie zweimal [ESC], das erste Mal, um den Kopiervorgang zu beenden, und ein zweites Mal, um die Auswahl aller Objekte aufzuheben und alle Griffe zu entfernen.**

Ein wenig Strecken zum Aufwärmen

Das Strecken mit Griffen funktioniert anders als die anderen Modi. Standardmäßig betrifft es nur das Objekt mit dem aktiven Griff und nicht alle ausgewählten Objekte. Die Vorgabe können Sie dadurch umgehen, dass Sie [⇧] gedrückt halten, um mehrere Griffe zu aktivieren. Führen Sie die folgenden Schritte aus, um sich mit der Option STRECKEN im Modus »Bearbeiten mit Griffen« vertraut zu machen:

1. **Schalten Sie den Ortho-Modus durch Anklicken der Schaltfläche Ortho-Modus (ORTHO bei Textdarstellung) in der Statusleiste aus, bis `<Ortho aus>` in der Befehlszeile angezeigt wird.**

   Bei aktiviertem Ortho-Modus erfolgt das Strecken ausschließlich orthogonal und damit parallel zu Linien, die in einem Winkel von entweder 0 oder 90 Grad verlaufen. Später werden Sie den Ortho-Modus zwar häufig eingeschaltet lassen, solange Sie sich aber nur mit dem Strecken vertraut machen wollen, werden die Vorgänge bei ausgeschaltetem Ortho-Modus besser klar.

2. **Wählen Sie mehrere Objekte und dabei mindestens eine Linie aus.**

3. **Klicken Sie einen Endpunkt einer der Linien an, um ihn zu aktivieren.**

   Alle Objekte bleiben ausgewählt. Wenn Sie aber das Fadenkreuz bewegen, ändert sich nur die Linie mit dem aktiven Griff. Abbildung 10.7 zeigt ein Beispiel.

4. **Klicken Sie einen neuen Punkt für den aktiven Endpunkt-Griff an.**

   Die Linie wird gestreckt und entspricht nun der neuen Endpunktposition.

5. **Klicken Sie auf derselben Linie den Mittelpunkt-Griff an, um ihn zu aktivieren.**

   Wenn Sie das Fadenkreuz bewegen, wird die komplette Linie verschoben. Wenn Sie die Option STRECKEN beim Bearbeiten mit Griffen verwenden und dabei den Mittelpunkt-Griff einer Linie aktivieren, wird die komplette Linie an eine neue Position gezogen.

6. **Klicken Sie einen neuen Punkt für den aktiven Mittelpunkt-Griff an.**

   Die Linie wird zur Position des neuen Mittelpunkts verschoben.

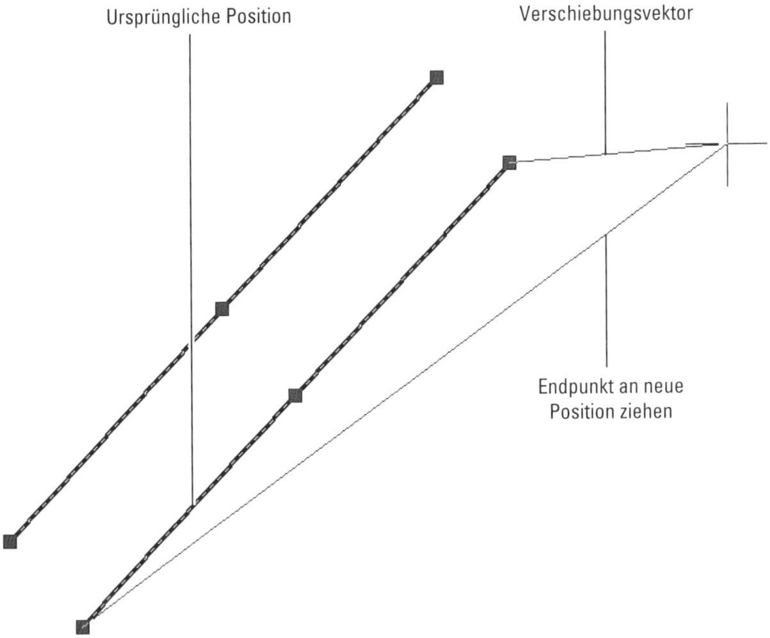

Abbildung 10.7: Das Ziehen des Endpunkts einer Linie beim Strecken mit Griffen

7. **Halten Sie [⇧] gedrückt und klicken Sie auf einer der Linien einen der Endpunkt-Griffe an, um ihn zu aktivieren.**
8. **Halten Sie [⇧] weiterhin gedrückt und klicken Sie dann einen der Endpunkt-Griffe auf einer anderen Linie an, um ihn zu aktivieren.**

   Nun sind zwei Griffe auf zwei verschiedenen Linien aktiv, weil Sie beim Anklicken des zweiten Griffs [⇧] gedrückt gehalten haben.

Sie können für mehrere aktive Griffe sorgen, wenn Sie [⇧] gedrückt halten und weitere Griffe anklicken.

9. **Lassen Sie [⇧] los und wählen Sie wieder einen der aktiven Griffe aus.**

   Durch das Loslassen von [⇧] teilen Sie AutoCAD mit, dass Sie mit dem Aktivieren von Griffen fertig sind. Wenn Sie einen der aktiven Griffe erneut auswählen, wird dieser zum Basispunkt der Strecken-Operation.
10. **Klicken Sie einen neuen Punkt für den Griff an.**

    Alle Objekte mit aktiven Griffen werden auf der Grundlage des Verschiebungsvektors des in Schritt 9 angeklickten Griffs gestreckt (siehe Abbildung 10.8).

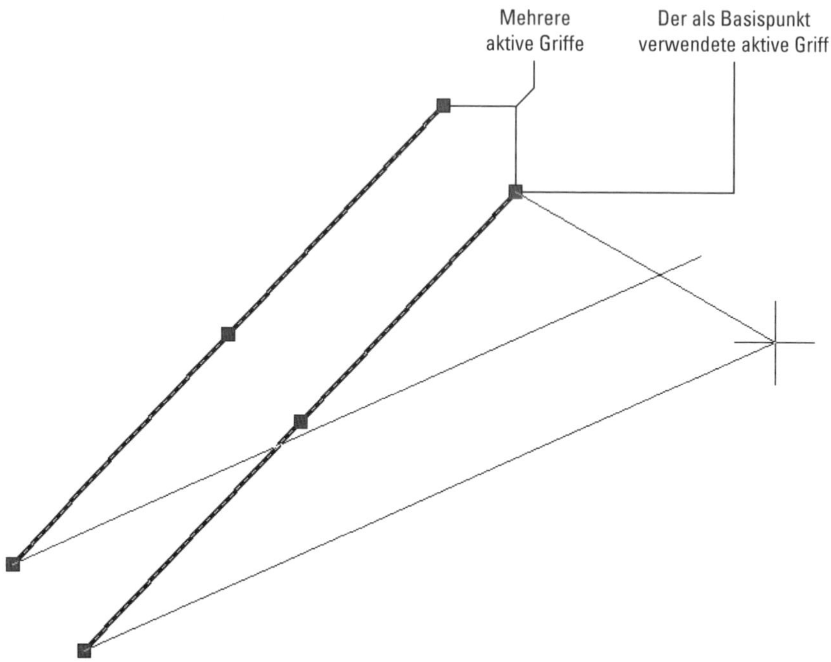

Abbildung 10.8: Das Strecken mehrerer Objekte mit mehreren aktiven Griffen

11. **Schalten Sie den Ortho-Modus durch Anklicken der entsprechenden Schaltfläche in der Statusleiste ein, sodass die Meldung `<Ortho ein>` in der Befehlszeile angezeigt wird.**

    Wiederholen Sie die Schritte 2 bis 10, um sich mit den Auswirkungen des aktivierten Ortho-Modus auf das Strecken vertraut zu machen.

Der Lohn der Bearbeitung

11

In diesem Kapitel

- Objekte verschieben, kopieren und strecken
- Komplette Objekte bearbeiten
- Objektteile ändern
- Objekteigenschaften bearbeiten

In Kapitel 10 lernen Sie, dass es in AutoCAD verschiedene Verfahren zum Ändern von Zeichnungsobjekten gibt. Vorrangig erfahren Sie dabei, wie diese Objekte markiert beziehungsweise ausgewählt werden, um sie anschließend bearbeiten zu können. Nun ist es an der Zeit, die Ärmel hochzukrempeln und sich die Hände schmutzig zu machen.

In den folgenden Abschnitten werden die wichtigsten Bearbeitungsbefehle von AutoCAD im Modus »Befehl vor Objekt« vorgestellt.

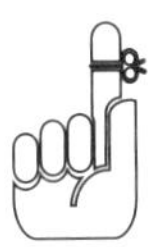

Wie in Kapitel 10 erläutert, handelt es sich beim Modus »Befehl vor Objekt« um einen von drei verschiedenen Ansätzen zum Bearbeiten von Objekten in AutoCAD. Ich konzentriere mich auf dieses Verfahren, bei dem erst ein Befehl gestartet und dann die Objekte ausgewählt werden, auf die er angewendet werden soll, weil es sich dabei um den einzigen Modus in AutoCAD handelt, der bei allen Bearbeitungsbefehlen funktioniert.

Ihr AutoCAD-Werkzeugschrank

Tabelle 11.1 liefert einen Überblick über die am häufigsten benutzten Bearbeitungsbefehle von AutoCAD. Sie zeigt die Symbole, die in der Multifunktionsleiste, dem klassischen Werkzeugkasten und im klassischen Menü zur Verfügung stehen. Des Weiteren werden für diejenigen, die Befehle lieber eintippen, die Befehlsnamen mit ihrem Alias (sofern ein solches existiert) angegeben. Die Multifunktionsleistenschaltflächen befinden sich im Arbeitsbereich 2D-ZEICHNUNG & BESCHRIFTUNG auf der Registerkarte START in der Gruppe ÄNDERN. Im Arbeitsbereich AUTOCAD KLASSISCH finden Sie diese Befehle im Werkzeugkasten ÄNDERN und im gleichnamigen Menü.

Schaltfläche	Befehl	Gruppe ÄNDERN	Werkzeugkasten ÄNDERN	Menü ÄNDERN
	`LÖSCHEN (LÖ)`	LÖSCHEN	LÖSCHEN	LÖSCHEN oder BEARBEITEN|LÖSCHEN
	`KOPIEREN (KO)`	KOPIEREN	KOPIEREN	KOPIEREN (nicht BEARBEITEN|KOPIEREN)

Schaltfläche	Befehl	Gruppe ÄNDERN	Werkzeugkasten ÄNDERN	Menü ÄNDERN
	SPIEGELN (SP)	SPIEGELN	SPIEGELN	SPIEGELN
	VERSETZ (VS)	VERSETZEN	VERSETZEN	VERSETZEN
	REIHE (RH)	REIHE (im Einblendfenster)	REIHE	REIHE
	SCHIEBEN (S)	VERSCHIEBEN	VERSCHIEBEN	VERSCHIEBEN
	DREHEN (DH)	DREHEN	DREHEN	DREHEN
	VARIA (V)	SKALIEREN	SKALIEREN	SKALIEREN
	STRECKEN (STR)	STRECKEN	STRETCH	STRETCH
	LÄNGE (LÄ)	LÄNGE (im Einblendfenster)	–	LÄNGE
	STUTZEN (SU)	STUTZEN	STUTZEN	STUTZEN
	DEHNEN (DE)	DEHNEN	DEHNEN	DEHNEN
	BRUCH (BR); 2 Punkte	BRUCH	BRUCH	BRUCH
	BRUCH (BR); 1 Punkt	AN PUNKT BRECHEN (im Einblendfenster)	AN PUNKT BRECHEN	AN PUNKT BRECHEN
	VERBINDEN (VB)	VERBINDEN (im Einblendfenster)	VERBINDEN	VERBINDEN
	FASE (FA)	FASEN (im Flyout-Fenster)	FASEN	FASEN
	ABRUNDEN (AR)	ABRUNDEN (im Flyout-Fenster)	ABRUNDEN	ABRUNDEN
	URSPRUNG (UR)	URSPRUNG	URSPRUNG	URSPRUNG

Tabelle 11.1: AutoCAD-Bearbeitungsbefehle

Unabhängig davon, ob Sie einen Bearbeitungsbefehl über eine Schaltfläche in der Multifunktionsleiste, durch Auswahl eines Befehls in der klassischen Menüleiste oder durch die Eingabe eines Befehlsnamens oder eines Alias starten, werden Sie von AutoCAD fast immer im Befehlsfenster zur Eingabe von Punkten, Abständen und Optionen aufgefordert. Insbesondere wenn Sie herausfinden wollen, wie ein neuer Bearbeitungsbefehl funktioniert, sollten Sie die Meldungen bei jedem einzelnen Schritt des Befehls lesen. Ansonsten werden Sie den Befehl wahrscheinlich nicht erfolgreich abschließen können.

Wenn die dynamische Eingabe aktiviert ist, werden die Befehlsoptionen auch am Fadenkreuz angezeigt. Wird ein QuickInfo-Fenster mit einem Symbol für [↓] angezeigt, können Sie diese Taste drücken, um die Befehlsoptionen anzeigen zu lassen. Dann können Sie eine Option mit der Maus auswählen (siehe Abbildung 11.1). Wenn Sie [↑] drücken, wird die vorherige Eingabe angezeigt.

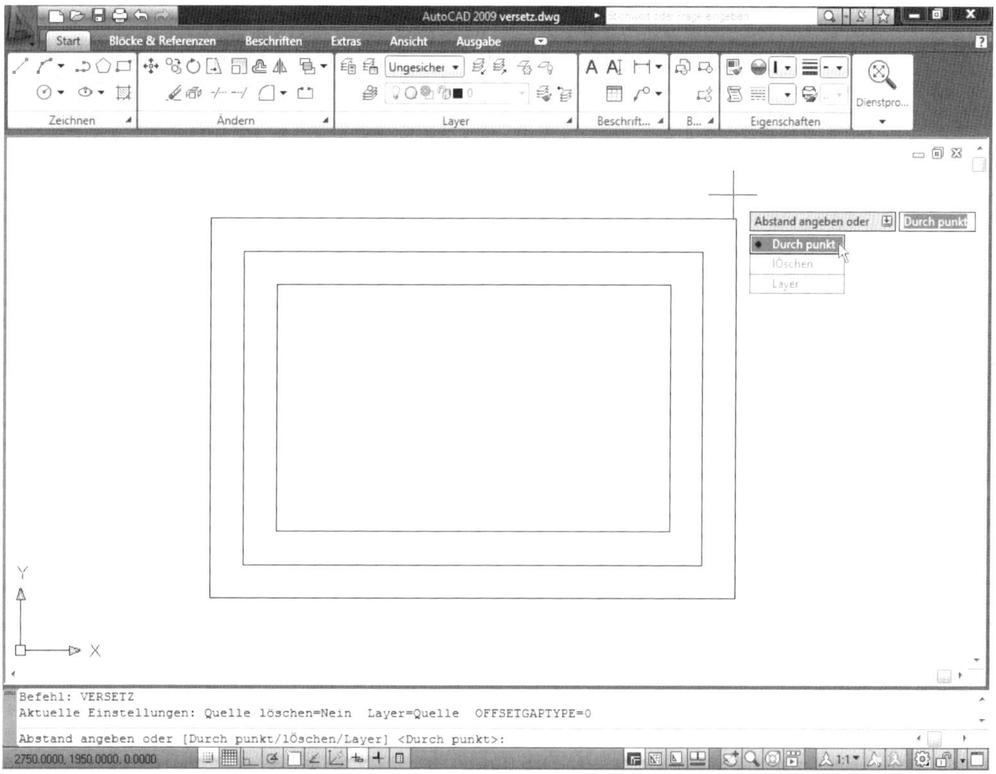

Abbildung 11.1: Befehlsoptionen im Menü des QuickInfo-Fensters auswählen

In Kapitel 4 weise ich darauf hin, dass die Präzision beim Zeichnen und Bearbeiten bei CAD-Arbeiten von entscheidender Bedeutung ist. Wenn Sie bereits mit anderen Zeichenprogrammen gearbeitet haben und es gewohnt sind, beim Verschieben, Strecken und anderen Bearbeitungsschritten nach Augenmaß zu arbeiten, sollten Sie sich von dieser Gewohnheit bei der Arbeit mit AutoCAD verabschieden. Nichts kann eine Zeichnung schneller ruinieren als näherungsweise Bearbeitungen mit Abständen und Punkten, bei denen Objekte, ohne dass sich um präzise Abstände und Positionen gekümmert wird, solange hin und her geschoben werden, bis die Zeichnung scheinbar gut aussieht.

Die großen drei: Verschieben, Kopieren und Strecken

Verschieben, Kopieren und Strecken sind für viele Zeichner die häufigsten Bearbeitungsaktionen. AutoCAD kommt diesen Anforderungen mit den Befehlen `SCHIEBEN`, `KOPIEREN` und `STRECKEN` nach.

Basispunkte und Verschiebungen

Bei den Befehlen `SCHIEBEN`, `KOPIEREN` und `STRECKEN` müssen Sie angeben, wie weit und in welche Richtung die Objekte verschoben, kopiert oder gestreckt werden sollen. Nach der Auswahl der zu bearbeitenden Objekte und dem Aufruf des Befehls werden Sie von AutoCAD zu zwei Angaben aufgefordert:

```
Basispunkt oder [Verschiebung] <Verschiebung>:
Zweiten Punkt der [Verschiebung] angeben oder <ersten Punkt
  der Verschiebung verwenden>:
```

Die beiden Aufforderungen weisen ein wenig versteckt darauf hin, dass es zwei Möglichkeiten zur Angabe der Distanz und der Richtung des Kopierens, Verschiebens oder Streckens der Objekte gibt:

- ✔ **Bei dem gebräuchlichsten Verfahren wählen Sie zwei Punkte aus, die den Verschiebungsvektor definieren, oder tippen deren Koordinaten ein.** Diese Punkte werden in AutoCAD *Basispunkt* und *zweiter Punkt* genannt. (Daher die Bezeichnung *Basispunkt-Verfahren*.) Stellen Sie sich einen Pfeil vor, der vom Basispunkt aus auf den zweiten Punkt verweist und definiert, wie weit und in welcher Richtung die Objekte kopiert, verschoben oder gestreckt werden sollen.

- ✔ **Das andere Verfahren besteht in der Eingabe eines X,Y-Wertepaars, das einem Abstand anstelle eines Punktes entspricht.** Dieser Abstand gibt den absoluten Wert an, um den die Objekte kopiert, verschoben oder gestreckt werden sollen. Daher die Bezeichnung *relative Verschiebung*.

Wie unterscheidet AutoCAD bei der Antwort auf die erste Aufforderung, ob es sich um einen Basispunkt oder einen Abstand handelt? Das hängt davon ab, wie Sie die zweite Aufforderung beantworten. (Verwirrend, oder?) Zunächst wählen Sie auf dem Bildschirm einen Punkt aus oder geben an der Basispunkt-Aufforderung Koordinaten ein. Anschließend gibt es verschiedene Möglichkeiten:

- ✔ Wenn Sie die Koordinaten eines Punktes bei der Aufforderung zur Angabe des zweiten Punktes anklicken oder eintippen, weiß AutoCAD, dass es sich um einen Verschiebungsvektor handelt, und verschiebt die Objekte entsprechend dem imaginären Pfeil, der vom Basispunkt auf den zweiten Punkt zeigt.

✔ Wenn Sie bei der zweiten Aufforderung ↵ drücken (ohne etwas eingetippt zu haben), verwendet AutoCAD das bei der ersten Aufforderung eingegebene X,Y-Wertepaar als absolute Verschiebungsdistanz.

Die Geschichte mit den Verschiebungen wird noch verwirrender, da Sie bei der ersten Aufforderung einen Punkt auswählen und bei der zweiten ↵ drücken können. AutoCAD hält die Eingabe zwar weiterhin für eine Verschiebungsdistanz, behandelt nun aber die Koordinaten des ausgewählten Punktes als absolute Distanz. Wenn der ausgewählte Punkt relativ hohe Koordinatenwerte hat, können die Objekte weit außerhalb des durch die Limiten definierten normalen Zeichnungsbereichs landen. Die Objekte entfleuchen in das Weltall, was Ihnen wahrscheinlich erst einmal entgehen dürfte, wenn Sie nur einen Ausschnitt des normalen Zeichnungsbereichs sehen. Scheinbar sind die Objekte einfach verschwunden! Kurz: Sie sollten vorsichtig sein, wenn Sie bei den Befehlen `SCHIEBEN`, `KOPIEREN` und `STRECKEN` einfach ↵ drücken. Drücken Sie nur dann ↵ als Antwort auf die zweite Aufforderung, wenn Sie wollen, dass AutoCAD Ihre Antwort auf die erste Aufforderung als absolute Verschiebung verstehen soll. Wenn Sie einen Fehler machen, klicken Sie die Schaltfläche Rückgängig an, um die Ausgangssituation wiederherzustellen; versuchen Sie es dann erneut. Mit der (in Kapitel 12 beschriebenen) Menüoption Ansicht|Zoom|Alles können Sie nach in den Weltraum entschwebten Objekten suchen.

Schieben

Die folgenden Schritte verdeutlichen die Bearbeitung im Modus »Befehl vor Objekt« mit dem Befehl `SCHIEBEN` unter Verwendung des Basispunkt-Verfahrens zur Angabe, wie weit und in welche Richtung die ausgewählten Objekte verschoben werden sollen. Dieses Verfahren gibt auch detaillierte Empfehlungen hinsichtlich des Einsatzes der Präzisionstechniken bei der Bearbeitung:

1. **Drücken Sie ESC, um dafür zu sorgen, dass kein Befehl mehr aktiv ist und keine Objekte ausgewählt sind.**

2. **Klicken Sie die Schaltfläche Schieben in der Gruppe Ändern der Multifunktionsleiste an.**

Im Arbeitsbereich AutoCAD Klassisch klicken Sie Schieben im Werkzeugkasten Ändern an. In der Befehlszeile wird die Aufforderung `Objekte wählen` angezeigt.

3. **Wählen Sie ein oder mehrere Objekte aus.**

   Sie können ein beliebiges der in Kapitel 10 im Abschnitt »Die Auswahl perfektionieren« beschriebenen Objektauswahlverfahren verwenden.

4. **Drücken Sie ↵, wenn Sie mit der Auswahl der Objekte fertig sind.**

   AutoCAD zeigt die folgende Aufforderung an:

```
Basispunkt oder [Verschiebung] <Verschiebung>:
```

5. **Geben Sie einen Basispunkt durch Anklicken eines Punktes oder Eintippen der Koordinaten an.**

   Dieser Punkt dient als Ende des imaginären Pfeils, der angibt, wie weit und in welcher Richtung die Objekte verschoben werden sollen. Nach der Auswahl eines Basispunkts lässt sich recht leicht erkennen, was vorgeht, da AutoCAD eine Vorschau des Objekts anzeigt, das mit der Bewegung des Fadenkreuzes verschoben wird. Abbildung 11.2 zeigt, wie das auf dem Bildschirm aussehen kann.

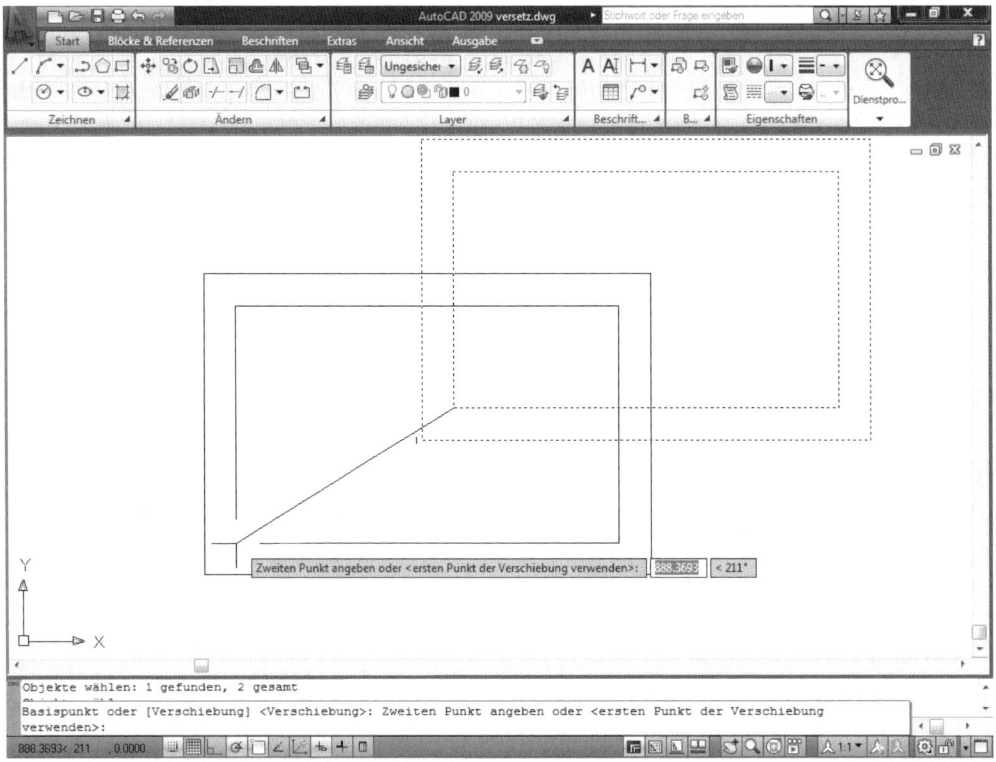

Abbildung 11.2: Das Ziehen von Objekten während des Befehls Schieben

Geben Sie einen Basispunkt irgendwo auf oder in der Nähe der zu verschiebenden Objekte an. Sie können einen Objektfangmodus zur Auswahl eines Punktes verwenden, der sich genau auf einem der Objekte befindet.

AutoCAD zeigt die folgende Aufforderung an:

```
Zweiten Punkt angeben oder <ersten Punkt der Verschiebung verwenden>:
```

6. **Geben Sie einen zweiten Punkt durch Anklicken oder Eintippen der Koordinaten an.**

   Der zweite Punkt dient als Pfeilende des imaginären Verschiebungsvektors. Nach der Angabe des zweiten Punktes werden die Objekte verschoben.

Drücken Sie bei dieser Eingabeaufforderung nicht nur [↵]! Dann behandelt AutoCAD die X,Y-Koordinaten des ersten ausgewählten Punktes als absolute Verschiebung und die Objekte entschweben auf unvorhersehbare Weise. *Noch einmal: Drücken Sie bei dieser Eingabeaufforderung nicht nur* [↵]*!* Das Drücken von [↵] ohne Auswahl eines Punktes oder Eingabe von Koordinaten ist einer der häufigsten Fehler von AutoCAD-Neulingen, und er kann Zeichnungen buchstäblich mit unerwünschten Objekten überschwemmen.

Diese Präzisionstechniken werden bei der Angabe des zweiten Punktes häufig genutzt:

- ✔ Verwenden Sie einen Objektfangmodus, um einen zweiten Punkt auszuwählen, der sich exakt auf einem anderen Objekt in der Zeichnung befindet.
- ✔ Tippen Sie, wie in Kapitel 7 beschrieben, eine relative Koordinate oder eine Polarkoordinate ein. Wenn Sie zum Beispiel `@6,2` eintippen, werden die Objekte sechs Einheiten nach rechts und zwei Einheiten nach oben verschoben. Wenn Sie `@3<45` eintippen, werden die Objekte um drei Einheiten in einem Winkel von 45 Grad verschoben.

Arbeiten Sie mit direkten Entfernungsangaben, um Objekte in orthogonaler Richtung zu verschieben. Weitere Anleitungen dazu finden Sie in Kapitel 7.

Kopieren

Die Befehle `KOPIEREN` und `SCHIEBEN` arbeiten nahezu identisch, nur dass die ausgewählten Objekte beim Kopieren an Ort und Stelle verbleiben und Kopien an die neue Position verschoben werden.

Der Befehl `KOPIEREN` erstellt standardmäßig mehrere Kopien. Wenn nur eine Kopie gewünscht wird, drücken Sie nach deren Erstellung [↵]. Wie immer müssen Sie die Aufforderungen in der Befehlszeile im Auge behalten, um festzustellen, welche Optionen wann verfügbar sind! Wenn Sie `mOdus` in der Befehlszeile oder im Menü des QuickInfo-Fensters auswählen, können Sie zwischen einzelnen und mehrfachen Kopien umschalten. Wenn Sie meist mehrere Kopien oder meist einzelne Kopien machen, werden Sie es sicherlich begrüßen, dass sich das vorgegebene Verhalten des Befehls anpassen lässt.

Der Befehl `KOPIEREN` umfasst eine `Rückgängig`-Option, mit der sich auch mehrere erstellte Kopien innerhalb einer einzelnen `KOPIEREN`-Operation wieder entfernen lassen.

Wenn Sie die klassischen Menüs benutzen, wird Ihnen vielleicht aufgefallen sein, dass es sowohl im Menü BEARBEITEN als auch im Menü ÄNDERN die Option KOPIEREN gibt. Diese Befehle sind nicht identisch. Bei BEARBEITEN|KOPIEREN wird der Befehl `COPYCLIP` ausgeführt, der die ausgewählten Objekte in die Windows-Zwischenablage kopiert. Wie im nächsten Abschnitt beschrieben wird, kann das nützlich sein, aber beim Kopieren von Objekten innerhalb einer Zeichnung ist dieser Befehl nicht besonders praktisch.

Kopieren zwischen Zeichnungen

Bei einer sinnvollen Variante des `KOPIEREN`-Befehls können Sie Objekte mit dem Befehl `COPYCLIP` und dessen Gegenstück `CLIPEINFÜG` von einer Zeichnung in eine andere kopieren.

`COPYCLIP` und `CLIPEINFÜG` benutzen die Windows-Zwischenablage zum vorübergehenden Speichern von Zeichnungsobjekten aus einer Datei, um sie in andere Dateien einfügen zu können. Die Gruppe DIENSTPROGRAMME in der Multifunktionsleiste (und im Werkzeugkasten STANDARD im Arbeitsbereich AUTOCAD KLASSISCH) enthält die drei Standardwerkzeuge AUSSCHNEIDEN, KOPIEREN und EINFÜGEN der Zwischenablage, die es in (fast) allen Windows-Programmen gibt.

Wenn Sie Schwierigkeiten damit haben zu ermitteln, wo sich Optionen in der neuen auf der Multifunktionsleiste basierenden Benutzeroberfläche im Arbeitsbereich 2D-ZEICHNUNG & BESCHRIFTUNG verstecken, dann denken Sie daran, dass die Windows-Standardtastenkombinationen – [Strg]+[X] (Ausschneiden), [Strg]+[C] (Kopieren) und [Strg]+[V] (Einfügen) – weiterhin funktionieren und selbst dann meist noch die effizienteste Variante zur Benutzung der Windows-Zwischenablage sind, wenn Sie die Gruppe DIENSTPROGRAMME schon längst entdeckt haben!

In Tabelle 11.2 werden die wichtigsten Befehle im Zusammenhang mit der Zwischenablage sowie die entsprechenden Optionen im Kontextmenü und in der Multifunktionsleistengruppe DIENSTPROGRAMME aufgeführt. (Die QuickInfos des klassischen STANDARD-Werkzeugkastens zeigen dieselben Namen an.)

Befehlsname	Kontextmenü	Schaltfläche Gruppe DIENSTPROGRAMME	Schaltfläche klassischer Werkzeugkasten STANDARD
`AUSSCHNEIDEN`	AUSSCHNEIDEN	AUSSCHNEIDEN	AUSSCHNEIDEN ([Strg] I [X])
`COPYCLIP`	KOPIEREN	AUSSCHNITT KOPIEREN (KOPIEREN-Flyout)	AUSSCHNITT KOPIEREN ([Strg]+[C])
`KOPIEBASISP`	KOPIEREN MIT BASISPUNKT	KOPIEREN MIT BASISPUNKT (KOPIEREN-Flyout)	– ([Strg]+[⇧]+[C])
`KOPIEVERKNÜPFEN`	–	KOPIE VERKNÜPFEN (KOPIEREN-Flyout)	–
`CLIPEINFÜG`	EINFÜGEN	EINFÜGEN	EINFÜGEN ([Strg]+[V])
`BLOCKEINFÜG`	ALS BLOCK EINFÜGEN	ALS BLOCK EINFÜGEN (EINFÜGEN-Flyout)	– ([Strg]+[⇧]+[V])
`ALSHYPERLINKEINFÜGEN`	–	ALS HYPERLINK EINFÜGEN (EINFÜGEN-Flyout)	–
`ORIGEINFÜG`	MIT ORIGINAL-KOORDINATEN EINFÜGEN	MIT ORIGINAL-KOORDINATEN EINFÜGEN (EINFÜGEN-Flyout)	–
`INHALTEEINFÜG`	–	INHALTE EINFÜGEN (EINFÜGEN-Flyout)	–

Tabelle 11.2: AutoCAD-Befehle für die Zwischenablage

Strecken

Oberflächlich betrachtet ähnelt der Befehl STRECKEN den Befehlen KOPIEREN und SCHIEBEN. Auch er arbeitet mit denselben unergründlichen Aufforderungen, und er verschiebt Objekte oder Teile von Objekten an andere Positionen innerhalb der Zeichnung. Aber es gibt auch einige wichtige Unterschiede, die AutoCAD-Neulinge manchmal derart verwirren können, dass sie es aufgeben, sich weiter mit dem Befehl STRECKEN zu befassen. Das ist aber ein Fehler, weil der Befehl STRECKEN recht wertvoll ist. Mit ihm können Sie bestimmte Bearbeitungen binnen Sekunden erledigen, für die Sie mit anderen Befehlen viele Minuten benötigen würden. Um erfolgreich mit dem Befehl STRECKEN arbeiten zu können, sollten Sie Folgendes wissen:

- ✔ **Objekte zum Strecken auswählen:** Um STRECKEN effektiv einsetzen zu können, müssen Sie Objekte mit einer Kreuzen-Auswahl (oder einer Kreuzen-Polygon-Auswahl) markieren, wie dies im Abschnitt »Die Auswahl perfektionieren« in Kapitel 10 beschrieben wird (siehe Abbildung 11.3).

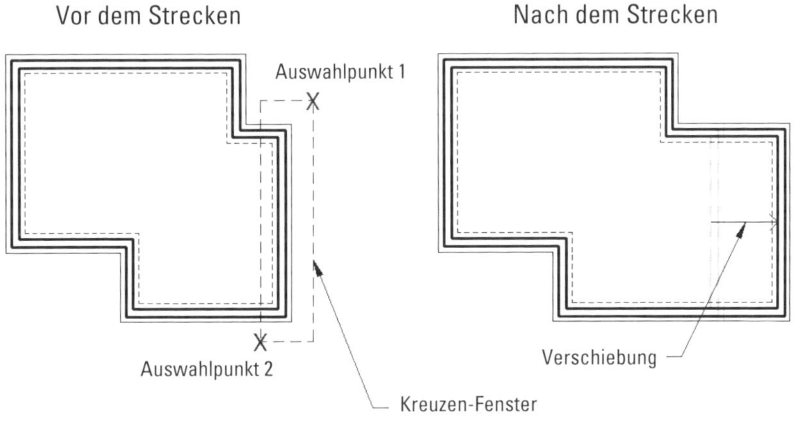

Abbildung 11.3: Mit der Kreuzen-Auswahl Objekte zum Strecken markieren

- ✔ **Punkte definieren:** STRECKEN basiert auf Definitionspunkten von Objekten (Endpunkte einer Linie, Knotenpunkte einer Polylinie, Kreismittelpunkte und so weiter) entsprechend der folgenden Regel: Wenn sich ein Definitionspunkt innerhalb des angegebenen Auswahlbereichs des Kreuzen-Fensters befindet, wird er verschoben und das Objekt entsprechend aktualisiert.

  Wenn der Auswahlbereich des Kreuzen-Fensters zum Beispiel zwar den einen, aber nicht den anderen Endpunkt einer Linie einschließt, verschiebt STRECKEN den ersten Endpunkt und zeichnet die Linie an der neuen Position, die durch die neue Position des ersten Endpunkts bestimmt wird. Das ist etwa so, als ob ein Gummiband mit zwei Nägeln an der Wand befestigt wäre und einer der Nägel versetzt wird.

- ✔ **Stauchen und Strecken:** Je nach Auswahlbereich und Verschiebungsvektor können Linien mit dem Befehl STRECKEN verlängert oder verkürzt werden. Anders gesagt, vereint der Befehl STRECKEN tatsächlich Strecken und Stauchen.

- **Der richtige Modus:** Üblicherweise empfiehlt sich vor dem Strecken die Aktivierung des Ortho-Modus. Ansonsten laufen Sie Gefahr, dass die Objekte in merkwürdige Richtungen gestreckt werden (siehe Abbildung 11.4).

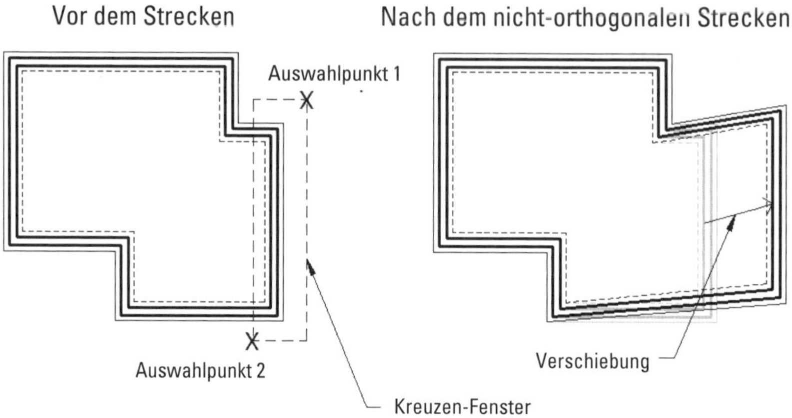

Abbildung 11.4: Die Probleme mit dem Befehl STRECKEN, *wenn Ortho-Modus oder polare Spurverfolgung nicht eingeschaltet sind*

Die folgenden Schritte beschreiben das Strecken von Linien:

1. **Zeichnen Sie einige Linien in einer Anordnung, die denen der fetten Linien in Abbildung 11.5 entsprechen.**

   Beginnen Sie mit dem Strecken einfacher Objekte. Wenn Sie die Vorgehensweise beherrschen, können Sie anschließend zu komplizierteren Objekten (Polylinien, Kreisen, Bögen und so weiter) übergehen.

2. **Drücken Sie [ESC], um dafür zu sorgen, dass kein Befehl mehr aktiv ist und keine Objekte ausgewählt sind.**

3. **Klicken Sie die STRECKEN-Schaltfläche in der Multifunktionsleistengruppe ÄNDERN (oder im Arbeitsbereich AUTOCAD KLASSISCH im Werkzeugkasten ÄNDERN) an.**

   In der Befehlszeile wird die Aufforderung zur Auswahl der Objekte mit der Kreuzen-Fenster- oder Kreuzen-Polygon-Methode angezeigt:

```
Objekte, die gestreckt werden sollen, mit Kreuzen-Fenster oder Kreuzen-
    Polygon wählen...
Objekte wählen:
```

4. **Klicken Sie Punkte an, um eine Kreuzen-Auswahl zu definieren, die einige, aber nicht alle Endpunkte der Linien einschließt.**

   Abbildung 11.5 zeigt ein Beispiel für eine Kreuzen-Auswahl, die die beiden senkrechten Linien auf der rechten Seite der Abbildung vollständig einschließt. Diese Kreuzen-

Auswahl schneidet die vier längeren horizontalen Linien, schließt aber nur die jeweiligen Endpunkte ein.

Sie nehmen eine Kreuzen-Auswahl vor, indem Sie einen Punkt anklicken, die Maus nach *links* bewegen und einen zweiten Punkt anklicken.

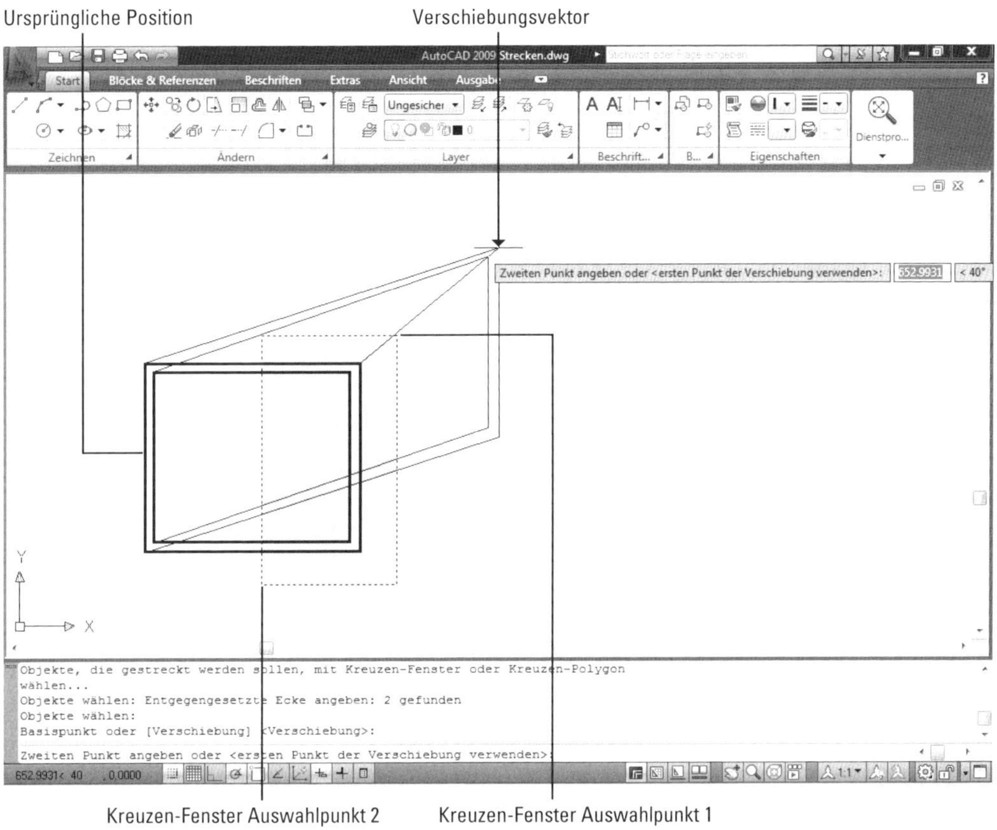

Abbildung 11.5: Das Ziehen von Objekten innerhalb des Befehls STRECKEN

5. **Drücken Sie [↵], um die Objektauswahl zu beenden.**

   AutoCAD zeigt die folgende Eingabeaufforderung an:

   Basispunkt oder [Verschiebung] <Verschiebung>:

6. **Legen Sie mithilfe von Objektfangpunkten eines vorhandenen Objekts oder durch Eintippen absoluter X,Y-Koordinaten einen Basispunkt fest.**

   AutoCAD zeigt die folgende Eingabeaufforderung an:

   Zweiten Punkt angeben oder <ersten Punkt der Verschiebung verwenden>:

Schalten Sie den Ortho-Modus über die Schaltfläche in der Statusleiste ein und später wieder aus. Bewegen Sie den Cursor erst bei eingeschaltetem und dann bei ausgeschaltetem Ortho-Modus, um den Unterschied kennenzulernen.

Abbildung 11.5 zeigt, wie der Bildschirm beim Bewegen des Fadenkreuzes mit eingeschaltetem Ortho-Modus und polarer Spurverfolgung aussieht.

7. **Schalten Sie den Ortho-Modus ein (falls das nicht bereits der Fall ist) und geben Sie dann den zweiten Punkt an. Dabei werden üblicherweise Abstände direkt eingegeben.**

   Sie können den zweiten Punkt auch über Objektfangpunkte vorhandener Objekte oder Eingabe relativer X,Y-Koordinaten angeben.

   Nach der Auswahl des zweiten Punktes werden die Objekte gestreckt. Beachten Sie, dass der Befehl `STRECKEN` die zwei senkrechten Linien *verschoben* hat, da bei diesen das Auswahlrechteck der Kreuzen-Auswahl jeweils deren beide Endpunkte eingeschlossen hat. Bei den vier horizontalen Linien befand sich jeweils nur einer der Endpunkte im Auswahlbereich, und sie wurden entweder verlängert oder verkürzt.

Der Befehl `STRECKEN` erfordert zwar ein wenig Übung, aber der Aufwand lohnt sich. Zeichnen Sie einige weitere Objekte und üben Sie das Strecken mit verschiedenen Auswahlbereichen und verschiedenen Basispunkten und zweiten Punkten.

Der Befehl `STRECKEN` meldet zwar `Objekte, die gestreckt werden sollen, mit Kreuzen-Fenster oder Kreuzen-Polygon wählen`, aber bei der Auswahl von Punkten wie in Schritt 4 gibt es die Option Kreuzen-Polygon nicht. (Lesen Sie Kapitel 10, wenn Sie Ihr Wissen in Sachen Kreuzen-Polygon auffrischen möchten.) Um ein Kreuzen-Polygon zu verwenden, geben Sie `KP` bei der Eingabeaufforderung `Objekte wählen:` ein und drücken [↵].

Weitere Bearbeitungsmöglichkeiten

Die in diesem Abschnitt behandelten Befehle `DREHEN`, `VARIA`, `REIHE` und `VERSETZEN` bieten andere Möglichkeiten (neben `SCHIEBEN`, `KOPIEREN` und `STRECKEN`) zum Bearbeiten oder Erstellen neuer Objekte. Die Anleitungen bei den einzelnen Befehlen gehen davon aus, dass Sie mit der Objektauswahl und den Präzisionstechniken, die bei den Befehlen `SCHIEBEN`, `KOPIEREN` und `STRECKEN` vorgestellt wurden, bereits vertraut sind. (Neben den vorherigen Abschnitten in diesem Kapitel können Sie dazu auch Kapitel 10 lesen.)

Drehen

Beim Befehl `DREHEN` »schwingen« ein oder mehrere Objekte um einen angegebenen Punkt. Führen Sie die folgenden Schritte zur Nutzung des Befehls `DREHEN` aus:

1. **Drücken Sie [ESC], um dafür zu sorgen, dass kein Befehl mehr aktiv ist und keine Objekte ausgewählt sind.**

2. **Klicken Sie die Schaltfläche Drehen in der Multifunktionsleistengruppe Ändern an.**

Sie können auch die Schaltfläche Drehen im Arbeitsbereich AutoCAD Klassisch im Werkzeugkasten Ändern anklicken.

3. **Wählen Sie ein oder mehrere Objekte aus und drücken Sie dann [↵], um die Objektauswahl abzuschließen.**

AutoCAD fordert Sie zur Eingabe des Basispunkts für die Drehung der ausgewählten Objekte auf:

```
Basispunkt angeben:
```

4. **Legen Sie einen Basispunkt durch Anklicken oder Eintippen der Koordinaten fest.**

Der Basispunkt wird zu dem Punkt, um den die Objekte gedreht werden. Sie müssen außerdem einen Drehwinkel angeben:

```
Drehwinkel angeben oder [Kopie/Bezug] <0>:
```

5. **Legen Sie einen Drehwinkel durch Eingabe eines Winkelmaßes fest und drücken Sie [↵] oder drücken Sie einfach [↵], um die in spitzen Klammern angezeigte Vorgabe zu übernehmen.**

Alternativ können Sie einen Winkel auf dem Bildschirm festlegen, wenn Sie das Fadenkreuz so verschieben, dass im Koordinatenbereich in der Statusleiste der gewünschte Winkel angezeigt wird, und dann klicken. Der Ortho-Modus und die polare Spurverfolgung erleichtern die Angabe genauer Winkel (zum Beispiel 90 oder 45 Grad), und mit Objektfang lassen sich Objekte besser so drehen, dass sie präzise zu anderen Objekten ausgerichtet werden.

Nach der Angabe des Drehwinkels durch Anklicken oder Eintippen werden die Objekte in ihre neuen Positionen gedreht. Die Option `Kopie` des Befehls `DREHEN` erstellt eine gedrehte Kopie, wobei das Quellobjekt an seiner ursprünglichen Position verbleibt.

Skalieren

In Kapitel 4 lasse ich mich schier endlos über Zeichnungsmaßstäbe und Skalierfaktoren aus. Zwar gibt es keinen Befehl, mit dem magische Verwandlungen der gesamten Zeichnung erreicht werden können, aber immerhin können Sie mit dem Befehl `VARIA` (dessen zugehörige Schaltflächen mit Skalieren bezeichnet sind) ein oder mehrere Objekte um einen angegebenen Faktor vergrößern oder verkleinern. Und so geht's:

1. **Drücken Sie [ESC], um dafür zu sorgen, dass kein Befehl mehr aktiv ist und keine Objekte ausgewählt sind.**

2. **Klicken Sie die Schaltfläche Skalieren in der Multifunktionsleistengruppe Ändern an.**

Sie können auch die Schaltfläche Skalieren im Arbeitsbereich AutoCAD Klassisch im Werkzeugkasten Ändern anklicken..

3. **Wählen Sie ein oder mehrere Objekte aus und drücken Sie dann [↵], um die Objektauswahl abzuschließen.**

   AutoCAD fordert Sie zur Angabe des Basispunkts für die Skalierung der ausgewählten Objekte auf:

   `Basispunkt angeben:`

4. **Legen Sie einen Basispunkt durch Anklicken oder Eintippen der Koordinaten fest.**

   Der Basispunkt wird der Punkt, um den die Objekte skaliert werden. AutoCAD fordert Sie zur Eingabe des Skalierfaktors auf:

   `Skalierfaktor angeben oder [Kopie/Bezug] <1.0000>:`

   Gehen Sie nicht davon aus, dass AutoCAD die Objekte beim Skalieren mehr oder weniger an ihrer ursprünglichen Position in der Zeichnung belässt. AutoCAD skaliert vielmehr sowohl den Abstand zwischen den Objekten als auch die Objekte selbst. Wenn Sie zum Beispiel einen Kreis zum Skalieren auswählen, einen Punkt außerhalb des Kreises als Basispunkt auswählen und dann einen Skalierfaktor von 2 festlegen, wird der Kreis nicht nur doppelt so groß, sondern befindet sich anschließend auch doppelt so weit entfernt vom angegebenen Basispunkt.

5. **Geben Sie einen Skalierfaktor an und drücken Sie [↵].**

   AutoCAD skaliert die Objekte um den eingegebenen Faktor und verwendet dabei den angegebenen Basispunkt. Werte größer als 1 vergrößern die Objekte. Werte kleiner als 1 verkleinern die Objekte.

   Wie beim Befehl `DREHEN` gibt es auch bei `VARIA` (SKALIEREN) die Option `Kopie`, mit der sich vergrößerte oder verkleinerte Kopien der ausgewählten Objekte erstellen lassen, ohne dass die Quellobjekte dabei verändert werden. Zudem merken sich `VARIA` und `DREHEN` den letzten eingegebenen Skalierfaktor oder Drehwinkel während der jeweiligen Zeichnungssitzung.

Reihe

Der Befehl `REIHE` ähnelt einem aufgemotzten `KOPIEREN`-Befehl. Mit ihm können Sie ein rechteckiges Raster von Objekten mit regelmäßigen X- und Y-Abständen oder ein polares »Rad« von Objekten mit regelmäßigen Winkelabständen erstellen. Sie können zum Beispiel mit der rechteckigen Anordnung ein Auditorium mit Stühlen bevölkern oder mit der polaren Anordnung Radspeichen zeichnen.

Die folgenden Schritte beschreiben das Erstellen einer rechteckigen Anordnung, die Sie wahrscheinlich häufiger als eine polare Anordnung benötigen dürften:

1. **Drücken Sie [ESC], um dafür zu sorgen, dass kein Befehl mehr aktiv ist und keine Objekte ausgewählt sind.**

   Die Schaltfläche REIHE versteckt sich im Einblendfenster der Gruppe ÄNDERN, das Sie öffnen müssen, um sie erreichen zu können.

2. **Klicken Sie erst den Gruppentitel ÄNDERN am unteren Rand der Multifunktionsleiste und dann die Schaltfläche REIHE an. (Im Arbeitsbereich AUTOCAD KLASSISCH klicken Sie einfach die Schaltfläche REIHE im Werkzeugkasten ÄNDERN an.)**

Es wird das Dialogfeld ANORDNUNG angezeigt (siehe Abbildung 11.6). Wenn der Befehl gestartet wird, wird oben rechts im Dialogfeld »0 Objekte gewählt« angezeigt.

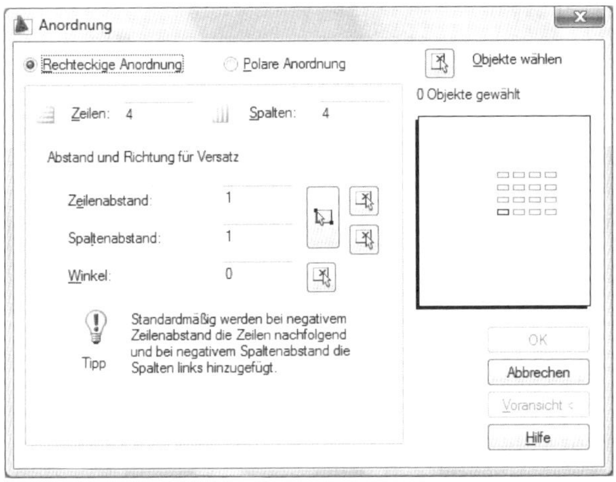

Abbildung 11.6: Rechteckige oder polare Anordnungen lassen sich beim Befehl REIHE *im Dialogfeld* ANORDNUNG *konfigurieren.*

3. **Sorgen Sie dafür, dass die Option RECHTECKIGE ANORDNUNG aktiviert ist, und klicken Sie dann die Schaltfläche OBJEKTE WÄHLEN an.**

   Das Dialogfeld ANORDNUNG wird vorübergehend geschlossen und ermöglicht Ihnen so die Auswahl der anzuordnenden Elemente mit einem beliebigen Verfahren zur Objektauswahl.

4. **Wählen Sie ein oder mehrere Objekte aus und drücken Sie dann [↵].**

   Das Dialogfeld ANORDNUNG wird wieder angezeigt, und die Meldung unter der Schaltfläche OBJEKTE WÄHLEN teilt Ihnen mit, wie viele Objekte ausgewählt wurden.

5. **Tragen Sie in die fünf Eingabefelder ZEILEN, SPALTEN, ZEILENABSTAND, SPALTENABSTAND und WINKEL Werte ein.**

   Wenn Sie Textfelder namens MITTELPUNKT sehen und ein kreisförmiges Vorschaubildchen angezeigt wird, erstellen Sie eine polare Anordnung. Klicken Sie dann das Optionsfeld RECHTECKIGE ANORDNUNG oben im Dialogfeld an und machen Sie weiter.

   Bei den Werten für Zeilen und Spalten werden die Zeilen und Spalten des ursprünglichen Objekts selbst mitgezählt. Beim Wert 1 werden also keine neuen Objekte in der entsprechenden Richtung erzeugt. ZEILENABSTAND und SPALTENABSTAND legen den Abstand zwischen benachbarten Zeilen und Spalten fest. Sie können die drei Schaltflächen rechts neben den

Textfeldern ZEILENABSTAND und SPALTENABSTAND dazu verwenden, um die Versatzabstände zu schätzen. Üblicherweise sollten Sie aber präzise Werte in die Textfelder eingeben. Bei WINKEL handelt es sich um den Drehwinkel der rechteckigen Anordnung. Wenn der Winkel 0 Grad beträgt, wird die Reihe mit dem Fadenkreuz ausgerichtet.

6. **Klicken Sie die Schaltfläche VORANSICHT an.**

   Wieder wird das Dialogfeld ANORDNUNG ausgeblendet, und es wird eine Voransicht angezeigt, die darüber Aufschluss gibt, wie die Anordnung bei den aktuellen Einstellungen aussehen wird.

   In den bisherigen Versionen gab es in der Voransicht nur eine feste Vergrößerung, und man konnte das Ergebnis nicht wirklich abschätzen, wenn die Anordnung über den Bildschirm hinausging. In AutoCAD 2009 können Sie bei Bedarf in der Zeichnung pannen und zoomen, um das ganze Ergebnis zu betrachten.

   AutoCAD meldet:

   ```
   Auswählen oder ESC drücken, um zum Dialogfeld zurückzukehren,
       oder <Anordnung durch Klicken mit der rechten Maustaste
       akzeptieren>:
   ```

7. **Klicken Sie den Zeichnungsbereich mit der rechten Maustaste an, wenn Sie mit der Anordnung zufrieden sind, oder drücken Sie [ESC], wenn Sie deren Parameter ändern wollen.**

Versetzen

Mit VERSETZ (beziehungsweise VERSETZEN) lassen sich parallele Kopien von Linien, Polylinien, Kreisen, Bögen oder Splines erstellen. Die folgenden Schritte erläutern den Einsatz von VERSETZ:

1. **Klicken Sie die Schaltfläche VERSETZEN in der Multifunktionsleistengruppe ÄNDERN (oder im Arbeitsbereich AUTOCAD KLASSISCH im Werkzeugkasten ÄNDERN) an.**

   AutoCAD zeigt die aktuellen Befehlseinstellungen an und fordert Sie zur Angabe des *Abstands* ein, bei dem es sich um die Entfernung zwischen dem ursprünglichen Objekt und der zu erstellenden Kopie handelt:

   ```
   Aktuelle Einstellungen: Quelle löschen=Nein  Layer=Quelle
       OFFSETGAPTYPE=0
   Abstand angeben oder [Durch punkt/lÖschen/Layer] <Durch punkt>:
   ```

2. **Geben Sie den Abstand (zum Beispiel 100) für den Versatz ein und drücken Sie [↵].**

   Alternativ können Sie einen Abstand dadurch angeben, dass Sie zwei Punkte auf dem Bildschirm anklicken. Wenn Sie sich für diese Methode entscheiden, sollten Sie den Objektfang aktivieren, sodass präzise Entfernungen zwischen den Objekten verwendet werden können. AutoCAD fordert Sie zur Auswahl des Objekts auf, von dem versetzte Kopien erstellt werden sollen.

3. **Wählen Sie ein einzelnes Objekt, zum Beispiel eine Linie, eine Polylinie oder einen Bogen, aus.**

   Beachten Sie, dass Sie beim Befehl `VERSETZ` jeweils nur ein einzelnes Objekt auswählen können. AutoCAD fragt, wohin das Objekt versetzt werden soll:

   ```
   Durch Punkt angeben oder [Beenden/Mehrfach/Rückgängig]: <Beenden>
   ```

4. **Zeigen Sie auf die eine oder andere Seite des Objekts und klicken Sie dort.**

   Es spielt keine Rolle, wie weit entfernt sich das Fadenkreuz beim Klicken vom Objekt befindet, da Sie einfach nur eine Richtung festlegen. Für den Fall, dass Sie weitere Objekte um denselben Abstand versetzen wollen, zeigt AutoCAD wieder die Aufforderung zur Objektauswahl an:

   ```
   Zu versetzendes Objekt wählen oder [Beenden/Rückgängig]: <Beenden>
   ```

5. **Wenn Sie ein weiteres Objekt versetzen wollen, gehen Sie zurück zu Schritt 3. Ansonsten drücken Sie einfach [↵].**

Abbildung 11.7 zeigt den Befehl `VERSETZ` bei der Arbeit. Informationen über die durchweg nützlichen Befehlsoptionen `Mehrfach`, `lÖschen` und `Layer` können Sie der Online-Hilfe entnehmen. Beim Befehl `VERSETZ` finden Sie dazu weitere Einzelheiten.

Wenn Sie eine Reihe miteinander verbundener Linien versetzen wollen (zum Beispiel den rechteckigen Grundriss eines Hauses oder eine Seite eines Weges auf einer Landkarte), sollten Sie diese entweder als Polylinie zeichnen oder die einzelnen Linien und/oder Bögen mit dem Befehl `PEDIT` in eine Polylinie umwandeln. (Beim Befehl `PEDIT` in der Online-Hilfe erfahren Sie, wie das geht.) Wenn Sie eine Reihe von Liniensegmenten mit dem Befehl `LINIE` zeichnen und diese dann zu versetzen versuchen, müssen Sie die Segmente einzeln auswählen und versetzen. Schlimmer noch, die Ecken werden dann üblicherweise nicht wie erwartet abgeschlossen, da AutoCAD von nicht miteinander verbundenen Segmenten ausgeht. Wenn Sie Polylinien versetzen, können Sie derartige Probleme vermeiden, da diese wie einzelne Objekte behandelt werden. In Kapitel 8 finden Sie ausführlichere Informationen über die Unterschiede zwischen Linien und Polylinien.

Verformen und Zerlegen

Mit den Befehlen `STUTZEN`, `DEHNEN`, `BRUCH`, `ABRUNDEN`, `FASEN` und `VERBINDEN`, die in diesem Abschnitt vorgestellt werden, lassen sich Objekte kürzen und verlängern, in mehrere Objekte aufteilen und wieder zusammenfügen.

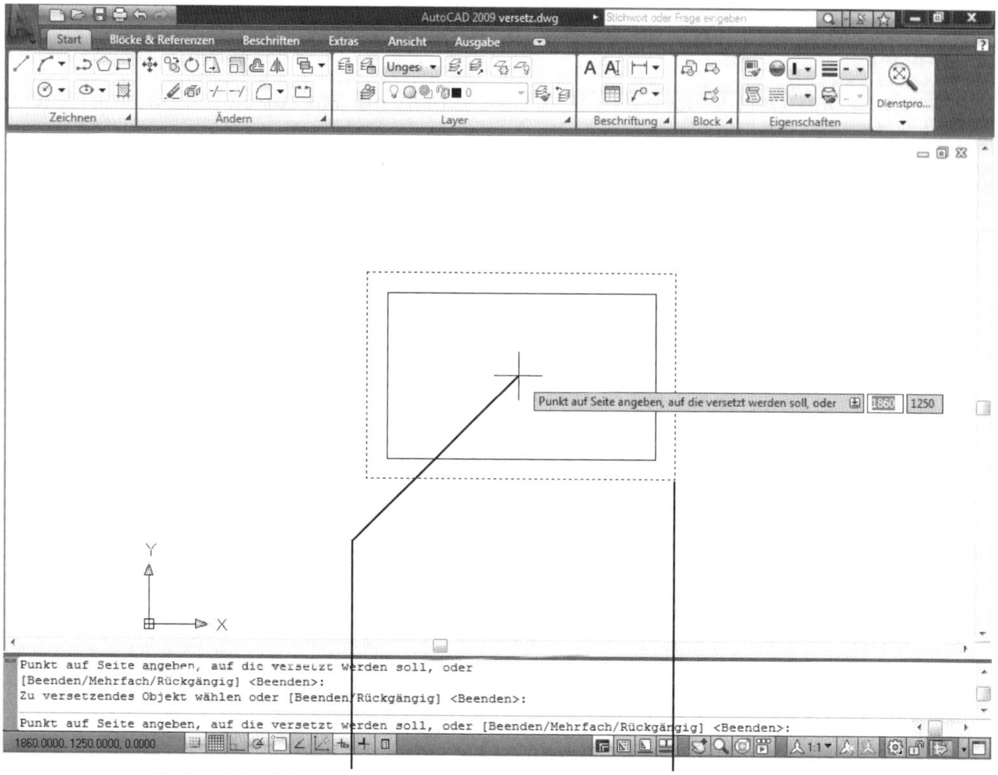

Abbildung 11.7: Das Versetzen einer Polylinie

Stutzen und Dehnen

STUTZEN und DEHNEN heißen die beiden Befehle zum Verkürzen beziehungsweise Verlängern von Linien, Polylinien und Bögen. Sie sind wie Yin und Yang, wie Dick und Doof oder Al Bundy und dessen Frau in der Welt der AutoCAD-Bearbeitung. Die beiden Befehle und deren Meldungen sind fast identisch, daher treffen die folgenden Schritte für beide zu. Dabei werden hier die Meldungen des Befehls STUTZEN dargestellt. Die Meldungen beim Befehl DEHNEN sind ähnlich.

1. **Klicken Sie die Schaltfläche STUTZEN oder die Schaltfläche DEHNEN VERSETZEN in der Multifunktionsleistengruppe ÄNDERN (oder im Arbeitsbereich AUTOCAD KLASSISCH im Werkzeugkasten ÄNDERN) an.**

AutoCAD fordert Sie zur Auswahl von Schnittkanten (oder Grenzkanten beim Dehnen) auf, auf die die Objekte gestutzt werden sollen:

```
Aktuelle Einstellungen: Projektion=BKS, Kante=Keine
Schnittkanten wählen ...
Objekte wählen oder <Alle wählen>:
```

2. **Drücken Sie [↵], um die Vorgabeoption zu übernehmen und alle Objekte auszuwählen, oder wählen Sie einzelne Objekte durch Anklicken aus. Drücken Sie [↵], um die Objektauswahl zu beenden.**

   Die in diesem Schritt ausgewählten Objekte werden zur Schnittkante des STUTZEN-Befehls beziehungsweise beim DEHNEN-Befehl zur Grenzkante, bis zu der Objekte erweitert werden. Abbildung 11.8 zeigt eine Schnittkante (STUTZEN) und eine Grenzkante (DEHNEN).

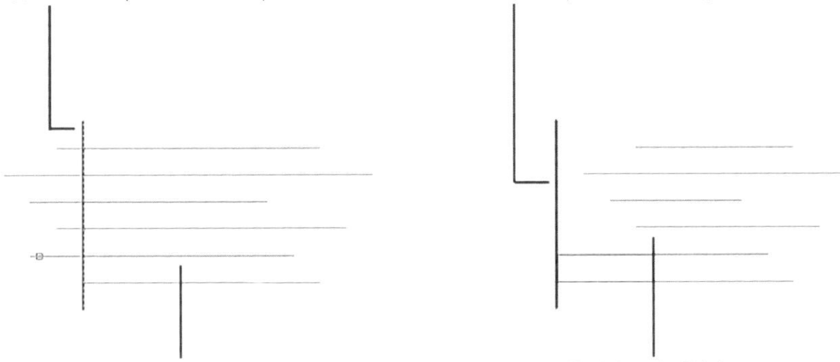

Abbildung 11.8: Anatomie der Befehle STUTZEN und DEHNEN

AutoCAD fordert Sie zur Auswahl der Objekte aus, die gestutzt oder gedehnt werden sollen (bei DEHNEN gibt es die Option Löschen nicht):

```
Zu stutzendes Objekt wählen beziehungsweise zum Dehnen mit der Umschalttaste
    wählen oder [ZAun/KReuzen/Projektion/Kante/Löschen/ZUrück]:
```

3. **Wählen Sie ein einzelnes Objekt zum Stutzen oder Dehnen aus. Wählen Sie den Teil des Objekts aus, der von AutoCAD weggeschnitten werden soll.**

   AutoCAD stutzt oder dehnt das Objekt entsprechend einem der in Schritt 2 ausgewählten Objekte. Wenn das Objekt nicht gestutzt oder gedehnt werden kann (wenn zum Beispiel die Schnittkante und das zu stutzende Objekt parallel verlaufen), wird in der Befehlszeile eine Fehlermeldung angezeigt, die zum Beispiel Objekt schneidet keine Kante lauten kann.

   Sie können mehrere Objekte zum Stutzen oder Dehnen auswählen, wenn Sie ZA eingeben und [↵] drücken, um die Objekte mit dem Zaun-Verfahren auszuwählen, oder wenn Sie KR eingeben und [↵] drücken, um die Objekte mit dem Kreuzen-Verfahren auszuwählen. Sie können sogar Auswahlfenster aufziehen, um mehrere Objekte auszuwählen. In Kapitel 10 erfahren Sie mehr über Auswahlfenster und das Auswählen mehrerer Objekte.

   In der Befehlszeile werden Sie weiter zur Auswahl weiterer Objekte zum Stutzen oder Dehnen aufgefordert:

```
Zu stutzendes Objekt wählen beziehungsweise zum Dehnen mit der Umschalttaste
    wählen oder [ZAun/KReuzen/Projektion/Kante/Löschen/ZUrück]:
```

4. **Wählen Sie weitere Objekte aus oder drücken Sie ↵, wenn Sie mit dem Stutzen oder Dehnen fertig sind.**

Wenn Sie versehentlich das falsche Objekt gestutzt oder gedehnt haben, aber die Befehle STUTZEN oder DEHNEN noch aktiv sind, können Sie ZU eintippen und ↵ drücken, um die letzte Bearbeitung rückgängig zu machen. Sie können zwischen STUTZEN und DEHNEN wechseln, ohne den Befehl zu beenden, wenn Sie ⇧ drücken, um zum anderen Werkzeug zu wechseln. Und wenn schließlich ein Objekt übrig bleiben sollte, das nicht gestutzt wird, weil es die Schnittkante nicht schneidet, können Sie L (für Löschen) und ↵ drücken, um es zu entfernen, ohne den Befehl STUTZEN dazu beenden zu müssen.

Das Beispiel in Abbildung 11.8 zeigt das Stutzen auf eine einzelne Schnittkante, bei dem das Ende der gestutzten Linie abgeschnitten wird. Der Befehl STUTZEN wird außerdem häufig dazu benutzt, um ein Stück einer Linie zwischen zwei Schnittkanten auszuschneiden. Bei der Verwendung von zwei Schnittkanten schneidet STUTZEN ein Stück aus der Mitte der gestutzten Linie heraus. Die Vorgabeoption für die Auswahl von Schnitt- oder Grenzkanten lautet Alle wählen, die hier auch gut funktioniert. Wenn man mit ↵ die Vorgabeoption übernimmt, werden alle Objekte in der Zeichnung bei STUTZEN als Schnittkante oder bei DEHNEN als Grenzkante ausgewählt.

Der Befehl LÄNGE (LÄ) bietet weitere nützliche Verfahren zum Verändern der Länge von Linien, Bögen und Polylinien. Sie geben einen absoluten Abstand (oder *Delta*-Wert) oder einen Prozentwert an, um den verlängert oder gekürzt werden soll, oder eine neue Gesamtlänge. Mehr dazu erfahren Sie beim Befehl LÄNGE in der Online-Hilfe von AutoCAD.

Bruch

Der Befehl BRUCH bricht Stücke aus Linien, Polylinien, Kreisen, Bögen oder Splines heraus und sorgt so für Lücken. BRUCH lässt sich auch verwenden, um einzelne Objekte in mehrere zu zerlegen, ohne dabei sichtbare Teile zu entfernen.

Das folgende Beispiel zeigt, wie Sie mit dem Befehl BRUCH Objekte zerlegen können:

1. **Klicken Sie die Schaltfläche Bruch in der Multifunktionsleistengruppe Ändern (oder im Arbeitsbereich AutoCAD Klassisch im Werkzeugkasten Ändern) an.**

AutoCAD fordert Sie zur Auswahl eines einzelnen Objekts auf, das aufgeteilt werden soll.

2. **Wählen Sie ein einzelnes Objekt, zum Beispiel eine Linie, eine Polylinie oder einen Bogen, aus.**

Der bei der Auswahl des Objekts angeklickte Punkt erfüllt zweierlei Aufgaben: Er wählt nicht nur ein Objekt aus, sondern wird auch zur Vorgabe für den ersten Brechpunkt (und legt damit eine Seite der zu erstellenden Lücke fest). Daher sollten Sie zur Auswahl des Objekts an einer bestimmten Stelle entweder eine der

Präzisionstechniken (zum Beispiel den Objektfang) einsetzen oder die im nächsten Schritt beschriebene Option `Erster Punkt` zur Neuauswahl des ersten Brechpunkts nutzen.

AutoCAD fordert Sie zur Angabe des zweiten Brechpunkts auf. Wenn Sie den ersten Brechpunkt neu angeben wollen, geben Sie `E` ein und drücken [↵]:

```
Zweiten Brechpunkt angeben oder [Erster punkt]:
```

3. **Wenn der im vorherigen Schritt ausgewählte Punkt nicht gleichzeitig einem Brechpunkt entspricht (siehe letzter Tipp), tippen Sie `E` ein und drücken [↵], um den ersten Brechpunkt neu festzulegen. Dabei sollten Sie den Objektfang oder eine andere Präzisionstechnik verwenden.**

   Wenn Sie `E` eingetippt, [↵] gedrückt und den ersten Brechpunkt neu angegeben haben, werden Sie nun zur Angabe des zweiten Brechpunkts aufgefordert:

   ```
   Zweiten Brechpunkt angeben:
   ```

4. **Geben Sie den zweiten Brechpunkt durch Anklicken eines Punktes oder Eintippen der Koordinaten an.**

   AutoCAD schneidet einen Abschnitt des Objekts aus, wobei die Größe der Lücke vom ersten und zweiten Brechpunkt bestimmt wird.

Wenn Sie ein Objekt in zwei Teile zerlegen wollen, ohne Teile zu entfernen, klicken Sie die Schaltfläche An Punkt brechen im Einblendfenster der Ändern-Gruppe an. Sie wählen erst das Objekt und dann einen Punkt aus, der bestimmt, wo das Objekt in zwei Teile zerlegt werden soll. Anschließend können Sie die einzelnen Teile des Objekts eigenständig verschieben, kopieren oder anderweitig bearbeiten.

Abrunden und Fasen

Während mit `STUTZEN`, `DEHNEN` und `BRUCH` einzelne Objekte geändert werden, benötigen Sie für die Befehle `ABRUNDEN` und `FASEN` jeweils ein Objektpaar. Wie Abbildung 11.9 zeigt, erstellt `ABRUNDEN` eine runde Ecke zwischen zwei Linien, während `FASEN` eine abgewinkelte, gerade Ecke erstellt.

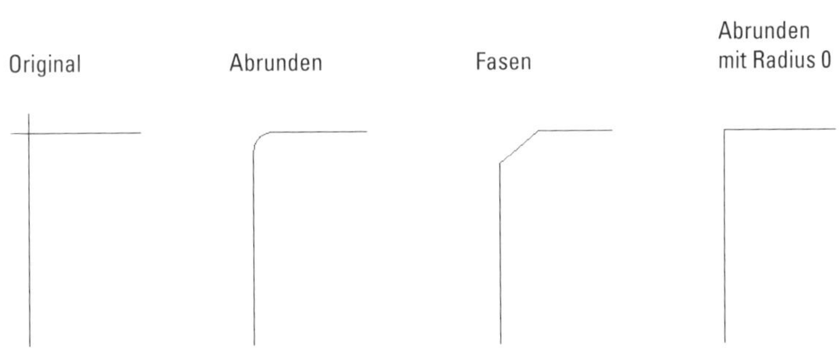

Abbildung 11.9: Ecken mit `ABRUNDEN` und `FASEN` säubern

Die folgenden Schritte verdeutlichen den Einsatz des Befehls ABRUNDEN. Der Befehl FASEN arbeitet ähnlich, nur dass Sie keinen Radius angeben, sondern entweder zwei Fasenabstände oder eine Fasenlänge und einen Fasenwinkel.

1. **Klicken Sie die Schaltfläche ABRUNDEN in der Multifunktionsleistengruppe ÄNDERN (oder im Arbeitsbereich AUTOCAD KLASSISCH im Werkzeugkasten ÄNDERN) an.**

Die aktuellen Einstellungen werden angezeigt, und Sie werden zur Auswahl des ersten Objekts für das Abrunden oder einer der Optionen aufgefordert:

```
Aktuelle Einstellungen: Modus = STUTZEN, Radius = 0.0000
Erstes Objekt wählen oder [rÜckgängig/Polylinie/Radius/Stutzen/Mehrere]:
```

2. **Tippen Sie R ein und drücken Sie [↵], um den Rundungsradius anzugeben.**

   AutoCAD fordert Sie zur Angabe des Rundungsradius für die anstehende Abrunden-Operation auf:

```
Rundungsradius angeben <0.0000>:
```

3. **Geben Sie den Radius an und drücken Sie [↵].**

   Bei dem eingegebenen Wert handelt es sich um den Radius des Bogens, der die beiden Linien verbindet. AutoCAD fordert Sie zur Auswahl des ersten Objekts auf:

```
Erstes Objekt wählen oder [rÜckgängig/Polylinie/Radius/Stutzen/Mehrere]:
```

4. **Wählen Sie die erste der beiden abzurundenden Linien aus.**

   AutoCAD fordert Sie zur Auswahl des zweiten Objekts für das Abrunden auf:

```
Zweites Objekt wählen oder mit der Umschalt-Taste wählen, um Ecke
    anzuwenden:
```

5. **Wählen Sie die zweite Linie des Paars aus, das abgerundet werden soll.**

   AutoCAD rundet die beiden Objekte ab und zeichnet einen Bogen mit dem in Schritt 3 angegebenen Radius.

Wenn Sie einen Radius von null verwenden, können Sie zwei Linien so »abrunden«, dass sie sich in einem Punkt treffen. Wenn Sie eine Menge Linien abrunden wollen, können Sie den Vorgang über die Option Mehrere des ABRUNDEN-Befehls beschleunigen.

Wenn Sie vor der Auswahl der zweiten Linie [⇧] gedrückt halten, wird automatisch eine sauberer Schnittpunkt bestimmt (wie beim Rundungsradius 0). Beim Befehl FASEN gibt es ebenfalls die Auswahloption mit [⇧].

Verbinden

Mit dem Befehl VERBINDEN lassen sich Lücken in Linien, Bögen, elliptischen Bögen, Splines und Polylinien schließen. Die Linien müssen dazu auf derselben gedachten geraden Linie, die Bögen,

Splines, Polylinien oder elliptischen Bögen auf ähnlichen Kurvenpfaden liegen. VERBINDEN erzeugt ein neues Element, das die vorhandenen Teile ersetzt (siehe Abbildung 11.10).

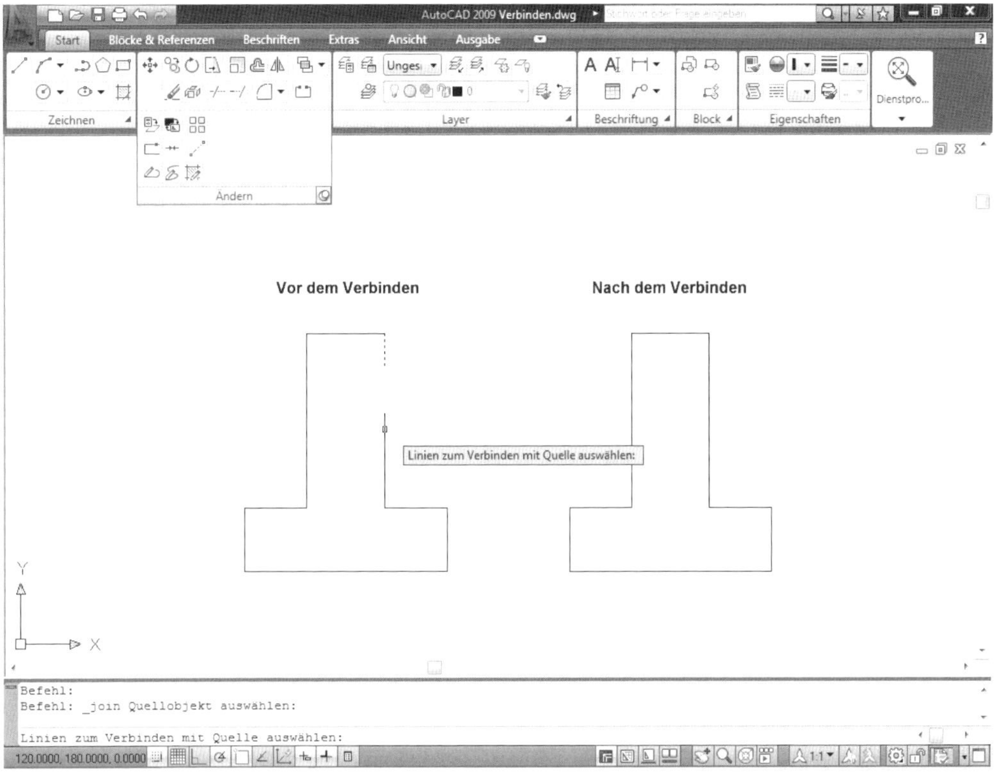

Abbildung 11.10: Verbinden zerbrochener Einzelteile

Die folgenden Schritte verdeutlichen den Einsatz des Befehls VERBINDEN:

1. **Klicken Sie am unteren Rand der Multifunktionsleiste den Titel der Gruppe ÄNDERN an, um das Einblendfenster zu öffnen. Klicken Sie dann die Schaltfläche VERBINDEN an. Im Arbeitsbereich AUTOCAD KLASSISCH klicken Sie im Werkzeugkasten ÄNDERN die Schaltfläche VERBINDEN an.**

Wenn Sie bereits wissen, dass Sie eine Menge Objekte verbinden wollen, können Sie das Einblendfenster wie in Abbildung 11.10 über die Pinnnadel-Schaltfläche fixieren. AutoCAD fordert Sie zur Auswahl des Quellobjekts auf.

2. **Wählen Sie das Quellobjekt aus. Dabei handelt es sich um das Objekt, das mit anderen verbunden werden soll.**

   Die nächste Aufforderung entspricht dem ersten ausgewählten Objekttyp. Wenn Sie eine Linie ausgewählt haben, wird folgende Aufforderung angezeigt:

   ```
   Linien zum Verbinden mit Quelle auswählen:
   ```

3. **Wählen Sie zulässige Objekte zum Verbinden mit dem ursprünglichen Quellobjekt aus.**

   Wenn Sie zum Beispiel eine Linie als Quellobjekt ausgewählt haben, werden Sie so lange zur Auswahl von weiteren Linien (die auf derselben Fluchtlinie liegen müssen) aufgefordert, bis Sie die Objektauswahl mit [↵] beenden.

4. **Drücken Sie [↵], um den Befehl abzuschließen.**

   Sie ausgewählten Objekte werden zu einem einzelnen Objekt zusammengefasst, wobei die Lücken geschlossen werden. Das neue Objekt übernimmt die relevanten Eigenschaften (zum Beispiel Layer oder Linientyp) vom Quellobjekt.

Mit dem Befehl `VERBINDEN` können Sie über die Option `Schließen` einen Bogen in einen Kreis oder einen elliptischen Bogen in eine vollständige Ellipse verwandeln.

Aufpolieren der Eigenschaften

Wenn Sie an das Bearbeiten von Objekten denken, werden Sie wahrscheinlich zunächst an Verschieben, Strecken, Kopieren und so weiter denken. Diese Art der Bearbeitung wird in diesem Kapitel behandelt.

Objekte können aber auch durch Änderung ihrer Eigenschaften bearbeitet werden. In Kapitel 6 erläutere ich, dass alle Objekte in einer AutoCAD-Zeichnung über eine Reihe nichtgeometrischer Eigenschaften verfügen, zu denen zum Beispiel Layer, Farbe, Linientyp, Linienstärke und möglicherweise Plotstil zählen. Manchmal müssen diese Eigenschaften geändert werden, zum Beispiel wenn Sie versehentlich ein Objekt auf einem falschen Layer zeichnen. Die gängigen Verfahren zum Ändern der Objekteigenschaften sind:

- ✔ **Die Palette EIGENSCHAFTEN:** Hierbei handelt es sich um die flexibelste Möglichkeit zum Ändern der Eigenschaften. Wählen Sie ein Objekt (oder mehrere) aus, klicken Sie mit der rechten Maustaste in den Zeichnungsbereich und wählen Sie im Kontextmenü EIGENSCHAFTEN. Daraufhin wird die Palette EIGENSCHAFTEN mit einer Tabelle der Namen und Werte aller Eigenschaften angezeigt. Klicken Sie das jeweilige Feld zum Ändern der gewünschten Eigenschaft an.
- ✔ **Die SCHNELLEIGENSCHAFTEN-Leiste:** Diese Funktion ist neu in AutoCAD 2009. Wenn die SCHNELLEIGENSCHAFTEN-Leiste über die entsprechende Schaltfläche in der Statusleiste aktiviert wurde, wird nach der Auswahl von Objekten neben dem Fadenkreuz eine Leiste angezeigt. Wie die EIGENSCHAFTEN-Palette enthält auch die SCHNELLEIGENSCHAFTEN-Leiste zu ändern. Welche Eigenschaften angezeigt werden, können Sie selbst festlegen, wenn Sie die Seitenleiste der SCHNELLEIGENSCHAFTEN-Leiste mit der rechten Maustaste anklicken und im Kontextmenü die Option EINSTELLUNGEN wählen.

- **Werkzeugkästen Layer und Eigenschaften:** Eine andere Möglichkeit zum Ändern von Eigenschaften besteht im Markieren von Objekten und der Auswahl in den Dropdown-Listen (Layer, Farbe und so weiter) in den Werkzeugkästen Layer und Eigenschaften. In Kapitel 6 finden Sie weitere Informationen hierzu.
- **Eigenschaften anpassen:** Sie können die Schaltfläche Eigenschaften anpassen auf der Registerkarte Start der Multifunktionsleiste oder im Standard-Werkzeugkasten (die Schaltfläche mit dem Pinsel) oder den Menübefehl Ändern|Eigenschaften anpassen in der klassischen Menüleiste verwenden, um Eigenschaften von einem Objekt auf ein oder mehrere andere zu übertragen. Eigenschaften anpassen arbeitet ähnlich wie die Schaltfläche Format übertragen in Microsoft-Anwendungen. Eigenschaften anpassen lässt sich selbst dann verwenden, wenn sich die Objekte in unterschiedlichen Zeichnungen befinden.
- **Bereich wechseln:** Die Konzepte von Modell- und Papierbereich stelle ich in den Kapiteln 4 und 5 vor. Manchmal fügt man Elemente zum Papierbereich hinzu und erkennt dann später, dass sie eigentlich in den Modellbereich gehören (und umgekehrt). Der frühere Befehl `BERWECHS` aus den Express Tools ist nun fester Bestandteil von AutoCAD und AutoCAD LT. Sie finden ihn im Menü-Browser oder im klassischen Menü Ändern als Option Bereich wechseln. Mehr Informationen zu diesem Befehl finden Sie beim Befehl `BERWECHS` in der Befehlsreferenz der Online-Hilfe.

Eine Ansicht mit Zoom

12

In diesem Kapitel

- Zoom und Pan einsetzen
- Ansichtsfenster benennen und wiederherstellen
- Zoom und Pan in Papierbereichslayouts
- Anzeige »regenerieren«

Einer der Vorteile von CAD im Vergleich zum Zeichnen mit der Hand besteht darin, dass es verschiedene Möglichkeiten zum Betrachten der Zeichnungen gibt. Sie können Zeichnungen auf dem Bildschirm stark vergrößern oder verkleinern und Bildschirmausschnitte verschieben. Und Sie *können* nicht nur »zoomen« und »pannen« (also schwenken), sondern *müssen* dies auch häufig tun, wenn Sie beim Zeichnen, Bearbeiten und Betrachten der Zeichnung effizient sein wollen.

In technischen Zeichnungen herrscht ein Überfluss an Linien, Texten und Bemaßungen. Durch häufiges Vergrößern (Zoom) und Schwenken (Pan) können Sie Details besser erkennen, genauer zeichnen (Sie sehen, was Sie machen) und schneller arbeiten (weil die Objektauswahl einfacher wird, wenn nicht gerade Trilliarden Objekte auf dem Bildschirm herumschwirren). Dieses Kapitel beschreibt die nützlichsten Funktionen von AutoCAD bei der Steuerung der Anzeige.

Zoom und Pan mit Lupe und Hand

Wenn Sie die Darstellung auf dem Bildschirm vergrößern, *zoomen* Sie die Zeichnung heran. Wenn Sie die Darstellung verkleinern, um einen besseren Überblick zu erhalten, zoomen Sie die Zeichnung weg.

Wenn man den auf dem Bildschirm dargestellten Ausschnitt nach links, rechts, oben oder unten verschiebt, ohne dabei die Vergrößerungsstufe zu ändern, nennt man das *Pannen*. AutoCAD unterstützt das Schwenken über die Bildlaufleisten und ECHTZEIT-PAN.

Das Zoomen der Zeichnung ist einer der größten Vorteile von AutoCAD gegenüber dem Zeichnen mit der Hand. Sie können an winzigen Objektdetails arbeiten und die Zeichnung dann wegzoomen und sich in Räumen, Häusern oder der Umgebung bewegen und diese aus erhabener Perspektive betrachten.

Pannen und *Zoomen* sind eng verwandt. Wenn Sie Zeichnungen heranzoomen, bis diese nur noch teilweise auf dem Bildschirm sichtbar sind, müssen Sie pannen oder »die Kamera schwenken«, ohne dabei zu zoomen. Das Pannen wird in AutoCAD durch Bildlaufleisten und *Echtzeit-Pannen* weiter vereinfacht. Beim Echtzeit-Pannen sehen Sie, wie die Objekte auf dem

Bildschirm verschoben werden, während Sie die Maus nach oben, unten, rechts oder links bewegen. (Natürlich werden dabei Ansichtsfenster und keine Objekte verschoben!)

Sowohl durch das Pannen als auch durch Zoomen wird die sogenannte *Ansicht* geändert. Dabei handelt es sich um die aktuelle Position und Vergrößerung der AutoCAD-Darstellung der Zeichnung. Mit jedem Zoom- oder Pan-Vorgang sorgen Sie für eine neue Ansicht. Um zu bestimmten Ansichten problemlos zurückkehren zu können, lassen sich diesen Namen zuordnen, wie Sie weiter hinten in diesem Kapitel sehen werden.

Sie bekommen ein besseres Gefühl für das Pannen und Zoomen in Zeichnungen, wenn Sie dabei eine wirklich eine Zeichnung betrachten. Zeichnen Sie einige Objekte auf dem Bildschirm, öffnen Sie eine vorhandene eigene Zeichnung oder eine der AutoCAD-Beispielzeichnungen, die sich standardmäßig im Ordner `C:\Programme\AutoCAD 2009\Sample` befinden. (Wenn Sie mit AutoCAD LT arbeiten, heißt der Ordner mit den Beispielzeichnungen `C:\Programme\AutoCAD LT 2009\Sample`.)

Die Befehle befinden sich in AutoCAD 2009 mit seiner neuen Benutzeroberfläche teilweise an anderer Stelle; dies zeigt sich natürlich auch bei den besonders häufig benutzten Befehlen wie `PAN` und `ZOOM`. Für `PAN` und die Standardvariante des `ZOOM`-Befehls gibt es nun in den Arbeitsbereichen 2D-ZEICHNUNG & BESCHRIFTUNG und AUTOCAD KLASSISCH Schaltflächen in der Statusleiste. Des Weiteren gibt es in der Multifunktionsleiste in der Gruppe DIENSTPROGRAMME eine PAN-Schaltfläche und ein Flyout-Fenster mit Schaltflächen für das ZOOM-Werkzeug. (Im Arbeitsbereich AUTOCAD KLASSISCH finden Sie diese Schaltflächen im STANDARD-Werkzeugkasten.)

Die folgenden Schritte zeigen, wie einfach und flexibel Echtzeit-Zoom und Echtzeit-Pan in AutoCAD genutzt werden können:

1. **Klicken Sie die Schaltfläche ZOOM in der Statusleiste an.**

Die Befehlszeilenversion des Befehls `ZOOM` wird gestartet und AutoCAD meldet:

```
Fensterecke angeben, Skalierfaktor eingeben (nX oder nXP) oder
[Alles/Mitte/Dynamisch/Grenzen/Vorher/FAktor/FEnster/Objekt] <Echtzeit>:
```

2. **Drücken Sie [↵], um die Vorgabeoption `Echtzeit` zu übernehmen.**

   Die Echtzeitoption des Befehls `Zoom` wird gestartet. Das Fadenkreuz wird zu einer Lupe, und in der Befehlszeile wird folgende Meldung angezeigt:

   ```
   Mit ESC oder EINGABETASTE beenden oder rechte Maustaste klicken,
       um das Kontextmenü zu aktivieren.
   ```

3. **Bewegen Sie das Fadenkreuz zur Mitte des Bildschirms, drücken Sie die linke Maustaste und halten Sie diese gedrückt; ziehen Sie anschließend das Fadenkreuz nach oben beziehungsweise nach unten, bis die Objekte, die Sie sehen wollen, den Bildschirm nahezu füllen.**

   Wenn Sie die Maus bei gedrückter Maustaste nach oben ziehen, wird die Zeichnung vergrößert, wenn Sie die Maus nach unten ziehen, wird sie verkleinert.

4. **Klicken Sie den Zeichnungsbereich mit der rechten Maustaste an, um das Kontextmenü für Echtzeit-Zoom und Echtzeit-Pan anzuzeigen (siehe Abbildung 12.1). Wählen Sie im Menü die Option Pan.**

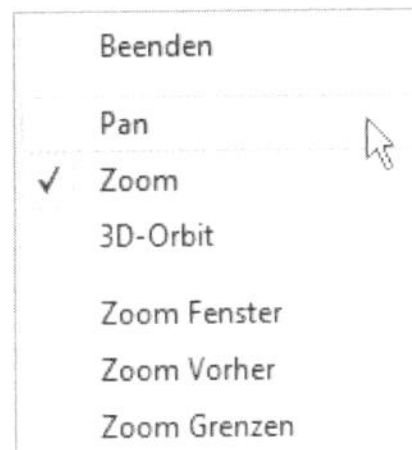

Abbildung 12.1: Das Kontextmenü bei Echtzeit-Zoom und Echtzeit-Pan

Da AutoCAD LT keine 3D-Funktionen unterstützt, fehlt dort die Option 3D-Orbit im Kontextmenü. Das Vergrößerungsglas wird zu einer Hand.

5. **Klicken und ziehen Sie, um die Zeichnung auf dem Bildschirm in eine beliebige Richtung zu verschieben.**

Sie können das Kontextmenü beliebig oft zum abwechselnden Umschalten zwischen Zoom und Pan benutzen. Wenn Sie die Orientierung verlieren, wählen Sie Zoom|Vorher oder Zoom|Grenzen, um zu einer vertrauten Ansicht zu wechseln.

6. **Klicken Sie den Zeichnungsbereich mit der rechten Maustaste an und wählen Sie Beenden.**

Der Mauscursor nimmt wieder seine übliche Gestalt des Fadenkreuzes an.

Das letzte Beispiel begann mit Zoomen und endete mit Pannen. Natürlich geht es auch umgekehrt: Klicken Sie die Schaltfläche Pan (zeigt eine Hand) in der Statusleiste an und benutzen Sie nach dem Pannen das Kontextmenü, um zu Zoom zu wechseln. Wie Sie auch anfangen, letztlich sollten Sie wissen, dass es sich bei Echtzeit-Zoom und Echtzeit-Pan um eine einzige AutoCAD-Funktion handelt. Sie können jederzeit über das Kontextmenü zwischen Pan und Zoom (oder zu verwandten Funktionen, wie zum Beispiel Zoom Fenster) wechseln.

Wenn Sie eine Maus mit Rädchen oder drei Tasten benutzen, können Sie auch die folgenden Verfahren zum Zoomen und Pannen einsetzen:

- ✔ Zum Zoomen drehen Sie das Rädchen nach vorn (vergrößern) oder nach hinten (verkleinern).
- ✔ Zum Zoomen auf die Grenzen der Zeichnung doppelklicken Sie mit der mittleren Taste (die sich bei Mausmodellen mit Rad meist unter diesem verbirgt).
- ✔ Zum Pannen halten Sie die mittlere Taste beim Bewegen der Maus gedrückt.

Die aufgeführten Zoom- und Pan-Operationen sind von einer nebulösen Systemvariablen namens MBUTTONPAN abhängig. Wenn MBUTTONPAN den Wert 1 (Vorgabe) hat, können Sie die mittlere Taste, wie im obigen Tipp beschrieben, für Pan und Zoom einsetzen. Wenn Sie den Wert von MBUTTONPAN auf 0 setzen, wird beim Klicken mit der mittleren Maustaste (wie in älteren AutoCAD-Versionen) ein Objektfang-Kontextmenü angezeigt. Wenn Sie mit der mittleren Maustaste Pan und Zoom nicht nutzen können, sollten Sie MBUTTONPAN auf den Wert 1 zurücksetzen. (Wenn MBUTTONPAN den Wert 1 hat, können Sie das Objektfang-Kontextmenü am Fadenkreuz anzeigen lassen, indem Sie [⇧] drücken und dabei mit der rechten Maustaste in den Zeichnungsbereich klicken.)

Die Echtzeitfunktionen Zoom und Pan stellen die einfachste Möglichkeit zur Orientierung in Zeichnungen dar. In einigen Situationen sind jedoch die Echtzeitfunktionen weniger effizient als die altmodischen Optionen des Befehls Zoom, deren wichtigste im folgenden Abschnitt beschrieben werden.

Eine andere Möglichkeit des Pannens in AutoCAD, nämlich die *Bildlaufleisten* beziehungsweise *Rollbalken* im Zeichnungsbereich, sollten Sie von anderen Windows-Programmen her kennen. Mit ihnen lässt sich in AutoCAD wie in allen anderen Windows-Programmen arbeiten. Klicken Sie die Pfeile an den rechten und unteren Rändern des Zeichnungsfensters an, um schrittweise zu scrollen (pannen), oder klicken Sie die kleinen quadratischen Anfasser in diesen Bereichen an und ziehen Sie, um zu der gewünschten Stelle zu scrollen. Standardmäßig werden die Bildlaufleisten in AutoCAD und AutoCAD LT angezeigt. Im Menü-Browser oder der klassischen Menüleiste können Sie sie über Extras|Optionen im Dialogfeld Optionen ausblenden lassen. Aktivieren Sie dazu auf der Registerkarte Anzeige das Kontrollkäschen Bildlaufleisten in Zeichnungsfenster anzeigen. Wenn Sie die Bildlaufleisten ohnehin nicht benutzen, sollten Sie sie ausblenden, um ein wenig mehr Platz auf dem Bildschirm zu gewinnen.

Zeit zum Zoomen

Der Echtzeit-Zoom ist ja schön und gut, aber Sie haben noch mehr Kontrolle über die Anzeige, wenn Sie die alternativen Verfahren von ZOOM kennen. Da die Zoom-Funktionen von AutoCAD derart häufig benötigt werden, lohnt es sich, wenn man einige dieser alternativen Verfahren kennt.

In den neuen, auf Multifunktionsleisten basierenden Arbeitsbereichen, finden Sie die Schaltflächen für alle folgenden ZOOM-Optionen auf der Registerkarte Start in der Gruppe Dienstprogramme. Die Schaltfläche mit dem Vergrößerungsglas verfügt über ein Menü. Klicken Sie das abwärts weisende Dreieck beim Vergrößerungsglas an, um das Menü mit den weiteren Optionen anzeigen zu lassen (siehe Abbildung 12.2). Die Schaltfläche Zoom in der Statusleiste verfügt über keine Optionen, sondern führt die Befehlszeilenversion von ZOOM aus.

Abbildung 12.2: Ein Menü mit Zoom-Optionen

Im Arbeitsbereich AutoCAD Klassisch gibt es für Zoom Echtzeit und Zoom Vorher ständig vorhandene Schaltflächen im Standard-Werkzeugkasten. Bei der mittleren der drei Schaltflächen mit Vergrößerungsglas handelt es sich um eine *Flyout*-Schaltfläche. Wenn Sie sie anklicken und die Maustaste gedrückt halten, werden Schaltflächen für die anderen Zoom-Optionen eingeblendet. Halten Sie die Maustaste gedrückt und ziehen Sie den Zeiger zur gewünschten Schaltfläche. Wenn Sie dann die Maustaste über der gewünschten Option loslassen, wird diese ausgeführt. Sowohl in den auf Multifunktionsleisten basierenden Arbeitsbereichen als auch im klassischen Arbeitsbereich, wird die zuletzt verwendete ZOOM-Option in der Liste an die oberste Position gerückt, weil Sie sie (zumindest theoretisch) vielleicht schon bald erneut benutzen werden.

Der Befehl ZOOM verfügt über mehrere Optionen. Die wichtigsten werden nachfolgend aufgeführt:

✔ **Alles und Grenzen:** Bei Zoom|Grenzen (die Schaltfläche mit den vier Pfeilspitzen) wird die Vergrößerung so gewählt, dass gerade alle Objekte der aktuellen Zeichnung im Fenster angezeigt werden können.

Zoom|Alles (die Schaltfläche mit dem kleinen Blattsymbol) macht dasselbe, wählt die Vergrößerung aber so, dass in jedem Fall mindestens der von den

Zeichnungslimiten definierte rechteckige Bereich angezeigt wird. Wenn Sie die Limiten also korrekt definiert haben (siehe Kapitel 4), bietet Zoom|Alles eine gute Möglichkeit, sich den kompletten Zeichnungsbereich anzusehen. Diese beiden Optionen sind insbesondere dann nützlich, wenn die Zeichnung zu stark vergrößert wurde oder wenn Sie beim Schwenken des Ausschnitts in leeren Bereichen gelandet sind und sich anhand der Anzeige der kompletten Zeichnung neu orientieren wollen.

Vor dem Schließen einer Zeichnung empfiehlt sich der Einsatz der Befehle Zoom|Alles oder Zoom|Grenzen. Damit bewirken Sie Folgendes:

- ✔ Die nächste Person, die die Zeichnung öffnet (Sie oder irgendjemand anders), bekommt sofort die komplette Zeichnung zu sehen.
- ✔ Wenn Sie versehentlich einige Objekte irgendwo in den leeren Raum kopiert haben, werden diese durch Zoom|Alles oder Zoom|Grenzen angezeigt, und Sie können sie löschen.
- ✔ In der Vorschau der Zeichnung im Dialogfeld zum Öffnen der Datei wird die komplette Zeichnung und nicht nur eine winzige, nicht identifizierbare Ecke derselben angezeigt.

- ✔ **Fenster:** Diese Option eignet sich gut zum schnellen und präzisen Zoomen. Die Zeichnung wird so vergrößert, dass ein durch Anklicken von zwei Punkten festgelegter Ausschnitt auf Fenstergröße gebracht wird. Die beiden Punkte bestimmen die Diagonale eines Fensters um den zu betrachtenden Bereich.

  Beachten Sie, dass es sich bei der Option Fenster des Befehls Zoom, anders als in einigen anderen Windows-Programmen und auch anders als bei der Option Fenster beim Echtzeit-Pan und Echtzeit-Zoom, nicht um eine Klicken-und-Ziehen-Operation handelt. Bei der Option Fenster des Befehls Zoom klicken Sie eine Ecke an, lassen die Maustaste los und klicken dann die andere Ecke an.

- ✔ **Skalierfaktor (X/XP):** Die Option X vergrößert um einen Prozentsatz der aktuellen Anzeige. Werte über 1 vergrößern, Werte kleiner 1 verkleinern. Sie können sich den Wert auch als Skalierfaktor vorstellen: 0.5X sorgt dafür, dass die Darstellungsgröße halbiert wird, während 2X zu einer Verdoppelung der Größe führt. (Die Option XP nach der Wertangabe dient dem Zoomen von Objekten im Modellbereich in einem Ansichtsfenster relativ zum Papierbereich. Informationen über den Papierbereich finden Sie in Kapitel 5.)

- 

  ✔ **Echtzeit:** Mit dem bereits beschriebenen Echtzeit-Zoom können Sie die Darstellung im Fenster durch Bewegen des Mauscursors nach oben vergrößern beziehungsweise beim Bewegen des Mauscursors nach unten verkleinern.

- 

  ✔ **Vorher:** Diese Option macht den letzten Zoom- und/oder Pan-Vorgang rückgängig. Sie landen also wieder beim Ausgangszustand.

✔ **Objekt:** Diese Option vergrößert die Anzeige so, dass das ausgewählte Objekt das Zeichnungsfenster nahezu ausfüllt. Bei Zoom|Objekt legen Sie die ausgewählten Objekte gewissermaßen unter das AutoCAD-Mikroskop.

Wenn Sie Zoom und Pan nicht in Echtzeit benutzen, arbeitet AutoCAD mit weichen Ansichtsübergängen. Manchmal verirrt man sich in Zeichnungen, wenn man mit Zoom|Alles einen kleinen Bereich stark vergrößert betrachtet. Es ist aber keine gute Idee, auf dem Bildschirm eine Spur aus Brotkrumen zu hinterlassen, daher mag das Zoomen und Pannen in Zeitlupe ja ganz hübsch anzusehen sein, zumindest bis man den Weg aus dem Hexenwald beziehungsweise der Zeichnung herausgefunden hat. Wenn Sie jedoch – so wie ich – diese Funktion schon bald überhaben, dann gibt es das Dialogfeld Ansichtsübergänge (geben Sie `VTOPTIONS` ein, um es anzeigen zu lassen), in dem Sie sie abschalten können. Deaktivieren Sie dazu einfach die Option Animation für Pan und Zoom aktivieren.

An einige der Zoom-Optionen muss man sich erst einmal gewöhnen. In den meisten Fällen empfiehlt sich der Einsatz der Echtzeitfunktionen. Zusätzlich sollten Sie Zoom|Fenster benutzen, um bestimmte Bereiche zu vergrößern, Zoom|Vorher, um zur letzten Darstellung zurückzukehren, und Zoom|Alles oder Zoom|Grenzen, um die komplette Zeichnung zu betrachten.

Einen neuen Kurs einschlagen

Das kongeniale Duo `ZOOM` und `PAN` gibt es bereits seit den Anfangszeiten von AutoCAD. Und seither hat sich nur wenig an den Grundlagen des Navigierens innerhalb von Zeichnungen geändert, wenn man einmal vom Pannen und Zoomen in Echtzeit vor einigen Versionen absieht. Das heißt, bis jetzt!

In AutoCAD 2009 gibt es einige neue Funktionen zur besseren Betrachtung von Zeichnungen. (Sie sind viel zu anspruchsvoll, um einfach nur von *Befehlen* zu reden!) Die eine (*Navigation ViewCube*) steht lediglich im 3D-Arbeitsbereich zur Verfügung, und die andere (*SteeringWheel*) besitzt eine 2D-Konfiguration, die weniger nützlich als die herkömmlichen Befehle `PAN` und `ZOOM` ist. Eine Behandlung der 3D-Funktionen von AutoCAD würde jedoch den hier verfügbaren Platz sprengen. Wenn Sie allgemein mehr über 3D und speziell mehr über die neuen Navigationswerkzeuge erfahren wollen, können Sie mit dem *Benutzerhandbuch* in der Online-Hilfe beginnen. Bei der Modellierung können Sie sich dem Abschnitt *Arbeiten mit 3D-Modellen* und bei der Betrachtung von 3D-Modellen in AutoCAD unter der Überschrift *Steuern der Zeichnungsansichten* dem Abschnitt *Verwenden von 3D-Ansichtswerkzeugen* zuwenden.

Der Name einer anderen Ansicht …

Wenn Sie Zoom und Pan häufig für bestimmte Bereiche benutzen, gelangen Sie wahrscheinlich mit einer benannten Ansicht schneller ans Ziel. Eine *benannte Ansicht* ist ein Name, den Sie einem bestimmten Bereich einer Zeichnung zuordnen. Nach dem Erstellen und Speichern der benannten Ansicht können Sie zu diesem Bereich schnell zurückkehren, indem Sie einfach die Ansicht wiederherstellen. Sie können den Befehl AUSSCHNT verwenden, um das Dialogfeld Ansichts-Manager anzeigen zu lassen und benannte Ansichten zu erstellen beziehungsweise wiederherzustellen.

Die Aufgaben des Ansichts-Managers sind in AutoCAD 2009 vielfältiger geworden. (Manager haben doch eh nie genug zu tun, oder?) Der Ansichts-Manager verwaltet nun neben Ansichten auch *Shots*. Ansichten sind bereits seit Langem Bestandteil von AutoCAD, aber Shots sind mit dieser Version hinzugekommen. Während Ansichten statisch sind, basieren Shots auf Animationen. (Vielleicht ist Ihnen ja die Schaltfläche ShowMotion in der Statusleiste schon aufgefallen.) Und Sie können nicht nur animierte Szenen erstellen, sondern auch harte Schnitte oder Blenden als schicke Übergänge einbauen. Da diese Optionen jedoch im Zusammenhang mit dem 3D-Zeichnen stehen, das in diesem Buch nicht behandelt wird, sollten Sie auch hier die Online-Hilfe zurate ziehen. Insbesondere im *Workshop für neue Features* erfahren Sie mehr über Shots und die Anzeige von Animationen.

Führen Sie die folgenden Schritte zum Erstellen einer benannten Ansicht aus:

1. **Benutzen Sie `Zoom` und `Pan`, bis Sie eine Ansicht finden, der Sie einen Namen zuordnen wollen.**

2. **Wählen Sie im Menü-Browser oder der klassischen Menüleiste Ansicht|Benannte Ansichten.**

   Das Dialogfeld Ansichts-Manager wird angezeigt.

3. **Klicken Sie die Schaltfläche Neu an.**

   Das Dialogfeld Eigenschaften neuer Ansichten/Shots wird angezeigt (siehe Abbildung 12.3).

4. **Tragen Sie einen Namen in das Feld Ansichtsname ein.**

5. **Optional: Geben Sie im Textfeld Ansichtskateg. den Namen einer neuen Kategorie ein oder wählen Sie eine vorhandene aus der Dropdown-Liste aus.**

   Sie erstellen eigene Ansichtskategorien, um Ansichten und bestimmte Anzeigemerkmale von Ansichten zu verwalten. Diese Möglichkeit wird vorwiegend im Zusammenhang mit Plansätzen genutzt. Wenn Sie nicht mit Plansätzen arbeiten, können Sie dieses Feld leer lassen.

6. **Achten Sie darauf, dass in der Dropdown-Liste Ansichtstyp die Option Standfoto ausgewählt ist.**

   Informieren Sie sich im *Workshop für neue Features* und in der Online-Hilfe, wenn Sie mehr über Animationen wissen wollen.

AutoCAD LT unterstützt keine Ansichtskategorien. Die in Abbildung 12.3 dargestellte Option Ansichtskateg. und der Bereich Hintergrund fehlen hier demzufolge.

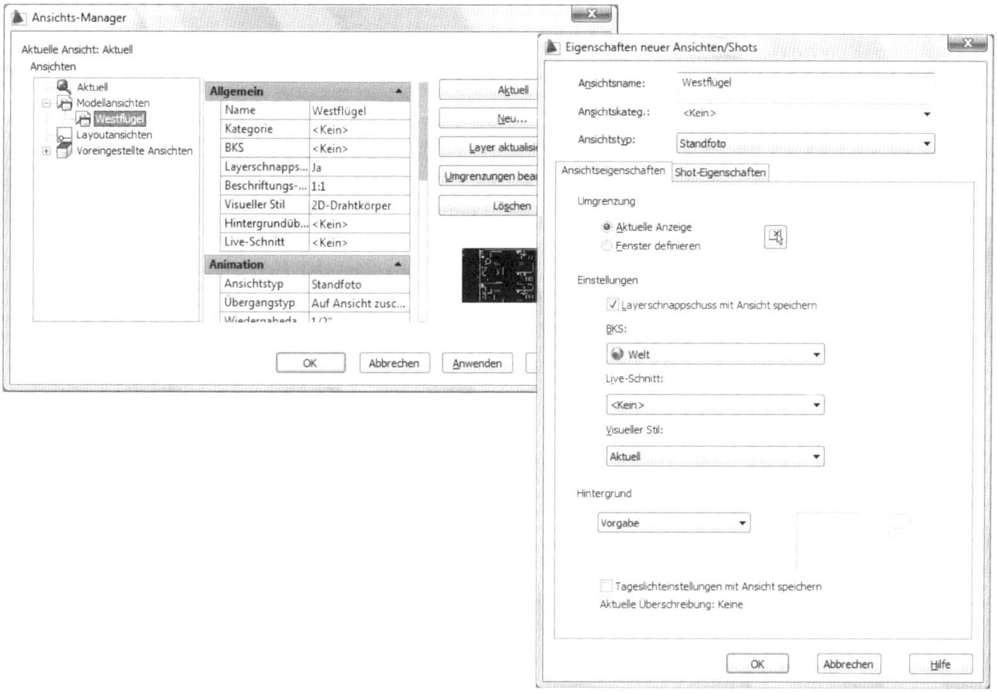

Abbildung 12.3: Das Erstellen einer neuen Ansicht

7. **Im Bereich Umgrenzung wählen Sie das Optionsfeld Aktuelle Anzeige aus, wenn es nicht ohnehin bereits aktiviert ist.**

Wenn Sie einem anderen Bereich als dem aktuell angezeigten Ausschnitt einen Namen zuordnen wollen, wählen Sie die Option Fenster definieren, klicken die Schaltfläche Ansichtsfenster definieren rechts daneben an und klicken die beiden Ecken des gewünschten rechteckigen Bereichs an (wie beim Zoomen von Fenstern).

8. **Übernehmen oder ändern Sie die Optionen im Bereich Einstellungen.**

Wenn Sie das Kontrollkästchen Layerschnappschuss mit Ansicht speichern aktivieren, stellt AutoCAD beim späteren Wiederherstellen der Ansicht auch die Einstellungen für die Sichtbarkeit der Layer (aus/ein und frieren/tauen) wieder her, die beim Erstellen der Ansicht aktiv waren. (Die Einstellungen hinsichtlich der Sichtbarkeit von Layern werden in Kapitel 6 beschrieben.) Die Einstellungen BKS, Live-Schnitt und Visueller Stil sind vorwiegend für 3D-Zeichnungen relevant. (Die beiden letzten Einstellungen gibt es in AutoCAD LT nicht.)

9. **Klicken Sie OK an.**

Das Dialogfeld Eigenschaften neuer Ansichten/Shots wird ausgeblendet, und die neue benannte Ansicht wird in der Liste im Dialogfeld Ansichts-Manager aufgeführt.

10. Klicken Sie OK an.

Das Dialogfeld ANSICHTS-MANAGER wird ausgeblendet.

Um eine benannte Ansicht wiederherzustellen und das Dialogfeld ANSICHTSFENSTER anzuzeigen, wählen Sie im Menü-Browser oder in der klassischen Menüleiste ANSICHT|BENANNTE ANSICHTEN. Klicken Sie den Namen der wiederherzustellenden Ansicht, dann die Schaltfläche AKTUELL und schließlich OK an, um das Dialogfeld ANSICHTS-MANAGER zu schließen.

Sie können den von einer benannten Ansicht definierten Bereich auch plotten. In Kapitel 16 finden Sie Anleitungen zum Plotten von Ansichten.

Zoom und Pan im Layout-Land

Alle in diesem Kapitel beschriebenen Zoom-, Pan- und Ansicht-Operationen lassen sich sowohl in Layouts des Papierbereichs als auch im Modellbereich nutzen. (Der Unterschied zwischen Modell- und Papierbereich und das Umschalten zwischen diesen beiden wird in den Kapiteln 4 und 5 beschrieben.) Es gibt jedoch eine kleine Komplikation: In einem *Papierbereichslayout* (alle Bereiche mit Ausnahme des Modellbereichs) kann sich das Fadenkreuz entweder im Papierbereich oder in einem Ansichtsfenster im Modellbereich befinden. Zoom oder Pan wirken sich je nachdem, in welchem Bereich sich das Fadenkreuz gerade befindet, jeweils anders aus. Zwischen den zwei Bereichen können Sie mit den Befehlen `MBEREICH` (`MB`) und `PBEREICH` (`PB`) wechseln.

Machen Sie sich mit den folgenden Schritten mit den Unterschieden vertraut:

1. **Öffnen Sie eine Zeichnung, die mindestens das Layout eines Papierbereichs mit einem oder mehreren Ansichtsfenstern enthält.**

   Wenn keine derartige Zeichnung zur Hand ist, vollziehen Sie das Beispiel einfach mit der AutoCAD-Beispielzeichnung `C:\Programmme\AutoCAD 2009\Sample\Sheet Sets\Architectural\A-05.dwg` nach. Benutzer von AutoCAD LT können das Beispiel `C:\Programme\AutoCAD LT 2009\Sample\Tallship.dwg` benutzen.

2. **Klicken Sie in der Statusleiste die Schaltfläche SCHNELLANSICHT-LAYOUTS an. Klicken Sie dann eines der Vorschaubilder für den Layoutbereich (nicht das Vorschaubild MODELL) an.**

   AutoCAD zeigt das Papierbereichslayout an, das die Titelblöcke und Ansichtsfenster enthält. Klicken Sie irgendwo in den Zeichnungsbereich, um die Vorschaubilder der Schnellansicht ausblenden zu lassen.

3. **Geben Sie `PBEREICH` (oder das Alias `PB`) ein und drücken Sie ↵.**

   AutoCAD wechselt entweder in den Papierbereich oder teilt Ihnen mit, dass Sie sich bereits dort befinden.

Alternativ können Sie im grauen Teil des Zeichnungsbereichs außerhalb des Layouts doppelklicken.

Sie sollten das dreieckige BKS-Symbol des Papierbereichs in der linken unteren Ecke des Bildschirms sehen. Wenn kein Symbol angezeigt wird, klicken Sie in der Multifunktionsleiste die Registerkarte ANSICHT an, öffnen dann das Einblendfenster der Gruppe und klicken die Schaltfläche BKS-SYMBOL ANZEIGEN an. (In der klassischen Menüleiste wählen Sie ANSICHT|ANZEIGE|BKS-SYMBOL|EIN.) Das Fadenkreuz befindet sich nun im Papierbereich, und beim Zoomen und Pannen wird die Anzeige aller Objekte (inklusive der Titelblöcke) im Layout geändert.

4. **Geben Sie `ZO` (oder `ZOOM`) ein, drücken Sie [↵], tippen Sie dann `A` (für `Alles`) ein und drücken Sie [↵].**

   AutoCAD zeigt das komplette Layout an (siehe Abbildung 12.4).

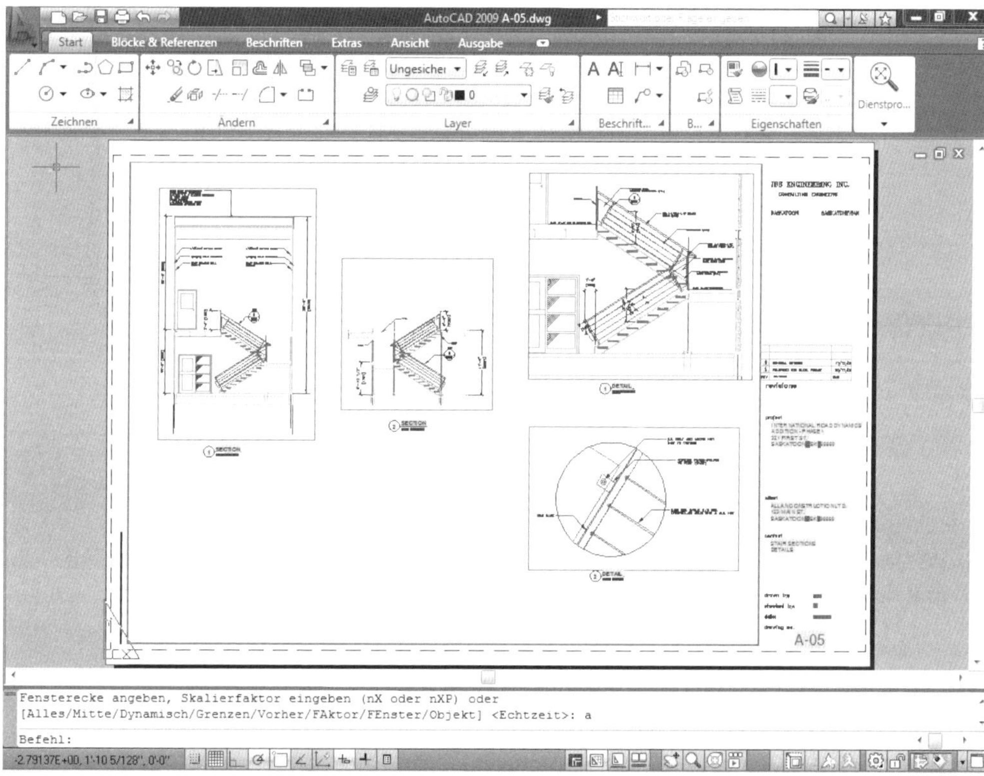

Abbildung 12.4: Das komplette Layout

5. **Zoomen und pannen Sie mit einem beliebigen der in diesem Kapitel beschriebenen Verfahren.**

   Beim Zoomen und Pannen ändert sich das Aussehen des Titelblocks (siehe Abbildung 12.5). Eine ähnliche Wirkung erzielen Sie, wenn Sie ein geplottetes Blatt vor Ihrem Gesicht hin, her, vor und zurück bewegen.

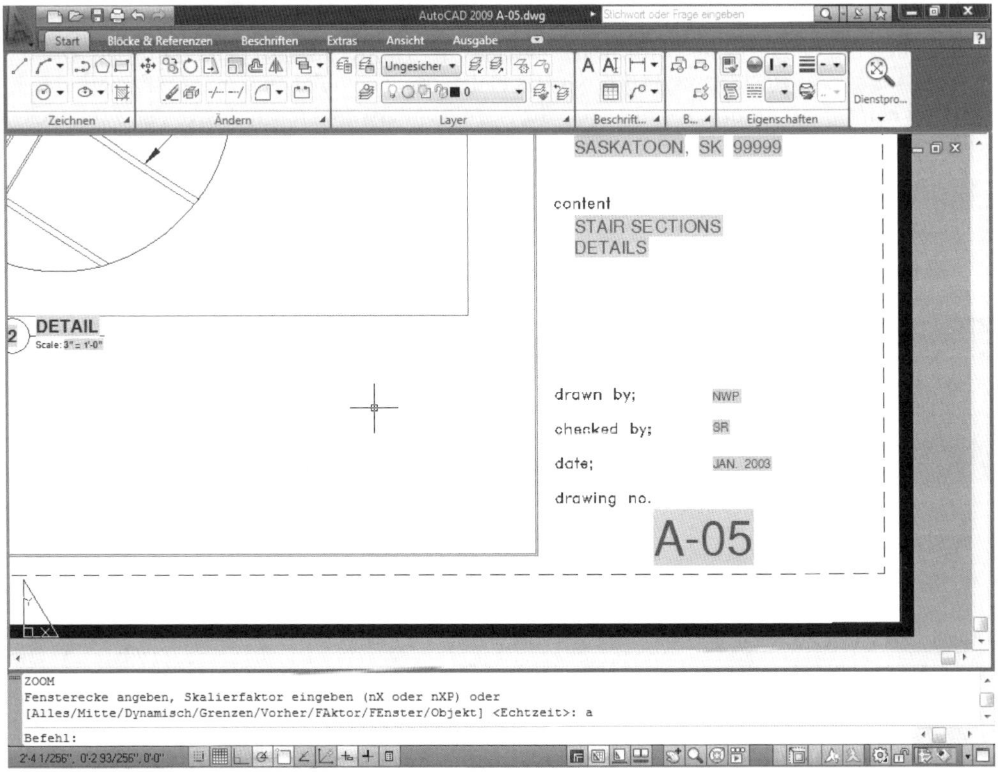

Abbildung 12.5: Zoomen im Papierbereich

6. **Wählen Sie ANSICHT|ZOOM|ALLES oder geben Sie `ZO` ein, drücken Sie [↵], geben Sie `A` ein und drücken Sie noch einmal [↵].**

   AutoCAD zeigt wieder das komplette Layout an.

7. **Geben Sie `MBEREICH` (oder `MB`) ein und drücken Sie [↵].**

   Alternativ können Sie das Fadenkreuz über ein Ansichtsfenster ziehen und dort doppelklicken. Nun sollten Sie wieder das dreieckige BKS-Symbol des Papierbereichs in der linken unteren Bildschirmecke sehen. (Wird es nicht angezeigt, lesen Sie noch einmal die Beschreibung zu Schritt 3.) Das Fadenkreuz befindet sich nun im Modellbereich innerhalb des Ansichtsfensters, und beim Zoomen und Pannen ändert sich nur die Anzeige der im Ansichtsfenster sichtbaren Objekte. Die Anzeige des Titelblocks bleibt unverändert.

8. Zoomen und pannen Sie mit einem beliebigen der in diesem Kapitel beschriebenen Verfahren.

Das Zoomen und Pannen ändert nichts am Aussehen des Titelblocks (siehe Abbildung 12.6). Hier wird nur eine Darstellung des Modellbereichs in einem Rahmen hin, her, vor und zurück bewegt.

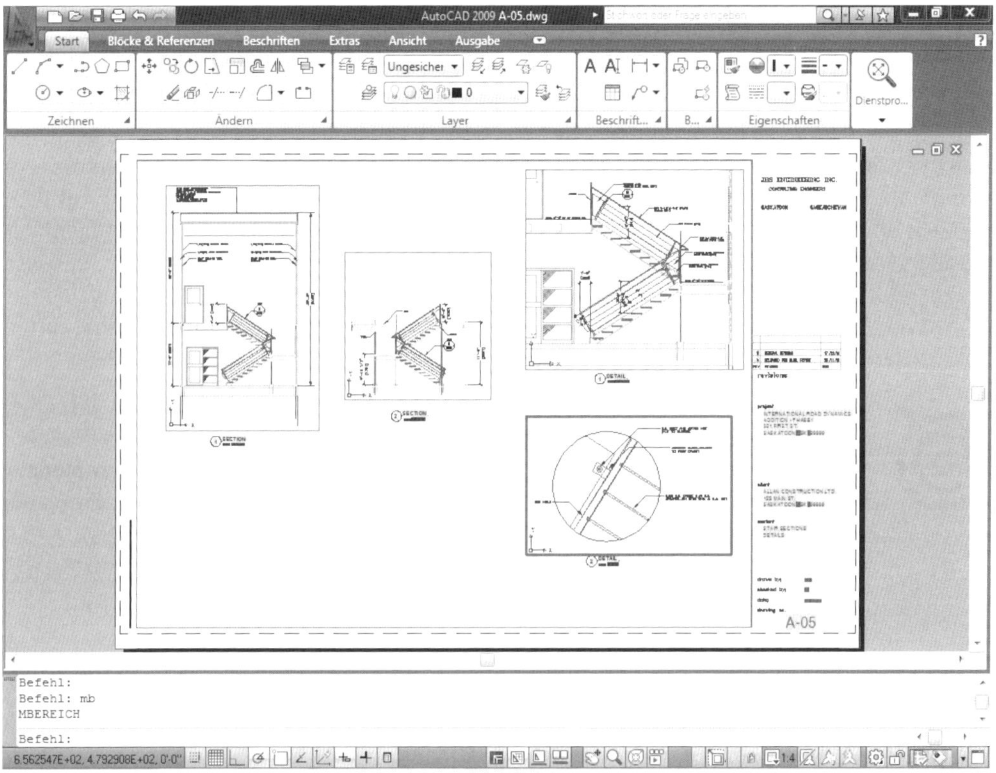

Abbildung 12.6: Zoomen in einem Ansichtsfenster im Modellbereich

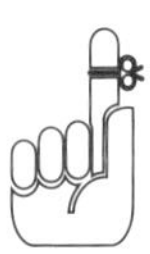

Bei der praktischen Arbeit sollten Sie üblicherweise innerhalb von Ansichtsfenstern nach deren Einrichtung nicht mehr zoomen und pannen (siehe Kapitel 5). Dadurch ändert sich der Maßstab des Ansichtsfensters, und der Plot wird ruiniert. Ich habe Sie hier nur dazu aufgefordert, um Ihnen den Unterschied zwischen dem Zoomen im Papierbereich und dem Zoomen in einem Ansichtsfenster im Modellbereich zu verdeutlichen.

Wenn sich der Titelblock bei Zoom und Pan ändert, hat jemand die Ansicht gesperrt, um sich vor den im vorherigen Absatz erläuterten möglichen Folgen zu schützen. (In der Befehlszeile wird auch eine entsprechende Meldung angezeigt.) In Kapitel 5 erfahren Sie, wie Ansichtsfenster gesperrt oder entsperrt werden können.

9. **Wählen Sie in der Multifunktionsleistengruppe Dienstprogramme in der Dropdown-Liste Zoom so oft die Option Vorher (oder wählen Sie in der klassischen Menüleiste Ansicht|Zoom|Vorher), bis die ursprüngliche Ansicht wiederhergestellt worden ist.**

10. **Geben Sie** PB **ein und drücken Sie** ↵.

    Belassen Sie das Fadenkreuz bei fertigen Zeichnungen immer im Papierbereich.

11. **Klicken Sie oben rechts im Zeichnungsbereich (im Arbeitsbereich 2D-Zeichnung & Beschriftung) oder in der Titelleiste der Zeichnung (Arbeitsbereich AutoCAD Klassisch) die Schaltfläche Schliessen an. Klicken Sie Nein an, um die Änderungen an der Zeichnung nicht zu speichern.**

Meist werden Sie Papierbereichslayouts nur ein einziges Mal (wie in Kapitel 5 beschrieben) einrichten, um sie später nur zum Plotten zu benutzen. Sie sollten nicht viel Zeit mit dem Zoomen und Pannen in Papierbereichslayouts verbringen. Das Zoomen und Pannen dient der besseren Ansicht beim Zeichnen und Bearbeiten und dafür ist der Modellbereich gedacht. Wenn Sie aber doch im Papierbereich zoomen wollen, um zum Beispiel den Titelblock eingehender zu betrachten, dann sollten Sie darauf achten, dass dabei das dreieckige BKS-Symbol unten links in der Ecke des Zeichnungsbereichs angezeigt wird.

Mit den Befehlen AFMAX und AFMIN können Sie ein Ansichtsfenster im aktuellen Layout im Papierbereich maximieren beziehungsweise minimieren. Diese Befehle stellen eine Alternative für den Wechsel über die Schaltflächen für den Modellbereich und Papierbereichslayouts dar, ohne dass dabei die potenziellen Probleme des Zoomens innerhalb von Ansichtsfenstern im Papierbereich auftreten. AFMAX und AFMIN lassen sich am besten über die Schaltfläche Ansichtsfenster maximieren/minimieren aufrufen, die sich rechts von den Schaltflächen Modell und Layout befindet.

Degeneration und Regeneration

Beim Zoomen und Pannen innerhalb von Zeichnungen werden Sie sich vielleicht fragen, in welchem Zusammenhang die Zeichnung auf dem Bildschirm mit der von AutoCAD auf der Festplatte gespeicherten DWG-Datei steht. Vielleicht fragen Sie sich das auch nicht, aber jedenfalls werde ich es Ihnen sagen!

Wenn Sie Objekte zeichnen und bearbeiten, speichert AutoCAD deren geometrische Eigenschaften (Position und Abmessungen) in einem äußerst präzisen Format (technisch: mit doppelter Gleitkomma-Genauigkeit). Das Programm verwendet beim Speichern von DWG-Dateien immer dieses Format. Aus Gründen der Computerleistung verwendet AutoCAD aber dieses äußerst präzise Format *nicht* zur Darstellung der Daten auf dem Bildschirm. Stattdessen wandelt AutoCAD die äußerst präzisen Zahlen aus der DWG-Datei für die Darstellung auf dem Bildschirm in weniger präzise *Ganzzahlen* (Integer) um.

Als schöne Folge dieser Umwandlung spielen sich Zoomen, Pannen und andere Änderungen auf dem Bildschirm viel schneller ab, als es ansonsten der Fall wäre. Leider gibt es aber auch eine weniger schöne Folge dieser Umwandlung, die *Regenerierung* (oder kurz `REGEN`) genannt wird, und die manchmal ein paar Artefakte hinterlässt, mit denen Sie klarkommen müssen.

Meist sorgt AutoCAD bei Bedarf automatisch für die Regenerierung. Zuweilen werden daher im Befehlsfenster Meldungen wie `Regeneriert Modell` oder `Regeneriert Layout` angezeigt, die darauf hinweisen, dass AutoCAD Zeichnungen automatisch regeneriert.

Wenn im Befehlsfenster die Meldung `Regen auf Warteschlange gesetzt` angezeigt wird, weist AutoCAD warnend darauf hin, dass keine Regenerierung vorgenommen wurde, obwohl es aktuell eigentlich gerade ratsam wäre. Darüber hinaus wird möglicherweise ein Dialogfeld mit der Meldung `Informationen zu Regenerierung - fortfahren?` angezeigt. Mit diesen Meldungen teilt Ihnen AutoCAD mit, dass das Aussehen der Zeichnung auf dem Bildschirm momentan möglicherweise nicht mit der Version in der Zeichnungsdatenbank übereinstimmt, die beim Speichern der Zeichnung auf der Festplatte abgelegt wird, und dass die auf dem Bildschirm angezeigte Version bei der nächsten Regenerierung aktualisiert wird. Ob Regenerierungen automatisch stattfinden, können Sie über die Systemvariable `REGENMODE` steuern. In Kapitel 22 erfahren Sie mehr über diese Variable und Systemvariablen im Allgemeinen.

Sie sollten die Befehle `REGEN` und `NEUZEICH` nicht verwechseln. `REGEN` (Ansicht|Regenerieren im Menü-Browser oder in der klassischen Menüleiste) erzwingt den in diesem Abschnitt beschriebenen Synchronisationsprozess. `NEUZEICH` (Ansicht|Neuzeichnen) baut einfach nur den Bildschirminhalt neu auf, ohne dabei Bildschirm und Zeichnungsdatenbank zu synchronisieren. `NEUZEICH` war ein nützlicher Befehl, als die Rechner noch lahm waren und mit älteren AutoCAD-Versionen arbeiten mussten, die den Bildschirm weniger effizient angesteuert haben. Heute ist dieser Befehl eigentlich nutzlos.

Der Befehl `REGENALL` (Ansicht|Alles Regenerieren) regeneriert alle Ansichtsfenster in Papierbereichslayouts. Wenn Sie den Befehl `REGENALL` im Modellbereich ausführen, entspricht er dem gewöhnlichen Befehl `REGEN`.

Teil III

Wenn Zeichnungen sprechen könnten

The 5th Wave   By Rich Tennant

In diesem Teil ...

Text, Bemaßungen und Schraffuren sind seit Langem wichtige Elemente, die der Erläuterung der gezeichneten Elemente dienen. In AutoCAD sind diese Elemente unglaublich flexibel und lassen sich mit den zugrunde liegenden geometrischen Objekten schnell ändern und aktualisieren. Text, Bemaßung und Schraffuren liefern zusätzliche Hinweise, die über die geometrischen Objekte Auskunft geben, damit Dritte genau verstehen können, um was es sich handelt und wie groß oder wie weit entfernt es ist.

Wenn Sie erst einmal einige derart mitteilsame Zeichnungen erstellt haben, möchten Sie die Botschaft sicher auch verteilen und ausdrucken, also *plotten*. In Kapitel 16 finden Sie einen Ratgeber, der Sie durch den Plotprozess führt und mit dessen Hilfe Sie verstehen lernen, wie ältere Praktiken beim Plotten mit AutoCAD die aktuellen beeinflussen und wie Sie schließlich einen richtig skalierten Plot zu Papier bringen können.

Text mit Charakter

13

In diesem Kapitel

- Text zur Beschriftung erstellen
- Mit Textstilen das Aussehen von Text steuern
- Einzeilige und mehrzeilige Texte erstellen
- Felder und Hintergrundmasken mit Texten verwenden
- Aufzählungen nummerieren und mit Blickfangpunkten versehen
- Mit Spalten und Absätzen arbeiten
- Texte und deren Eigenschaften bearbeiten
- Tabellen erstellen
- Multi-Führungslinien zeichnen

Auch wenn häufig wirklich die Redewendung »Ein Bild sagt mehr als tausend Worte« gilt, stimmt es auch, dass das Hinzufügen einiger Wörter zu einer Zeichnung das Zeichnen Tausender Linien und Bögen ersparen kann. Es ist eben viel einfacher, wenn man neben die schematische Darstellung eines Fotos die Erläuterung »Simpson A35 Häftlingsfoto« setzt, als wenn man eine detaillierte, fotorealistische Zeichnung anfertigt und darauf hofft, dass der Vertragspartner erkennt, worum es sich dabei handeln soll!

Die meisten CAD-Zeichnungen umfassen Texte in Form erläuternder Anmerkungen, Objektbeschriftungen und Überschriften. Dieses Kapitel zeigt Ihnen, wie Sie Zeichnungen mit Texten ergänzen und die Textstile sowie die Rechtschreibprüfung von AutoCAD nutzen können. Kapitel 14 befasst sich mit Texten, die der Bemaßung und Kennzeichnung von Objekten dienen.

Meist sollten Texte, Bemaßungen und andere beschreibende Symbole erst relativ spät, nach dem Zeichnen der geometrischen Elemente, in Zeichnungen integriert werden. In CAD-Zeichnungen ergänzen Texte und andere Anmerkungen üblicherweise die geometrischen Objekte und sind nicht eigenständig. Daher müssen sich im Allgemeinen erst die geometrischen Objekte an Ort und Stelle befinden, bevor diese beschriftet werden. Viele Zeichner halten es für effizienter, erst einmal möglichst viele der geometrischen Objekte zu zeichnen und dann die Texte und Bemaßungen in einem Arbeitsgang zu ergänzen. Dann wechseln sie nur noch zwischen Text- und Bemaßungsbefehlen hin und her, anstatt abwechselnd geometrische Objekte zu zeichnen und Anmerkungen hinzuzufügen.

Wie in Kapitel 4 erwähnt, bieten *Beschriftungsobjekte* eine elegante Möglichkeit zum Hinzufügen von Beschriftungen, Bemaßungen und anderer Anmerkungen zu Zeichnungen. In diesem Kapitel werden Beschriftungstexte und in den anschließenden Kapiteln Beschriftungsbemaßungen und Schraffuren vorgestellt. Ein paar Hintergrundinformationen dazu finden Sie in dem Kasten »Beschriftungsmöglichkeiten« weiter hinten in diesem Kapitel.

Vorbereitungen für das Schreiben

In AutoCAD ist das Hinzufügen von Text zu Zeichnungen nur wenig komplizierter als in Textverarbeitungsprogrammen. Die grundlegenden Schritte, die in den anschließenden Abschnitten ausführlicher erläutert werden, sehen wie folgt aus:

1. **Erstellen Sie einen neuen AutoCAD-Textstil oder wählen Sie einen vorhandenen Stil aus, der der zu verwendenden Schriftart und anderen gewünschten Merkmalen entspricht.**

   Wie Textverarbeitungsprogramme benutzt auch AutoCAD *Stile* zum Speichern mehrerer Formatierungseigenschaften, über die das Aussehen gezeichneter Texte gesteuert wird. Textstile werden im nächsten Abschnitt erläutert.

2. **Aktivieren Sie einen geeigneten Layer.**

   Um AutoCAD-Zeichnungen effizient zu erstellen und sie leicht bearbeiten zu können, sollten Sie für Texte einen eigenen Layer verwenden. In den meisten Zeichenbüros gibt es bereits etablierte CAD-Standards, die bestimmte Layer für Texte und andere Objekttypen vorsehen.

3. **Führen Sie *einen* der beiden Befehle zum Zeichnen von Text aus:**

   - MTEXT zeichnet Absatztext (auch mehrzeiliger Text genannt)
   - DTEXT zeichnet einzeilige Texte

4. **Legen Sie für den Text Ausrichtungspunkte, Ausrichtung und (falls nötig) Höhe fest.**
5. **Tippen Sie den Text ein.**
6. **Optional: Bei Beschriftungstexten weisen Sie dem gerade eingegebenen Text Beschriftungsmaßstäbe zu.**

Beschriftungsmöglichkeiten

Eine der hervorragenden Eigenschaften von AutoCAD ist darin zu sehen, dass es meist mehrere Möglichkeiten zur Bewältigung von Zeichenaufgaben gibt. Der Nachteil davon ist natürlich, dass der Umgang mit dem Programm viel schwerer zu erlernen ist. Sie könnten eine der Möglichkeiten beherrschen, nur um dann feststellen zu müssen, dass Sie in einem Büro arbeiten, in dem von Ihnen erwartet wird, dass Sie ein anderes Verfahren verwenden, das Sie nie zuvor benutzt haben. Aus diesem Grund versuche ich Ihnen in diesem Buch zumindest einen Eindruck von den verbreitetsten Verfahren zu vermitteln.

AutoCAD 2009 unterstützt drei verschiedene Verfahren, mit denen Zeichnungen mit Anmerkungen versehen werden können:

- ✔ **Fügen Sie Text und Bemaßungen im Modellbereich hinzu.** Multiplizieren Sie dazu den Zeichnungsmaßstab (Einzelheiten dazu finden Sie in Kapitel 4) mit der gewünschten Größe des Plots. Nehmen Sie zum Beispiel an, dass jemand einen Etagenplan im Maßstab 1:50 gezeichnet hat und dass die Anmerkungen beim Plotten 3 Millimeter hoch sein sollen. Dann müssen Sie Text erstellen, der 50 mal 3 Millimeter beziehungsweise 1,5 Zentimeter hoch sein muss. Und das funktioniert gut. Jedenfalls, bis die Zeichnung in einem anderen Maßstab geplottet wird.
- ✔ **Fügen Sie Text und Bemaßungen in Papierbereichslayouts hinzu.** Da der Papierbereich im Maßstab 1:1 geplottet wird, erstellen Sie hier die Anmerkungen in ihrer eigentlichen geplotteten Größe. Die Berechnungen sind einfach (Was ergibt noch mal 1,5 mal 1?), aber manchmal ist es von Vorteil, wenn sich Anmerkungen in Zeichnungen im gleichen Bereich wie die gezeichneten geometrischen Objekte selbst befinden, weil Sie ansonsten Anmerkungen für mehrere Layouts mehrfach erstellen müssten.
- ✔ **Fügen Sie Text und Bemaßungen im Modellbereich hinzu und verwenden Sie dabei Beschriftungstexte und Bemaßungsstile.** Erstellen Sie die Beschriftungen in ihrer eigentlichen geplotteten Größe (von AutoCAD *Papiertexthöhe* genannt) und weisen Sie dann *Beschriftungsmaßstäbe* für alle gewünschten Plotmaßstäbe zu. Wenn Sie dann den Beschriftungsmaßstab in der Statusleiste ändern, wird automatisch auch der sichtbare Beschriftungsmaßstab in der Zeichnung geändert.

Mir scheint es besonders sinnvoll zu sein, wenn man Beschriftungsobjekte verwendet, da sich mit ihnen alle Plotmaßstäbe abdecken lassen. Da sie sich im Modellbereich befinden, müssen sie für mehrere Layouts auch nicht dupliziert werden. Wenn Sie den Umgang mit AutoCAD lernen, ist es eher schwer zu verstehen, warum Texte und Bemaßungen seltsam skaliert werden müssen, damit sie korrekt geplottet werden. Mit Beschriftungsobjekten können Sie die Anmerkungen im Modellbereich erstellen und die Papiergröße angeben. Dann nimmt Ihnen AutoCAD die Berechnung der Skalierung ab.

Zu den Beschriftungsobjekttypen zählen einzeilige und mehrzeilige Texte (die in diesem Kapitel behandelt werden), Führungslinien (in diesem Kapitel), Bemaßungen (siehe Kapitel 14), Schraffuren (siehe Kapitel 15) sowie Blöcke und Attribute (siehe Kapitel 17). Standardmäßig werden nur Beschriftungsobjekte im aktuell in der Statusleiste eingestellten Beschriftungsmaßstab angezeigt. Ein praktischer Schalter neben der Liste mit den Beschriftungsmaßstäben sorgt aber dafür, dass bei Bedarf auch die Beschriftungsobjekte in allen anderen Maßstäben angezeigt werden.

Bei der Arbeit mit Beschriftungsobjekten ist im Unterschied zu den beiden anderen aufgeführten Verfahren ein zusätzlicher Schritt notwendig. Anstatt nur den Text (oder andere Beschriftungsobjekte) zu erstellen, müssen Sie zu den Objekten nun noch Beschriftungsmaßstäbe hinzufügen. Die Vorgehensweise werde ich in diesem und den folgenden Kapiteln in den Schritt-für-Schritt-Anleitungen beschreiben.

Mit den meisten dieser Schritte sind Sie wahrscheinlich bereits vertraut, zumindest sofern Sie schon einmal mit einer Textverarbeitung gearbeitet haben. In den folgenden Abschnitten dieses Kapitels werde ich auf die Besonderheiten der Textstile von AutoCAD eingehen, die zwei Arten der AutoCAD-Texte vorstellen und zeigen, wie Texthöhe und Textausrichtung geändert werden können.

Einfach Text mit Stil

AutoCAD weist einzelnen Zeilen oder Absätzen Texteigenschaften zu, die auf *Textstilen* basieren. Diese Textstile ähneln den Absatzformaten in Textverarbeitungsprogrammen: Sie enthalten Einstellungen, die Form und Aussehen von Texten bestimmen, wie zum Beispiel für die Schriftart. Ein AutoCAD-Textstil umfasst:

- Die Schriftart
- Eine Schrifthöhe, die Sie vorgeben oder aus Gründen der späteren Flexibilität auf dem Wert 0 belassen können
- Spezielle Effekte (sofern verfügbar), wie zum Beispiel kursiv
- Mit *echten* Spezialeffekten, die kaum jemand benutzt, können Sie Text senkrecht ausrichten oder auf den Kopf stellen

Bevor Sie Text zu einer Zeichnung hinzufügen, verwenden Sie das Dialogfeld TEXTSTIL, um einen vorhandenen Stil auszuwählen oder einen neuen Stil zu erstellen, dessen Einstellungen Ihren Wünschen entsprechen.

Sie können Textstilen in alten Zeichnungen die Eigenschaft BESCHRIFTUNG zuweisen, indem Sie das Dialogfeld TEXTSTIL öffnen, dort den zu aktualisierenden Textstil auswählen, das Kontrollkästchen BESCHRIFTUNG aktivieren und die Zeichnung dann mit AutoCAD 2009 speichern.

Für die meisten Zeichnungen sind nur wenige Textstile erforderlich. Sie können einen Stil für alle Notizen, Objektbeschriftungen und Anmerkungen verwenden und einen weiteren für spezielle Überschriften. Vielleicht werden Sie auch einen speziellen Textstil für Bemaßungen verwenden wollen. (In Kapitel 14 erfahren Sie mehr über Bemaßungstexte.) Für den Titelblock werden vielleicht noch ein oder zwei weitere Schriftarten benötigt, wenn zum Beispiel die im Logo eines Unternehmens oder eines Projekts verwendeten Schriftarten nachgebildet werden sollen.

Wie für Layer gelten es in Ihrem Büro eventuell auch für Textstile interne Standards. Dann dürften alle Beteiligten froh sein, wenn Sie sich an diese Standards halten. Wenn Sie für effiziente und konsistente Textstile sorgen wollen, nehmen Sie diese am besten in Zeichnungsvorlagen auf, die Sie zum Erstellen neuer Zeichnungen benutzen. (Wenn Ihr Büro gut organisiert ist, gibt es vielleicht bereits Zeichnungsvorlagen, die den bürointernen Vorgaben entsprechen und die erforderlichen Stile enthalten.) In Kapitel 4 finden Sie Informationen zum Erstellen und Verwenden von Zeichnungsvorlagen. Ansonsten lassen sich vorhandene Textstile mithilfe der Palette DESIGNCENTER von einer Zeichnung in eine andere übertragen. Weitere Anleitungen dazu finden Sie in Kapitel 6.

Schriftkapriolen

Wenn Sie einen Textstil in AutoCAD erstellen, stehen Unmengen an Schriftarten zur Auswahl. AutoCAD kann zwei verschiedene Arten von Schriften verwenden: AutoCAD-SHX-Schriftarten (kompilierte Umrisse – SHape) und Windows-TTF-Schriftarten (TrueType Fonts):

- ✔ **SHX:** Im Dialogfeld TEXTSTIL wird links neben den Namen der SHX-Schriftarten, die mit der Erweiterung `.shx` aufgeführt werden, ein Zeichenkompass angezeigt. Da SHX-Schriften für den Einsatz mit AutoCAD optimiert sind, werden sie üblicherweise schneller aufgebaut.
- ✔ **TTF:** Im Dialogfeld TEXTSTIL wird links neben den Namen von TrueType-Schriftarten, die ohne Dateinamenerweiterung angezeigt werden, ein TT-Symbol angezeigt. Mit TTF-Schriften stehen zwar mehr und schickere Schriftoptionen zur Verfügung, sie verlangsamen aber den Bildaufbau beim Zoomen, Pannen, Auswählen und Fangen der Objekte. TrueType-Schriften sorgen auch beim Austauschen von Zeichnungen mit anderen AutoCAD-Anwendern häufig für mehr Komplikationen.

Der sparsame Einsatz von TrueType-Schriften für Logos ist in Ordnung. Ansonsten sollten Sie aber möglichst besser bei den Standard-SHX-Schriften von AutoCAD bleiben.

Die am häufigsten verwendete AutoCAD-Schrift ist `ROMANS.SHX`. (Vielleicht bekommen Sie es auch mit `SIMPLEX.SHX` zu tun, einer älteren Version von Roman Simplex). `ROMANS.SHX` ist eine Schrift (Roman Simplex entspricht in etwa der TTF-Schrift Arial), die sich für alle allgemeinen Aufgabenstellungen beim Zeichnen mit AutoCAD eignet. Vermeiden Sie komplizierte, fette Schriften. Diese können AutoCAD verlangsamen und lassen sich zudem schlechter als die einfacheren Schriften lesen. Denken Sie daran, dass es hier um CAD und nicht um schicke Grafikdesigns oder die Reproduktion mittelalterlicher Manuskripte geht!

Benutzerspezifische Schriften, die nicht mit AutoCAD oder AutoCAD LT geliefert werden (beide Programme enthalten dieselben Schriften), gilt es möglichst zu meiden. AutoCAD installiert seine SHX-Schriften standardmäßig im Ordner `C:\Programme\AutoCAD 2009\Fonts`. Sie können diesen Ordner aufsuchen, um sich eine Liste der Standardschriften (und gegebenenfalls anderer installierter Schriften) anzeigen zu lassen. AutoCAD bettet Schriften nicht in Zeichnungen ein. Stattdessen wird lediglich auf die lokal installierten AutoCAD- (SHX-Schriften) oder Windows-Schriften (TrueType-Fonts) verwiesen. Wenn Sie benutzerspezifische Schriften verwenden, wird der Austausch von Zeichnungen mit anderen Anwendern schwieriger. Wenn Sie benutzerspezifische Schriften verwenden müssen, dann machen Sie sich eine entsprechende Notiz und übertragen Sie sie jeweils zusammen mit der DWG-Datei (sofern die Schrift nicht urheberrechtlich geschützt ist, was bei vielen benutzerspezifischen Schriften der Fall ist) oder weisen Sie die Empfänger darauf hin, dass der Text bei ihnen möglicherweise anders angezeigt wird. Jedenfalls ist es viel einfacher, wenn man den Einsatz benutzerspezifischer Schriften gleich völlig vermeidet. In Kapitel 19 finden Sie weitere Informationen über den Umgang mit Schriften beim Versenden und Empfangen von Zeichnungen.

Mit Stil ...

Die folgenden Schritte beschreiben die Auswahl eines vorhandenen beziehungsweise das Anlegen eines neuen Textstils vor der Eingabe von Text in eine Zeichnung. (Wenn Sie mit einer vorhandenen Zeichnung experimentieren wollen, die eine Vielzahl verschiedener Textstile enthält, können Sie dazu die Datei `C:\Programme\AutoCAD 2009\Sample\Architectural - Annotation Scaling and Multileaders.dwg` verwenden.)

1. **Klicken Sie in der Multifunktionsleiste auf der Registerkarte START in der Gruppe BESCHRIFTUNG den Gruppentitel an, um das Einblendfenster zu öffnen, und klicken Sie dann TEXTSTIL an. Im Arbeitsbereich AUTOCAD KLASSISCH wählen Sie FORMAT|TEXTSTIL.**

Es wird das Dialogfeld TEXTSTIL angezeigt (siehe Abbildung 13.1).

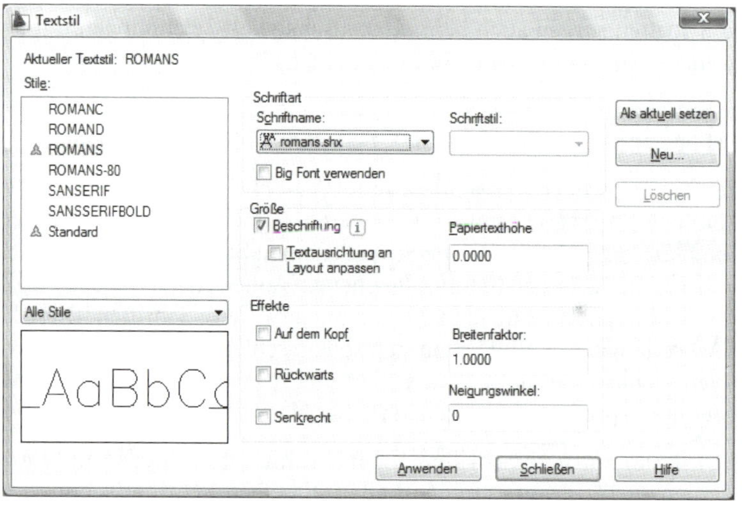

Abbildung 13.1: Text mit Stil

2. **In der Liste STILE wählen Sie die einzelnen Stile der Reihe nach aus, um festzustellen, welche Textstile für die Zeichnung bereits erstellt wurden.**

   Merken oder notieren Sie sich den Namen der Schriftart und sehen Sie sich die Vorschau unten links im Dialogfeld an, um sich einen Eindruck von den Schriften zu verschaffen.

3. **Wenn Sie einen geeigneten Textstil finden, wählen Sie diesen in der Liste im Feld STILE aus und springen dann zu Schritt 9.**

   Die Merkmale eines geeigneten Textstils hängen von den Gepflogenheiten der jeweiligen Branche, von Büropraktiken und vom persönlichen Geschmack ab. Die Informationen der vorherigen Abschnitte sollten Ihnen die Entscheidung erleichtern. Falls das nicht der Fall sein sollte, fragen Sie einen erfahrenen Zeichner aus Ihrem Büro oder sehen sich einfach ein paar gedruckte Zeichnungen genauer an und versuchen Sie diese nachzuempfinden.

Wenn Sie eine Zeichnung ganz neu beginnen, empfehle ich dringend den Einsatz von Beschriftungsstilen. Achten Sie auf das dreieckige Symbol neben dem Stilnamen.

4. **Wenn Sie keinen passenden Textstil finden können oder lieber einen eigenen erstellen wollen, klicken Sie die Schaltfläche Neu an.**

   Achten Sie auf den aktuell eingestellten Stil, wenn Sie Neu anklicken. Wenn es sich um einen Beschriftungsstil handelt, wird auch der neue Stil automatisch ein Beschriftungsobjekt. Wenn die Eigenschaft Beschriftung nicht aktiviert ist, ist das nicht der Fall. Das Kontrollkästchen Beschriftung lässt sich leicht aktivieren oder deaktivieren, aber eventuell vergessen Sie es ja anfangs.

   Es wird das Dialogfeld Neuer Textstil angezeigt, in dem Sie einen Stilnamen eintippen können.

5. **Geben Sie einen Namen für den neuen Textstil ein und klicken Sie dann OK an.**

   Der neue Textstil wird zur Liste der Stilnamen hinzugefügt und wird zum aktuellen Stil.

6. **Wählen Sie eine Schrift in der Liste Schriftname aus.**

   `ROMANS.SHX` eignet sich für die meisten Zeichnungen wohl am besten. Wenn Sie eine andere Schrift verwenden wollen, sehen Sie sich noch einmal die Vorschläge und Warnungen hinsichtlich der Auswahl von Schriften in den vorigen Abschnitten an.

   Die gewählte Schriftart wird Ihrem neuen Textstil zugeordnet.

7. **Um einen Beschriftungstextstil zu erstellen, aktivieren Sie das Kontrollkästchen Beschriftung. Deaktivieren Sie das Kontrollkästchen für Nicht-Beschriftungstext.**

   Klicken Sie die kleine Schaltfläche mit dem *i* rechts neben der Bezeichnung Beschriftung an, um die Online-Hilfe aufzurufen und sich eingehender zu informieren.

8. **Nehmen Sie die übrigen Einstellungen für den Textstil vor.**

   Beim Textstil in Abbildung 13.1 wurden diese Einstellungen gewählt:

   - Papiertexthöhe (nur Höhe bei Nicht-Beschriftungsstilen): `0.0`
   - Breitenfaktor: `1.0`
   - Neigungswinkel: `0`
   - Mit Ausnahme von Beschriftung sind keine Kontrollkästchen aktiviert.

   Bei einer Papiertexthöhe von 0.0 bleibt die Größe der Schrift *variabel*, und Sie können die Höhe bei einzeiligen Textobjekten jeweils getrennt angeben. Wenn Sie einem Textstil einen *festen* Wert (ungleich null) zuweisen, wird für alle einzeiligen Textobjekte, die diesen Stil verwenden, eine einheitliche Schrifthöhe verwendet. Textstile mit variabler Schrifthöhe sind zwar flexibler, mit fester Schrifthöhe wird das Zeichnen von Texten einheitlicher Größe aber einfacher. Ob variable oder einheitliche Schrifthöhen verwendet werden, hängt häufig von den jeweiligen Büropraktiken ab. Hören Sie sich also um, wenn Sie mit anderen AutoCAD-Anwendern zusammenarbeiten.

Bemaßungen verwenden Textstile zur Formatierung des Aussehens des Textes. Wenn Sie einen Textstil erstellen, den Sie möglicherweise für Bemaßungen verwenden wollen, müssen Sie die Texthöhe auf 0 setzen. Ansonsten funktioniert die Einstellung nicht, die den Bemaßungstext steuert, und der Bemaßungstext wird wahrscheinlich entweder enorm groß oder mikroskopisch klein. Hierbei handelt es sich um eine doppelte Warnung, da dieser Fehler unter AutoCAD-Neulingen sehr verbreitet ist!

9. **Klicken Sie Anwenden und dann Schliessen an.**

   Das Dialogfeld Textstil wird geschlossen und der ausgewählte oder erstellte Textstil ist nun für neue Textobjekte aktiviert.

Text in neuen Höhen

Auch wenn es wenig wahrscheinlich sein dürfte, dass Sie lieber nicht mit Beschriftungstextstilen arbeiten, zeigt Ihnen dieser Abschnitt, warum Sie vielleicht besser Ihre Meinung ändern sollten.

In Kapitel 4 beschreibe ich die Bedeutung der Auswahl eines geeigneten Zeichnungsmaßstabs bei Zeichnungseinrichtung. Dort habe ich auch darauf hingewiesen, dass Sie den Skalierfaktor der Zeichnung für die in weiteren Kapiteln des Buches beschriebenen Aufgabenstellungen kennen müssen. Dieses Kapitel gehört jedenfalls dazu und gleich werde ich eine derartige Aufgabe erläutern! Und wenn ich damit fertig bin, sollten Sie sich merken, dass Sie sich diese Berechnungen sparen können, wenn Sie mit Beschriftungstext arbeiten. Dazu muss nur ein Kontrollkästchen aktiviert werden!

Mit dem *Zeichnungsmaßstab* wird traditionell ein Maßstab mit einem Gleichheitszeichen oder einem Doppelpunkt und zwei Werten beschrieben, zum Beispiel 1=20 oder 2:1. Der *Skalierfaktor der Zeichnung* drückt dieselbe Beziehung über einen einzelnen Wert (zum Beispiel 20 oder 0,5) aus. Beim Skalierfaktor der Zeichnung handelt es sich um den Multiplikator, der den ersten Wert im Zeichnungsmaßstab in den zweiten umwandelt. Machen Sie es sich daher zur Gewohnheit, den Skalierfaktor der Zeichnung zu ermitteln, bevor Sie Text zu einer Zeichnung hinzufügen.

Geplottete Texthöhe

In den meisten Branchen gibt es Standards für die Höhe geplotteter Texte. (AutoCAD 2009 spricht hier von *Papiertexthöhe* und meint damit dasselbe.) Bei Anmerkungen sind 3 Millimeter gebräuchlich. Einige Unternehmen verwenden etwas geringere Texthöhen (zum Beispiel 2,5 Millimeter), um mehr Text auf begrenztem Raum unterbringen zu können.

Berechnung der AutoCAD-Texthöhe für Nicht-Beschriftungsobjekte

Zur Berechnung der AutoCAD-Texthöhe für Nicht-Beschriftungsobjekte müssen Sie den Skalierfaktor der Zeichnung, die gewünschte geplottete Texthöhe und die Position des Multiplikationszeichens bei Ihrem Rechner kennen. Mit den folgenden Schritten können Sie die Texthöhe ermitteln:

1. **Ermitteln Sie den Skalierfaktor der Zeichnung.**

   Wenn Sie die Zeichnung einrichten oder eingerichtet haben, sollten Sie deren Maßstab kennen (siehe Kapitel 4). Wenn andere die Zeichnung eingerichtet haben, dann versuchen Sie sie zu fragen.

Zu den anderen denkbaren Verfahren zum Ermitteln des Skalierfaktors von Zeichnungen zählt die Suche nach einer Balkenskala oder einer Textanmerkung, die den Zeichnungsmaßstab angibt. Wenn ein Ausdruck verfügbar ist, kann man auch die bemaßten Abstände im Ausdruck nachmessen. Wenn sich die Bemaßungen bei der Zeichnung im Modellbereich befinden, kann man schließlich, wie in Kapitel 4 beschrieben, den Wert der Variablen `DIMSCALE` (der Systemvariablen, die den Bemaßungsmaßstab steuert) prüfen.

2. **Legen Sie die Höhe fest, in der Anmerkungen beim Plotten der Zeichnung im gewünschten Maßstab gedruckt werden sollen.**

   Im vorherigen Abschnitt »Geplottete Texthöhe« finden Sie diesbezügliche Vorschläge.

3. **Multiplizieren Sie die in den Schritten 1 und 2 ermittelten Zahlen.**

   Wenn Sie die Texthöhe kennen, können Sie diese dazu benutzen, die Höhe eines Textstils oder einzelner Textobjekte festzulegen.

Wenn Sie einem Textstil eine Höhe ungleich null zuweisen (Schritt 8 im Abschnitt »Mit Stil ...« weiter vorn in diesem Kapitel), wird für alle mit diesem Stil erstellte Zeichenketten diese fest vorgegebene Höhe verwendet. Wenn Sie die Höhe des Textstils auf null belassen, werden Sie von AutoCAD beim Zeichnen einzeiliger Textobjekte jeweils nach deren Höhe gefragt.

Im Rahmen dieser Beschreibung von Texthöhen gehe ich davon aus, dass der Text im Modellbereich eingefügt wird und es sich bei ihm *nicht* um Beschriftungsobjekte handelt. Neben Beschriftungstexten im Modellbereich gibt es noch eine dritte Alternative. Sie können Text mit oder ohne die Eigenschaft BESCHRIFTUNG in Papierbereichslayouts einfügen, um zum Beispiel Text in einen Titelblock einzufügen oder Blätter mit Anmerkungen zu versehen, die sich nicht direkt auf geometrische Objekte im Modellbereich beziehen. Wenn Sie Text im Papierbereich erstellen, geben Sie die tatsächliche, geplottete Höhe und nicht die nach oben skalierte Höhe an.

Eine oder zwei Zeilen?

Aus historischen Gründen (insbesondere weil die Textfunktionen von AutoCAD noch wesentlich eingeschränkter waren als heute) gibt es in AutoCAD zwei verschiedene Arten von Textobjekten und zwei entsprechende Befehle zum Zeichnen von Text. In Tabelle 13.1 werden die beiden Befehle (Alias in Klammern) erläutert.

Textobjekt	Befehl (Alias)	Schaltfläche	Anmerkungen
Absatztext	MTEXT (T)		Unterstützt mehrere Zeilen und automatischen Zeilenumbruch. Mehrere Zeilen werden als einzelnes Objekt verwaltet. Spezielle Formatierungen, wie zum Beispiel Nummerierungen, Blickfangpunkte und Spalten, sind möglich.
Einzeiliger Text	DTEXT (DT)		Auf einzelne Zeilen beschränkt. Man kann zwar [↵] drücken, um mehrere Textzeilen zu erstellen, aber bei den Zeilen handelt es sich dann um getrennte Textobjekte.

Tabelle 13.1: Die zwei Arten von AutoCAD-Text

Auch wenn Sie dazu neigen sollten, die ältere einzeilige Textoption einfach zu ignorieren, lohnt es sich doch, beide Varianten zu kennen. Der Befehl DTEXT ist ein wenig einfacher als der Befehl MTEXT und eignet sich daher weiterhin gut zur Eingabe kurzer, einzeiliger Texte (zum Beispiel Objektbeschriftungen und einzeilige Anmerkungen) eignet. Und es handelt sich um den Befehl der Wahl für CAD-Komödianten, die ihre Einzeiler dokumentieren wollen!

Text richten

Die beiden Befehle DTEXT und MTEXT halten eine verwirrende Vielzahl an *Ausrichtungsoptionen* bereit, die bestimmen, wie der Text vom Ausrichtungspunkt oder den in der Zeichnung ausgewählten Punkten aus fließt. Für die meisten Zwecke sollte die Vorgabe der Linksausrichtung bei einzeiligen Texten beziehungsweise die Ausrichtung oben links bei Absatztexten ausreichen. Gelegentlich werden Sie vielleicht andere Ausrichtungen nutzen (zum Beispiel zentriert bei Etiketten oder Überschriften). Beide Befehle bieten Optionen zum Ändern der Textausrichtung. Ich werde später in diesem Kapitel noch darauf eingehen, wenn die Befehle ausführlicher vorgestellt werden.

Immer dieselbe alte Leier (Zeile)

Trotz seiner Beschränkungen ist der Befehl DTEXT bei Etiketten oder anderen kurzen Anmerkungen sinnvoll, bei denen MTEXT zu viel des Guten wäre. Die folgende Anleitung erläutert die Eingabe von Text mit dem gleichnamigen AutoCAD-Befehl.

Sie können DTEXT auch für mehrzeilige Texte verwenden: Wenn Sie einfach nach dem Eintippen der jeweiligen Zeile [↵] drücken, setzt DTEXT die neue Zeile unter die vorherige. Der Nachteil dabei besteht darin, dass DTEXT für jede neue Zeile ein neues Objekt erstellt. Wenn Sie dann später einzelne Wörter aus mehrzeiligen Texten entfernen wollen, kann AutoCAD den Zeilenumbruch nicht übernehmen. Sie müssen stattdessen einzelne Zeilen getrennt bearbeiten, Wörter aus einer Zeile entfernen und in benachbarte Zeilen einfügen.

Der Befehl DTEXT verfügt weder über ein Dialogfeld noch über schicke Formatierungsleisten wie der Absatztexteditor vom Befehl MTEXT. Optionen werden durch Eintippen in die Befehlszeile oder das QuickInfo-Fenster der dynamischen Eingabe gesetzt.

Und so versehen Sie Zeichnungen mit dem Befehl DTEXT mit Text:

1. **Aktivieren Sie einen geeigneten Textstil, wie es im Abschnitt »Mit Stil …« weiter vorn in diesem Kapitel beschrieben wurde.**

   Man kann zwar beim Befehl DTEXT einen bereits erstellten Textstil über die Befehlszeile aktivieren, aber es ist normalerweise einfacher, den Stil vor dem Absetzen des Befehls auszuwählen.

   Alternativ zum Weg über das Dialogfeld Textstil zur Aktivierung eines vorhandenen Stils können Sie die Dropdown-Liste Textstil anklicken und den Stil hier auswählen. Die Dropdown-Liste Textstil finden Sie im Einblendfenster der Gruppe Beschriftung oder auf der Registerkarte Beschriften in der Gruppe Text. (Im Arbeitsbereich AutoCAD Klassisch finden Sie sie im Werkzeugkasten Stile).

2. **Optional: Aktivieren oder deaktivieren Sie über die Schaltfläche OFang in der Statusleiste den fortlaufenden Objektfang.**

   Sie müssen selbst entscheiden, ob Ihr Text von vorhandenen Objekten »eingefangen« werden soll. Über den Objektfang Zentrum können Sie zum Beispiel dafür sorgen, dass ein Buchstabe oder eine Zahl exakt mitten in einem Kreis landet.

3. **Klicken Sie auf der Registerkarte Start in der Gruppe Beschriftung die Schaltfläche Einzeiliger Text an. (Im Arbeitsbereich AutoCAD Klassisch wählen Sie Zeichnen|Text|Einzeiliger Text, um den Befehl DTEXT zu starten.)**

   Klicken Sie nicht die Schaltfläche für den mehrzeiligen Text in der Gruppe Beschriftung (oder im klassischen Werkzeugkasten Zeichnen) an, mit der der Befehl MTEXT gestartet wird, der im nächsten Abschnitt behandelt wird.

   Wenn es sich um das erste Beschriftungsobjekt handelt, das in einer Zeichnungssitzung erstellt wird, zeigt AutoCAD das Dialogfeld Beschriftungsmassstab auswählen an, in dem darauf hingewiesen wird, dass tatsächlich ein Beschriftungsobjekt erstellt wird, und Sie zur Angabe des für die Beschriftung zu verwendenden Maßstabs aufgefordert werden.

   AutoCAD teilt Ihnen die aktuellen Einstellungen für Textstil und Texthöhe mit und fordert Sie zur Angabe eines Startpunkts für den Text oder die Wahl einer der Optionen zum Ändern der Ausrichtung oder des Textstils auf:

   ```
   Aktueller Textstil: "Standard" Texthöhe: 2.5000 Beschriftung: Ja
   Startpunkt des Textes angeben oder [Position/Stil]:
   ```

   Wenn beim Textstil die Eigenschaft Beschriftung aktiviert wurde, handelt es sich bei der gemeldeten Texthöhe um die Höhe im Modellbereich und nicht um die letztlich geplottete Texthöhe. Wenn zum Beispiel der Textstil mit einer festen Papierhöhe von

2.5000 erstellt wird und der Beschriftungsmaßstab auf den Wert 1:2 eingestellt ist, steht in der AutoCAD-Eingabeaufforderung zu lesen: `Texthöhe: 5.0000`.

4. **Wenn Sie nicht die Standardausrichtung (unten links) verwenden wollen, tippen Sie `P` ein, drücken [↵] und wählen eine der anderen Ausrichtungsoptionen aus.**

   Unter *Einzeiliger Text, Ausrichtung* im Index der Online-Hilfe erfahren Sie mehr über die anderen Ausrichtungsoptionen.

5. **Legen Sie den Startpunkt für das erste Zeichen fest.**

   Sie können die Koordinaten des Punktes über die Befehlszeile eingeben, mit der Maus eine Position auf dem Bildschirm anklicken oder nur [↵] drücken, wenn der Text direkt unter dem zuletzt erstellten einzeiligen Textobjekt platziert werden soll.

   AutoCAD fordert Sie in der Befehlszeile zur Angabe der Texthöhe (oder bei Beschriftungsobjekten zur Angabe der Papierhöhe) auf:

   `Höhe angeben <2.5000>:`

6. **Legen Sie die Texthöhe fest.**

   Diese Aufforderung wird nicht angezeigt, wenn Sie einen Textstil mit einer festen (ungleich null) Höhe verwenden. Weitere Informationen über Textstile finden Sie im Abschnitt »Mit Stil …« weiter vorn in diesem Kapitel.

   AutoCAD fordert Sie in der Befehlszeile zur Angabe des Drehwinkels des Textes auf:

   `Drehwinkel des Texts angeben <0>:`

7. **Nun geben Sie den Drehwinkel des Textes entweder über die Befehlszeile ein und drücken [↵], oder Sie drehen ihn auf dem Bildschirm mit der Maus.**

   AutoCAD fordert Sie zur Eingabe des Textes auf.

8. **Tippen Sie die erste Textzeile ein und drücken Sie [↵].**

9. **Tippen Sie weitere Zeilen Text ein und drücken Sie zum Abschluss der einzelnen Zeilen jeweils [↵].**

   Abbildung 13.2 zeigt ein Beispiel für einen beim Befehl `DTEXT` während der Eingabe auf dem Bildschirm angezeigten Text. (Oder würde es, wenn dieses Buch über animierte Seiten verfügen würde.)

10. **Um die Texteingabe zu beenden und zur Eingabeaufforderung zurückzukehren, drücken Sie am Anfang einer leeren Zeile [↵].**

    AutoCAD fügt das oder die neuen einzeiligen Textobjekte in die Zeichnung ein.

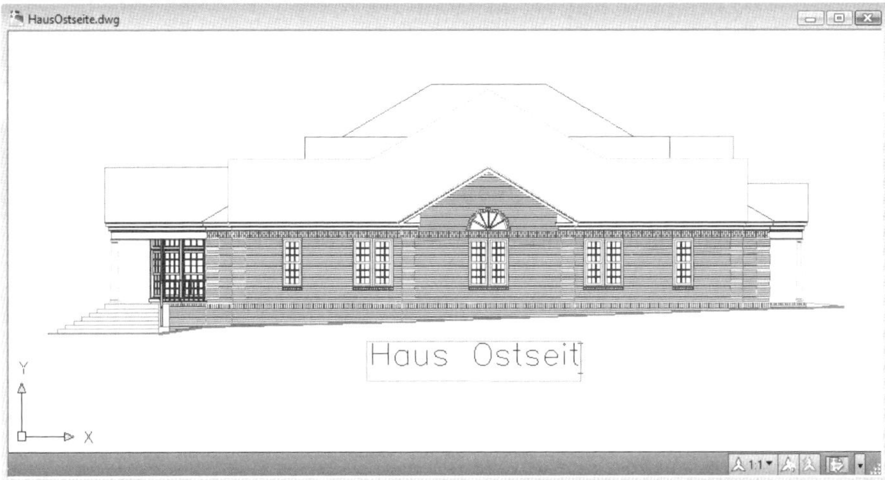

Abbildung 13.2: Der einzeilige Text wird Zeichen für Zeichen angezeigt.

Um dafür zu sorgen, dass Textzeilen beim Befehl DTEXT genau ausgerichtet werden, geben Sie die Zeilen so ein, wie sie angezeigt werden sollen, und drücken nach jeder Zeile [↵], damit die nächste Zeile direkt darunter platziert wird. Ansonsten wird die präzise Ausrichtung mehrerer Zeilen ein wenig schwieriger. (Sie können natürlich den Objektfang so einstellen, dass er sich für den Text eignet, oder mit einer komplizierten Kombination von Objektfängen und Punktfiltern arbeiten.) Um einzeilige Texte nach dessen Erstellung zu bearbeiten, wählen Sie ihn aus, klicken mit der rechten Maustaste und wählen Bearbeiten, um den integrierten Editor zu öffnen. (»Integriert« bedeutet hier einfach, dass der Text in seiner richtigen Größe an seiner genauen Position in der Zeichnung bearbeitet wird.) Mehr über den integrierten Editor erfahren Sie weiter hinten in diesem Kapitel.

Im integrierten Editor wird das ausgewählte Textobjekt markiert, und Sie können den darin angezeigten Text bearbeiten. Wenn Sie andere Texteigenschaften bearbeiten wollen, wie zum Beispiel die Texthöhe, klicken Sie das markierte Textobjekt mit der rechten Maustaste an und wählen Eigenschaften, um die Eigenschaften-Palette anzeigen zu lassen. Hier können Sie dann bei Bedarf weitere Parameter ändern.

Wenn die Schaltfläche Schnelleigenschaften in der Statusleiste aktiviert ist, wird beim Anklicken einzeiliger Textobjekte die Schnelleigenschaften-Leiste angezeigt, über die Sie einige (aber nicht alle der in der Eigenschaften-Palette angezeigten) Eigenschaften des Textobjekts ändern können.

Text als Beschriftungsobjekt

Wie im Kasten »Beschriftungsmöglichkeiten« eingangs des Kapitels beschrieben, sind ein paar zusätzliche Schritte erforderlich, um dafür zu sorgen, dass die erstellten ein- oder mehrzeiligen

Texte Beschriftungsstile verwenden. Sie müssen den Textobjekten die Maßstäbe zuordnen, die wahrscheinlich für die Zeichnung verwendet werden und dann den Beschriftungsmaßstab entsprechend setzen. Die folgenden Schritte erläutern, wie Beschriftungsmaßstäbe Texten zugeordnet werden, die mit einem Beschriftungstextstil erstellt wurden:

1. **Überzeugen Sie sich davon, dass es sich beim Text um ein Beschriftungsobjekt handelt, indem Sie das Fadenkreuz darüber führen.**

   Bei Texten, die mit einem Beschriftungsstil erstellt wurden, denen aber noch keine Beschriftungsmaßstäbe zugeordnet wurden, wird ein einzelnes dreieckiges Symbol neben dem Fadenkreuz angezeigt. (Das Symbol stellt das Ende eines Dreikantlineals dar.) Wenn das Symbol nicht angezeigt wird, ist der Text kein Beschriftungsobjekt.

   Wenn Schnelleigenschaften in der Statusleiste aktiviert ist, können Sie einzelne Textobjekte selbst dann zu Beschriftungsobjekten machen, wenn sie mit einem Stil ohne die Eigenschaft Beschriftung erstellt wurden, und diese Eigenschaft in der Schnelleigenschaften-Leiste von Nein auf Ja umschalten. Dasselbe erreichen Sie über die Eigenschaften-Palette, wenn Sie den Text markieren und [Strg]+[1] drücken. Vielleicht werden Sie dies gelegentlich machen wollen, aber das dürfte wahrscheinlich eher selten der Fall sein. Sofern Sie noch nicht wirklich mit Beschriftungsobjekten vertraut sind und sich entschieden haben, wie Sie sie in neuen und alten Zeichnungen verwenden wollen, sollten Sie Beschriftungstexte über Beschriftungstextstile erstellen und die Eigenschaft Beschriftung *nicht* einzelnen Textobjekten zuweisen, die mit Stilen ohne diese Eigenschaft erstellt wurden.

2. **Klicken Sie mit der rechten Maustaste auf ein markiertes Textobjekt und wählen Sie Beschriftungsobjekt-Massstab|Massstäbe hinzufügen/löschen.**

   Das Dialogfeld Beschriftungs-Objektmassstab mit einer Liste aller dem ausgewählten Objekt zugeordneten Objektmaßstäbe wird angezeigt. Bei einem neuen Text oder einem anderen Beschriftungsobjekt wird hier nur der in der Statusleiste aktuell eingestellte Beschriftungsmaßstab angezeigt.

3. **Klicken Sie im Dialogfeld Beschriftungs-Objektmassstab die Schaltfläche Hinzufügen an.**

   Das Dialogfeld Massstäbe zu Objekt hinzufügen wird angezeigt, in dem eine Liste aller in der Zeichnung gespeicherten Zeichnungsmaßstabswerte angezeigt wird.

4. **Wählen Sie die gewünschten Maßstäbe in der Liste aus. Halten Sie dabei [Strg] gedrückt, um mehrere Einträge auszuwählen, und klicken Sie dann OK an.**

   Das Dialogfeld Beschriftungs-Objektmassstab wird wieder angezeigt, wobei nun die hinzugefügten Maßstäbe mit im Listenfeld aufgeführt werden.

   AutoCAD lässt Sie durchaus alle Maßstäbe in der Liste auswählen. Zeichnungen sind aber leichter verwaltbar, wenn nur die wahrscheinlich benötigten Maßstäbe ausgewählt werden. Bei Bedarf können Sie später immer noch weitere Maßstäbe hinzufügen.

Zumeist werden im Dialogfeld MASSSTÄBE ZU OBJEKT HINZUFÜGEN zu viele Maßstäbe aufgeführt. Über das praktische Dialogfeld MASSSTABSLISTE BEARBEITEN lassen sich nicht benötigte Einträge entfernen. Klicken Sie dazu auf der Multifunktionsleisten-Registerkarte BESCHRIFTUNG in der Gruppe BESCHRIFTUNGS-SKALIERUNG die Schaltfläche MASSSTABSLISTE an. (In der klassischen Menüleiste wählen Sie FORMAT|MASSSTABSLISTE.) Sollten Sie einen Fehler machen, können Sie alle Standardmaßstäbe über die Schaltfläche ZURÜCKSETZEN wiederherstellen.

5. **Klicken Sie OK an.**

   Wenn Sie einem Textobjekt Beschriftungsmaßstäbe zugewiesen haben, wird neben dem Fadenkreuz ein Paar dreieckige Beschriftungsobjektsymbole angezeigt. Keine Sorge, auch wenn Sie jetzt wirklich doppelt sehen, haben Sie alles richtig gemacht!

6. **Öffnen Sie die Dropdown-Liste BESCHRIFTUNGS-MASSSTAB in der Statusleiste der Anwendung oder Zeichnung und wählen Sie einen der zum Objekt hinzugefügten Maßstäbe aus.**

   Die Beschriftungsobjekte (hier Text) ändern ihre Größe, wenn Sie den Beschriftungsmaßstab ändern. Wenn Sie einen Maßstab aus der Liste auswählen, den Sie dem Objekt in Schritt 3 nicht zugewiesen haben, verschwinden die Textobjekte, sofern Sie nicht die Schaltfläche BESCHRIFTUNGS-SICHTBARKEIT in der Statusleiste umgeschaltet haben. Es gibt eine Menge Optionen, eine Fülle von Einstellungen und reichlich Systemvariablen, die im Zusammenhang mit dieser komplexen Funktion stehen. Wenn Sie mehr über Beschriftungsobjekte wissen wollen, sollten Sie sich den *Workshop für neue Features* zu Gemüte führen. Die Beschriftungsobjekte wurden mit AutoCAD 2008 eingeführt, und von Interesse ist hier insbesondere die Skalierung von Beschriftungen.

Abbildung 13.3 zeigt zwei Versionen derselben Zeichnung mit denselben Textobjekten, die in den beiden unterschiedlichen in den Statusleisten der Zeichnungen angegebenen Beschriftungsmaßstäben dargestellt werden. Die Raumbezeichnung bleibt unverändert, weil es sich dabei nicht um ein Beschriftungsobjekt handelt.

Mehr mit mehrzeiligen Texten sagen

Wenn Sie Ihren schöpferischen Geist einfach nicht auf ein oder mehrere einzeilige Texte beschränken wollen, gewährt Ihnen das Absatztext-Objekt genügend Freiraum für unendliche Kreativität. Mit dem folgenden Verfahren können Sie mit dem Befehl `MTEXT` (Absatztext) mehrzeilige Texte erstellen.

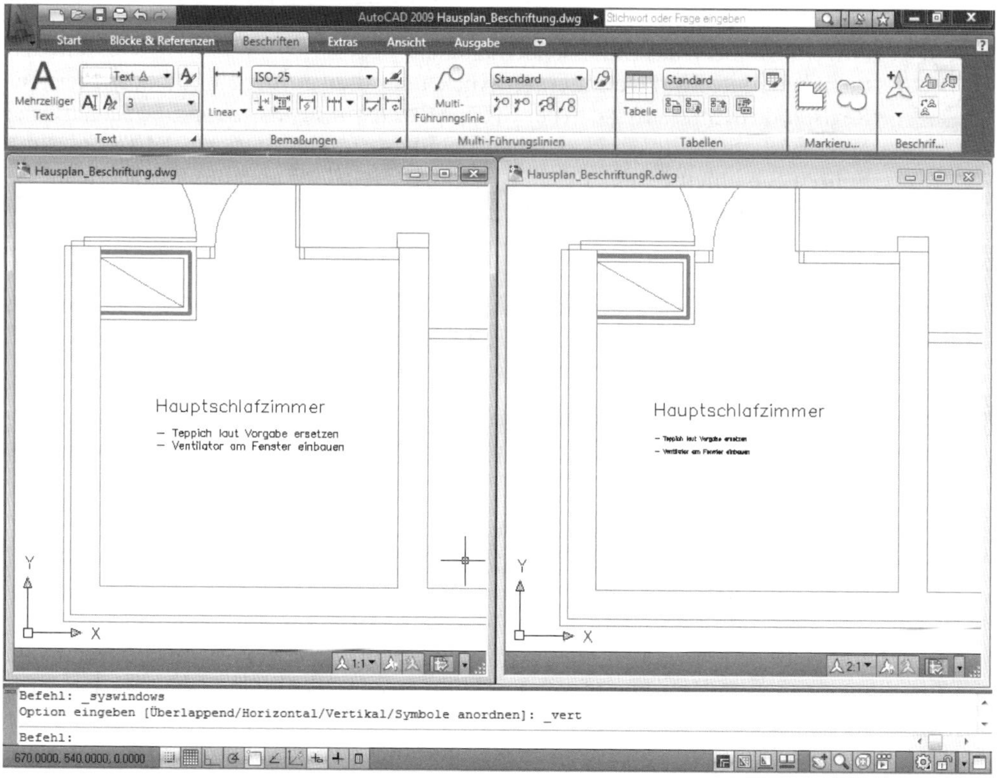

Abbildung 13.3: Beschriftungstextmaßstäbe ändern automatisch ihre Größe, wenn der Beschriftungsmaßstab geändert wird.

MTEXT ist der Bringer

Der erste Teil des Befehls MTEXT fordert Sie in der Befehlszeile zur Angabe verschiedener Punkte und Optionen auf. Die Reihenfolge ist ein wenig verwirrend, sodass Sie die nachfolgende Anleitung und die Meldungen in der Befehlszeile aufmerksam lesen sollten.

Und so können Sie den Befehl MTEXT einsetzen:

1. **Aktivieren Sie einen geeigneten Layer sowie einen geeigneten Textstil und schalten Sie optional den fortlaufenden Objektfang ab, wie es in den Schritten 1 und 2 im Abschnitt »Immer dieselbe alte Leier (Zeile)« weiter vorn in diesem Kapitel beschrieben wird.**

   Wenn es um eine praktische Zeichenaufgabe handelt, sollten Sie auch einen geeigneten Layer aktivieren.

2. **Auf der Registerkarte Start klicken Sie in der Gruppe Beschriftung die Schaltfläche Mehrzeiliger Text an. (Im Arbeitsbereich AutoCAD Klassisch klicken Sie im Werkzeugkasten Zeichnen die Schaltfläche Absatztext an oder wählen Zeichnen|Text|Absatztext.) Damit starten Sie den Befehl `MTEXT`.**

   In der Befehlszeile wird der aktuelle Textstil und die aktuelle Texthöhe angezeigt. Sie werden aufgefordert, die erste Ecke eines gedachten Rechtecks anzugeben, das den Zeilenumbruch und die Breite des Textobjekts festlegt:

   ```
   Aktueller Textstil:  "STANDARD"  Texthöhe:  2.5 Beschriftung: Ja
   Erste Ecke:
   ```

3. **Wählen Sie einen Punkt in der Zeichnung aus.**

   Sie werden in der Befehlszeile zur Angabe der gegenüberliegenden Ecke des Textrechtecks aufgefordert, das die Breite für den Zeilenumbruch festlegt. Dabei können Sie vorab die Einstellungen ändern:

   ```
   Gegenüberliegende Ecke oder
       [Höhe/Ausrichten/Zeilenabstand/Drehen/STil/Breite/SPalten]:
   ```

4. **Tippen Sie `H` ein und drücken Sie [↵], um die vorgegebene Texthöhe zu ändern.**

   Sie werden in der Befehlszeile zur Angabe einer neuen Texthöhe aufgefordert:

   ```
   Höhe angeben <2.5>:
   ```

5. **Geben Sie eine geeignete Texthöhe ein.**

   Informationen zu diesem Punkt finden Sie im Abschnitt »Text in neuen Höhen« weiter vorn in diesem Kapitel. Wenn Sie Text im Modellbereich hinzufügen, empfehle ich dringend die Arbeit mit Beschriftungstext. In der Befehlszeile wird wieder die Aufforderung zur Angabe der gegenüberliegenden Ecke des `MTEXT`-Rechtecks angezeigt:

   ```
   Gegenüberliegende Ecke oder
       [Höhe/Ausrichten/Zeilenabstand/Drehen/STil/Breite/SPalten]:
   ```

6. **Wenn Sie die Vorgabeausrichtung ändern wollen (oben links), tippen Sie `A` ein, drücken [↵] und wählen eine der anderen Ausrichtungsoptionen.**

   Wenn Sie im Index der Online-Hilfe unter *Ausrichtung, Absatztext* nachschlagen, finden Sie dort Erläuterungen zu den anderen Ausrichtungsoptionen.

7. **Wählen Sie einen anderen Punkt in der Zeichnung aus.**

   Über die Höhe des Rechtecks, das Sie bei der Wahl des zweiten Punktes festlegen, brauchen Sie sich keine Gedanken zu machen. Die Breite des Rechtecks ist alles, was zählt. AutoCAD passt die Höhe des Textrechtecks an die Anzahl der Zeilen des umbrochenen Textes an. Und auch über die Breite des Rechtecks sollten Sie sich nicht allzu viele Gedanken machen, da Sie diese später noch ändern können.

Das Fenster des integrierten Editors (Absatztexteditor) mit dem Tabulator- und Zeilenlineal darüber wird angezeigt. Wenn Sie den Arbeitsbereich AutoCAD Klassisch benutzen, wird darüber zudem der Werkzeugkasten Textformatierung angezeigt.

Sofern Sie nicht den Arbeitsbereich AutoCAD Klassisch benutzen, wird nun die bisher verborgene Multifunktionsleisten-Registerkarte Mehrzeiliger Text angezeigt (siehe Abbildung 13.4). Diese neue Registerkarte ist eine praktische Alternative zum klassischen Werkzeugkasten Textformatierung und zum Kontextmenü des integrierten Editors.

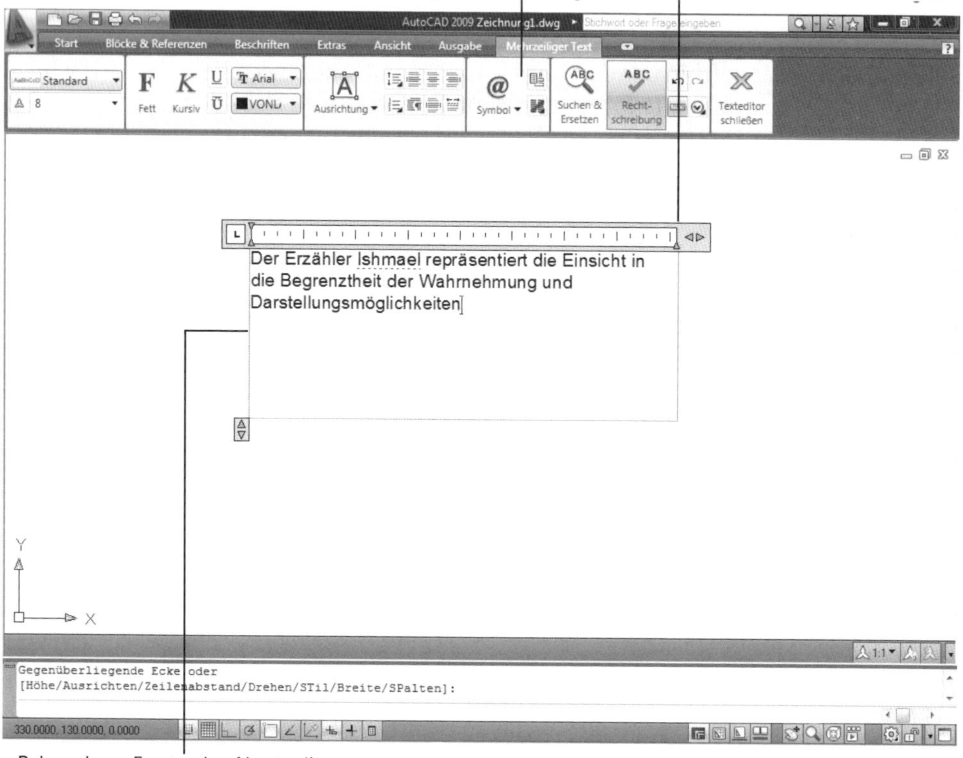

Abbildung 13.4: Unsterbliche Worte im mehrzeiligen Text

Wenn Ihnen eigentlich der Arbeitsbereich 2D-Zeichnung & Beschriftung besser gefällt, Sie aber lieber mit dem klassischen Werkzeugkasten Textformatierung als mit der Multifunktionsleisten-Registerkarte Mehrzeiliger Text arbeiten wollen, können Sie die Systemvariable MTEXTTOOLBAR ändern. Beim Standardwert (2) wird nur die Registerkarte Mehrzeiliger Text angezeigt. Beim Wert 1 werden die Registerkarte und der Werkzeugkasten angezeigt. Den Wert 0 sollten Sie besser nicht verwenden, da dann beide Optionen abgeschaltet werden. Mehr über Systemvariablen erfahren Sie in Kapitel 22.

8. **Prüfen Sie Schriftart und Texthöhe.**

   Die Schriftart und die Texthöhe sollten richtig sein, wenn Sie die Schritte 1, 4 und 5 korrekt durchgeführt haben. Falls nicht, können Sie diese Einstellungen auf der Multifunktionsleisten-Registerkarte MEHRZEILIGER TEXT (oder im klassischen Werkzeugkasten TEXTFORMATIERUNG) über die Dropdown-Liste für die Schriftart und das Eingabefeld für die Texthöhe ändern.

9. **Geben Sie Text in den Textbereich des integrierten Editors ein.**

   AutoCAD sorgt bei Absatztext automatisch für den Zeilenwechsel. Wenn Sie an einer bestimmten Stelle einen Zeilenumbruch erzwingen wollen, drücken Sie [↵].

Wenn längere Texte in Großbuchstaben erstellt werden müssen, können Sie im integrierten Editor mit der rechten Maustaste klicken und im Kontextmenü die Option AUTOGROSS wählen.

10. **Wenn Sie andere Formatierungen wünschen, markieren Sie den Text, klicken mit der rechten Maustaste und wählen im Kontextmenü (siehe Abbildung 13.5) die entsprechende Option aus.**

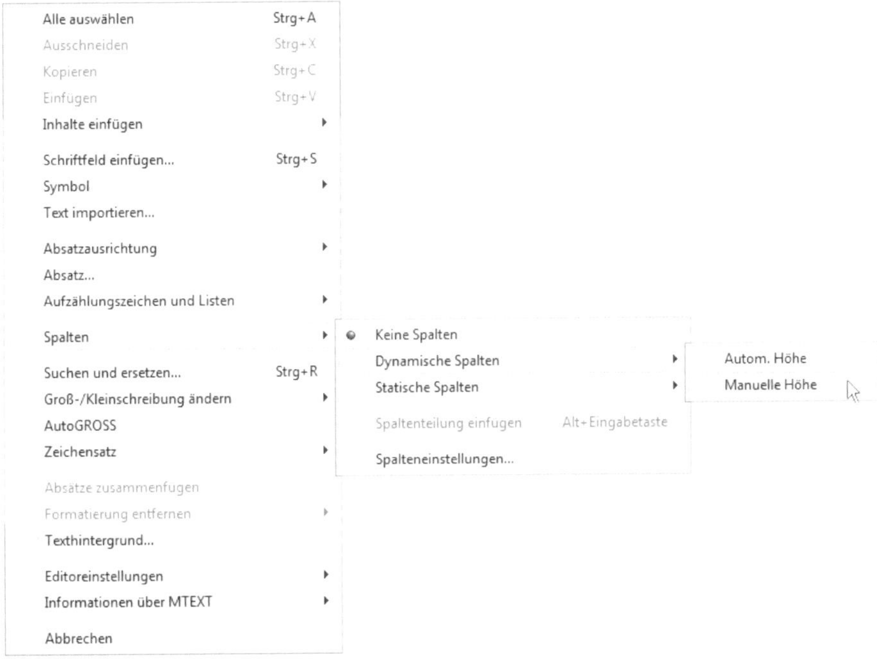

Abbildung 13.5: Weitere Formatierungsoptionen für mehrzeilige Texte im Kontextmenü

11. **Klicken Sie auf der Multifunktionsleisten-Registerkarte MEHRZEILIGER TEXT die Schaltfläche TEXTEDITOR SCHLIESSEN (oder im klassischen Werkzeugkasten TEXTFORMATIERUNG die Schaltfläche OK) an.**

    Das Fenster des Absatztexteditors wird geschlossen und AutoCAD fügt den Text in die Zeichnung ein.

12. **Ordnen Sie dem neuen Objekt mit mehrzeiligem Text Beschriftungsmaßstäbe zu.**

    Die Schritte sind bei mehrzeiligem Text dieselben wie bei einzeiligem Text. Im Abschnitt »Text als Beschriftungsobjekt« weiter vorn in diesem Kapitel können Sie sich darüber bei Bedarf noch einmal informieren.

Wie Sie mit einem Blick auf die Registerkarte MEHRZEILIGER TEXT und das Kontextmenü des integrierten Texteditors feststellen können, hält der Befehl MTEXT eine Fülle weiterer Optionen bereit. Sie können den Werkzeugkasten, das Lineal und die Schaltfläche OPTIONEN ein- oder ausblenden lassen und den Hintergrund des Texteditors undurchsichtig machen. Über andere Schaltflächen können Sie Spalten und Listen mit Nummerierung oder Aufzählungszeichen erstellen. (Diese Funktionen werden weiter hinten in diesem Kapitel behandelt.) Und wenn Sie im Kontextmenü des integrierten Texteditors INFORMATIONEN ÜBER MTEXT anklicken, finden Sie dort die Option WORKSHOP FÜR NEUE FEATURES, über die Sie sich ausführlicher über mehrzeiligen Text informieren können.

Außerdem befindet sich auf der Registerkarte MEHRZEILIGER TEXT bei der Schaltfläche OPTIONEN und im Kontextmenü des Texteditors auch die Option STAPEL beziehungsweise STAPELN für Brüche. Des Weiteren gibt es die Funktionen SUCHEN & ERSETZEN, Möglichkeiten zur Umwandlung von Klein- in Großschreibung, zum Hinzufügen von Texthintergrund, zum Einfügen von Feldern, ein spezielles Untermenü für Symbole und eine Option zum Importieren von Text aus einer TXT- (ASCII-Text) oder RTF-Datei (Rich Text Format). Texthintergrund und Felder werden im folgenden Abschnitt beschrieben. Wenn Sie Verwendung für diese zusätzlichen Funktionen haben, finden Sie den Befehl MTEXT im Inhalt der Online-Hilfe in der *Befehlsreferenz*.

Texthintergrund und Schriftfelder

Zwei der nützlicheren Optionen im Kontextmenü bei mehrzeiligen Texten sind TEXTHINTERGRUND und SCHRIFTFELD EINFÜGEN.

MTEXT mit Hintergrund

Wenn Texthintergrund verwendet wird, verbirgt AutoCAD jene Teile von Objekten, die hinter dem mehrzeiligen Text liegen. Mit diesen Schritten, können Sie diese Funktion aktivieren und steuern:

1. **Klicken Sie im integrierten Editor mit der rechten Maustaste und wählen Sie im Menü TEXTHINTERGRUND.**

    Das Dialogfeld TEXTHINTERGRUND wird angezeigt.

2. **Aktivieren Sie das Kontrollkästchen Texthintergrund verwenden, um diese Option einzuschalten.**

3. **Aktivieren Sie entweder Farbe des Zeichnungshintergrunds verwenden (damit die Farbe des Hintergrunds dem des Zeichnungsbereichs entspricht), oder wählen Sie eine Füllfarbe in der Dropdown-Liste aus (damit der Hintergrund die angegebene Farbe erhält).**

4. **Klicken Sie OK an, um zum integrierten Editor zurückzukehren.**

Wenn Sie zwar einen Texthintergrund aktiviert haben, sich der gewünschte Effekt aber nicht einstellt, verwenden Sie den Befehl `ZEICHREIHENF`, um den Text vor die anderen Objekte zu holen. Im Arbeitsbereich 2D-Zeichnung & Beschriftung finden Sie den Befehl auf der Registerkarte Start in der Gruppe Ändern, im Arbeitsbereich AutoCAD Klassisch im Werkzeugkasten Zeichnungsreihenfolge.

MTEXT mit Schriftfeldern

Die Option Schriftfeld einfügen im Kontextmenü des integrierten Editors erzeugt ein *Schriftfeld*, das jeweils automatisch aktualisiert wird, wenn die eine Zeichnung geöffnet, gespeichert, geplottet oder regeneriert wird. Diese Felder können Angaben wie Datum, Dateiname oder den Namen des Erstellers der Zeichnung enthalten. Die Felder übernehmen die Daten aus den Systemeinstellungen des Betriebssystems, dem Dialogfeld Zeichnungseigenschaften, den Plansatzfunktionen (nicht in AutoCAD LT) und den AutoCAD-Systemvariablen. (Weitere Informationen zu Systemvariablen finden Sie in Kapitel 22.) Mit dem folgenden Verfahren können Sie beim Erstellen mehrzeiliger Texte Schriftfelder hinzufügen:

1. **Öffnen Sie auf der Registerkarte Beschriften in der Gruppe Text das Einblendfenster und wählen Sie Feld einfügen. In allen Arbeitsbereichen können Sie im Kontextmenü des integrierten Editors die Option Schriftfeld einfügen wählen.**

   Das Dialogfeld Schriftfeld wird angezeigt.

2. **Wählen Sie auf der linken Seite des Dialogfelds einen Schriftfeldnamen aus.**

3. **Wählen Sie auf der rechten Seite ein Format oder geben Sie für Datumsfelder ein Format im Eingabefeld Datumsformat ein.**

4. **Klicken Sie OK an.**

   AutoCAD fügt das Feld zum erstellten oder bearbeiteten MTEXT-Objekt hinzu.

Wenn Platzhalter anstelle eines gültigen Feldwerts angezeigt werden, müssen Sie wahrscheinlich eine der folgenden Maßnahmen ergreifen:

- ✔ Regenerieren Sie die Zeichnung (siehe Kapitel 12).
- ✔ Speichern Sie die Zeichnung.
- ✔ Tragen Sie die Angaben im Dialogfeld Zeichnungseigenschaften (siehe Kapitel 4) ein und regenerieren Sie dann die Zeichnung.
- ✔ Konfigurieren Sie Plansätze (siehe Kapitel 16).

Nummerierungen in MTEXT-Listen

Ein weiterer Vorteil von MTEXT-Objekten besteht darin, dass sich mit ihnen nummerierte oder mit Blickfangpunkten versehene Listen erstellen lassen. Diese Funktion ist insbesondere beim Erstellen allgemeiner Anmerkungen zu Zeichnungen nützlich (siehe Abbildung 13.6). Derartige Listen lassen sich also direkt in AutoCAD erstellen. Und das geht so:

1. **Führen Sie die Schritte 1 bis 8 aus dem Abschnitt »MTEXT ist der Bringer« aus, um den integrierten Editor zu öffnen.**

2. **Tippen Sie eine Überschrift ein, wie zum Beispiel** `Allgemeine Hinweise`**.**

   Soll die Überschrift unterstrichen werden, klicken Sie vor dem Eintippen der Überschrift die Schaltfläche UNTERSTRICHEN in der Formatierungsleiste (oder dem klassischen Werkzeugkasten TEXTFORMATIERUNG) an und abschließend noch einmal, um die Funktion wieder abzuschalten. Drücken Sie [↵], um eine neue Zeile zu beginnen, und fügen Sie durch erneutes Drücken von [↵] bei Bedarf eine Leerzeile ein.

3. **Klicken Sie auf der Registerkarte MEHRZEILIGER TEXT in der Gruppe ABSATZ die Schaltfläche NUMMERIERUNG an.** Sorgen Sie dafür, dass die Optionen AUTOMATISCHE LISTEN ZULASSEN, NUR TABULATORBEGRENZUNGEN VERWENDEN und AUFZÄHLUNGS- UND LISTENZEICHEN ZULASSEN aktiviert sind. Klicken Sie dann NUMMERIERT an. Den Weg über das Kontextmenü des integrierten Editors verdeutlicht Abbildung 13.6.

   In der aktuellen Zeile wird die Ziffer 1 mit einem Punkt angezeigt, und der Cursor springt zu der oben im Fenster des integrierten Editors im Lineal sichtbaren Tabulatorposition.

   Wenn Sie NUMMERIERT aktivieren, werden Ziffern mit Punkten vor die Elemente der Listen gesetzt. (Bei MIT AUFZÄHLUNGSZEICHEN werden Blickfangpunkte vor die Elemente gesetzt.) AUTOMATISCHE LISTEN ZULASSEN aktiviert die automatische Nummerierung. Dann wird die Nummer jeweils nach dem Erstellen einer neuen Zeile mit [↵] automatisch erhöht.

4. **Tippen Sie den Text ein, der zu der aktuellen Nummer oder dem aktuellen Aufzählungszeichen gehört.**

   Wenn AutoCAD den Text umbricht, wird der Text der zweiten und aller nachfolgenden Zeilen automatisch entsprechend der Position des Einzugs eingerückt.

5. **Drücken Sie am Ende des Absatzes [↵], um die nächste Zeile zu beginnen.**

   Wie beim Erstellen derartiger Listen mit der Textverarbeitung fügt AutoCAD automatisch die nächste Nummer am Anfang neuer Absätze ein und richtet alles passend aus (siehe Abbildung 13.6).

Um verschachtelte Absätze wie in Abbildung 13.6 zu erstellen, drücken Sie einfach [↹] am Anfang neuer Zeilen. Wenn Sie einen verschachtelten Absatz später eine Ebene nach oben setzen wollen, markieren Sie den betreffenden Absatz im integrierten Editor und drücken [⇧]+[↹].

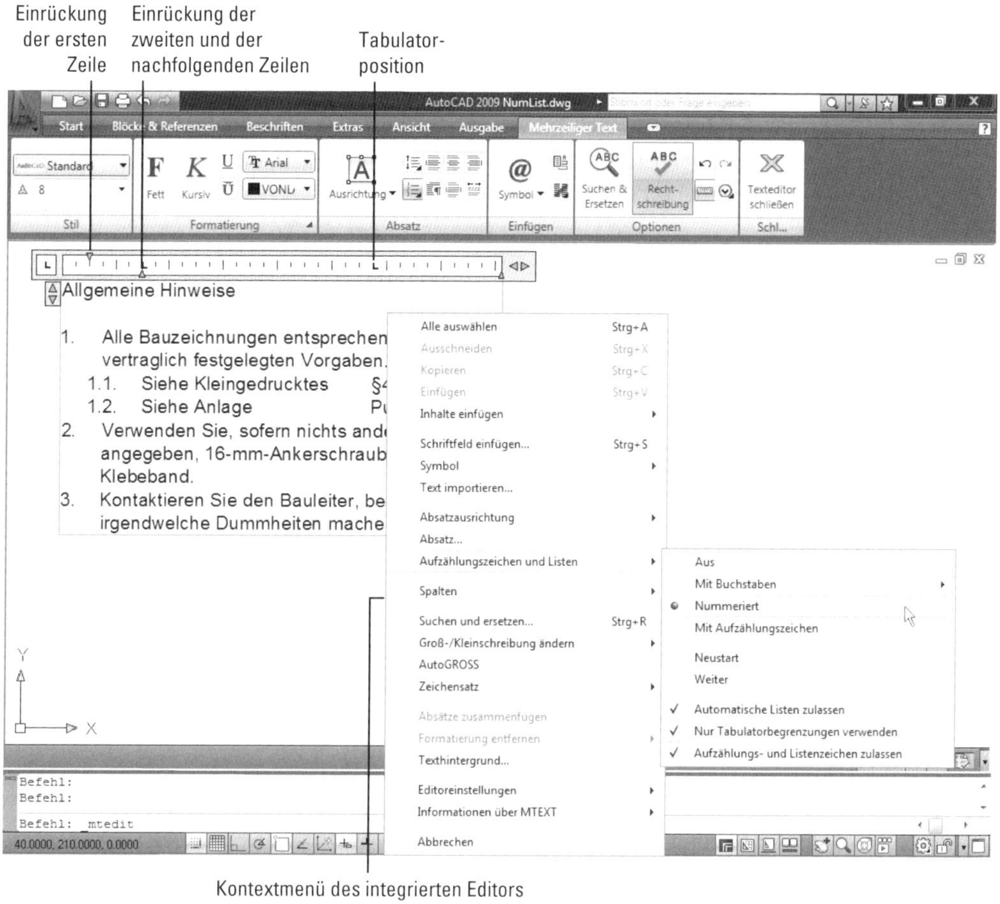

Abbildung 13.6: Mit Tabulatoren, Einrückungen und automatischer Nummerierung lassen sich nummerierte Listen erstellen.

6. **Wiederholen Sie die Schritte 4 und 5 für die weiteren nummerierten oder mit Aufzählungszeichen versehenen Absätze.**

Um die Lesbarkeit zu verbessern, werden Sie manchmal Leerzeilen zwischen die Hinweise einfügen wollen. Wenn Sie [↵] zweimal hintereinander drücken, hält AutoCAD (wie jede gute Textverarbeitung) die Liste für beendet und schaltet die Nummerierung ab. AutoCAD ist clever, daher müssen Sie noch cleverer sein. An dieser Stelle hilft ein Trick weiter. Erstellen Sie einfach einen Zeilenumbruch anstelle eines Absatzendezeichens, um eine Leerzeile einzufügen, ohne dass sie nummeriert wird. Das funktioniert in AutoCAD so wie in den meisten Textverarbeitungen: Drücken Sie einfach [⇧]+[↵] anstelle von [↵], um eine neue Zeile zu erstellen, ohne einen neuen (nummerierten) Absatz zu erzeugen.

Wenn Ihnen der Zwischenraum zwischen den Zahlen und dem Text oder die Einrückungen der nachfolgenden Zeilen nicht gefallen, können Sie diese leicht anpassen, indem Sie die entsprechenden Markierungen im Lineal verschieben.

7. **Ziehen Sie im Lineal den oberen Schieber (das nach unten weisende Dreieck) ein klein wenig nach rechts. Ziehen Sie den unteren Schieber (das nach oben weisende Dreieck) ein klein wenig weiter nach rechts.**

   Der obere Schieber steuert die Einrückung der ersten Zeile im Absatz. Der untere Schieber steuert die Einrückung der zweiten und aller nachfolgenden Zeilen. Eine Einrückung um eine oder zwei der durch die kleinen senkrechten Striche markierten Einheiten eignet sich meist gut für die erste Zeile. Einrückungen um zwei bis vier Einheiten eignen sich meist gut für die zweite und alle nachfolgenden Zeilen eines Absatzes.

8. **Klicken Sie das Lineal direkt oberhalb des unteren Schiebers an.**

   Ein kleines (nach rechts weisendes) Dreieck wird über dem unteren Schieber angezeigt. Dieses Dreieck steht für eine Tabulatorposition.

   Achten Sie darauf, dass sich die Tabulatorposition und der untere Schieber exakt an derselben Position befinden. Sollte das nicht der Fall sein, klicken Sie das Symbol für die Tabulatorposition an und ziehen es an die richtige Stelle.

Wenn Sie die Werte für Tabulatoren und Einrückungen lieber eintippen, anstatt sie mit dem Cursor festzulegen, öffnen Sie das Dialogfeld ABSATZ über die gleichnamige Schaltfläche in der Gruppe ABSATZ oder die gleichnamige Option im Kontextmenü des integrierten Editors. Wenn Sie dabei vorher einen vorhandenen Absatz mit Text markieren, werden die Änderungen direkt auf den markierten Text beziehungsweise Absatz angewendet. Wenn Sie vor dem Aufruf des Dialogfelds keinen vorhandenen Text markieren, betreffen die vorgenommenen Änderungen den anschließend eingegebenen Text im `MTEXT`-Objekt.

Ausgerichtet in Spalten

Mit jeder neuen Version ähnelt AutoCAD mehr einer Textverarbeitung! Vor ein paar Versionen gab es nur einfache Einrückungen, dann kamen Listen mit Nummerierung und Aufzählungszeichen hinzu. Mittlerweile sind Spalten in mehrzeiligen Texten hinzugekommen.

Spalten gibt es in zwei Varianten: *statisch* und *dynamisch*.

- ✔ Bei *statischen Spalten* geben Sie die Anzahl der Spalten an, in die der Text fließen soll. Die Spalten haben immer dieselbe Höhe, und der Text kann in der letzten Spalte überfließen, wenn er zu lang wird.
- ✔ *Dynamische Spalten* sind, wie Sie wahrscheinlich vermuten würden, anwenderfreundlicher und flexibler. Die Spaltenhöhe kann einzeln angepasst werden und neue Spalten werden automatisch angefügt, wenn es die Textmenge erfordert.

Bei beiden Spaltenvarianten steht Ihnen auch das Dialogfeld SPALTENEINSTELLUNGEN zur Verfügung, in dem Sie die Werte numerisch eingeben können, ohne an Griffen herumzerren zu müssen.

Abbildung 13.7 zeigt einen Block mit mehrzeiligem Text, der aus einer mit einer Textverarbeitung erstellten RTF-Datei importiert und dann in dynamischen Spalten mit der Option MANUELLE HÖHE formatiert wurde.

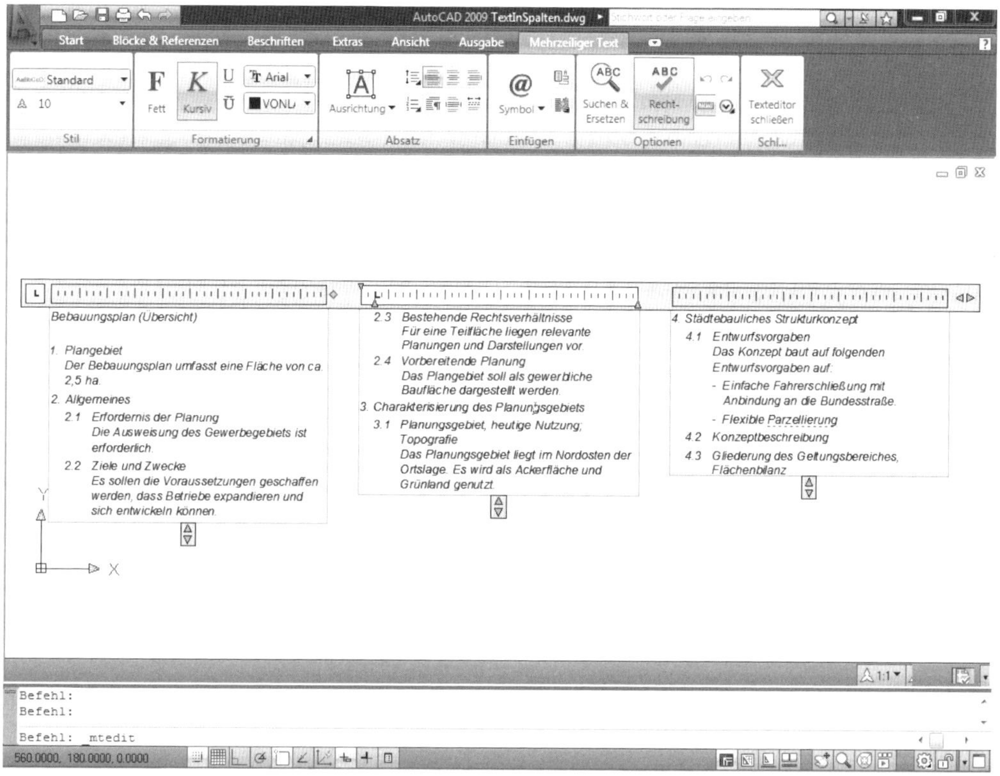

Abbildung 13.7: Text in dynamischen Spalten

Das Einrichten der Spalten ist recht einfach. Gehen Sie dazu wie folgt vor:

1. **Öffnen Sie eine Zeichnung, die ein größeres Objekt mit mehrzeiligem Text enthält, oder erstellen Sie ein solches in einer neuen Zeichnung.**

Wenn Zeichnungsspezifikationen oder allgemeine Hinweise in einem Textverarbeitungsdokument oder auch nur einer einfachen Textdatei vorliegen, können Sie im integrierten Editor des MTEXT-Befehls mit der rechten Maustaste klicken und im Kontextmenü TEXT IMPORTIEREN wählen. Im Dialogfeld DATEI WÄHLEN können Sie dann auswählen, ob eine RTF-Datei oder eine einfache Textdatei importiert werden soll.

2. **Wenn der integrierte Editor nicht bereits geöffnet ist, dann doppelklicken Sie auf den Text. Alternativ klicken Sie ihn mit der rechten Maustaste an und wählen im Kontextmenü MText bearbeiten.**

3. **Klicken Sie in der Gruppe Einfügen (oder im klassischen Werkzeugkasten Textformatierung) die Schaltfläche Spalten an und wählen Sie entweder Dynamische Spalten oder Statische Spalten.**

   Wenn Sie Dynamische Spalten gewählt haben, klicken Sie entweder Autom. Höhe oder Manuelle Höhe an. Bei Auswahl von Manuelle Höhe werden Griffe unten in den einzelnen Spalten angezeigt, über die die Höhe der Spalten einzeln angepasst werden kann (siehe Abbildung 13.7). Bei Automatische Höhe wird ein einzelner Griff angezeigt. Die Höhe der Spalten bleibt dabei erhalten, aber es werden weitere neue Spalten hinzugefügt, wenn es die Textmenge erfordert.

   Wenn Sie Statische Spalten gewählt haben, dann legen Sie die gewünschte Anzahl Spalten fest. Wenn Sie zum Beispiel 2 anklicken, werden unabhängig von der Textmenge zwei Spalten erstellt. Das kann zu überlaufendem Text oder leeren Spalten führen.

4. **Klicken Sie Texteditor schliessen (oder OK im Werkzeugkasten Textformatierung) an, wenn Sie mit dem Aussehen der eingerichteten Spalten zufrieden sind.**

   Sie können Spalten wieder entfernen, indem Sie in der Gruppe Einfügen die Schaltfläche Spalten anklicken und Keine Spalten wählen.

Mehrzeiligen Text bearbeiten

Nach der Erstellung eines MTEXT-Objekts können Sie es wie einzeilige Textobjekte ändern: Wählen Sie das Objekt aus, klicken Sie mit der rechten Maustaste und wählen Sie im Kontextmenü MText bearbeiten oder Eigenschaften.

- ✔ Die Option MText bearbeiten öffnet das Fenster des integrierten Editors, in dem Sie den Text selbst und dessen Formatierung ändern können.
- ✔ Die Option Eigenschaften zeigt die Palette Eigenschaften an, in der Sie die allgemeinen Eigenschaften des Textobjekts ändern können.

2009

Wenn Schnelleigenschaften über die Statusleiste aktiviert wurde, wird bei der einfachen Auswahl eines Objekts mit mehrzeiligem Text die Schnelleigenschaften-Leiste angezeigt. Hierüber können Sie einen Teil der MTEXT-Objekteigenschaften ändern.

Die Breite eines Textobjekts und damit dessen Zeilenumbruch lässt sich am einfachsten durch *Bearbeiten mit Griffen* ändern. Wählen Sie das Textobjekt aus, klicken Sie einen der Eckgriffe an, lassen Sie die Maustaste los, bewegen Sie das Fadenkreuz und klicken Sie noch einmal. In Kapitel 10 wird das Bearbeiten mit Griffen eingehender beschrieben.

AutoCAD 2004 verfügt, wie fast alle Textverarbeitungsprogramme und Texteditoren über eine Rechtschreibprüfung und eine Funktion für das Suchen und Ersetzen von Text. Um die Rechtschreibung des ausgewählten Objekts oder der gesamten Zeichnung zu prüfen, klicken Sie in der Multifunktionsleiste die Registerkarte Beschriftung an und wählen im Einblendfenster der Gruppe Text die Option Rechtschreibung prüfen. (In der klassischen Menüleiste wählen Sie Extras|Rechtschreibung.) Anschließend wird das Dialogfeld Rechtschreibprüfung angezeigt. Wenn Sie im Menü-Browser oder in der klassischen Menüleiste Bearbeiten|Suchen anklicken oder `SUCHEN` eintippen und [↵] drücken, wird das Dialogfeld Suchen und Ersetzen angezeigt. Wenn Sie nur in einem einzelnen `MTEXT`-Objekt suchen und ersetzen oder die Rechtschreibprüfung laufen lassen wollen, finden Sie Suchen & Ersetzen und die Rechtschreibung praktischerweise auch auf der Registerkarte Mehrzeiliger Text in der Gruppe Optionen. Wenn Sie mehr über diese Befehle wissen wollen, werden Sie in der Online-Hilfe bei den Befehlen `RECHTSCHREIBUNG` und `SUCHEN` fündig.

Es geht um die Tabelle

Sie wissen nicht, was *mühselig* bedeutet, wenn Sie nicht schon einmal in älteren AutoCAD-Versionen versucht haben, eine aus Zeilen und Spalten bestehende Datentabelle mit den Befehlen `LINIE` und `DTEXT` zu erstellen. AutoCADs Tabellenobjekt und die Befehle `TABELLENSTIL` und `TABELLE` machen diese Aufgabe nun fast zum Kinderspiel.

Tabellenobjekte zählen in AutoCAD 2009 *nicht* zu den Beschriftungsobjekten. Daher gibt es nur zwei Verfahren, um sie in Zeichnungen einzufügen. Sie können sie im Modellbereich erstellen und sie mit dem Skalierfaktor der Zeichnung skalieren (siehe Kapitel 4), oder (und das scheint mir sinnvoller zu sein) Sie erstellen sie in einem Papierbereichslayout und legen die eigentliche geplottete Größe (auf dem Papier) fest.

Auch Tabellen haben Stil

Wie das Aussehen von eigenständigem Text über Textstile, steuern Sie das Aussehen von Tabellen (Text und Gitternetzlinien) über *Tabellenstile*. Mit dem Befehl `TABELLENSTIL` können Sie Tabellenstile erstellen und ändern. Führen Sie folgende Schritte zum Erstellen einer Tabelle aus:

1. **Auf der Registerkarte Start klicken Sie den Gruppentitel Beschriftung an, um das Einblendfenster zu öffnen, und wählen dann Tabellenstil. (In der klassischen Menüleiste wählen Sie Format|Tabellenstil.)**

Das Dialogfeld Tabellenstil wird angezeigt.

2. **In der Liste Stile wählen Sie den vorhandenen Tabellenstil aus, dessen Einstellungen Sie als Grundlage für die Einstellungen des neuen Stils verwenden wollen.**

   Wählen Sie zum Beispiel den Vorgabetabellenstil namens Standard aus.

3. **Klicken Sie die Schaltfläche Neu an, um einen neuen Tabellenstil zu erstellen, bei dem es sich um eine Kopie des vorhandenen Stils handelt.**

   Das Dialogfeld Neuen Tabellenstil erstellen wird angezeigt.

4. **Geben Sie einen Namen für den neuen Stil an und klicken Sie dann auf Weiter.**

   Das in Abbildung 13.8 dargestellte Dialogfeld Neuer Tabellenstil wird angezeigt.

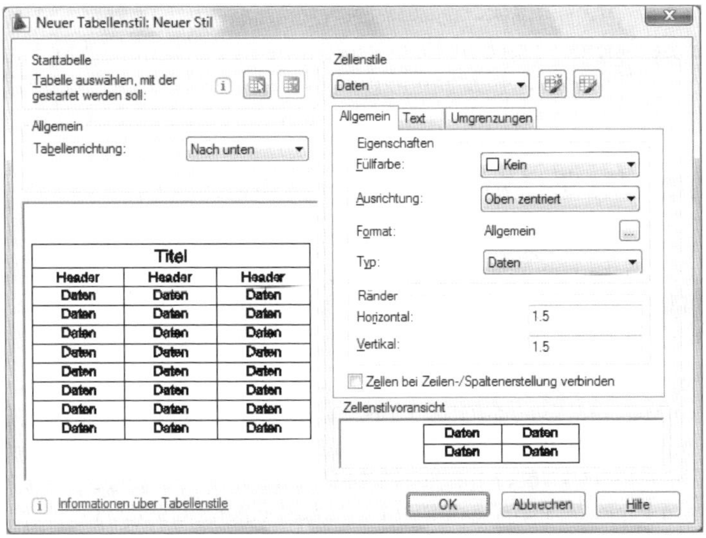

Abbildung 13.8: Einrichtung der Tabelle

5. **Achten Sie im Bereich Zellenstile darauf, dass in der Dropdown-Liste Daten angezeigt wird, und nehmen Sie die Einstellungen für die Ausrichtung, die Ränder, den Text und die Umgrenzungen vor.**

   Wahrscheinlich werden Sie die Einstellungen für Textstil, Texthöhe und vielleicht auch noch Textfarbe (diese drei befinden sich auf der Registerkarte Text) oder Linienfarbe (auf der Registerkarte Umgrenzungen) ändern wollen. Wenn Sie für die Farben die Einstellung VonBlock beibehalten, übernehmen der Text und die Gitternetzlinien die bei der Erstellung der Tabelle aktuell eingestellten Farben. Wenn Sie meinen Rat aus Kapitel 6 befolgt haben, handelt es sich dabei um die Farbe des aktuellen Layers.

6. **Im Bereich Zellenstile öffnen Sie die Dropdown-Liste und wiederholen Schritt 5 für die Spaltenüberschriften (Header) und die Tabellenüberschrift (Titel).**

7. **Klicken Sie OK an, um das Dialogfeld Neuer Tabellenstil zu schließen.**

   Das Dialogfeld Tabellenstil wird wieder angezeigt.

8. **Optional: Wählen Sie den neuen Tabellenstil in der Liste Stile aus und klicken Sie die Schaltfläche Aktuell an.**

   Der neue Tabellenstil wird zum aktuellen, den AutoCAD für zukünftig erstellte Tabellen in der Zeichnung verwendet.

9. **Klicken Sie Schliessen an.**

   Das Dialogfeld Tabellenstil wird geschlossen. Nun können Sie, wie im nächsten Abschnitt beschrieben, eine Tabelle erstellen.

Vom Dialogfeld Neuer Tabellenstil aus können Sie auf der Registerkarte Allgemein direkt auf das Dialogfeld Tabellenzellenformat zugreifen, das eine Reihe zusätzlicher Optionen zum Formatieren von Zellen für die verschiedenen Datentypen bietet.

AutoCAD speichert Tabellenstile in der DWG-Datei. Damit stehen die in einer Zeichnung erstellten Stile nicht unmittelbar in anderen Zeichnungen zur Verfügung. Sie können Tabellenstile aber mit dem DesignCenter von einer Zeichnung in eine andere kopieren. (Benutzen Sie dazu das für die Übernahme von Bemaßungsstilen in Kapitel 6 vorgestellte Verfahren und ersetzen Sie dabei *Layer* durch *Tabellenstile*.)

Tabellen erstellen und bearbeiten

Wenn Sie einen passenden Tabellenstil erstellt haben, lässt sich mit dem Befehl TABELLE wie folgt ganz einfach eine Tabelle zu Zeichnungen hinzufügen:

1. **Aktivieren Sie einen geeigneten Layer.**

   Wenn Sie wie in Kapitel 6 empfohlen die aktuelle Farbe, den Linienstil und die Linienstärke auf der Einstellung VonLayer belassen, steuern die Eigenschaften des aktuellen Layers die der entsprechenden Tabellenelemente (siehe Schritt 5 im vorangegangenen Abschnitt »Auch Tabellen haben Stil«).

2. **Auf der Registerkarte Start in der Gruppe Beschriftung klicken Sie die Schaltfläche Tabelle an. (In der klassischen Menüleiste wählen Sie Zeichnen|Tabelle.)**

   Das Dialogfeld Tabelle einfügen wird angezeigt.

3. **Wählen Sie einen Tabellenstilnamen in der Dropdown-Liste im Bereich Tabellenstil aus.**

4. **Wählen Sie ein Einfügeverhalten:**

   - Einfügepunkt angeben ist das einfachste Verfahren und bedeutet, dass Sie die Position der oberen linken Ecke auswählen (oder der unteren linken Ecke, wenn Sie im Dialogfeld Neuer Tabellenstil für Tabellenrichtung die Option Nach oben gewählt haben). Bei diesem Verfahren legen Sie im Dialogfeld Tabelle einfügen die vorgegebene Breite der Spalten und die Anzahl der Zeilen fest.

- Fenster definieren bedeutet, dass Sie die obere linke und die untere rechte Ecke auswählen. Bei diesem Verfahren passt AutoCAD die Spaltenbreiten automatisch an und ermittelt, wie viele Zeilen einbezogen werden.

5. **Nehmen Sie die Angaben im Bereich Spalten & Zeileneinstellungen vor.**

   Wenn Sie in Schritt 4 Fenster definieren gewählt haben, setzt AutoCAD Spaltenbreite und Datenzeilen auf Auto und berechnet diese Werte auf der Grundlage der Gesamtgröße der in den Schritten 7 und 8 angegebenen Tabelle.

6. **Klicken Sie OK an.**

   AutoCAD fordert Sie zur Angabe des Einfügepunkts der Tabelle auf.

7. **Klicken Sie einen Punkt an oder geben Sie die Koordinaten ein.**

   Wenn Sie in Schritt 4 Einfügepunkt angeben gewählt haben, zeichnet AutoCAD die Gitternetzlinien der Tabelle, setzt den Cursor in die Überschriftzelle und zeigt in der Multifunktionsleiste die Registerkarte Mehrzeiliger Text (oder im Arbeitsbereich AutoCAD Klassisch den Werkzeugkasten Textformatierung) an.

8. **Wenn Sie in Schritt 4 Fenster definieren gewählt haben, geben Sie die diagonal entgegengesetzte Ecke der Tabelle an.**

   AutoCAD zeichnet die Tabelle. Auf der Grundlage der angegebenen Tabellengröße wählt AutoCAD die Spaltenbreite und die Anzahl der Zeilen.

9. **Tippen Sie eine Überschrift für die Tabelle ein.**

10. **Geben Sie Werte in alle Zellen ein. Mit den Pfeiltasten können Sie von einer in eine andere Zelle springen.**

    Das Kontextmenü der Zellen bietet viele Optionen, wie zum Beispiel zum Kopieren von Texten von einer in eine andere Zelle, zum Verbinden von Zellen, zum Einfügen von Zeilen und Spalten, zum Ändern der Formatierung und zum Einfügen von *Blöcken*. (Bei Blöcken handelt es sich um grafische Symbole; mehr darüber erfahren Sie in Kapitel 17.)

    Die weiter vorn in diesem Kapitel beschriebene Funktion Schriftfeld lässt sich auch bei Tabellen verwenden. Sie können also ein Schriftfeld in eine Tabellenzelle einfügen. Diese Funktion können Sie zum Beispiel dazu verwenden, um Teile eines Titelblocks zu erstellen, die Felder mit dem Datum und dem Namen des Zeichners enthalten.

11. **Klicken Sie in der Multifunktionsleiste die Schaltfläche Texteditor schliessen oder im Werkzeugkasten Textformatierung die Schaltfläche OK an.**

    Abbildung 13.9 zeigt eine fertige Tabelle zusammen mit dem Dialogfeld Tabelle einfügen.

Sie können Zellwerte nachträglich bearbeiten, indem Sie auf die betreffende Zelle doppelklicken. Um die Spaltenbreite oder die Zeilenhöhe zu ändern, klicken Sie erst die Gitternetzlinien der Tabelle an und verschieben dann die blauen Griffe. (Um die Breite einer Spalte zu ändern, ohne die Gesamtbreite der Tabelle zu ändern, halten Sie beim Verschieben der Griffe die Taste [Strg] gedrückt.) Wenn Sie andere Aspekte einer Tabelle oder einzelner Zellen ändern wollen, wählen Sie die Tabelle oder Zelle aus und nehmen die Änderungen über die SCHNELLEIGENSCHAFTEN-Leiste oder die EIGENSCHAFTEN-Palette vor.

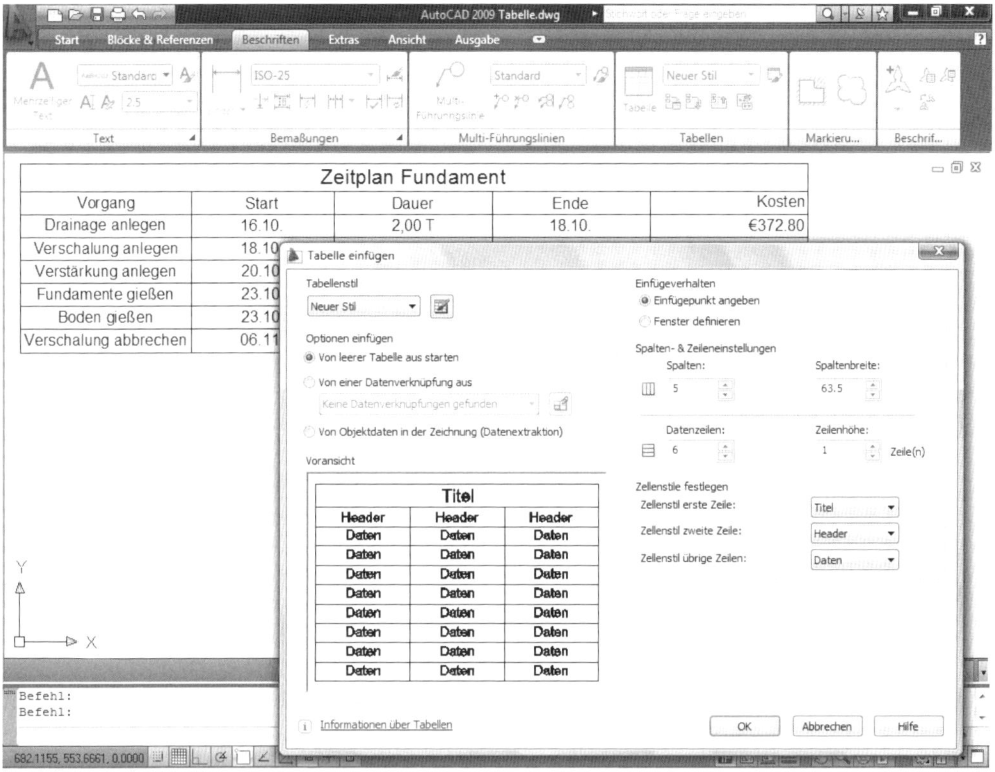

Abbildung 13.9: Das Dialogfeld TABELLE EINFÜGEN *und ein mögliches Ergebnis*

Anstatt das Dialogfeld TABELLE EINFÜGEN zu verwenden, können Sie auch Tabellen aus Microsoft Excel importieren. Zum Importieren von Excel-Daten wählen Sie in Excel die gewünschten Zellen aus und wählen BEARBEITEN|KOPIEREN. In AutoCAD wählen Sie dann BEARBEITEN|INHALTE EINFÜGEN und im Dialogfeld INHALTE EINFÜGEN den Eintrag AUTOCAD-OBJEKTE. AutoCAD versucht dann die Formatierungen aus dem Excel-Arbeitsblatt zusammen mit den Zelldaten einzufügen. Wahrscheinlich werden Sie aber die Spaltenbreiten anpassen und noch weitere Optimierungen an der importierten Tabelle vornehmen müssen.

Sie können den Weg auch in der anderen Richtung beschreiten und Daten von AutoCAD nach Excel oder in andere Programme übertragen. Dazu können Sie CSV-Dateien (*Comma Separated Value* – durch Kommas getrennte Werte) erstellen. Mehr dazu erfahren Sie beim Befehl TABELLENEXPORT im Index der Online-Hilfe.

Sie können Attributdaten in Tabellen extrahieren. In Kapitel 17 erfahren Sie mehr über Blöcke und Attribute. In Tabellen lassen sich auch einfache Berechnungen durchführen. Dabei verwenden Sie vordefinierte Funktionen oder eigene arithmetische Ausdrücke. Wenn Sie in der Online-Hilfe nach dem Begriff *Formeln* suchen, stoßen Sie auf entsprechende Fundstellen.

Spitze Führungen

Nein, hier geht es weder um Museumsbesuche noch um Urlaubsausflüge! Hier geht es vielmehr um Pfeile, die von Anmerkungen auf Zeichnungsobjekte oder Bereiche verweisen, auf die sie sich beziehen.

Multi-Führungslinien (MFÜHRUNG) stellen eine riesige Verbesserung gegenüber den altmodischen Führungslinien dar, die vor AutoCAD 2008 verfügbar waren. Im Unterschied zu den altmodischen Führungslinien bilden die neuen Multi-Führungslinien einzelne Objekte. Sie können auch gleichzeitig in mehrere Richtungen weisen. Und schließlich können Multi-Führungslinien (wie Text, Bemaßungen, Schraffuren und andere zur Dokumentation von Zeichnungen verwendete Objekte) Beschriftungsobjekte sein.

Auf dem AutoCAD-Dachboden (Autodesk wirft doch nichts weg!) finden Sie noch zwei ältere Varianten von Führungslinien. Diese teilweise in Rente gegangenen Führungslinien sind zwar nicht mehr über Menüs oder Werkzeugkästen erreichbar, hängen aber immer noch in der Gegend herum und warten nur darauf, Sie in die Irre zu führen. Wenn Sie es gewohnt sind, Befehle einzutippen, können Sie mit FÜHRUNG spitze Zeiger erstellen. Damit führen Sie aber einen definitiv uralten Befehl aus, mit dem sich Anmerkungen mit Pfeilen erstellen lassen. Es gibt kaum Optionen und es lassen sich nur gerade Führungslinien mit unendlich langen Texten erstellen. Mit SF beziehungsweise SFÜHRUNG starten Sie den lediglich bejahrten Befehl zum Erstellen von Anmerkungen mit Pfeilen. Hier gibt es ein Dialogfeld mit Einstellungen, über die sich einige Optionen ändern lassen. Anders als Multi-Führungslinien erstellen FÜHRUNG und SFÜHRUNG aber die Führungslinien und den Text als getrennte Objekte.

Einen Führer wählen

Mit dem Befehl MFÜHRUNG lassen sich Multi-Führungslinien erstellen, die aus den Führungslinien und mehrzeiligem Text bestehen. Gehen Sie dazu wie folgt vor:

1. **Aktivieren Sie einen Stil für die Multi-Führungslinien, der Ihre Anforderungen erfüllt.**

   Wählen Sie auf der Registerkarte START im Einblendfenster der Gruppe BESCHRIFTUNG (oder im Arbeitsbereich AUTOCAD KLASSISCH im Werkzeugkasten STILE oder MULTI-FÜHRUNGSLINIE) in der Dropdown-Liste einen vorhandenen Multi-Führungslinien-Stil aus. Alternativ können Sie einen neuen Stil erstellen, wenn Sie im Einblendfenster der Gruppe BESCHRIFTUNG die Schaltfläche MULTI-FÜHRUNGSLINIEN-STIL anklicken. In der Online-Hilfe finden Sie Hinweise zum Erstellen neuer Multi-Führungslinien-Stile.

2. **Klicken Sie in der Gruppe BESCHRIFTUNG die Schaltfläche MULTI-FÜHRUNGSLINIE an. (Im Arbeitsbereich AUTOCAD KLASSISCH finden Sie diese Schaltfläche im Werkzeugkasten MULTI-FÜHRUNGSLINIE.)**

In der Befehlszeile werden Sie zur Angabe der Position für die Spitze der Führungslinie aufgefordert:

```
Position für Führungslinienpfeilspitze angeben oder
  [führungslinienVerlängerung zuerst/Inhalt zuerst/Optionen]
  <Optionen>:
```

Beim anfänglich vorgegebenen Verfahren wird erst die Position der Pfeilspitze und dann die Verlängerung (die horizontale Linie zwischen der Führungslinie und dem Text) und damit die Stelle angegeben, an der AutoCAD den integrierten Editor anzeigt. Zum Schluss geben Sie dann den Anmerkungstext ein. Wenn Sie erst die Position der Verlängerung festlegen wollen, geben Sie `V` ein und drücken [↵]. Wenn Sie lieber erst den Text beziehungsweise den Inhalt eingeben, tippen Sie `I` ein und drücken [↵].

Wenn Sie lieber gebogene anstelle von geraden Führungslinien zeichnen wollen, geben Sie die Anzahl der Auswahlpunkte für die Führungslinien an. Drücken Sie dazu [↵], um die Optionen für Multi-Führungslinien in der Befehlszeile oder im dynamischen Quick-Info-Fenster anzeigen zu lassen. In der Online-Hilfe erfahren Sie mehr über diese Befehlsoptionen.

3. **Wählen Sie eine Stelle in der Zeichnung aus, auf die die Führungslinie zeigen soll.**

Wenn Sie einen der Objektfangmodi (zum Beispiel NÄCHSTER oder MITTELPUNKT) benutzen, um Punkte auf einem Objekt einzufangen, verbindet AutoCAD die Führungslinie mit dem Objekt. Wenn Sie das Objekt später verschieben, aktualisiert AutoCAD die Führungslinie, damit diese auf die neue Position verweist. In der Befehlszeile werden Sie zur Angabe des nächsten Punktes aufgefordert.

4. **Wählen Sie einen zweiten Punkt aus.**

AutoCAD zeichnet eine Linie von der Pfeilspitze bis zu diesem Punkt.

Wenn Sie einen zweiten Punkt auswählen, der zu dicht beim Punkt für die Pfeilspitze liegt, und AutoCAD nicht genug Platz hat, um die Pfeilspitze zu zeichnen, wird diese weggelassen.

Standardmäßig können Sie zwei Punkte für die Führungslinie auswählen: Der erste Punkt legt die Position der Pfeilspitze und der zweite den Anfang der kurzen horizontalen Verlängerung an. Wenn Sie mehr Punkte benötigen, starten Sie den Befehl neu und wählen erst `Optionen`, dann `Maxpunkte` und geben einen neuen Wert vor. Wenn Sie den Punkt für die Verlängerung angegeben haben, öffnet AutoCAD den integrierten Editor.

5. **Geben Sie Ihren Text ein.**

   Nun befinden Sie sich in demselben integrierten Editor, den ich in diesem Kapitel bereits beschrieben habe. Hier stehen Ihnen dieselben beschriebenen Werkzeuge zur Textformatierung und dieselben Optionen zur Verfügung.

6. **Klicken Sie auf der Registerkarte MEHRZEILIGER TEXT die Schaltfläche TEXTEDITOR SCHLIESSEN an. (Im Werkzeugkasten Textformatierung klicken Sie OK an.)**

   Das Fenster des integrierten Editors wird geschlossen und der Text wird neben der Führungslinie zur Zeichnung hinzugefügt.

Abbildung 13.10 zeigt einige Führungslinien mit Anmerkungen.

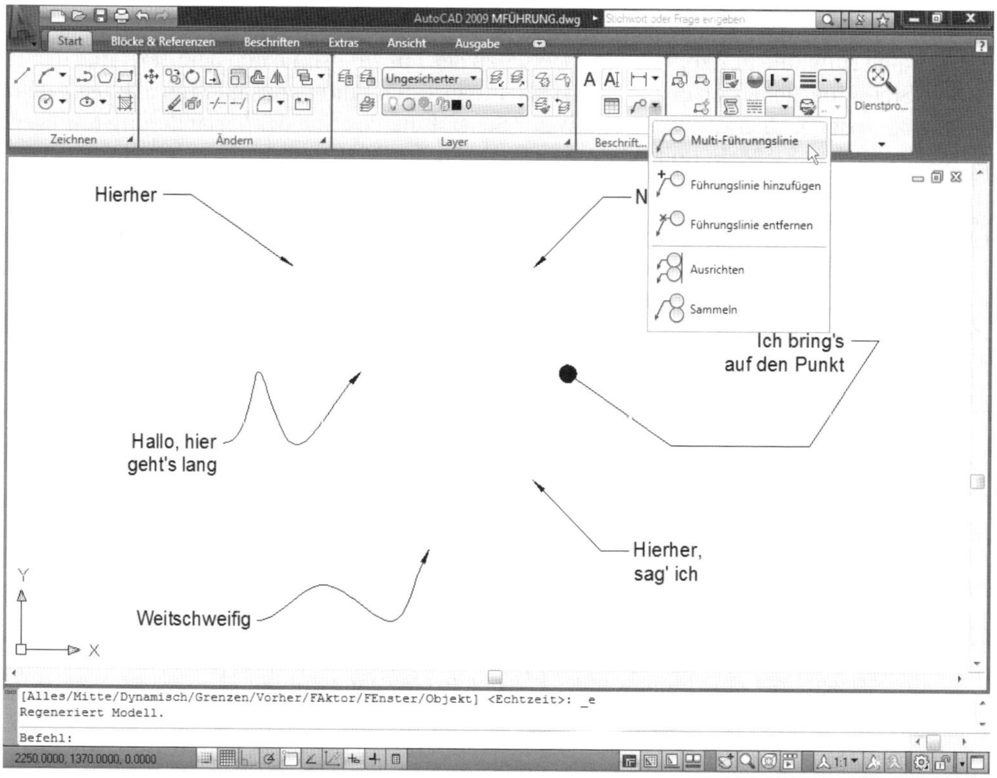

Abbildung 13.10: Eine Menge Multi-Führungslinien

Viele Optionen für Multi-Führungslinien

Neben dem Befehl MFÜHRUNG selbst, den ich in den letzten Abschnitten vorgestellt habe, gehen mit Multi-Führungslinien einige Befehle zur Formatierung, zum Zeichnen und Bearbeiten einher:

- ✔ `MFÜHRBEARB`: Verwenden Sie diesen Befehl, um Führungslinien zu Multi-Führungslinien-Objekten hinzuzufügen oder von diesen zu entfernen. Diese Funktionen finden Sie im Flyout-Menü der Schaltfläche Multi-Führungslinie (siehe Abbildung 13.10). Im Arbeitsbereich AutoCAD Klassisch wählen Sie Ändern|Objekt|Multi-Führungslinie|Führungslinie hinzufügen (oder Führungslinie entfernen).
- ✔ `MFÜHRUNGSSTIL`: Multi-Führungslinien werden (wie Text, Tabellen und Bemaßungen) über benannte Stile formatiert. Um das Dialogfeld Multi-Führungslinien-Stil-Manager anzeigen zu lassen, klicken Sie auf der Registerkarte Start im Einblendfenster der Gruppe Beschriftung die Schaltfläche Multi-Führungslinien-Stil an. (In der klassischen Menüleiste wählen Sie Format|Multi-Führungslinien-Stil.) Dieses Dialogfeld sieht ein wenig wie eine vereinfachte Version des Bemaßungsstil-Managers aus.
- ✔ `MFÜHRAUSR`: In älteren AutoCAD-Versionen war es eine mühselige Aufgabe, alle Führungslinien auszurichten. Dazu musste man üblicherweise eine Konstruktionslinie zeichnen und dann mit eingeschaltetem Objektfang Punkte auf den Führungslinien zur Konstruktionslinie ziehen. Um `MFÜHRUNG`-Objekte auszurichten, wählen Sie im Flyout-Menü der Schaltfläche Multi-Führungslinie die Option Ausrichten. (Im klassischen Werkzeugkasten Multi-Führungslinie wählen Sie Multi-Führungslinien ausrichten.)
- ✔ `MFÜHRSAMMELN`: Multi-Führungslinien können neben Text auch Blöcke enthalten. (Blöcke werden in Kapitel 17 besprochen.) Wählen Sie im Flyout-Menü der Schaltfläche Multi-Führungslinie die Option Sammeln, um Führungslinien mit Blöcken zu Gruppen zusammenzufassen. Diese werden zu einer einzigen Multi-Führungslinie zusammengefasst, die mehrere Blöcke enthalten.

Weitere Informationen zu diesen Befehlen erhalten Sie, wenn Sie sie im Abschnitt *Befehlsreferenz* der Online-Hilfe nachschlagen.

Bei Multi-Führungslinien und Multi-Führungslinien-Stilen kann es sich um Beschriftungsobjekte handeln, oder auch nicht. Wenn Sie sie mit der Eigenschaft Beschriftung erstellen und ihnen geeignete Beschriftungsmaßstäbe zuordnen, können Sie damit bei Detailansichten, die möglicherweise in unterschiedlichen Maßstäben gedruckt werden sollen, enorm viel Zeit sparen.

Bemaßung der Objekte

14

In diesem Kapitel

- Bestandteile und Arten der Bemaßung
- Bemaßungsstile anderer Zeichnungen verwenden
- Eigene Bemaßungsstile erstellen und ändern
- Ein Bemaßungsverfahren auswählen
- Bemaßungen zeichnen
- Beschriftungsbemaßungen zeichnen und bearbeiten
- Bemaßungen bearbeiten

Beim Zeichnen, sei es nun mit CAD-Programmen oder mit der Hand, sind *Bemaßungen* spezielle Textblöcke mit zugehörigen Linien, die zusammen eindeutig die Abmessungen eines Objekts angeben. Auch wenn es zumindest theoretisch möglich ist, die Bestandteile der jeweiligen Bemaßungen mit AutoCAD-Befehlen, wie zum Beispiel `LINIE` und `MTEXT` zu erstellen, handelt es sich bei der Bemaßung doch um eine derart gängige Aufgabenstellung beim Zeichnen, dass AutoCAD spezielle Befehle zur Verfügung stellt, mit denen diese Aufgabe effizienter erledigt werden kann. Diese Bemaßungsbefehle gruppieren die Bestandteile der jeweiligen Bemaßung in praktischen, leicht zu bearbeitenden Elementen. Und wenn Sie ein Objekt bearbeiten (und es zum Beispiel dehnen), aktualisiert AutoCAD automatisch die im Text der Bemaßungen angegebenen Werte, damit sie den neuen Objektabmessungen entsprechen (siehe Abbildung 14.1). Und noch besser: Die Beschriftungsbemaßungen in AutoCAD 2009 ändern automatisch ihre Größe, wenn man den Beschriftungsmaßstab für das Modell oder den Maßstab des Layout-Ansichtsfensters ändert. Die allgemeinen Grundlagen von Beschriftungsobjekten werden in Kapitel 13 erläutert; in diesem Kapitel werden Beschriftungsbemaßungen näher betrachtet.

AutoCAD steuert das Aussehen von Bemaßungen, ähnlich wie das Aussehen von Texten, über *Bemaßungsstile*. (AutoCAD verwendet auch Textstile, um das Aussehen des Textes in Bemaßungen zu steuern.) Bemaßungsstile sind aber viel komplizierter als Textstile, da sie aus viel mehr Teilen bestehen, die zu steuern sind. Wenn Sie einen passenden Bemaßungsstil gefunden oder erstellt haben, verwenden Sie einen der Bemaßungsbefehle zum Zeichnen von Bemaßungen, die auf die wichtigen Punkte eines Objekts hinweisen (zum Beispiel die zwei Endpunkte einer Linie).

Die Bemaßung ist ein umfangreiches, komplexes Thema in AutoCAD. (Es ist tatsächlich derart kompliziert, dass Autodesk einen weisen Mitarbeiter beschäftigt, der speziell für die Bemaßung in AutoCAD verantwortlich ist.) In allen Branchen gibt es jeweils eigene Konventionen, Gewohnheiten und Macken hinsichtlich der Bemaßung. Wie üblich versucht AutoCAD alle zu unterstützen, und dadurch scheinen die Dinge allgemein ein wenig verworren zu sein. Dieses Kapitel behandelt die wesentlichen Konzepte und Befehle, die Sie anfangs zum Zeichnen von Bemaßungen benötigen. Stellen Sie sich aber besser darauf ein, dass Sie zusätzliche Zeit damit verbringen werden, das Erstellen der in Ihrer Branche verwendeten speziellen Bemaßungsvarianten zu erlernen.

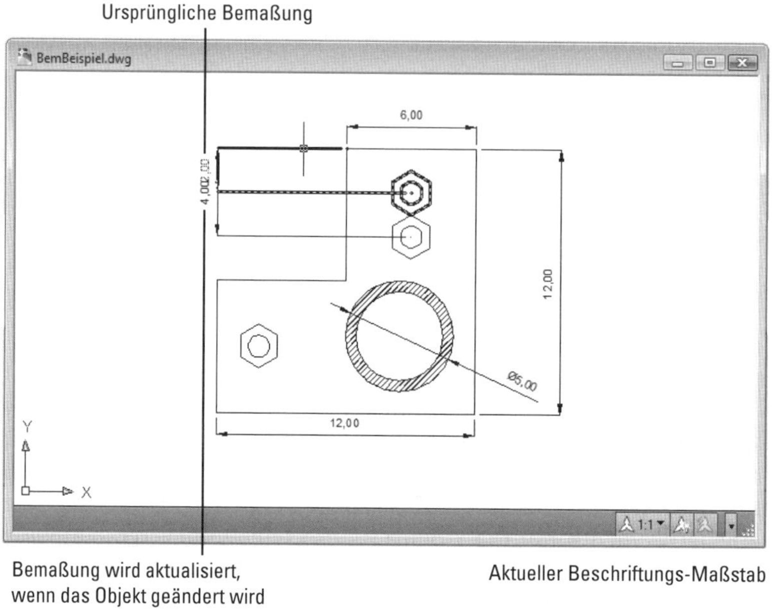

Abbildung 14.1: Beim Ändern der Objekte wird auch die Bemaßung automatisch aktualisiert.

Üblicherweise kümmert man sich erst dann um die Bemaßung, wenn bereits einige geometrische Objekte erstellt wurden. Ansonsten gäbe es nicht viel zu bemaßen! Die Gesamteffizienz beim Bemaßen und Zeichnen wird besser, wenn man die Bemaßung gebündelt erledigt, anstatt zum Beispiel abwechselnd Linien, Bemaßungen, weitere Linien, weitere Bemaßungen und so weiter zu zeichnen

Erforschung der Bemaßung

Vor dem Eintauchen in die Techniken zum Erstellen von Bemaßungsstilen und Bemaßungen werde ich erst einmal ein paar entsprechende AutoCAD-Begriffe vorstellen. Wenn Sie bereits mit dem Jargon der CAD-Bemaßung vertraut sein sollten, können Sie diesen Abschnitt einfach querlesen und sich die Abbildungen ansehen. Ansonsten lesen Sie weiter.

Warum Bemaßungen in CAD?

Vielleicht glauben Sie ja, dass CAD doch eigentlich Bemaßungstexte überflüssig gemacht haben sollte. Schließlich befolgen Sie doch beim Zeichnen und Bearbeiten all meine Vorschläge hinsichtlich des Einsatzes von Präzisionstechniken und achten doch peinlich genau darauf, die jeweiligen Objekte mit den richtigen Abmessungen zu zeichnen, nicht wahr? Und der Vertragspartner oder Maschinenführer kann doch einfach AutoCAD benutzen, um die Abstände und Winkel in der DWG-Datei zu ermitteln, oder etwa nicht? Nun ja, leider ist dem nicht so. (Jedenfalls bezüglich der zweiten Frage.) Aus den folgenden Gründen dürfte uns die traditionelle Bemaßung, die das CAD-Zeichnen vom Zeichnen mit der Hand übernommen hat, wahrscheinlich noch für eine ganze Weile erhalten bleiben:

- ✔ **Manche Leute müssen oder wollen bei der Fertigung Zeichnungen auf Papier benutzen.** Wir sind immer noch einige Zeit von dem Tag entfernt, an dem die Vertragspartner Computer an ihrem Werkzeuggürtel herumtragen. (Ganz zu schweigen vom Arbeiten mit Maus und Zeichnung beim Herumturnen auf dem Baugerüst.)
- ✔ **In vielen Bereichen herrschen bis heute Zeichnungen auf Papier vor.** Ihr Unternehmen übergibt seinen Kunden zwar möglicherweise sowohl geplottete Zeichnungen als auch DWG-Dateien, aber in den Verträgen geben die geplotteten Zeichnungen bei Abweichungen wahrscheinlich den Ausschlag. Die Verträge weisen wahrscheinlich auch darauf hin, dass den durch den Empfänger der Zeichnungen gemessenen Entfernungen (mit entsprechenden Befehlen in der DWG-Datei oder anhand des Maßstabs in der geplotteten Zeichnung) nicht vertraut werden darf. Die Bemaßungstexte sollen alle zur Fertigung des Objekts benötigten Maßangaben enthalten.
- ✔ **Bemaßungen enthalten manchmal weitere Informationen, die über Abmessungen oder Winkelangaben hinausgehen.** So können sie zum Beispiel zulässige Fertigungstoleranzen angeben oder darauf hinweisen, dass ein bestimmter Abstand für ähnliche Situationen an anderer Stelle der Zeichnung typisch ist.

Denken Sie also an die alte Zeichnerregel: »Die Größe des gezeichneten Objekts spielt keine Rolle, wohl aber die angegebenen Maße.«

Anatomie der Bemaßung

AutoCAD verwendet die in Abbildung 14.2 angegebenen und nachfolgend beschriebenen Bezeichnungen für die verschiedenen Teile der Bemaßungen:

- ✔ **Bemaßungstext:** Beim Bemaßungstext handelt es sich üblicherweise um den Wert, der den tatsächlichen Abstand oder Winkel angibt. Der Bemaßungstext kann darüber hinaus Textinformationen enthalten, die die Wertangabe ergänzen oder ersetzen. So können Sie zum Beispiel ein Suffix wie »TYP.« anhängen, um darauf hinzuweisen, dass eine Bemaßung für einige ähnliche Konfigurationen typisch ist, oder Beschreibungen einfügen, wie zum Beispiel »Details siehe 3/A2«.

- **Bemaßungslinien:** Die Bemaßungslinien gehen vom Bemaßungstext weg (horizontal, vertikal, in einem bestimmten Winkel gedreht oder parallel zum gemessenen Objekt), um die Abmessungen anzugeben. (Bei anderen Bemaßungstypen, wie zum Beispiel dem Radius und den Durchmesser, die in Abbildung 14.3 dargestellt werden, zeigen die Bemaßungslinien einfach auf das bemaßte Objekt.) Bei den Einstellungen des Vorgabebemaßungsstils von AutoCAD wird der Bemaßungstext vertikal und horizontal mit den Bemaßungslinien zentriert (siehe Abbildung 14.2). Sie können diese Einstellungen aber ändern, sodass der Text an einer anderen Position angezeigt wird und zum Beispiel auf einer durchgehenden Linie wie in Abbildung 14.1 sitzt. Im Abschnitt »Anpassen der Stileinstellungen« weiter hinten in diesem Kapitel finden Sie entsprechende Anleitungen.
- **Pfeilspitzen:** Die Bemaßungspfeilspitzen werden an den Enden der Bemaßungslinien angezeigt und verdeutlichen die Länge der Bemaßungsangabe. Der für die Pfeilspitze vorgegebene Stil ist geschlossen und gefüllt (wie in Abbildung 14.2), aber Sie können für das Ende der Bemaßungslinien auch andere Symbole verwenden, wie zum Beispiel Punkte. (Lassen Sie sich nicht dadurch verwirren, dass AutoCAD das Linienende selbst dann *Pfeilspitze* nennt, wenn es nicht nach einem Pfeil aussieht.)

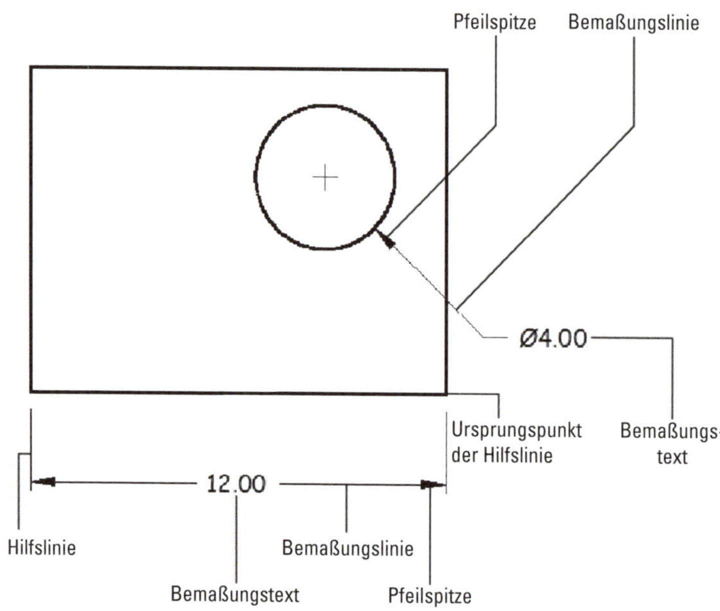

Abbildung 14.2: Die Bestandteile einer Bemaßung

- **Hilfslinien:** Die Hilfslinien werden von deren (üblicherweise durch Einfangen von Objektpunkten) ausgewählten Ursprungspunkten nach außen in Richtung der Bemaßungslinien gezogen. Laut Zeichnungskonvention gibt es zwischen den Ursprungspunkten der Erweiterungslinie und dem Anfang der Hilfslinien üblicherweise eine kleine Lücke. Wenn Sie Hilfslinien eine feste Länge zuordnen, können Sie auch dafür sorgen, dass Reihen von Bemaßungslinien wirklich ordentlich aussehen. Und wenn Sie Kreise oder Mittellinien bemaßen müssen, lassen sich Hilfslinien auch gestrichelte Linientypen zuordnen. Die Hilfslinien gehen meist nur ein klein wenig über den »Schnittpunkt« mit den Bemaßungslinien hinaus.

Eine praktische Einführung in die Bemaßung

AutoCAD stellt mehrere Arten von Bemaßungen und entsprechende Befehle bereit, um diese zu zeichnen. Abbildung 14.3 zeigt die verbreitetsten Varianten, die in der folgenden Liste beschrieben werden:

- ✔ **Linear:** Eine lineare Bemaßung misst die lineare Ausdehnung eines Objekts oder den linearen Abstand zwischen Objekten. Die meisten linearen Bemaßungen sind entweder *horizontal* oder *vertikal*, aber Sie können auch Bemaßungen zeichnen, die um andere Winkel gedreht sind.
- ✔ **Ausgerichtet:** Eine *ausgerichtete* Bemaßung ähnelt einer linearen Bemaßung, nur dass die Bemaßungslinie im selben Winkel wie die durch die Ursprungspunkte ihrer Hilfslinien gezogene Linie gedreht wird.
- ✔ **Radius:** Eine *Radiusbemaßung* gibt den Radius eines Kreises oder Bogens an, und eine *Durchmesserbemaßung* gibt den Durchmesser eines Kreises oder Bogens an. Sie können den Bemaßungstext innerhalb oder außerhalb des Objekts positionieren (siehe Abbildung 14.3). Wenn Sie den Text außerhalb des Objekts positionieren, zeichnet AutoCAD ein kleines Kreuz in die Mitte des Kreises oder Bogens. Wie die Abbildungen 14.2 und 14.3 zeigen, fügt AutoCAD zu den entsprechenden Bemaßungstypen automatisch das Symbol für Radius beziehungsweise Durchmesser hinzu.

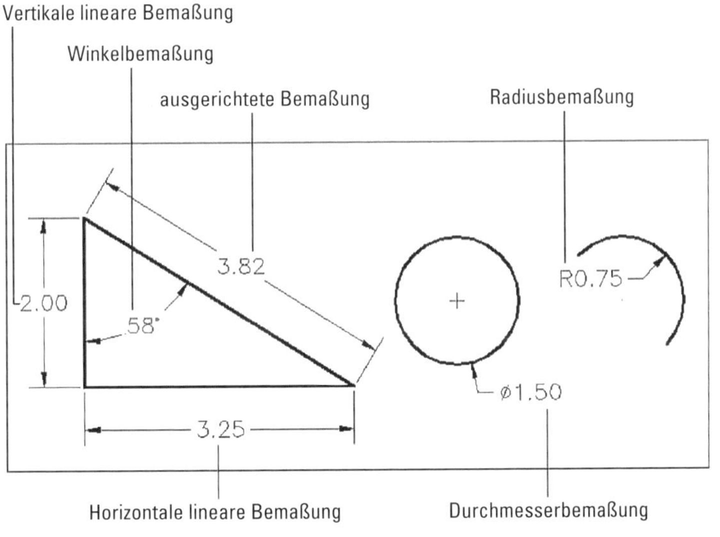

Abbildung 14.3: Gebräuchliche Varianten der Bemaßung

Sollten Sie sich fragen, wann Sie Radius- oder Durchmesserbemaßungen verwenden sollen, da beide ja scheinbar dasselbe aussagen, hilft Ihnen vielleicht folgende Aussage weiter: In den meisten Bereichen wird für vollständige Kreise (zum Beispiel ein Loch) der Durchmesser und für unvollständige Kreise oder Bögen (zum Beispiel eine abgerundete Ecke) der Radius angegeben.

- ✔ **Winkel:** Eine *Winkelbemaßung* gibt das Winkelmaß zwischen zwei Linien, zwei Positionen auf einer Kurve oder zwei Punktobjekten an. Die Bemaßungslinie wird als Bogen gezeichnet, der dem gemessenen Winkel entspricht.

Zu den anderen Bemaßungstypen von AutoCAD zählen Koordinaten-, Toleranz-, Kontroll- und Zentrumsmarkenbemaßung. Im Index der Online-Hilfe finden Sie unter *Bemaßungen, Erstellen* weitere Informationen über die seltener verwendeten Bemaßungsarten.

Assoziativbemaßung

Standardmäßig fasst AutoCAD alle Teile der jeweiligen Bemaßungen (Hilfslinien, Bemaßungslinien, Pfeilspitzen und Text) zu einem speziellen *Assoziativbemaßungsobjekt* zusammen. *Assoziativ* bedeutet dabei zweierlei:

- ✔ **Die verschiedenen Teile der Bemaßung bilden zusammen ein einzelnes Objekt.** Wenn Sie einen beliebigen Teil der Bemaßung anklicken, werden immer all seine Teile ausgewählt.
- ✔ **Die Bemaßung bleibt mit den beim Zeichnen der Bemaßung angegebenen Punkten des Objekts verbunden.** Wenn Sie die Größe des Objekts ändern (und zum Beispiel eine Linie dehnen), wird die Bemaßung entsprechend aktualisiert: Die Linien und die Pfeile werden verschoben und der Text wird so geändert, dass er den neuen Abmessungen der Linie entspricht.

Die Assoziativbemaßungen, von denen hier die Rede ist, gibt es seit AutoCAD 2002. Vorher arbeitete AutoCAD mit primitiveren Bemaßungen. Bemaßungen waren einzelne Objekte, die aktualisiert wurden, wenn man sorgfältig darauf achtete, zum Beispiel beim Strecken die Bemaßung selbst mit in die Objektauswahl einzubeziehen. Autodesk nennt diese Art der Bemaßung nun *nicht-assoziativ* und verwirrt damit die AutoCAD-Veteranen ein wenig, weil diese Art der Bemaßung früher *assoziativ* genannt wurde! Und die Bemaßungen, die vor AutoCAD 2002 *nicht-assoziativ* genannt wurden, heißen jetzt *aufgelöste* Bemaßung! Weitere Informationen darüber, wie Sie feststellen können, welche Art von Bemaßung AutoCAD zeichnet, finden Sie im Abschnitt »Steuern und Bearbeiten von Assoziativbemaßungen« weiter hinten in diesem Kapitel.

Auspacken der Bemaßungswerkzeuge

Über das Menü haben Sie Zugriff auf die Bemaßungsbefehle. Wenn Sie die Bemaßung lieber in einem Arbeitsgang erledigen, dürfte aber die Arbeit mit der Werkzeugleiste BEMASSUNG effizienter sein, da Sie dann besser auf die Befehle zugreifen können. Die Werkzeugleiste

BEMASSUNG können Sie aktivieren, indem Sie ein beliebiges der Symbole in einer der AutoCAD-Werkzeugleisten anklicken und dann im Kontextmenü BEMASSUNG wählen. Wie andere Werkzeugleisten können Sie auch die BEMASSUNG-Werkzeugleiste an eine andere Position auf dem Bildschirm verschieben oder sie am Rand des Zeichnungsbereichs andocken.

Über die Gruppe BESCHRIFTUNG auf der Multifunktionsleisten-Registerkarte START können Sie auf die am häufigsten benutzten grundlegenden Bemaßungsbefehle von AutoCAD zugreifen. Im Arbeitsbereich AUTOCAD KLASSISCH finden Sie sie im Menü BEMASSUNG und im Werkzeugkasten BEMASSUNG.

So sehr mir auch der Arbeitsbereich 2D-ZEICHNUNG & BESCHRIFTUNG und die Multifunktionsleiste gefallen, die klassische Benutzeroberfläche ist hier möglicherweise doch effizienter. Über den klassischen Werkzeugkasten BEMASSUNG können Sie auf mehr Bemaßungswerkzeuge als über die Multifunktionsleiste zugreifen, und dabei sind die Befehle durchgängig mit einem einzigen Klick erreichbar. Wenn Sie die Multifunktionsleiste verwenden, können mehrere Klicks nötig sein, um zum gewünschten Befehl zu gelangen. In einem auf der Multifunktionsleiste basierenden Arbeitsbereich können Sie auf den klassischen Werkzeugkasten BEMASSUNG zugreifen, wenn Sie den SCHNELLZUGRIFF-Werkzeugkasten mit der rechten Maustaste anklicken und WERKZEUGKÄSTEN|AUTOCAD|BEMASSUNG wählen. (Im Menü-Browser finden Sie diese Optionen unter EXTRAS.)

Alle Bemaßungsbefehle haben lange Befehlsnamen (wie zum Beispiel `BEMBOGEN`, `BEMLINEAR` und `BEMRADIUS`) und entsprechende Befehlsalias (`BB`, `BMLIN` beziehungsweise `BMRAD`), die Sie in der Befehlszeile eingeben können. Wenn Sie viele Bemaßungen erstellen müssen und den Werkzeugkasten BEMASSUNG nicht ständig ein- und ausschalten wollen, sollten Sie sich die Kurzversionen der häufig verwendeten Bemaßungsbefehle besser merken. Eine Liste dieser langen Befehlsnamen finden Sie im Inhalt der Online-Hilfe in der *Befehlsreferenz* unter der Überschrift *Befehle*.

Stilsichere Bemaßungen

Das Erstellen eines brauchbaren Bemaßungsstils, bei dem die Bemaßungen wie gewünscht aussehen, stellt eine der größten Herausforderungen im Rahmen der Bemaßungsfunktionen dar. Jede Zeichnung enthält ihre eigenen Bemaßungsstile, damit sich Änderungen der Bemaßungsstile immer nur auf diese eine Zeichnung beziehen. Wenn Sie aber die Bemaßungsstile in einer Zeichnung in den Griff bekommen haben, können Sie diese Zeichnung fortan als Vorlage oder Ausgangspunkt nutzen.

Ein *Bemaßungsstil* ist eine Sammlung von Zeichnungseinstellungen, die *Bemaßungsvariablen* genannt werden und bei denen es sich um eine spezielle Klasse der in Kapitel 22 behandelten *Systemvariablen* handelt.

Sie können Bemaßungsstile mit der neuen Eigenschaft *Beschriftung* erstellen. Die Schritte zum Erstellen von Bemaßungsstilen mit und ohne diese Eigenschaft werden in den nachfolgenden Abschnitten aufgeführt. Auch wenn Sie einzelne Bemaßungen über die SCHNELLEIGENSCHAFTEN-Leiste oder die EIGENSCHAFTEN-Palette mit dieser Eigenschaft versehen können, ist es doch weit effizienter, wenn man die Eigenschaft BESCHRIFTUNG einem Bemaßungsstil zuordnet, damit alle in diesem Stil erstellten Bemaßungen diese Eigenschaft besitzen.

Vorhandene Bemaßungsstile ausborgen

Vielleicht haben Sie ja das Glück, dass Sie in einem Büro oder an einem Projekt arbeiten, für das bereits geeignete Bemaßungsstile angelegt wurden, und müssen sich nicht mit dem Erstellen eigener Bemaßungsstile herumquälen. Denken Sie jedoch daran, dass Beschriftungsobjekte erst mit AutoCAD 2008 eingeführt wurden und dass es sich bei den aus älteren Zeichnungen kopierten Bemaßungsstilen damit nicht um Beschriftungsobjekte handelt. Wenn sich die benötigten fertigen Bemaßungsstile in einer anderen Zeichnung befinden, können Sie die Palette DESIGNCENTER dazu verwenden, um sie in Ihre Zeichnung zu kopieren. Wenn Sie sich noch einmal ansehen wollen, wie das DesignCenter verwendet wird, dann lesen Sie die Abschnitte »Benutzung des AutoCAD-DesignCenters« und »Layer zwischen Zeichnungen kopieren« in Kapitel 6. Ersetzen Sie dabei einfach nur »Layer« durch »Bemaßungsstile«.

Erstellen und Verwalten von Bemaßungsstilen

Wenn Sie Bemaßungsstile selbst erstellen oder aus anderen Zeichnungen kopierte Bemaßungsstile ändern wollen, dann verwenden Sie dazu das Dialogfeld BEMASSUNGSSTIL-MANAGER (siehe Abbildung 14.4).

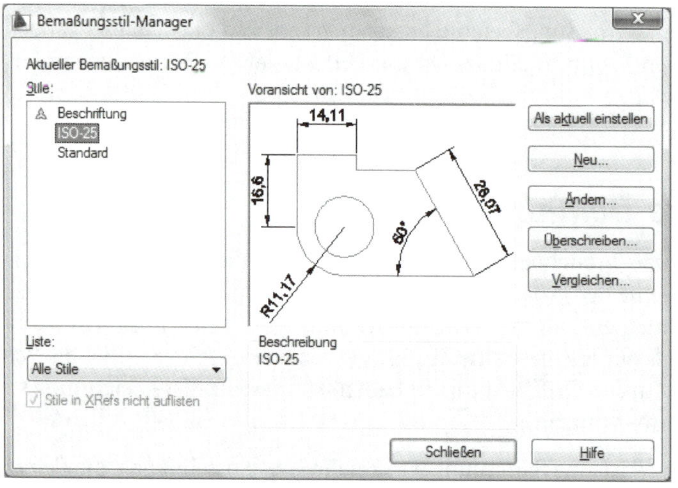

Abbildung 14.4: Der BEMASSUNGSSTIL-MANAGER

Jede Zeichnung enthält die Bemaßungsstile namens STANDARD (bei nicht-metrischen Zeichnungen) und/oder ISO-25 (bei metrischen Zeichnungen). Auch wenn Sie diese beiden Stile verwenden und ändern können, empfehle ich doch, dass Sie sie unverändert lassen und eigene Bemaßungsstile mit den für Ihre Arbeit geeigneten Einstellungen erstellen. Dadurch können Sie den Vorgabestil weiterhin als Referenz nutzen. Wichtiger ist aber, dass Sie so potenzielle Namenskonflikte vermeiden, die das Aussehen der Bemaßungen ändern können, wenn die aktuelle Zeichnung in eine andere eingefügt wird. (Derartige potenzielle Konflikte werden in Kapitel 17 beschrieben.)

Neu in AutoCAD 2009 oder AutoCAD LT 2009 erstellte Zeichnungen benutzen entweder die metrische Vorlage (`acadiso.dwt` oder `acadltiso.dwt` in AutoCAD LT) oder die nicht-metrische Vorlage (`acad.dwt` beziehungsweise `acadlt.dwt` in LT) und enthalten *zwei* Bemaßungsstile. Zu den bereits erwähnten Vorlagen kommt der Stil BESCHRIFTUNG hinzu. Dabei handelt es sich um einen Klon der beiden anderen Vorlagen, nur dass er zusätzlich die Werte der Gesamtskalierung (auch als Systemvariable `DIMSCALE` bekannt) enthält.

Die folgenden Schritte beschreiben das Erstellen eigener Bemaßungsstile:

1. **Auf der Multifunktionsleisten-Registerkarte START klicken Sie den Titel der Gruppe BESCHRIFTUNG an, um das Einblendfenster zu öffnen. Dann klicken Sie die Schaltfläche BEMASSUNGSSTIL an. (Im Arbeitsbereich AUTOCAD KLASSISCH wählen Sie in der Menüleiste FORMAT|BEMASSUNGSSTIL oder klicken im Werkzeugkasten BEMASSUNG die Schaltfläche BEMASSUNGSSTIL an.)**

   Das Dialogfeld BEMASSUNGSSTIL-MANAGER wird angezeigt.

2. **In der Liste STILE wählen Sie einen der vorhandenen Bemaßungsstile aus, deren Einstellungen als Grundlage für die Einstellungen des neuen Stils verwendet werden sollen.**

   Wählen Sie zum Beispiel den vorgegebenen Bemaßungsstil ISO-25 aus.

3. **Klicken Sie die Schaltfläche NEU an, um einen neuen Bemaßungsstil zu erstellen, bei dem es sich um eine Kopie eines vorhandenen Stils handelt.**

   Nun wird das Dialogfeld NEUEN BEMASSUNGSSTIL ERSTELLEN angezeigt. Aktivieren oder deaktivieren Sie das Kontrollkästchen BESCHRIFTUNG, um einen entsprechenden Bemaßungsstil zu erstellen. Mehr über Beschriftungsobjekte erfahren Sie in Kapitel 13.

4. **Geben Sie im Feld NEUER STILNAME eine Bezeichnung ein und klicken Sie WEITER an.**

   Nun wird das Dialogfeld NEUER BEMASSUNGSSTIL angezeigt, das praktisch mit dem in Abbildung 14.5 im nächsten Abschnitt dargestellten Dialogfeld BEMASSUNGSSTIL ÄNDERN identisch ist.

5. **Ändern Sie die Einstellungen auf beliebigen Registerkarten des Dialogfelds NEUER BEMASSUNGSSTIL.**

   Beschreibungen der Einstellungen finden Sie im nächsten Abschnitt.

6. **Klicken Sie OK an, um das Dialogfeld NEUER BEMASSUNGSSTIL zu schließen.**

   Nun wird wieder das Dialogfeld BEMASSUNGSSTIL-MANAGER angezeigt.

7. **Klicken Sie Schliessen an.**

   Das Dialogfeld Bemassungsstil-Manager wird geschlossen. Der neue Bemaßungsstil wird zum aktuellen Bemaßungsstil, den AutoCAD von nun an bis auf Weiteres für Bemaßungen in der Zeichnung verwendet.

8. **Zeichnen Sie einige Bemaßungen, um den neuen Bemaßungsstil zu testen.**

Vermeiden Sie das Ändern vorhandener Bemaßungsstile, die Sie nicht selbst erstellt haben, es sei denn, Sie wissen mit Sicherheit, wofür diese benutzt werden. Wenn Sie die Einstellungen eines Bemaßungsstils ändern, werden alle Bemaßungen, die diesen Stil verwenden, entsprechend den neuen Einstellungen geändert. Daher kann die Änderung des Wertes einer scheinbar unwichtigen Bemaßungsvariablen eine Vielzahl von vorhandenen Bemaßungen betreffen! Sicherheitshalber sollten Sie, anstatt einen vorhandenen Bemaßungsstil zu ändern, besser einen neuen anlegen. Dazu kopieren Sie den vorhandenen Stil und ändern diesen dann.

Eine weitere Variante des bereits recht diffusen Bemaßungsstilsbilds ist das Erstellen *sekundärer Bemaßungsstile* (auch *Unterstile* oder *Stilfamilien* genannt), bei denen es sich um Variationen des Hauptstils handelt, die nur einen bestimmten Bemaßungstyp betreffen (zum Beispiel Radius- oder Winkelbemaßung). Wenn Sie das Dialogfeld Bemassungsstil-Manager öffnen und Namen von Bemaßungstypen sehen, die unter den Namen der Bemaßungsstile eingerückt sind, dann haben Sie es mit sekundären Stilen zu tun.

Anpassen der Stileinstellungen

Nach dem Anklicken von Neu oder Ändern im Dialogfeld Bemassungsstil-Manager zeigt AutoCAD das Dialogfeld Neuer Bemassungsstil beziehungsweise Bemassungsstil ändern (mit Ausnahme der Titelleiste sind die beiden Dialogfelder identisch) mit einer verwirrenden Vielzahl von Einstellungen an, mit denen Zeichnungen leicht verunstaltet werden können. (Wenn Sie nicht aufpassen!) Abbildung 14.5 zeigt die Einstellungen auf der Registerkarte Linien.

Glücklicherweise wird die Vorschau der Bemaßung auf allen Registerkarten und auch im Hauptdialogfeld Bemassungsstil-Manager angezeigt, und die Ergebnisse der meisten Einstellungsänderungen werden unmittelbar dargestellt. Mit der Vorschau und einigen versuchsweisen Änderungen der Einstellungen können Sie sich üblicherweise auf eine noch annehmbare Anzahl von Einstellungen beschränken. Weitere Informationen erhalten Sie über die Hilfe im Dialogfeld – führen Sie einfach den Mauszeiger über die Option, über die Sie mehr erfahren wollen.

Bevor Sie die Einstellungen der Bemaßungsstile ändern, müssen Sie erst einmal wissen, wie die Bemaßungen im Plot aussehen sollen. Wenn Sie sich über die Gepflogenheiten in Ihrer Branche nicht im Klaren sind, fragen Sie Kollegen oder Personen aus der Branche oder werfen einen Blick auf geplottete Zeichnungen, die bekanntermaßen gute Beispiele darstellen.

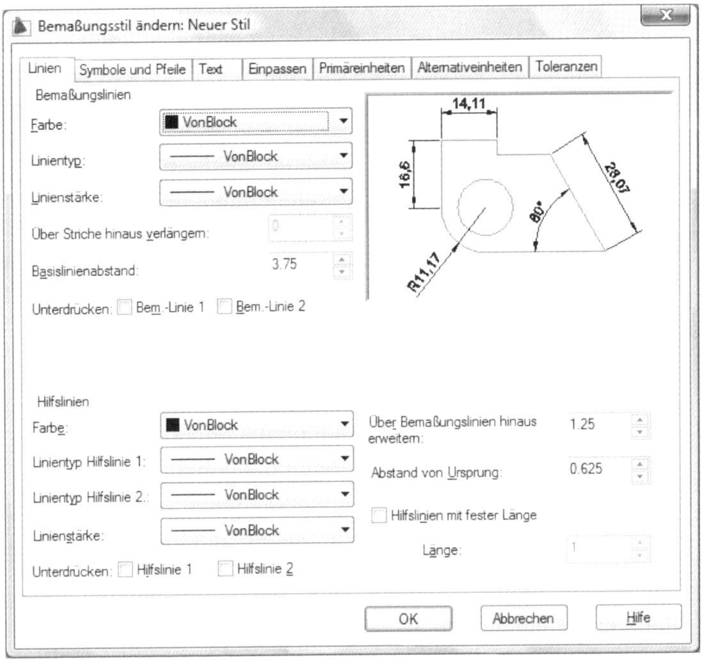

Abbildung 14.5: Ändern der Bemaßungseinstellungen

In den folgenden Abschnitten werden die wichtigeren Registerkarten des Dialogfelds NEUER BEMASSUNGSSTIL beziehungsweise BEMASSUNGSSTIL ÄNDERN und deren wesentliche Einstellungen vorgestellt. Beachten Sie dabei, dass Sie bei allen Abstandsangaben oder Längenangaben die gewünschte Plotgröße eingeben sollten. AutoCAD skaliert alle Angaben mit dem globalen Skalierfaktor, den Sie auf der Registerkarte EINPASSEN angeben.

Symbolen und Pfeilen folgen

Die Einstellungen auf der Registerkarte SYMBOLE UND PFEILE steuern das grundlegende Aussehen aller Teile der Bemaßungen mit Ausnahme des Textes. Auf dieser Registerkarte ändern Sie die Art und Größe der Pfeilspitzen oder die Anzeigemerkmale der Bemaßungen und der Hilfslinien.

Die Registerkarte »Text«

Verwenden Sie die Registerkarte TEXT, um das Aussehen der Bemaßungstexte festzulegen (siehe Abbildung 14.6). Hier werden der Textstil, die Texthöhe (siehe Kapitel 13) und die Position des Textes relativ zu der Bemaßung und den Hilfslinien festgelegt. Wahrscheinlich werden Sie nicht gerade die vorgegebene, aber wenig attraktive Schriftart `Txt.shx` verwenden wollen, sondern den Textstil so ändern, dass zum Beispiel `Romans.shx` für die Schriftart verwendet wird. Der vorgegebene Wert für die Texthöhe ist meist zu groß. Wählen Sie einen Wert von 0.3 oder eine andere sinnvolle Größe.

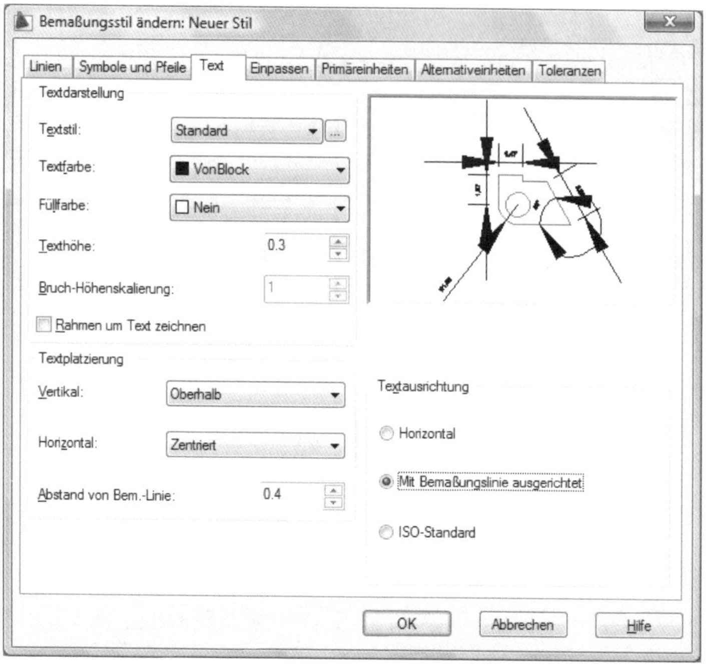

Abbildung 14.6: Bringen Sie den Bemaßungstext in Form.

Der für einen Bemaßungsstil angegebene Textstil muss ein Stil mit variabler Höhe sein (die im Dialogfeld TEXTSTIL angegebene Höhe muss null lauten). (In Kapitel 13 finden Sie weitere Informationen über variable und feste Texthöhen.) Wenn Sie einen Textstil mit fester Höhe für einen Bemaßungsstil wählen, überschreibt die Texthöhe aus dem Dialogfeld TEXTSTIL die Einstellung der Texthöhe im Dialogfeld NEUER BEMASSUNGSSTIL/BEMASSUNGSSTIL ÄNDERN. Verwenden Sie einen Stil mit der TEXTHÖHE 0, um das Problem zu vermeiden. Und merken Sie sich diese bei CAD-Anfängern häufige Fehlerquelle.

Die Größe des Bemaßungstextes wird üblicherweise von Unternehmens- oder Branchenstandards diktiert. (drei Millimeter sind zum Beispiel im Architekturbereich üblich.) Auf jeden Fall sollten Sie dafür sorgen, dass die Schrift so groß ausfällt, dass sie auch im kleinsten zu Prüfzwecken erstellten Plot noch lesbar bleibt.

Einpassen

Die Registerkarte EINPASSEN umfasst eine Menge verwirrende Optionen, über die sich steuern lässt, wann und wohin AutoCAD den Bemaßungstext setzt, wenn dieser nicht mehr so recht zwischen die Bemaßungslinien passt. Die Standardeinstellung lässt AutoCAD alle Freiheiten, sodass es den Text, die Bemaßungslinien und Pfeile automatisch verschieben kann, damit sich diese nicht überlappen. Wenn Sie diese Raterei nicht recht zufriedenstellen kann, können

Sie die geänderten Einstellungen aus Abbildung 14.7 ausprobieren: Wählen Sie die Optionen ÜBER BEMASSUNGSLINIE, OHNE FÜHRUNGSLINIE unter TEXTPOSITIONIERUNG und BEMASSUNGSLINIE ZWISCHEN HILFSLINIEN unter FEINABSTIMMUNG. (Sie können den Text immer über die Anfasser verschieben, wie weiter hinten in diesem Kapitel beschrieben wird.)

Noch wichtiger ist, dass die Registerkarte EINPASSEN das Kontrollkästchen BESCHRIFTUNG enthält (siehe Abbildung 14.7). Wenn Sie – wie empfohlen – mit Bemaßungen mit der Eigenschaft BESCHRIFTUNG arbeiten, dann gelingt Ihnen die Bemaßung viel reibungsloser!

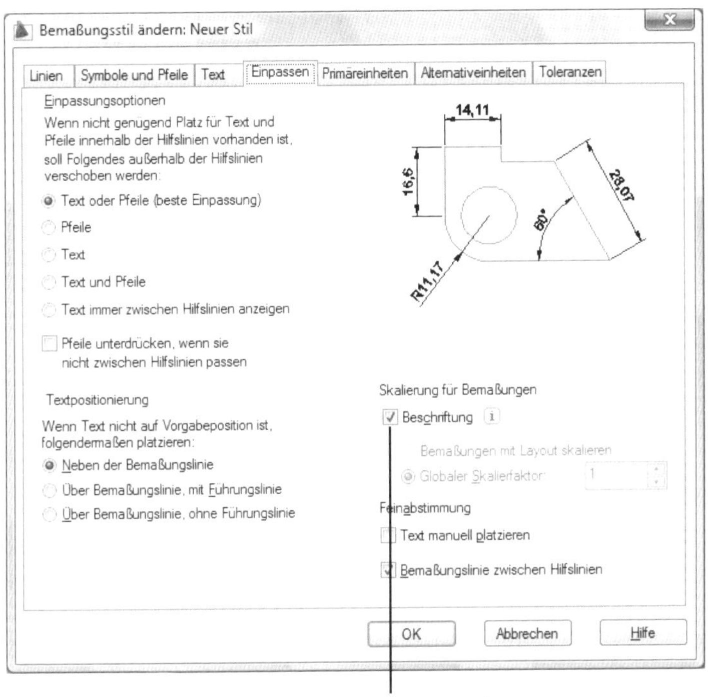

Abbildung 14.7: Einpassen und den Skalierfaktor nicht vergessen!

Wie bei dem in Kapitel 13 erläuterten Text können Sie zwischen verschiedenen Verfahren zur Bemaßung von Zeichnungen wählen:

- ✔ **Sie können im Modellbereich bemaßen und Beschriftungsbemaßungen verwenden.** Wenn Sie den Bemaßungen Beschriftungsmaßstäbe zuordnen, ändern sie ihre Größe, wenn Sie den Maßstab in der Liste BESCHRIFTUNGS-MASSSTAB in der Statusleiste ändern. Dieses Verfahren halte ich sowohl für neue als auch für erfahrene Benutzer für das beste.

- ✔ **Sie können im Modellbereich bemaßen, ohne für die Bemaßungen die Eigenschaft BESCHRIFTUNG zu verwenden.** Wenn die Zeichnung Bereiche mit unterschiedlichen Maßstäben enthält, können Sie mehrere Bemaßungsstile (jeweils einen für den jeweiligen Maßstab) erstellen. Hierbei handelt es sich wahrscheinlich um das unpraktischste Verfahren, speziell bei Zeichnungen mit Ansichten in mehreren Maßstäben.

- ✔ **Sie können im Papierbereich bemaßen und dabei Bemaßungen mit oder ohne die Eigenschaft Beschriftung verwenden.** Aktivieren Sie die Option Bemassungen mit Layout skalieren auf der Registerkarte Einpassen des Bemssungsstil-Managers und zeichnen Sie Bemaßungen im Papierbereichslayout.

Ich empfehle, dass Sie sich zunächst mit der Beschriftungsbemaßung im Modellbereich vertraut machen. Wenn Sie dann später im Papierbereich bemaßen wollen, suchen Sie in der Online-Hilfe nach *Bemaßungen, Verfahren*. Die altmodische (ohne die Eigenschaft Beschriftung) Bemaßung ist jedenfalls weiterhin Bestandteil des Programms und wird von vielen Büros wahrscheinlich auch noch eine Zeit lang weiterhin benutzt werden.

Die Einstellung Globaler Skalierfaktor entspricht der Systemvariablen `DIMSCALE`, auf die AutoCAD-Zeichner auch unter diesem Namen Bezug nehmen. Wenn entweder Bemassungen mit Layout skalieren (für Bemaßungen im Papierbereich) oder Beschriftung (für reskalierbare Bemaßungen im Modellbereich) aktiviert ist, wird `DIMSCALE` automatisch auf den Wert 0 gesetzt. Weitere Informationen über Optionen zum Bemaßungsmaßstab finden Sie in Kapitel 22 oder bei der Systemvariablen `DIMSCALE` in der Online-Hilfe von AutoCAD.

Verwenden von Primäreinheiten

Auf der Registerkarte Primäreinheiten haben Sie umfassende (und vielleicht übertrieben) detaillierte Möglichkeiten zur Steuerung der Formatierung der Zeichen des Bemaßungstextes. Üblicherweise werden Sie das Einheitenformat und die Genauigkeit und vielleicht noch einen Suffix für einheitenlose Werte angeben (zum Beispiel *mm* für Millimeter). Sie können auch die Einstellungen im Bereich Null unterdrücken ändern, wenn im Bemaßungstext nicht 0.5000, sondern .5000 oder 0.5 stehen soll. (Aber vielleicht wollen Sie Nullen ja gar nicht »diskriminieren« beziehungsweise unterdrücken.)

Andere Stileinstellungen

Wenn Sie Bemaßungen in zwei verschiedenen Einheiten angeben müssen (zum Beispiel in Zoll und Millimeter), verwenden Sie die Registerkarte Alternativeinheiten, um diese zu aktivieren. Wenn Fertigungstoleranzen (zum Beispiel 3.5 mm +/–0.01) mit angegeben werden sollen, können Sie die entsprechenden Angaben über die Registerkarte Toleranzen konfigurieren und formatieren.

Über die Einstellungen auf der Registerkarte Toleranzen des Dialogfelds Neuer Bemassungsstil beziehungsweise Bemassungsstil ändern sollen Fertigungstoleranzen (zum Beispiel +/– 0,2) zum Text gewöhnlicher Bemaßungen hinzugefügt werden. AutoCAD enthält auch einen *Befehl* namens `TOLERANZ`, der spezielle Symbole zeichnet, die *geometrische Toleranzen* genannt werden. Wenn Sie diese Symbole benötigen, dann werden Sie dies wahrscheinlich wissen. Wenn Sie davon noch nie etwas gehört haben, dann ignorieren Sie sie einfach. Im Index der Online-Hilfe finden Sie weitere Informationen unter *Geometrische Toleranz (Dialogfeld)*.

Zeichnen von Bemaßungen

Nach dem Kopieren oder Erstellen eines geeigneten Bemaßungsstils können Sie Bemaßungen zeichnen. Glücklicherweise ist das Hinzufügen von Bemaßungen zu Zeichnungen bei Verwendung eines vorhandenen Bemaßungsstils recht einfach.

Wenn Sie etwas bemaßen wollen, können Sie entweder das Objekt (zum Beispiel ein Linien- oder Polyliniensegment) oder *Punkte* (zum Beispiel die Endpunkte einer Linie oder eines Polyliniensegments) dieses Objekts auswählen. Wenn Sie ein Objekt auswählen, ermittelt AutoCAD die markantesten Punkte desselben (zum Beispiel die Endpunkte einer Linie) und nutzt diese für die Bemaßung. Wenn Sie stattdessen Punkte auswählen, sollten Sie den Objektfang aktivieren (siehe Kapitel 7). Die ausgewählten oder von AutoCAD ermittelten Punkte werden *Ursprung* der Bemaßungshilfslinien genannt. Wenn Sie die Größe des Objekts ändern (es zum Beispiel dehnen), dann werden die Ursprungspunkte automatisch mit verschoben und der Bemaßungstext wird so geändert, dass er den geänderten Abmessungen entspricht.

Wenn Sie weder den Objektfang und auch keine anderen Präzisionstechniken bei der Auswahl der Bemaßungspunkte nutzen, dann wird der Bemaßungstext wahrscheinlich nicht den präzisen Abmessungen des Objekts entsprechen. Diese mangelnde Präzision kann große Probleme zur Folge haben. Wenn Sie Zweifel haben, sollten Sie den Objektfang aktivieren und nutzen!

Wenn Sie eine neue Zeichnung einrichten und mit Beschriftungsbemaßungen arbeiten wollen, sollten Sie dafür sorgen, dass das Kontrollkästchen BESCHRIFTUNG auf der Registerkarte EINPASSEN im Dialogfeld NEUER BEMASSUNGSSTIL beziehungsweise BEMASSUNGSSTIL ÄNDERN (siehe Abbildung 14.7) aktiviert ist. Bei neuen Zeichnungen und herkömmlichen Bemaßungen sollten Sie dafür sorgen, dass die Einstellung GLOBALER SKALIERFAKTOR auf der Registerkarte EINPASSEN dieses Dialogfelds dem Zeichnungsmaßstab entspricht. Vor dem Zeichnen von Bemaßungen in Zeichnungen, die Sie nicht selbst eingerichtet haben, sollten Sie diese Einstellung prüfen, um sich davon zu überzeugen, dass sie richtig ist.

Die Befehle zum Zeichnen von Bemaßungen liefern in der Befehlszeile nützliche Informationen. Daher sollten Sie, insbesondere wenn Sie zum ersten Mal mit den Bemaßungsbefehlen arbeiten, die Meldungen in der Befehlszeile bei jedem einzelnen Schritt aufmerksam lesen.

Erstellen linearer Bemaßungen

Lineare Bemaßungen sind wohl die gebräuchlichsten, wobei horizontale und vertikale Bemaßungen wiederum überwiegen. Das folgende Beispiel verdeutlicht alle wichtigen Verfahren zum Erstellen horizontaler und vertikaler linearer und ausgerichteter Bemaßungen (Letztere ähneln den linearen Bemaßungen):

1. **Zeichnen Sie mit dem Befehl `LINIE` eine *nicht-orthogonale* Linie, also ein Liniensegment, das weder horizontal noch vertikal, sondern diagonal verläuft.**

   Ein Winkel von zirka 30 Grad eignet sich gut für dieses Beispiel. Wenn Sie die Bemaßung einem anderen Objekt als einer Linie zuordnen wollen, sollten Sie diese Anleitung bei Bedarf durch geeignete Befehle und Daten ergänzen.

2. **Aktivieren Sie einen Layer, der sich für die aktuellen Bemaßungen eignet.**

   Wie beim Text empfiehlt es sich, in allen Zeichnungen einen speziellen Layer nur für Bemaßungen zu verwenden. In Kapitel 6 wird detailliert erläutert, wie Layer aktiviert werden.

3. **Aktivieren Sie einen Bemaßungsstil, der die aktuellen Anforderungen erfüllt.**

   Wählen Sie in der Multifunktionsleiste auf der Registerkarte Start im Einblendfenster der Gruppe Beschriftung (oder dem klassischen Werkzeugkasten Stile) in der Dropdown-Liste Wählt einen Bemassungsstil einen vorhandenen Bemaßungsstil aus oder erstellen Sie mit dem im Abschnitt »Erstellen und Verwalten von Bemaßungsstilen« weiter vorn in diesem Kapitel vorgestellten Verfahren einen neuen.

4. **Klicken Sie auf der Registerkarte Start in der Gruppe Beschriftung die Schaltfläche Linear an oder tippen Sie `BMLIN` beziehungsweise `BEMLINEAR` ein und drücken Sie [↵]. (Im Arbeitsbereich AutoCAD Klassisch wählen Sie Bemassung|Linear oder klicken im Werkzeugkasten Bemassung die Schaltfläche Linear an.)**

   AutoCAD fordert Sie auf:

   ```
   Anfangspunkt der ersten Hilfslinie angeben oder <objekt Wählen>:
   ```

5. **Um den Ursprung der ersten Hilfslinie anzugeben, fangen Sie den unteren linken Endpunkt der Linie mithilfe des Endpunkte-Objektfangs ein.**

   Wenn Endpunkte nicht im Rahmen des fortlaufenden Objektfangs eingefangen werden, können Sie einzelne Endpunkte auch dadurch einfangen, dass Sie [⇧] gedrückt halten, mit der rechten Maustaste klicken und im Kontextmenü die Option Endpunkt wählen. (In Kapitel 7 erfahren Sie mehr über Objektfänge.)

   AutoCAD fordert Sie auf:

   ```
   Anfangspunkt der zweiten Hilfslinie angeben:
   ```

6. **Um den Ursprung der zweiten Hilfslinie anzugeben, fangen Sie den anderen Endpunkt der Linie mithilfe des Objektfangs ein.**

   AutoCAD zeichnet eine *horizontale* Bemaßung (Angabe des Abstands in der Richtung von links nach rechts), wenn Sie das Fadenkreuz über oder unter die Linie bewegen. Eine *vertikale* Bemaßung (der Abstand in der Richtung von oben nach unten) wird hingegen dann erstellt, wenn Sie das Fadenkreuz nach rechts oder links von der Linie wegbewegen.

AutoCAD fordert Sie auf:

```
Position der Bemaßungslinie angeben oder
[Mtext/Text/Winkel/Horizontal/Vertikal/Drehen]:
```

7. **Bewegen Sie die Maus, um die Art der zu erstellenden Bemaßung (horizontal oder vertikal) festzulegen, und klicken Sie dann die Position an, an der die Bemaßungslinie gezeichnet werden soll.**

   AutoCAD zeichnet die Bemaßung.

   Wenn Sie die Position der Bemaßungslinie angeben, sollen dabei bereits vorhandene Objekte üblicherweise *nicht* eingefangen werden. Bemaßungslinie und Bemaßungstext sollen sich in einem relativ leeren Bereich der Zeichnung befinden und nicht mit vorhandenen Objekten kollidieren. Falls notwendig schalten Sie also den fortlaufenden Objektfang vorübergehend ab (klicken Sie dazu zum Beispiel die Schaltfläche OFANG in der Statusleiste an), um zu verhindern, dass die Bemaßungslinie von einem bereits vorhandenen Objekt »eingefangen« wird.

   Wenn Sie mehrere Bemaßungslinien einfach positionieren wollen, sollten Sie vor der Auswahl des Punktes für die Bemaßungslinie den Fang aktivieren und einen geeigneten Fangabstand angeben, auch wenn das leichter gesagt als getan ist! In Kapitel 4 finden Sie weitere Informationen zum Fang.

8. **Wiederholen Sie die Schritte 4 bis 7, um eine weitere lineare Bemaßungen in anderer Ausrichtung zu erstellen (vertikal oder horizontal).**

9. **Klicken Sie das abwärts weisende Dreieck neben der Schaltfläche LINEAR an und wählen Sie im Flyout-Menü die Option AUSGERICHTET oder tippen Sie `BMA` beziehungsweise `BEMAUSG` ein und drücken Sie [↵]. (Im Arbeitsbereich AUTOCAD KLASSISCH wählen Sie BEMASSUNG|AUSGERICHTET oder klicken im Werkzeugkasten BEMASSUNG die Schaltfläche AUSGERICHTET an.)**

   Die Eingabeaufforderung enthält eine Option zur Auswahl eines Objekts anstelle von zwei Punkten. (Sie können diese Technik auch bei der linearen Bemaßung verwenden.)

   ```
   Anfangspunkt der ersten Hilfslinie angeben oder <objekt Wählen>:
   ```

10. **Drücken Sie [↵], um die Option `objekt Wählen` aufzurufen.**

    AutoCAD fordert Sie auf:

    ```
    Zu bemaßendes Objekt wählen:
    ```

11. **Wählen Sie die Linie oder ein anderes Objekt aus, das Sie bemaßen wollen.**

    AutoCAD ermittelt automatisch die Endpunkte der Linie und verwendet diese als Ursprungspunkte der Hilfslinie (siehe Abbildung 14.8). (Die unterbrochene Hilfslinie wird mit dem Befehl `BEMBRUCH` erstellt, der weiter hinten in diesem Kapitel beschrieben wird.)

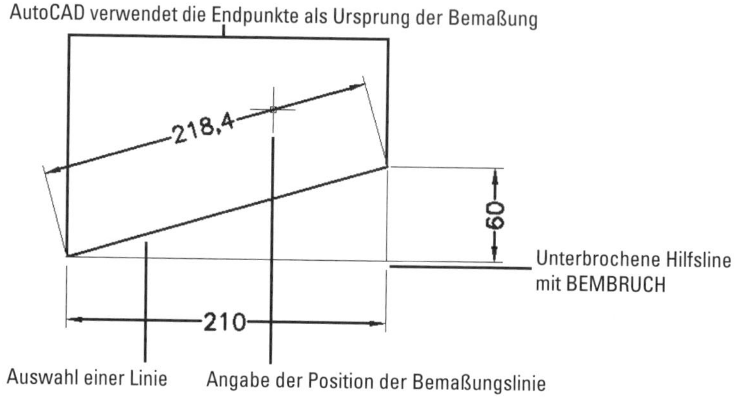

Abbildung 14.8: Zeichnen einer linearen Bemaßung durch Auswahl eines Objekts

AutoCAD fordert Sie auf:

`Position der Bemaßungslinie angeben oder [Mtext/Text/Winkel]:`

12. **Klicken Sie die Position an, an der die Bemaßungslinie gezeichnet werden soll.**

    AutoCAD zeichnet die Bemaßung.

Bemaßungen zu Beschriftungsobjekten machen

Wenn Sie Bemaßungen mit einem Beschriftungsstil erstellt haben, lassen sie sich so einrichten, dass sie sich an das geeignete geplottete Papierformat anpassen, wenn man den Beschriftungsmaßstab der Zeichnung ändert. Die Vorgehensweise entspricht bei Bemaßungen der bei Texten (die in Kapitel 13 behandelt wird) oder der bei Schraffuren (die in Kapitel 15 behandelt wird). Einzelheiten dazu finden Sie in Kapitel 13.

Zeichnen anderer Bemaßungsvarianten

Wenn Sie die gewöhnliche lineare Bemaßung satt haben, sollten Sie auch mit den anderen, weniger gebräuchlichen Bemaßungsarten schnell zurechtkommen. Zeichnen Sie einige Linien, Bögen und Kreise und probieren Sie die anderen Bemaßungsbefehle in der Gruppe BESCHRIFTUNG auf der Registerkarte START (oder die vollständigere Variante in der Gruppe BEMASSUNGEN auf der Registerkarte BESCHRIFTEN) aus. Wenn Sie mit der klassischen Benutzeroberfläche arbeiten, finden Sie diese Optionen im Werkzeugkasten oder im Menü BEMASSUNG.

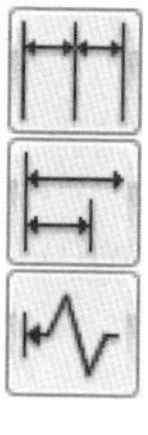

Wenn Sie Bemaßungen nebeneinander zeichnen wollen, deren Bemaßungslinien perfekt ausgerichtet sind, dann benutzen Sie den Befehl `BEMWEITER`. Um eine Gesamtbemaßung über kleineren Bemaßungen zu zeichnen, verwenden Sie `BEMBASISL`. Um eine Bemaßung zu zeichnen, die nicht den eigentlichen vom Bemaßungswert bestimmten gemessenen Abstand anzeigt, verwenden Sie `BEMVERKLINIE`. Abbildung 14.9 zeigt Beispiele für diese und andere Bemaßungsbefehle.

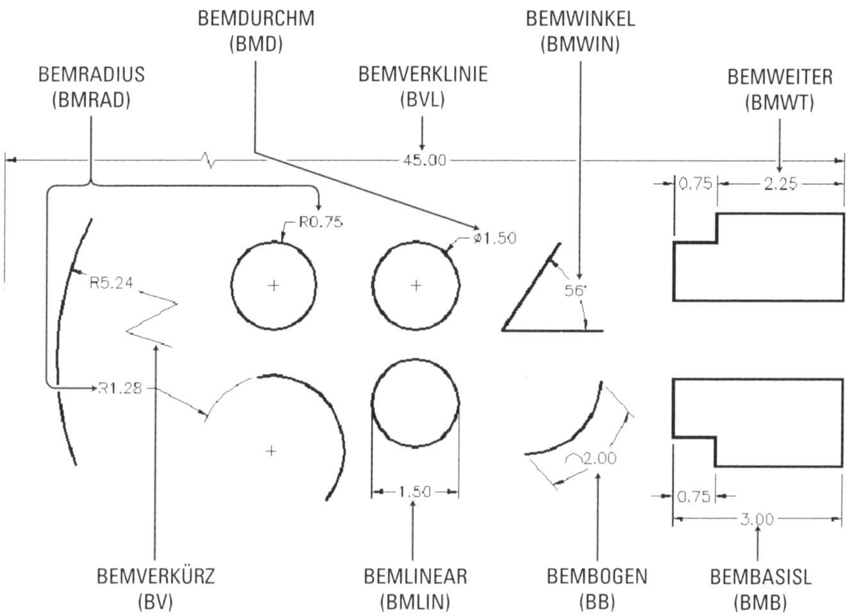

Abbildung 14.9: Beispiele für weitere Bemaßungsbefehle

Der Befehl SBEM (SCHNELLBEMASSUNG) bietet eine Möglichkeit zum Zeichnen vieler Bemaßungen in einem Arbeitsgang, die sich bei Bedarf automatisch selbst in Kettenbemaßungen und Basislinienbemaßungen formatieren können. (Aber wer hätte das gedacht: SBEM steht in AutoCAD LT nicht zur Verfügung.)

Bogenbemaßungen, die mit dem Befehl BEMBOGEN erstellt werden, messen die Länge entlang des Bogenumfangs und nicht den Radius. Erkundigen Sie sich, ob diese Art der Bemaßung mit dem Standard der Branche oder des Büros im Einklang stehen. Das Standardverfahren zur Bemaßung von Bögen wird weiter vorn in diesem Kapitel in Abbildung 14.3 gezeigt.

Bearbeiten von Bemaßungen

Nach dem Zeichnen der Bemaßungen können Sie die Position der verschiedenen Bestandteile und auch den Inhalt des Bemaßungstextes ändern. AutoCAD fasst alle Teile einer Bemaßung zu einem einzigen Objekt zusammen.

Bearbeiten von Bemaßungsbestandteilen

Durch das Bearbeiten mit Griffen (siehe Kapitel 10) lassen sich Teile von Bemaßungen am besten verschieben. Klicken Sie einfach eine Bemaßung und dann einen der Griffe an. Wenn

Sie nun einen Punkt anklicken, wird die Bemaßung verschoben. Welche Griffe wofür zuständig sind, werden Sie dabei schnell herausfinden. Probieren Sie dazu die verschiedenen Varianten einfach einmal ein wenig aus.

Wenn Sie das Aussehen eines Teils der Bemaßung ändern wollen (zum Beispiel eine andere Pfeilspitze oder Unterdrückung der Hilfslinie), dann verwenden Sie dazu die Eigenschaften-Palette. (In Kapitel 11 finden Sie weitere Erläuterungen zur Eigenschaften-Palette.) Wenn Sie eine oder mehrere Bemaßungen auswählen, stehen alle Bemaßungseinstellungen im Dialogfeld Neuer Bemassungsstil beziehungsweise Bemassungsstil ändern (siehe den Abschnitt »Anpassen der Stileinstellungen« weiter vorn in diesem Kapitel) in der Eigenschaften-Palette zur Verfügung.

Weitere Optimierungen

Beim Zeichnen mit der Hand gilt es als unschön, wenn Objektlinien (der echten geometrischen Objekte) von Bemaßungs- oder Hilfslinien geschnitten werden. BEMBRUCH (Bemaßungsbruch) fordert Sie zur Auswahl einer Bemaßung und eines Objekts zum Bruch der Bemaßung auf. In Abbildung 14.8 wird die rechte Hilfslinie der horizontalen Bemaßung 3.50 von der unteren Hilfslinie der vertikalen Bemaßung 1.50 unterbrochen.

Der Befehl BEMPLATZ passt den Abstand zwischen vorhandenen Linear- und Winkelbemaßungen an. Um für einen gleichmäßigen Abstand von Bemaßungen zu sorgen (mit anderen Mitteln als dem Befehl BEMBASISL bei deren Erstellung), sind mühselige Änderungen mit Fang und SCHIEBEN erforderlich.

Wenn Sie eine oder mehrere Bemaßungen auswählen und mit der rechten Maustaste klicken, werden im Kontextmenü eine Reihe von Optionen angezeigt, mit denen Bemaßungseinstellungen überschrieben werden können oder ein anderer Stil zugeordnet werden kann.

Wenn Sie Einstellungen in der Eigenschaften-Palette ändern, dann *überschreiben* Sie die Standardstileinstellungen für diese Bemaßung. Wenn Sie dieselbe Änderung mehrfach vornehmen wollen, dann erstellen Sie besser einen neuen Bemaßungsstil und weisen jeweils diesen Stil zu. Sie können die Eigenschaften-Palette oder das Kontextmenü dazu verwenden, den einer oder mehreren Bemaßungen zugeordneten Bemaßungsstil zu ändern.

Sie können die Eigenschaften-Palette dazu verwenden, für den Text einzelner Bemaßungen die in Kapitel 13 beschriebene Funktion Hintergrundfarbe zu nutzen. Wählen Sie die Bemaßungen aus, lassen Sie sich den Bereich Text in der Eigenschaften-Palette anzeigen und suchen Sie dort den Eintrag Füllfarbe. Klicken Sie in das Listenfeld, scrollen Sie bei Bedarf nach unten und wählen Sie Hintergrund, um die Hintergrundfarbe der Zeichnung zu verwenden (das führt üblicherweise zum besten Ergebnis). Um dafür zu sorgen, dass der Bemaßungstext wirklich über anderen Zeichnungsobjekten liegt, benutzen Sie die Befehle ZEICHREIHENF oder TEXTNACHVORNE. Mehr dazu erfahren Sie in Kapitel 13.

Der Befehl URSPRUNG den Sie auf der Registerkarte START in der Gruppe ÄNDERN (oder dem klassischen Werkzeugkasten ÄNDERN) finden, zerlegt Bemaßungen in ihre Einzelteile und damit in eine Menge Linien- und Multilinien und Textobjekte. Wenden Sie diesen Befehl daher nicht auf Bemaßungen an! Das Zerlegen einer Bemaßung in ihre ursprünglichen Bestandteile erschwert die Bearbeitung und macht es AutoCAD unmöglich, die Maßangaben im Bemaßungstext automatisch zu aktualisieren.

Bearbeiten von Bemaßungstext

In den meisten Fällen sollten Sie Bemaßungstexte nicht bearbeiten müssen. Wenn die Geometrie stimmt und die Bemaßungspunkte korrekt ausgewählt worden sind, zeigt AutoCAD die richtigen Werte an. Wenn Sie die Abmessungen des verbundenen Objekts ändern, werden die Bemaßungen und die Wertangaben aktualisiert. Gelegentlich werden Sie aber vielleicht den Bemaßungstext überschreiben (das heißt durch eine andere Wertangabe ersetzen) oder ein Präfix oder Suffix zur eigentlichen Maßangabe *hinzufügen* müssen.

AutoCAD erstellt Bemaßungstext als Absatztext-Objekte (MText), damit der Bemaßungstext wie gewöhnlicher Absatztext bearbeitet werden kann. Leider fehlt aber im Kontextmenü für Bemaßungsobjekte die Option MTEXT BEARBEITEN. Sie können jedoch das Feld TEXTÜBERSCHREIBUNG in der EIGENSCHAFTEN-Palette verwenden oder ED (das Tastaturkürzel für den Befehl DDEDIT) eintippen, um Bemaßungstexte im Fenster des Absatztexteditors zu bearbeiten.

AutoCAD zeigt den wirklichen Bemaßungsabstand als Text in der eigentlichen Bemaßung an (und aktualisiert ihn, wenn die Abmessungen oder die Position des Objekts verändert werden). Sie können den wirklichen Abstand überschreiben, indem Sie einen anderen Wert oder einen Text eintippen. Sie können auch die tatsächliche Abstandangabe und dieser einen Text voran- (Präfix) oder nachstellen (Suffix), wenn Sie dabei spitze Klammern (die Zeichen < und >) als Platzhalter für den Bemaßungswert verwenden. Wenn Sie also zum Beispiel <> Max. eintippen und der tatsächliche Abstand 12,00 beträgt, dann zeigt AutoCAD 12.00 Max. als Bemaßungstext an. Wenn Sie das Objekt später dehnen und die tatsächliche Entfernung 14,5 beträgt, wird auch der Bemaßungstext entsprechend aktualisiert (14.50 Max.). Nun werden Sie sicherlich begreifen, warum das präzise Zeichnen und Bearbeiten der Objekte so wichtig ist!

Widerstehen Sie der Versuchung, die spitzen Klammern im vorgegebenen Bemaßungstext durch numerische Werte zu überschreiben. Dann kann AutoCAD die Maßangaben nämlich nicht nur nicht mehr aktualisieren, sondern Sie erhalten auch keinerlei diesbezügliche visuelle Hinweise (sofern Sie nicht gerade den Bemaßungstext bearbeiten). Wenn Sie Bemaßungstexte häufiger überschreiben, dürfte dies ein Hinweis darauf sein, dass der Ersteller der Zeichner keinen großen Wert auf den Einsatz von Präzisionstechniken gelegt hat. Ich will zwar auf niemanden mit dem Finger zeigen, aber Sie werden schon wissen, wen ich meine.

Steuern und Bearbeiten von Assoziativbemaßungen

Wenn Sie Bemaßungen mit Unterstützung von Objektfangmodi durch Auswahl von Objekten oder Objektpunkten erstellen, zeichnet AutoCAD normalerweise assoziative Bemaßungen, die mit den Objekten verbunden sind und mit diesen verschoben werden. Das ist bei neuen Zeichnungen der Fall, die mit AutoCAD 2002 oder neueren Versionen erstellt wurden.

In Zeichnungen, die mit älteren Versionen als AutoCAD 2002 erstellt oder zuletzt mit diesen bearbeitet wurden, müssen Sie die Systemvariable DIMASSOC auf den Wert 2 setzen, bevor AutoCAD 2009 assoziative Bemaßungen erstellt. Sie können diese Änderung für die aktuelle Zeichnung ganz einfach vornehmen, indem Sie das Dialogfeld OPTIONEN (EXTRAS|OPTIONEN) öffnen, die Registerkarte BENUTZEREINSTELLUNGEN anklicken und dort die Option NEUE BEMASSUNGEN ASSOZIATIV MACHEN aktivieren. Allerdings bezieht sich diese Einstellung nur auf anschließend neu gezeichnete Bemaßungen. Um bereits vorhandene Bemaßungen assoziativ zu machen, verwenden Sie den in der nachfolgenden Liste beschriebenen Befehl BEMREASSOZ. Weitere Informationen finden Sie in der *Befehlsreferenz* der Online-Hilfe bei der Systemvariablen DIMASSOC.

Wahrscheinlich werden Sie die folgenden drei Befehle nicht gerade oft benötigen. Sollten Sie aber darauf angewiesen sein, dann schlagen Sie unter dem Befehlsnamen in der Online-Hilfe nach.

- ✔ BEMREASSOZ: Wenn Sie es mit Bemaßungen zu tun haben, die aktuell nicht assoziativ sind (wahrscheinlich, weil sie mit älteren AutoCAD-Versionen erstellt wurden) oder mit den falschen Objekten verbunden sind, können Sie den Befehl BEMREASSOZ (BEMASSUNG|BEMASSUNGEN ERNEUT VERKNÜPFEN) dazu verwenden, um sie mit Punkten an Objekten Ihrer Wahl zu verbinden.
- ✔ BEMENTASSOZ: Sie können den Befehl BEMENTASSOZ dazu verwenden, die Verbindung zwischen einem Objekt und seiner Bemaßung zu trennen.
- ✔ BEMREGEN: In einigen wenigen Fällen aktualisiert AutoCAD geometriegesteuerte assoziative Bemaßungen nicht automatisch (vielleicht sollte Autodesk sie »üblicherweise geometriegesteuert, aber gelegentlich am Lenkrad einschlafende assoziative Bemaßungen« nennen). In derartigen Fällen kann der Befehl BEMREGEN für Abhilfe sorgen.

Schraffuren und Muster

15

In diesem Kapitel

- Zeichnungen mit Schraffuren versehen
- Vorhandene Schraffuren kopieren
- Vordefinierte und benutzerdefinierte Muster verwenden
- Einfarbige und abgestufte Füllungen erzeugen
- Die richtige Skalierung von Schraffuren
- Schraffurumgrenzungen auswählen
- Schraffuren bearbeiten

Wenn Sie geschlossene Bereiche in Zeichnungen mit speziellen Linienmustern füllen wollen, dann ist dieses Kapitel für Sie wie geschaffen.

Zeichner benutzen Schraffuren häufig, um auf das Material hinzuweisen, aus dem Objekte bestehen, wie zum Beispiel Isolierungen, Metall, Beton und so weiter. In anderen Fällen sollen Schraffuren die Abmessungen eines bestimmten Zeichnungselements betonen oder verdeutlichen, wie zum Beispiel die Position von Wänden in einem Gebäudeplan oder sumpfige Bereiche in einer Landkarte, damit klar wird, an welchen Stellen besser keine Straßen gebaut werden sollten. Abbildung 15.1 zeigt Schraffuren am Beispiel eines Bauelements.

Wie in Kapitel 13 erwähnt, zählen Schraffuren in AutoCAD zu den Beschriftungsobjekten. Schraffurmuster besitzen einen Skalierfaktor und lassen sich so erstellen, dass die Schraffurskalierung (dies wird im Abschnitt »So klappt's: Winkel und Skalierung der Schraffur« weiter hinten in diesem Kapitel erläutert) jeweils angepasst wird, wenn der Beschriftungsmaßstab geändert wird.

AutoCAD-Schraffuren sind eigenständige Objekte, die einen Bereich füllen, dessen Aussehen vom zugewiesenen Muster definiert wird und die mit den Objekten verbunden sind, die den Bereich eingrenzen, wie zum Beispiel Linien, Polylinien oder Bögen. Wenn Sie die Umgrenzung verändern, dann aktualisiert AutoCAD normalerweise auch die Schraffur, damit sie den in der Größe veränderten Bereich füllt.

Übertreiben Sie es nicht mit Schraffuren. Der Zweck der Schraffuren ist das Verdeutlichen, nicht das Erschlagen der anderen geometrischen Formen in der Zeichnung. Wenn Plots wie eine aus Schraffuren bestehende Patchworkdecke aussehen, wird es höchste Zeit für Vereinfachungen.

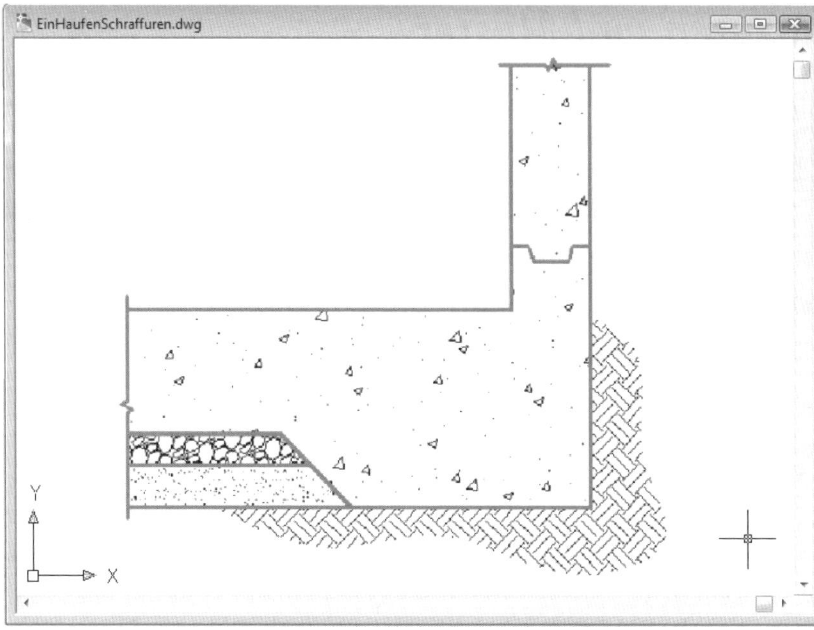

Abbildung 15.1: Jede Menge Schraffuren

Schraffuren sind eine andere Art von Objektbeschriftungen, die ähnliche Aufgaben wie Texte und Bemaßungen erfüllen. Am Anfang von Kapitel 13 weise ich darauf hin, dass Sie üblicherweise effizienter arbeiten, wenn Sie Anmerkungen erst relativ spät erstellen. Zeichnen Sie erst möglichst viel der Geometrie und nehmen Sie *dann* die erforderlichen Schraffuren vor. Nehmen Sie Schraffuren also gebündelt vor.

Schraffuren im Überblick

Dieser Abschnitt skizziert die beim Hinzufügen von Schraffuren zu einer Zeichnung über das Dialogfeld SCHRAFFUR UND ABSTUFUNG (siehe Abbildung 15.2) erforderlichen Schritte. (AutoCAD LT unterstützt Abstufungen nicht; daher heißt das Dialogfeld hier einfach SCHRAFFUR.) Sie können diese Informationen für einen schnellen Einstieg in Schraffuren benutzen. Wenn Sie mehr Informationen über die einzelnen Teile des Vorgangs benötigen, dann springen Sie einfach zu den relevanten Abschnitten unter der Überschrift »Erweitern der Grenzen (von Schraffuren)« weiter hinten in diesem Kapitel.

Standardmäßig wird das rechte Drittel des Dialogfelds SCHRAFFUR UND ABSTUFUNG nicht angezeigt. Um die zusätzlichen Optionen wie in Abbildung 15.2 einzublenden, klicken Sie rechts unten in der Ecke die Schaltfläche WEITERE OPTIONEN (rechts neben der HILFE-Schaltfläche) an.

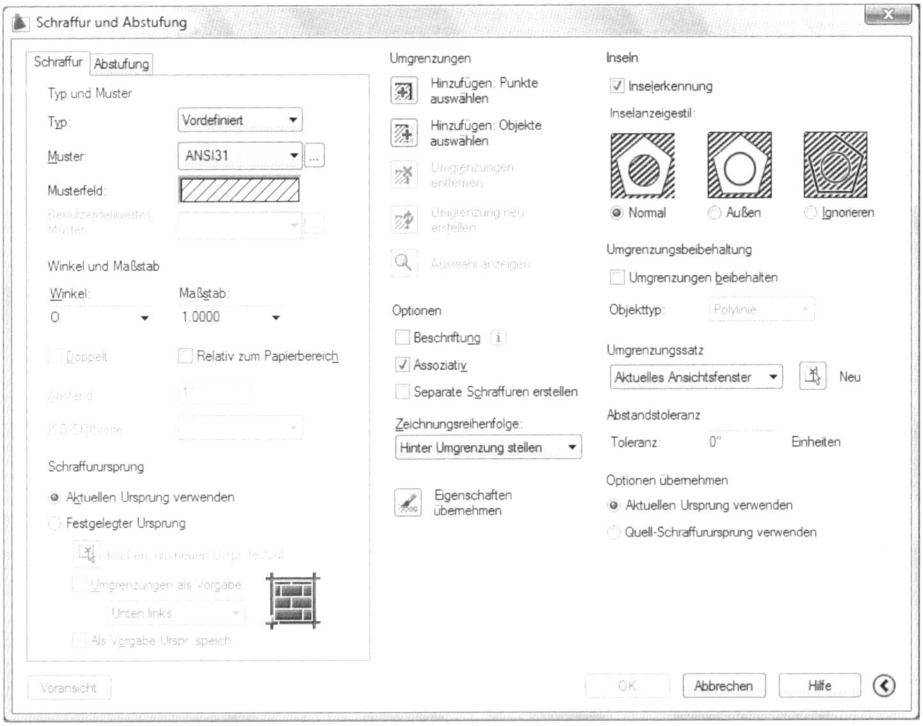

Abbildung 15.2: Die Registerkarte SCHRAFFUR *des Dialogfelds* SCHRAFFUR UND ABSTUFUNG

Die folgenden Schritte zeigen, wie Sie einen geschlossenen Bereich durch Auswahl von Punkten schraffieren können:

1. **Öffnen Sie eine Zeichnung mit Objekten mit geschlossenen Formen oder zeichnen Sie mit den in den Kapiteln 8 und 9 beschriebenen Befehlen ein paar neue Objekte.**

   Der zu schraffierende Bereich muss geschlossen sein. Die Befehle `KREIS`, `POLYGON` und `RECHTECK` und die Befehle `LINIE` und `PLINIE` mit der Option `Schließen` eignen sich zum Beispiel als Umgrenzungen für Schraffuren (Einzelheiten dazu finden Sie in den Kapiteln 8 und 9).

2. **Aktivieren Sie einen geeigneten Layer (siehe Kapitel 6).**

Üblicherweise ist es am besten, wenn für Schraffuren ein eigener Layer verwendet wird.

3. **Starten Sie den Befehl `SCHRAFF` durch Eingabe von `SCH` und Drücken von [↵]. Alternativ können Sie auf der Registerkarte** START **in der Gruppe** ZEICHNEN **(oder im klassischen Werkzeugkasten** ZEICHNEN**) die Schaltfläche** SCHRAFFUR **anklicken.**

Das Dialogfeld Schraffur und Abstufung (Schraffur in AutoCAD LT) wird angezeigt.

4. **Wählen Sie in der Dropdown-Liste Typ eine der Optionen Vordefiniert, Benutzerdefiniert oder Benutzerspez. aus.**

   Vordefiniert eignet sich in den meisten Fällen am besten. Einzelheiten dazu finden Sie im Abschnitt »Ganz neue Schraffuren« weiter hinten in diesem Kapitel.

5. **Wenn Sie im letzten Schritt Vordefiniert oder Benutzerdefiniert gewählt haben, können Sie nun in der Dropdown-Liste Muster Ihre Wahl treffen oder das Feld rechts neben dem Text Musterfeld anklicken. (Dann wird ein Dialogfeld zur Auswahl geöffnet.)**

   Wenn Sie Benutzerspez. ausgewählt haben, brauchen Sie kein Muster auszuwählen.

6. **Geben Sie einen Winkel und einen Massstab für das Schraffurmuster an. (Wenn Sie in Schritt 4 Benutzerdefiniert gewählt haben, geben Sie Werte für Winkel und Abstand ein.)**

   Weitere Informationen finden Sie im Abschnitt »So klappt's: Winkel und Skalierung der Schraffur« weiter hinten in diesem Kapitel.

7. **Wählen Sie bei Bedarf weitere Schraffuroptionen aus.**

   Aktivieren Sie bei diesem Beispiel das Kontrollkästchen Beschriftung nicht. Probieren Sie es erst einmal auf die altmodische Weise und sehen Sie sich dann erst den Abschnitt »Schraffuren für das 21. Jahrhundert« weiter hinten in diesem Kapitel an.

   Beschriftungsobjekte werden in Ableitung von der englischen Bezeichnung auch »annotative« Objekte genannt. Achten Sie jedenfalls darauf, dass Sie die beiden ein wenig ähnlich klingenden Wörter »annotativ« und »assoziativ« nicht durcheinanderbringen. Werden Beschriftungsschraffuren (*annotative* Schraffuren) definiert, dann werden sie automatisch neu skaliert, wenn der Beschriftungsmaßstab im Modellbereich oder in einem Ansichtsfenster geändert wird. *Assoziative* Schraffurobjekte (diese Option ist standardmäßig aktiviert) werden an die neuen Abmessungen von Objekten angepasst, wenn Schraffurumgrenzungen geändert werden.

   Wenn Sie eine Reihe geschlossener Bereiche auswählen und dann OK anklicken, werden die schraffierten Bereiche standardmäßig als einzelnes Objekt erstellt. Sie sollten daher das Kontrollkästchen Separate Schraffuren erstellen aktivieren, wenn Sie die schraffierten Bereiche einzeln ändern können wollen. In der Dropdown-Liste Zeichnungsreihenfolge geben Sie an, ob sich die Schraffurobjekte vor oder hinter den Schraffurumgrenzungen oder anderen Zeichnungsobjekten befinden sollen.

8. **Klicken Sie die Schaltfläche Hinzufügen: Punkte auswählen an.**

   Das Dialogfeld Schraffur und Abstufung verschwindet (vorübergehend) vom Bildschirm und im Befehlsfenster wird die folgende Aufforderung angezeigt:

```
Internen Punkt wählen oder [Objekte auswählen/Umgrenzungen entfernen]:
```

9. **Klicken Sie mit der Maus einen Punkt innerhalb der Umgrenzungslinien des Objekts an, das schraffiert werden soll.**

   AutoCAD analysiert die Zeichnung und ermittelt den zu schraffierenden Bereich. In komplexen Zeichnungen kann diese Analyse einige Sekunden lang dauern. AutoCAD markiert die gefundenen Grenzen.

Wenn AutoCAD den falschen Bereich ermittelt, klicken Sie mit der rechten Maustaste, wählen im Kontextmenü die Option ALLES LÖSCHEN und starten einen neuen Versuch.

10. **Klicken Sie den Zeichnungsbereich irgendwo mit der rechten Maustaste an und wählen Sie im Kontextmenü die Option EINGABE, um AutoCAD mitzuteilen, dass die Auswahl der Punkte abgeschlossen ist.**

    Das Dialogfeld SCHRAFFUR UND ABSTUFUNG wird wieder angezeigt.

11. **Klicken Sie die Schaltfläche VORANSICHT an, um eine Vorschau anzeigen zu lassen.**

    Das Dialogfeld SCHRAFFUR UND ABSTUFUNG verschwindet wieder (vorübergehend) und AutoCAD zeigt, wie die Schraffur aussehen wird.

```
Klicken oder ESC drücken, um zum Dialogfeld zurückzukehren oder
    <Rechtsklicken, um Schraffur zu akzeptieren>:
```

12. **Klicken Sie irgendwo in den Zeichnungsbereich, um wieder in das Dialogfeld SCHRAFFUR UND ABSTUFUNG zurückzukehren.**

    Wenn Sie an dieser Stelle bereits mit dem Ergebnis zufrieden sind, können Sie den Zeichnungsbereich mit der rechten Maustaste anklicken (oder einfach [↵] drücken), um die Schraffur zu übernehmen.

13. **Passen Sie die Einstellungen an und nutzen Sie die Voransicht, bis Sie mit dem Ergebnis zufrieden sind.**

14. **Klicken Sie OK an.**

    AutoCAD schraffiert den Bereich innerhalb der Umgrenzungen.

Gelegentlich kommt AutoCAD ein wenig durcheinander und passt die Schraffur nicht an geänderte Umgrenzungen an. Wenn dies geschieht, löschen Sie die Schraffur und erstellen sie für den aktuellen Bereich neu.

Erweitern der Grenzen (von Schraffuren)

Der Rest dieses Kapitels zeigt, wie Sie die im letzten Abschnitt vorgestellten Techniken verfeinern können. Ich werde beschreiben, wie vorhandene Muster kopiert werden können, was die verschiedenen Optionen des Dialogfelds SCHRAFFUR UND ABSTUFUNG bewirken und wie kompliziertere Umgrenzungen für Schraffuren festgelegt werden können.

Kopieren der Eigenschaften von Schraffuren

Eine elegante Möglichkeit des Schraffierens bietet die Schaltfläche EIGENSCHAFTEN ÜBERNEHMEN im Dialogfeld SCHRAFFUR UND ABSTUFUNG, mit dem die Schraffureigenschaften eines vorhandenen Schraffurobjekts kopiert beziehungsweise übertragen werden können. Dann brauchen Sie nur das Ziel anzuvisieren und draufzuhalten. Wenn bereits Schraffuren vorhanden sind, die Sie verwenden wollen, brauchen Sie nur die Schaltfläche EIGENSCHAFTEN ÜBERNEHMEN anzuklicken und die gewünschte Schraffur auszuwählen.

EIGENSCHAFTEN ÜBERNEHMEN aktualisiert die Einstellungen für die Schraffur im Dialogfeld SCHRAFFUR UND ABSTUFUNG so, dass sie denen des von Ihnen ausgewählten Schraffurobjekts entsprechen. Sie können die geklonten Einstellungen des Musters einfach übernehmen oder sie im Dialogfeld SCHRAFFUR UND ABSTUFUNG ändern.

Konsistenz (Einheitlichkeit) ist beim Zeichnen immer zu empfehlen und das gilt umso mehr für CAD, da hier einige oder alle Ihre Zeichnungen vielleicht noch lange verwendet werden. Daher wäre es gut, wenn Sie in allen Zeichnungen einheitliche Schraffuren, Skalierungen und Winkel für dieselben Zwecke verwenden würden. Stellen Sie fest, ob es für ein Projekt, im Büro, im Unternehmen oder in der Branche Schraffurstandards gibt, auf die Sie bei der Arbeit zurückgreifen können.

Ganz neue Schraffuren

Sie können vordefinierte, benutzerdefinierte oder benutzerspezifische Schraffurmuster verwenden. Sofern Ihnen nicht gerade eine großzügige Seele ein paar benutzerspezifische Muster schenkt, werden Sie vorwiegend mit vordefinierten oder benutzerdefinierten Schraffuren arbeiten.

Vordefinierte Schraffurmuster

Um die *vordefinierten* Schraffurmuster zu benutzen, wählen Sie in der Dropdown-Liste TYP oben auf der Registerkarte SCHRAFFUR des Dialogfelds SCHRAFFUR UND ABSTUFUNG die Option VORDEFINIERT aus. Damit bereiten Sie die Auswahl des Schraffurmusters vor.

Ein vordefiniertes Muster können Sie auf zweierlei Art auswählen:

- ✔ **Dropdown-Liste MUSTER:** Wenn Sie den Namen des Schraffurmusters kennen, dann können Sie ihn in der Dropdown-Liste MUSTER auswählen. Die Liste ist alphabetisch sortiert, wenn man einmal davon absieht, dass sich SOLID (einfarbige Füllung) und die zuletzt verwendeten Muster ganz am Anfang befinden.
- ✔ **Schaltfläche MUSTERFELD:** Wenn Sie den Namen des Musters nicht kennen oder lieber eine optische Auswahl treffen wollen, klicken Sie die Schaltfläche MUSTERFELD (die Schaltfläche mit den drei Punkten rechts neben dem Musternamen) an, um das Dialogfeld SCHRAFFURMUSTERPALETTE mit Voransichten und Namen anzeigen zu lassen. (Sie können übrigens

auch die Darstellung des Musters rechts neben dem Text MUSTERFELD anklicken, um dieses Dialogfeld aufzurufen.)

In AutoCAD stehen gut 70 vordefinierte Schraffurmuster zur Auswahl. Dazu zählen auch standardisierte ANSI- und ISO-Schraffurmuster (ANSI – American National Standards Institute; ISO – International Organization for Standardization). Abbildung 15.3 zeigt die Registerkarte ANDERE VORDEFINIERTE mit den darin enthaltenen Schraffurmustern von ESCHER bis TRIANG. Schraffurmuster, deren Namen mit *AR-* beginnen, sind für Architektur und verwandte Industriesparten gedacht und verwenden andere Skalierfaktoren als die übrigen Muster.

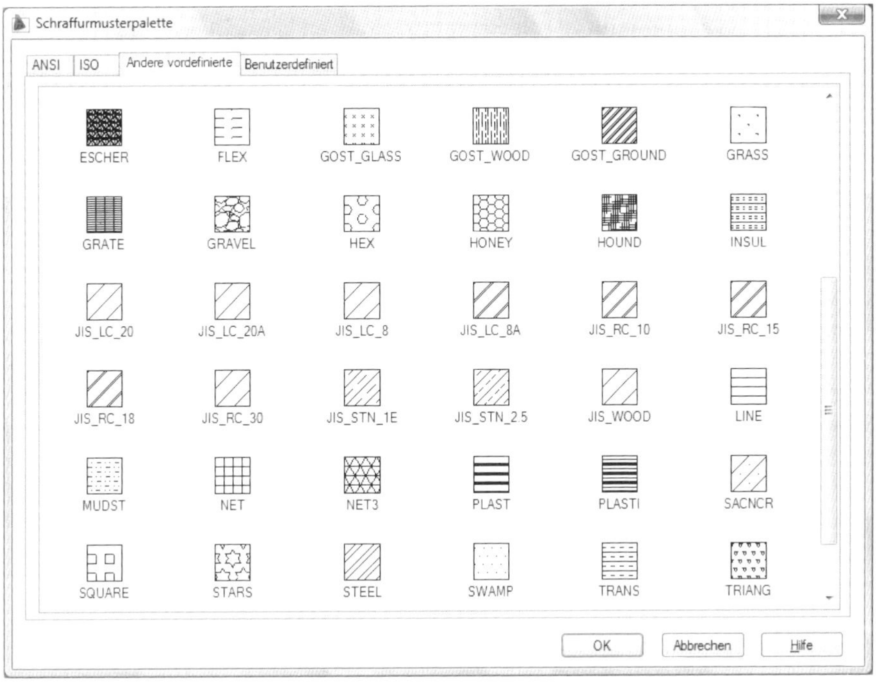

Abbildung 15.3: Eine Fülle von Schraffurmustern

Nach der Auswahl eines Musters geben Sie einen Winkel und die Skalierung an. Diese Schritte werden im Abschnitt »So klappt's: Winkel und Skalierung der Schraffur« in diesem Kapitel beschrieben.

Sie sind dran: Benutzerdefinierte Schraffuren

Ein *benutzerdefiniertes* Schraffurmuster erstellt ein solches aus parallelen Linien. Mit dieser Option können Sie ein einfaches Muster erzeugen und den Abstand der Linien in Papiereinheiten (Beschriftungsschraffuren) oder in Zeicheneinheiten (einfache Schraffuren) angeben. So können Sie zum Beispiel eine Wand in einem Gebäudeplan mit einem benutzerdefinierten Muster schraffieren und angeben, dass die Linien 5 Zentimeter voneinander entfernt sein sollen.

Nach der Auswahl von BENUTZERDEFINIERT in der Dropdown-Liste TYP im Dialogfeld SCHRAFFUR UND ABSTUFUNG geben Sie den Winkel und den Abstand der Linien an. Sie können das Kontrollkästchen DOPPELT aktivieren, um eine Kreuzschraffur zu erzeugen (zwei rechtwinklige Gruppen von Schraffurlinien). Bei benutzerdefinierten Schraffuren müssen Sie Werte unter WINKEL und ABSTAND (anstelle von WINKEL und MASSSTAB) eingeben

So klappt's: Winkel und Skalierung der Schraffur

Bei vordefinierten und benutzerspezifischen Schraffurmustern müssen Sie den Winkel und die Skalierung angeben, damit AutoCAD die Schraffur erzeugen kann. Bei der Angabe des Winkels sollte es keine großen Probleme geben, beim Maßstab kann es aber kompliziert werden. Da es sich (von wenigen Ausnahmen abgesehen) bei den Schraffurmustern in AutoCAD nicht um reale Objekte handelt, kommt es bei deren Maßstab nicht auf Präzision an. Hauptsache, sie sehen gut aus. Aber wo anfangen?

Die Antwort auf diese Frage hängt davon ab, ob es sich um Beschriftungsschraffuren handelt oder nicht. Wenn Sie es gern modern möchten, sollten Sie sich den folgenden Abschnitt »Schraffuren für das 21. Jahrhundert« ansehen. Wenn es sich nicht um Beschriftungsschraffuren handelt, müssen Sie den Schraffurmaßstab auf der Grundlage des Zeichnungsmaßstabs (siehe Kapitel 4) berechnen. Generell sehen Schraffurmuster meist gut aus, wenn der Schraffurmaßstab irgendwo halb bis dreiviertel so groß wie der Zeichnungsmaßstab ist. Das Muster EARTH (auf der Registerkarte ANDERE VORDEFINIERTE des Dialogfelds SCHRAFFURMUSTERPALETTE) sieht zum Beispiel in Zeichnungen mit vollem Maßstab (1:1) und einem Schraffurmaßstab von 0.75 gut aus. Wenn Sie die Schraffur mit dem Muster EARTH bei einem Zeichnungsmaßstab von 12 verwenden, sollten Sie es entsprechend mit einem Schraffurmaßstab von 9 (= 0,75 × 12) versuchen. Dieses Verfahren mit einem musterspezifischen Multiplikator und dem Zeichnungsmaßstab sorgt dafür, dass die Schraffuren in allen Maßstäben beim Plotten einheitlich aussehen (die Abstände zwischen den Linien sind identisch).

Ganz solide

Auch wenn Sie dies vielleicht nicht erraten hätten, AutoCAD behandelt das Füllen eines Bereichs mit einer einheitlichen Farbe wie eine Schraffur. Wählen Sie dazu einfach oben in der Dropdown-Liste MUSTER die Option SOLID aus.

Wie andere Objekte auch, übernimmt ein »solides« Muster die aktuelle Objektfarbe oder die Farbe des aktuellen Layers, wenn Sie unter FARBE die Einstellung VONLAYER verwenden. Daher müssen Sie prüfen, ob die aktuellen Layer- und Farbeinstellungen des Objekts passend gesetzt sind, bevor Sie die Option SOLID als Muster für die Schraffur auswählen (in Kapitel 6 finden Sie dazu weitere Einzelheiten).

Für einfarbige Füllung bietet AutoCAD eine Reihe anderer Möglichkeiten:

- ✔ Wenn Sie einen Kreis oder einen Ring füllen wollen, verwenden Sie dazu den Befehl `RING` (siehe Kapitel 9).
- ✔ Wenn Sie ein oder mehrere Liniensegmente mit einheitlicher oder unterschiedlicher Stärke erstellen wollen, verwenden Sie die Option `Breite` des Befehls `PLINIE` (siehe Kapitel 8).
- ✔ Wenn Sie ein Muster erstellen wollen, das erst solide beginnt, dann aber langsam in einer oder mehreren Richtungen verblasst (oder von einer in eine andere Farbe übergeht), können Sie dazu die Registerkarte ABSTUFUNG im Dialogfeld SCHRAFFUR UND ABSTUFUNG benutzen (in AutoCAD LT nicht verfügbar). Diese Option erzeugt Füllungen mit Farbverläufen (Gradienten). Sie können Farbe(n), Richtung(en) und Winkel des Farbverlaufs bestimmen.

Mit einfarbigen Füllungen oder Farbverläufen lässt sich eine alte Technik gut nachahmen, bei der bestimmte Bereiche in Blaupausen mithilfe eines helleren Stifts (meist rot) mit leichten Schatten versehen wurden. Die Abbildung zeigt einige Beispiele für Füllungen mit und ohne Farbverlauf.

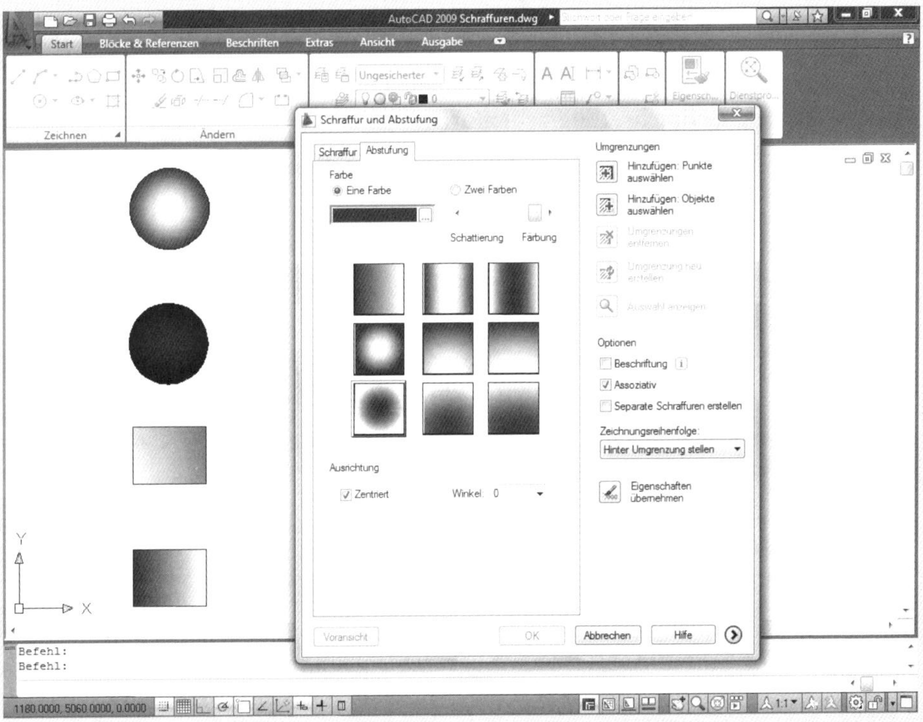

Autodesk hat die Schraffurmuster, deren Namen mit *AR*- beginnen, speziell für die Nutzung in Architekturzeichnungen erstellt. Und anders als die übrigen Muster, entsprechen sie realen Objekten. Die AR-Muster wurden zwar letztlich für den Schraffurmaßstab 1.0 entwickelt, aber in einigen Fällen müssen Sie den Wert nach oben oder unten anpassen, um einen passenden Maßstab zu erhalten.

Schraffuren für das 21. Jahrhundert

Wenn es sich bei Beschriftungsschraffuren handelt, beginnen Sie mit dem Papiermaßstab (denn da landen all Ihre tollen CAD-Gebilde schließlich) von 1:1. Auch hier sehen Schraffurmuster meist besser aus, wenn der Schraffurmaßstab irgendwo halb bis dreiviertel so groß wie der Papiermaßstab ist. Versuchen Sie es also mit einem Schraffurmaßstab von zum Beispiel 0.75. Die folgenden Schritte erläutern, wie Beschriftungsschraffuren (annotative Schraffuren) erstellt werden:

1. **Führen Sie die Schritte 1 bis 6 aus dem Abschnitt »Schraffuren im Überblick« weiter vorn in diesem Kapitel aus.**

   In diesen Schritten öffnen Sie das Dialogfeld Schraffur und Abstufung (in AutoCAD LT nur Schraffur) und wählen Muster, Winkel und Massstab aus.

2. **Im Bereich Optionen des Dialogfelds aktivieren Sie das Kontrollkästchen Beschriftung.**

   Diesmal werden Sie Beschriftungsschraffuren erstellen.

3. **Fahren Sie mit den Schritten 8 bis 14 aus dem Abschnitt »Schraffuren im Überblick« fort.**

   Das Dialogfeld Schraffur und Abstufung wird bei der Anpassung der Einstellungen und der Voransicht wiederholt ein- und ausgeblendet. In der Voransicht zeigt AutoCAD folgende Meldung an:

   ```
   Klicken oder ESC drücken, um zum Dialogfeld zurückzukehren oder
       <Rechtsklicken, um Schraffur zu akzeptieren>:
   ```

4. **Wenn die Schraffur gut aussieht, klicken Sie mit der rechten Maustaste, um die Schraffur zu übernehmen und den Befehl zu beenden.**

   Der Bereich innerhalb der Umgrenzungen wird schraffiert. Wenn Sie die Beschriftungsschraffur korrekt erstellt haben, wird das Objektsymbol für Beschriftungen (das Ende eines Dreikantlineals) neben dem Fadenkreuz angezeigt, wenn Sie es über die Schraffur führen.

5. **Wählen Sie das Schraffurobjekt aus. Klicken Sie dann mit der rechten Maustaste und wählen Sie im Kontextmenü Beschriftungsobjekt-Massstab|Massstäbe hinzufügen/löschen.**

   Nun wird das Dialogfeld Beschriftungs-Objektmassstab angezeigt, das eine Liste aller dem ausgewählten Objekt zugewiesenen Objektmaßstäbe enthält. Bei einem neuen Schraffurobjekt wird hier nur der aktuelle Beschriftungsmaßstab angezeigt. Bei einer neuen Zeichnung wird das wahrscheinlich der Vorgabewert 1:1 sein.

6. **Klicken Sie im Dialogfeld Beschriftungs-Objektmassstab die Schaltfläche Hinzufügen an.**

   Nun wird das Dialogfeld Massstäbe zu Objekt hinzufügen angezeigt, in dem eine List aller in der Zeichnung gespeicherten Zeichnungsmaßstabswerte angezeigt wird.

7. **Wählen Sie die gewünschten Maßstäbe aus der Liste aus. Um mehrere auszuwählen, halten Sie** [Strg] **oder** [⇧] **gedrückt. Klicken Sie dann OK an.**

   Das Dialogfeld Beschriftungs-Objektmassstab wird wieder angezeigt, in dem nun die zusätzlich ausgewählten Maßstäbe in der Liste mit aufgeführt werden.

Übertreiben Sie es nicht, indem Sie alle Maßstäbe in der Liste auswählen. Beschränken Sie sich auf die Maßstäbe, die Sie wahrscheinlich verwenden werden.

8. **Klicken Sie OK an.**

   Wenn Sie einem Schraffurobjekt (oder beliebigen Beschriftungsobjekten) Beschriftungsmaßstäbe zugewiesen haben, wird neben dem Fadenkreuz ein Paar dreieckiger Beschriftungsobjektsymbole angezeigt. Keine Sorge, auch wenn Sie jetzt tatsächlich doppelt sehen, haben Sie alles richtig gemacht!

9. **Öffnen Sie die Dropdown-Liste Beschriftungs-Massstab in der Statusleiste der Anwendung oder Zeichnung und wählen Sie einen der zum Objekt hinzugefügten Maßstäbe aus.**

   Die Beschriftungsschraffurobjekte ändern den Musterabstand, wenn Sie den Beschriftungsmaßstab ändern. Wenn Sie einen Maßstab aus der Liste auswählen, den Sie dem Objekt in Schritt 7 nicht zugewiesen haben, wird der Standardmaßstab 1:1 verwendet.

Abbildung 15.4 zeigt zwei Versionen derselben Zeichnung, einmal mit und einmal ohne Beschriftungsschraffuren. Wie die in der Statusleiste der Zeichnung angezeigten Beschriftungsmaßstäbe zeigen, ändern die Beschriftungsschraffuren ihren Maßstab, während die einfachen Schraffuren unverändert bleiben. Vor den mit AutoCAD 2008 eingeführten Beschriftungsschraffuren ließ sich dieser Effekt in den beiden Ansichten nur über das Erstellen zweier eigenständiger Layer (je einer für einen Schraffurmaßstab) und doppeltes Schraffieren der Objekte erreichen.

Festlegen von Umgrenzungen

Nach der Wahl des Schraffurmusters, des Winkels und der zu verwendenden Skalierung definieren Sie die Umgrenzung(en), die von dem Muster gefüllt werden sollen. Dazu können Sie die beiden folgenden Verfahren verwenden:

- ✔ Die Auswahl von Punkten innerhalb des zu schraffierenden Bereichs
- ✔ Die Auswahl von Objekten, die diesen Bereich umgeben

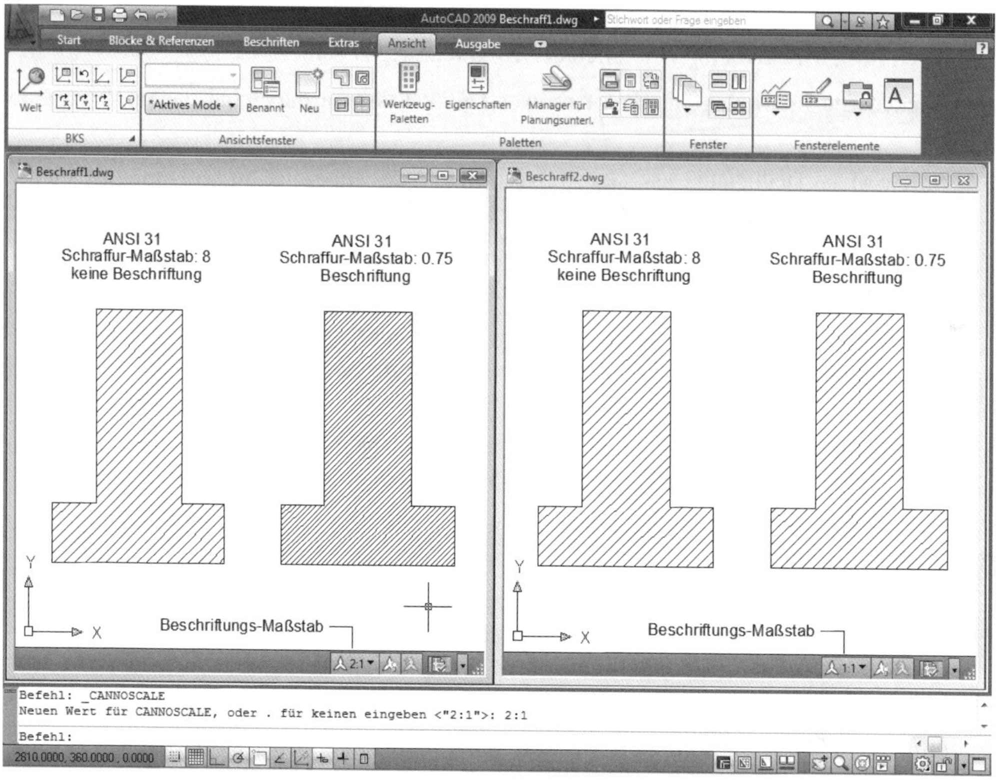

Abbildung 15.4: Beschriftungsschraffuren und herkömmliche Schraffuren

Die Schritte beim Einsatz dieser Verfahren sind für die meisten Anwender etwas verwirrend. Wahrscheinlich benötigen Sie ein wenig Übung, bevor Sie sich daran gewöhnt haben.

Der Gedanke hinter den beiden Festlegungsverfahren ist einfach, wenn er auf einfache Bereiche angewendet wird (auf geschlossene Bereiche, in denen sich keine weiteren Objekte befinden). Um einen solchen einfachen Bereich zu schraffieren, haben Sie zwei Möglichkeiten:

- ✔ Klicken Sie die Schaltfläche HINZUFÜGEN: PUNKTE AUSWÄHLEN im Dialogfeld SCHRAFFUR UND ABSTUFUNG an und wählen Sie dann einen Punkt *innerhalb* der Umgrenzung aus.
- ✔ Klicken Sie die Schaltfläche HINZUFÜGEN: OBJEKTE AUSWÄHLEN an und wählen Sie ein oder mehrere Objekte aus, die eine vollständig geschlossene Umgrenzung darstellen. AutoCAD füllt dann den entsprechenden Bereich mit dem Muster.

Diese einfache Schraffur wird ein wenig komplizierter, wenn sich ein geschlossenes Objekt innerhalb der Grenzen eines anderen befindet (siehe Abbildung 15.5). Aber mit der Voransicht und ein wenig Experimentieren lassen sich auch diese potenziell verwirrenden Varianten enträtseln.

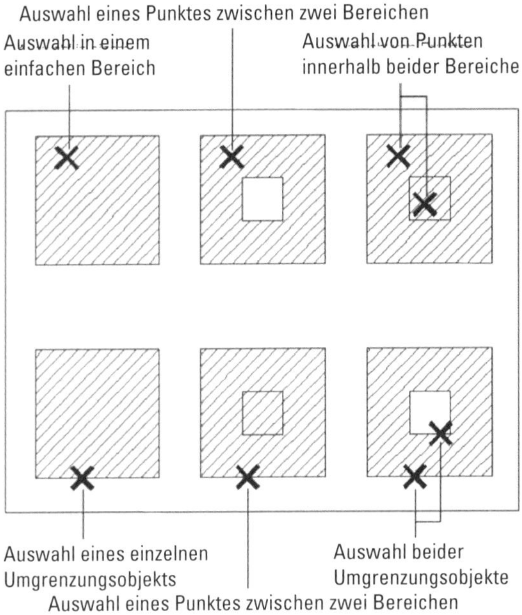

Abbildung 15.5: Auswahl für Schraffuren (»X« entspricht einem Auswahlpunkt)

Wie ich in diesem Kapitel bereits erwähnt habe, müssen die Umgrenzungen normalerweise *vollständig* geschlossen sein, bevor der Bereich schraffiert wird. Das ist einer der Gründe, die für den Einsatz von Präzisionstechniken beim Zeichnen von Objekten sprechen. Wenn die Umgrenzungslinien sich nicht *präzise* treffen oder kreuzen, werden Sie von AutoCAD ausgeschimpft und mit einer entsprechenden Fehlermeldung beglückt.

Wenn Sie die besagten Fehlermeldungen zu sehen bekommen, dann bedeutet das nichts weiter, als dass Sie die Linien oder anderen Objekte »reparieren« müssen, damit sich vollständig geschlossene Umgrenzungen ergeben. Manchmal können Sie den Befehl ABRUNDEN (ÄNDERN|ABRUNDEN) mit einem Nullradius verwenden, um dafür zu sorgen, dass sich zwei Linien präzise treffen. Das Bearbeiten mit Griffen eignet sich auch dazu, die Endpunkte präzise auszurichten. In Kapitel 10 werden diese beiden Bearbeitungstechniken beschrieben.

Schraffurmusterpaletten

Mit den in Kapitel 2 beschriebenen Werkzeugpaletten können Sie Schraffurmusterpaletten erstellen. Dann klicken Sie einfach das gewünschte Muster an und ziehen es in eine geschlossene Umgrenzung, um diese zu schraffieren. Wenn Ihre Ansprüche beim Schraffieren nicht allzu hoch sind, können Sie so eine Werkzeugpalette für häufig verwendete Muster und Skalierungen erstellen. Weitere Informationen finden Sie in der Online-Hilfe im *Handbuch für Benutzeranpassungen* unter der Überschrift *Benutzerspezifische Schraffurmuster*.

Bearbeiten von Schraffurobjekten

Wenn Sie mit dem Dialogfeld Schraffur und Abstufung vertraut sind, fällt das Bearbeiten vorhandener Schraffurmuster leicht. Führen Sie dazu die folgenden Schritte aus:

1. **Doppelklicken Sie auf das Schraffurobjekt.**

   AutoCAD öffnet das Dialogfeld Schraffur bearbeiten und zeigt die aktuellen Einstellungen des Objekts an.

2. **Nehmen Sie die gewünschten Änderungen vor, sehen Sie sich das Ergebnis in der Voransicht an und übernehmen Sie dann die Änderungen durch Drücken von [↵] oder Anklicken von OK.**

Alternativ können Sie die (in Kapitel 6 beschriebene) Eigenschaften-Palette dazu verwenden, die meisten möglichen Änderungen an Schraffurmustern vorzunehmen. Die Eigenschaften-Palette eignet sich insbesondere dann gut, wenn gleichzeitig mehrere Schraffuren geändert werden sollen. Und in AutoCAD 2009 können Sie zudem die Schnelleigenschaften-Leiste dazu verwenden, Änderungen noch effizienter durchzuführen.

Wenn Sie dafür sorgen wollen, dass zwei Schraffuren einheitlich aussehen, können Sie in der Multifunktionsleiste auf der Registerkarte Start in der Gruppe Eigenschaften (oder im klassischen Standard-Werkzeugkasten) die Schaltfläche Eigenschaften anpassen anklicken.

Über die vielfältigen Optionen in den Dialogfeldern Schraffur und Abstufung und Schraffur bearbeiten können Sie Schraffurmuster auf vielerlei sinnvolle und weniger sinnvolle Art und Weise optimieren. So können Sie zum Beispiel einfach einen neuen Ursprungspunkt für Schraffurobjekte festlegen, Bereiche schraffieren, die auf dem Bildschirm nicht vollständig sichtbar sind, optional mehrere Umgrenzungen in einem Arbeitsgang schraffieren und die Schraffuren als einzelne, eigenständige Objekte behandeln lassen.

Die Fläche eines Schraffurobjekts können Sie ermitteln, indem Sie es einfach auswählen und dann über das Kontextmenü die Eigenschaften-Palette öffnen. Im Abschnitt Geometrie fast am Ende der Palette finden Sie die entsprechende Flächenangabe.

Der Plot verdichtet sich

16

In diesem Kapitel

- Drucker und Plotter konfigurieren
- Den Modellbereich plotten
- Maßstabsgetreues Plotten
- Papierbereichslayouts plotten
- Linienstärken und Farben plotten
- Den Plot mit Plotstilen steuern
- Fehlersuche beim Plotten

Auch wenn es immer mehr Büros gibt, in denen ein (oder zwei) Rechner auf jedem Schreibtisch stehen, müssen oder wollen viele Leute weiterhin mit gedruckten Zeichnungen arbeiten. Sollten Sie geglaubt haben, dass Sie sich beim Einsatz von AutoCAD von auf Papier ausgedruckten Versionen der Zeichnungen verabschieden können, dann befinden Sie sich zwar auf dem Holzweg, aber immerhin können Sie selbst die Zeichnungen erst einmal auf dem Bildschirm betrachten. Jedenfalls werden Sie wahrscheinlich immer noch Ausdrucke für weniger gewiefte Kollegen anfertigen müssen, die nicht mit AutoCAD arbeiten. Vielleicht wollen Sie ja auch nur ein paar schnelle Ausdrucke anfertigen, um sie auf der Busfahrt nach Hause studieren zu können. Viele Fehler, die sonst in den virtuellen Weiten des Computerbildschirms verborgen bleiben, fallen oft erst auf, wenn Sie die Zeichnungen auf die altmodische Weise mit dem Rotstift im Ausdruck prüfen.

Wie die Gründe auch aussehen, wahrscheinlich werden Sie Zeichnungen irgendwann – eher früher als später – ausdrucken wollen. Je nach Stand des Projekts ähnelt das Plotten einem Rätselquiz, einer Zwischen- oder einer Abschlussprüfung eines Semesters im Zeichnen. Dieses Kapitel soll Ihnen dabei helfen, den Test mit Auszeichnung zu bestehen.

Sie nennen es drucken, ich sage plotten

Plotten hieß ursprünglich das Erstellen eines Ausdrucks auf Papier mit einem Gerät, das größere Blätter (zum Beispiel A1 oder A0) bedrucken konnte. (Mehr über Papierformate erfahren Sie in Kapitel 4.) Die verwendeten Plotter arbeiteten häufig wie Roboter mit Zeichenstiften auf großen Folien aus Pergament oder Kunststoff. Aus den Folien ließen sich dann mithilfe spezieller *Blaupausmaschinen* weniger kostspielige Kopien erstellen. *Drucken* bedeutete das Erstellen von Ausdrucken mit gewöhnlichen Druckern und gängigen Papierformaten, wie zum Beispiel A4 (21 × 29,7 cm) oder A3 (29,7 × 42 cm).

Heute unterscheiden die meisten AutoCAD- und CAD-Anwender nicht mehr zwischen plotten und drucken. AutoCAD-Veteranen sagen üblicherweise »plotten«, und Sie können es ihnen gleichtun, wenn Sie dazugehören wollen.

Wie Sie es auch nennen, das Plotten einer AutoCAD-Zeichnung ist jedenfalls beträchtlich komplizierter als das Ausdrucken eines Dokuments einer Textverarbeitung oder Tabellenkalkulation. CAD muss mehr Plotter und Drucker, Zeichnungstypen und Ausgabeverfahren als andere Computeranwendungen unterstützen. AutoCAD versucht Sie zwar bei der Zähmung des riesigen Dschungels der Plottervarianten zu unterstützen, aber Sie werden wahrscheinlich feststellen, dass es einige Zeit dauert, bis Sie wirklich ablegen können und die richtige Route zum gewünschten Plot gefunden haben.

Mit dem System

Eine der Komplikationen beim Drucken rührt daher, dass AutoCAD zwei verschiedene Arten der Kommunikation mit Plottern und Druckern kennt. Betriebssysteme und die darunter laufenden Programme nutzen spezielle Software (sogenannte *Druckertreiber*), um Daten für die Ausgabe vorzubereiten und zum Drucker oder Plotter zu übertragen. Wenn Sie Windows so konfigurieren, dass ein neu an einen Rechner oder das Netzwerk angeschlossener Drucker erkannt wird, dann installieren Sie eigentlich einen Druckertreiber. AutoCAD arbeitet – wie alle anderen Windows-Programme – mit den für Windows konfigurierten Druckern zusammen. AutoCAD nennt diese *Systemdrucker*, da sie Teil des Windows-Systems sind.

Aber im Unterschied zu anderen Windows-Programmen kann sich AutoCAD nicht ganz aus diesem Geschehen heraushalten. Es hat sich herausgestellt, dass einige Ausgabegeräte und speziell einige größere Plotter von den Windows-Systemdruckertreibern nicht gerade besonders effizient angesteuert werden. Aus diesem Grund werden zusammen mit AutoCAD spezielle *systemfremde Treiber* (Treiber, die nicht Bestandteil des Windows-Systems sind) für Plotter von Unternehmen wie Hewlett-Packard, Xerox und Océ geliefert. Diese Treiber sind so etwas wie nicht gewerkschaftlich organisierte Arbeiter. Sie ignorieren die normalen Regeln der Kommunikation mit Windows-Druckern, um ihre Aufgaben ein wenig schneller und flexibler erledigen zu können.

Die Verwendung bereits konfigurierter Windows-Systemdrucker ist üblicherweise am einfachsten. Diese funktionieren auch reibungslos, was insbesondere für Geräte gilt, die kleine Papierformate bedrucken, wie zum Beispiel Laser- und Tintenstrahldrucker. Wenn Sie jedoch einen großen Plotter besitzen, könnte es sein, dass Sie nach der Installation systemfremder Treiber zu einer schnelleren Ausgabe, besserer Plotqualität oder mehr Plotfunktionen kommen. Mehr dazu erfahren Sie im Inhalt der Online-Hilfe im *Handbuch für Treiber und Peripheriegeräte* im Abschnitt *Verwenden von Plottern und Druckern*.

Konfigurieren ist Trumpf

Für den Moment müssen Sie lediglich dafür sorgen, dass AutoCAD die zum Plotten zu verwendenden Geräte erkennt.

Die folgenden Schritte erläutern die Vorgehensweise:

1. **Starten Sie AutoCAD und öffnen Sie eine vorhandene Datei oder beginnen Sie mit einer neuen, leeren Zeichnung.**
2. **Wählen Sie im Menü-Browser oder der klassischen Menüleiste Extras|Optionen, um das Dialogfeld Optionen anzeigen zu lassen, und klicken Sie die Registerkarte Plotten und Publizieren an.**
3. **Klicken Sie den Pfeil neben dem Dropdown-Listenfeld bei der Option Als Vorgabe-Ausgabegerät verwenden an (siehe Abbildung 16.1).**

   Die Liste enthält zwei Gerätearten, auf die links neben den Gerätenamen durch zwei verschiedene Symbole hingewiesen wird, die sich etwas schwer unterscheiden lassen:

   - Das kleine Symbol eines Laserdruckers mit einem Blatt Papier, das oben einliegt, weist auf die Konfiguration eines Windows-Systemdruckers hin.
   - Das kleine Symbol eines Plotters, bei dem das Papier vorn einliegt, weist auf eine (AutoCAD-spezifische) Konfiguration hin, bei der es sich nicht um im Windows-System konfigurierte Ausgabegeräte (systemfremde Drucker) handelt.

   Die Namen der nicht im Windows-System konfigurierten Ausgabegeräte enden immer mit *.pc3*, da diese in speziellen AutoCAD-Plotterkonfigurationsdateien der Version 3 gespeichert werden. Wenn Sie also Probleme beim Unterscheiden der Symbole haben, können Sie sich immer noch an der Namensendung *.pc3* orientieren.

4. **Prüfen Sie, ob in der Liste alle Drucker und Plotter vorhanden sind, die Sie unter AutoCAD benötigen.**

   Wie Sie vorgehen müssen, falls das nicht der Fall ist, hängt vom verwendeten Betriebssystem ab. Unter Windows XP wählen Sie Start|Drucker und Faxgeräte und klicken links oben im Fenster unter Druckeraufgaben den Link Drucker hinzufügen an. Unter Windows Vista wählen Sie Start|Systemsteuerung, unter Hardware und Sound die Option Drucker und klicken dann am oberen Rand des Fensters Drucker hinzufügen an. Folgen Sie anschließend den Anleitungen. Wenn sich der gewünschte Drucker nicht in der von Windows vorgegebenen Liste befindet, brechen Sie den Assistenten ab und begeben sich auf die Suche nach dem Datenträger mit den Treibern, die zusammen mit Ihrem Drucker/Plotter ausgeliefert wurde, oder laden sich (noch besser) den aktuellen Treiber von der Website des Druckerherstellers herunter.

5. **Wählen Sie das Ausgabegerät, das standardmäßig für neue Zeichnungen benutzt werden soll.**
6. **Klicken Sie OK an, um das Dialogfeld zu schließen und die in den vorherigen Schritten vorgenommenen Änderungen zu übernehmen.**

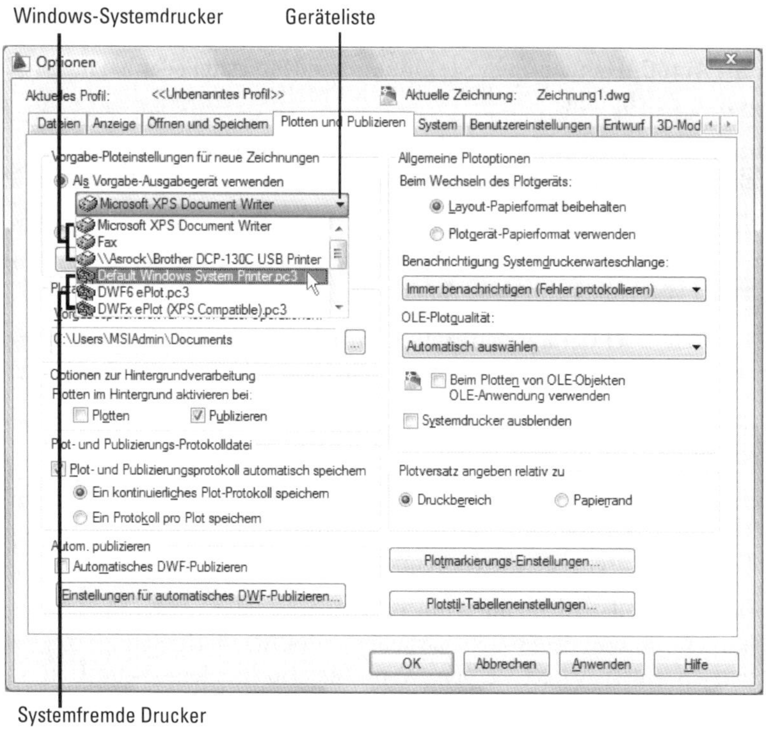

Abbildung 16.1: Windows-Systemdrucker und AutoCAD-Plotterkonfigurationen

Den Assistenten Plotter hinzufügen von AutoCAD benutzen Sie, um Treiber zu konfigurieren, die nicht zum Windows-System gehören. (Klicken Sie in der Multifunktionsleiste auf der Registerkarte Ausgabe in der Gruppe Plot die Schaltfläche Plot-Manager an oder wählen Sie in der klassischen Menüleiste Datei|Plot-Manager, um sich ein Fenster anzeigen zu lassen, das eine Verknüpfung zum Aufruf des Assistenten enthält.) Dieser Assistent ähnelt dem Windows-Assistenten Neuer Drucker. Wenn Sie einen normalen Drucker unter Windows installieren können, sollten Sie auch die Installation eines nicht zum Windows-System gehörigen Plotters unter AutoCAD bewältigen können. Wenn Sie die Schritte des Assistenten abgeschlossen haben, speichert AutoCAD die Informationen in einer PC3-Datei (Plotterkonfiguration Version 3). Bei manchen Druckern werden Sie darauf hingewiesen, dass Sie den Assistenten Plotter hinzufügen beenden sollen und das Gerät als Windows-Systemdrucker installieren sollen. (In der Online-Hilfe finden Sie dazu weitere Informationen.) Viele Anwender sind der Meinung, dass die Standardtreiber gut funktionieren, aber wie bereits erwähnt, unterstützen die spezifischen Treiber möglicherweise zusätzliche Papierformate und praktische Einstellungen.

Ein einfacher Plot

Glauben Sie mir einfach. Sie wissen, dass Sie das Plotten mit AutoCAD nicht binnen fünf Minuten beherrschen werden. Aber das ändert nichts daran, dass Boss, Frau, Ehemann, Vorarbeiter oder elf Jahre alte Kinder einen schnellen Prüfausdruck Ihrer Zeichnung haben wollen ... und Sie verspotten werden, wenn Sie einen solchen nicht liefern können.

In 16 Schritten zum erfolgreichen Plot

Es folgt das auf das Notwendigste beschränkte Schnellverfahren zum Plotten einer einfachen Zeichnung, das aus »nur« 16 Schritten besteht! Dabei wird davon ausgegangen, dass Sie den Modellbereich plotten, dass die Registerkarte Modell unten im Zeichnungsbereich aktiviert ist und dass die Zeichnung auf dem Bildschirm so angezeigt wird, wie sie geplottet werden soll. (Auf das Plotten von Registerkarten mit Papierbereichslayouts gehe ich im Abschnitt »Das Plotten der Layouts« weiter hinten in diesem Kapitel näher ein.) Bei dem Verfahren in diesem Abschnitt werden keine Linienstärken berücksichtigt. (Einzelheiten dazu finden Sie im Abschnitt »Linienstärken und Farben plotten« weiter hinten in diesem Kapitel.) Es sollte jedoch zu einem Blatt Papier führen, dessen Inhalt zumindest vage den von AutoCAD auf dem Bildschirm angezeigten Objekten entspricht.

Führen Sie diese Schritte aus, um einen einfachen, nicht maßstabsgetreuen (schwarz-weißen) Plot einer Zeichnung zu erstellen:

1. **Öffnen Sie die Zeichnung in AutoCAD.**

2. **Klicken Sie die Schaltfläche Modell in der Statusleiste an, um dafür zu sorgen, dass Sie den Inhalt des Modellbereichs plotten.** Wenn die Registerkarten Modell und Layout und nicht die Schaltflächen in der Statusleiste angezeigt werden, klicken Sie die Registerkarte Modell an.

   Modellbereich und Papierbereich werden in den Kapiteln 4 und 5 erläutert. Wie Papierbereichslayouts ausgegeben werden, erfahren Sie weiter hinten in diesem Kapitel.

3. **Vergrößern Sie die Zeichnung auf deren Grenzen.** Klicken Sie auf der Registerkarte Start in der Gruppe Dienstprogramme den abwärts weisenden Pfeil neben der Schaltfläche Zoom (die mit dem Vergrößerungsglas) an und wählen Sie dann im Menü die Option Grenzen. (In der klassischen Menüleiste wählen Sie Ansicht|Zoom|Grenzen.)

   Bei den Zeichnungsgrenzen handelt es sich um einen rechteckigen Bereich, der gerade groß genug ist, um alle Objekte der Zeichnung zu umfassen.

4. **Um das Dialogfeld Plotten anzeigen zu lassen, klicken Sie die Schaltfläche Plotten im Schnellzugriff-Werkzeugkasten (oder im Arbeitsbereich AutoCAD Klassisch im Werkzeugkasten Standard) an.**

Das Dialogfeld Plotten wird angezeigt (siehe Abbildung 16.2).

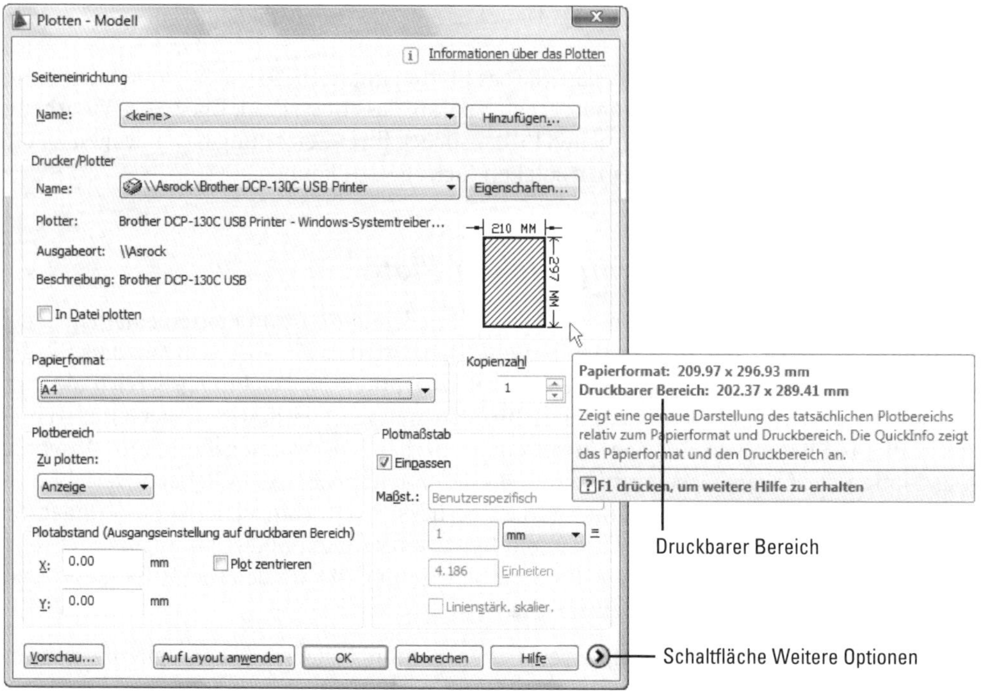

Abbildung 16.2: Das Dialogfeld Plotten *mit einem QuickInfo-Fenster, das den druckbaren Bereich angibt*

5. **Im Bereich Drucker/Plotter wählen Sie in der Dropdown-Liste Name ein Gerät aus.**

6. **Im Bereich Papierformat wählen Sie die Papiergröße aus, die in Ihrem Drucker oder Plotter liegt.**

   Sorgen Sie dafür, dass das Papierformat groß genug ist, damit die Zeichnung im zu plottenden Maßstab daraufpasst. Wenn Sie zum Beispiel eine Zeichnung in A2-Größe auf einem A4-Drucker ausgeben wollen, haben Sie Pech gehabt, zumindest sofern Sie nicht mehrere Blätter zusammenkleben wollen.

7. **Unter Plotbereich wählen Sie in der Dropdown-Liste Zu plotten die Option Grenzen.**

   Wenn Sie die Limiten, wie in Kapitel 4 vorgeschlagen, passend eingestellt haben, können Sie auch Limiten anstelle des definierten Zeichnungsbereichs zum Plotten wählen. Die Option Fenster (hier wird ein markierter Bereich geplottet) ist dann nützlich, wenn man nur einen Teil einer Zeichnung plotten will.

8. **Im Bereich Plotabstand (Ausgangseinstellung auf druckbaren Bereich) aktivieren Sie das Kontrollkästchen Plot zentrieren.**

   Alternativ können Sie Abstände angeben, um den Plot an eine bestimmte Stelle auf das Papier zu setzen.

9. **Im Bereich Plotmassstab aktivieren Sie entweder das Kontrollkästchen Einpassen oder Sie deaktivieren es und geben einen Maßstab an (durch Auswahl aus der Dropdown-Liste oder Eingabe in die zwei Textfelder).**

   Die meisten echten Plots werden in einem bestimmten Maßstab erstellt. Vorläufig können Sie aber das Kontrollkästchen Einpassen aktivieren. Wenn die Ausgabe in einem bestimmten Maßstab erfolgen soll, finden Sie weitere Hinweise im Abschnitt »Nicht einpassen, sondern skalieren« weiter hinten in diesem Kapitel.

10. **Klicken Sie die Schaltfläche Weitere Optionen (in der unteren rechten Ecke des Dialogfelds neben der Schaltfläche Hilfe) an.**

    Im Dialogfeld Plotten werden weitere Einstellungen angezeigt (siehe Abbildung 16.3).

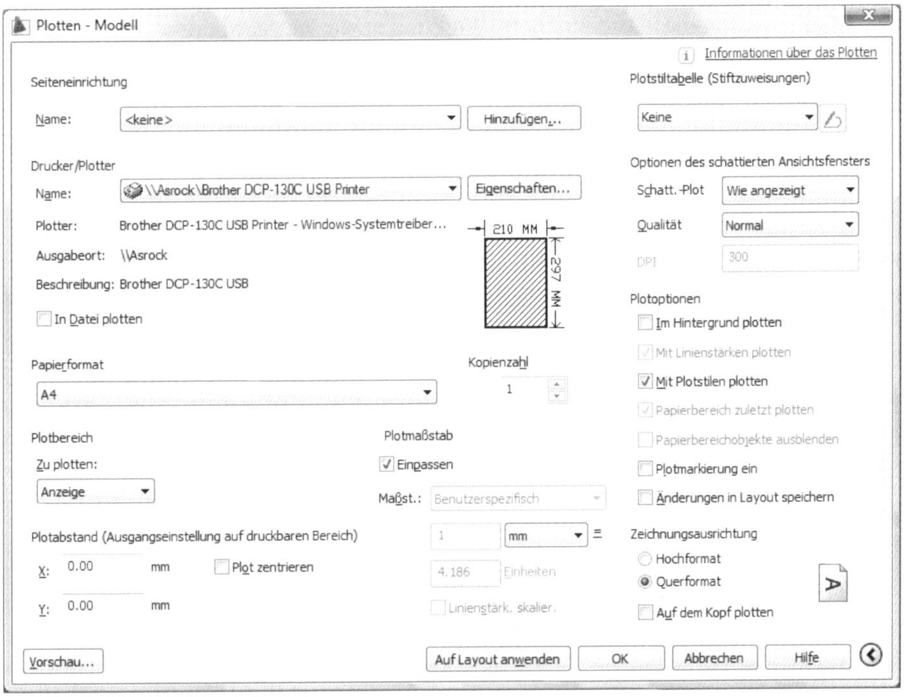

Abbildung 16.3: Das erweiterte Dialogfeld Plotten

11. **Im Bereich Plotstiltabelle (Stiftzuweisungen) wählen Sie in der Dropdown-Liste `monochrome.ctb` oder `monochrome.stb` aus.**

Wenn in einem Dialogfeld die Frage »Diese Plotstiltabelle allen Layouts zuweisen?« angezeigt wird, klicken Sie Ja an, damit `monochrome.ctb` (oder `monochrome.stb`) zur Vorgabe-Plotstiltabelle für die Registerkarten mit Papierbereichslayout und dem Modellbereich wird. Wenn Sie diese Frage mit Nein beantworten, bezieht sich die Änderung nur auf die aktuell zu druckende Registerkarte.

Im Abschnitt »Plotten mit Stil« weiter hinten in diesem Kapitel werden Plotstiltabellen beschrieben.

12. **Im Bereich Plotoptionen sorgen Sie dafür, dass das Kontrollkästchen Mit Plotstilen plotten aktiviert ist und das Kontrollkästchen Änderungen in Layout speichern wie in Abbildung 16.3 nicht aktiviert ist.**

    Wenn man das Kontrollkästchen Änderungen in Layout speichern deaktiviert lässt, benutzt AutoCAD die geänderten Ploteinstellungen nur für diesen Plot. Beim nächsten Plotten der Zeichnung werden dann wieder die ursprünglichen Ploteinstellungen verwendet.

    Wenn Sie sich mit dem Plotten vertraut gemacht haben, werden Sie dieses Kontrollkästchen vielleicht aktivieren, damit AutoCAD die Vorgaben für die Ploteinstellungen ändert. Alternativ können Sie die Schaltfläche Auf Layout anwenden anklicken, damit die aktuellen Ploteinstellungen zur Vorgabe beim zukünftigen Plotten der Zeichnung für diese Registerkarte (hier der Registerkarte Modell) wird.

13. **Im Bereich Zeichnungsausrichtung wählen Sie entweder Hochformat oder Querformat.**

    Das Symbol (der Buchstabe A auf einem Blatt) in der unteren rechten Ecke hilft Ihnen vielleicht dabei, die richtige Ausrichtung zu wählen. Falls nicht, sollte Ihnen die Vorschau im nächsten Schritt sicherlich die Antwort geben.

14. **Klicken Sie die Schaltfläche Vorschau an und prüfen Sie, ob Plotausrichtung und Papierformat dem verwendeten Papier entsprechen (siehe Abbildung 16.4).** Klicken Sie dann mit der rechten Maustaste und wählen Sie Beenden, um zum Dialogfeld Plotten zurückzukehren.

15. **Wenn in der Vorschau Probleme auftreten, passen Sie die Ploteinstellungen an (zum Beispiel Plotbereich, Skalierung oder Ausrichtung) und lassen die Vorschau erneut anzeigen, bis der Plot wie gewünscht aussieht.**

16. **Klicken Sie OK an, um den Plot zu erstellen.**

    Wenn AutoCAD das Erzeugen und Übertragen des Plots abgeschlossen hat, wird oberhalb der Statusleiste in einer Sprechblase die Meldung Plotten und Publizieren-Auftrag abgeschlossen angezeigt. Wenn Sie diese Benachrichtigungen nicht sehen wollen, klicken Sie am rechten Rand der Statusleiste das Symbol Plot/Publizierungs-Details-Bericht verfügbar an und deaktivieren die Option Sprechblasen-Benachrichtigung aktivieren.

Wie versprochen, 16 Schritte. Wenn die Ausgabe aus irgendwelchen Gründen nicht funktionieren sollte, nun – dann habe ich ja bereits darauf hingewiesen, dass das Plotten mit AutoCAD kompliziert und manchmal etwas launisch ist! Lesen Sie den Rest des Kapitels, um mehr über die zahlreichen anderen Plotoptionen zu erfahren, die dafür sorgen können, dass das Plotten schiefgeht. Wenn Sie es besonders eilig haben, können Sie aber auch erst einmal einen Blick in den Abschnitt zur Fehlersuche (»Ärger beim Plotten«) am Ende des Kapitels werfen.

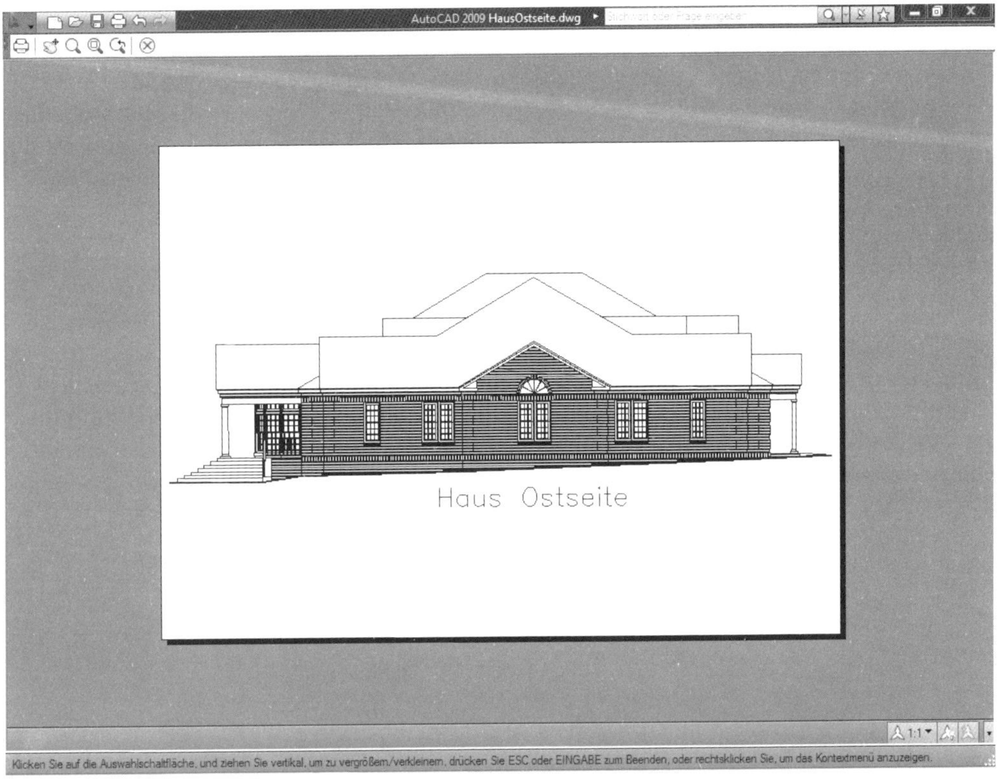

Abbildung 16.4: Eine Vorschau der anstehenden Plot-Traktionen

Vorschau, aber dalli

Einer der Schlüssel zum effizienten Plotten ist das häufige Anklicken der Schaltfläche VORSCHAU. Die briefmarkengroße partielle Vorschau in der Mitte des Dialogfelds PLOTTEN bietet eine schnelle Möglichkeit, um sich davon zu überzeugen, dass der Plot auch auf das Blatt passt und richtig ausgerichtet ist. Wenn der Plotbereich im aktuellen Maßstab zu groß für das Blatt ist, zeigt AutoCAD dicke rote Warnlinien an der Seite oder den Seiten des Blattes an, an denen die Zeichnung abgeschnitten wird.

Klicken Sie die Schaltfläche VORSCHAU an, um eine vollständige Vorschau in einem eigenen Fenster anzeigen zu lassen. Die vollständige Vorschau entspricht dem Aussehen der Zeichnung auf dem Papier und zeigt Linienstärken, Farben und andere geplottete Objekteigenschaften. Sie können in der Vorschau mithilfe des Kontextmenüs zoomen und pannen. (Was Sie dabei auch anstellen, auf den letztlich gedruckten Bereich der Zeichnung hat dies keinen Einfluss. Beim Zoomen und Pannen in der Plotvorschau betrachten Sie lediglich verschiedene Bereiche genauer.)

Nicht einpassen, sondern skalieren

Bei den meisten praktischen Plotaufgabenstellungen werden Sie einen bestimmten Maßstab verwenden wollen und AutoCAD nicht die Berechnung eines krummen Maßstabs überlassen, bei dem die Zeichnung zufällig eben noch auf das Blatt Papier passt. Und wenn Sie die Registerkarte MODELL einer Zeichnung maßstabsgetreu plotten wollen, dann müssen Sie den Skalierfaktor der Zeichnung kennen. Einrichtungskonzepte werden in Kapitel 4 beschrieben, und in Kapitel 13 finden Sie einige Tipps zur Bestimmung des Skalierfaktors von Zeichnungen, die von Dritten erstellt wurden.

Wenn die Zeichnung in einem Standardmaßstab (zum Beispiel 1:50) erstellt wurde, wählen Sie einfach diesen Maßstab in der praktischen Dropdown-Liste MASSSTAB im Dialogfeld PLOTTEN aus. Wenn sich der Maßstab nicht in der Liste befindet, tippen Sie das Verhältnis zwischen geplottetem Abstand und dem Abstand in der AutoCAD-Zeichnung in die zwei Textfelder unterhalb der Dropdown-Liste MASSTAB ein (siehe Abbildung 16.5). Am einfachsten lässt sich das Verhältnis üblicherweise angeben, wenn man eine 1 in das obere Feld und den Skalierfaktor der Zeichnung in das untere Feld eintippt. (In Kapitel 4 finden Sie weitere Informationen dazu.)

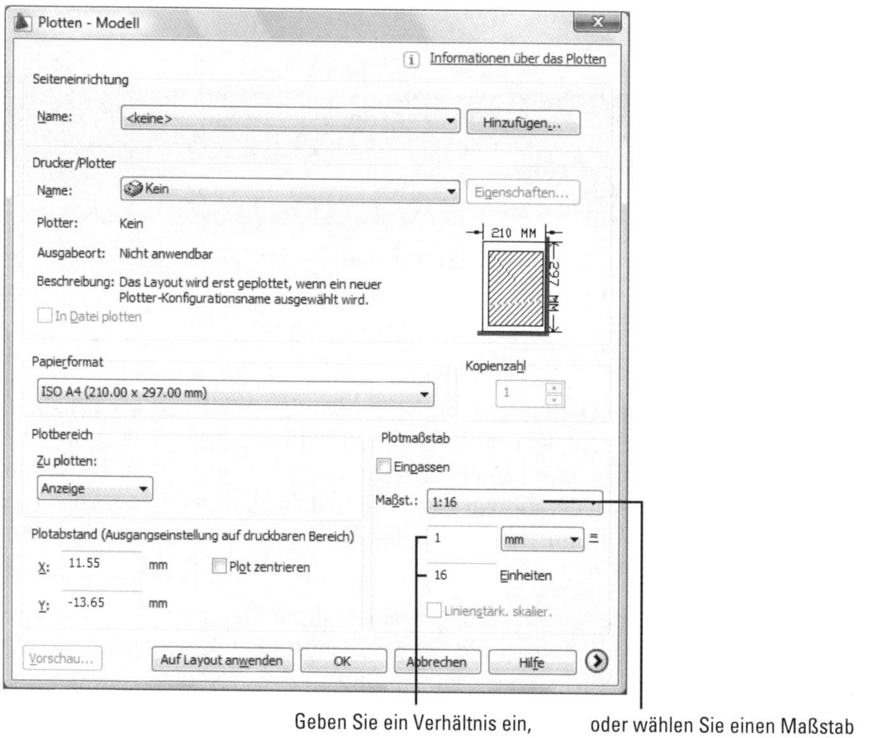

Abbildung 16.5: Viele Möglichkeiten der Skalierung

Ihr CAD-Manager hat vielleicht ungewöhnliche Maßstäbe zur Dropdown-Liste Massstab hinzugefügt oder im Unternehmen nie verwendete daraus entfernt. Beim Zeichnen von Espresso-Maschinen in Mailand werden Sie wahrscheinlich nie Zeichnungen im Maßstab 1:100 plotten müssen.

Plots halber Größe sind in einigen Branchen üblich. Um den Modellbereich in halber Größe zu plotten, verdoppeln Sie einfach den Skalierfaktor der Zeichnung. Bei einem Skalierfaktor von 50 beziehungsweise einem Plotmaßstab von 1:50 verwenden Sie dann zum Beispiel den Plotmaßstab 1:100.

Selbst wenn Sie mit Zeichnungen arbeiten, bei denen der Ausdruck eigentlich in einem bestimmten Maßstab erfolgen soll, stellt das Plotten mit der Option Einpassen häufig die effizienteste Möglichkeit zum Erstellen eines verkleinerten Testausdrucks dar. Wenn die Zeichner im Büro ihre Zeichnungen zum Beispiel im A2-Format plotten, Sie aber nur Zugang zu einem A4-Laser haben, können Sie die Zeichnungen in das A4-Blatt einpassen lassen und den verkleinerten Plot zu Kontrollzwecken verwenden. Natürlich lassen sich die Abstände auf den Plots dann kaum kontrollieren, aber immerhin können Sie prüfen, ob sie insgesamt in Ordnung sind.

Das Plotten der Layouts

Im letzten Abschnitt habe ich Ihnen gezeigt, wie Sie die Darstellung der Zeichnung im Modellbereich plotten können, wenn die Registerkarte Modell beim Öffnen des Dialogfelds Plotten aktiv ist. Im Papierbereich stehen Ihnen aber viele weitere Optionen zum Steuern des Aussehens der Ausgabe zur Verfügung, ohne dass dabei die zugrunde liegenden geometrischen Objekte geändert werden müssten. Daher ist es bei einigen Zeichnungen sinnvoller, wenn Sie Papierbereichslayouts plotten.

Beim *Papierbereich* handelt es sich um die Zeichnungsumgebung, die speziell für den Ausdruck von Zeichnungen entwickelt wurde. Um das Thema Papierbereich oder Layouts zu wiederholen, lesen Sie noch einmal (oder erst einmal!) Kapitel 5.

Der Weg zum erfolgreichen Plotten von Papierbereichslayouts

Wie in Kapitel 5 erläutert wurde, bietet Ihnen AutoCAD zwei alternative Möglichkeiten zum Umschalten zwischen dem Modellbereich und den in der Zeichnung gespeicherten Papierbereichslayouts. Wenn die Registerkarten für den Modellbereich und die Layouts angezeigt werden, klicken Sie einfach die Registerkarte des gewünschten Bereichs an. Wenn die Registerkarten für den Modellbereich und die Layouts nicht angezeigt werden, verwenden Sie die Schaltflächen Modell, Layout und Schnellansicht-Layouts (siehe Kapitel 5) in der Statusleiste.

In AutoCAD 2009 ist das Kontextmenü verschwunden und wurde durch die neue Schaltfläche Schnellansicht-Layouts in der Statusleiste ersetzt. Schnellansicht-Layouts bieten eine neue Möglichkeit zum Betrachten, Auswählen und Verwalten von Papierbereichslayouts in AutoCAD 2009. Eine vollständige Einführung in die Arbeit mit Schnellansicht-Layouts finden Sie in Kapitel 5. In diesem Abschnitt werde ich den Einsatz dieser neuen Funktion beim Drucken von Papierbereichslayouts erläutern.

Das Plotten eines Papierbereichslayouts entspricht weitgehend dem Plotten des Modellbereichs, nur dass Sie vor dem Öffnen des Dialogfelds Plotten erst das entsprechende Papierbereichslayout finden und dafür sorgen müssen, dass die entsprechende Registerkarte aktiviert ist:

1. **Klicken Sie die Schaltfläche Schnellansicht-Layouts in der Statusleiste an und sehen Sie sich die verschiedenen Miniaturbilder an.**

   Die Leiste mit den Schnellansichten wird im unteren Zeichnungsbereich angezeigt und enthält kleine Vorschaubilder für den Modellbereich und alle in der Zeichnung gespeicherten Layouts.

2. **Führen Sie den Mauszeiger über die einzelnen Bilder in der Leiste Schnellansicht-Layouts und lassen Sie ihn über dem zu plottenden Layout stehen.**

   Wenn Sie den Mauszeiger über die Bilder führen, werden im Vorschaufeld Symbole angezeigt. Oben links sehen Sie die Schaltfläche Publizieren und oben recht die Schaltfläche Plotten. Der Befehl `PUBLIZIEREN` wird in Kapitel 19 kurz beschrieben. In diesem Kapitel werde ich mich auf Plotten beschränken.

3. **Klicken Sie in der Bildleiste die Schaltfläche Plotten in der oberen linken Ecke des zu plottenden Layouts an.**

   Das Dialogfeld Plotten wird geöffnet, wobei der Name des zu plottenden Layouts in der Titelleiste angezeigt wird. (In Abbildung 16.6 plotte ich ein Layout namens *A3-Plot*.)

   Wenn noch kein Layout eingerichtet wurde, erstellt AutoCAD ein Standardlayout. (Wenn im Dialogfeld Optionen auf der Registerkarte Anzeige die Einstellung Seiteneinrichtungs-Manager für neue Layouts anzeigen aktiviert ist, wird erst das Dialogfeld Seiteneinrichtungs-Manager angezeigt. Klicken Sie dann einfach die Schaltfläche Schliessen an.) Das Standardlayout dürfte für praktische Projekte zwar wenig nützlich sein, aber Sie können es verwenden, um sich mit dem Verfahren zum Plotten von Layouts vertraut zu machen. Wie echte Layouts erstellt werden, erfahren Sie in Kapitel 5.

4. **Wählen Sie den Namen eines Druckers/Plotters und ein Papierformat aus.**

   Wenn Sie keinen Drucker haben, der größere Formate als A4 oder A3 unterstützt, können Sie dennoch mit größeren Formaten experimentieren, wenn Sie ein Gerät auswählen, das die Daten in eine Datei ausgibt, wie zum Beispiel `DWF6 ePlot.pc3`.

5. **In der Dropdown-Liste Zu plotten wählen Sie Layout (siehe Abbildung 16.6).**

Die Option LAYOUT steht nur dann zur Verfügung, wenn Sie einen Layoutbereich plotten. LIMITEN wird nur beim Plotten des Modellbereichs angeboten.

6. **Geben Sie den PLOTABSTAND an. (Geben Sie zum Beispiel 0 in die Felder X und Y ein.)**

   Wenn Sie den Plotabstand in X- und Y-Richtung mit 0 angeben, wird die untere linke Ecke der geplotteten Zeichnung in der unteren linken Ecke des druckbaren Bereichs positioniert.

7. **Im Bereich PLOTMASSSTAB wählen Sie in der Dropdown-Liste MASSST. 1:1 (siehe Abbildung 16.6).**

   Einer der großen Vorteile von Layouts besteht darin, dass Sie zum Plotten einer Zeichnung den Zeichnungsmaßstab nicht kennen müssen, da es sich ja um einen *Papier*bereich handelt. Abbildung 16.6 zeigt die richtigen Einstellungen für das Plotten eines Layouts.

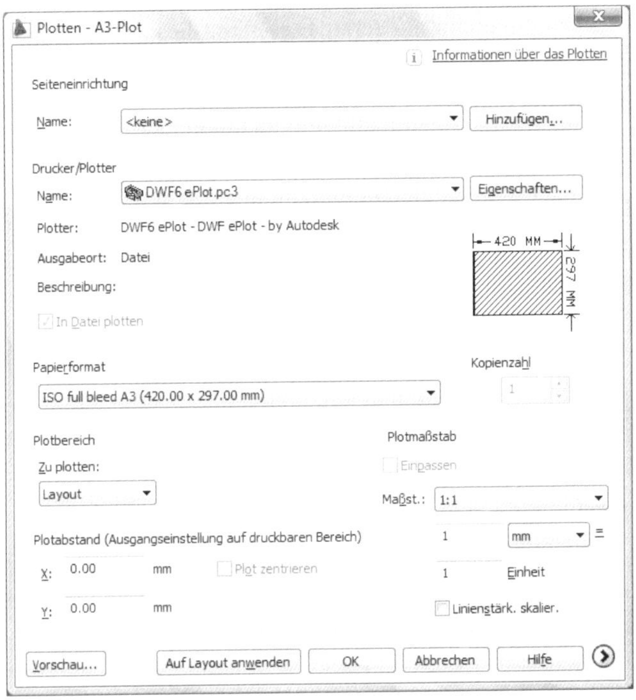

Abbildung 16.6: Einstellungen beim Plotten eines Papierbereichslayouts

Um ein Layout in halber Größe zu plotten, wählen Sie in der Dropdown-Liste MASSST. 1:2. Aktivieren Sie darüber hinaus das Kontrollkästchen LINIENSTÄRKE SKALIEREN, um die Linienstärken proportional zu verringern. (Das Plotten von Linienstärken wird im nächsten Abschnitt behandelt.)

Wenn Sie feststellen, dass das Layout im Maßstab 1:1 beim größten verwendbaren Papierformat für Ihren Plotter zu groß ist, können Sie in der Dropdown-Liste die Option GRENZEN wählen und im Bereich PLOTMASSSTAB die Option EINPASSEN aktivieren. Alternativ können Sie ein Papierbereichslayout erstellen, das dauerhaft dem neuen Papierformat entspricht. Verwenden Sie das Dialogfeld SEITENEINRICHTUNG, um die Layouteinstellungen zu ändern, oder kopieren Sie das Layout und bearbeiten Sie die Kopie.

8. **Klicken Sie die Schaltfläche WEITERE OPTIONEN an und ändern Sie bei Bedarf weitere Plotoptionen.**

   Erläuterungen dazu finden Sie bei den Schritten 11 bis 13 im Abschnitt »In 16 Schritten zum erfolgreichen Plot«.

9. **Klicken Sie die Schaltfläche VORSCHAU an und prüfen Sie, ob die Zeichnung auf dem Papier in der richtigen Ausrichtung und Größe angezeigt wird. Klicken Sie dann mit der rechten Maustaste und wählen Sie BEENDEN, um zum Dialogfeld PLOTTEN zurückzukehren.**

   Wenn in der Vorschau Probleme auftreten, passen Sie die Ploteinstellungen an und prüfen erneut die Vorschau, bis der Plot wie gewünscht aussieht.

10. **Klicken Sie OK an, um den Plot zu erstellen.**

Linienstärken und Farben plotten

In den bisherigen Abschnitten dieses Kapitels sollten Sie ein paar erste Erfahrungen mit dem Plotten sammeln. Ich habe Ihnen gezeigt, wie skalierte, monochrome Plots mit einheitlichen Linienstärken im Modell- oder Papierbereich erstellt werden können. Vielleicht müssen Sie ja gar nicht mehr wissen, aber wenn Sie Zeichnungen in einem bestimmten Maßstab drucken, Linienstärken und Farben steuern oder mit speziellen Effekten (zum Beispiel Rastern zur Ausgabe in Graustufen) arbeiten müssen, sollten Sie weiterlesen.

Plotten mit Stil

Plotstile bieten eine Möglichkeit, Objekteigenschaften mit alternativen Ploteigenschaften zu überschreiben. (In Kapitel 6 finden Sie weitere Informationen zu Objekteigenschaften.) Zu den Eigenschaften zählen geplottete Linienstärke, geplottete Farbe und *Rasterung* (Plotten von Graustufen). Abbildung 16.7 zeigt die ganze Vielfalt der Optionen. Plotstile gibt es in zwei verschiedenen Varianten:

- ✔ Farbabhängige Plotstile
- ✔ Benannte Plotstile

Farbabhängige Plotstile waren das Standardverfahren beim Plotten in älteren AutoCAD-Versionen (vor AutoCAD 2000), während es sich bei benannten Plotstilen um ein neueres Verfahren handelt.

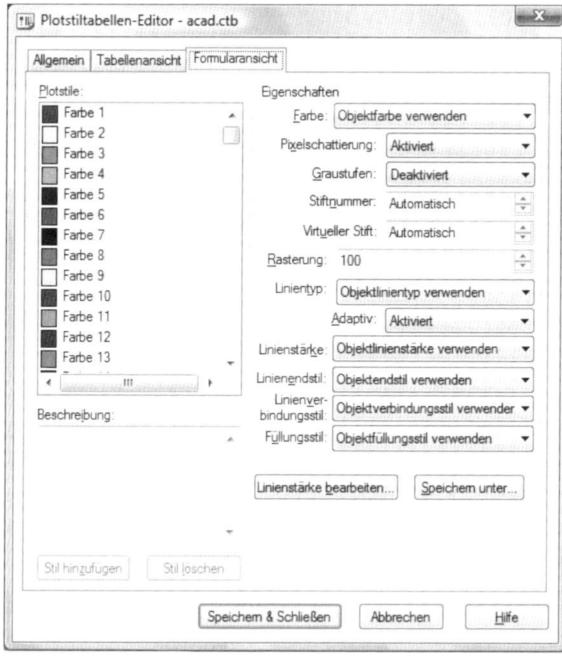

Abbildung 16.7: Bearbeitung einer farbabhängigen Plotstiltabelle

Unter Umständen brauchen Sie sich mit Plotstilen nicht zu befassen. Wenn die zu plottenden Zeichnungen über Layer- und Objekteigenschaften (speziell Linienstärken) verfügen, die das gewünschte Aussehen der Objekte im Plot bestimmen, können Sie auf Plotstile verzichten. Aber die meisten Anwender verwenden in ihren Zeichnungen Plotstile. Daher sollten Sie sich mit dem Thema zumindest vertraut machen.

Zwei der häufigsten Gründe für die Verwendung von Plotstilen sind:

- ✔ **Abbildung von Bildschirmfarben auf geplottete Linienstärken.** Wenn Ihnen dieser Gedanke völlig verrückt vorkommt, sollten Sie nicht vorschnell urteilen, sondern erst einmal den Abschnitt »Plotten durch dick und dünn« weiter hinten in diesem Kapitel lesen.
- ✔ **Erstellen gerasterter Linien in monochromen Plots.** Gerasterte Linien werden nicht schwarz, sondern in unterschiedlichen Graustufen dargestellt. Zeichner arbeiten manchmal mit gerasterten Linien, um die Betonung weniger wichtiger Objekte zu verringern, sodass sie die Hauptobjekte in der Zeichnung nicht in den Hintergrund drängen. Die Rasterung wird in Prozent angegeben, wobei 100% Schwarz und 0% unsichtbar (Weiß) bedeutet.

Plotstile verwenden

Wenn beim Plotten von Zeichnungsobjekten Eigenschaften verwendet werden sollen, die sich von den auf dem Bildschirm angezeigten unterscheiden, dann müssen Sie mit Plotstilen arbeiten. Sie können für den Plot zum Beispiel andere Linienstärken oder Farben als in der Bildschirmdarstellung verwenden. Oder Sie müssen vielleicht die auf dem Bildschirm angezeigten Farben auf geplottete Linienstärken abbilden. AutoCAD fasst Plotstile in Plotstiltabellen zusammen, die jeweils in eigenständigen Dateien gespeichert werden.

Farbabhängige Plotstiltabellen befinden sich in CTB-Dateien (Color TaBle) und bilden die 255 von AutoCAD für die Anzeige verwendeten Farben auf 255 Plotstile ab. AutoCAD verbindet die farbabhängigen Plotstile auf der Grundlage der Objektfarbe (hätten Sie das erraten?) automatisch mit den jeweiligen Objekten. (Diese AutoCAD-Programmierer sind doch wirklich genial, oder?) Farbabhängige Plotstiltabellen sind besonders praktisch, wenn der alte Ansatz der AutoCAD-Versionen bis R14 nachgebildet werden soll, bei dem es sich auch weiterhin in den meisten Unternehmen um das gängigste Verfahren handelt.

Benannte Plotstile wurden mit AutoCAD 2000 eingeführt und sind Objekteigenschaften wie Farbe, Linientyp und Linienstärke. *Benannte Plotstiltabellen* befinden sich in STB-Dateien (Style TaBle). Nach dem Erstellen einer benannten Plotstiltabelle legen Sie einen oder mehrere Plotstile an und geben diesen Namen. Dann können Sie Layern oder einzelnen Objekten die benannten Plotstile zuordnen. (In Kapitel 6 finden Sie weitere Informationen über Objekt- und Layereigenschaften.)

Um eine Plotstiltabelle (farbabhängig oder benannt) und die darin enthaltenen Plotstile verwenden zu können, müssen Sie diese mit dem Modellbereich oder einem Papierbereichslayout verbinden. Die Plotstiltabelle beeinflusst nur das Plotten der jeweiligen Registerkarte. Wenn Sie unterschiedliche Plotstile mit den Registerkarten verbinden, können Sie mit diesem Verfahren dieselbe Zeichnung auf unterschiedliche Weise plotten.

Sie verbinden einen Plotstil mit dem Modellbereich oder einem Papierbereichslayout, indem Sie das zugehörige Bild in der Leiste SCHNELLANSICHT-LAYOUTS unten im Zeichnungsbereich auswählen und das Dialogfeld PLOTTEN öffnen. Alternativ können Sie ein Vorschaubild mit der rechten Maustaste anklicken, im Kontextmenü SEITENEINRICHTUNGS-MANAGER wählen und im gleichnamigen Dialogfeld die Schaltfläche ÄNDERN anklicken. Wählen Sie dann den Namen der Tabelle im Bereich PLOTSTILTABELLE (STIFTZUWEISUNGEN) aus. Ein Beispiel finden Sie im Abschnitt »Geplottete Linienstärken über Bildschirmfarben steuern« weiter hinten in diesem Kapitel.

Wenn Sie eine neue Zeichnung auf die übliche Weise neu anlegen (eine Zeichnungsvorlage verwenden; siehe Kapitel 4), dann bestimmt das Plotstilverhalten der Zeichnungsvorlage, ob Sie CTB- oder STB-Dateien wählen können. Wenn Sie in einer bestimmten Zeichnung von farbabhängigen Plotstilen zu benannten Plotstilen (oder umgekehrt) wechseln wollen, dann verwenden Sie dazu den Befehl `KONVERTPSTILE`.

Erstellen von Plotstilen

Wenn Sie wirklich Glück haben, müssen Sie keine Plotstile verwenden. Wenn Sie ein wenig Glück haben, müssen Sie zwar Plotstile verwenden, aber die Plotstiltabellen wurden bereits erstellt. Wenn das der Fall ist, müssen Sie die CTB- oder STB-Dateien im Ordner `Plot Styles` ablegen, damit sie von AutoCAD erkannt werden. (Um die Position des Ordners zu ermitteln, öffnen Sie das Dialogfeld Optionen, aktivieren die Registerkarte Dateien und suchen nach der Einstellung Pfad für Drucker-Support-Datei|Suchpfad für Plotstiltabelle.)

Und wenn Sie gar kein Glück haben, müssen Sie Ihren Verstand einsetzen und wissen, wie Sie eigene Dateien mit Plotstiltabellen erstellen können. So geht's:

1. **Auf der Multifunktionsleisten-Registerkarte Ausgabe klicken Sie in der Gruppe Plot die Schaltfläche Plotstil-Manager an. (In der klassischen Menüleiste oder im Menü-Browser wählen Sie Datei|Plotstil-Manager.)**

   Der Ordner `Plot Styles` wird in einem eigenen Fenster geöffnet.

2. **Doppelklicken Sie auf die Verknüpfung Assistent zum Hinzufügen einer Plotstiltabelle.**

3. **Lesen Sie sich die Informationen im Begrüßungsdialogfeld durch und klicken Sie dann Weiter an.**

4. **Wählen Sie auf der Seite Plotstiltabelle hinzufügen – Start die Option Direkt beginnen oder, wenn Sie die Einstellungen einer anderen Datei übernehmen wollen, eine der anderen drei Optionen. Klicken Sie dann Weiter an.**

   Bei den nachfolgenden Schritten wird davon ausgegangen, dass Sie die Option Direkt beginnen gewählt haben. Wenn Sie sich für eine andere Option entscheiden, folgen Sie einfach den Aufforderungen des Assistenten.

   Wenn der Ersteller einer Zeichnung eine *PC2-Datei* (AutoCAD R14/AutoCAD LT 98, Version 2) oder eine *PCP-Datei* (AutoCAD R12/AutoCAD LT 95, Version 1) beigefügt hat, wählen Sie die Option Eine PCP- oder PC2-Datei verwenden. Bei dieser Option werden die Einstellungen und Zuordnungen der Farben zu geplotteten Linienstärken vom Assistenten automatisch importiert.

5. **Auf der Seite Plotstiltabelle hinzufügen – Plotstiltabelle wählen geben Sie an, ob Sie eine farbabhängige Plotstiltabelle (CTB-Datei) oder eine benannte Plotstiltabelle (STB-Datei) erstellen wollen. Klicken Sie dann Weiter an.**

   Wählen Sie Farbabhängige Plotstiltabelle, um die Bildschirmfarben auf geplottete Linienstärken abzubilden. Wählen Sie Benannte Plotstiltabelle, um die Bildschirmfarben unangetastet zu lassen (damit sie wie auf dem Bildschirm dargestellt ausgegeben werden) und benannte Plotstile zu erstellen, die Layern oder Objekten zugewiesen werden können.

6. **Auf der Seite Plotstiltabelle hinzufügen – Dateiname geben Sie einen Namen für die neue CTB- oder STB-Datei ein und klicken dann Weiter an.**

7. **Auf der Seite Plotstiltabelle hinzufügen – Fertig stellen klicken Sie die Schaltfläche Plotstiltabellen-Editor an.**

   Das Dialogfeld Plotstiltabellen-Editor wird in der Formularansicht angezeigt, wenn Sie eine farbabhängige Plotstiltabelle erstellen (siehe Abbildung 16.7). Wenn Sie eine benannte Plotstiltabelle erstellen, wird er in der Tabellenansicht angezeigt.

Wenn Sie in Schritt 5 einen benannten Plotstil gewählt haben, wird das Dialogfeld Plotstiltabellen-Editor in der *Tabellenansicht* angezeigt, wobei ein Plotstil namens *Normal* in der ersten Datenspalte, daneben eine leere Spalte und unten im Dialogfeld die Schaltflächen Stil hinzufügen und Stil löschen angezeigt werden. Neu erstellte benannte Plotstile werden dann rechts spaltenweise neben den vorherigen Spalten eingefügt. Weitere Informationen erhalten Sie, wenn Sie im Dialogfeld Plotstiltabellen-Editor die Hilfe-Schaltfläche anklicken.

8. **Wenn Sie eine farbabhängige Plotstiltabelle erstellt haben, ordnen Sie den jeweiligen, in der Zeichnung verwendeten Farben Linienstärke, Rasterung und/oder andere Ploteigenschaften zu. Wenn Sie eine benannte Plotstiltabelle erstellt haben, klicken Sie die Schaltfläche Stil hinzufügen an und weisen den von Ihnen erstellten benannten Stilen jeweils Ploteigenschaften zu.**

   Um zu ermitteln, welche Farben in einer Zeichnung verwendet werden, wechseln Sie zum AutoCAD-Fenster und rufen das Dialogfeld Layereigenschaften-Manager auf, indem Sie auf der Multifunktionsleisten-Registerkarte Start in der Gruppe Layer (oder im klassischen Werkzeugkasten Layer) die Schaltfläche Layereigenschaften anklicken.

   Um die Einstellungen für alle (oder mehrere) Farben oder benannten Stile zu ändern, markieren Sie diese zunächst. Dazu klicken Sie die erste Farbe oder den ersten benannten Stil an, halten ⇧ gedrückt und klicken dann die letzte Farbe beziehungsweise den letzten benannten Stil an. Alle nachfolgend vorgenommenen Änderungen werden dann auf alle ausgewählten Farben beziehungsweise benannten Stile angewendet.

9. **Klicken Sie die Schaltfläche Speichern & Schliessen an, um das Dialogfeld Plotstiltabellen-Editor zu schließen. Klicken Sie dann Fertig stellen an, um die Schritte des Assistenten abzuschließen.**

   Im Ordner `Plot Styles` wird nun der Name der neuen CTB- oder STB-Datei angezeigt.

10. **Schließen Sie das Fenster des Ordners `Plot Styles` durch Anklicken der Schaltfläche mit dem X rechts oben in der Titelleiste.**

Das Erstellen der ersten Plotstiltabelle kann, wegen der Vielzahl der Optionen, eine grauenhafte Erfahrung sein. Denken Sie einfach daran, dass der wahrscheinlichste Grund für das Erstellen einer Plotstiltabelle die Abbildung der auf dem Bildschirm verwendeten Farben auf geplottete Linienstärken ist. (Dies wird im nächsten Abschnitt ausführlicher erläutert.) Denken Sie auch daran, dass Sie die notwendigen Arbeiten auf ein Minimum reduzieren können, wenn Sie sich eine CTB-Datei vom Ersteller der zu plottenden Zeichnung besorgen.

In Kapitel 6 empfehle ich Ihnen, sich bei der Definition von Layern auf die ersten neun Standardfarben von AutoCAD zu beschränken und nicht alle 255 verfügbaren AutoCAD-Farben zu verwenden. Wenn Sie meinen Rat beherzigt haben, haben Sie nun wesentlich weniger Arbeit beim Erstellen einer farbabhängigen Plotstiltabelle, da Sie nur neun und nicht 255 Farben Ploteigenschaften zuordnen müssen.

Für einen systematischen Test Ihrer CTB-Datei können Sie die Datei `\Programme\AutoCAD 2009\Sample\Plot Screening and Fill Patterns.dwg` benutzen. Diese Zeichnung enthält Beispiele für alle 255 AutoCAD-Farben. Einige der anderen Layouts (zum Beispiel GRAYSCALE und SCREENING 25%) verdeutlichen auch, wie die Verwendung unterschiedlicher CTB-Dateien beim selben Layout für völlig unterschiedliche Ergebnisse sorgen kann.

Benannte Plotstile sind scheinbar vielversprechend. Aber zumindest an einigen Stellen (Bemaßungen und Tabellen) funktionieren sie weniger gut wie das traditionelle farbbasierte Plotten. Über Bemaßungseigenschaften lassen sich Bemaßungslinien, Hilfslinien und Text unterschiedliche Farben zuordnen. Damit kann man unterschiedliche Teile von Bemaßungsobjekten mit verschiedenen Linienstärken drucken. Der Bemaßungstext kann zum Beispiel wie der Beschriftungstext mit mittlerer Linienstärke gedruckt werden, während für Hilfs- und Bemaßungslinien eine geringe Linienstärke verwendet wird. Da benannte Plotstile aber auf Objekten auf Layern basieren, lassen sich einzelne Bestandteile von Bemaßungen nicht über diese Linienstärken steuern. Dieselben Beschränkungen gelten für Tabellen, bei denen Sie für den Text eine und die Trennlinien eine andere Farbe verwenden können.

Wenn Sie *wirklich* abheben und die mehr als 16 Millionen True-Color-Farben von AutoCAD nutzen wollen, werden Sie die Linienstärken kaum über farbabhängige Plotstile steuern. CTB-Plotstile beeinflussen nur die Linienstärken von Objekten, die die herkömmlichen 255 Farben der AutoCAD-Farbindexpalette benutzen. Wenn Sie mit Echtfarben (True Color) arbeiten wollen, sollten Sie die Objektlinienstärken oder benannte Plotstile zur Steuerung der geplotteten Linienstärken benutzen.

Plotten durch dick und dünn

Seit Langem werden beim manuellen Zeichnen unterschiedliche *Linienstärken* verwendet, um verschiedene Zeichnungsobjekte voneinander abzuheben. Dabei werden Stifte mit unterschiedlich starken Spitzen oder verschiedener Härte beziehungsweise abweichendem Stiftdruck verwendet. Da die Computermaus weder über unterschiedliche Stiftdurchmesser noch über drucksensitive Tasten verfügt, mussten die AutoCAD-Entwickler andere Verfahren entwickeln, um Anwendern die Möglichkeit zur Angabe von Linienstärken auf dem Bildschirm und im Plot zu geben. Letztlich ergaben sich daraus zwei verschiedene Möglichkeiten zur Angabe der Linienstärke:

- ✔ Abbildung der auf dem Bildschirm verwendeten Farben auf geplottete Linienstärken. Dieser verbreitete Ansatz wird in Kapitel 6 beschrieben.
- ✔ Anzeige der Linienstärken auf dem Bildschirm, damit die Bildschirmdarstellung letztlich weitgehend dem Plot entspricht. Dieser Ansatz wurde mit AutoCAD 2000 eingeführt.

Farben und Linienstärken

Farben als Farben und Linienstärken als Linienstärken zu verwenden, ist zwar scheinbar der einfachste Ansatz, aber Autodesk war sich 1999 bei der Einführung von Objektlinienstärken klar darüber, dass sich langjährige Benutzer von AutoCAD nicht quasi über Nacht vom alten Verfahren der Abbildung von Farben auf Linienstärken verabschieden würden. Daher können Sie in AutoCAD weiterhin die geplotteten Linienstärken über die auf dem Bildschirm verwendeten Farben steuern.

Die meisten AutoCAD-Veteranen sind dem ihnen vertrauten Verfahren bis heute überwiegend treu geblieben. Dafür gibt es einige Gründe, wie zum Beispiel Trägheit, auf die alte Weise bewährte Plotverfahren und Zeichnungen, Anwendungen von Drittanbietern, von denen die neueren Verfahren nicht vollständig unterstützt werden, und die Notwendigkeit des Austauschs von Zeichnungen mit Kunden und Vertragspartnern, die bisher noch nicht auf neuere Programmversionen umgestiegen sind. Die Folgeeffekte des bisherigen und weiteren Einsatzes des alten Verfahrens der Abbildung von Farben auf Linienstärken werden noch eine ganze Weile anhalten. Wundern Sie sich also nicht, wenn Sie noch eine Zeit lang mit dem Strom schwimmen müssen.

Bei der Standardeinstellung von AutoCAD 2009 werden Objektlinienstärken geplottet. Daher ist dies auch das einfachste Verfahren, wenn Sie auf die historischen Gepflogenheiten oder Vorlieben anderer Anwender, mit denen Sie Zeichnungen austauschen, keine Rücksicht zu nehmen brauchen. Für die Abbildung von Farben auf Linienstärken müssen Sie ein paar vorbereitende Arbeiten erledigen. Der zusätzliche Aufwand ist aber minimal, wenn Sie die Zuordnung der Farben zu den Linienstärken erst einmal bewältigt haben.

Geplottete Linienstärken über Objektlinienstärken steuern

Wenn sich der Ersteller der Zeichnung die Mühe gemacht hat, Layern oder Objekten Linienstärken zuzuordnen, ist das Plotten von Objektlinienstärken eine Bagatelle. (Einzelheiten dazu finden Sie in Kapitel 6.) Sie müssen dann nur dafür sorgen, dass im erweiterten Dialogfeld Plotten im Bereich Plotoptionen die Einstellung Mit Linienstärken plotten aktiviert ist. Möglicherweise müssen Sie auch die Einstellung Mit Plotstilen plotten *de*aktivieren, da Plotstile die Objektlinienstärken mit abweichenden geplotteten Linienstärken überschreiben können. Sie können diese Einstellungen auch für das entsprechende Layout oder das Modell im Dialogfeld Seiteneinrichtung vornehmen. Um den Seiteneinrichtungs-Manager aufzurufen, klicken Sie in der Statusleiste die Schaltfläche Schnellansicht-Layouts mit der rechten Maustaste an und wählen dann die betreffende Option.

Wenn die geplotteten Linienstärken über Objektlinienstärken gesteuert werden sollen, müssen Sie dafür sorgen, dass im Dialogfeld Plotten oder Seiteneinrichtung im Bereich Plotoptionen das Kontrollkästchen Mit Linienstärken plotten aktiviert ist. Wenn Sie die den Objekten zugeordneten Linienstärken *nicht* plotten wollen, müssen Sie im Dialogfeld Plotten im Bereich Plotoptionen die beiden Kontrollkästchen Mit Linienstärken plotten und Mit Plotstilen plotten deaktivieren. Wenn Sie Mit Plotstilen plotten aktivieren, wird auch Mit Linienstärken plotten eingeschaltet.

Geplottete Linienstärken über Bildschirmfarben steuern

Wenn Sie Bildschirmfarben geplottete Linienstärken zuordnen wollen, benötigen Sie, wie im Abschnitt »Plotten mit Stil« weiter vorn in diesem Kapitel beschrieben, eine farbabhängige Plotstiltabelle (CTB-Datei). Wenn Sie eine Zeichnung plotten, die von einem anderen Anwender erstellt wurde, können Sie sich die erforderliche CTB-Datei oder zumindest eine PCP- oder PC2-Datei, aus der die CTB-Datei schnell erstellt werden kann, möglicherweise von diesem beschaffen. Zumindest sollte eine gedruckte Aufstellung erhältlich sein, aus der hervorgeht, welche geplottete Linienstärke in der Zeichnung den jeweiligen AutoCAD-Bildschirmfarben zugeordnet worden sind. Mit den Anleitungen aus dem Abschnitt »Plotten mit Stil« lässt sich dann die benötigte CTB-Datei kopieren oder erstellen.

Leider gibt es keine verbreiteten Industriestandards für die Abbildung von Bildschirmfarben auf geplottete Linienstärken. Die Gepflogenheiten sind von Büro zu Büro unterschiedlich. Aus diesem Grund ist es auch wichtig, dass Sie zusammen mit den von anderen Anwendern erstellten Zeichnungen eine CTB-, PCP- oder PC2-Datei erhalten.

Wenn Sie die zugehörige CTB-Datei im Ordner `Plot Styles` gespeichert haben, führen Sie die folgenden Schritte aus, um sie nutzen zu können:

1. **Klicken Sie in der Statusleiste die Schaltfläche Schnellansicht-Layouts an, um die Leiste anzeigen zu lassen. Führen Sie dann den Mauszeiger über das Bild des zu druckenden Modells oder Layouts.**

   Während Sie den Mauszeiger über die einzelnen Bilder in der Leiste führen, werden die Symbole für die Befehle `PLOT` und `PUBLIZIEREN` oben in den Ecken angezeigt.

2. **Klicken Sie oben links in der Ecke beim ausgewählten Bild die Schaltfläche Plotten an.**

   Das Dialogfeld Plotten wird angezeigt. Wenn das Dialogfeld nicht wie in Abbildung 16.8 im erweiterten Modus angezeigt wird, klicken Sie Schaltfläche Weitere Optionen an.

3. **Im Bereich Plotstiltabelle (Stiftzuweisungen) wählen Sie die CTB-Datei in der Drop-down-Liste aus (siehe Abbildung 16.8).**

   Hier wird die Plotstiltabelle (CTB-Datei) mit der in Schritt 1 ausgewählten Registerkarte des Modell- oder Layoutbereichs verbunden.

4. **Klicken Sie die Schaltfläche Auf Layout anwenden an.**

   AutoCAD zeichnet die Änderungen der Ploteinstellungen zusammen mit den Konfigurationsinformationen des aktuellen Layouts auf. Wenn Sie die Zeichnung nach dem Plotten speichern, verwendet AutoCAD die ausgewählte CTB-Datei als Vorgabe-Plotstil beim zukünftigen Plotten des Layouts.

5. **Fahren Sie mit dem weiter vorn in diesem Kapitel beschriebenen Verfahren des Plottens fort.**

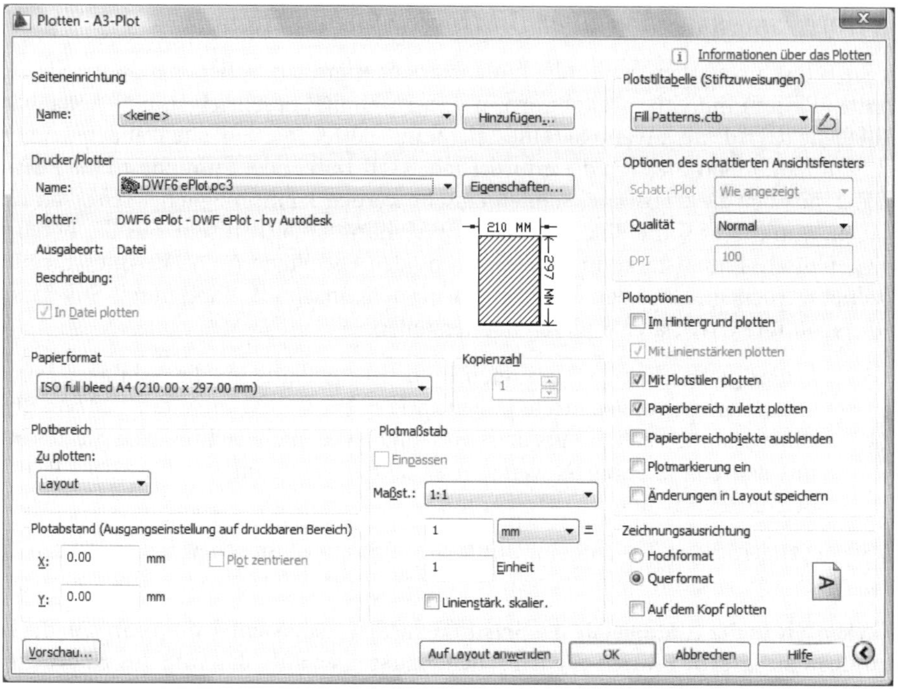

Abbildung 16.8: Auswahl einer Plotstiltabelle, die Bildschirmfarben auf geplottete Linienstärken abbildet

Wenn die Zeichnung eine benannte Plotstiltabelle statt einer farbabhängigen Plotstiltabelle benutzt, bleibt das Verfahren weitgehend dasselbe. In Schritt 3 müssen Sie lediglich eine STB-Datei anstelle einer CTB-Datei auswählen.

Ob eine Zeichnung farbabhängige oder benannte Plotstile verwendet, können Sie auf der Multifunktionsleisten-Registerkarte START in der Gruppe EIGENSCHAFTEN (oder dem klassischen Werkzeugkasten EIGENSCHAFTEN) feststellen. Wenn das letzte Listenfeld (unten rechts beziehungsweise rechts) grau dargestellt wird und nicht zugänglich ist, dann verwendet die Zeichnung farbabhängige Plotstile. Wenn diese Liste zugänglich ist und im QuickInfo-Fenster WÄHLT EINEN LINIENTYP angezeigt wird, verwendet die Zeichnung benannte Plotstile.

Plotten in Farbe

Um die auf dem Bildschirm dargestellten Farben zu plotten, sind keine speziellen Tricks erforderlich. Wenn keine Plotstiltabelle vorhanden ist (wenn Sie im Dialogfeld PLOTTEN unter PLOTSTILTABELLE (STIFTZUWEISUNGEN) die Option KEINE gewählt haben), überträgt AutoCAD die Farbinformationen der auf dem Bildschirm dargestellten Objekte zum Plotter. Sofern das Ausgabegerät farbig plotten kann, sollten die Ergebnisse der Darstellung auf dem Bildschirm entsprechen.

Überlassen Sie es im Zweifelsfall den Druckprofis

Unabhängig davon, ob Sie nun maßstabsgetreu, mit verschiedenen Linienstärken oder in Farbe plotten oder nicht, sollten Sie erwägen, ob Sie das Plotten nicht teilweise einem entsprechenden Dienstleister überlassen wollen. Das Plotten im eigenen Haus auf den im Büro vorhandenen Ausgabegeräten eignet sich zwar für kleine Testplots auf schnelleren Laser- oder Tintenstrahldruckern. Das Plotten im Großformat andererseits kann aber langsam und zeitaufwendig sein. Wenn Sie viele Zeichnungen plotten müssen, könnte es passieren, dass Sie den ganzen Nachmittag lang nichts anderes mehr machen, als Papier nachzulegen, Tintentanks nachzufüllen und Blätter zu schneiden.

Gute Plotdienstleister verfügen über große, schnelle und teure Plotter, von denen Sie allenfalls träumen können. Und der Dienstleister ist auch für die Betreuung, das Füttern und das Reparieren dieser fantastischen Geräte zuständig. Des Weiteren können derartige Dienstleister Blaupausen von Ihren Plots erstellen, die Sie dann bei Bedarf an andere Leute verteilen können. Der einzige Nachteil besteht darin, dass Sie sich mit einem Dienstleister abstimmen müssen, um ihm die gewünschten Daten zukommen zu lassen und die benötigten Plots zu erhalten. Einige Dienstleister nutzen Ihre DWG-Dateien direkt zum Plotten, während Sie von anderen zum Erstellen von PLT-Dateien (PLoT) aufgefordert werden. Einige Dienstleister sind auf Farbausdrucke spezialisiert, während andere bevorzugt monochrome Plots und Blaupausen erstellen.

Bei der Auswahl eines Dienstleisters sollten Sie sich für einen entscheiden, der traditionell für Zeichner, Architekten und Ingenieure gearbeitet hat. Diese Dienstleister kennen AutoCAD meist besser und sollten über mehr entsprechende Erfahrungen als DTP-Dienstleister, Druck- und Kopierläden verfügen. Für wen Sie sich auch entscheiden, in jedem Fall sollten Sie erst einmal ein paar Testplots erstellen lassen, bevor tatsächlich wichtige Zeichnungen fällig sind. Sprechen Sie mit den Angestellten des Dienstleisters und besorgen Sie sich ihre Plotanleitungen. Lassen Sie den Dienstleister ein paar Plots von einigen typischen Zeichnungen erstellen und prüfen Sie, ob diese dann auch wie gewünscht aussehen. Wenn Sie viele Plots über Dienstleister erstellen lassen (müssen), sollten Sie den entsprechenden Aufwand natürlich möglichst (wie bei Blaupausen und Kopien) Ihren Kunden als Ausgaben in Rechnung stellen.

Wenn Sie (wie im letzten Abschnitt beschrieben) mit der zu plottenden Registerkarte eine Plotstiltabelle verbinden, können Sie (falls Sie dies wirklich wollen) den auf dem Bildschirm dargestellten Farben abweichende Plotfarben zuordnen. Von einem derartigen Durcheinander dürften Sie aber in den meisten Fällen absehen. Behalten Sie stattdessen in der Plotstiltabelle die Option OBJEKTFARBE VERWENDEN bei der Eigenschaft FARBE bei.

Wenn Sie *keine* Farben plotten wollen, sorgen Sie dafür, dass die Farbeigenschaften bei allen Plotstilen auf Schwarz eingestellt sind. Wenn Sie Farben auf einem monochromen Ausgabegerät plotten, werden Sie möglicherweise feststellen, dass verschiedene Grauschattierungen für die Objekte verwendet werden. Dabei werden helleren Farben hellere und dunkleren Farben dunklere Grauschattierungen zugeordnet. Dieses Verfahren der Abbildung von Farben auf Graustufen wird monochromes *Dithern* genannt und ist in CAD-Zeichnungen üblicherweise *nicht* erwünscht. Um dieses Verfahren zu deaktivieren, verwenden Sie den Plotstiltabellen-Editor (wie im Abschnitt »Erstellen von Plotstilen« weiter vorn in diesem Kapitel beschrieben), um die Option Farbe durchweg auf Schwarz einzustellen (die Standardeinstellung lautet Objektfarben verwenden). Wenn Ihnen nicht bereits eine zu verwendende Plotstiltabelle vorliegt, wählen Sie im Dialogfeld Plotten im Bereich Plotstiltabelle (Stiftzuweisungen) in der Dropdown-Liste die Datei `monochrome.ctb` für farbbasierte Plotstile oder `monochrome.stb` für benannte Plotstile aus. Diese beiden Plotstiltabellen werden zusammen mit AutoCAD geliefert.

Wenn Sie sich über die bei Ihrem Plotter verfügbaren Farben informieren oder sehen wollen, wie eine bestimmte Plotstiltabelle das Plotten beeinflusst, plotten Sie die Datei `\Programme\AutoCAD 2009\Sample\Plot Screening and Fill Patterns.dwg`. Das Layout Screening 100% in dieser Zeichnung enthält Übergänge für alle 255 AutoCAD-Farben.

Eine Seiteneinrichtung!

Über die Seiteneinrichtung werden der Plotter, das Papierformat und andere Ploteinstellungen festgelegt, die beim Plotten eines bestimmten Layouts oder Modells verwendet werden sollen. AutoCAD verwaltet getrennte Seiteneinrichtungen für den Modellbereich und die einzelnen Papierbereichslayouts. Wenn Sie im Dialogfeld Plotten die Schaltfläche Auf Layout anwenden anklicken oder das Kontrollkästchen Änderungen in Layout speichern aktivieren und dann die Ausgabe mit OK starten, speichert AutoCAD die aktuellen Ploteinstellungen als Seiteneinrichtung für das aktuelle Layout.

Sie können Seiteneinrichtungen auch Namen geben und sie speichern. Das hat den Vorteil, dass man dann schnell zwischen verschiedenen Ploteinstellungen umschalten und Ploteinstellungen von einem Zeichnungslayout in ein anderes kopieren kann. Benannte Seiteneinrichtungen werden zwar zusammen mit den jeweiligen Zeichnungen gespeichert, können aber über das Dialogfeld Seiteneinrichtungs-Manager (das gleich beschrieben wird) von einer Zeichnung in die aktuelle kopiert werden.

Wenn es etwas anspruchsvoller sein soll, können Sie benannte Seiteneinrichtungen erstellen, um dasselbe Layout (oder den Modellbereich) in verschiedenen Variationen zu plotten oder Ploteinstellungen von einer Zeichnung in eine andere zu kopieren. Klicken Sie im Dialogfeld Plotten im Bereich Seiteneinrichtung die Schaltfläche Hinzufügen an, um eine benannte Seiteneinrichtung aus den aktuellen Ploteinstellungen zu erstellen. Nach dem Erstellen einer benannten Seiteneinrichtung können Sie deren Ploteinstellungen wiederherstellen, wenn Sie sie in der Dropdown-Liste Name auswählen.

Noch mehr Möglichkeiten haben Sie, wenn Sie in der Statusleiste die Schaltfläche Schnellansicht-Layouts mit der rechten Maustaste anklicken und im Kontextmenü Seiteneinrichtungs-Manager wählen, um Seiteneinrichtungen zu erstellen, zu ändern und/oder zu kopieren. (In der klassischen Menüleiste erreichen Sie dieses Dialogfeld über Datei|Seiteneinrichtungs-Manager.)

Im Dialogfeld Seiteneinrichtungs-Manager (siehe Abbildung 16.9) können Sie neue Seiteneinrichtungen erstellen und vorhandene ändern. Klicken Sie die Schaltfläche Ändern an, um das Dialogfeld Seiteneinrichtung anzeigen zu lassen, das mit dem Dialogfeld Plotten nahezu identisch ist. Der Hauptunterschied besteht darin, dass Sie jetzt Ploteinstellungen und nicht mehr Einstellungen für den aktuellen Plot ändern. Die Schaltfläche Aktuell im Seiteneinrichtungs-Manager kopiert die in der Liste ausgewählte Seiteneinrichtung in das aktuelle Layout. Über die Schaltfläche Importieren lässt sich ein Layout von einer anderen Zeichnung oder Zeichnungsvorlagendatei (DWT) kopieren.

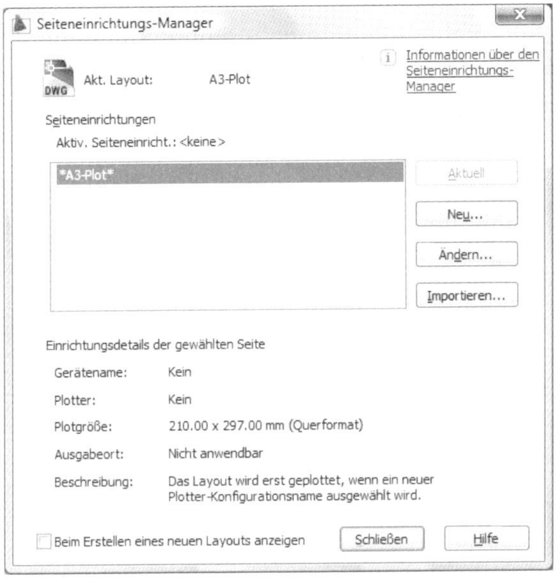

Abbildung 16.9: Das Dialogfeld Seiteneinrichtungs-Manager

Noch mehr über das Dialogfeld »Plotten«

In den vorangegangenen Abschnitten dieses Kapitels habe ich die meisten wichtigen Optionen des Dialogfelds Plotten vorgestellt. In diesem Abschnitt finden Sie zusätzliche Hinweise, die Ihnen das Leben beim Plotten erleichtern werden. Dabei werde ich nicht auf jedes winzige, unbedeutende, nur für Cocktailpartys bedeutsame Detail eingehen. Ich werde aber auf einige gelegentlich nützliche Optionen näher eingehen, über die Sie sich besser mit dem Dialogfeld Plotten verständigen können.

Nutzen Sie die QuickInfo-Fenster des Dialogfelds Plotten, um mehr über die einzelnen Optionen zu erfahren:

1. **Führen Sie den Mauszeiger über das Element des Dialogfelds, über das Sie mehr erfahren wollen.**

2. **Wenn Ihnen die Informationen im QuickInfo-Fenster nicht reichen, drücken Sie [F1] oder klicken unten im Dialogfeld die Schaltfläche HILFE an.**

3. **Wenn Sie mehr über die Konzepte des Plottens erfahren wollen, öffnen Sie im Inhalt der Online-Hilfe das Benutzerhandbuch *Plotten und Publizieren von Zeichnungen* und führen sich dort den Abschnitt *Plotten von Zeichnungen* zu Gemüte.**

Die folgende Liste erläutert die meisten der übrigen Steuerelemente, Kontrollkästchen und Listen im Dialogfeld PLOTTEN:

✔ DRUCKER/PLOTTER: Wie im Abschnitt »Konfigurieren ist Trumpf« eingangs des Kapitels beschrieben, wählen Sie in der Dropdown-Liste neben NAME den für den Ausdruck zu verwendenden Windows-Systemdrucker oder die gewünschte systemfremde Treiberkonfiguration aus.

Die Schaltfläche EIGENSCHAFTEN öffnet das Dialogfeld PLOTTERKONFIGURATIONS-EDITOR, in dem Sie das AUSGABEMEDIUM (Art des Papiers) und andere Eigenschaften ändern können, die direkt vom aktuell ausgewählten Plotter oder Drucker abhängen. Insbesondere können Sie hier benutzerdefinierte Papierformate erstellen.

Bereits die Vielzahl der Einstellungen im AutoCAD-Dialogfeld PLOTTEN ist überwältigend. Aber als wäre das nicht schon genug, verstecken einige Plottertreiber wichtige Einstellungen im Dialogfeld PLOTTERKONFIGURATIONS-EDITOR und dort insbesondere unter der Option BENUTZERSPEZIFISCHE EIGENSCHAFTEN. Wenn Sie zum Beispiel den bereits erwähnten erweiterten Windows-Systemtreiber von Hewlett-Packard verwenden, können Sie BENUTZERSPEZIFISCHE EIGENSCHAFTEN anklicken und weitere Papierformate auswählen, die dann zusätzlich in der Dropdown-Liste PAPIERFORMAT des Hauptdialogfelds PLOTTEN zur Auswahl angeboten werden.

Um das Ganze noch verworrener zu machen, werden Sie, wenn Sie Änderungen im Dialogfeld PLOTTERKONFIGURATIONS-EDITOR vornehmen, von AutoCAD dazu aufgefordert, diese in einer eigenständigen PC3-Datei zu speichern. Sie sollten hier dann SPEICHERN UNTER anklicken (und damit eine neue AutoCAD-spezifische Konfiguration mit den geänderten Einstellungen anlegen) und einen Konfigurationsnamen eingeben, den Sie später auch wiedererkennen. Wenn Sie mit benutzerspezifischen Einstellungen plotten wollen, müssen Sie daran denken, die entsprechende AutoCAD-spezifische PC3-Konfiguration gegen Ende der Dropdown-Liste mit den Namen unter DRUCKER/PLOTTER und nicht eine der Windows-Systemdrucker-Konfigurationen am Anfang der Liste auszuwählen.

✔ IN DATEI PLOTTEN: Wenn Sie die Ausgabe in eine Datei umleiten wollen, anstatt sie direkt zu einem Plotter oder die Warteschlange eines Netzwerkdruckers zu senden, aktivieren Sie diese Option. Wenn Sie OK anklicken, um den Plot zu starten, fordert AutoCAD Sie zur Angabe von Position und Namen für die Plotdatei auf.

Diese Option ist speziell dann nützlich, wenn Sie die ePlot-Funktion benutzen, um eine DWF-Datei auf einer Website zu publizieren. Auch wenn Sie Dateien zu einem Plotdienstleister schicken wollen, müssen Sie möglicherweise Plotdateien erstellen.

Bei AutoCAD 2009 kommt DWFx zu den ePlot-Optionen hinzu. DWFx ist eine Variante des DWF-Formats, die der XPS-Seitenbeschreibungssprache von Microsoft entspricht. Besonders praktisch an diesem Format ist für die meisten Anwender, dass sich das Ergebnis von Plots im DWFx-Format (allerdings nur unter Windows Vista) im Windows-Explorer anzeigen lässt.

Beim Plotten in eine Datei mit dem Drucker `DWG to PDF.pc3` werden Versionen der Zeichnungsdateien erstellt, die mit dem kostenlos erhältlichen *Adobe Reader* betrachtet werden können.

- ✔ Plotmarkierung ein: Über diese Option aktivieren Sie die Anzeige und bestimmen den Inhalt eines Textes, den AutoCAD automatisch in der Ecke eines Plots einfügt. Die Plotmarkierung kann nützliche Angaben enthalten, wie zum Beispiel den Dateinamen der Zeichnung und/oder Datum und Uhrzeit des Plots.
- ✔ Plotbereich: Hier legen Sie den zu plottenden Bereich der Zeichnung fest. Unabhängig davon, ob Sie ein Papierbereichslayout oder einen Modellbereich plotten, stehen die Optionen Anzeige, Grenzen und Fenster zur Auswahl. Die erste Option lautet beim Plotten eines Papierbereichslayouts Layout beziehungsweise beim Plotten eines Modellbereichs Limiten. Wurden benannte Ansichten in der Zeichnung definiert, kommt die Option Ansicht hinzu. Weitere Optionen sind Layout für Papierbereichslayouts und Limiten für den Modellbereich.
    - Anzeige steht für die Zeichnung, so wie sie aktuell im Zeichnungsfenster angezeigt wird (inklusive des Leerraums um die Zeichnungsobjekte herum).
    - Grenzen steht für den rechteckigen Bereich, der alle Objekte der Zeichnung beinhaltet.
    - Limiten (nur für den Modellbereich) entspricht dem bei der Einrichtung der Zeichnung festgelegten Fenster des Modellbereichs. (Sie haben die Zeichnungslimiten doch festgelegt, oder? Einzelheiten dazu erfahren Sie in Kapitel 4.)
    - Layout (nur für Papierbereichslayouts) entspricht dem bei der Einrichtung des Layouts festgelegten Papierbereich.
    - Fenster steht für einen rechteckigen Bereich, den Sie selbst festlegen.
    - Ansicht steht für eine benannte Ansicht, die Sie in der Dropdown-Liste auswählen können. (Benannte Ansichten und deren Erstellung werden in Kapitel 12 beschrieben.)

Üblicherweise werden Sie beim Plotten des Papierbereichs die Option Layout wählen. Beim Modellbereich hängt die Auswahl davon ab, ob die Zeichnung korrekt eingerichtet wurde, und davon, was Sie plotten wollen. Wenn Sie die Limiten korrekt eingerichtet haben, wie ich es in Kapitel 4 beschrieben habe, wählen Sie

Limiten, um den gesamten Zeichnungsbereich zu plotten. Wenn Sie eine Zeichnung plotten wollen, bei der die Limiten nicht richtig eingestellt wurden, versuchen Sie stattdessen mit der Option Grenzen. Fenster oder Ansicht wählen Sie dann, wenn Sie nur einen Teil des Modellbereichs plotten wollen.

- ✔ Plotabstand: Bei einem Plotabstand von X=0 und Y=0 wird der Plot in die untere linke Ecke des druckbaren Bereichs platziert. Wenn Sie höhere Werte eingeben oder das Kontrollkästchen Plot zentrieren aktivieren, wird die Ausgabe auf dem Blatt entsprechend verschoben. (Das Kontrollkästchen Plot zentrieren ist nur dann verfügbar, wenn Sie in der Dropdown-Liste Zu plotten *nicht* Layout gewählt haben.)
- ✔ Optionen des schattierten Ansichtsfensters: Wenn Ihre Zeichnung Ansichtsfenster mit schattierten oder gerenderten 3D-Modellen enthält, verwenden Sie diesen Bereich zur Steuerung des Plotaussehens.
- ✔ Plotoptionen: Die Optionen Mit Linienstärken plotten und Mit Plotstilen plotten steuern, ob AutoCAD die in diesem Kapitel in den Abschnitten »Plotten mit Stil« und »Plotten durch dick und dünn« beschriebenen Funktionen nutzt.

Die Option Papierbereichsobjekte ausblenden steuert, ob AutoCAD Objekte verstecken soll, die sich bei der Anzeige eines 3D-Modells in einer Ansicht hinter anderen Objekten befinden. Bei vollständig zweidimensionalen Zeichnungen spielt diese Option keine Rolle. Wenn die Zeichnung 3D-Objekte enthält, entspricht die Aktivierung dieser Einstellung der Anwendung der Option `Verborgen` des Befehls `3DORBIT` auf den Plot. Sollten Sie mehr darüber wissen wollen, suchen Sie im Index der Online-Hilfe nach dem Befehl `3DORBIT`.

- ✔ Auf dem Kopf plotten: Aktivieren Sie dieses Kontrollkästchen, wenn Sie den Plot auf dem Papier um 180 Grad zu drehen.

AutoCAD berechnet Plots normalerweise im Vordergrund. Dabei übernimmt der Plotprozess die gesamte Rechenzeit des Programms während der Erstellung des Plots. AutoCAD 2009 kann aber auch im Hintergrund plotten, und dann können Sie schneller wieder mit dem Programm arbeiten. Wenn Sie über einen ausreichend schnellen Rechner mit entsprechendem Arbeitsspeicher verfügen, können Sie diese Funktion auch (statt für einzelne Plots im Dialogfeld Plotten) fest im Dialogfeld Optionen aktivieren. Tippen Sie dazu `OP` oder `OPTIONEN` ein und drücken Sie [↵]. Aktivieren Sie dann die Registerkarte Plotten und Publizieren und aktivieren Sie im Bereich Optionen zur Hintergrundverarbeitung das Kontrollkästchen Plotten.

Wenn Sie das Plotten für einen Stapel von Zeichnungen automatisieren wollen, sollten Sie sich über die *Plansätze* in AutoCAD (nicht in AutoCAD LT verfügbar) informieren. Damit lassen sich zum Beispiel mehrere Zeichnungen in einem Arbeitsgang drucken oder publizieren. Wenn das für Sie wie ein weiterer Schritt zur CAD-Glückseligkeit klingt, dann informieren Sie sich in der Online-Hilfe eingehender über *Plansätze*.

Ärger beim Plotten

Sie können dieses Kapitel oder die AutoCAD-Dokumentation noch so häufig lesen oder studieren, gelegentlich werden Sie doch Plotprobleme haben. Da Sie nicht wissen können, an welche Plotkonventionen sich andere Anwender halten, treten Probleme insbesondere auf, wenn Zeichnungen aus fremden Quellen ausgedruckt werden sollen. (*Plotkonventionen* haben nichts mit Agententreffen zu tun, es handelt sich vielmehr um einen standardisierten Ansatz zur Behandlung der Aspekte im Zusammenhang mit dem Plotten.) In Tabelle 16.1 werden einige der häufiger auftretenden Plotprobleme und Lösungen aufgeführt.

Problem	Mögliche Lösung
Der Plotter gibt nichts aus (Systemdruckertreiber).	Prüfen Sie, ob sich auf dem Gerät von anderen Windows-Anwendungen aus drucken lässt. Wenn das nicht der Fall ist, liegt das Problem nicht bei AutoCAD. Vielleicht finden Sie ja Hilfe beim Windows-Druck-Ratgeber. (Unter Windows XP drücken Sie [F1] und wählen im HILFE- UND SUPPORTCENTER erst DRUCKEN UND FAXEN und dann BEHEBEN EINES DRUCKERPROBLEMS und DRUCK-RATGEBER. Unter Windows Vista wählen Sie START|HILFE UND SUPPORT, geben im Suchfeld *Druckerprobleme* ein und drücken [↵]. Klicken Sie dann PROBLEMBEHANDLUNG VON DRUCKERPROBLEMEN an.
Der Plotter gibt nichts aus (systemfremde Druckertreiber).	Wählen Sie DATEI|PLOT-MANAGER, doppelklicken Sie auf die Plotterkonfiguration und prüfen Sie die Einstellungen. Klicken Sie auf der Multifunktionsleisten-Registerkarte AUSGABE in der Gruppe PLOT die Schaltfläche PLOT-MANAGER an. (In der klassischen Menüleiste wählen Sie DATEI|PLOT-MANAGER.) Doppelklicken Sie dann auf die Plotterkonfiguration und prüfen Sie die Einstellungen.
Objekte werden nicht so geplottet, wie sie auf dem Bildschirm dargestellt werden.	Halten Sie nach einer Plotstiltabelle mit merkwürdigen Einstellungen Ausschau oder versuchen Sie, beim Plotten auf die Plotstiltabelle zu verzichten.
Objekte sind nur ein Schatten ihrer selbst oder haben eine blasse Farbe.	Setzen Sie in der Plotstiltabelle FARBE alle Farben auf Schwarz.
EINPASSEN funktioniert im Papierbereich nicht richtig.	Wählen Sie unter PLOTBEREICH die Option GRENZEN anstelle von LAYOUT.
Der von der HP-Webseite heruntergeladene erweiterte Windows-Systemtreiber funktioniert nicht richtig und Papierformate fehlen (zum Beispiel keine ARCH-Papierformate).	Klicken Sie im Bereich DRUCKER/PLOTTER des Dialogfelds PLOTTEN die Schaltfläche EIGENSCHAFTEN an, um das Dialogfeld PLOTTERKONFIGURATIONS-EDITOR anzeigen zu lassen. Klicken Sie dann die Schaltfläche BENUTZERSPEZIFISCHE EIGENSCHAFTEN an. Über dieses Dialogfeld können Sie standardisierte und benutzerdefinierte Papierformate anlegen beziehungsweise auswählen.
Etwas anderes läuft schief.	Überprüfen Sie das Plotprotokoll: Klicken Sie am rechten Rand der Statusleiste das Symbol PLOT/PUBLIZIERUNGS-DETAILS-BERICHT VERFÜGBAR an und suchen Sie nach Fehlermeldungen.

Tabelle 16.1: Probleme und Lösungen beim Plotten

Teil IV

AutoCAD erweitern

In diesem Teil ...

Wenn Sie Linien und Texte in den Griff bekommen haben, könnten Sie der Meinung sein, dass damit Ihre Arbeit in AutoCAD erledigt ist. Sie können aber mit AutoCAD viel mehr machen! Mit Blöcken und externen Referenzen können Sie Daten innerhalb von Zeichnungen, über Zeichnungen hinweg und im Netzwerk besser verwalten. Wenn Sie Zeichnungen gemeinsam mit anderen, in verschiedenen Projekten, mit anderen Personen in Ihrem Büro oder in anderen Unternehmen, nutzen wollen, müssen Sie über eine konsistente Darstellung und Zeichnungsorganisation nachdenken.

Das Internet ist die größte Tauschbörse seit Menschengedenken und AutoCAD bietet einige einzigartige Möglichkeiten für den Datenaustausch (und damit einhergehende potenzielle Reinfälle) via E-Mail und über das Web an. Mithilfe der Informationen in diesem Teil wird AutoCAD schnell kommunikationsfähig.

Das Abc der Blöcke

17

In diesem Kapitel

- Was sind Blöcke?
- Blockdefinitionen erstellen
- Blöcke einfügen
- Attribute in Blöcken verwenden
- Nicht benötigte Blockdefinitionen entfernen

In Kapitel 11 wird erläutert, wie Sie Objekte innerhalb einer Zeichnung oder auch in andere Zeichnungen kopieren können. Aber hierbei handelt es sich nur um eine der Möglichkeiten, wie AutoCAD für mehr Effizienz beim Zeichnen sorgen kann. Sie können DWG-Dateien kopieren und dann ändern, wenn es eine ähnliche Zeichnung zu erstellen gilt, und damit Ihre Produktivität weiter steigern (wenn Sie häufiger ähnliche Zeichnungen erstellen müssen). Verglichen mit den in diesem Kapitel behandelten Techniken sind das aber alles kleine Fische. Hier geht es darum, Zeichnungen, Teile von Zeichnungen, Zeichnungen im Webformat (DWF – Design Web Format) und Pixelbilder als wiederverwendbare und aktualisierbare Module zu verwenden. Wenn Sie die Produktivität beim Zeichnen mit AutoCAD steigern wollen, müssen Sie sich mit Blöcken, XRefs und Pixelbilddateien auskennen.

Bei einem *Block* handelt es sich um eine Reihe von Objekten, die zu einer Gruppe zusammengefasst werden und die wie ein einzelnes Objekt angesprochen werden können. Sie können diese Gruppe mehrfach in dieselbe Zeichnung *einfügen*. Dann bleiben die verschiedenen Instanzen der Blöcke selbst dann identisch und werden auf einen Schlag alle automatisch aktualisiert, wenn Sie die *Blockdefinition* ändern. Auch wenn sich Blöcke innerhalb bestimmter Zeichnungen befinden, können Sie sie in andere Zeichnungen einfügen. Und Sie können Blöcken *Attribute* zuweisen, bei denen leere Textfelder ausgefüllt werden.

Vor AutoCAD 2008 waren die Werte von Blockattributen auf eine einzelne Zeile variablen Textes mit maximal 255 Zeichen beschränkt. Mittlerweile können Sie nicht nur mehrzeilige Attribute erstellen, sondern die Attribute mehrzeiliger Texte können auch viele der Formatierungsoptionen mehrzeiliger Texte umfassen. Und Blöcke mit oder ohne Attribute lassen sich zudem als Beschriftungsobjekte definieren. (In Kapitel 13 finden Sie mehr über Beschriftungsobjekte.)

In diesem Kapitel stelle ich die Grundlagen von Blöcken vor. Sie erfahren, wie Blöcke erstellt und eingefügt werden, wie Attribute ergänzt werden und wie Sie nicht mehr benötigte oder unerwünschte Blockdefinitionen wieder loswerden. In Kapitel 18 zeige ich Ihnen, wie Sie bereits erstellte Zeichnungsdaten noch besser nutzen können und dynamisch Blöcke einbeziehen und mit externen Referenzen auf verschiedene Dateiarten (unter anderem DGN-Dateien von MicroStation) und Pixelbilder arbeiten können.

Mit Blöcken, externen Referenzen, integrierten DWFs, Pixelbildern und DGN-Dateien können Sie Ihre und die Arbeit anderer wiederholt verwenden. Einerseits lässt sich damit potenziell ungeheuer viel Zeit sparen, andererseits können aber auch enorme Probleme entstehen, wenn Dateien geändert werden, von denen Zeichnungen anderer Anwender abhängen. Setzen Sie diese Funktionen ein, wenn Sie damit Zeit sparen können, aber gehen Sie damit umsichtig und planvoll um, um Probleme zu vermeiden.

Die Art der Nutzung von Blöcken und XRefs hängt stark vom Berufsfeld und den Gepflogenheiten des jeweiligen Büros ab. Einige Disziplinen und Unternehmen verwenden diese Funktionen intensiv und in stark organisierter Form zur Zeichnungsverwaltung, andere überhaupt nicht. Fragen Sie Kollegen nach den lokalen Gepflogenheiten, und richten Sie sich danach.

Bock auf Block

Bevor Sie so richtig loslegen können, müssen Sie erst noch ein wenig Blocktheorie über sich ergehen lassen. Um Blöcke in Zeichnungen verwenden zu können, benötigen Sie zweierlei: eine Block*definition* und eine oder mehrere Block*einfügungen*. AutoCAD unterscheidet hier nicht immer deutlich. Sie müssen aber den Unterschied verstehen, um nicht durcheinanderzugeraten.

Blockdefinitionen befinden sich in einem unsichtbaren Bereich der Zeichnungsdatei, der *Blocktabelle* genannt wird. (Hierbei handelt es sich um eine dieser in Kapitel 6 beschriebenen *Symboltabellen*.) Die Blocktabelle ähnelt einem Buch mit grafischen Rezepten zum Erstellen verschiedener Arten von Blöcken. Jede Blockdefinition ist wie ein Rezept zum Erstellen einer bestimmten Blockart. Wenn Sie einen Block einfügen, erstellt AutoCAD ein spezielles Objekt, das *Blockeinfügung* genannt wird. Der Einfügepunkt verweist auf das Rezept und teilt AutoCAD mit, dass es »gemäß der Anleitung in diesem Rezept zeichnen soll«.

Auch wenn Blöcke wie Sammlungen gemeinsam gespeicherter Objekte aussehen, die mit einem Namen versehen sind, so handelt es sich doch um ein grafisches Rezept (die Blockdefinition) sowie einen oder mehrere Verweise auf dieses Rezept (eine oder mehrere Blockeinfügungen). Bei jedem Einfügen eines bestimmten Blocks erstellen Sie einen weiteren Verweis auf dasselbe Rezept.

Zu den Vorteilen von Blöcken zählen:

- ✔ **Gruppierung logisch zusammengehörender Objekte.** Sie können eine Schraube mit Linien und Bögen zeichnen und dann eine Blockdefinition erstellen, die all diese Objekte umfasst. Wenn Sie den Block einfügen, wird dieser von AutoCAD beim Kopieren, Verschieben und so weiter wie ein einzelnes Objekt behandelt.
- ✔ **Zeitersparnis und weniger Fehler.** Das Einfügen von Blöcken geht natürlich viel schneller als das Neuzeichnen derselben geometrischen Formen. Und je weniger Sie neu zeichnen müssen, desto weniger Fehlermöglichkeiten gibt es.

- **Weniger Speicherbedarf bei wiederholter Nutzung derselben Blöcke.** Wenn Sie denselben Schraubenblock an 15 verschiedenen Stellen in eine Zeichnung einfügen, speichert AutoCAD die detaillierte Blockdefinition nur ein einziges Mal. Die 15 Blockeinfügungen, die auf die Blockdefinition verweisen, beanspruchen viel weniger Speicherplatz als 15 Exemplare aller zugehörigen Linien, Polylinien und Bögen.
- **Die Möglichkeit, alle Instanzen eines Symbols in einer Zeichnung über eine einzige Blockdefinition zu ändern.** Das ist ein echt großer Vorteil. Wenn in einem Entwurf eine andere Schraube benötigt wird, ändern Sie einfach die Blockdefinition der Schraube. Mit diesem neuen Rezept ersetzt AutoCAD dann automatisch alle 15 Schrauben. Und das geht wirklich viel schneller als das Löschen und Kopieren von 15 Schrauben!
- **Unterschiedliches Aussehen von Blockeinfügungen bei Verwendung dynamischer Blöcke.** Das ist ein noch größerer Vorteil. Wenn in Ihrem Entwurf eine andere Art Schraube benötigt wird, können Sie die Ansicht der Schraube einfach passend für die neue Variante ändern (natürlich nur dann, wenn Sie die Schraube als dynamischen Block definiert haben). Bei jeder Instanz der Schraube in der Zeichnung könnte es sich um eine andere Art von Schraube handeln. Und das ist weitaus effizienter als das Erstellen 15 verschiedener Blockdefinitionen! Das Erstellen dynamischer Blöcke wird in Kapitel 18 behandelt.

Blöcke eignen sich *nicht* besonders für Zeichnungselemente, die in mehreren Zeichnungen verwendet werden. Dies gilt insbesondere, wenn mehrere Anwender Teile von Zeichnungen gemeinsam nutzen. Das liegt daran, dass Blöcke (als Kopie) in den Zeichnungen verbleiben, in die sie eingefügt werden. Spätere Änderungen der Blockdefinition in einer Zeichnung wirken sich *nicht* automatisch auf die anderen Zeichnungen aus, die diesen Block verwenden. Wenn Sie einen Block mit einem Unternehmenslogo in vielen Zeichnungen verwenden und dann das Logo ändern, müssen Sie diese Änderung für alle Zeichnungen, die diesen Block verwenden, getrennt durchführen.

Wenn Sie nur einige Objekte zu einer Gruppe zusammenfassen wollen, die leichter kopiert, verschoben und so weiter werden kann, verwenden Sie die Gruppenfunktion von AutoCAD. Geben Sie GRUPPE ein und drücken Sie [↵], um das Dialogfeld GRUPPE zu öffnen. Tragen Sie einen Namen im Feld GRUPPENNAME ein und klicken Sie die Schaltfläche NEU im Bereich GRUPPE ERSTELLEN an. Wählen Sie dann einige Objekte aus und drücken Sie [↵], um das Dialogfeld wieder anzeigen zu lassen. Beim Bearbeiten von Zeichnungen, die Gruppen enthalten, können Sie die Gruppenauswahl mit der Tastenkombination [Strg]+[H] aktivieren beziehungsweise deaktivieren. Wenn die Gruppenauswahl aktiviert ist, werden bei der Auswahl eines beliebigen Objekts der Gruppe auch alle anderen zugehörigen Objekte ausgewählt. Wenn die Gruppe nicht wählbar ist, wird bei der Auswahl eines Objekts der Gruppe nur dieses Objekt markiert, auch wenn es zu einer Gruppe gehört. Mehr zu diesem Thema erfahren Sie in der Online-Hilfe unter *Gruppe (Befehl), Informationen*.

Erstellen von Blockdefinitionen

Um eine Blockdefinition für Objekte in der aktuellen Zeichnung zu erstellen, verwenden Sie das Dialogfeld BLOCKDEFINITION. (Die andere Möglichkeit zum Erstellen einer Blockdefinition, die im nächsten Abschnitt erläutert wird, ist das Einfügen einer anderen Zeichnungsdatei als Block in die aktuelle Zeichnung.) Die folgenden Schritte verdeutlichen, wie das Dialogfeld BLOCKDEFINITION genutzt wird:

1. **Klicken Sie in der Multifunktionsleiste auf der Registerkarte START (oder der Registerkarte BLÖCKE & REFERENZEN) in der Gruppe BLOCK die Schaltfläche ERSTELLEN an. (Im klassischen Werkzeugkasten klicken Sie die Schaltfläche BLOCK ERSTELLEN an.)**

Es wird das Dialogfeld BLOCKDEFINITION angezeigt (siehe Abbildung 17.1).

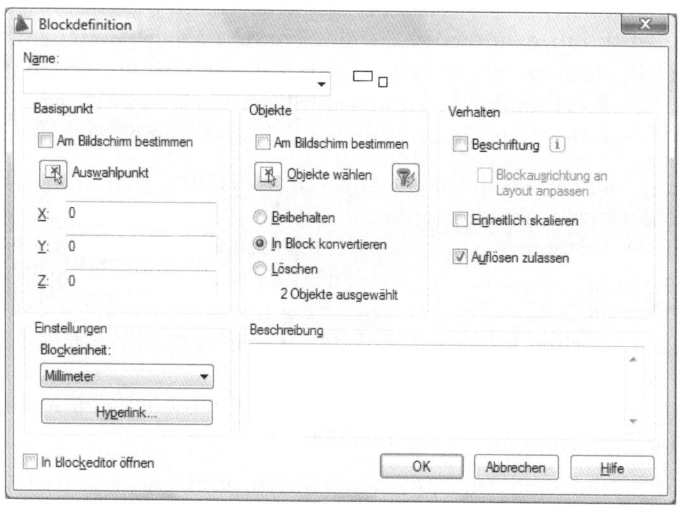

Abbildung 17.1: Das Dialogfeld BLOCKDEFINITION

Achten Sie beim Erstellen der Objekte, aus denen Blöcke bestehen, auf Layer. Die auf den meisten Layern erstellte Blockgeometrie bewahrt die Merkmale (zum Beispiel Farbe, Linientyp und Plotstil) dieser Layer. Wenn Sie aber Blöcke auf Layer 0 erstellen, besitzen diese *keine* eigenen Merkmale. Sie übernehmen jeweils die Merkmale des Layers, in den sie eingefügt werden.

2. **Geben Sie den Namen der Blockdefinition im Textfeld NAME ein.**

   Wenn Sie den Namen einer vorhandenen Blockdefinition eingeben, weist AutoCAD warnend darauf hin, dass diese nach dem Anklicken von OK durch die neu ausgewählte Gruppe von Objekten ersetzt wird. Dieser Vorgang wird *Blockredefinition* genannt.

Eine Liste der Namen aller aktuell in einer Zeichnung vorhandenen Blockdefinitionen wird angezeigt, wenn Sie im Dialogfeld BLOCKDEFINITION das Listenfeld NAME aufschlagen.

3. **Geben Sie den Einfügepunkt (auch Einfügebasispunkt genannt) des Blocks mit einem der beiden folgenden Verfahren an:**

   - Geben Sie die Koordinaten des Einfügepunkts in die Felder X, Y und Z ein.
   - Klicken Sie die Schaltfläche AUSWAHLPUNKT an und wählen Sie dann einen Punkt auf dem Bildschirm aus. (In diesem Fall sollten Sie mit dem Objektfang oder anderen Präzisionstechniken arbeiten, die in Kapitel 7 beschrieben werden, um einen bestimmten Punkt auf einem der Blockobjekte zu markieren.)

   Der *Basispunkt* ist der Punkt im Block, mit dem dieser später eingefügt wird. Dies wird im nächsten Abschnitt näher erläutert.

Verwenden Sie einheitlich und konsistent bestimmte Punkte (zum Beispiel die untere linke Ecke) der gruppierten Objekte als Basispunkt, damit Sie immer wissen, was beim Einfügen der Blöcke geschieht.

4. **Klicken Sie die Schaltfläche OBJEKTE WÄHLEN an und markieren Sie dann die Objekte, die zum Block gehören sollen. Drücken Sie [↵], wenn die Auswahl der Objekte abgeschlossen ist, um wieder das Dialogfeld BLOCKDEFINITION anzeigen zu lassen.**

   AutoCAD verwendet die ausgewählten Objekte zum Erstellen einer Blockdefinition und zeigt oben im Dialogfeld BLOCKDEFINITION eine Miniaturansicht neben dem Blocknamen an. Abbildung 17.2 zeigt den Basispunkt und eine Gruppe ausgewählter Objekte während des Erstellens einer neuen Blockdefinition.

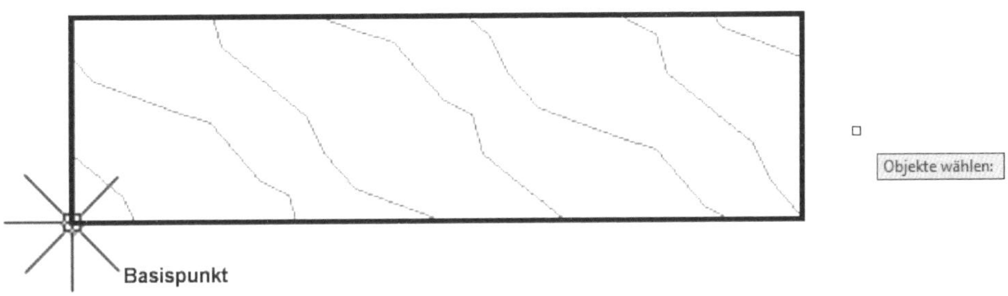

Abbildung 17.2: Das Erstellen eines Blocks

5. **Klicken Sie im Bereich OBJEKTE eine der Optionen an, um AutoCAD mitzuteilen, was es mit den zur Definition des Blocks verwendeten Objekten machen soll: BEIBEHALTEN, IN BLOCK KONVERTIEREN oder LÖSCHEN.**

   Die Option IN BLOCK KONVERTIEREN ist üblicherweise die beste. Bei Schritt 9 finden Sie eine Beschreibung, was bei den einzelnen Optionen geschieht.

6. **Wählen Sie im Listenfeld BLOCKEINHEIT die Einfügeeinheit aus, in der der Block beim Einfügen skaliert wird.**

   Wenn der Block über die Palette DESIGNCENTER (siehe Kapitel 6) oder die Werkzeugpaletten (weiter unten in diesem Kapitel beschrieben) von einer Zeichnung in eine andere gezogen wird, bestimmen die hier angegebenen Einheiten und die Einheiten der Zeichnung, in die der Block gezogen wird, den vorgegebenen Skalierfaktor beim Einfügen.

Über drei weitere Optionen im Dialogfeld BLOCKDEFINITION von AutoCAD können Sie das Verhalten beim Einfügen des Blocks noch genauer definieren:

- Wenn das Kontrollkästchen BESCHRIFTUNG aktiviert ist, können Sie dem Block verschiedene Zeichnungsmaßstäbe für den Plot zuweisen und den eingefügten Block dann in unterschiedlichen Maßstäben darstellen lassen, indem Sie eine Option aus der Liste BESCHRIFTUNGS-MASSSTAB in der Statusleiste auswählen. Beschriftungsobjekte werden in Kapitel 13 detailliert beschrieben.
- Wenn das Kontrollkästchen EINHEITLICH SKALIEREN aktiviert ist, werden Blöcke mit denselben X-, Y- oder Z-Skalierfaktoren eingefügt. (EINHEITLICH SKALIEREN wird automatisch aktiviert, wenn die Option BESCHRIFTUNG gewählt wird.)
- Wenn das Kontrollkästchen AUFLÖSEN ZULASSEN aktiviert ist, können Blöcke während oder nach dem Einfügen in eine Zeichnung aufgelöst werden.

7. **Geben Sie im Feld BESCHREIBUNG ein paar erläuternde Worte ein.**

   Sie müssen keine Beschreibung eingeben, um einen Block erstellen zu können. Sie sollten hier aber besser wie ein Datenbankverwalter denken und eine sinnvolle Beschreibung eingeben, die Ihnen und anderen das Identifizieren des Blocks erleichtert.

8. **Überzeugen Sie sich davon, dass das Kontrollkästchen IN BLOCKEDITOR ÖFFNEN nicht aktiviert ist.**

   Sie müssen den Blockeditor nicht verwenden, wenn Sie dem Block keine dynamischen Attribute zuweisen wollen. Die Definition dynamischer Blöcke wird in Kapitel 18 behandelt.

9. **Klicken Sie OK an, um die Blockdefinition abzuschließen.**

   AutoCAD speichert die Blockdefinition in der Blocktabelle der aktuellen Zeichnung. Die Optionen, unter denen Sie in Schritt 5 gewählt haben, bewirken Folgendes:

   - Wenn Sie in Schritt 5 das Kontrollkästchen IN BLOCK KONVERTIEREN (die Vorgabe) aktivieren, erzeugt AutoCAD eine Blockreferenz für die gerade markierten Objekte. Die Objekte sehen anschließend auf dem Bildschirm zwar wie zuvor aus, aber nun handelt es sich bei ihnen um eine Instanz des definierten Blocks und nicht mehr um separate Objekte. Meistens ist das die beste Wahl.

- Wenn Sie das Kontrollkästchen BEIBEHALTEN aktivieren, bleiben die gerade markierten Objekte an Ort und Stelle und werden nicht in eine Blockreferenz umgewandelt. Sie bleiben als einzelne Objekte ohne Bezug zur Blockdefinition in der Zeichnung erhalten.
- Wenn Sie das Kontrollkästchen LÖSCHEN aktivieren, werden die gerade markierten Objekte aus der Zeichnung entfernt. (Die Blockdefinition wird aber immer noch erzeugt.)

Wenn Sie einen Block definieren, können Sie in eine Blockdefinition ein spezielles, variables Textobjekt einfügen, das *Attributdefinition* genannt wird. Wenn Sie einen Block einfügen, der eine oder mehrere Attributdefinitionen enthält, werden Sie von AutoCAD zur Eingabe von Werten für die Textfelder aufgefordert. Attribute sind bei variablen Titelblockinformationen (Plannummer, Planüberschrift und so weiter) und Symbolen nützlich, die verschiedene Codes oder Angaben enthalten. Wie Attributdefinitionen erstellt und benutzt werden, wird weiter hinten in diesem Kapitel beschrieben.

Bewahren Sie häufig benötigte Symbolzeichnungen in einem oder mehreren speziellen Ordnern auf, die nur für diesen Zweck verwendet werden. Vielleicht verwenden Sie eines der folgenden Verfahren zur Entwicklung einer *Blockbibliothek* mit häufig verwendeten Symbolen:

- Erstellen Sie jeweils eigene DWG-Dateien für die einzelnen Blöcke.
- Speichern Sie mehrere Symbole als Blockdefinitionen in einer Zeichnung und benutzen Sie bei Bedarf das DesignCenter zum Importieren der Blockdefinitionen aus dieser in andere Zeichnungen.

Einfügen von Blöcken

AutoCAD bietet eine Reihe von Möglichkeiten zum Einfügen von Blöcken, aber die flexibelste und gebräuchlichste bietet das Dialogfeld EINFÜGEN. Und so verfahren Sie beim Einfügen eines Blocks:

1. **Aktivieren Sie einen geeigneten Layer, wie in Kapitel 6 beschrieben.**

   Es ist sinnvoll, wenn Sie die jeweiligen Blöcke in einen Layer einfügen, der etwas mit deren Geometrie oder Zweck zu tun hat:

   - Wenn sich alle Objekte in der Blockdefinition in einem Layer befinden, ist es üblicherweise am besten, wenn der Block in diesen Layer eingefügt wird.
   - Wenn die Blockgeometrie mehrere Layer umfasst, wählen Sie einen dieser Layer zum Einfügen des Blocks aus.

   Wenn Teile der Geometrie der Blockdefinition in Layer 0 erstellt wurden, werden für diese die Farbe, der Linientyp und andere Objekteigenschaften des Layers übernommen, in den der Block eingefügt wird. Diese Teile verhalten sich wie ein Chamäleon, das seine Farbe der Umgebung anpasst.

2. **Klicken Sie auf der Registerkarte START der Multifunktionsleiste in der Gruppe BLOCK die Schaltfläche EINFÜGEN an. (Oder klicken Sie im klassischen Werkzeugkasten ZEICHNEN die Schaltfläche BLOCK EINFÜGEN an.)**

   Das Dialogfeld EINFÜGEN wird angezeigt (siehe Abbildung 17.3).

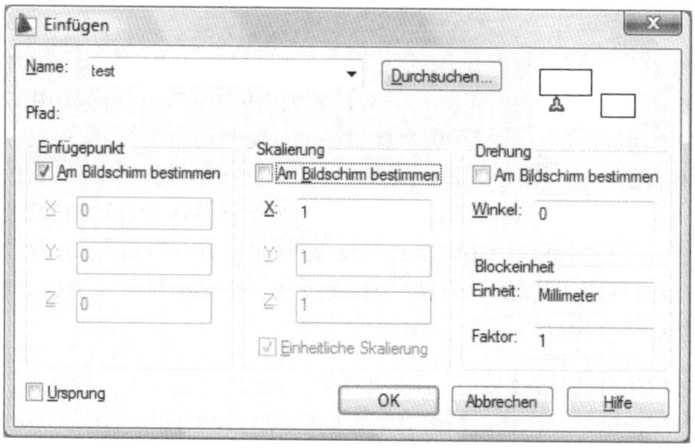

Abbildung 17.3: Das Dialogfeld EINFÜGEN

3. **Geben Sie den Namen der Blockdefinition oder der externen Datei mit einem der beiden folgenden Verfahren an:**

   - Verwenden Sie die Liste NAME zur Auswahl aus den in der aktuellen Zeichnung vorhandenen Blockdefinitionen.
   - Klicken Sie die Schaltfläche DURCHSUCHEN an, um eine externe DWG-Datei auszuwählen, und lassen Sie AutoCAD daraus eine Blockdefinition erstellen.

   Sie können eine externe Zeichnung dazu benutzen, eine Blockdefinition in der aktuellen Zeichnung zu ersetzen. Wenn Sie DURCHSUCHEN anklicken und eine Datei auswählen, deren Name dem einer Blockdefinition entspricht, die bereits in der Zeichnung vorhanden ist, werden Sie von AutoCAD darauf hingewiesen, bevor die Blockdefinition in der Zeichnung durch den aktuellen Inhalt der externen Datei ersetzt wird. Dieser Vorgang wird *Redefinieren* eines Blocks genannt. Dabei werden automatisch alle Blockeinfügungen aktualisiert, die auf die Blockdefinition verweisen.

4. **Geben Sie Einfügepunkt, Skalierung und Drehung des Blocks an.**

   Sie können in den verschiedenen Bereichen des Dialogfelds entweder das Kontrollkästchen AM BILDSCHIRM BESTIMMEN anklicken und die Parameter auf dem Bildschirm über die Eingabeaufforderung eingeben oder die gewünschten Werte direkt in die Textfelder EINFÜGEPUNKT, SKALIERUNG und DREHUNG eingeben.

Stellen Sie sicher, dass das Kontrollkästchen EINHEITLICHE SKALIERUNG aktiviert ist, das die Werte für die X-, Y- und Z-Skalierung auf dieselben Werte beschränkt (was fast immer auch erwünscht ist).

5. **Wenn AutoCAD anstelle einer Blockeinfügung, die auf die Blockdefinition verweist, eine Kopie der einzelnen Objekte im Block erstellen soll, aktivieren Sie das Kontrollkästchen URSPRUNG.**

6. **Klicken Sie OK an.**

7. **Wenn Sie für EINFÜGEPUNKT, SKALIERUNG und/oder DREHUNG die Option AM BILDSCHIRM BESTIMMEN aktiviert haben, beantworten Sie die Aufforderungen in der Befehlszeile zur Angabe dieser Parameter.**

Nach dem Einfügen eines Blocks werden alle Objekte der Blockeinfügung wie ein einziges Objekt behandelt. Wenn Sie ein beliebiges Objekt des eingefügten Blocks auswählen, werden alle Objekte des Blocks markiert.

Eine andere Möglichkeit zum Einfügen eines Blocks bietet das Ziehen des Namens einer DWG-Datei vom Windows-Explorer in das aktuelle Zeichnungsfenster. AutoCAD fordert Sie dann zum Auswählen eines Einfügepunkts und optional zum Ändern der vorgegebenen Skalierung und Drehung auf. Ebenso können Sie auch Namen von Blockdefinitionen aus dem Bereich BLÖCKE im DESIGNCENTER-Fenster in das aktuelle Zeichnungsfenster ziehen. (Das DesignCenter wird in Kapitel 6 beschrieben.)

AutoCAD bietet eine weitere Möglichkeit zum Einfügen von Blöcken: das in Kapitel 2 beschriebene Fenster WERKZEUGPALETTEN. Wie beim Einsatz der Werkzeugpalette für Schraffuren (siehe Kapitel 15) müssen Sie zunächst einmal die geeigneten Werkzeuge erstellen und konfigurieren. Das geht am einfachsten, wenn Sie eine Zeichnung im DesignCenter mit der rechten Maustaste anklicken und im Kontextmenü WERKZEUGPALETTE ERSTELLEN wählen. Dann wird eine neue Seite im Fenster WERKZEUGPALETTEN erstellt, die alle Blockdefinitionen der Zeichnung enthält, die Sie mit der rechten Maustaste angeklickt haben. Klicken Sie einfach ein Werkzeug an und ziehen Sie es in den Zeichnungsbereich, um den entsprechenden Block in die Zeichnung einzufügen. Wenn Sie Blöcke aus der Werkzeugpalette in eine Zeichnung ziehen, können Sie keinen anderen Einfügemaßstab angeben. Sie können auch nicht alle AutoCAD-Präzisionswerkzeuge einsetzen, um den Einfügepunkt präzise anzugeben, und müssen die Blöcke daher möglicherweise nach dem Einfügen noch exakt an die gewünschte Position bringen. Ich empfehle erst einmal die Verwendung der anderen in diesem Kapitel beschriebenen Verfahren zum Einfügen von Blöcken und insbesondere das Dialogfeld EINFÜGEN und die DESIGNCENTER-Palette. Wenn Sie diese Verfahren erst einmal beherrschen und feststellen, dass Sie dieselben Blöcke häufig einfügen müssen, dann können Sie daran denken, eine Werkzeugpalette zu erstellen, in der diese enthalten sind. Über *Werkzeugpalette, Informationen* finden Sie in der Online-Hilfe weitere Informationen.

Auch wenn im letzten Absatz vom »Fenster« WERKZEUGPALETTEN die Rede war, verhalten sich Paletten in AutoCAD nicht wie normale Fenster oder Dialogfelder. Sie sind *nicht-modal* und können geöffnet bleiben, während man andere Aufgaben erledigt. Paletten werden auch *sekundäre Fenster* genannt. Ich bleibe aber wohl besser beim Begriff Paletten.

Vorsicht beim Einfügen einer Zeichnung in eine andere. Wenn es in der Zielzeichnung und in der einzufügenden Zeichnung unterschiedliche Definitionen für gleichnamige Layer gibt, übernehmen die Objekte der Quellzeichnung die Layermerkmale der Zielzeichnung. Wenn Sie zum Beispiel eine Zeichnung mit blauen gestrichelten Linien auf einem Layer namens Blaue Wände in eine Zeichnung einfügen, in der es bereits einen Layer namens Blaue Wände mit roten durchgehenden Linien gibt, werden die blauen Wände nach dem Einfügen plötzlich rot. Dasselbe gilt für Linientypen, Textstile, Bemaßungsstile, Tabellenstile, Führungslinienstile und Blockdefinitionen, die sich in der eingefügten Zeichnung befinden.

Wenn Sie eine Blockdefinition ändern müssen, nachdem Sie bereits eine oder mehrere Instanzen davon eingefügt haben, verwenden Sie dazu den Blockeditor (Befehl `BBEARB`). Klicken Sie dazu auf der Registerkarte Start der Multifunktionsleiste in der Gruppe Block die Schaltfläche Bearbeiten an. (Im Menü-Browser oder der klassischen Menüleiste wählen Sie Extras|Blockeditor). Mehr dazu erfahren Sie in der AutoCAD-Online-Hilfe beim Befehl `BBEARB`. Der Befehl `BBEARB` steht auch in AutoCAD LT zur Verfügung.

Attribute: Bitte ausfüllen

Vielleicht denken Sie bei »Attributen« ja an die guten (oder schlechten) Eigenschaften Ihrer besseren Hälfte. In AutoCAD sind *Attribute* aber auszufüllende Textfelder, die Sie Blöcken hinzufügen können. Wenn Sie eine Blockdefinition erstellen und diese mehrfach in eine Zeichnung einfügen, bleibt die gewöhnliche Geometrie (Linien, Kreise, gewöhnliche Texte und so weiter) bei allen Instanzen identisch. Attribute bieten ein wenig mehr Flexibilität bei Texten, die sich bei den verschiedenen Blockeinfügungen unterscheiden können.

Nehmen Sie zum Beispiel an, dass Sie häufig Teile in Zeichnungen einfügen, die mit unterschiedlichen Nummern in einem Kreis beschriftet sind, die über die jeweiligen Komponenten Aufschluss geben. Wenn Sie einen Block für dieses Symbol erstellen wollen, können Sie die Zahl oder den Buchstaben nicht einfach als gewöhnlichen Text mit den Befehlen `MTEXT` oder `DTEXT` zeichnen. Wenn Sie eine Blockdefinition mit einem gewöhnlichen Textobjekt (zum Beispiel dem Buchstaben A) erstellen, bleibt dieser Text in allen Instanzen des Blocks immer gleich (immer der Buchstabe A). Keine große Hilfe bei der Unterscheidung von Komponenten!

Stattdessen erstellen Sie eine *Attributdefinition*, die als Platzhalter für eine Zeichenkette dient, die bei jeder Blockeinfügung unterschiedliche Werte annehmen kann. Sie können die Attributdefinition beim Erstellen der Blockdefinition vornehmen (wie im Abschnitt »Erstellen von Blockdefinitionen« weiter vorn in diesem Kapitel gezeigt). Dann werden Sie jeweils beim Einfügen des Blocks von AutoCAD zur Angabe der *Attributwerte* für die einzelnen Attributdefinitionen aufgefordert.

Als sie eingeführt wurden und auch noch lange danach waren Blockattributwerte auf eine einzelne Zeile variablen Textes mit maximal 255 Zeichen beschränkt. Seit AutoCAD 2008 werden mehrzeilige Attribute unterstützt. Diese bieten nicht nur mehrere Zeilen, sondern auch viele der Formatierungsoptionen mehrzeiliger Texte. Weitere Informationen zum Erstellen und Einfügen von Blöcken mit mehrzeiligen Attributen finden Sie in der Online-Hilfe unter *Attributdefinitionen, mehrzeilige*.

In der AutoCAD-Dokumentation und in den Dialogfeldern bezieht sich der Begriff *Attribut* häufig unterschiedslos auf eine *Attributdefinition* oder einen *Attributwert*. Denken Sie also daran, dass es sich bei einer Attribut*definition* um ein Textfeld beziehungsweise einen Platzhalter in der Blockdefinition handelt, während ein Attribut*wert* der spezifische Text ist, den Sie beim Einfügen des Blocks angeben.

Attributdefinitionen

Sie verwenden das Dialogfeld ATTRIBUTE DEFINIEREN zum Erstellen von Attributdefinitionen. Das Verfahren ähnelt dem Anlegen eines Textobjekts, wobei allerdings ein paar Informationen mehr angegeben werden müssen. Mit den folgenden Schritten erstellen Sie Attributdefinitionen:

1. **Wechseln Sie zu dem Layer, für den Sie die Attributdefinition erstellen wollen.**

2. **Klicken Sie auf der Registerkarte Start der Multifunktionsleiste in der Gruppe BLOCK im Einblendfenster die Schaltfläche ATTRIBUTE DEFINIEREN an.** (Oder wählen Sie in der klassischen Menüleiste ZEICHNEN|BLOCK|ATTRIBUTE.) Damit führen Sie den Befehl ATTDEF aus.

   Es wird das Dialogfeld ATTRIBUTE DEFINIEREN angezeigt (siehe Abbildung 17.4).

Abbildung 17.4: Das Dialogfeld ATTRIBUTE DEFINIEREN

Die Einstellungen im Bereich MODUS (UNSICHTBAR, KONSTANT, PRÜFEN oder VORWAHL) werden Sie nur selten benötigen. Lassen Sie diese einfach deaktiviert. Wenn Sie neugierig sind und wissen wollen, was diese Modi bewirken, führen Sie den Mauszeiger über die entsprechende Option. Und wenn Ihnen diese Informationen nicht reichen sollten, benutzen Sie die Schaltfläche Hilfe des Dialogfelds, um noch mehr darüber zu erfahren.

3. **Aktivieren oder deaktivieren Sie das Kontrollkästchen Position sperren.**

   Wenn Position sperren ausgewählt ist, können die Attribute innerhalb der Blockeinfügung nicht verschoben werden. Alle Attribute eines Blocks werden wie ein einziges Objekt behandelt. Wenn Position sperren nicht aktiviert ist, können Attribute durch Ziehen an ihren Griffen verschoben werden, ohne dass dabei die Blockeinfügung als Ganzes verschoben wird.

4. **Aktivieren oder deaktivieren Sie das Kontrollkästchen Mehrzeilig.**

   Wird im Bereich Modus die Option Mehrzeilig ausgewählt, wird das Texteingabefeld Vorgabe deaktiviert und es wird eine Schaltfläche eingeblendet, über die der MText-Editor aufgerufen wird. Es steht zwar nicht die ganze Vielfalt der Formatierungsoptionen wie im integrierten Editor beim Befehl MTEXT zur Verfügung, aber Sie können Text unterstreichen oder überstreichen, über ein Kontextmenü Text importieren, einen Texthintergrund definieren und aus einer Reihe weiterer Optionen auswählen. Weitere Informationen dazu finden Sie in der Online-Hilfe.

5. **Im Bereich Attribut legen Sie eine Bezeichnung (Name des Datenbankfelds), eine Eingabeaufforderung (für den Anwender) und eine Vorgabe (einen Vorgabewert) fest.**

   Das Feld Bezeichnung darf im Unterschied zu den Feldern Eingabeaufforderung und Wert keine Leerzeichen enthalten.

   Attributwerte können automatisch aktualisierte Felder umfassen, wie zum Beispiel Datum, Dateiname oder die Einstellungen von Systemvariablen. Klicken Sie die Schaltfläche Feld einfügen rechts neben dem Textfeld Vorgabe an, um Schriftfelder einzufügen. Weitere Informationen dazu finden Sie in Kapitel 13.

6. **Optional: Wenn Sie in Schritt 4 das Kontrollkästchen Mehrzeilig aktiviert haben, klicken Sie die Schaltfläche MText-Editor (die mit den drei Punkten) an, um die Vorgabe für den mehrzeiligen Attributwert festzulegen und zu formatieren.** Klicken Sie dann OK an.

   Bei dem hier eingegebenen Wert handelt es sich um den in der Attributdefinition gespeicherten Vorgabetext, den Sie beim Einfügen des Blocks ändern können.

7. **Im Bereich Texteinstellungen geben Sie die Ausrichtung, den Textstil, die Texthöhe, die Drehung (des Textes) und die Umgrenzungsbreite (nur für mehrzeilige Texte) an.**

   Die Texteinstellungen für Attributdefinitionen sind mit denen für einzeilige Textobjekte identisch (siehe Kapitel 13).

8. **Aktivieren Sie das Kontrollkästchen Am Bildschirm bestimmen, um einen Einfügepunkt für die Attributdefinition auszuwählen.**

   Der Einfügepunkt einer Attributdefinition entspricht dem Basispunkt bei einem Text. Denken Sie daran, Präzisionstechniken wie Fang oder Objektfang einzusetzen, wenn sich die Attributwerte letztlich präzise an einer bestimmten Position befinden sollen.

9. **Klicken Sie OK an, um die Attributdefinition zu erstellen.**

10. **Wiederholen Sie für weitere Attributdefinitionen bei Bedarf die Schritte 1 bis 9.**

Wenn Sie eine Reihe sauber ausgerichteter ähnlicher Attributdefinitionen erstellen müssen, erzeugen Sie die erste mit den Schritten 1 bis 9 und aktivieren dann bei den weiteren Definitionen das Kontrollkästchen Unter vorheriger Attributdefinition ausrichten. Wenn Sie eine Reihe nicht ausgerichteter Attribute erstellen müssen, erstellen Sie die erste mit den Schritten 1 bis 9, kopieren dann die erste Attributdefinition und bearbeiten die Kopie über die Eigenschaften-Palette. Wenn Sie im Dialogfeld Attribute definieren das Kontrollkästchen Position sperren aktivieren, können Sie verhindern, dass Attribute innerhalb des Blocks verschoben werden können.

Blockdefinitionen mit Attributdefinitionen

Nach dem Erstellen einer oder mehrerer Attributdefinitionen und der anderen Elemente, die zum Block gehören sollen, können Sie nun eine Blockdefinition erzeugen, in der diese enthalten sind. Führen Sie die Schritte im Abschnitt »Erstellen von Blockdefinitionen« weiter vorn in diesem Kapitel aus.

In Schritt 4 im Abschnitt »Erstellen von Blockdefinitionen« wählen Sie erst eine beliebige Attributdefinition aus, bevor Sie die andere Geometrie auswählen. Sie sollten die Attributdefinitionen jedoch einzeln (Anklicken der jeweiligen Attributdefinition statt Auswählen mehrerer Attribute über einen Auswahlbereich) in der Reihenfolge auswählen, in der die Aufforderung zur Eingabe der Attributwerte im Dialogfeld Attribute bearbeiten angezeigt werden sollen (siehe Abbildung 17.5 im nächsten Abschnitt). Wenn Sie die Attribute nicht einzeln auswählen, funktionieren die Blöcke und Attribute zwar noch, aber die Reihenfolge der Eingabeaufforderungen für die Attribute im Dialogfeld Attribute bearbeiten könnte durcheinandergeraten.

Sie können den Blockattribut-Manager dazu verwenden, die Attributdefinitionen in einer Blockdefinition neu anzuordnen. Um ihn aufzurufen, klicken Sie auf der Registerkarte Start im Einblendfenster der Gruppe Block die Schaltfläche Attribute verwalten an. (In der klassischen Menüleiste oder im Menü-Browser wählen Sie Ändern|Objekt|Attribut|Blockattribut-Manager.) Sie können dieses Dialogfeld auch dazu benutzen, andere Einstellungen der Attributdefinition zu bearbeiten, wie zum Beispiel die Eingabeaufforderung, den Textstil oder den Layer.

Einfügen eines Blocks mit Attributdefinitionen

Nach dem Erstellen der Blockdefinition mit den Attributdefinitionen fügen Sie diese einfach wie einen gewöhnlichen Block ein. Führen Sie die Schritte im Abschnitt »Einfügen von Blöcken« weiter vorn in diesem Kapitel aus. Danach sollte AutoCAD das Dialogfeld Attribute bearbeiten anzeigen (siehe Abbildung 17.5). Das Dialogfeld enthält für jede Attributdefinition eine Zeile und zeigt die Vorgabewerte an. Sie geben einfach die gewünschten Werte ein und klicken dann OK an.

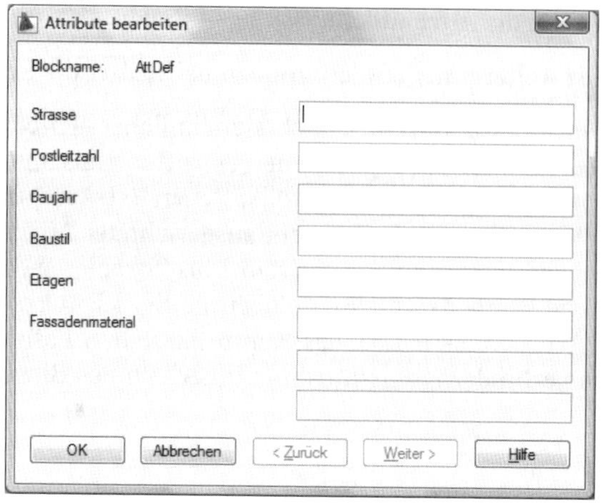

Abbildung 17.5: Das Dialogfeld ATTRIBUTE BEARBEITEN

Die Systemvariable `ATTDIA` (ATTribute DIAlogfeld) steuert, ob AutoCAD zur Eingabe der Attributwerte über ein Dialogfeld (`ATTDIA=1`) oder die Befehlszeile (`ATTDIA=0`) auffordert. Wenn Sie einen Block einfügen und sehen, dass Sie in der Befehlszeile beziehungsweise im QuickInfo-Fenster zur Eingabe der jeweiligen Attributwerte aufgefordert werden, geben Sie jeweils einen Wert ein und drücken [↵]. Wenn Sie wieder zur Eingabeaufforderung `Befehl:` zurückgekehrt sind, tippen Sie `ATTDIA` ein, drücken [↵], tippen `1` ein und drücken erneut [↵]. Wenn Sie von nun an Blöcke mit Attributen in diese Zeichnung einfügen, zeigt AutoCAD das Dialogfeld ATTRIBUTE BEARBEITEN an und fordert Sie nicht mehr in der Befehlszeile oder im QuickInfo-Fenster zur Eingabe von Werten auf.

Bearbeitung von Attributwerten

Nach dem Einfügen eines Blocks mit Attributen können Sie die einzelnen, in der Blockeinfügung enthaltenen Attribute mit dem Befehl `EATTEDIT` (Erweiterter ATTributs-EDITor) bearbeiten. (Dieser Befehl steht in AutoCAD LT nicht zur Verfügung.) Klicken Sie dazu auf der Registerkarte START im Einblendfenster der Gruppe BLOCK die Schaltfläche EINZ. ATTRIBUT BEARBEITEN an. (In der klassischen Menüleiste oder im Menü-Browser wählen Sie ÄNDERN|OBJEKT|ATTRIBUT|EINZELN.) Klicken Sie dann eines der Objekte der Blockeinfügung an. AutoCAD zeigt das Dialogfeld ERWEITERTER ATTRIBUTS-EDITOR mit den aktuellen Attributwerten an (siehe Abbildung 17.6). Die häufigste Bearbeitungsaktion ist wohl das Ändern des Textwertes, also des in der Blockeinfügung angezeigten Wertes. Sie können aber auch die Eigenschaften der Attribute (zum Beispiel Layer und Textstil) ändern.

Viele verwenden Attribute auf die bisher beschriebene Weise als Eingabefelder für Texte in Blöcken. Attribute können aber auch Hilfsmittel für das Extrahieren von Daten sein. Sie können beispielsweise Attributwerte (zum Beispiel Teilenummern und Mengen) in eine Textdatei exportieren und die Daten zum Zweck der Analyse oder Berichtserstellung in ein Tabellenobjekt in AutoCAD, eine Tabellenkalkulations- oder Datenbankdatei übernehmen.

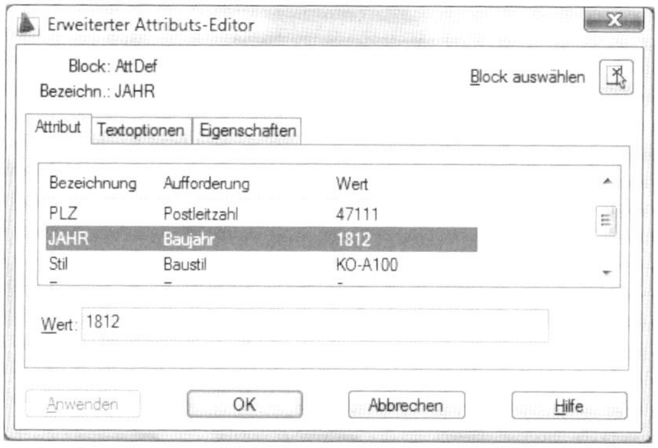

Abbildung 17.6: Das Dialogfeld Erweiterter Attributs-Editor

Daten extrahieren

Wenn Sie in der Multifunktionsleiste auf der Registerkarte Blöcke & Referenzen in der Gruppe Verknüpfung & Extraktion die Schaltfläche Daten extrahieren anklicken (oder in der klassischen Menüleiste Extras|Datenextraktion wählen), wird der Assistent Datenextraktion gestartet. Mehr über diese spezialisierte Funktion erfahren Sie in der Online-Hilfe. Lesen Sie dazu im *Benutzerhandbuch* unter der Überschrift *Austauschen von Daten zwischen Zeichnungen* den Abschnitt *Extrahieren von Daten aus Zeichnungen und Tabellenkalkulationen*. Und Benutzer von AutoCAD LT können zwar diesen Befehl nicht nutzen, aber immerhin über das Dialogfeld Attributsextraktion durch Leerzeichen oder Kommata getrennte Daten in Textdateien exportieren. Weitere Informationen dazu finden Sie beim Befehl ATTEXT in der Online-Hilfe.

Zurück zum Ursprung

In normalen Blockdefinitionen (mit Ausnahme der in Kapitel 18 behandelten dynamischen Blöcke) arbeiten die Objekte in den jeweiligen Blockeinfügungen wie eine gut gedrillte Marschkompanie zusammen: Wenn Sie ein Objekt einer Blockeinfügung verschieben oder anderweitig bearbeiten, dann werden alle Objekte auf die gleiche Weise verschoben oder geändert. Üblicherweise ist dieser Drill von Vorteil, gelegentlich müssen Sie aber die Schwadron »aufbrechen«, um einzelne Objekte bearbeiten zu können, ohne dass die anderen davon betroffen sind.

Um eine Blockeinfügung wieder in seine Einzelobjekte zu zerlegen, sprengen Sie diese einfach mithilfe eines Befehls, dessen Schaltfläche sich auf der Registerkarte Start in der Gruppe Ändern (beziehungsweise im klassischen Werkzeugkasten Ändern) befindet und den Namen Ursprung trägt. Markieren Sie dann die zu zerlegende Blockeinfügung. Wenn Sie eine Blockeinfügung wieder in ihren ursprünglichen Zustand (daher wohl die Bezeichnung »Ursprung«) zersprengen, wird sie von AutoCAD durch die in der

Blockdefinition enthaltenen Einzelobjekte ersetzt (Linien, Polylinien, Bögen und so weiter). Dann können Sie die Objekte einzeln bearbeiten oder auch zum Erstellen weiterer Blockdefinitionen verwenden.

Wenn Sie einen Block mit Attributen in dessen Ursprungszustand zurückversetzen, werden die Attribut*werte* wieder zu Attribut*definitionen*. Diese Änderung ist üblicherweise nicht erwünscht. Wenn Sie eine Blockeinfügung wirklich wieder in ihre Einzelteile zerlegen wollen, ist es wahrscheinlich besser, wenn Sie die Attributdefinitionen löschen und durch gewöhnliche Zeichenketten ersetzen. Wenn Sie die Express Tools installiert haben (nicht in AutoCAD LT verfügbar), können Sie diese Aufgabe automatisch mit dem Befehl BURST erledigen lassen. Geben Sie einfach BURST ein und drücken Sie ↵. Oder wählen Sie im Menü-Browser oder der klassischen Menüleiste EXPRESS|BLOCKS|EXPLODE ATTRIBUTES TO TEXT. (Die Express Tools sind nur in Englisch verfügbar.)

Beseitigung nicht benutzter Blockdefinitionen

Wie alle anderen benannten Objekte (zum Beispiel Layer, Text- und Bemaßungsstile) vergrößert jede Blockdefinition die DWG-Datei geringfügig. Wenn Sie alle Blockeinfügungen, die auf eine bestimmte Blockdefinition verweisen, löschen (oder mit dem Befehl URSPRUNG behandeln), erfüllt die Blockdefinition keinerlei Aufgaben mehr.

Daher sollten Sie in den Zeichnungen von Zeit zu Zeit den Befehl BEREINIG einsetzen, um nicht mehr benötigte Blockdefinitionen und benannte Objekte zu beseitigen. Auf der Registerkarte EXTRAS finden Sie dazu in der Gruppe ZEICHNUNGSPROGRAMME die Schaltfläche BEREINIGEN. (Im Menü-Browser oder der klassischen Menüleiste wählen Sie DATEI|DIENSTPROGRAMME|BEREINIGEN.) Anschließend wird das Dialogfeld BEREINIGEN angezeigt. Wenn unbenutzte benannte Elemente in einer Zeichnung vorhanden sind, lassen sich diese alle auf einen Schlag aus der aktuellen Zeichnung entfernen, wenn Sie die Schaltfläche ALLE BEREINIGEN anklicken.

Dynamisch mit Blöcken und Pixeln spielen

18

In diesem Kapitel

- Dynamische Blöcke, externe Referenzen (XRefs) und Rasterbilder
- Dynamische Blöcke erstellen
- XRefs und DWFs zuweisen und verwalten
- XRef-Pfaden überwachen
- Rasterbilddateien zuordnen und verwalten

In Kapitel 17 beschreibe ich Blöcke als Gruppen geometrischer Objekte, die in AutoCAD wie ein Element behandelt werden. Dort beschreibe ich auch, wie man Blöcken mit *Attributen* (veränderliche Textbezeichner, die bei jeder Einfügung variieren können) produktiver nutzen kann. Abgesehen von diesen geringfügigen Variationen sind die in Kapitel 17 beschriebenen Blöcke jedoch recht statisch.

Blöcke müssen aber nicht statisch sein. Statt eines halben Dutzends normaler Blöcke für ein halbes Dutzend verschiedener Türabmessungen kann man auch einzelne *dynamische Blöcke* erstellen, die all diese Abmessungen umfassen. Anders als bei den normalen Blöcken, bei denen die einzelnen Instanzen eines bestimmten Blocks geometrisch identisch sind, können die einzelnen Instanzen dynamischer Blöcke Variationen der geometrischen Objekte umfassen. Sie können zum Beispiel einen Block mit einem Möbelstück dreimal einfügen, wobei eine Instanz ein Sofa, eine einen Zweisitzer und eine einen Armsessel darstellt. Das Erstellen und Bearbeiten dynamischer Blöcke werde ich in diesem Kapitel beschreiben.

Eine *externe Referenz* (*XRef*) ist so etwas wie ein standardisierter Baustein. Eine externe Referenz ist ein Verweis auf eine eigenständige Zeichnung, die getrennt von der Zeichnung vorliegt, an der Sie jeweils arbeiten. Die referenzierte Zeichnung wird auf dem Bildschirm und in Plots in Ihre Zeichnung integriert, bleibt aber weiterhin als eigenständiges Dokument auf der Festplatte bestehen. Wenn Sie die extern referenzierte Zeichnung ändern, wird diese damit auch in allen Zeichnungen geändert, in die sie integriert wurde.

Eine *Rasterbilddatei* (auch *Pixelbilddatei* oder *Bitmapdatei* genannt) speichert ein grafisches Bild als Ansammlung von Bildpunkten (Pixel = picture element). Rasterbilder eignen sich zum Speichern von Fotos, Logos und anderen Bildern, während sich CAD-*Vektordateien* zum Speichern von geometrischen Objekten, wie zum Beispiel Linien und Bögen, zusammen mit Text und Anmerkungen eignen, die die Geometrie beschreiben. Manchmal ist es praktisch, wenn man Rasterbilder und CAD-Vektordateien miteinander kombinieren kann. Durch die Palette EXTERNE REFERENZEN wird dies einfach.

Vor AutoCAD 2007 handelte es sich bei *externen Referenzen* um AutoCAD-Zeichnungsdateien, die aktuellen Zeichnungen zugeordnet wurden. Bilder waren (und sind) Rasterbilder, die zwar ähnlich, aber mit einem anderen Befehl eingebunden wurden. Ab AutoCAD 2007 handelt es sich bei EXTERNE REFERENZEN um den Namen einer Palette, mit deren Hilfe nicht nur extern referenzierte AutoCAD-Zeichnungen (XRefs) und zweidimensionale DGN-Zeichnungsdateien im MicroStation-Format, sondern auch Bilddateien und DWF-Unterlagen eingebunden und verwaltet werden. (*DWF* steht für Design Web Format; bei einer DWF-Datei handelt es sich um eine »abgespeckte« Version einer DWG-Datei, die für die Prüfung von Entwürfen oder die Veröffentlichung auf Webseiten erstellt wird.) Das Zuordnen von DWF-Dateien als externe Referenzen bespreche ich am Ende dieses Kapitels, und die Webfunktionen behandle ich in Kapitel 19.

Sowohl mit AutoCAD 2009 als auch mit AutoCAD LT 2009 lassen sich DGN-Dateien über die Palette EXTERNE REFERENZEN aktuellen Zeichnungen zuordnen. DGN-Dateien sind Zeichnungsdateien, die mit einem der wichtigsten Wettbewerber von AutoCAD erstellt wurden, nämlich mit MicroStation von Bentley Systems. (Sie können auch DGN-Zeichnungsdaten in AutoCAD und AutoCAD LT importieren und exportieren.) AutoCAD-Einsteigern dürften DGN-Dateien weniger wahrscheinlich begegnen, wenn sie nicht gerade für ein großes Unternehmen arbeiten, das viele Zeichnungen mit Partnern und Beratern austauscht. Mehr über DGN-Dateien in AutoCAD 2009 finden Sie im Index der Online-Hilfe unter *DGN-Dateien, Informationen*.

Wie in Kapitel 17 erwähnt, ermöglichen Blöcke, externe Referenzen, DWF-Unterlagen, Rasterbilder und DGN-Dateien das Wiederverwenden Ihrer Arbeit und der anderer, womit sich ungeheuer viel Zeit sparen lässt – andererseits kann es aber auch zu immensen Problemen führen, wenn Sie eine Datei ändern, von der Zeichnungen anderer Anwender abhängen. Verwenden Sie diese Funktionen, wenn es darum geht, Zeit zu sparen, aber gehen Sie dabei sorgfältig und mit Bedacht vor, um Probleme zu vermeiden.

Themen und Variationen: Dynamische Blöcke

Wenn Sie Blöcke dynamisch machen, gewinnen sie an Vielfalt. Die zwei nützlichsten Anwendungen für dynamische Blöcke sind mehrfache Darstellungen ähnlicher Objekte und Manipulationen an Bestandteilen innerhalb einzelner Blockeinfügungen.

Zweifellos gewinnen Blöcke durch die Möglichkeit des Erstellens und Einfügens von dynamischen Blöcken an Flexibilität. Es handelt sich aber auch um ein recht kompliziertes System mit eigenem Befehlssatz und eigenen Systemvariablen. Daher sollten Sie sich erst einmal mit den in Kapitel 17 beschriebenen Verfahren zum Erstellen und Einfügen herkömmlicher Blöcke *richtig* vertraut machen, bevor Sie sich mit dynamischen Blöcken befassen.

Investieren Sie einige Zeit in die Planung der dynamischen Blöcke. Erstellen Sie Skizzen der verschiedenen Variationen des Aussehens (*Sichtbarkeitsstatus*) und legen Sie fest, wo sich der gemeinsame Basispunkt befinden soll. Sofern Sie mir intelligenzmäßig nicht weit überlegen sind, werden Sie wahrscheinlich feststellen, dass das Erstellen dynamischer Blöcke auch dann noch schwierig genug ist, wenn Sie das Aussehen der Blöcke bereits vorher skizziert haben.

Sehen Sie selbst ...

Wenn eine Zeichnung sechs verschiedene Arten von Fenstern enthält, kann man sechs verschiedene herkömmliche Blöcke erstellen, die diese darstellen. Alternativ kann man einen einzelnen dynamischen Block mit sechs verschiedenen *Sichtbarkeitsstatus* definieren, die die verschiedenen Varianten darstellen. Die folgenden Schritte zeigen, wie Sie Ihre Blöcke unter Verwendung des Dialogfelds BLOCKDEFINITION BEARBEITEN zur doppelten (oder sechsfachen?) Pflichterfüllung bringen können:

1. **Öffnen Sie eine Zeichnung mit einigen Blockdefinitionen, die Sie kombinieren wollen, oder zeichnen Sie ein paar einfache geometrische Objekte, um daraus einige ähnliche Objekte zu erstellen.**

   Sie können dynamische Blöcke ganz neu erstellen oder auf vorhandenen herkömmlichen (nicht-dynamischen) Blockdefinitionen aufbauen. Abbildung 18.1 zeigt eine Zeichnung mit drei nicht-dynamischen Blöcken.

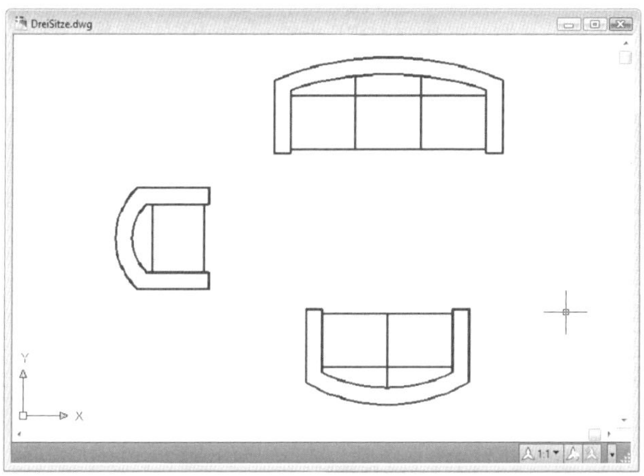

Abbildung 18.1: Drei Blöcke für drei Sitzgelegenheiten

2. **Klicken Sie auf der Registerkarte START in der Gruppe BLOCK die Schaltfläche BEARBEITEN an, um das Dialogfeld BLOCKDEFINITION BEARBEITEN anzeigen zu lassen.** (In der klassischen Menüleiste wählen Sie EXTRAS|BLOCKEDITOR.)

3. **Im Eingabefeld ZU ERSTELLENDER ODER ZU BEARBEITENDER BLOCK tippen Sie einen neuen Blocknamen oder wählen den Eintrag `<Aktuelle Zeichnung>` aus und klicken dann OK an, um die Registerkarte BLOCKEDITOR anzeigen zu lassen.**

   Beim *Blockeditor* handelt es sich um eine spezielle Umgebung zum Bearbeiten von Blöcken mit eigenen Steuerelementen und einer ganzen Reihe von Befehlen für die Befehlszeile.

Sie können auch auf die übrigen Gruppen der Multifunktionsleiste (oder auf Werkzeugkästen) zugreifen, um wie in einem gewöhnlichen Zeichnungsfenster Objekte zeichnen und erstellen zu können.

Wenn Sie einen neuen Blocknamen eingeben, zeigt AutoCAD eine leere Umgebung an, in der Sie geometrische Objekte erstellen oder vorhandene Blöcke einfügen können. Wenn Sie `<Aktuelle Zeichnung>` wählen, fügt AutoCAD alle Zeichnungsobjekte in die Umgebung zum Erstellen von Blöcken ein.

4. **Erstellen Sie einige geometrische Objekte für den ersten Sichtbarkeitsstatus oder klicken Sie in der Gruppe Block die Schaltfläche Einfügen an und wählen Sie eine vorhandene Blockdefinition aus, die als erster Sichtbarkeitsstatus dienen soll.** (In der klassischen Menüleiste wählen Sie Einfügen|Block.)

   Wenn Sie neue Objekte erstellen, achten Sie darauf, wo sich der gemeinsame Basispunkt befinden soll. Sie können zwar verschiedene Blöcke verwenden, um Blöcke mit mehreren Ansichten zu erstellen, aber sie sollten alle einen gemeinsamen Basispunkt haben (0,0 eignet sich gut für Blöcke). Sie wollen sicherlich nicht, dass Ihre Stühle zwischen verschiedenen Einfügepunkten herumspringen!

5. **Wenn Sie in Schritt 4 einen vorhandenen Block einfügen, müssen Sie im Dialogfeld Einfügen darauf achten, dass *alle drei* Kontrollkästchen Am Bildschirm bestimmen und das Kontrollkästchen Ursprung *nicht* aktiviert sind. Klicken Sie dann OK an.**

6. **Wiederholen Sie die Schritte 4 und 5, um alle benötigten Objekte zu zeichnen oder einzufügen.** Jetzt sieht Ihre Zeichnung möglicherweise recht seltsam aus (siehe Abbildung 18.2). Aber keine Sorge, das Problem wird in den nächsten Schritten behoben.

7. **Klicken Sie in den Blockerstellungspaletten die Registerkarte Parameter und dann die Schaltfläche Sichtbarkeitsparameter an.**

   Wenn die Paletten nicht geöffnet sind, klicken Sie auf der Registerkarte Blockeditor in der Gruppe Extras die Schaltfläche Blockerstellungspaletten an. (Im Arbeitsbereich AutoCAD Klassisch finden Sie die Schaltfläche Erstellungspaletten im Werkzeugkasten Blockerstellung.)

   AutoCAD fordert Sie zur Eingabe der Parameterposition auf.

8. **Klicken Sie eine andere Position als den in Schritt 4 ausgewählten Basispunkt an, um die Parametermarkierung zu setzen.**

   Die angegebene Parameterposition wird zu dem Punkt im Block, an dem der Optionsgriff am dynamischen Block angezeigt wird. Es spielt hier zwar keine Rolle, wo dieser Punkt liegt, Sie sollten aber schon möglichst eine sinnvolle Position auswählen. Wenn Sie denselben Punkt für die Parameterposition wie für den Basispunkt des Blocks angeben, könnte es schwierig werden, den *Abrufgriff* der dynamischen Option auszuwählen.

9. **AutoCAD fügt eine Parametermarkierung am ausgewählten Punkt ein und kehrt zur Befehlszeile zurück.**

   In Abbildung 18.2 wird die Bezeichnung *Sichtbarkeit* neben dem Griff des Sichtbarkeitsparameters angezeigt. Das gelbe Symbol mit dem Ausrufezeichen weist darauf hin, dass dem Parameter bisher noch keine Aktion zugeordnet wurde. Die Steuerelemente in der Gruppe SICHTBARKEIT der Multifunktionsleiste (oder am rechten Ende des klassischen Werkzeugkastens BLOCKERSTELLUNG) werden aktiv.

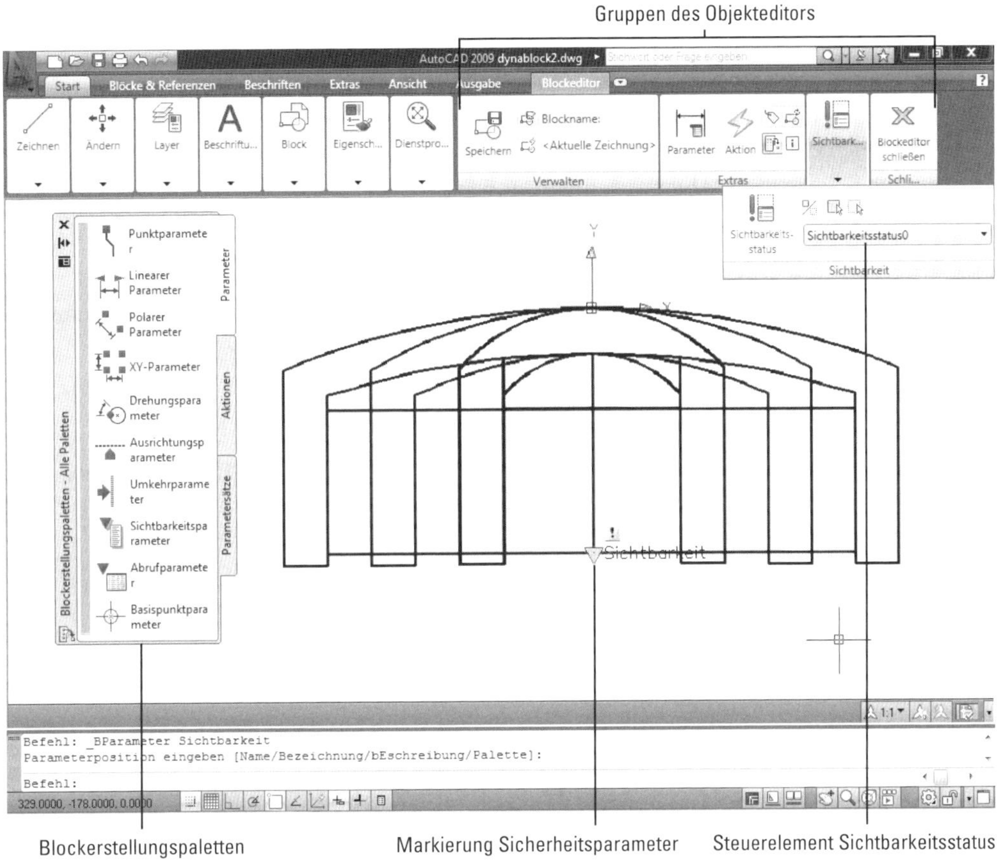

Abbildung 18.2: Drei Sitze im Blockeditor

10. Klicken Sie in der Gruppe SICHTBARKEIT (oder dem Werkzeugkasten BLOCKERSTELLUNG) die Schaltfläche SICHTBARKEITSSTATUS an. Klicken Sie UMBENENNEN an und verwenden Sie anstelle von *Sichtbarkeitsstatus0* einen aussagekräftigeren Namen. Klicken Sie OK an.

Wie bei den meisten anderen benannten Objekten in AutoCAD empfiehlt es sich auch hier, sinnvolle, aussagekräftige Namen zu verwenden und nicht die vorgegebenen allgemeinen Bezeichnungen zu übernehmen.

11. Klicken Sie in der Gruppe SICHTBARKEIT oder dem klassischen Werkzeugkasten die Schaltfläche UNSICHTBAR MACHEN an. Auf die Aufforderung hin wählen Sie die Geometrie oder die Blockeinfügungen aus, die im aktuellen Sichtbarkeitsstatus unsichtbar sein sollen. Dabei handelt es sich um jene Objekte, die *nicht* mit dem aktuellen Sichtbarkeitsstatus in Verbindung stehen. Drücken Sie dann [↵].

Standardmäßig verschwinden nun die unsichtbaren Objekte vom Bildschirm. Sie können Sie abgeblendet betrachten, wenn Sie in der Multifunktionsleiste oder dem klassischen Werkzeugkasten die Schaltfläche SICHTBARKEITSMODUS anklicken.

12. **Klicken Sie wieder SICHTBARKEITSSTATUS und dann NEU an, um einen neuen Sichtbarkeitsstatus zu erstellen.** Geben Sie im Dialogfeld NEUER SICHTBARKEITSSTATUS einen aussagekräftigen Namen ein. Wählen Sie die Option ALLE VORHANDENEN OBJEKTE MIT NEUEM STATUS ANZEIGEN und klicken Sie dann OK an. Klicken Sie noch einmal OK an, um auch das Dialogfeld SICHTBARKEITSSTATUS zu schließen.

    Nun sollten wieder alle Objekte angezeigt werden.

13. **Wiederholen Sie die Schritte 10, 11 und 12, um weitere Sichtbarkeitsstatus zu erstellen, die den übrigen Objekten oder Blöcken zugeordnet sind.**

    Die dem zuletzt erstellten Sichtbarkeitsstatus zugeordneten geometrischen Objekte oder Blockeinfügungen sollten auf dem Bildschirm sichtbar sein.

14. **Klicken Sie in der Multifunktionsleiste (oder im Werkzeugkasten BLOCKERSTELLUNG) die Schaltfläche BLOCKEDITOR SCHLIESSEN an.** Speichern Sie die Änderungen am neuen Block oder der aktuellen Zeichnung.

    AutoCAD zeigt eine Warnmeldung an und fragt Sie, ob die Änderungen gespeichert werden sollen. Klicken Sie ABBRECHEN an, um zum Blockeditor zurückzukehren, oder NEIN, um die Änderungen zu verwerfen. Klicken Sie JA an, um die Änderungen zu speichern. AutoCAD schließt die Umgebung zur Blockerstellung und kehrt wieder zum normalen Zeichnungsfenster zurück.

Licht! Parameter!! Action!!!

Sie können das Aussehen einzelner Instanzen desselben Blocks ändern, wenn Sie *Parametersätze* und *Aktionen* zum Bewegen, Drehen, Kippen oder Ausrichten ihrer Teile definieren. Sie können das Aussehen von Blöcken beim Einfügen oder jederzeit nachträglich anpassen. Die folgenden Schritte zeigen Ihnen, wie Sie mit dem Blockeditor einige Aktionen zu Blockdefinitionen hinzufügen können:

1. **Öffnen Sie eine Zeichnung, die einige Blockdefinitionen enthält, deren Aussehen Sie ein wenig aufpeppen wollen, oder zeichnen Sie einige einfache geometrische Objekte, die sich für dynamische Blöcke eignen könnten.**

    Aktionsparameter sind in Blockdefinitionen besonders effizient, die Gruppen verwandter Objekte enthalten, wie zum Beispiel einen Konferenztisch und einen Stuhl oder andere Einrichtungsgegenstände.

2. **Klicken Sie auf der Multifunktionsleisten-Registerkarte Start in der Gruppe Block die Schaltfläche Bearbeiten an, um das Dialogfeld Blockdefinition bearbeiten anzeigen zu lassen.** (In der klassischen Menüleiste wählen Sie Extras|Blockeditor.)

3. **Im Eingabefeld Zu erstellender oder zu bearbeitender Block tippen Sie einen neuen Blocknamen ein oder wählen den Eintrag `<Aktuelle Zeichnung>` aus und klicken dann OK an.**

4. **Erstellen Sie einige geometrische Objekte oder fügen Sie einige Blöcke ein.** Wenn Sie vorhandene Blöcke einfügen, denken Sie daran, dass Sie im Dialogfeld Einfügen darauf achten müssen, dass die drei Kontrollkästchen Am Bildschirm bestimmen und Ursprung (unten links) *nicht* aktiviert sind. Klicken Sie dann OK an.

   Zeichnen Sie die Objekte oder fügen Sie die Blöcke so in eine Gruppe ein, dass Sie das fertige Arrangement in Ihre Zeichnungen einfügen können. Abbildung 18.3 zeigt zum Beispiel die Erstellung eines dynamischen Blocks für eine Cafeteria.

5. **Wiederholen Sie Schritt 4, bis Sie alle benötigten geometrischen Objekte gezeichnet oder alle benötigten Blöcke eingefügt haben.**

6. **Klicken Sie in den Blockerstellungspaletten die Registerkarte Parameter und dann die Schaltfläche Drehungsparameter an.**

   AutoCAD fordert Sie zur Angabe der Parameterposition (hier des Basispunkts der Drehung) auf.

7. **Klicken Sie eine Position an, um die Parametermarkierung zu setzen.**

8. **AutoCAD fügt eine Parametermarkierung am ausgewählten Punkt ein, kehrt zur Befehlszeile zurück und fordert Sie zur Angabe des Radius des Drehungsparameters, des Vorgabedrehwinkels und schließlich der Position der Parameterbezeichnung auf.**

   Die Parameterbezeichnung wird neben der Markierung des Drehungsparameters angezeigt.

9. **Aktivieren Sie in den Blockerstellungspaletten** die Registerkarte **Aktionen und klicken Sie dann die Schaltfläche Drehungsaktion an.** Wählen Sie den Drehungsparameter und dann die Objekte aus, die geändert werden sollen, wenn der Griff benutzt wird. Drücken Sie [↵] und legen Sie dann eine Position für die Aktionsbezeichnung fest.

   AutoCAD kehrt zur leeren Befehlszeile zurück. Hier ist es in Ordnung, wenn Sie mit Vorgabewerten arbeiten und die Auswahlpunkte auf dem Bildschirm festlegen.

10. **Wiederholen Sie die Schritte 6 bis 9 und probieren Sie dabei andere Parameter und Aktionen aus. Versuchen Sie es zum Beispiel mit einem Punktparameter und einer Verschiebungsaktion.**

    Abbildung 18.3 zeigt eine Reihe von Blockkomponenten, denen teilweise Aktionsparameter zugeordnet wurden. Wenn der Block eingefügt wird, können Sie die Komponenten manipulieren, denen Parameter zur Änderung des Aussehens der Blöcke zugeordnet wurden. Wie das geht, erfahren Sie weiter hinten in diesem Kapitel.

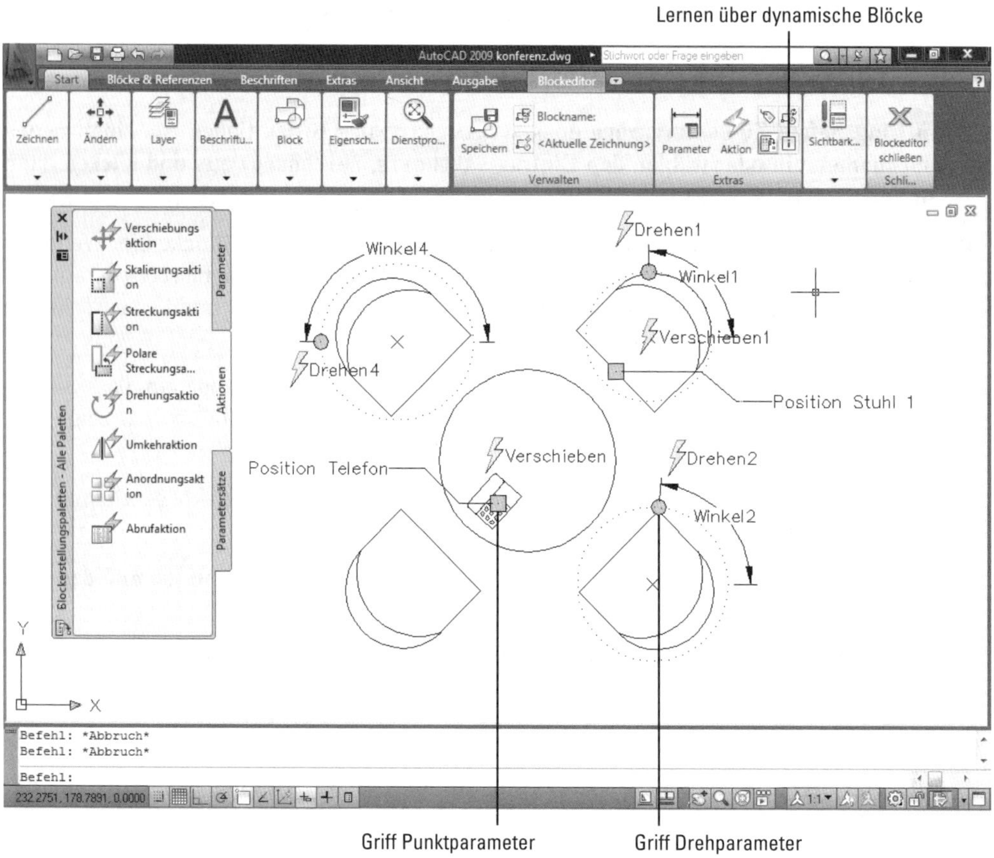

Abbildung 18.3: Eine Fülle einsatzbereiter Parameter

11. **Klicken Sie in der Multifunktionsleiste (oder im klassischen Werkzeugkasten Blockerstellung) die Schaltfläche Blockeditor schliessen an.**

    AutoCAD zeigt eine Warnmeldung an und fragt Sie, ob die Änderungen gespeichert werden sollen. Klicken Sie Ja an, um die Änderungen an den Blöcken oder der aktuellen Zeichnung zu speichern. AutoCAD schließt die Umgebung zur Blockerstellung und kehrt wieder zum normalen Zeichnungsfenster zurück.

Arbeiten mit dynamischen Blöcken

Wenn ein dynamischer Block in eine Zeichnung eingefügt wurde, können Sie ihn auswählen und über eine Reihe spezieller Griffe (*Abrufgriffe*) modifizieren.

Wenn Sie einen nicht-dynamischen Block auswählen, wird ein einzelner Griff am Einfügepunkt angezeigt. Wenn Sie einen dynamischen Block auswählen, werden mindestens zwei (möglicherweise auch mehr) Abrufgriffe neben dem mit dem Griff des Einfügepunkts angezeigt. Die Abrufgriffe unterscheiden sich üblicherweise (aber nicht immer) von den herkömmlichen Objektgriffen. Passen Sie daher beim Anklicken von Griffen auf.

Die folgenden Schritte zeigen, wie Sie dafür sorgen können, dass Ihre dynamischen Blöcke all jene Dinge machen können, die Sie Ihnen so aufwendig beigebracht haben:

1. **Fügen Sie ein paar Blöcke mit dynamischen Parametern wie Sichtbarkeit oder Aktionsparametern ein.**

   Wenn Ihre Blockeinfügungen keine Aktionsparameter besitzen, springen Sie zu Schritt 4.

2. **Wählen Sie einen Block, der einige Aktionsparameter umfasst.**

   Die Blockeinfügung zeigt eine Reihe von Griffen an (siehe Abbildung 18.4). Wenn bei der Einfügung nur ein Griff angezeigt wird, ist es kein dynamischer Block.

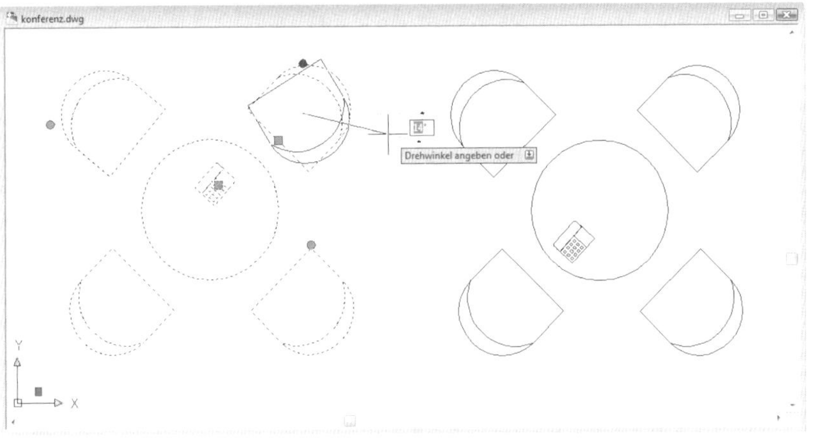

Abbildung 18.4: Variationen bei dynamischen Blöcken (Original rechts und ein praktischer Griff-Tipp beim Stuhl oben rechts am linken Tisch)

3. **Klicken Sie einen der Abrufgriffe an. Wenn Sie zum Beispiel einen runden Griff anklicken, wird der Drehungsparameter des Objekts bearbeitet.** Drehen Sie das Element wie gewünscht.

4. **Wählen Sie einen Block aus, der einen Sichtbarkeitsparameter umfasst. Klicken Sie dann den zugehörigen Abrufgriff an.** Wählen Sie den gewünschten Sichtbarkeitsstatus im Kontextmenü aus.

   Weitere Informationen zum Arbeiten mit Aktionen und dem Sichtbarkeitsstatus finden Sie in der Online-Hilfe.

Dynamische Blöcke sind, wie mehrfach erwähnt, eine leistungsstarke (und komplizierte) Funktion. Die Blockerstellungspaletten bieten zehn Parameter, acht Aktionen und 20 Parametersätze an. Ich denke darüber nach, ob ich nicht ein Buch mit dem Titel *AutoCAD – Blockerstellung für Dummies* schreiben sollte. (Das wird wahrscheinlich aber wohl nie geschehen.) Bis dahin ist die Online-Hilfe Ihre beste Quelle für weitere Informationen zu all den Möglichkeiten der dynamischen Blöcke. Besonders schnell und direkt kommen Sie an die gewünschte Hilfe, wenn Sie in der Multifunktionsleiste des Blockeditors in der Gruppe EXTRAS die Schaltfläche LERNEN anklicken (siehe Abbildung 18.3).

Extern umsehen

In AutoCAD ist eine *XRef* (externe Referenz) ein Verweis auf eine andere, *externe* Datei, die sich außerhalb der aktuellen Zeichnung befindet und die Sie als Teil Ihrer Zeichnung benutzen können. Technisch gesehen handelt es sich einfach um einen Zeiger in einer Datei, der auf eine andere Datei verweist. Die XRef ist der eigentliche Zeiger, aber vielfach wird die Kombination aus Verweis und externer Datei XRef genannt.

In AutoCAD 2009 sind externe Zeichnungsdateien nur einer von vier verschiedenen Dateitypen, die Sie aktuellen Zeichnung über die ein wenig verwirrend benannte Palette EXTERNE REFERENZEN zuordnen können. Sie verwenden diese Palette, um extern referenzierte AutoCAD-Zeichnungen (XRefs), Rasterbilddateien, DWF-Dateien und MicroStation-DGN-Zeichnungsdateien zuzuordnen. Es lohnt sich aber wirklich, die erste Verwirrung zu überwinden, denn es ist höchst praktisch, dass alle extern referenzierten Zeichnungsdateien, zugeordneten Bilder und DWF-Unterlagen (und vielleicht sogar MicroStation-Zeichnungsdateien) zusammen im selben Fenster verwaltet werden.

Wenn Sie eine externe Zeichnung einer aktuellen Zeichnung zuordnen, wird die aktuelle Zeichnung zur sogenannten *Hauptzeichnung* oder auch zur *Host-Zeichnung* und damit zum *Gastgeber* für die externe Datei. Sie können sich die zugeordneten XRefs als Gäste vorstellen, die Sie bei Bedarf auch ganz schnell wieder loswerden können.

XRefs haben einen großen Vorteil gegenüber Blöcken: Wenn eine Zeichnung als Block in eine andere Zeichnung eingefügt wird, verändern sich die in der Originalzeichnung enthaltenen geometrischen Objekte in keiner Weise und sehen immer so wie beim Einfügen aus. Wenn diese Zeichnung aber als XRef zugeordnet wird, lädt AutoCAD Aktualisierungen der Originalzeichnung automatisch in alle erneut geöffneten Hauptzeichnungen, die darauf zurückgreifen. Wenn Sie die Hauptzeichnung nicht schließen und neu öffnen wollen, können Sie geänderte XRefs auch manuell neu laden.

Wenn Sie Zeichnungen mit XRefs öffnen, zeigt AutoCAD am rechten Ende der Statusleiste ein kleines Symbol an (ein Schreibtablett mit Papierhalteclip). Dieses Symbol informiert Sie darüber, dass einige der Elemente der Zeichnung eigentlich zu anderen extern referenzierten Zeichnungen gehören. Wenn eine referenzierte Datei geändert wird, während die Hauptzeichnung geöffnet ist (weil Sie – oder ein anderer Anwender – die referenzierte Zeichnung geöffnet und gespeichert haben), wird beim XRef-Symbol in der Statusleiste eine Sprechblase mit der Überschrift *Externe Referenzdatei wurde geändert* angezeigt (nicht in AutoCAD LT).

Sie können einfach den Link Neu laden in der Sprechblase anklicken, um die aktualisierten extern referenzierten Dateien anzeigen zu lassen. (Wenn Sie wissen wollen, wie die Prüfungen hinsichtlich der Änderungen bei AutoCAD aussehen, werden Sie in der Online-Hilfe bei der Systemvariablen XREFNOTIFY fündig.)

AutoCAD LT prüft nicht automatisch, ob extern referenzierte Dateien geändert wurden, und auch die Variable XREFNOTIFY gibt es in LT nicht. Autodesk behält externe Referenzen den »großen Jungs« vor, die lieber mit dem Vollprogramm arbeiten, und glaubt, dass LT-Anwender kaum an großen Projekten beteiligt sind oder in Gruppen zusammenarbeiten, bei denen sich der Einsatz von XRefs richtig auszahlt.

In AutoCAD und AutoCAD LT können Sie XRefs über die Option Neuladen in der Palette Externe Referenzen aktualisieren. Im Abschnitt »XRefs verwalten« weiter hinten in diesem Kapitel finden Sie die Einzelheiten dazu.

Ein weiterer Vorteil von XRefs gegenüber Blöcken besteht darin, dass der Inhalt der referenzierten Dateien kein einziges Mal in der Zeichnung gespeichert wird. Der von der ursprünglichen Zeichnung (die XRef) belegte Speicherplatz wird – unabhängig von der Fülle der Verweise in Hauptzeichnungen – nicht doppelt benötigt. Durch diese Eigenschaft werden XRefs bei größeren Zeichnungen, die mehrfach wiederverwendet werden, viel effizienter als Blöcke.

Sie können aber eigentlich immer eine größere Festplatte kaufen. Daher ist der Speicherplatz heute kaum mehr entscheidend. Der wesentliche Vorteil von XRefs besteht darin, dass Zeichnungen so organisiert werden können, dass Änderungen an einer einzelnen Zeichnungsdatei automatisch von allen Hauptzeichnungen übernommen werden, die extern darauf verweisen. Dieser Vorteil ist bei großen Projekten, an denen mehrere Zeichner beteiligt sind, die teilweise oder komplett an den Arbeiten anderer mitwirken, noch größer.

Die automatische Aktualisierung bei XRefs ist nur dann ein großer Vorteil, wenn sie planvoll eingesetzt werden. Nehmen Sie an, dass ein Architekt eine Planzeichnung erstellt, auf der die Wände eines Gebäudes und alle anderen wesentlichen Merkmale eingezeichnet sind, die sowohl für die Architektur- als auch für die Bau-, Installations- und Elektroinstallationszeichnungen von Bedeutung sind. Dann teilt der Architekt den betreffenden verantwortlichen Zeichnern mit, dass sie diesen Basisplan mit einer XRef in ihre Zeichnungen integrieren können, damit alle auf einer einheitlichen und wiederverwendbaren Basis gemeinsamer Planelemente aufbauen. Wenn der Architekt sich nun dazu entschließt, die Position der Wände zu ändern und die extern referenzierte Zeichnung aktualisiert, sehen alle den aktuellen Verlauf der Wände und können ihre Zeichnungen ändern. Wenn der Architekt aber ganz in Gedanken architekturspezifische Objekte (zum Beispiel Toiletten und Möbel) mit in die extern referenzierte Zeichnung aufnimmt oder alle Objekte verschiebt, dann kommt es zwangsläufig zu Problemen. Wenn verschiedene Mitarbeiter XRefs gemeinsam nutzen, sollte protokolliert werden, wer wann welche Dateien ändern darf und welche Mitteilungen nach Änderungen an gemeinsam genutzten XRefs erforderlich sind.

XRefs einfügen

Das Einfügen einer externen Referenz ähnelt dem Einfügen eines Blocks und ist auch kaum komplizierter. Führen Sie einfach die folgenden Schritte aus:

1. **Aktivieren Sie einen geeigneten Layer, wie in Kapitel 6 beschrieben.**

   Ich empfehle für das Einfügen von XRefs die Verwendung eines eigenen Layers, auf dem sich sonst keine anderen Objekte befinden. Wenn Sie den Layer mit der externen Referenz einfrieren, können Sie diese komplett verschwinden lassen. (Dabei kann es sich sowohl um einen praktischen Trick als auch um eine böse Überraschung handeln.)

2. **Wenn die Palette Externe Referenzen nicht bereits geöffnet ist, klicken Sie auf der Registerkarte Blöcke & Referenzen in der Gruppe Referenz die Schaltfläche Externe Referenzen an.** (In der klassischen Menüleiste wählen Sie Extras|Paletten|Externe Referenzen.)

   Über den Werkzeugkasten oben in der Palette können Sie eine externe DWG-Datei, eine DWF-Überlagerung, eine MicroStation-DGN-Zeichnungsdatei oder ein Rasterbild zuordnen. Das Zuordnen von Bildern und DWF-Dateien wird weiter hinten in diesem Kapitel behandelt. Wenn Sie DGN-Dateien referenzieren wollen, werfen Sie einen Blick in die Online-Hilfe.

3. **Klicken Sie DWG zuordnen an.** (Klicken Sie das abwärts weisende Dreieck an, wenn im QuickInfo-Fenster etwas anderes angezeigt wird; siehe Abbildung 18.5.)

   Das Dialogfeld Referenzdatei auswählen wird angezeigt.

4. **Suchen Sie nach der Datei, die zugeordnet werden soll, wählen Sie diese aus und klicken Sie dann Öffnen an.**

   Nun wird das Dialogfeld Externe Referenz angezeigt.

5. **Legen Sie die Parameter für die externe Referenz im Dialogfeld fest.**

   Zu den Parametern gehören Einfügepunkt, Skalierung und Drehung. Sie können diese Parameter im Dialogfeld einstellen oder über den Bildschirm festlegen. Dies geht wie beim Einfügen von Blöcken, das weiter vorn in diesem Kapitel beschrieben wird.

Sie können die Optionen Zuordnung oder Überlagerung wählen, um AutoCAD mitzuteilen, wie es mit der XRef umgehen soll. Die Auswahl spielt nur dann eine Rolle, wenn Sie eine Zeichnung erstellen, die mit XRefs arbeitet, auf die dann wiederum selbst verwiesen beziehungsweise die als XRef benutzt wird. Zuordnung lautet die Vorgabe. Sie besagt, dass die extern referenzierte Datei immer zusammen mit Ihrer Zeichnung verwendet wird, wenn sie von Dritten als XRef benutzt wird. Überlagerung bedeutet, dass Sie zwar die extern referenzierte Zeichnung sehen, dass diese aber nicht mehr zu sehen ist, wenn Ihre Zeichnung als XRef benutzt wird. Wenn Sie Überlagerung wählen, können Sie in der Zeichnung Ihres Hauses zwar auf eine entsprechende Landkarte verweisen, diese wird aber nicht angezeigt, wenn ein anderer Anwender (oder Sie selbst) wiederum mit einer XRef auf die Datei mit der Zeichnung Ihres Hauses arbeitet. (Für die Landkarte wäre bei Bedarf eine weitere externe Referenz erforderlich.) Sofern es keine besonderen Gründe gibt, davon abzuweichen, empfehle ich die Arbeit mit der vorgegebenen Einstellung (ZUORDNUNG).

Die Dropdown-Liste PFADTYP bietet mehr Flexibilität bei der Art der Speicherung von XRef-Pfaden. Weitere Informationen finden Sie im Abschnitt »XRef-Pfade fälschen« weiter hinten in diesem Kapitel. An dieser Stelle empfehle ich Ihnen einfach nur die Wahl der Option RELATIVER PFAD anstelle der Vorgabe VOLLSTÄNDIGER PFAD.

6. **Klicken Sie OK an.**

   Die extern referenzierte Datei wird in der Zeichnung angezeigt.

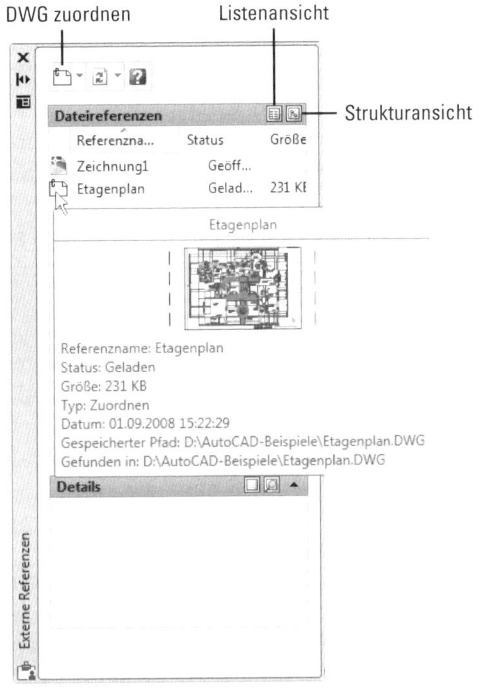

Abbildung 18.5: Über die Palette EXTERNE REFERENZEN eine XRef zuordnen

Layernamen

Wenn Sie eine XRef zuordnen oder überlagern, erweitert AutoCAD die aktuelle Zeichnung um neue Layer, die denen in der extern referenzierten Datei entsprechen. Den neuen Layern werden Namen zugewiesen, in denen Zeichnungsname und Layername kombiniert werden. Wenn Sie zum Beispiel die Zeichnung `BAD.DWG` referenzieren, in der die Layernamen `GEOMETRIE`, `TEXT` und so weiter vorhanden sind, dann erhalten die extern referenzierten Layer die Namen `BAD|GEOMETRIE`, `BAD|TEXT` und so weiter. Dadurch, dass eigenständige Layer für die Layer der extern referenzierten Datei erstellt werden, eliminiert AutoCAD das potenzielle Problem, auf das ich in Kapitel 17 hinweise: Es kann keine Layer mit demselben Namen, aber unterschiedlichen Farben oder Linientypen in den beiden Zeichnungen geben. Es kann nur einen geben!

Externe Referenzdateien erstellen und bearbeiten

Um eine Datei zu erstellen, die Sie als externe Referenz verwenden können, erstellen Sie einfach eine Zeichnung und speichern sie. Das war's auch schon. Dann können Sie mit einer neuen Zeichnung beginnen und eine externe Referenz auf die vorherige erstellen. Die extern referenzierte Zeichnung wird in der Hauptzeichnung als einzelnes Objekt angezeigt (wie bei einer Blockeinfügung). Mit anderen Worten wird beim Anklicken eines Objekts der XRef die komplette XRef ausgewählt. Sie können die extern referenzierte Geometrie zwar bemaßen und als Fang benutzen, aber Sie können keine einzelnen Objekte der XRef löschen oder bearbeiten. Dazu müssen Sie die extern referenzierte Zeichnung schon öffnen.

Der Befehl XÖFFNEN (in AutoCAD LT nicht vorhanden) bietet eine schnelle Möglichkeit zum Öffnen extern referenzierter Zeichnungen zur Bearbeitung. Sie führen den Befehl einfach aus und wählen ein beliebiges Objekt der XRef aus. Alternativ können Sie die extern referenzierte Datei in der Palette Externe Referenzen auswählen (wieder nicht in AutoCAD LT) und mit der rechten Maustaste anklicken, um sie dann über die Option Öffnen zur Bearbeitung zu laden. Weitere Informationen finden Sie hierzu im Abschnitt »XRefs verwalten« weiter hinten in diesem Kapitel.

Eine Alternative zum Öffnen einer extern referenzierten Datei zur Bearbeitung bietet der Befehl REFBEARB, der ebenfalls nicht in AutoCAD LT verfügbar ist. Suchen Sie in der Online-Hilfe nach REFBEARB.

XRef-Pfade fälschen

Wenn Sie eine XRef erstellen, speichert AutoCAD standardmäßig deren vollständigen Pfad (den Laufwerkbuchstaben und die komplette, aus Ordnern und Unterordnern bestehende Pfadangabe der Position der DWG-Datei sowie den eigentlichen Dateinamen). Dieses Verhalten entspricht der Einstellung Vollständiger Pfad im Listenfeld Pfadtyp. (Abbildung 18.6 zeigt die drei XRef-Pfadoptionen.) Vollständiger Pfad funktioniert tadellos, sofern Sie nie Dateien auf der Festplatte oder im Netzwerk verschieben oder niemals DWG-Dateien an andere Anwender versenden ... und funktioniert damit eigentlich fast nie vernünftig!

Am anderen Ende des Pfadspektrums speichert die Option Kein Pfad überhaupt keinen Pfad zusammen mit der externen Referenz, sondern lediglich den Dateinamen. Dies ist die einfachste Option, bei der sich die Hauptzeichnung und die extern referenzierte Datei im selben Ordner befinden.

Wenn Sie DWG-Dateien für ein bestimmtes Projekt lieber in mehreren Ordnern verwalten, werden Sie die Option Relativer Pfad aus Abbildung 18.6 zu schätzen wissen. Sie ermöglicht XRefs bei komplexeren, hierarchischen Ordnerstrukturen, vermeidet aber viele der möglicherweise von VOLLSTÄNDIGER PFAD verursachten Probleme. Nehmen wir an, Sie hätten zum Beispiel eine Hauptzeichnung namens `H:\Projekt-X\Pläne\Erste Etage.dwg`, die extern auf die Datei `H:\Projekt-X\Gemeinsam\Säulen.dwg` verweist. Wenn Sie RELATIVER PFAD wählen, speichert AutoCAD den XRef-Pfad als `..\Gemeinsam\Säulen.dwg` und nicht als `H:\Projekt-X\Gemeinsam\Säulen.dwg`. Wenn Sie sich nun dazu entschließen, den Ordner `\Projekt-X` mit seinen Unterordnern auf ein anderes Laufwerk zu verschieben (oder jemandem zuschicken, der kein Laufwerk H: hat), dann kann AutoCAD die XRefs immer noch finden.

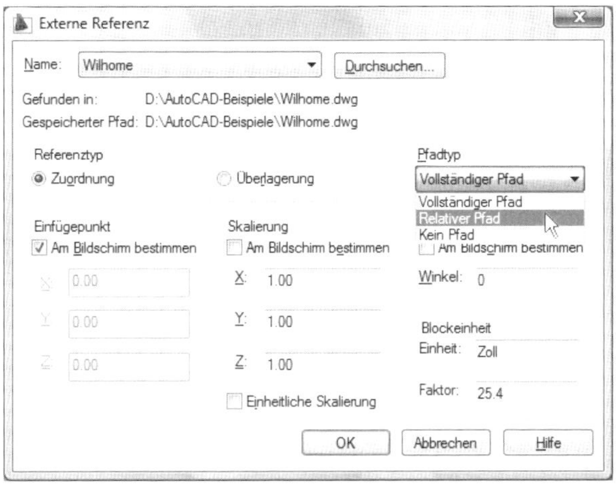

Abbildung 18.6: Relativieren Sie den Pfad bei der Zuordnung einer XRef.

Wenn Sie die Option RELATIVER PFAD verwenden, dann haben Sie es mit XRef-Pfaden mit den speziellen Symbolen . und .. (ein und zwei Punkte) zu tun. Der einzelne Punkt steht für den Ordner der Hauptzeichnung und die zwei Punkte stehen für den Ordner oberhalb des Ordners der Hauptzeichnung (der Ordner, von dem der Ordner der Hauptzeichnung ein Unterordner ist – alles klar?).

Mit dem REFERENZMANAGER (nicht in AutoCAD LT verfügbar) können Sie für Gruppen von Zeichnungen Listen von XRef-Pfaden erstellen oder diese ändern. In Kapitel 19 finden Sie dazu weitere Informationen.

Wenn all diese Pfadoptionen und Punkte nicht dazu geführt haben, dass Sie sich ein wenig punktiert fühlen, dann können Sie sich das Leben dadurch erleichtern, dass Sie die Hauptzeichnungen und die referenzierten Zeichnungen immer im selben Ordner aufbewahren und beim Zuordnen von XRefs immer die Option KEIN PFAD wählen.

XRefs verwalten

Die Palette EXTERNE REFERENZEN enthält viele weitere Optionen zum Verwalten von XRefs nach deren Zuordnung. Viele dieser Optionen verbergen sich in Kontextmenüs.

Zu den wichtigsten Optionen zählen:

- **Listenansicht:** Durch Anklicken der entsprechenden Schaltflächen oben in der Palette können Sie zwischen einer Listen- und einer Strukturansicht (Baumdarstellung) der externen Referenzen einer Zeichnung umschalten (siehe Abbildung 18.5). Sie können auch (wie im Windows-Explorer) die Breite der Spalten durch Ziehen der Spaltentrenner ändern oder die Liste durch Anklicken der Spaltenüberschriften sortieren.
- **Entfernen:** Klicken Sie eine XRef mit der rechten Maustaste an und wählen Sie Entfernen, um die ausgewählte Referenz auf die externe Datei aus der Zeichnung und Plots zu entfernen, aber die Informationen zur zugeordneten Datei zu erhalten. Wenn Sie die XRef erneut mit der rechten Maustaste anklicken und im Kontextmenü Neuladen wählen, wird die »entfernte« externe Referenz wieder angezeigt.
- **Neuladen:** Wenn Sie eine XRef mit der rechten Maustaste anklicken und im Kontextmenü Neuladen wählen, erzwingen Sie damit, dass AutoCAD die ausgewählte, extern referenzierte DWG-Datei neu vom Datenträger einliest, um eine Zeichnung entsprechend zu aktualisieren. Diese Option ist dann nützlich, wenn Sie XRefs gemeinsam über ein Netzwerk nutzen und jemand zwischenzeitlich die extern referenzierte Zeichnung geändert hat. (Dies gilt insbesondere für die Benutzer von AutoCAD LT, die keine automatischen Änderungsbenachrichtigungen erhalten wie die Benutzer der AutoCAD-Vollversion.)
- **Lösen:** Wenn Sie eine XRef in der Palette Externe Referenzen mit der rechten Maustaste anklicken und im Kontextmenü Lösen wählen, sorgen Sie dafür, dass die ausgewählte Referenz auf die externe Datei vollständig aus der Zeichnung entfernt wird.
- **Binden:** Wenn Sie eine XRef mit der rechten Maustaste anklicken und im Kontextmenü Binden wählen, wird die ausgewählte XRef als Block in die Zeichnung eingefügt. Das ist zum Beispiel dann sinnvoll, wenn Sie eine Zeichnung vor Änderungen schützen müssen, die möglicherweise an der extern referenzierten Datei vorgenommen werden.

In vielen Büros ist es eine »Sünde«, die ähnlich verabscheuungswürdig wie das wahllose Zerlegen von Blöcken in ihren Ursprungszustand ist, wenn man XRefs ohne triftigen Grund bindet. In beiden Fällen wird eine wichtige Verbindung zur Datenverwaltung gekappt. Stellen Sie fest, welche Gepflogenheiten im Unternehmen herrschen. Im Zweifelsfall sollten Sie auf Bindungen verzichten. Und selbst wenn es gute Gründe für Bindungen gibt, sollten Sie dabei normalerweise auf Kopien der Hauptzeichnung zurückgreifen.

- **Öffnen:** Öffnet eine oder mehrere XRef-Zeichnungen in eigenständigen Zeichnungsfenstern. (Leider steht auch diese Option Benutzern von AutoCAD LT nicht zur Verfügung.) Nach dem Bearbeiten und Speichern einer XRef-Zeichnung kehren Sie zur Hauptzeichnung zurück und benutzen die Option Neuladen in der Palette Externe Referenzen, um die Änderungen anzeigen zu lassen.

Keine dieser Optionen (abgesehen vom Öffnen und Bearbeiten) betrifft die extern referenzierte Zeichnung selbst, die weiterhin als eigenständige DWG-Datei vorliegt. Wenn Sie die referenzierte DWG-Datei löschen oder verschieben wollen, benutzen Sie dazu den Windows-Explorer.

Der Umstand, dass es sich bei extern referenzierten Zeichnungen um eigenständige Dateien handelt, kann zu Problemen führen, wenn man Zeichnungen anderen Anwendern zusendet. Der Empfänger benötigt *alle* Dateien, von denen die Zeichnung abhängig ist, da diese für ihn ansonsten nutzlos ist. Achten Sie darauf, dass Sie auch extern referenzierte Dateien zusammen mit Zeichnungen versenden. Die Vorgehensweise wird in Kapitel 19 beschrieben.

AutoCAD (nicht aber AutoCAD LT) enthält die zusätzliche XRef-Funktion Ändern|Zuschneiden|XRef beziehungsweise den Befehl `XZUSCHNEIDEN`. Damit lassen sich extern referenzierte Dateien so zuschneiden, dass nur ein Teil der zugrunde liegenden Datei in der Hauptzeichnung angezeigt wird. In AutoCAD LT fehlt zwar der Befehl `XZUSCHNEIDEN`, wenn Sie aber eine Zeichnung öffnen, die eine XRef enthält, die in AutoCAD zugeschnitten wurde, dann bleibt die entsprechende Einstellung erhalten.

Blöcke, XRefs und Zeichnungsorganisation

Blöcke und XRefs sind nützlich, wenn es um die Organisation einer Reihe von Zeichnungen geht, in denen diese verwendet werden und öfter aktualisiert werden müssen. Es ist jedoch nicht immer klar, wann Blöcke und wann XRefs besser geeignet sind. Zu den Anwendungsgebieten für XRefs zählen:

- ✔ Die Teile eines Titelblocks, die auf allen Blättern eines Projekts identisch sein sollen
- ✔ Referenzelemente, die in mehreren Zeichnungen auftauchen sollen (zum Beispiel Wandumrisse, die Topografie eines Standorts und Gitternetzspalten)
- ✔ Module beziehungsweise Bausätze, die sich in ein oder mehreren Zeichnungen wiederholen, insbesondere wenn sich die Bausätze wahrscheinlich nur gemeinsam ändern (zum Beispiel sich wiederholende Gerüstbausätze, Badezimmereinrichtungen und modulares Mobiliar)
- ✔ Zusammenkopieren mehrerer Zeichnungen (zum Beispiel die Details mehrerer Pläne) auf einem Blatt zum Plotten
- ✔ Die vorübergehende Integration einer Hintergrundzeichnung als Referenz oder zum Nachzeichnen

Andererseits bleiben Blöcke in einfacheren Situationen nützlich. Dazu zählen:

- ✔ Komponenten, die sich wahrscheinlich nicht ändern
- ✔ Kleine Komponenten
- ✔ Einfache Zusammenfassungen von Objekten, die zwar wiederholt, aber nur innerhalb einer einzigen Zeichnung verwendet werden (Sie können einen Block in einer Zeichnung problemlos mit dem Befehl `REFBEARB` aktualisieren. Wenn Sie AutoCAD LT verwenden, können Sie Blöcke mit den Befehlen `XPLODE` oder `URSPRUNG` in seine Bestandteile zerlegen, diese bearbeiten und dann den Block mit demselben Namen neu definieren; mehr zu dieser Vorgehensweise erfahren Sie in Kapitel 17.)

- Wenn *Attribute* (variable Textfelder) verwendet werden, für die beim jeweiligen Einfügen des Blocks Werte eingegeben werden. Blöcke können Attributdefinitionen umfassen, XRefs nicht. In Kapitel 17 finden Sie eine Einführung in Attribute.

Alle Mitarbeiter in einem Unternehmen oder einer Arbeitsgruppe sollten Blöcke und XRefs einheitlich einsetzen. Erkundigen Sie sich, ob es in Ihrem Büro Richtlinien für den Einsatz von Blöcken und XRefs gibt. Wenn das der Fall ist, befolgen Sie diese. Wenn nicht, wäre es sicherlich keine schlechte Idee, solche Richtlinien zu entwickeln.

Rasterbilder meistern

AutoCAD enthält drei weitere Funktionen, die externen Referenzen ähneln. Sie können Zeichnungen nämlich *Rasterbilder* (auch *Pixelbild* oder *Bitmap* genannt), DWF- und DGN-Zeichnungen zuordnen. DWF-Dateien werden im nächsten Abschnitt behandelt, und sollten Ihnen einmal DGN-Dateien unterkommen, dann konsultieren Sie die Online-Hilfe. Die Funktion zum Einbinden von Rasterbildern ist zum Beispiel dann nützlich, wenn ein in dieser Form vorliegendes Firmenlogo in den Titelblock einer Zeichnung aufgenommen oder eine Zeichnung mit dem Foto einer Landkarte oder einer bestimmten Szene hinterlegt werden soll. Ein Rasterbild speichert einzelne winzige Bildpunkte in einem Feld. (Ja, wie in dem gleichnamigen Film, in einer sogenannten »Matrix«.)

Die meisten AutoCAD-Zeichnungen sind Vektorbilder. Ein *Vektor*bild wird über die gespeicherten geometrischen Definitionen einer Menge von Objekten definiert. Zu den typischen Objekten zählen Linien (definiert über zwei Endpunkte) und Kreise (definiert über Mittelpunkt und Radius). Auf Vektoren basierende Bilder sind typischerweise kleiner (hinsichtlich des von ihnen belegten Speicherplatzes auf einem Datenträger) und flexibler als Rasterbilder, können dafür aber nur schlecht die optische Farbvielfalt von zum Beispiel Fotos erfassen.

Rasterbilder gelangen häufig über digitale Fotoapparate in den Rechner oder werden mit Programmen wie Photoshop erstellt. Einfache Rasterbilder wie zum Beispiel Unternehmenslogos lassen sich auch mit Scannern erfassen.

Ob Sie nun selbst scannen oder einen Dienstleister damit beauftragen, bleibt Ihnen überlassen. Sie müssen aber wissen, dass AutoCAD mit den meisten verbreiteten Bilddateiformaten umzugehen weiß. Dazu zählen das BMP-Format von Windows, im Internet verbreitete Formate wie GIF und JPEG, die beliebten TIFF-, PNG- und PCX-Formate sowie DIB, FLC, FLI, GP4, MIL, PNG, RLE, RST, TGA und einige weitere eher unbekannte.

Die folgenden Gründe können für das Einbinden von Rasterbildern in Ihre Zeichnung sprechen:

- **Kleinkram:** Sie können Logos, spezielle Symbole und andere kleine Bilder integrieren, die Ihnen als Rasterbilddateien vorliegen.
- **Fotos und Landkarten:** Sie können Fotos (zum Beispiel ein zukünftiges Baugrundstück) und Landkarten einbinden (zum Beispiel den Standort des Projekts).

- ✔ **Vektorisierung:** Sie können ein Rasterbild vorübergehend in eine Zeichnung einbinden, wenn dieses in eine Vektorzeichnung umgewandelt werden soll. Dann können Sie die Linien des Rasterbildes mit AutoCAD-Befehlen nachzeichnen und das Rasterbild wieder entfernen. (Das Verfahren eignet sich für einfache Rasterbilder. Für komplexere Bilder sind Zusatzprogramme von Autodesk und anderen Anbietern erhältlich, die die Vektorisierung weitgehend automatisch durchführen können.)

Die Verwendung von Rasterbildern entspricht weitgehend dem Einsatz von externen Referenzen. Das Rasterbild wird nicht in der Zeichnungsdatei gespeichert. Diese enthält, wie eine XRef, lediglich einen Verweis auf die Rasterbilddatei. Sie können das Bild zuschneiden und seine Größe, Helligkeit, Kontrast und Transparenz steuern. Damit können Sie das Aussehen der Rasterbilder auf dem Bildschirm und im Plot optimieren.

Wenn Sie Rasterbilder verwenden, müssen Sie dafür sorgen, dass Sie die Rasterbilddateien mit einbeziehen, wenn Sie Zeichnungen zu anderen Personen übertragen.

Bilder zuordnen

Mit den folgenden Schritten können Sie ein Rasterbild in AutoCAD integrieren:

1. **Wenn die Palette Externe Referenzen nicht bereits geöffnet ist, klicken Sie auf der Registerkarte Blöcke & Referenzen in der Gruppe Referenz die Schaltfläche Externe Referenzen** an. (In der klassischen Menüleiste wählen Sie Extras|Paletten|Externe Referenzen.)

   Benutzen Sie die Dropdown-Liste der ersten Schaltfläche in der Palette, um eine Zeichnung, ein Bild, eine DWF- oder eine DGN-Datei zuzuordnen.

2. **Klicken Sie im Flyout-Menü Bild zuordnen an und suchen Sie nach dem Ordner mit der zuzuordnenden Datei.**

   Das Dialogfeld Bilddatei auswählen wird angezeigt (siehe Abbildung 18.7).

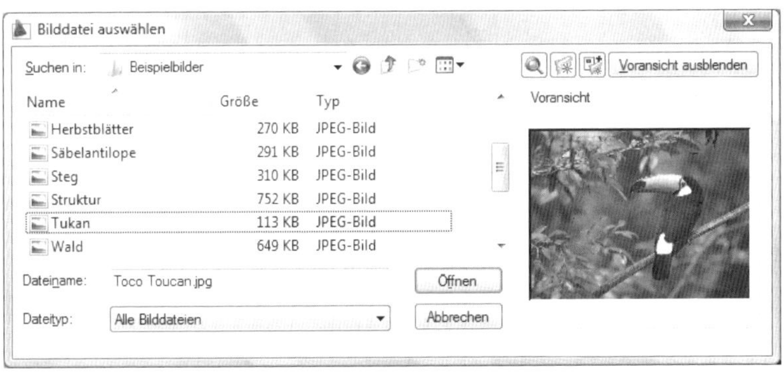

Abbildung 18.7: Das Dialogfeld Bilddatei auswählen

3. **Suchen Sie nach der zuzuordnenden Datei, wählen Sie diese aus und klicken Sie dann Öffnen an.**

   Das Dialogfeld Bild wird angezeigt.

Wenn Sie die Schaltfläche Details im Dialogfeld Bild anklicken, werden zusätzliche Informationen zu Auflösung und Größe des Bildes in der ausgewählten Datei angezeigt.

4. **Geben Sie im Dialogfeld die Parameter für die zuzuordnende Datei an.**

   Zu den Parametern zählen Einfügepunkt, Skalierung und Drehung. Sie können diese Parameter entweder im Dialogfeld eingeben oder auf dem Bildschirm bestimmen. Das Verfahren ähnelt dem bei Blöcken und externen Referenzen (siehe hierzu weiter vorn in diesem Kapitel).

   Das Dialogfeld Bild enthält wie beim Zuordnen von XRefs die Optionen Vollständiger Pfad, Relativer Pfad und Kein Pfad. (Mehr dazu erfahren Sie im Abschnitt »XRef-Pfade fälschen« weiter vorn in diesem Kapitel.)

5. **Klicken Sie OK an.**

   Das Bild wird in der Zeichnung angezeigt.

6. **Wenn Sie dafür sorgen wollen, dass sich ein Rasterbild hinter allen anderen Objekten in der Zeichnung befindet, markieren Sie das Rasterbild, klicken es mit der rechten Maustaste an und wählen Zeichnungsreihenfolge|Nach hinten.**

Der Befehl `ZEICHREIHENF` bietet weitere Optionen zum Steuern der Überlagerung der dargestellten Objekte. Wenn Sie auf derartige Flexibilität angewiesen sind, sehen Sie sich die Erläuterungen zum Befehl `ZEICHREIHENF` in der Online-Hilfe an.

Bilder verwalten

Die Bilder in Zeichnungen verwalten Sie über die Palette Externe Referenzen. Es enthält eine Liste der in der aktuellen Zeichnung enthaltenen Bilder sowie Möglichkeiten zum Lösen von Bildreferenzen und Entfernen und Neuladen von Bildern. Bilder können nicht direkt in Zeichnungen eingebunden werden; sie bleiben immer externe Dateien.

Sie können Bilder so zuschneiden, dass nur Teile davon in der Zeichnung angezeigt werden. Wählen Sie dazu im Menü-Browser oder der klassischen Menüleiste Ändern|Zuschneiden|Bild und folgen Sie den Eingabeaufforderungen. Es kann mehrere überlappende oder verschiedene Teile beliebig vieler Bilder in einer Zeichnung geben. Wenn eine Zeichnung geöffnet ist, werden nur die benötigten Teile in den Arbeitsspeicher geladen.

Rasterbilddateien können größer als DWG-Dateien sein und die Ausführungsgeschwindigkeit von AutoCAD beeinträchtigen. Das liegt daran, dass die Bilddateien während der Arbeit an der Zeichnung in den Arbeitsspeicher geladen werden. Um dem Rechner Beine zu machen, können Sie die folgenden Maßnahmen ausprobieren:

- ✔ Binden Sie Rasterbilder erst möglichst spät im Produktionsprozess ein.
- ✔ Erstellen Sie von der Rasterbilddatei eine Version mit geringerer Auflösung, die gerade hoch genug ist, um den gewünschten Effekt in der Zeichnung zu erzielen.
- ✔ Klicken Sie die Einträge von Bildern in der Palette Externe Referenzen mit der rechten Maustaste an und wählen Sie im Kontextmenü Entfernen, um sie vorübergehend zu deaktivieren, ohne die Zuordnungsinformationen zu löschen.

Darüber hinaus können Rasterbilder dafür sorgen, dass AutoCAD immens viel länger braucht, um Plots zu erzeugen (und Plotdateien drastisch vergrößern). Bevor Sie große Rasterbilder in AutoCAD-Zeichnungen integrieren, sollten Sie sie beim Zoomen, Bearbeiten und Plotten erst einmal ein wenig testen.

DWF ist nur DWF

DWF steht für *Design Web Format*. Sie können sich DWF wie ein abgespecktes DWG-Format vorstellen, weil es wie eine Zeichnungsdatei aussieht und einige der eigentlichen Zeichnungsdaten enthält. In Kapitel 19 wird beschrieben, wie DWF-Dateien im Internet verwendet werden können. Hier werde ich erläutern, wie Sie DWF-Dateien als Referenzen in Zeichnungen integrieren können.

In AutoCAD können Sie DWFs auf zwei Wegen erstellen. Entweder wählen Sie beim Plotten die DWF-Option in der Liste Drucker/Plotter, oder Sie wählen im Dialogfeld Publizieren im Bereich Publizieren auf die Option DWF-Format. DWFs sind kompakt und sicher, denn sie lassen sich mit AutoCAD nicht bearbeiten. Das DWF-Format ist für zwei Aufgabenstellungen ideal: DWFs können in Webseiten integriert werden, und Sie können Ihre Zeichnungen an Berater und Kunden in einer Form versenden, die nicht »verhunzt« werden kann. Sie können DWFs auf ähnliche Weise in Zeichnungsdateien integrieren, wie Sie Zeichnungen als externe Referenzen zuordnen. Zeichnungen zugeordnete DWFs werden *DWF-Unterlagen* genannt.

In den vorangegangenen Abschnitten haben Sie erfahren, wie DWG- und Rasterdateien zugeordnet werden können. Führen Sie die folgenden Schritte aus, um eine DWF-Datei als Unterlage zuzuordnen:

1. **Wenn die Palette Externe Referenzen nicht bereits geöffnet ist, klicken Sie auf der Registerkarte Blöcke & Referenzen in der Gruppe Referenz die Schaltfläche Externe Referenzen an.** (In der klassischen Menüleiste wählen Sie Extras|Paletten|Externe Referenzen.)

   Über den Werkzeugkasten oben in der Palette können Sie eine externe Datei als XRef, als Rasterbild und als DGN- oder DWF-Unterlage laden. Das Zuordnen von XRefs und Bildern wird weiter vorn in diesem Kapitel behandelt. Wenn Sie DGN-Dateien referenzieren wollen, finden Sie in der Online-Hilfe entsprechende Informationen.

2. **Klicken Sie im Flyout-Menü DWF ZUORDNEN an und suchen Sie nach dem Ordner mit der zuzuordnenden Datei.**

   Das Dialogfeld DWF-DATEI WÄHLEN wird angezeigt.

3. **Suchen Sie nach der zuzuordnenden Datei, wählen Sie diese aus und klicken Sie dann ÖFFNEN an.**

   Das Dialogfeld DWF-UNTERLAGE ZUORDNEN wird angezeigt.

4. **Legen Sie im Dialogfeld die Parameter für die DWF-Datei fest.**

   Das Aussehen des Dialogfelds kann zwar variieren, aber der Inhalt bleibt dabei weitgehend gleich. Zu den Parametern zählen der aus der SDWF-Datei auszuwählende Plan, der Einfügepunkt, die Skalierung, die Drehung und der Pfadtyp (siehe Abbildung 18.8). Wie beim Einfügen von Blöcken, Zuordnen von XRefs oder Bildern, das weiter vorn in diesem Kapitel beschrieben wird, können Sie diese Parameter entweder im Dialogfeld oder auf dem Bildschirm setzen.

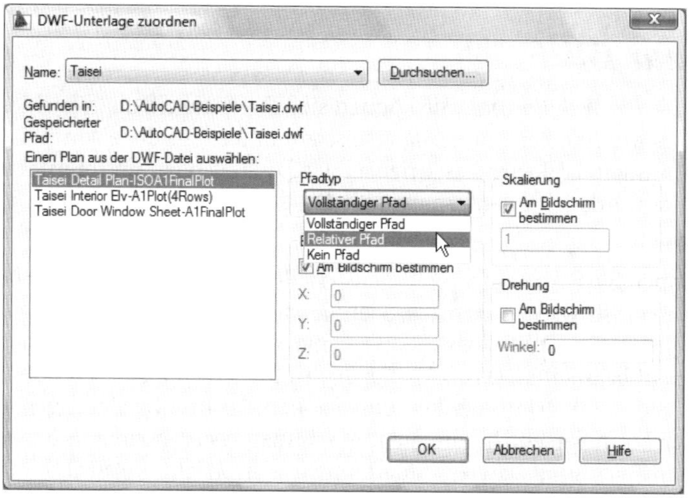

Abbildung 18.8: Das Dialogfeld DWF-UNTERLAGE ZUORDNEN

5. **Klicken Sie OK an.**

   Die extern referenzierte DWF-Datei wird in der Zeichnung angezeigt.

DWF-Dateien sind weniger präzise als DWG-Dateien und daher viel kleiner. Wenn Sie bei DWFs Punkte mit dem Objektfang auswählen wollen, werden im QuickInfo-Fenster manchmal nur *ungefähre* Koordinaten angegeben. Sollte das ein Problem sein, können Sie die Präzision beim Erstellen eigener DWF-Dateien erhöhen.

Zeichnungen im Internet

19

In diesem Kapitel

- Die Internetfunktionen von AutoCAD entdecken
- Zeichnungsdateien via E-Mail und FTP austauschen
- Mit dem REFERENZMANAGER Dateiabhängigkeiten erkennen und beseitigen
- Das DWF-Format und ePlots
- Mehrere Web- und Papierplots mit PUBLIZIEREN erstellen
- Zeichnungen mit Passwörtern und digitalen Signaturen schützen

Sofern Sie die letzten Jahrzehnte nicht gerade auf einer einsamen Insel verbracht haben, wissen Sie, dass das Internet die Arbeitsweise der Menschen verändert hat. Durch das Internet hat sich unsere Kommunikation verändert, lassen sich Dateien schneller austauschen und werden Formulare von Expresszustellern weniger häufig ausgefüllt.

In diesem Kapitel werde ich Ihnen zeigen, wie und wann Sie die Internetfunktionen von AutoCAD benutzen können. Dabei werde ich auch besprechen, wie die Internetfunktionen im Zusammenhang mit traditionellen CAD-Aufgaben, wie zum Beispiel dem Plotten, genutzt werden können. Der Schwerpunkt dieses Kapitels liegt auf nützlichen, sinnvollen Möglichkeiten zur Nutzung der Vorteile des Internets bei der CAD-Arbeit.

Das Internet und AutoCAD: Ein Überblick

Wie alle Dinge im Zusammenhang mit dem Internet sind auch die Internetfunktionen von AutoCAD ein Mischmasch aus wirklich nützlichen, interessanten, aber manchmal noch etwas unausgereiften oder schwierig anwendbaren und regelrecht albernen Funktionen. In diesem Kapitel werde ich gezielt jene Funktionen und Techniken vorstellen, die zuverlässig sind und heute verbreitet genutzt werden. Ich werde vor Funktionen warnen, die (um es vorsichtig auszudrücken) vielleicht noch nicht reif für den allgemeinen Einsatz sind. Allerdings könnten die heute noch eher zweifelhaften Funktionen morgen schon zuverlässig sein und auf breiter Front genutzt werden. Ich werde Ihnen genug Informationen geben, damit Sie verstehen können, wie die Dinge funktionieren und wie sie sich vielleicht entwickeln werden. Tabelle 19.1 fasst die Internetfunktionen von AutoCAD zusammen und sagt Ihnen, wo Sie in diesem Buch weitere Informationen dazu finden.

2009 AutoCAD 2009 unterstützt zusätzlich das DWFx-Format. Benutzer von Windows Vista können DWFx-Dateien mit dem XPS-Viewer betrachten. Alle in diesem Kapitel beschriebenen DWF-Funktionen beziehen sich auch auf das neue DWFx-Format.

Funktion	Beschreibung	Anmerkungen	Weitere Informationen
Befehl ETRANSMIT	DWG-Dateien in Paketen für die Übertragung via E-Mail oder FTP oder die Veröffentlichung im Web zusammenstellen	Für die meisten Anwender nützlich	Abschnitt »Übertragung mit eTransmit« in diesem Kapitel
Referenzmanager	Pfade der referenzierten Dateien berichtigen und ändern	Nützlich für Anwender, die Zeichnungen übertragen und mit komplexen XRefs auf mehrere Ordner arbeiten	Abschnitt »Hilfe vom Referenzmanager« in diesem Kapitel
DWF-Dateien	Ein vereinfachtes Dateiformat für Zeichnungen, die im Web veröffentlicht oder mit anderen Anwendern, die nicht über AutoCAD verfügen, gemeinsam genutzt werden sollen	Beim Empfänger muss der Autodesk Design Review oder der DWF-Viewer installiert sein. Möglicherweise geeignet für die gemeinsame Nutzung von Zeichnungen bei der Arbeit mit Anwendern, die nicht über AutoCAD verfügen.	Abschnitt »DWF: Nicht nur für das Web« in diesem Kapitel
DWFx-Dateien	Wie DWF-Dateien, aber mit den XML-Spezifikationen von Microsoft kompatibel	Unter Windows Vista kann der Empfänger DWFx-Dateien mit dem mitgelieferten XPS-Viewer betrachten.	Abschnitt »DWF: Nicht nur für das Web« in diesem Kapitel
Befehl PUBLIZIEREN	Erstellen von DWF- oder DWFx-Dateien, Plotdateien (PLT) oder Plots auf Papier im Stapelverfahren	Automatisierung der traditionellen Plotvorgehensweise. Sollten sich DWF-Dateien durchsetzen, lässt sich deren Erstellung hier vereinfachen.	Abschnitt »DWFs (oder Plots) mit PUBLIZIEREN erstellen« in diesem Kapitel
IM WEB PUBLIZIEREN	Ein Assistent, der Webseiten mit Zeichnungen erstellt und veröffentlicht	Wie die meisten Assistenten recht leicht einzusetzen, aber beschränkt. Möglicherweise als einfache Option für das Publizieren im Web nützlich.	Befehl IMWEBPUBLIZIEREN in der AutoCAD-Online-Hilfe
EINFÜGEN|HYPERLINK	Objekte in Zeichnungen mit Hyperlinks versehen	Fraglicher Nutzen, außer in spezialisierten Anwendungen	Abschnitt »Handliche Objekte« in diesem Kapitel
Kennwortschutz	Erfordert ein Kennwort zum Öffnen von Zeichnungen	Nützlich für die Beschränkung des Zugriffs bei sensiblen DWG- oder DWF-Dateien	Abschnitt »Maßnahmen zum Schutz von Zeichnungen« in diesem Kapitel
Digitale Signaturen	Bietet eine elektronische Bestätigung, dass jemand eine bestimmte Version einer bestimmten Zeichnung genehmigt hat	Erfordert ein Konto bei einem Anbieter digitaler Signaturen. Dieses Verfahren sollten Sie mit Bedacht einsetzen … und gegebenenfalls vorher mit einem Anwalt besprechen.	Abschnitt »Maßnahmen zum Schutz von Zeichnungen« in diesem Kapitel

Tabelle 19.1: Die Internetfunktionen von AutoCAD 2009

Übertragungsstrategien

E-Mail und FTP (File Transfer Protocol) haben beim Austausch von Zeichnungen über weite Strecken Entwurfskizzen, Nachtauslieferungen, Disketten und andere Datenträger verdrängt beziehungsweise überflüssig gemacht. Einige Unternehmen benutzen sogar spezielle Webangebote (zum Beispiel Autodesk Buzzsaw) zur Ablage aller Datenbestände und Projektzeichnungen der an den jeweiligen Projekten arbeitenden Unternehmen. Ob Sie nun Zeichnungen austauschen, um CAD-Objekte mehrfach verwenden zu können, oder ob Sie einfach nur Ausdrucke der Zeichnungen anderer Anwender anfertigen, spielt keine Rolle. In jedem Fall müssen Sie Zeichnungen komfortabel auf elektronischem Wege versenden und empfangen können.

Die Übertragung von DWG-Dateien unterscheidet sich mit den folgenden Ausnahmen kaum vom Senden und Empfangen anderer Dateien:

- ✔ **DWG-Dateien sind meist größer als die Dokumente von Textverarbeitung und Tabellenkalkulation.** Folglich sollten Sie möglicherweise besser in eine schnellere Internetverbindung investieren. Modemwählverbindungen für den Internetzugriff sollten jedenfalls möglichst durch Breitbandanschlüsse ersetzt werden, wie sie zum Beispiel DSL- oder Kabelmodems bieten.
- ✔ **Abhängige Dateien können leicht vergessen werden.** Im nächsten Abschnitt erfahren Sie, wie Sie dafür sorgen können, dass alle erforderlichen Dateien mit übertragen werden, und auch, wie Sie Anwender am besten nerven können, die Ihnen nicht alle erforderlichen Dateien zusenden.
- ✔ **Häufig ist nicht klar ersichtlich, wie die empfangenen Daten geplottet werden sollen.** Lesen Sie Kapitel 16 und den Abschnitt »Schlechter Empfang?« weiter hinten in diesem Kapitel, um derartige Plotterprobleme zu lösen.

Generell sollten Sie beim gemeinsamen Versenden mehrerer DWG-Dateien der goldenen Übertragungsregel folgen: »Versenden Sie die Dateien so, wie Sie sie selbst gern erhalten würden.« Das bedeutet das Versenden aller abhängigen Dateien zusammen mit den DWG-Hauptdateien, die Übertragung von Plotunterstützungsdateien (CTB- oder STB-Dateien; siehe Kapitel 16) und das Beipacken einer Beschreibung der übertragenen Daten. Und bitten Sie den Empfänger auch darum, die empfangenen Daten direkt zu öffnen, damit beiden Seiten bei auftretenden Problemen mehr Reaktionszeit bleibt.

Übertragung mit eTransmit

Viele Anwender gehen ein wenig naiv einfach davon aus, dass eine AutoCAD-Zeichnung immer in einer einzigen DWG-Datei enthalten ist. Das ist aber häufig nicht der Fall. Alle mit AutoCAD erstellten Zeichnungsdateien können Dateiverweise enthalten, deren wichtigste Varianten in Tabelle 19.2 beschrieben werden. Daher muss es vor dem Austausch von Zeichnungen via E-Mail oder FTP ein Verfahren zum Zusammenstellen der Zeichnungen mit all ihren abhängigen Dateien geben.

Beschreibung	Dateitypen	Folge beim Fehlen	Erläutert in …
Benutzerspezifische Schriftarten	SHX, TTF	AutoCAD verwendet eine falsche Schriftart	Kapitel 13
Andere Zeichnungen (XRrefs)	DWG, DGN, DWF, DWFx	Bestandteile der Hauptzeichnung verschwinden	Kapitel 18
Rasterbilddateien	JPG, PCX, TIF und so weiter	Bestandteile der Zeichnung verschwinden	Kapitel 18
Plotstiltabellen	CTB, STB	Linienstärken und andere Effekte des Plots sehen beim Plotten der Zeichnung falsch aus	Kapitel 16

Tabelle 19.2: Andere von DWG-Dateien häufig referenzierte Dateiarten

Wie Sie der Tabelle entnehmen können, sind die Folgen des Fehlens benutzerspezifischer Schriftarten nicht besonders kritisch: Der Empfänger sieht den Text immer noch, nur in einer anderen Schriftart. Natürlich kann die neue Schriftart seltsam aussehen und es kann in der Zeichnung Probleme mit Zwischenräumen und der Sichtbarkeit von Textteilen geben. Wenn Sie aber in der Hauptzeichnung referenzierte Dateien oder Rastergrafiken nicht beifügen, dann fehlen die darin enthaltenen Objekte einfach, wenn der Empfänger die Zeichnung öffnet. Und das ist nicht gut!

Tabelle 19.2 enthält nicht alle Dateitypen, die in DWG-Dateien referenziert werden können. Benutzerspezifische Plottereinstellungen (zum Beispiel spezielle Papiergrößen) können in PC3- oder PMP-Dateien angegeben werden. Wenn Sie mit Plansätzen arbeiten, enthalten DST-Dateien Informationen über den Aufbau der Pläne. FMP-Dateien steuern einige Aspekte der Zuordnung von Schriftarten. Detaillierte Informationen finden Sie in der AutoCAD-Online-Hilfe bei *Plansätzen* und den Systemvariablen `FONTALT` und `FONTMAP`.

Schnelle Übertragung mit eTransmit

Glücklicherweise sammelt der Befehl `ETRANSMIT` alle Dateien zusammen, auf die die Haupt-DWG-Datei zurückgreift. Führen Sie die folgenden Schritte aus, um mit `ETRANSMIT` eine Zeichnung mit all ihren abhängigen Dateien zusammenzustellen:

1. **Öffnen Sie die Zeichnung, deren Daten mit `ETRANSMIT` zusammengestellt werden sollen.**

   Wenn die Zeichnung bereits geöffnet ist, müssen Sie sie zunächst speichern. `ETRANSMIT` setzt voraus, dass Zeichnungen gespeichert werden, bevor der Befehl weiter ausgeführt werden kann.

2. **Wählen Sie auf der Registerkarte AUSGABE der Multifunktionsleiste in der Gruppe SENDEN die Option ETRANSMIT (oder in der klassischen Menüleiste DATEI|ETRANSMIT).**

   Das Dialogfeld ÜBERTRAGUNGSPAKET ERSTELLEN wird angezeigt (siehe Abbildung 19.1).

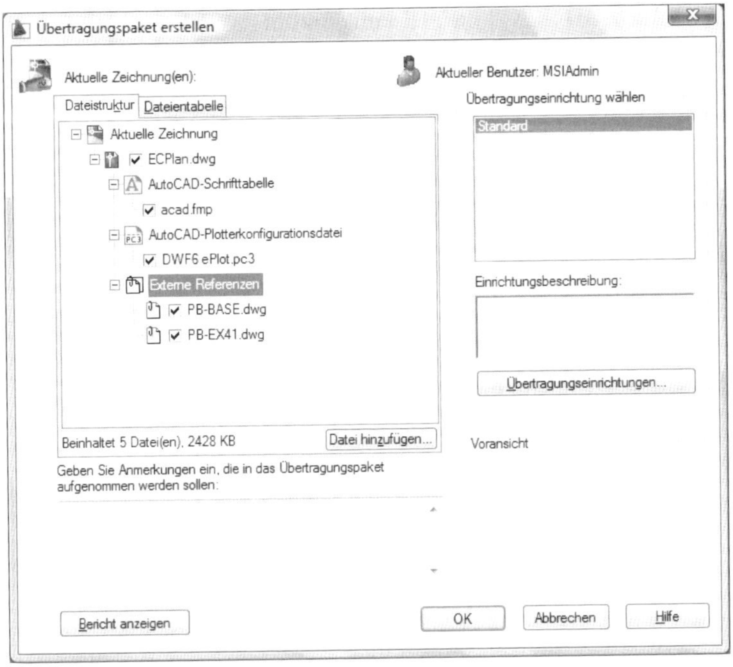

Abbildung 19.1: Übertragungspaket mit ETRANSMIT erstellen

3. **Auf den Registerkarten DATEISTRUKTUR und DATEIENTABELLE entfernen Sie alle Häkchen neben Dateien, die von** ETRANMSIT ***nicht*** **zusammen mit der Hauptzeichnung kopiert werden sollen.**

Sofern Sie keine benutzerspezifische Zuordnung von Zeichensätzen definiert haben, können Sie die Datei `acad.fmp` weglassen.

4. **Wählen Sie eine Übertragungseinrichtung in der Liste aus.**

Übertragungseinrichtungen enthalten Einstellungen, die steuern, wie ETRANSMIT die Zeichnungen verarbeitet und Übertragungspakete erstellt. Klicken Sie die Schaltfläche ÜBERTRAGUNGSEINRICHTUNGEN an, um neue Einrichtungen zu erstellen oder vorhandene zu ändern. Die vorgegebene Übertragungseinrichtung STANDARD eignet sich für viele Zwecke problemlos. Wahrscheinlich werden Sie aber die im nächsten Absatz beschriebene Option SCHRIFTEN BERÜCKSICHTIGEN aktivieren wollen. Wie dem auch sei, Sie sollten sich die Einstellungen einmal ansehen (klicken Sie dazu die Schaltfläche ÄNDERN an), nur um zu sehen, welche Optionen Sie später bei Bedarf ändern können.

Wenn AutoCAD SHX- und TTF-Fonts mit in das Paket einbinden soll, müssen Sie die Option Schriften berücksichtigen im Dialogfeld Übertragungspaketeinrichtung ändern aktivieren. (Klicken Sie dazu die Schaltfläche Übertragungseinrichtungen und dann die Schaltfläche Ändern an. Aktivieren Sie anschließend das Kontrollkästchen Schriften berücksichtigen.) Beachten Sie dabei aber, dass viele SHX- und TTF-Dateien Schriftarten enthalten, bei denen es sich um lizenzierungsspflichtige Software handelt. Deren Weitergabe entspricht der Weitergabe Ihres AutoCAD-Programms an Dritte. Und das ist nicht etwa nur einfach lässig, sondern illegal und verantwortungslos. Bevor Sie Dritten irgendwelche Dateien mit Schriftarten zuschicken, müssen Sie daher feststellen, welche Lizenzbestimmungen für sie gelten und sich daran halten.

5. **Klicken Sie die Schaltfläche Bericht anzeigen an.**

   Sie sehen neben einer Aufstellung der Dateien, die von `ETRANSMIT` kopiert werden, Warnhinweise bei nicht auffindbaren Dateien.

6. **Sehen Sie den Bericht durch und überzeugen Sie sich davon, dass `ETRANSMIT` alle erforderlichen Dateien finden konnte.**

7. **Klicken Sie OK an.**

   `ETRANMSIT` zeigt ein Dialogfeld an, in dem Sie den Namen und den Speicherort für das Übertragungspaket angeben können.

8. **Klicken Sie die Schaltfläche Speichern an.**

   `ETRANSMIT` erstellt das Übertragungspaket (standardmäßig eine ZIP-Datei).

Auch wenn die neueren AutoCAD-Versionen ihre DWG-Dateien automatisch komprimieren, ging es mit dem Dateiformat von AutoCAD 2007, das auch von AutoCAD 2008 und 2009 verwendet wird, wieder einen Schritt zurück. Wenn man Dateien im AutoCAD 2007-Format zippt, lassen sie sich um bis zu 50 Prozent verkleinern. Wichtiger ist jedoch, dass beim Zippen aus allen DWG-Dateien, Rasterbildern, Plotstiltabellen und Schriftarten ein einzelnes handliches Paket erstellt wird.

FTP für Sie und mich

FTP (*File Transfer Protocol*) ist ein einfaches, aber robustes Protokoll für das Kopieren von Dateien über das Internet. Ein mit dem Internet verbundener Rechner kann als FTP-*Server* fungieren, wobei auf Teile seiner Festplatte über das Internet zugegriffen werden kann. Die für die Konfiguration des FTP-Servers verantwortliche Person kann den Zugriff einschränken, damit nur Anwender nach Eingabe bestimmter Benutzernamen und Kennwörter die Dateien sehen und herunterladen können. FTP überwindet jene Beschränkungen hinsichtlich der Dateigröße, die häufig für E-Mails gelten.

Angesichts der Vorteile von FTP legen die Mitarbeiter größerer Unternehmen Zeichnungsdateien zunehmend auf der FTP-Site des Unternehmens ab und teilen Ihnen nur mit, wo und wie Sie diese finden. Dadurch brauchen sie Ihnen die Dateien auch nicht mehr via E-Mail zuzusenden. Sie hingegen brauchen nicht zum ungünstigsten Zeitpunkt auf die Übertragung einer zehn Megabyte großen E-Mail zu warten.

In den meisten Fällen werden Sie von der Person, die die Dateien via FTP zur Verfügung stellt, eine URL (Uniform Resource Locator) erhalten, die wie eine normale Webseitenadresse aussieht, nur dass sie mit `FTP://` und nicht mit `HTTP://` beginnt. Wenn Sie Ihren Webbrowser starten und die FTP-URL in das Adressfeld eingeben, sollten Sie mit der FTP-Site verbunden und nach der Position und dem Namen der auf das eigene System zu kopierenden Datei gefragt werden. Anschließend beginnt dann der eigentliche Download der Datei. Wenn die FTP-Site mit Kennwortschutz arbeitet, müssen Sie sich erst einloggen und einen gültigen Benutzernamen und ein Kennwort angeben.

Wenn Sie umfangreichere FTP-Download-Optionen benötigen, können Sie auf FTP-Dienstprogramme, wie zum Beispiel CuteFTP (`www.cuteftp.com`), zurückgreifen.

Schlechter Empfang?

Andere Abschnitte in diesem Kapitel befassen sich mit der Übertragung von Dateien an Dritte. Aber was geschieht beim Empfänger? Nicht alle Anwender sind so umsichtig, dass sie die goldene Regel des Datenaustauschs befolgen. Sie werden Zeichnungen erhalten, bei denen abhängige Dateien, Informationen oder Unterstützungsdateien für das Plotten fehlen.

Wenn Sie eine E-Mail erhalten oder Zeichnungen via FTP herunterladen (hoffentlich gezippt!), dann kopieren Sie die Datei in einen neuen Ordner auf der Festplatte oder einem Netzlaufwerk und entpacken die Dateien.

Prüfen Sie zumindest einige der Zeichnungen im Paket, um sich davon zu überzeugen, dass alle referenzierten Dateien, Schriften und Rasterbilder auch wirklich enthalten sind. Das lässt sich einfach erreichen, indem Sie die jeweiligen Hauptzeichnungen im entsprechenden Ordner öffnen. Nach dem Öffnen der einzelnen Dateien drücken Sie [F2], um das AutoCAD-Befehlszeilenfenster zu öffnen, und suchen nach Meldungen, die auf fehlende Schriftarten oder XRef-Fehler hinweisen.

Wenn eine Schriftart laut Meldung durch eine andere ersetzt wird, weist dies darauf hin, dass AutoCAD eine Schriftart nicht finden konnte und diese durch eine andere ersetzen musste. Wenn Dateien nicht gefunden werden können, weist dies darauf hin, dass AutoCAD eine externe Referenz nicht auflösen konnte. Fehlende Rasterdateien werden als Rechtecke angezeigt, in denen der Name der fehlenden Datei angegeben wird. Fehlende DWF-Dateien werden als Fehlermeldungen am Einfügepunkt angezeigt. Alternativ können Sie die Palette EXTERNE REFERENZEN öffnen, in der auf fehlende Rasterbilddateien hingewiesen wird (Einzelheiten erfahren Sie in Kapitel 18).

Notieren Sie sich die fehlenden Dateien und bitten Sie den Absender nett und höflich, Ihnen diese noch zuzusenden. Und wenn Sie schon dabei sind, erzählen Sie ihm von diesem Buch und diesem Kapitel! Oder besser noch: Kaufen Sie ihm ein Exemplar und schicken Sie es ihm zu!

Wenn Sie Zeichnungen mit benutzerspezifischen TrueType-Schriftartdateien (Dateien mit der Erweiterung TTF) erhalten, müssen Sie diese Dateien erst installieren, damit Windows und AutoCAD die Schriftart auch erkennen. Mehr über die Installation von Schriftarten finden Sie in der Online-Hilfe der eingesetzten Windows-Version.

Hilfe vom Referenzmanager

In Kapitel 18 weise ich auf die potenziellen Probleme im Zusammenhang mit XRefs hin und warne vor der Gefahr, dass AutoCAD XRefs möglicherweise nicht mehr auflösen kann, wenn Sie Projektordner verschieben oder Zeichnungen an Dritte übertragen oder von diesen erhalten. Zu ähnlichen Problemen kann es bei Rasterbilddateien, integrierten DWF- und DGN-Zeichnungen (siehe Kapitel 18) und Schriftartdateien (siehe Kapitel 13) kommen. Der weiter vorn in diesem Kapitel beschriebene Befehl `ETRANSMIT` erledigt seine Aufgabe zwar gut, wenn es um das Zusammenstellen abhängiger XRefs, Rasterbilder und Schriftartdateien geht, er kann aber auch keine Dateien zusammenstellen, die AutoCAD nicht finden kann.

Das AutoCAD-Dienstprogramm REFERENZMANAGER (nicht in LT enthalten) kann ein echter Lebensretter sein, wenn Sie mit fehlenden Dateien oder Dateipfaden zu kämpfen haben. Und schließlich kann das nicht nur im eigenen Unternehmen, sondern auch bei den von Dritten empfangenen Dateien der Fall sein.

Beim REFERENZMANAGER handelt es sich nicht um einen internen AutoCAD-Befehl, sondern um ein eigenständiges Dienstprogramm. Mit den folgenden Schritten starten Sie das Programm:

1. **Wählen Sie START|ALLE PROGRAMME|AUTODESK|AUTOCAD 2009|REFERENZMANAGER.**

   Das Fenster REFERENZMANAGER wird angezeigt (siehe Abbildung 19.2).

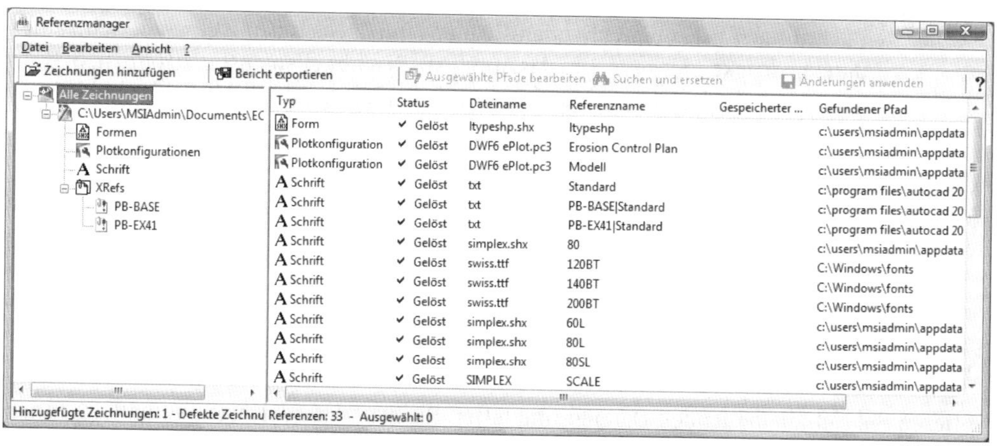

Abbildung 19.2: Der Referenzmanager

2. **Klicken Sie die Schaltfläche ZEICHNUNGEN HINZUFÜGEN an, um eine oder mehrere DWG-Dateien links in die Liste der Zeichnungen aufzunehmen.**

   Suchen Sie den Ordner auf, der die zu übertragenden Dateien enthält, wählen Sie sie aus und klicken Sie die Schaltfläche ÖFFNEN an.

3. **Im Dialogfeld REFERENZMANAGER – XREFS HINZUFÜGEN wählen Sie ALLE XREFS UNABHÄNGIG VON DER VERSCHACHTELUNGSTIEFE AUTOMATISCH HINZUFÜGEN.**

   Der Referenzmanager verarbeitet die Zeichnungen und zeigt alle referenzierten Objekte im rechten Bereich des Fensters an.

4. **Klicken Sie die Schaltfläche BERICHT EXPORTIEREN an, um einen Bericht zu erstellen, in dem alle referenzierten Dateien und deren Fundort aufgeführt werden, oder klicken Sie die Schaltfläche AUSGEWÄHLTE PFADE BEARBEITEN an, wenn Sie Pfadangaben ändern wollen oder müssen.**

   Über die Hilfefunktion des Referenzmanagers können Sie sich über dessen weitere Möglichkeiten informieren.

Wenn Sie die Hauptdatei und die referenzierten Dateien gleich in demselben Ordner speichern, werden Sie den Referenzmanager wahrscheinlich nicht benötigen. (Hierbei handelt es sich um das einfachste Verfahren beim Umgang mit XRef-Pfaden.)

DWF: Nicht nur für das Web

In diesem Kapitel habe ich weiter vorn den Austausch von Zeichnungen via E-Mail und FTP erläutert. Mehr Internetkommunikation benötigen viele AutoCAD-Anwender gar nicht. Wenn Sie aber Zeichnungen mit dem Web verbinden oder Zeichnungen mit anderen Anwendern gemeinsam nutzen wollen, die nicht das Programm AutoCAD besitzen, dann ist dieser Abschnitt für Sie.

Die AutoCAD-Webfunktionen basieren auf zwei Technologien:

- ✔ Ein spezielles reduziertes Zeichnungsformat mit der Erweiterung DWF (Design Web Format), das Autodesk ursprünglich für die Veröffentlichung von Zeichnungen im Web entwickelt hat.
- ✔ Eine aktualisierte XML-kompatible Version des DWF-Formats, die DWFx genannt wird und die mit dem XPS-Viewer von Microsoft betrachtet werden kann, der in Windows Vista integriert ist und als Plug-in für Windows XP erhältlich ist. (XPS-Dokumente werden im Fenster des Internet Explorers geöffnet.)
- ✔ Mit dem kostenlosen Autodesk-Programm *Autodesk Design Review* kann jedermann DWF- und auch DWG-Dateien öffnen und plotten, ohne selbst AutoCAD besitzen zu müssen.

Alles über DWF und DWFx

Das DWG-Format von AutoCAD eignet sich zwar gut zum Speichern von Zeichnungsdaten auf lokalen Festplatten und Laufwerken im Netzwerk, sorgt aber aufgrund der hohen Präzision und der großen Anzahl der von AutoCAD verwendeten Objekteigenschaften auch für vergleichsweise große Dateien.

Um diese Größenprobleme zu überwinden und die Veröffentlichung von Zeichnungen im Web voranzutreiben, hat Autodesk ein alternatives vereinfachtes Vektorformat zur Darstellung von AutoCAD-Zeichnungen entwickelt: DWF (Design Web Format). Bei einer DWF-Datei handelt es sich um eine kompaktere Darstellung einer DWG-Datei. DWF benötigt weniger Platz und weniger Übertragungszeit im Web und via E-Mail. Dafür ist das Format aber auch weniger präzise und übernimmt nicht alle Informationen der DWG-Datei.

DWFx ist eine DWF-Variante, die mit der XPS-Spezifikation (XML Paper Specification) von Microsoft kompatibel ist. Alle Ausführungen zu DWF in diesem Kapitel beziehen sich auch auf DWFx. Es gibt den neuen Befehl `DWFFORMAT`, der bestimmt, ob `PUBLIZIEREN` und eine Reihe anderer Befehle im DWF- oder DWFx-Format ausgeben. Wenn Ihnen das für Ihre Arbeit wichtig zu sein scheint, dann suchen Sie in der Online-Hilfe nach dem Befehl `DWFFORMAT`. Windows Vista enthält einen XPS-Viewer, und diese Funktion sorgt dafür, dass im DWFx-Format geplottete Zeichnungen unter Windows Vista automatisch angezeigt werden können, ohne dass AutoCAD oder andere spezielle Anzeigeprogramme installiert sein müssen.

Sie können DWF- oder DWFx-Dateien von Ihren Zeichnungen erstellen und sie auch an Anwender verschicken, die keine AutoCAD-Kopie besitzen. Die Empfänger können die Dateien trotzdem betrachten und plotten, wenn sie sich den kostenlos erhältlichen *DWF-Viewer* von Autodesk herunterladen, der über die Website von Autodesk erhältlich ist (`www.autodesk.de`).

DWF- und DWFx-Dateien können wie externe Referenzen verwendet werden. Nun gibt es noch einen Dateityp und einen Grund mehr, um den Referenzmanager oder `ETRANSMIT` zum Packen von Zeichnungen vor deren Übertragung zu verwenden. Mehr über referenzierte DWF-Dateien finden Sie in Kapitel 18.

ePlot

Eine DWF-Datei enthält eine einzelne geplottete Ansicht einer Zeichnung. Daher kann anders als bei DWG-Dateien eine klar umrissene Darstellung zu Papier gebracht werden. Zusammen mit einer DWG-Datei müssen Sie andererseits dem Empfänger eine Menge weiterer Informationen zugänglich machen (Zeichnungsansicht, Skalierung, Plotstileinstellungen und so weiter), wenn dieser dasselbe Plotergebnis wie Sie selbst erhalten sollen.

Zu den potenziellen ePlot-Einsatzgebieten zählen:

- ✔ Architekten und andere Berater bei Bauprojekten veröffentlichen regelmäßig DWF-Dateien auf der Website eines Projekts. Architekten und Ingenieure mit gewissen grundlegenden

CAD-Kenntnissen können die Zeichnungen auf dem Bildschirm betrachten und sie bei Bedarf ausdrucken. Auftraggeber oder Kunden, die nicht alles mit CAD und vielleicht noch nicht einmal mit dem Computer erledigen wollen, können ihre Beschäftigten damit beauftragen, Ausdrucke zur Begutachtung zu erstellen.

- ✔ Wenn mit dem Internet vertraute Personen Ausdrucke Ihrer Zeichnungen benötigen, übertragen Sie eine gezippte Datei via E-Mail mit DWF-Dateien, der URL des Autodesk DWF-Viewers und ein paar einfachen Anleitungen zum Erstellen von Plots aus den DWF-Dateien. (Bereiten Sie sich aber darauf vor, dass Sie die erforderliche Vorgehensweise erst ein oder zwei Mal telefonisch schrittweise miteinander durchgehen müssen, um Vorbehalte auf beiden Seiten abzubauen.)
- ✔ Ein CAD-Plot-Dienstleister kann seine Kunden zur Übertragung von DWF-Dateien anstelle von DWG-Dateien auffordern. Die DWF-Dateien sind wesentlich kleiner und erfordern seitens des Dienstleisters weniger Eingriffe.

Autodesk würde ePlot und das DWF/DWFx-Format gerne als Standard für CAD-Dokumente durchsetzen, ähnlich wie dies Adobe mit seinem PDF-Format (Portable Document Format) für Textverarbeitungsdokumente gelungen ist. Es bleibt abzuwarten, ob sich ePlots für die Erstellung von Ausdrucken durchsetzen wird (auch wenn DWFx sicherlich ein weiterer Schritt in diese Richtung ist – zumindest für Vista-Anwender). Insbesondere haben nur wenige Anwender außerhalb von Unternehmen, die CAD einsetzen, Zugang zu Großformatplottern. Mehr als auf das A4- oder bestenfalls A3-Format verkleinerte Ausdrucke können sie selbst nicht anfertigen. Daher können die meisten Anwender DWF-Dateien nicht maßstabsgetreu und möglicherweise nicht einmal groß genug ausgeben, um alles lesen zu können.

Das elektronische Plotten können Sie unbesorgt mit Kollegen innerhalb oder außerhalb Ihres Unternehmens nutzen. Sie sollten sich aber nicht zu sehr darauf verlassen, bis die übrige CAD-Welt Ihren Enthusiasmus teilt. Ansonsten könnten Sie schließlich der Einzige sein, der überhaupt noch gewillt ist, mit DWF-Dateien zum Plotten zu arbeiten. Vielleicht wird dann die nächste Version der Funktion mePlot genannt.

DWF-Dateien mit ePlot erstellen

Wie im vorherigen Abschnitt beschrieben, behandelt AutoCAD DWF-Dateien wie elektronische Plots (ePlots). Sie erstellen eine DWF-Datei von der aktuellen Zeichnung, so als ob Sie auf ein Blatt Papier plotten würden (siehe Kapitel 16). Der einzige Unterschied besteht darin, dass Sie im Dialogfeld Plotten als Drucker/Plotter die Option `DWF6 ePlot (XPS Compatible).pc3` oder `DWFx ePlot (XPS Compatible).pc3` auswählen (siehe Abbildung 19.3). Dann aktiviert AutoCAD automatisch die Einstellung In Datei Plotten, und Sie können einen Dateinamen und eine Position für die erstellte DWF-Datei angeben. Bei der Position der Datei kann es sich um einen Ordner auf der Festplatte oder einem Webserver handeln.

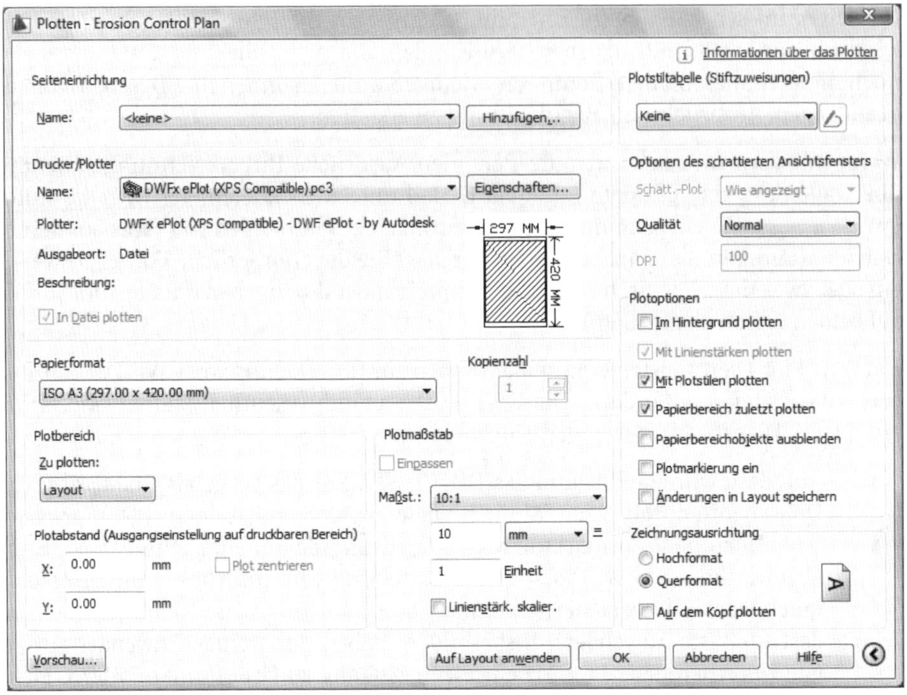

Abbildung 19.3: »Hurra, kein Papier!« Plotten in eine DWF-Datei.

Wenn Sie DWFs mit ePlot erstellen, sollten Sie insbesondere auf den Maßstab im Bereich PLOTMASSSTAB achten. Wenn Sie eine DWF-Datei einfach nur für die Betrachtung im Browser erstellen, können Sie EINPASSEN verwenden. Wenn andere die DWF-Datei wie in diesem Kapitel beschrieben maßstabgerecht mit ePlot ausgeben können sollen, müssen Sie den gewünschten Plotskalierfaktor auswählen. In Kapitel 16 wird die Wahl eines geeigneten Plotskalierfaktors beschrieben.

DWFs (oder Plots) mit PUBLIZIEREN erstellen

Das im letzten Abschnitt beschriebene ePlot-Verfahren zum Erstellen von DWF-Dateien eignet sich gut für einzelne Zeichnungen. Wenn Sie aber DWF-Dateien für viele Zeichnungen erstellen oder eine Menge Zeichnungen auf die gute alte Art (auf Papier) plotten müssen, können Sie das Dialogfeld PUBLIZIEREN (siehe Abbildung 19.4) verwenden, um den Vorgang zu beschleunigen.

Auch wenn das Dialogfeld PUBLIZIEREN neben dem Erstellen herkömmlicher Plots auf Papier auch das Erstellen von DWF-Dateien unterstützt, wird es bisher wahrscheinlich vorwiegend für die Ausgabe auf Papier benutzt. (Ein alternativer Einsatzzweck ist das Erstellen von Plotdateien für die Übertragung an Plotdienstleister.) Aber wenn Sie sich dazu entscheiden, richtig in den

DWF-Bereich einzusteigen, und mehrseitige DWF-Dateien erstellen wollen, dann können Sie das Dialogfeld PUBLIZIEREN wie in den folgenden Schritten beschrieben einsetzen:

1. **Wählen Sie auf der Registerkarte AUSGABE in der Gruppe PUBLIZIEREN die Option PUBLIZIEREN (oder über den Menü-Browser oder die klassischen Menüs DATEI|PUBLIZIEREN).**

   Das Dialogfeld PUBLIZIEREN wird angezeigt (siehe Abbildung 19.4). Im Dialogfeld werden in der Spalte PLANNAME alle Registerkarten (Modell- und Papierbereichslayouts) der aktuellen Zeichnung für das Plotten aufgeführt.

2. **Klicken Sie die Schaltflächen oberhalb der Liste mit den Plänen an, um eine Vorschau anzeigen zu lassen, Pläne aus anderen Zeichnungen hinzuzufügen, Pläne aus der Liste der zu plottenden Elemente zu entfernen oder die Plotreihenfolge zu ändern.**

   Über die weiteren Schaltflächen können Sie Planlisten speichern und laden. Weitere Informationen dazu finden Sie bei Schritt 5.

3. **Nach der Angabe der zu plottenden Pläne legen Sie fest, ob Sie sie auf einem echten Plotter (IN SEITENEINRICHTUNG GENANNTER PLOTTER), in eine Plotdatei (PLT) oder im DWF-FORMAT in eine DWFX-DATEI oder DWF-DATEI ausgeben wollen.**

   Sie können für die einzelnen Pläne eine bestimmte Plotterkonfiguration verwenden. Wählen Sie dazu die gewünschte Konfiguration in der Spalte SEITENEINRICHTUNG/3D-DWF in der Liste der Pläne aus. In Kapitel 16 erfahren Sie mehr über die Seiteneinrichtung.

4. **Klicken Sie die Schaltfläche PUBLIZIER-OPTIONEN an, um ein Dialogfeld mit weiteren Einstellungen anzeigen zu lassen.**

   Die meisten dieser Optionen sind lediglich beim Erzeugen von DWF-Dateien von Bedeutung. Die einzige Ausnahme bildet die VORGABE-AUSGABEPOSITION, die auch beim Erstellen von Plotdateien (PLT) gilt.

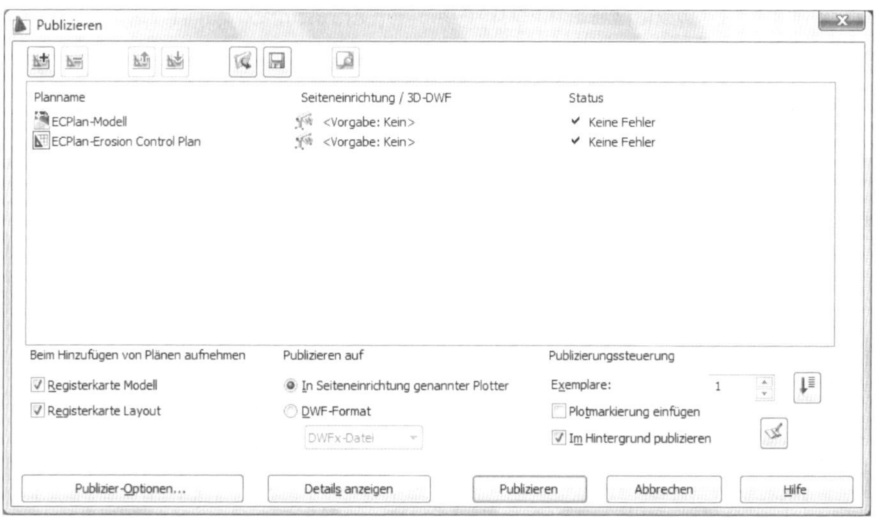

Abbildung 19.4: Frisch aus der Druckerpresse: das Dialogfeld PUBLIZIEREN

5. **Wenn sich absehen lässt, dass Sie dieselben Zeichnungen wiederholt publizieren müssen, klicken Sie oben im Dialogfeld Publizieren die Schaltfläche mit dem Diskettensymbol und der Bezeichnung Planliste speichern an, um die Liste der auszugebenden aktuellen Zeichnungen mit ihren jeweiligen Einstellungen zu speichern.**

6. **Klicken Sie die Schaltfläche Publizieren an, um die Ausgabe zu starten.**

Verwechseln Sie die beiden Befehle PUBLIZIEREN und IMWEBPUBLIZIEREN nicht, die sich in der Multifunktionsleiste auf der Registerkarte Ausgabe direkt nebeneinander befinden. Der Befehl PUBLIZIEREN erstellt DWF-Dateien, Plotdateien oder Plots. Der Assistent Im Web publizieren erstellt eine Webseite mit Bildern Ihrer Zeichnungen. Die Ergebnisse dieses Assistenten dürften keinen Webdesigner oder Programmierer arbeitslos machen, er eignet sich aber zum Erstellen einfacher Webseiten mit Miniversionen Ihrer Zeichnungen. Wenn Sie diesen Befehl ausprobieren wollen, finden Sie dazu beim Befehl IMWEBPUBLIZIEREN in der AutoCAD-Online-Hilfe weitere Einzelheiten.

Handliche Objekte

Kein Webdateiformat wäre ohne Hyperlinks vollständig, und daher bietet auch das DWF-Format entsprechende Möglichkeiten. Allen Zeichenobjekten und nicht nur Zeichenketten können Sie in AutoCAD Hyperlinks zuordnen. Wenn Sie den Cursor über ein Objekt mit einem Hyperlink führen, ändert sich dieser, und aus dem gewöhnlichen Zeiger wird ein Globus mit zwei Kettengliedern. Klicken Sie das Objekt mit der rechten Maustaste an, wählen Sie im Kontextmenü die Option Hyperlink und anschließend gegebenenfalls die aufgeführte Webadresse. Nun wird Ihr Webbrowser aufgerufen, und es wird die mit dem Objekt verknüpfte URL beziehungsweise Webadresse aufgerufen. Wenn Sie eine DWF-Datei erstellen, die Objekte mit Hyperlinks enthält, zeigt Autodesk Design Review die in der DWF-Datei enthaltenen Links an, die sich anklicken lassen, um zu den entsprechenden Adressen zu gelangen.

Hyperlinks mit Objekten zu verbinden, ist zwar ein recht cleverer Trick, der aber bei den meisten DWG- und DWF-Dateien nur von recht beschränktem Nutzen ist:

- ✔ Die Zeichnungen sind derart klein, dass die Hyperlinks der einzelnen Objekte nur schwer voneinander unterschieden werden können.
- ✔ Kaum jemand dürfte Hyperlinks mit einzelnen Linien oder ähnlichen Objekten gedanklich in Verbindung bringen. Dies dürfte bei den Benutzern eher zu Irritationen führen.

Wenn Sie mit Hyperlinks bei Objekten experimentieren wollen, sollten Sie sich in der Online-Hilfe beim Befehl HYPERLINK eingehender informieren.

Autodesk Design Review

Nach dem Erstellen von DWF-Dateien mit ePlot oder dem Befehl PUBLIZIEREN können Sie oder der Empfänger der DWF-Dateien Autodesk Design Review benutzen, um die Dateien zu betrachten und zu drucken. Bei Autodesk Design Review handelt es sich um ein kostenloses Anzeigeprogramm von Autodesk. Wenn Sie DWF-Dateien an Benutzer verschicken, die AutoCAD nicht besitzen, können diese die aktuelle Version von Autodesk Design Review von der Autodesk-Webseite herunterladen (`www.autodesk.de`).

Bei der Installation von AutoCAD 2009 kopiert das Setupprogramm auch Autodesk Design Review auf die Festplatte. Wählen Sie START|ALLE PROGRAMME|AUTODESK|AUTODESK DESIGN REVIEW oder doppelklicken Sie im Windows-Explorer einfach auf die zu öffnende DWF-Datei, um den Viewer zu starten.

Maßnahmen zum Schutz von Zeichnungen

Unabhängig davon, ob Sie nun DWG- oder DWF-Dateien übertragen, könnten Sie sich Sorgen über deren Missbrauch machen (zum Beispiel Nutzung durch nicht autorisierte Personen zu nicht autorisierten Zwecken oder Durchführung von Änderungen ohne Ihr Einverständnis) oder deren Wiederverwertung (in anderen Projekten oder durch andere Personen, ohne Zahlung einer entsprechenden Vergütung). AutoCAD enthält zwei Funktionen, mit deren Hilfe Zeichnungen bei der Übertragung geschützt werden können:

✔ **Kennwortschutz:** Sie können DWG- oder DWF-Dateien so schützen, dass sie nur von Personen geöffnet, eingefügt oder referenziert werden können, die das festgelegte Kennwort kennen. (Nicht verfügbar in AutoCAD LT.)

Sie sollten den Kennwortschutz nur dann benutzen, wenn er wirklich benötigt wird:

- Wenn Sie das Kennwort vergessen, können Sie die Datei nicht mehr öffnen. Weder AutoCAD noch Autodesk verfügen über magische Fähigkeiten zum Entschlüsseln des Kennworts oder zum Aufheben der Sperre der Zeichnung.
- Kennwortgeschützte Zeichnungen lassen sich weder als Block einfügen noch extern referenzieren (XRef).

Wenn Sie schon ein Kennwort verwenden müssen, dann sollten Sie es wahrscheinlich besser auf eine *Kopie* der übertragenen Zeichnung anwenden und selbst eine *ungeschützte* Version aufbewahren.

✔ **Digitale Signatur:** Hierbei handelt es sich um ein anspruchsvolles Verfahren, bei dem eine DWG-Datei mit einer elektronischen Markierung versehen wird, durch die bestätigt wird, dass jemand die Zeichnung »genehmigt« hat. Sie müssen erst ein Konto bei einem Anbieter digitaler Signaturen eröffnen, der Sie und Ihren Rechner beglaubigt. Damit diese Funktion sinnvoll eingesetzt werden kann, müssen Sie natürlich Zeichnungen zu jemandem übertragen, der digital beglaubigte Zeichnungen von Ihnen haben will (oder umgekehrt) und dessen technisches Know-how ausreicht, um mit digitalen Zertifikaten umgehen zu können. Weitere Informationen zum Thema finden Sie unter *Digitale Signaturen, Weitere Informationen über* in der Online-Hilfe.

Um eine dieser Optionen für die aktuelle Zeichnung zu aktivieren, wählen Sie DATEI|SPEICHERN UNTER im Menü-Browser oder in der klassischen Menüleiste, um das Dialogfeld ZEICHNUNG SPEICHERN UNTER anzuzeigen. Dann klicken Sie oben rechts im Dialogfeld die Option EXTRAS| SICHERHEITSOPTIONEN an, um vor dem eigentlichen Speichern der Datei das Dialogfeld SICHERHEITSOPTIONEN anzeigen zu lassen. Wenn Sie die aktuelle Zeichnung durch ein Kennwort schützen wollen und eine digitale Kennung von einem Zertifikatsanbieter haben, tippen Sie diese einfach in das Textfeld auf der Registerkarte KENNWORT des Dialogfelds SICHERHEITSOPTIONEN ein.

Wenn Sie eine DWG-Datei mit einem Kennwort geschützt und gespeichert haben, wird bei jedem Versuch, diese Datei zu öffnen, einzufügen oder extern zu referenzieren, ein Dialogfeld wie in Abbildung 19.5 angezeigt.

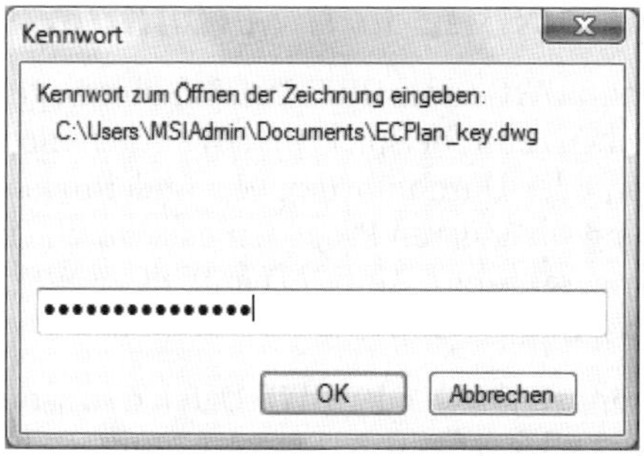

Abbildung 19.5: Bitte das Kennwort

Um eine DWF-Datei mit einem Kennwort zu schützen, rufen Sie den Befehl PUBLIZIEREN auf und klicken im Dialogfeld PUBLIZIEREN die Schaltfläche PUBLIZIER-OPTIONEN an. Legen Sie dann im Dialogfeld PUBLIZIERUNGSOPTIONEN im Bereich ALLGEMEINE DWF-OPTIONEN das Kennwort und/oder die entsprechenden Optionen fest.

Auch wenn elektronische Sicherheitsfunktionen, wie die hier beschriebenen, ein nützlicher Teil der Strategie zum Schutz Ihrer Arbeiten vor Missbrauch sein können, können sie klar formulierte Vereinbarungen (vorzugsweise in Form schriftlicher Verträge) nicht ersetzen. In diesen Verträgen sollte geregelt werden, wie und in welcher Form die von Ihnen übertragenen oder empfangenen Dateien genutzt werden können.

Teil V

Der Top-Ten-Teil

»Das Seltsame daran ist, dass er immer auf der jeweils aktuellen AutoCAD-Version besteht.«

In diesem Teil ...

Manchmal kann das Arbeiten mit AutoCAD ziemlich spannend sein. Angst sollten Sie aber dennoch nicht bekommen, denn es gibt genügend Helferlein, die nur auf ihren Einsatz warten! Top-Ten-Listen sind eigentlich immer nützlich, wenn schnell die jeweils besten (oder schlechtesten) Möglichkeiten ermittelt werden sollen. Und das gilt auch für AutoCAD. Dieser Teil enthält Listen, die Ihnen dabei helfen sollen, sich zwischen AutoCAD und AutoCAD LT zu entscheiden, auf der Suche nach nützlichen AutoCAD-Informationsquellen fündig zu werden und mit Systemvariablen das Programm zu steuern.

20

Zehn großartige AutoCAD-Informationsquellen

In diesem Kapitel

- Diskussionsgruppen nutzen
- Das weltweite CAD-Netz durchforsten
- Lokale Benutzergruppen ansprechen

Ich würde ja sehr gern das Gegenteil behaupten, aber wahrscheinlich werden Sie ein wenig mehr als nur dieses Buch und das Programm selbst benötigen, um auch den letzten Gipfel hin zur AutoCAD-Meisterschaft erklimmen zu können! In diesem Kapitel werden zehn Anlaufstellen aufgeführt, die infrage kommen, wenn Sie mehr über Ihr Lieblingsprogramm erfahren wollen.

Da viele der Informationsquellen zu Computerprogrammen englischsprachig sind oder sich auf die englischen Programmversionen beziehen, will ich hier darauf hinweisen, dass die englischen Befehle auch in den deutschen AutoCAD-Versionen benutzt werden können. Dazu müssen Sie den Befehlen der englischsprachigen Version lediglich einen Unterstrich voranstellen. So erreichen Sie zum Beispiel mit `_DONUT` und `RING` denselben Befehl zum Zeichnen von Ringen.

Autodesks My Feedback Portal

Wollen Sie zukünftige Versionen von AutoCAD mitgestalten? Dann sollten Sie Autodesks *My Feedback Portal* (`http://myfeedback.autodesk.com`) aufsuchen und sich dort anmelden. Als Gegenleistung für Ihren geringfügigen (vielleicht aber auch enormen) Zeitaufwand können Sie mit Ihren Ideen und Gedanken zur Zukunft von AutoCAD beitragen oder sich für die nächste AutoCAD-Version als Betatester bewerben.

Autodesks Diskussionsgruppen

Obwohl auch heute noch einige unabhängige Diskussionsgruppen existieren, finden die meisten AutoCAD-Aktivitäten doch in den Autodesk-eigenen moderierten Diskussionsgruppen statt. Und auch wenn es sich um Diskussionsgruppen von Benutzern handelt, beantworten dort dennoch häufig Autodesk-Angestellte Fragen aus ihrem Spezialbereich und das manchmal auch in ihrer Freizeit!

Einen Überblick über die verfügbaren Diskussionsgruppen können Sie sich anzeigen lassen, wenn Sie die Webseite von Autodesk unter `www.autodesk.de` aufsuchen und dann das Angebot zu »Services & Support« aufrufen. Dort werden auch Diskussionsgruppen aufgeführt. Und nach einem Mausklick wird Ihnen eine Liste verschiedener Diskussionsgruppen angezeigt.

Die wichtigste dürfte dabei die deutschsprachige *Autodesk User Group* (http://augide.augi.com) sein. Eine Liste englischsprachiger Diskussionsgruppen finden Sie unter der Adresse http://discussion.autodesk.com.

Blogs von Autodesk-Angestellten

Einige der Autodesk-Angestellten unterhalten eigene Blogs auf den Servern des Unternehmens, die Unmengen von Tipps, Techniken und gelegentlich einige höchst unterhaltsame Exkurse enthalten. Eine Liste aller Autodesk-Blogs finden Sie unter www.autodesk.com/blogs. Besonders aufgefallen sind mir die AutoCAD-Blogs *Between the Lines* von Shaan Hurley, *AutoCAD Insider* von Heidi Hewitt und *Lynn Allen's blog*.

Das weltweite CAD-Netz

Ich möchte lieber darauf verzichten, hier bestimmte Seiten aufzuführen. Kürzlich wollte ich eine meiner alten Lieblingsseiten wieder einmal aufsuchen und musste feststellen, dass es sie nicht mehr gab. Suchmaschinen sind hier Ihre besten Helfer. Abgesehen von der eigenen Webpräsenz von Autodesk gibt es Tausende anderer Seiten, die über den gesamten Globus verstreut sind. Suchen Sie zum Beispiel über *»AutoCAD Tutorials«* nach Online-Übungen oder versuchen Sie es mit *»AutoCAD Blog«*, wenn Ihnen der Sinn nach einigen unabhängigen Ansichten und Meinungen oder Tipps und Tricks für den Einsatz von AutoCAD steht.

Auf eine Seite, die hoffentlich Bestand haben wird, möchte ich hier aber doch hinweisen. Unter der tschechischen Webadresse www.cadforum.cz habe ich das deutschsprachige *CAD Forum* gefunden, das sich zwar nicht ausschließlich mit AutoCAD befasst, bei dem mir aber insbesondere das CAD-Wörterbuch aufgefallen ist, das zu den englischen AutoCAD-Befehlen mal eben schnell die deutsche Entsprechung ausspuckt. Aber das Forum hat noch viel mehr zu bieten.

Autodesk University

Bei Autodesk University handelt es sich um eine jährliche Veranstaltung, die von Autodesk gesponsert wird und die üblicherweise an vier oder fünf Tagen im Spätherbst in den USA stattfindet. In den letzten Jahren wechselte der Veranstaltungsort zwischen Orlando (Florida) und Las Vegas. An diesen Tagen finden viele Fortbildungsveranstaltungen in mehr als einem Dutzend Bereichen statt und in den Nächten kann man plaudern oder sich den lokalen Sehenswürdigkeiten zuwenden. (Wollten Sie nicht schon immer einmal in die *Universal Filmstudios*, nach *Disney World* oder in die Casinos von Vegas?) Mehr über Autodesk University erfahren Sie unter http://au.autodesk.com.

Wenn Sie lieber in Europa bleiben wollen, können Sie sich hier wie auch beim nächsten Abschnitt über den Bereich *Services & Support* auf der Website www.autodesk.de über die entsprechenden Möglichkeiten informieren.

Autorisierte Trainingszentren

Die Autodesk-ATCs (Authorized Training Centers) befinden sich weltweit sowohl in privaten Institutionen als auch in öffentlichen Einrichtungen und Instituten. Hier werden unterschiedliche Kurse von der Schnupperstufe bis hin zu Expertenthemen angeboten. Über *Services & Support* auf der Website `www.autodesk.de` können Sie sich über die verfügbaren Angebote informieren und dabei die Suche nach verschiedenen Kriterien einschränken.

Lokale Benutzergruppen

AutoCAD kann ein Vierteljahrhundert nach seinem ersten Erscheinen auf einen unglaublich treuen Benutzerstamm zurückblicken. Dafür gibt es sicherlich eine Menge Gründe, zu denen aber bestimmt jene begeisterten Benutzergruppen (AUG – Autodesk User Groups) zählen, die sich einmal monatlich trafen, um über ihre Erfahrungen mit AutoCAD zu berichten. Und solche Gruppen gibt es immer noch, auch wenn die Haare der Teilnehmer heute ein wenig grauer und die Anzahl ihrer Gesichtsfalten ein wenig größer geworden sein dürfte. Und sie treffen sich immer noch gerne, um über AutoCAD zu sprechen. Und zumeist sind Neuankömmlinge besonders willkommen! Ich selbst gehöre der ältesten existierenden Benutzergruppe, der *Vancouver AutoCAD Users Society* (`www.vaus.org`), an, deren Newsletter immer umfangreicher wurde, bis daraus das Magazin *Cadalyst* entstand!

Wenn Sie sich für Benutzergruppen in Ihrer Nähe interessieren, können Sie in einer Internet-Suchmaschine `AutoCAD "User Group"`, eventuell zusammen mit Ihrem Wohnort (oder einer nahe gelegenen Großstadt) eingeben. Das Kürzel »AUG« beziehungsweise die Bezeichnung »AutoCAD User Group« ist dabei international üblich. Und vielleicht kommen Sie bei Ihrer Suche auch über die Webadresse `www.augce.de` der *Autodesk User Group Central Europe* einen Schritt weiter. (Es wird zunehmend moderner, auch die Benutzergruppen vom wackligen Kneipentisch ins Internet zu verlagern.)

AUGI

AUGI (das Kürzel steht für *Autodesk User Groups International*) ist die Dachorganisation der globalen Gemeinde der Benutzergruppen. Sie müssen nicht einmal Mitglied einer Gruppe sein, um sich beteiligen zu können. Auch Einzelpersonen können Mitglieder werden, und die Mitgliedschaft ist kostenlos. AUGI ist wahrscheinlich insbesondere wegen der Wunschliste bekannt, die Autodesk jährlich vorgelegt wird. Die Liste wird aus den Nachfragen von Mitgliedern nach Änderungen und neuen Funktionen in AutoCAD zusammengestellt. Häufig finden dann die obersten Positionen auf der Wunschliste Einzug in die neuen AutoCAD-Versionen. Also eine weitere Adresse, über die Sie zukünftige Versionen mitgestalten helfen können. Unter der Adresse `www.augi.com` erfahren Sie mehr.

Bücher

So gern ich Ihnen auch *alle* wunderbaren Funktionen von AutoCAD vorstellen würde, auf den etwa 400 Seiten dieses Buches geht dies einfach nicht. Mir fehlt hier der Platz, um Themen wie 3D und die benutzerspezifische Anpassung von AutoCAD zu behandeln. (Für Benutzer von AutoCAD LT wären diese Themen ohnehin wenig nützlich.) Es gibt Dutzende Bücher über AutoCAD, und wenn Sie mir nicht glauben, besuchen Sie doch einfach einmal beispielsweise `www.amazon.de` und suchen Sie nach »AutoCAD«! Und darunter befindet sich auch eine ganze Reihe von Schinken mit mehr als tausend Seiten, auf denen auch Platz für die anspruchsvolleren Funktionen bleibt.

Zeitschriften

Früher gab es einmal viel mehr CAD-Zeitschriften als heute. In Nordamerika gab es mit *Cadalyst, Cadence* und *AutoCAD User* drei regelmäßig erscheinende CAD-Magazine. Davon ist lediglich *Cadalyst* (`www.cadalyst.com`) weiter erhältlich, das sich mittlerweile nicht mehr ausschließlich mit AutoCAD befasst. Im deutschsprachigen Raum sind insbesondere das *AutoCAD Magazin* (`www.autocad-magazin.de`) und *CAD CAM* (`www.cad-cam.de`) zu erwähnen.

21

Zehn Unterschiede zwischen AutoCAD und AutoCAD LT

- Unterschiede zwischen den Versionen erkennen
- Das Beste herausholen

Dieses Buch richtet sich sowohl an Benutzer der Vollversion von AutoCAD als auch an Benutzer der Version AutoCAD LT. Im gesamten Text finden Sie immer mal wieder neben Textpassagen ein Symbol, das bestimmte Stellen oder Schritte in meinen Beschreibungen hervorhebt, die sich zwischen diesen beiden Versionen deutlich unterscheiden.

Damit Sie nicht das gesamte Buch auf der Suche nach Informationshäppchen durchforsten müssen (nicht, dass es sich dabei nicht um ein sehr lohnenswertes Unterfangen handeln würde!), habe ich in diesem Kapitel die zehn wichtigsten Unterschiede zwischen den beiden Versionen zusammengestellt.

Preis

Der wichtigste Unterschied für die meisten Anwender und speziell für jene, die ausschließlich mit 2D-Zeichnungen arbeiten und keinen Sinn darin sehen, viel Zeit mit dem Erlernen der Sprachen zum Anpassen von AutoCAD zu verbringen, ist der deutlich niedrigere Preis von AutoCAD LT. Sie können sich über beide Versionen und die Bezugsmöglichkeiten online informieren (`www.autodesk.de`). Während AutoCAD als deutsche Einzellizenz momentan für knapp 5.000 Euro erhältlich ist, kostet AutoCAD LT etwa 1.400 Euro.

3D-Fähigkeiten

Dies dürfte für einige Anwender der wichtigste Unterschied sein. Wenn Sie 3D-Modelle erstellen wollen, haben Sie keine andere Wahl, als die Vollversion zu benutzen. Mit AutoCAD LT kann man zwar 3D-Modelle öffnen und betrachten, die mit der Vollversion von AutoCAD erstellt wurden, sie lassen sich aber nicht bearbeiten oder neu erstellen. Bei der einzigen 3D-Einstellung, die Sie in AutoCAD LT vornehmen können, handelt es sich um die Dicke von Linien. (In AutoCAD bedeutet Dicke *senkrecht* zur Zeichnungsebene. Verwechseln Sie die Dicke nicht mit der Breite, die sich auf Objekte *auf* der Zeichnungsebene bezieht.)

Und auch wenn man die 3D-Modelle der Vollversion mit AutoCAD LT öffnen kann, ist deren Betrachtung nicht gerade einfach. Im Unterschied zur Vollversion, mit der man das Modell beliebig rotieren oder sich beliebig im Zeichnungsraum bewegen kann, gibt es in AutoCAD LT nur eine beschränkte Anzahl vordefinierter Ansichtspositionen.

Da es sich bei AutoCAD LT um ein reines 2D-Zeichenprogamm handelt, gibt es hier schließlich keine Möglichkeiten zur Visualisierung oder zur Präsentation. In der Vollversion gibt es hingegen mehrere integrierte Visualisierungseinstellungen, wie zum Beispiel die Konzeptdarstellung oder die realistische Darstellung, und darüber hinaus eine riesige Materialbibliothek für die Modellberechnung (Rendering).

Anpassung von Optionen

Auch dieser Unterschied ist für viele Anwender ausschlaggebend. Wenn Sie bei der Arbeit oder in Benutzergruppen mit langjährigen AutoCAD-Benutzern sprechen, werden Sie feststellen, dass sie nur dann wirklich zufrieden sind, wenn sie AutoCAD für sich so anpassen können, dass sie ihre Aufgaben mit minimalem Aufwand oder Einsatz erledigen können. Die AutoCAD-Vollversion unterstützt eine Reihe von APIs (Application Programming Interfaces), zu denen AutoCADs eigene Programmiersprache AutoLISP und ihre ein wenig benutzerfreundlicheren Verwandten Visual LISP, VBA (Visual Basic for Applications) und kompilierte Programme mit ObjectARX zählen.

Obwohl man auch in AutoCAD LT einige recht einfache Anpassungen vornehmen und zum Beispiel Werkzeugkästen modifizieren, Skripts schreiben oder benutzerdefinierte Schraffurmuster oder Linientypen definieren kann, stehen in AutoCAD LT keine der im letzten Absatz beschriebenen anspruchsvolleren Möglichkeiten der Programmierung zur Verfügung.

Express Tools

Bei den *Express Tools* (die nur in englischer Sprache verfügbar sind) handelt es sich um eine Reihe offiziell nicht unterstützter, aber trotzdem recht zuverlässiger »Bonusbefehle«. Die Express Tools lassen sich optional zusammen mit AutoCAD installieren, und Sie sollten darauf nicht verzichten. Hier finden Sie eine Reihe zusätzlicher Befehle zum Zeichnen und Bearbeiten, eine Routine für Schraffuren, die deutlich leistungsfähiger als der Standardbefehl ist, und Befehle für das Arbeiten mit Blöcken, XRefs, Text, Bemaßungen und Layouts.

Da die meisten Funktionen der Express Tools mit den im obigen Abschnitt »Anpassung von Optionen« erwähnten APIs geschrieben wurden, lassen sie sich unter AutoCAD LT nicht benutzen. Positiv an dieser Geschichte ist aber, dass manchmal einige der Funktionen der Express Tools ihren Weg in die Kernfunktionen von AutoCAD finden. Da sie dann nicht (mehr) auf die erwähnten APIs zurückgreifen, können sie auch den Benutzern von AutoCAD LT zur Verfügung gestellt werden. AutoCAD LT 2008 umfasst zum Beispiel erstmals einige Layer-Werkzeuge, die zuvor zu den Funktionen der Express Tools gehörten.

Plansätze

Plansätze bieten eine Möglichkeit zum Zusammenstellen von Zeichnungssätzen zum Verteilen, zum Plotten oder zum Veröffentlichen. Ein typisches AutoCAD-Projekt kann Dutzende Zeichnungen, eine Menge Pläne, Layouts und Referenzen zwischen Zeichnungen enthalten, und möglicherweise arbeiten mehr als nur ein paar Leute gleichzeitig an diesen Komponenten. Wie lassen sich all diese Materialien erstellen, verwalten, aktualisieren, plotten und allgemein im Griff behalten, ohne dabei den Überblick zu verlieren? Die Lösung bietet eine AutoCAD-Funktion mit der Bezeichnung Plansatz.

Über Plansätze lassen sich Projekte automatisch verwalten. Zeichnungen werden richtig nummeriert, Daten werden korrekt in Titelblöcke eingetragen und ein Plan-Index lässt sich mit einem Mausklick erstellen. Die mit AutoCAD 2005 eingeführten Plansätze werden von AutoCAD LT nicht unterstützt.

Standardsprüfung

Wie Plansätze behält Autodesk auch die Standardsprüfung den echten Profis vor, die sehr viel wahrscheinlicher die AutoCAD-Vollversion und nicht AutoCAD LT einsetzen. Mit der Standardsprüfung konfigurieren Sie eine DWS-Datei (eine mit Standardlayern, Text- und Bemaßungsstilen und so weiter eingerichtete DWG-Datei), um dann Ihre aktuelle Zeichnung oder von externen Beratern erstellte Zeichnungen mit dieser DWS-Datei zu vergleichen und so zu prüfen, ob sie den Standards Ihres Büros entsprechen.

Externe Referenzen

Wie ich in Kapitel 18 hypothetisch feststelle, nimmt Autodesk an, dass die Benutzer von AutoCAD LT typischerweise in sehr kleinen Teams oder als Einzelpersonen an kleinen Projekten arbeiten. Die Möglichkeit zum Arbeiten mit externen Referenzen ist zwar immer praktisch, aber die »kleinen« Benutzer benötigen kaum dieselbe Funktionalität wie Zeichner in riesigen Unternehmen, die mit knappen Terminen an Megaprojekten arbeiten.

Daher können zwar Benutzer der AutoCAD-Vollversion, aber nicht die Benutzer von AutoCAD LT externe Referenzen direkt mit dem Befehl XÖFFNEN öffnen. Oder sie können den Befehl REFBEARB dazu benutzen, die referenzierte Datei direkt aus der Hauptzeichnung heraus zu bearbeiten. Zudem können sie automatisch informiert werden, wenn eine referenzierte Quelle zwischenzeitlich anderweitig geändert wurde.

2009 AutoCAD LT 2009 hat eine in seinem großen Bruder bereits seit einigen Versionen enthaltene Funktion übernommen: XRefs lassen sich nun mit unregelmäßigen Grenzen so »zurechtschneiden«, dass nur ein Teil der XRef sichtbar ist.

Datenextraktion

Wie ich in Kapitel 17 erläutere, handelt es sich bei Attributen um variable Zeichenketten, die als Teil einer Blockdefinition erstellt werden. Mit der AutoCAD-Vollversion lassen sich die Daten aus den Attributen leicht herausziehen, während das mit AutoCAD LT deutlich schwieriger ist. In der Vollversion gibt es drei Befehle (EATTEDIT, EATTEXT und BATTMAN), die in AutoCAD LT fehlen. Wenn Sie alle Daten in AutoCAD-Zeichnungen benutzen können wollen oder müssen, sollten Sie sich besser für die Vollversion entscheiden.

MLINIE im Vergleich zu DLINIE

Hier handelt es sich um einen der seltenen Fälle, in denen AutoCAD LT seinen großen Bruder schlägt! Die AutoCAD-Vollversion umfasst den äußerst unhandlichen Befehl MLINIE zum Zeichnen mehrerer Linien. Dabei kann man mehrere parallele Linien auf die gleiche Weise zeichnen, wie es über die Auswahl von Punkten beim Befehl LINIE möglich ist. Allerdings ist die Konfiguration des Befehls wenig intuitiv und die Multilinien lassen sich später ungeheuer schlecht bearbeiten.

In AutoCAD LT gibt es zwar den Befehl MLINIE nicht, dafür aber einen anderen Befehl namens DLINIE. DLINIE (Doppelte Linie) kann zwar nicht mehr als zwei parallele Linien zeichnen und kann auch keine Farbfüllungen hinzufügen, ist dafür aber logischer in der Anwendung und bei nachträglichen Änderungen viel einfacher zu benutzen. Und leider steht den Benutzern der AutoCAD-Vollversion der Befehl DLINIE nicht zur Verfügung. (Das schreiben zu können, darauf habe ich das ganze Buch lang gewartet!)

Referenzmanager

Beim Referenzmanager handelt es sich um ein eigenständiges Programm, das nicht in AutoCAD oder AutoCAD LT integriert ist. Wenn die Vollversion installiert ist, finden Sie den Referenzmanager im Startmenü von Windows. Wenn Sie Dateien versenden oder weitergeben müssen, können Sie mit dem Referenzmanager prüfen, ob alle abhängigen Dateien (zum Beispiel Fonts, Bilder oder XRefs) vorhanden sind. Es gibt keinen technischen Grund, warum AutoCAD LT den Referenzmanager nicht enthält. Jedenfalls fehlt er dort.

Zehn Systemvariablen, die Ihnen das Leben erleichtern

22

In diesem Kapitel

- Von APERTURE und ATTDIA bis hin zu VISRETAIN
- MENUBAR, MIRRTEXT und PICKBOX nutzen

Bei *Systemvariablen* handelt es sich um Einstellungen, die von AutoCAD geprüft werden, bevor es sich dazu entschließt, die Arbeit aufzunehmen. Wenn Sie die Systemvariable SAVETIME auf 10 setzen, speichert AutoCAD Ihre Zeichnungen automatisch alle zehn Minuten. Wenn Sie SAVETIME auf 60 setzen, speichert AutoCAD stündlich. Hunderte von Systemvariablen steuern die Arbeit von AutoCAD.

Um den Wert einer Systemvariablen zu ändern, tippen Sie einfach deren Namen in die AutoCAD-Befehlszeile ein und drücken [↵]. AutoCAD zeigt dann den aktuellen Wert der Systemvariablen an und fordert Sie zur Eingabe eines neuen Wertes auf. Wenn Sie nur [↵] drücken, bleibt die aktuelle Einstellung erhalten. Ansonsten können Sie natürlich auch einen anderen Wert eingeben und [↵] drücken, um die Einstellung zu ändern.

Systemvariablen ändern zu können, ist für AutoCAD-Profis ein Segen, für alle anderen Anwender manchmal eine Notwendigkeit. Das einzige Problem dabei besteht darin, dass man sich die Namen der Systemvariablen merken oder sie herausfinden muss. Meist wird man Ihnen sagen, welche Systemvariablen geändert werden müssen. In diesem Buch bin ich dafür zuständig, ansonsten dürfte dies der AutoCAD-Guru in Ihrem Büro erledigen.

Es gibt drei Arten von Systemvariablen:

- ✔ **Die in der Windows-Registrierung gespeicherten Systemvariablen:** Wenn Sie diese Art von Systemvariablen ändern, betrifft das alle Zeichnungen, die auf dem eigenen System geöffnet werden, nicht unbedingt aber die auf anderen Rechnern geöffneten.
- ✔ **Die in der Zeichnung gespeicherten Systemvariablen:** Wenn Sie diese Art von Systemvariablen ändern, betrifft die Einstellung nur die aktuelle Zeichnung, das dann allerdings auf allen Rechnern.
- ✔ **Die nirgends gespeicherten Systemvariablen:** Wenn Sie diese Art von Systemvariablen ändern, betrifft die Änderung nur die aktuelle Zeichnungssitzung.

Im Kapitel *Systemvariablen* der Online-Befehlsreferenz erfahren Sie, zu welcher Kategorie die jeweilige Systemvariable gehört. Es gibt mehrere Hundert Systemvariablen, wenn Sie aber die zehn in diesem Kapitel aufgeführten verstehen, dann haben Sie bereits einen großen Schritt hin zu einem zufriedenen AutoCAD-Benutzer gemacht.

APERTURE

APERTURE steuert, wie dicht das Fadenkreuz an ein Objekt herankommen muss, bevor eine Fangmarke angezeigt wird. Sie können APERTURE über die Befehlszeile auf einen beliebigen Wert zwischen 0 und 50 Pixel einstellen. Über das Dialogfeld Optionen können Sie den Wert mit einem Schieberegler maximal auf den Wert von 20 Pixeln einstellen. Der Anfangswert lautet 10, aber ich finde für mich 20 Pixel genau richtig. APERTURE wird in der Windows-Registrierung gespeichert.

ATTDIA

Wenn Sie mit Blöcken mit Attributen arbeiten, werden Sie diese Systemvariable zu schätzen wissen. Wenn ATTDIA auf den Wert 0 (der Standardwert) gesetzt ist und Sie einen Block mit Attributen einfügen, werden Sie im Befehlsfenster zur Eingabe von Attributwerten aufgefordert. Wenn ATTDIA auf 1 gesetzt ist, wird ein nettes Dialogfeld angezeigt. Abgesehen vom besseren Aussehen eignen sich Dialogfelder besser zur Eingabe der Werte, weil Sie die Felder in beliebiger Reihenfolge ausfüllen können. Wenn Sie zur Eingabe die Befehlszeile verwenden und eine Eingabeaufforderung verpassen, müssen Sie so oft [↵] drücken, bis Sie wieder zur verpassten Eingabe kommen. ATTDIA wird in der Windows-Registrierung gespeichert. Sie müssen sie also nur einmal setzen und können Sie dann vergessen.

DIMASSOC

DIMASSOC steuert, wie AutoCADs Bemaßungsobjekte erzeugt werden. Wenn DIMASSOC den Wert 0 hat, erzeugt AutoCAD die Bemaßungsobjekte aus separaten Linien, 2D-Körpern und Text. Sie wollen bestimmt nicht mit Zeichnungen und der Einstellung DIMASSOC=0 arbeiten. Wenn DIMASSOC=1 gesetzt ist, werden Bemaßungen »nicht-assoziativ« genannt. Dann handelt es sich um einzelne Objekte, die aber üblicherweise nicht aktualisiert werden, wenn die Größe eines Objekts geändert wird. Wenn DIMASSOC=2 (Standardwert) gesetzt ist, erzeugt AutoCAD voll assoziative Bemaßungen. Sie können diesen Wert über die Befehlszeile setzen oder im Dialogfeld Optionen auf der Registerkarte Benutzereinstellungen das Kontrollkästchen Neue Bemassungen assoziativ machen aktivieren. Wenn Sie mit älteren Zeichnungen arbeiten, werden Sie wahrscheinlich häufiger feststellen, dass DIMASSOC=1 gesetzt ist. Das war die beste Einstellung, mit der Versionen vor AutoCAD 2002 umgehen konnten.

MENUBAR

Wenn MENUBAR auf den Wert 1 gesetzt ist, wird die traditionelle klassische Menüleiste von AutoCAD unterhalb der Titelleiste des Programms angezeigt. Wird MENUBAR auf den Wert 0 (die Vorgabe) gesetzt, wird die Menüleiste nicht angezeigt. MENUBAR wird automatisch gesetzt, wenn Sie zwischen den Arbeitsbereichen AutoCAD Klassisch und 2D-Zeichnung & Beschriftung umschalten.

MIRRTEXT

Sicherlich gefällt es Ihnen, wenn der Name einer Systemvariablen gleich eindeutig darüber Auskunft gibt, wofür sie zuständig ist (wie wäre es zum Beispiel mit ROLLOVERTIPS?). Oft werden Sie beim Erstellen von Zeichnungen bereits erstellte Komponenten spiegeln müssen. Dafür ist der Befehl MIRROR zuständig, der aber leider auch die in den gespiegelten Objekten enthaltenen Texte und/oder Bemaßungen spiegelverkehrt darstellt. Und es ist wenig hilfreich, wenn man einen Spiegel benutzen muss, um Texte in Zeichnungen lesen zu können. In solchen Fällen können Sie die Dinge mit MIRRTEXT in Ordnung bringen. Wenn MIRRTEXT den Wert 0 (Vorgabe) hat, werden Texte zusammen mit den anderen Objekten gespiegelt. Wenn man den Wert aber auf 1 setzt, werden zwar alle Objekte gespiegelt, Texte bleiben jedoch davon ausgenommen. MIRRTEXT wird in der Zeichnung gespeichert.

PICKBOX

Beim *Pickbox-Cursor* handelt es sich um das kleine Rechteck, in das sich das Fadenkreuz verwandelt, wenn Sie von AutoCAD zur Auswahl eines Elements aufgefordert werden. Für die Größe des Pickbox-Cursors und damit die Systemvariable PICKBOX können Sie einen Wert in Pixeln angeben. Der Vorgabewert von PICKBOX lautet 3. Dieser Wert eignet sich gut für niedrigere Bildschirmauflösungen wie zum Beispiel 1024x768. Wenn man aber mit höheren Auflösungen arbeitet, die Haare bereits mehr oder weniger ergraut sind, das Gesicht zunehmend faltiger wird und man nicht mehr *ganz so* scharf wie früher sehen kann, dann könnten höhere Werte sinnvoller sein. Mein alter Laptop arbeitete mit einer Bildschirmauflösung von 1600x1200, und ich musste PICKBOX auf 5 setzen, um ihn effektiv nutzen zu können. Mein nur geringfügig neuerer Desktoprechner arbeitet mit der Auflösung 1280x1024, und für ihn eignet sich PICKBOX=4. Mein kürzlich erworbener Tablet PC nutzt die Auflösung 1400x1050 und für ihn habe ich wieder PICKBOX=5 gewählt. Letztlich hängt die richtige Einstellung hier vom Bildschirm und dem eigenen Sehvermögen ab.

REMEMBERFOLDERS

Manchmal ist es nicht besonders wünschenswert, dass AutoCAD Dateien immer im Ordner Eigene Dateien beziehungsweise Dokumente im Benutzerordner speichert beziehungsweise von dort lädt. Möglicherweise arbeiten Sie an mehreren Projekten und möchten AutoCAD über ein Desktop-Symbol für jedes dieser Projekte mit einem bestimmten Ordner starten. Dann sollten Sie auf REMEMBERFOLDERS setzen. Standardmäßig ist diese Variable auf den Wert 1 gesetzt und speichert Dateien standardmäßig im Ordner Eigene Dateien beziehungsweise Dokumente (unter Windows Vista). Wenn Sie sie auf 0 setzen, werden Dateien beim Start standardmäßig in dem Ordner geöffnet und gespeichert, der für das Desktop-Symbol festgelegt wird, und es wird bei der Arbeit der zuletzt benutzte Ordner gespeichert. REMEMBERFOLDERS ist eine dauerhafte Einstellung, die in der Windows-Registrierung gespeichert wird. (Dauerhaft bedeutet hier, bis die Variable auf einen anderen Wert gesetzt wird.)

ROLLOVERTIPS

Darauf haben Sie bereits gewartet, oder? ROLLOVERTIPS steuert diese kleinen Infofelder, die angezeigt werden, wenn der Mauszeiger im Zeichnungseditor über Objekte bewegt wird. Wenn ROLLOVERTIPS den Wert 1 hat, werden bei Mausbewegungen innerhalb der Zeichnung in einem kleinen Feld vorübergehend Objekttyp, Layer, Farbe und Linientyp angezeigt.

Dieser Befehl kann zweifach nützlich sein. Sie können ihn nicht nur in AutoCAD eintippen, sondern die Tipps auch nutzen und ihnen neue Tricks beibringen! ROLLOVERTIPS wird in der Windows-Registrierung gespeichert. (Und ob Sie es glauben oder nicht, die neue Systemvariable namens NOMUTT kann – insbesondere in Skripts – dazu verwendet werden, die Anzeige von Tipps zu unterdrücken.)

TOOLTIPS

Bei den QuickInfos, die englisch »Tooltips« genannt werden, handelt es sich um die kleinen Textfelder, die zumindest standardmäßig immer dann angezeigt werden, wenn Sie den Mauszeiger über Elemente in einem Werkzeugkasten, in der Multifunktionsleiste oder in Dialogfeldern bewegen. QuickInfos sind wirklich nützlich, wenn man sich mit einem neuen Programm vertraut machen will. Wenn man aber bereits weiß, was sich wo befindet, können sie durchaus auch störend wirken und im Weg sein. Standardmäßig ist TOOLTIPS auf den Wert 1 gesetzt. Damit werden die QuickInfos angezeigt, wenn Sie den Mauszeiger über Elemente führen. Wenn Sie die QuickInfos nicht mehr sehen wollen, dann setzen Sie TOOLTIPS auf den Wert 0. Diese Einstellung wird in der Windows-Systemregistrierung gespeichert.

VISRETAIN

Wenn Sie mit externen Referenzen (XRefs) arbeiten, kennen Sie das Potenzial konkurrierender Layereigenschaften. Manchmal sollen sich die externen Verweise von der aktuellen Zeichnung abheben, damit man weiß, was wozu gehört. Sie können die Layerfarben von XRefs zwar im Layereigenschaften-Manager ändern, aber ob Sie das jeweils nach dem Öffnen einer Zeichnung mit integrierten XRefs machen müssen, hängt von der Einstellung der Systemvariablen VISRETAIN ab. Wenn VISRETAIN auf den Wert 0 gesetzt ist, haben die Layereigenschaften in den XRefs Vorrang und Sie *müssten* die Änderungen jeweils erneut vornehmen, wenn Sie die Hauptzeichnung öffnen. Wenn VISRETAIN auf den Wert 1 (Vorgabewert) gesetzt ist, bleiben in der Hauptzeichnung vorgenommene Änderungen an den Layereigenschaften erhalten, wenn sie später erneut geöffnet wird. Diese Änderungen haben aber keinerlei Auswirkungen auf die externe Datei selbst. Der Wert von VISRETAIN wird in der aktuellen Zeichnung gespeichert.

Stichwortverzeichnis

B

C

D

E

F

G

H

I

J

K

L

P

Q

R